건축 법규 강의

김찬주 · 정낙현 · 이진경 공저

도서출판
구미서관

머리말

이 책은 건축법규에 입문하는 대학생들의 수업교재로 집필되었습니다. 국가 자격시험을 준비하는 수험생에게 전체 법 내용을 참고할 수 있도록 만들었으며, 나아가 직장에서 새로 건축법규를 접하는 실무자에게 건축법과 주차장법에 대한 내용을 보다 상세히 전하고자 출판되었습니다.

이 책은 2025년 제12판이며 2025년 현재 시행 예정으로 공고된 내용까지 포함하여 작성되었습니다. 책의 구성은 크게 건축법과 주차장법으로 이루어졌습니다. 건축법은 법률 전문을 해당 법과 그에 관련된 시행령, 시행규칙 그리고 이에 대한 해석을 함께 기술하였고, 각각의 이해를 돕기 위한 그림을 첨부하였습니다. 주차장법은 관련된 법률, 시행령, 시행규칙을 연결하여 수록하였습니다.

이 책의 출간이 건축학도들의 법규에 대한 이해를 심화시키고, 수험생들의 자격 취득에 실질적인 도움이 되며, 실무자들의 업무 수행에 유용한 지침이 되기를 기대합니다.

이 책은 건축법규 분야의 선행 연구자들과 저술가들의 학문적 성과에 기반하여 집필되었습니다. 이 분야의 발전에 기여하신 모든 분들께 깊은 감사를 표합니다. 특히 집필에 참여하신 정낙현 교수님과 개정 작업에 헌신적으로 기여하신 이진경 교수님께 각별한 감사의 말씀을 전합니다. 또한 이 책의 출간을 위해 노력해 주신 도서출판 구미서관 관계자 여러분께도 감사드립니다.

앞으로도 건축법규의 입법 취지와 실무 적용 방안이 독자들에게 보다 명확하게 전달될 수 있도록 지속적인 개선과 보완을 약속드립니다. 이 책의 발전을 위한 건설적인 제언은 www.goomibook.com을 통해 전달해 주시기 바랍니다.

모든 것에 항상 감사드립니다!

저자대표 김찬주

번호	법령명	공포일자	법령종류	공포번호	시행일자	제정·개정구분	소관부처
1	건축법	2024. 3. 26.	법률	제20424호	2024. 6. 27.	일부개정	국토교통부
2	건축법 시행령	2025. 4. 15.	대통령령	제35449호	2025. 7. 16.	일부개정	국토교통부
3	건축법 시행규칙	2025. 6. 2.	국토교통부령	제1494호	2025. 6. 2.	일부개정	국토교통부
4	건축물의 구조기준 등에 관한 규칙	2024. 12. 17.	국토교통부령	제1420호	2024. 12. 17.	일부개정	국토교통부
5	건축물의 설비기준 등에 관한 규칙	2024. 8. 7.	국토교통부령	제1375호	2024. 8. 7.	일부개정	국토교통부
6	건축물의 피난·방화구조 등의 기준에 관한 규칙	2025. 4. 24.	국토교통부령	제1483호	2025. 7. 16.	일부개정	국토교통부
7	국토의 계획 및 이용에 관한 법률	2024. 2. 6.	법률	제20234호	2024. 8. 7.	일부개정	국토교통부
8	국토의 계획 및 이용에 관한 법률 시행령	2025. 1. 21.	대통령령	제35221호	2025. 1. 21.	타법개정	국토교통부
9	국토의 계획 및 이용에 관한 법률 시행규칙	2024. 5. 29	국토교통부령	제1338호	2024. 11. 30.	일부개정	국토교통부
10	주차장법	2025. 1. 31.	법률	제20762호	2025. 1. 31.	일부개정	국토교통부
11	주차장법 시행령	2024. 9. 19.	대통령령	제34898호	2024. 9. 20.	일부개정	국토교통부
12	주차장법 시행규칙	2024. 9. 20.	국토교통부령	제1388호	2024. 12. 2.	일부개정	국토교통부

목 차

제1편 건축법

알아
두기

법의 체계

우리나라 법령의 체계는 최고규범인 「헌법」을 정점(頂點)으로 그 헌법이념을 구현하기 위하여 국회에서 의결하는 법률을 중심으로 하면서 헌법이념과 법률의 입법취지에 따라 법률을 효과적으로 시행하기 위하여 그 위임사항과 집행에 관하여 필요한 사항을 정하는 대통령령과 총리령 · 부령 등의 행정상의 입법으로 체계화되어 있다. 또한 「헌법」상의 자치입법권에 따라 법령의 범위 안에서 지방자치사무에 관하여 제정하는 지방자치단체의 자치법규도 전체적인 국법체계의 한 부분을 이루고 있다.

(1) 헌법(Constitution)

모든 국가의 법의 체계적 기초로서 국가의 조직 · 구성 및 작용에 관한 기본법이며 다른 법률, 명령으로써 변경할 수 없는 한 국가의 최고 법규

(2) 법률(Act), 대통령긴급명령, 대통령긴급재정경제명령, 조약(예 건축법)

사회생활을 유지하기 위한 지배적인 규범으로 헌법이 정하는 절차에 따라 국회의 의결을 거쳐 제정하고 대통령이 이를 공포

(3) 행정기관이 제정하는 명령

① 대통령령(Presidential Decree), 국회규칙, 대법원규칙 등=시행령(Enforcement Decree)(예 건축법 시행령) : 법률을 시행하기 위하여 필요한 사항을 제정하는 명령으로 국무회의에서 의결하고 대통령이 공포

② 총리령(Ordinance of the Prime Minister) · 부령(Ordinance of the Ministry of 각 부처)=시행규칙(Enforcement Rule)(예 건축법 시행규칙) : 국무총리 또는 행정 각부의 장관이 그의 소관 사무에 관하여 법률이나 대통령령의 위임 또는 직권으로 제정하는 명령

(4) 지방자치법규

① 조례(Municipal Ordinance)(예 서울특별시 건축조례) : 지방자치단체가 지방 의회의 의결에 의하여 자치 사무에 관하여 제정하는 법

② 규칙(Municipal Rule) : 법령 또는 조례에 위임한 범위 내에 지방자치단체의 장이 제정하는 명령 또는 시행 세칙

건축법의 목적 및 체계

(1) 건축법의 목적 및 연혁

① 건축법의 목적

건축법은 건축물의 대지 · 구조 및 설비의 기준과 건축물의 용도 등을 정하여 건축물의 안전 · 기능 · 환경 · 미관을 향상시킴으로써 공공복리 증진에 이바지하는 것을 목적으로 함.

② 건축법의 연혁

시가지건축계획(1913) → 조선시가지계획령(1934) → 건축법/도시계획법(1962) → 현행 건축법(2008.6.5)

가. 시가지 건축규칙(1913~1934년)

나. 조선시가지 계획령(1934~1962년)

다. 건축법 · 도시계획법(1962~현재)

*건축법은 법률 제8974(2008.3.21)로 알기 쉬운 법령체계로 전문 개정되고 「도시계획법」은 「국토이용관리법」과 통합되어 「국토의 계획 및 이용에 관한 법률」로 개편됨.

(2) 건축법의 체계

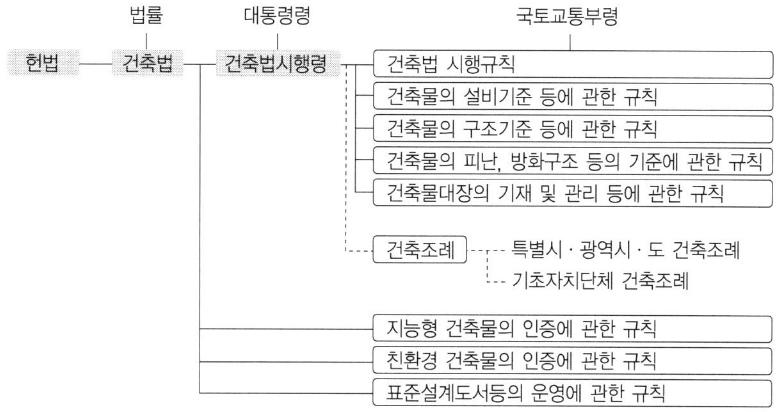

(3) 건축법의 구성

① 공통규정 : 건축법의 목적, 용어정의 등 법적용시 공통적으로 적용되는 규정(건축법 목적, 용어의 정의, 면적높이층수의 산정 등)

② 절차 및 제도규정 : 건축물 및 대지에 관한 실체적 기준의 이행여부를 확인하고 이행되지 않을 시 과태료 부과 또는 벌칙을 가하는 규정(건축허가 절차 등, 시정명령 등, 벌칙 등, 부칙)

③ 실체규정 : 건축물과 대치 그 자체에 적용되는 실체적인 기준을 말하며 건축물의 집합성에 따라 개체규정과 집단규정으로 나눌 수 있음.

- 집단규정 : 건축물이 밀집하여 집단화되었을 때, 건축물 상호간의 관계 또는 도로와의 관계, 용도 지역 내 건축물 제한 등 위하여 건축물 및 그 대지에 적용되는 실체적인 규정(건축물의 대지 및 도로, 지역 및 지구안의 건축제한, 특별건축구역)
- 개체규정 : 하나의 건축물에 대한 그 대지의 구조안전, 화재안전, 위생을 확보하기 위하여 적용되는 실체적인 규정(건축물의 구조 및 재료, 건축설비)

● 참고 본 교재에서 사용하는 약자 ●

- 건축법 : 건축법
- 시행령 : 건축법 시행령
- 시행규칙 : 건축법 시행규칙
- 설비기준 : 건축물의 설비기준 등에 관한 규칙
- 피난 · 방화구조 : 건축물의 피난 · 방화구조 등의 기준에 관한 규칙
- 구조기준 : 건축물의 구조기준 등에 관한 규칙

2025 건축법규 강의

01

2025 건축법규 강의

제1편 건축법

출제빈도 ■■■■
중요도 ■■■■■

주요내용

건축법이 지향하는 건축법의 목적과 건축법의 전체 내용을 이해하기 위해 반드시 알아야할 건축법 상의 용어의 정의를 알려준다. 특히 건축법령에서 사용되는 용어의 정의는 일반적으로 국어사전에 나오는 용어나 산업현장에서 통용되는 용어와 다소 차이가 있음으로 이 점을 유의해야 한다.

건축물의 전체 규모를 측정하기 위한 기본적인 내용인 면적 · 높이 및 층수의 산정에 대한 내용을 제시하는 장으로 그 중요도가 매우 높다.

국가자격시험을 준비하는 수험생과 건축계 진출을 준비하고 있는 대학생, 건축법 공부를 시작하는 사회 초년생 모두에게 매우 중요한 장이다.

세부목차

참고용 건축법 목차

CHAPTER 1 제1장 총칙

1-1 건축법의 목적

건축법 **제1조(목적)** 이 법은 건축물의 대지 · 구조 · 설비 기준 및 용도 등을 정하여 건축물의 안전 · 기능 · 환경 및 미관을 향상시킴으로써 공공복리의 증진에 이바지하는 것을 목적으로 한다.

시행령 **제1조(목적)** 이 영은 「건축법」에서 위임된 사항과 그 시행에 필요한 사항을 규정함을 목적으로 한다.

건축법의 제정 목적 및 내용

1) 건축법의 제정 목적

건축물의 안전 · 기능 · 환경 및 미관을 향상시킴으로써 공공복리의 증진에 있다.

2) 건축법의 규정 내용

건축물의 대지 · 구조 · 설비 기준 및 건축물의 용도를 규정한다.

1-2 용어의 정의

1-2-1 대지

건축법 **제2조(정의)** ① 이 법에서 사용하는 용어의 뜻은 다음과 같다.〈개정 2009. 6. 9., 2011. 9. 16., 2012. 1. 17., 2013. 3. 23., 2014. 1. 14., 2014. 5. 28., 2014. 6. 3., 2016. 1. 19., 2016. 2. 3., 2017. 12. 26., 2020. 4. 7.〉

1. "대지(垈地)"란 「공간정보의 구축 및 관리 등에 관한 법률」에 따라 각 필지(筆地)로 나눈 토지를 말한다. 다만, 대통령령으로 정하는 토지는 둘 이상의 *필지를 하나의 대지로 하거나 하나 이상의 필지의 일부를 하나의 대지로 할 수 있다.

*필지: 일반적으로 토지의 단위로, 하나의 지번이 붙는 등록단위를 말함

시행령 제3조(대지의 범위)

① 법 제2조제1항제1호 단서에 따라 둘 이상의 필지를 하나의 대지로 할 수 있는 토지는 다음 각 호와 같다. 〈개정 2009. 12. 14., 2011. 6. 29., 2012. 4. 10., 2013. 11. 20., 2014. 10. 14., 2015. 6. 1., 2016. 5. 17., 2016. 8. 11., 2021. 1. 8., 2024. 6. 18.〉

1. 하나의 건축물을 두 필지 이상에 걸쳐 건축하는 경우: 그 건축물이 건축되는 각 필지의 토지를 합한 토지
2. 「공간정보의 구축 및 관리 등에 관한 법률」 제80조제3항에 따라 합병이 불가능한 경우 중 다음 각 목의 어느 하나에 해당하는 경우: 그 합병이 불가능한 필지의 토지를 합한 토지. 다만, 토지의 소유자가 서로 다르거나 소유권 외의 권리관계가 서로 다른 경우는 제외한다.
   가. 각 필지의 지번부여지역(地番附與地域)이 서로 다른 경우
   나. 각 필지의 도면의 축척이 다른 경우
   다. 서로 인접하고 있는 필지로서 각 필지의 지반(地盤)이 연속되지 아니한 경우
3. 「국토의 계획 및 이용에 관한 법률」 제2조제7호에 따른 도시ㆍ군계획시설(이하 "도시ㆍ군계획시설"이라 한다)에 해당하는 건축물을 건축하는 경우: 그 도시ㆍ군계획시설이 설치되는 일단(一團)의 토지
4. 「주택법」 제15조에 따른 사업계획승인을 받아 주택과 그 부대시설 및 복리시설을 건축하는 경우: 같은 법 제2조제12호에 따른 주택단지(이하 "주택단지"라 한다)
5. 도로의 지표 아래에 건축하는 건축물의 경우: 특별시장ㆍ광역시장ㆍ특별자치시장ㆍ특별자치도지사ㆍ시장ㆍ군수 또는 구청장(자치구의 구청장을 말한다. 이하 같다)이 그 건축물이 건축되는 토지로 정하는 토지
6. 법 제22조에 따른 사용승인을 신청할 때 둘 이상의 필지를 하나의 필지로 합칠 것을 조건으로 건축허가를 하는 경우: 그 필지가 합쳐지는 토지. 다만, 토지의 소유자가 서로 다른 경우는 제외한다.

② 법 제2조제1항제1호 단서에 따라 하나 이상의 필지의 일부를 하나의 대지로 할 수 있는 토지는 다음 각 호와 같다. 〈개정 2012. 4. 10.〉

1. 하나 이상의 필지의 일부에 대하여 도시ㆍ군계획시설이 결정ㆍ고시된 경우: 그 결정ㆍ고시된 부분의 토지
2. 하나 이상의 필지의 일부에 대하여 「농지법」 제34조에 따른 농지전용허가를 받은 경우: 그 허가받은 부분의 토지
3. 하나 이상의 필지의 일부에 대하여 「산지관리법」 제14조에 따른 산지전용허가를 받은 경우: 그 허가받은 부분의 토지

> 4. 하나 이상의 필지의 일부에 대하여 「국토의 계획 및 이용에 관한 법률」 제56조에 따른 개발행위허가를 받은 경우: 그 허가받은 부분의 토지
> 5. 법 제22조에 따른 사용승인을 신청할 때 필지를 나눌 것을 조건으로 건축허가를 하는 경우: 그 필지가 나누어지는 토지 [전문개정 2008. 10. 29.]

대지의 정의 및 규정예외

1) 대지의 정의

대지란 「공간정보의 구축 및 관리 등에 관한 법률」에 따라 각 필지로 나눈 토지를 말한다.

2) 대지 규정의 예외

하나의 건축물이 두 필지 이상에 걸치는 경우 그 건축물이 건축되는 각 필지의 토지를 합한 토지를 하나의 대지로 본다.

그림에서 A필지와 B필지를 하나의 대지로 볼 수 있다.

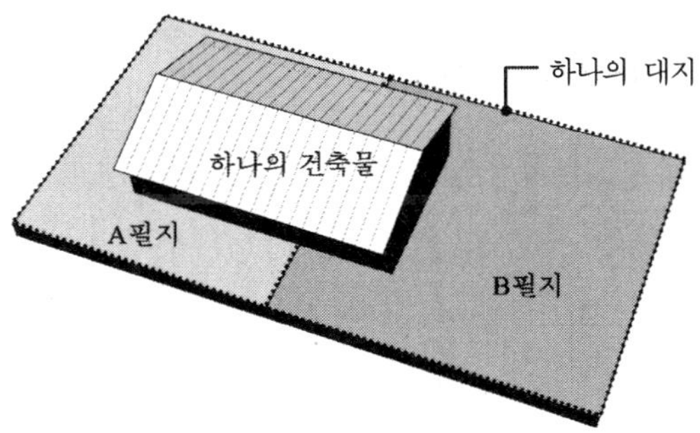

(1) 공간정보의 구축 및 관리 등에 관한 법률에 따라 합병할 수 없는 다음 ①~③의 경우 그 합병이 불가능한 각 필지의 토지를 합한 토지를(하나의) 대지로 본다.(토지소유자가 서로 다르거나 소유권 이외의 권리관계가 서로 다른 경우를 제외)
   ① 각 필지의 지번부여지역(리·동 또는 이에 준하는 지역으로서 지번을 설정하는 단위 지역을 말하며, 민법에서는 지향부여지역이라 함)이 서로 다른 경우
   ② 각 필지의 도면의 축척이 다른 경우
   ③ 서로 인접하고 있는 필지로서 각 필지의 지반이 연속되지 아니한 경우

(2) 국토의 계획 및 이용에 관한 법률의 규정에 의한 도시·군 계획시설에 해당하는 건축물을 건축하는 경우
   해당 도시·군 계획시설이 설치되는 일단의 토지를(하나의) 대지로 본다.

(3) 주택법에 따른 사업계획의 승인을 받아 주택 등을 건축하는 경우
   주택법 제2조 제4호에 따른 주택단지를(하나의) 대지로 본다.

(4) 도로의 지표아래 건축하는 건축물의 경우
   특별시장·광역시장·특별자치시장·특별자치도지사·시장·군수·구청장(자치구의

구청장을 말한다)이 그 건축물이 건축되는 토지로 정하는 토지를(하나의) 대지로 본다.

(5) 사용승인을 신청할 때 하나의 필지로 합필을 조건으로 건축허가를 하는 경우

건축허가 당시에는 하나의 필지가 아니고 둘 이상의 필지였으나 법 제22조에 따라 사용승인(준공필)을 신청할 때 하나의 필지로 합필할 것을 조건으로 하여 건축허가를 하는 경우 그 필지가 합쳐진 토지를 하나의 대지로 볼 수 있다.

(6) 하나 이상의 필지의 일부를 하나의 대지로 할 수 있는 경우

하나 이상의 필지 일부에 대하여			관계법
하나 이상의 필지 일부에 대하여	① 도시계획 시설이 결정 · 고시된 경우	그 결정 · 고시된 부분의 토지	
	② 농지전용허가를 받은 경우	그 허가받은 부분의 토지	농지법
	③ 산지전용허가를 받은 경우	그 허가받은 부분의 토지	산지관리법

1-2-2 건축물

건축법 **제2조(정의)** ① 이 법에서 사용하는 용어의 뜻은 다음과 같다.

2. "건축물"이란 토지에 정착(定着)하는 공작물 중 지붕과 기둥 또는 벽이 있는 것과 이에 딸린 시설물, 지하나 고가(高架)의 공작물에 설치하는 사무소 · 공연장 · 점포 · 차고 · 창고, 그 밖에 대통령령으로 정하는 것을 말한다.

건축법 상 '건축물'의 정의

건축물의 정의를 정리하면, 다음 3가지로 나누어진다.

구분		내용
1	토지에 정착하는 공작물 중	① 지붕과 기둥 또는 벽이 있는 것
		② 위의 ①에 딸린 시설물(대문, 담장 등)
2	지하나 고가의 공작물에 설치하는	사무소, 공연장, 점포, 차고, 창고
3	그 밖에 대통령령으로 정하는 것을 말한다.	건축법 시행령 [별표1]의 용도별 건축물의 종류

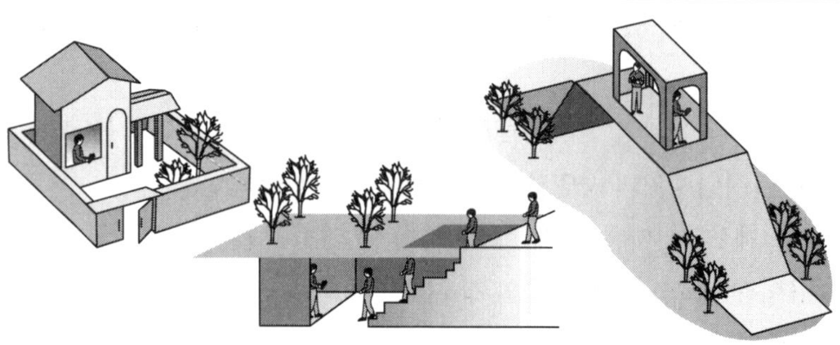

1-2-3 용도

건축법 **제2조(정의)** ① 이 법에서 사용하는 용어의 뜻은 다음과 같다.

3. "건축물의 용도"란 건축물의 종류를 유사한 구조, 이용 목적 및 형태별로 묶어 분류한 것을 말한다.

② 건축물의 용도는 다음과 같이 구분하되, 각 용도에 속하는 건축물의 세부 용도는 대통령령으로 정한다. 〈개정 2013. 7. 16., 2022. 11. 15.〉

1. 단독주택
2. 공동주택
3. 제1종 근린생활시설
4. 제2종 근린생활시설
5. 문화 및 집회시설
6. 종교시설
7. 판매시설
8. 운수시설
9. 의료시설
10. 교육연구시설
11. 노유자(老幼者: 노인 및 어린이)시설
12. 수련시설
13. 운동시설
14. 업무시설
15. 숙박시설
16. 위락(慰樂)시설
17. 공장
18. 창고시설
19. 위험물 저장 및 처리 시설
20. 자동차 관련 시설
21. 동물 및 식물 관련 시설
22. 자원순환 관련 시설
23. 교정(矯正)시설
24. 국방ㆍ군사시설
25. 방송통신시설
26. 발전시설

27. 묘지 관련 시설
28. 관광 휴게시설
29. 그 밖에 대통령령으로 정하는 시설

시행령 **제3조의5(용도별 건축물의 종류)** 법 제2조제2항 각 호의 용도에 속하는 건축물의 종류는 별표 1과 같다.

[별표 1] 〈개정 2017. 2. 3.〉

용도별 건축물의 종류(제3조의5 관련)

1. 단독주택[단독주택의 형태를 갖춘 가정어린이집 · 공동생활가정 · 지역아동센터 및 노인복지시설(노인복지주택은 제외한다)을 포함한다]
   가. 단독주택
   나. 다중주택: 다음의 요건을 모두 갖춘 주택을 말한다.
      1) 학생 또는 직장인 등 여러 사람이 장기간 거주할 수 있는 구조로 되어 있는 것
      2) 독립된 주거의 형태를 갖추지 아니한 것(각 실별로 욕실은 설치할 수 있으나, 취사시설은 설치하지 아니한 것을 말한다. 이하 같다)
      3) 1개 동의 주택으로 쓰이는 바닥면적의 합계가 330제곱미터 이하이고 주택으로 쓰는 층수(지하층은 제외한다)가 3개 층 이하일 것
   다. 다가구주택: 다음의 요건을 모두 갖춘 주택으로서 공동주택에 해당하지 아니하는 것을 말한다.
      1) 주택으로 쓰는 층수(지하층은 제외한다)가 3개 층 이하일 것. 다만, 1층의 전부 또는 일부를 필로티 구조로 하여 주차장으로 사용하고 나머지 부분을 주택 외의 용도로 쓰는 경우에는 해당 층을 주택의 층수에서 제외한다.
      2) 1개 동의 주택으로 쓰이는 바닥면적(부설 주차장 면적은 제외한다. 이하 같다)의 합계가 660제곱미터 이하일 것
      3) 19세대(대지 내 동별 세대수를 합한 세대를 말한다) 이하가 거주할 수 있을 것
   라. 공관(公館)
2. 공동주택[공동주택의 형태를 갖춘 가정어린이집 · 공동생활가정 · 지역아동센터 · 노인복지시설(노인복지주택은 제외한다) 및 「주택법 시행령」 제3조제1항에 따른 원룸형 주택을 포함한다]. 다만, 가목이나 나목에서 층수를 산정할 때 1층 전부를 필로티 구조로 하여 주차장으로 사용하는 경우에는 필로티 부분을 층수에서 제외하고,

다목에서 층수를 산정할 때 1층의 전부 또는 일부를 필로티 구조로 하여 주차장으로 사용하고 나머지 부분을 주택 외의 용도로 쓰는 경우에는 해당 층을 주택의 층수에서 제외하며, 가목부터 라목까지의 규정에서 층수를 산정할 때 지하층을 주택의 층수에서 제외한다.

가. 아파트: 주택으로 쓰는 층수가 5개 층 이상인 주택

나. 연립주택: 주택으로 쓰는 1개 동의 바닥면적(2개 이상의 동을 지하주차장으로 연결하는 경우에는 각각의 동으로 본다) 합계가 660제곱미터를 초과하고, 층수가 4개 층 이하인 주택

다. 다세대주택: 주택으로 쓰는 1개 동의 바닥면적 합계가 660제곱미터 이하이고, 층수가 4개 층 이하인 주택(2개 이상의 동을 지하주차장으로 연결하는 경우에는 각각의 동으로 본다)

라. 기숙사: 학교 또는 공장 등의 학생 또는 종업원 등을 위하여 쓰는 것으로서 1개 동의 공동취사시설 이용 세대 수가 전체의 50퍼센트 이상인 것(「교육기본법」 제27조제2항에 따른 학생복지주택을 포함한다)

3. 제1종 근린생활시설

가. 식품 · 잡화 · 의류 · 완구 · 서적 · 건축자재 · 의약품 · 의료기기 등 일용품을 판매하는 소매점으로서 같은 건축물(하나의 대지에 두 동 이상의 건축물이 있는 경우에는 이를 같은 건축물로 본다. 이하 같다)에 해당 용도로 쓰는 바닥면적의 합계가 1천 제곱미터 미만인 것

나. 휴게음식점, 제과점 등 음료 · 차(茶) · 음식 · 빵 · 떡 · 과자 등을 조리하거나 제조하여 판매하는 시설(제4호너목 또는 제17호에 해당하는 것은 제외한다)로서 같은 건축물에 해당 용도로 쓰는 바닥면적의 합계가 300제곱미터 미만인 것

다. 이용원, 미용원, 목욕장, 세탁소 등 사람의 위생관리나 의류 등을 세탁 · 수선하는 시설(세탁소의 경우 공장에 부설되는 것과 「대기환경보전법」, 「수질 및 수생태계 보전에 관한 법률」 또는 「소음 · 진동관리법」에 따른 배출시설의 설치 허가 또는 신고의 대상인 것은 제외한다)

라. 의원, 치과의원, 한의원, 침술원, 접골원(接骨院), 조산원, 안마원, 산후조리원 등 주민의 진료 · 치료 등을 위한 시설

마. 탁구장, 체육도장으로서 같은 건축물에 해당 용도로 쓰는 바닥면적의 합계가 500제곱미터 미만인 것

바. 지역자치센터, 파출소, 지구대, 소방서, 우체국, 방송국, 보건소, 공공도서관, 건강보험공단 사무소 등 공공업무시설로서 같은 건축물에 해당 용도로 쓰는 바

닥면적의 합계가 1천 제곱미터 미만인 것

사. 마을회관, 마을공동작업소, 마을공동구판장, 공중화장실, 대피소, 지역아동센터(단독주택과 공동주택에 해당하는 것은 제외한다) 등 주민이 공동으로 이용하는 시설

아. 변전소, 도시가스배관시설, 통신용 시설(해당 용도로 쓰는 바닥면적의 합계가 1천제곱미터 미만인 것에 한정한다), 정수장, 양수장 등 주민의 생활에 필요한 에너지공급 · 통신서비스제공이나 급수 · 배수와 관련된 시설

자. 금융업소, 사무소, 부동산중개사무소, 결혼상담소 등 소개업소, 출판사 등 일반업무시설로서 같은 건축물에 해당 용도로 쓰는 바닥면적의 합계가 30제곱미터 미만인 것

4. 제2종 근린생활시설

가. 공연장(극장, 영화관, 연예장, 음악당, 서커스장, 비디오물감상실, 비디오물소극장, 그 밖에 이와 비슷한 것을 말한다. 이하 같다)으로서 같은 건축물에 해당 용도로 쓰는 바닥면적의 합계가 500제곱미터 미만인 것

나. 종교집회장[교회, 성당, 사찰, 기도원, 수도원, 수녀원, 제실(祭室), 사당, 그 밖에 이와 비슷한 것을 말한다. 이하 같다]으로서 같은 건축물에 해당 용도로 쓰는 바닥면적의 합계가 500제곱미터 미만인 것

다. 자동차영업소로서 같은 건축물에 해당 용도로 쓰는 바닥면적의 합계가 1천제곱미터 미만인 것

라. 서점(제1종 근린생활시설에 해당하지 않는 것)

마. 총포판매소

바. 사진관, 표구점

사. 청소년게임제공업소, 복합유통게임제공업소, 인터넷컴퓨터게임시설제공업소, 그 밖에 이와 비슷한 게임 관련 시설로서 같은 건축물에 해당 용도로 쓰는 바닥면적의 합계가 500제곱미터 미만인 것

아. 휴게음식점, 제과점 등 음료 · 차(茶) · 음식 · 빵 · 떡 · 과자 등을 조리하거나 제조하여 판매하는 시설(너목 또는 제17호에 해당하는 것은 제외한다)로서 같은 건축물에 해당 용도로 쓰는 바닥면적의 합계가 300제곱미터 이상인 것

자. 일반음식점

차. 장의사, 동물병원, 동물미용실, 그 밖에 이와 유사한 것

카. 학원(자동차학원 · 무도학원 및 정보통신기술을 활용하여 원격으로 교습하는 것은 제외한다), 교습소(자동차교습 · 무도교습 및 정보통신기술을 활용하여 원격

으로 교습하는 것은 제외한다), 직업훈련소(운전 · 정비 관련 직업훈련소는 제외한다)로서 같은 건축물에 해당 용도로 쓰는 바닥면적의 합계가 500제곱미터 미만인 것

타. 독서실, 기원

파. 테니스장, 체력단련장, 에어로빅장, 볼링장, 당구장, 실내낚시터, 골프연습장, 놀이형시설(「관광진흥법」에 따른 기타유원시설업의 시설을 말한다. 이하 같다) 등 주민의 체육 활동을 위한 시설(제3호마목의 시설은 제외한다)로서 같은 건축물에 해당 용도로 쓰는 바닥면적의 합계가 500제곱미터 미만인 것

하. 금융업소, 사무소, 부동산중개사무소, 결혼상담소 등 소개업소, 출판사 등 일반업무시설로서 같은 건축물에 해당 용도로 쓰는 바닥면적의 합계가 500제곱미터 미만인 것(제1종 근린생활시설에 해당하는 것은 제외한다)

거. 다중생활시설(「다중이용업소의 안전관리에 관한 특별법」에 따른 다중이용업 중 고시원업의 시설로서 국토교통부장관이 고시하는 기준에 적합한 것을 말한다. 이하 같다)로서 같은 건축물에 해당 용도로 쓰는 바닥면적의 합계가 500제곱미터 미만인 것

너. 제조업소, 수리점 등 물품의 제조 · 가공 · 수리 등을 위한 시설로서 같은 건축물에 해당 용도로 쓰는 바닥면적의 합계가 500제곱미터 미만이고, 다음 요건 중 어느 하나에 해당하는 것

1) 「대기환경보전법」, 「수질 및 수생태계 보전에 관한 법률」 또는 「소음 · 진동관리법」에 따른 배출시설의 설치 허가 또는 신고의 대상이 아닌 것

2) 「대기환경보전법」, 「수질 및 수생태계 보전에 관한 법률」 또는 「소음 · 진동관리법」에 따른 배출시설의 설치 허가 또는 신고의 대상 시설이나 귀금속 · 장신구 및 관련 제품 제조시설로서 발생되는 폐수를 전량 위탁처리하는 것

더. 단란주점으로서 같은 건축물에 해당 용도로 쓰는 바닥면적의 합계가 150제곱미터 미만인 것

러. 안마시술소, 노래연습장

5. 문화 및 집회시설

가. 공연장으로서 제2종 근린생활시설에 해당하지 아니하는 것

나. 집회장[예식장, 공회당, 회의장, 마권(馬券) 장외 발매소, 마권 전화투표소, 그 밖에 이와 비슷한 것을 말한다]으로서 제2종 근린생활시설에 해당하지 아니하는 것

다. 관람장(경마장, 경륜장, 경정장, 자동차 경기장, 그 밖에 이와 비슷한 것과 체육관 및 운동장으로서 관람석의 바닥면적의 합계가 1천 제곱미터 이상인 것을 말한다)

라. 전시장(박물관, 미술관, 과학관, 문화관, 체험관, 기념관, 산업전시장, 박람회장, 그 밖에 이와 비슷한 것을 말한다)

마. 동 · 식물원(동물원, 식물원, 수족관, 그 밖에 이와 비슷한 것을 말한다)

6. 종교시설

가. 종교집회장으로서 제2종 근린생활시설에 해당하지 아니하는 것

나. 종교집회장(제2종 근린생활시설에 해당하지 아니하는 것을 말한다)에 설치하는 봉안당(奉安堂)

7. 판매시설

가. 도매시장(「농수산물유통 및 가격안정에 관한 법률」에 따른 농수산물도매시장, 농수산물공판장, 그 밖에 이와 비슷한 것을 말하며, 그 안에 있는 근린생활시설을 포함한다)

나. 소매시장(「유통산업발전법」 제2조제3호에 따른 대규모 점포, 그 밖에 이와 비슷한 것을 말하며, 그 안에 있는 근린생활시설을 포함한다)

다. 상점(그 안에 있는 근린생활시설을 포함한다)으로서 다음의 요건 중 어느 하나에 해당하는 것

1) 제3호가목에 해당하는 용도(서점은 제외한다)로서 제1종 근린생활시설에 해당하지 아니하는 것

2) 「게임산업진흥에 관한 법률」 제2조제6호의2가목에 따른 청소년게임제공업의 시설, 같은 호 나목에 따른 일반게임제공업의 시설, 같은 조 제7호에 따른 인터넷컴퓨터게임시설제공업의 시설 및 같은 조 제8호에 따른 복합유통게임제공업의 시설로서 제2종 근린생활시설에 해당하지 아니하는 것

8. 운수시설

가. 여객자동차터미널

나. 철도시설

다. 공항시설

라. 항만시설

마. 삭제 〈2009.7.16〉

9. 의료시설

가. 병원(종합병원, 병원, 치과병원, 한방병원, 정신병원 및 요양병원을 말한다)

나. 격리병원(전염병원, 마약진료소, 그 밖에 이와 비슷한 것을 말한다)

10. 교육연구시설(제2종 근린생활시설에 해당하는 것은 제외한다)
  가. 학교(유치원, 초등학교, 중학교, 고등학교, 전문대학, 대학, 대학교, 그 밖에 이에 준하는 각종 학교를 말한다)
  나. 교육원(연수원, 그 밖에 이와 비슷한 것을 포함한다)
  다. 직업훈련소(운전 및 정비 관련 직업훈련소는 제외한다)
  라. 학원(자동차학원 · 무도학원 및 정보통신기술을 활용하여 원격으로 교습하는 것은 제외한다)
  마. 연구소(연구소에 준하는 시험소와 계측계량소를 포함한다)
  바. 도서관
11. 노유자시설
  가. 아동 관련 시설(어린이집, 아동복지시설, 그 밖에 이와 비슷한 것으로서 단독주택, 공동주택 및 제1종 근린생활시설에 해당하지 아니하는 것을 말한다)
  나. 노인복지시설(단독주택과 공동주택에 해당하지 아니하는 것을 말한다)
  다. 그 밖에 다른 용도로 분류되지 아니한 사회복지시설 및 근로복지시설
12. 수련시설
  가. 생활권 수련시설(「청소년활동진흥법」에 따른 청소년수련관, 청소년문화의집, 청소년특화시설, 그 밖에 이와 비슷한 것을 말한다)
  나. 자연권 수련시설(「청소년활동진흥법」에 따른 청소년수련원, 청소년야영장, 그 밖에 이와 비슷한 것을 말한다)
  다. 「청소년활동진흥법」에 따른 유스호스텔
  라. 「관광진흥법」에 따른 야영장 시설로서 제29호에 해당하지 아니하는 시설
13. 운동시설
  가. 탁구장, 체육도장, 테니스장, 체력단련장, 에어로빅장, 볼링장, 당구장, 실내낚시터, 골프연습장, 놀이형시설, 그 밖에 이와 비슷한 것으로서 제1종 근린생활시설 및 제2종 근린생활시설에 해당하지 아니하는 것
  나. 체육관으로서 관람석이 없거나 관람석의 바닥면적이 1천제곱미터 미만인 것
  다. 운동장(육상장, 구기장, 볼링장, 수영장, 스케이트장, 롤러스케이트장, 승마장, 사격장, 궁도장, 골프장 등과 이에 딸린 건축물을 말한다)으로서 관람석이 없거나 관람석의 바닥면적이 1천 제곱미터 미만인 것
14. 업무시설
  가. 공공업무시설: 국가 또는 지방자치단체의 청사와 외국공관의 건축물로서 제1종 근린생활시설에 해당하지 아니하는 것

나. 일반업무시설: 다음 요건을 갖춘 업무시설을 말한다.

1) 금융업소, 사무소, 결혼상담소 등 소개업소, 출판사, 신문사, 그 밖에 이와 비슷한 것으로서 제1종 근린생활시설 및 제2종 근린생활시설에 해당하지 않는 것

2) 오피스텔(업무를 주로 하며, 분양하거나 임대하는 구획 중 일부 구획에서 숙식을 할 수 있도록 한 건축물로서 국토교통부장관이 고시하는 기준에 적합한 것을 말한다)

15. 숙박시설

가. 일반숙박시설 및 생활숙박시설

나. 관광숙박시설(관광호텔, 수상관광호텔, 한국전통호텔, 가족호텔, 호스텔, 소형호텔, 의료관광호텔 및 휴양 콘도미니엄)

다. 다중생활시설(제2종 근린생활시설에 해당하지 아니하는 것을 말한다)

라. 그 밖에 가목부터 다목까지의 시설과 비슷한 것

16. 위락시설

가. 단란주점으로서 제2종 근린생활시설에 해당하지 아니하는 것

나. 유흥주점이나 그 밖에 이와 비슷한 것

다. 「관광진흥법」에 따른 유원시설업의 시설, 그 밖에 이와 비슷한 시설(제2종 근린생활시설과 운동시설에 해당하는 것은 제외한다)

라. 삭제 〈2010.2.18〉

마. 무도장, 무도학원

바. 카지노영업소

17. 공장

물품의 제조 · 가공[염색 · 도장(塗裝) · 표백 · 재봉 · 건조 · 인쇄 등을 포함한다] 또는 수리에 계속적으로 이용되는 건축물로서 제1종 근린생활시설, 제2종 근린생활시설, 위험물저장 및 처리시설, 자동차 관련 시설, 자원순환 관련 시설 등으로 따로 분류되지 아니한 것

18. 창고시설(위험물 저장 및 처리 시설 또는 그 부속용도에 해당하는 것은 제외한다)

가. 창고(물품저장시설로서 「물류정책기본법」에 따른 일반창고와 냉장 및 냉동 창고를 포함한다)

나. 하역장

다. 「물류시설의 개발 및 운영에 관한 법률」에 따른 물류터미널

라. 집배송 시설

19. 위험물 저장 및 처리 시설

「위험물안전관리법」, 「석유 및 석유대체연료 사업법」, 「도시가스사업법」, 「고압가스 안전관리법」, 「액화석유가스의 안전관리 및 사업법」, 「총포·도검·화약류 등 단속법」, 「유해화학물질 관리법」 등에 따라 설치 또는 영업의 허가를 받아야 하는 건축물로서 다음 각 목의 어느 하나에 해당하는 것. 다만, 자가난방, 자가발전, 그 밖에 이와 비슷한 목적으로 쓰는 저장시설은 제외한다.

가. 주유소(기계식 세차설비를 포함한다) 및 석유 판매소

나. 액화석유가스 충전소·판매소·저장소(기계식 세차설비를 포함한다)

다. 위험물 제조소·저장소·취급소

라. 액화가스 취급소·판매소

마. 유독물 보관·저장·판매시설

바. 고압가스 충전소·판매소·저장소

사. 도료류 판매소

아. 도시가스 제조시설

자. 화약류 저장소

차. 그 밖에 가목부터 자목까지의 시설과 비슷한 것

20. 자동차 관련 시설(건설기계 관련 시설을 포함한다)

가. 주차장

나. 세차장

다. 폐차장

라. 검사장

마. 매매장

바. 정비공장

사. 운전학원 및 정비학원(운전 및 정비 관련 직업훈련시설을 포함한다)

아. 「여객자동차 운수사업법」, 「화물자동차 운수사업법」 및 「건설기계관리법」에 따른 차고 및 주기장(駐機場)

21. 동물 및 식물 관련 시설

가. 축사(양잠·양봉·양어시설 및 부화장 등을 포함한다)

나. 가축시설[가축용 운동시설, 인공수정센터, 관리사(管理舍), 가축용 창고, 가축시장, 동물검역소, 실험동물 사육시설, 그 밖에 이와 비슷한 것을 말한다]

다. 도축장

라. 도계장

마. 작물 재배사
바. 종묘배양시설
사. 화초 및 분재 등의 온실
아. 식물과 관련된 마목부터 사목까지의 시설과 비슷한 것(동 · 식물원은 제외한다)

22. 자원순환 관련 시설
가. 하수 등 처리시설
나. 고물상
다. 폐기물재활용시설
라. 폐기물 처분시설
마. 폐기물감량화시설

23. 교정 및 군사 시설(제1종 근린생활시설에 해당하는 것은 제외한다)
가. 교정시설(보호감호소, 구치소 및 교도소를 말한다)
나. 갱생보호시설, 그 밖에 범죄자의 갱생 · 보육 · 교육 · 보건 등의 용도로 쓰는 시설
다. 소년원 및 소년분류심사원
라. 국방 · 군사시설

24. 방송통신시설(제1종 근린생활시설에 해당하는 것은 제외한다)
가. 방송국(방송프로그램 제작시설 및 송신 · 수신 · 중계시설을 포함한다)
나. 전신전화국
다. 촬영소
라. 통신용 시설
마. 그 밖에 가목부터 라목까지의 시설과 비슷한 것

25. 발전시설
발전소(집단에너지 공급시설을 포함한다)로 사용되는 건축물로서 제1종 근린생활시설에 해당하지 아니하는 것

26. 묘지 관련 시설
가. 화장시설
나. 봉안당(종교시설에 해당하는 것은 제외한다)
다. 묘지와 자연장지에 부수되는 건축물
라. 동물화장시설, 동물건조장(乾燥葬)시설 및 동물 전용의 납골시설

27. 관광 휴게시설
가. 야외음악당
나. 야외극장

다. 어린이회관

라. 관망탑

마. 휴게소

바. 공원 · 유원지 또는 관광지에 부수되는 시설

28. 장례시설

가. 장례식장[의료시설의 부수시설(「의료법」 제36조제1호에 따른 의료기관의 종류에 따른 시설을 말한다)에 해당하는 것은 제외한다]

나. 동물 전용의 장례식장

29. 야영장 시설

「관광진흥법」에 따른 야영장 시설로서 관리동, 화장실, 샤워실, 대피소, 취사시설 등의 용도로 쓰는 바닥면적의 합계가 300제곱미터 미만인 것

1-2-4 건축설비

건축법 제2조(정의) ① 이 법에서 사용하는 용어의 뜻은 다음과 같다.

4. "건축설비"란 건축물에 설치하는 전기 · 전화 설비, 초고속 정보통신 설비, 지능형 홈네트워크 설비, 가스 · 급수 · 배수(配水) · 배수(排水) · 환기 · 난방 · 냉방 · 소화(消火) · 배연(排煙) 및 오물처리의 설비, 굴뚝, 승강기, 피뢰침, 국기 게양대, 공동시청 안테나, 유선방송 수신시설, 우편함, 저수조(貯水槽), 방범시설 그 밖에 *국토교통부령으로 정하는 설비를 말한다.

*여기에서 말하는 국토교통부령은 '건축물의 설비기준 등에 관한 규칙' 을 말함

건축설비에 관한 법령

건축설비에 관한 대부분의 내용은 건축법 제7장 건축설비 부분에서 다루고 있으며, 특히 국토교통부령인 '건축물의 설비기준 등' 에서 각각의 건축설비 부분인 승강기, 건축물의 냉방설비, 개별 난방설비, 배연설비, 피뢰설비 등을 자세히 다루고 있다.

1-2-5 지하층

건축법 제2조(정의) ① 이 법에서 사용하는 용어의 뜻은 다음과 같다.

5. "지하층"이란 건축물의 바닥이 지표면 아래에 있는 층으로서 바닥에서 지표면까지 평균높이가 해당 층 높이의 2분의 1 이상인 것을 말한다.

지하층의 해설

1) 지하층의 중요성

지하층인지 또는 지상층 인지를 결정하는 것은 법 적용에 있어서 매우 중요하다.

건축물의 전체 용적을 제한하는 용적률 산정 시 지하층의 면적은 전체 연면적에서 제외되고, 건축물의 층수 산정 시에도 지하층은 제외된다. 더불어 피난을 위한 각종 규제에 대해 지하층과 지상층은 서로 다른 규정을 적용받게 된다. 따라서 이러한 모든 법 적용에 기본이 되는 지하층 여부의 판단은 매우 중요하다.

2) 지하층의 정의

'지하층' 이란 건축물의 바닥이 지표면 아래에 있는 층으로 바닥에서 지표면까지의 평균높이 가 해당 층높이 H의 1/2 이상인 것을 말한다.

$$h \geqq 1/2H$$

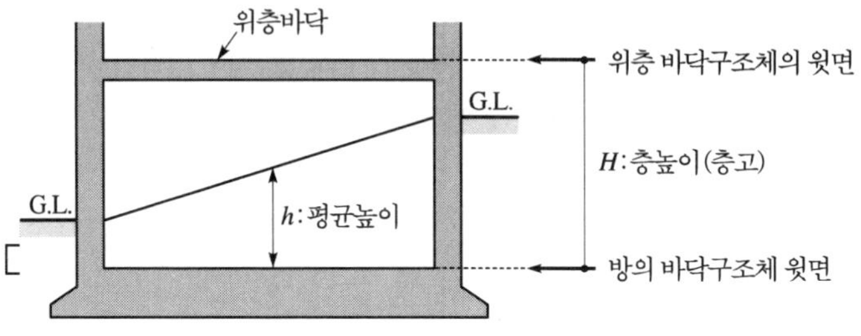

3) 층높이

여기에서 말하는 층높이란, 건축법 시행령에 따른 '층고(層高)' 와 같은 개념으로 방의 바닥구조체 윗면으로부터 윗층 바닥구조체의 윗면까지의 높이로 산정한다.

1-2-6 거실

건축법 **제2조(정의)** ① 이 법에서 사용하는 용어의 뜻은 다음과 같다.
6. "거실"이란 건축물 안에서 거주, 집무, 작업, 집회, 오락, 그 밖에 이와 유사한 목적을 위하여 사용되는 방을 말한다.

건축법상 '거실'

1) '거실' 용어 사용의 혼돈

흔히 우리가 사용하는 '거실'이라는 용어는 주택에서 가족들의 단란을 위한 공간인 거실(living room)을 지칭한다. 그러나 건축법에서 말하는 '거실'은 오랜 시간을 머무는 방, '거(居)-하는 실(室)'을 말한다. 즉, 오랜 시간을 머물게 하는 활동으로는 사람이 거주하는 공간이나 사무실에서 근무하는 집무, 공장 등에서의 작업, 오랜 시간 즐기는 오락 등이 있다. 건축법에서 이야기하는 '거실'이란 이와 같이 오랜 시간을 머무르게 하는 활동을 하는 곳과 그 밖에 이와 유사한 목적을 위해 사람들이 오랜 시간 머무는 공간을 총칭한다.

2) 건축법상 거실로 보는 것

구분	내용
건축법상 거실	거주 · 집무 · 작업 · 집회 · 오락 등의 목적에 사용되는 방
거실로 보는 것	주　택 → 침실 · 서재 · 대청 · 응접실 · 주방 · 식당 · 가사실 등 사무소 → 사무실 · 응접실 · 역원실 · 회의실 · 숙직실 등 점　포 → 매장 · 사무실 · 조리실 등 공　장 → 작업장 · 식당 · 사무실 · 휴게실 등 병　원 → 병실 · 진찰실 · 수술실 · 간호사실 · 의사실 등
거실이 아닌 것	현관 · 복도 · 계단 · 화장실 · 세면소 · 기계실 · 차고 · 갱의실 · 창고 등

1-2-7 주요구조부

건축법 **제2조(정의)** ① 이 법에서 사용하는 용어의 뜻은 다음과 같다.
7. "주요구조부"란 내력벽(耐力壁), 기둥, 바닥, 보, 지붕틀 및 주계단(主階段)을 말한다. 다만, 사이 기둥, 최하층 바닥, 작은 보, 차양, 옥외 계단, 그 밖에 이와 유사한 것으로 건축물의 구조상 중요하지 아니한 부분은 제외한다.

건축법에서의 주요구조부

1) 건축구조상 주요구조부와 건축법상 주요구조부의 차이

일반적으로 '주요구조부'라는 용어를 들으면, 구조상의 주요 구조체를 연상한다.

물론 법에서 말하는 '주요구조부' 역시 건물의 골조를 이루는 주요 구조체인 내력벽 · 기둥 · 바닥 · 보 · 지붕틀 및 주계단을 말한다.

그러나 법에서 말하는 '주요구조체'는 건축물의 공간을 구성하는 주요 부분이며, 동시에 주로 해체하여 수선, 변경하는 경우와 방화 · 내화 등에 대하여 안전을 확보하기 위한 주요 부분의 의미도 갖는다. 따라서, 건축구조상 매우 중요한 부분인 기초는 그 구조적 역할이 매우 중요함에도 불구하고, 땅 속에 있는 구조부로서 방화 상 규제가 필요가 없으므로 건축법상 주요구조부에서 제외하고 있다.

2) 주요구조부와 주요구조부가 아닌 것

주요구조부인 것	주요구조부가 아닌 것
내력벽	비내력벽
기둥	사이기둥
바닥(slab)	최하층바닥
보(girder)	작은보(beam)
지붕틀(truss)	차양
주계단	옥외계단
×	기초

1-2-8 건축 및 결합건축

건축법 **제2조(정의)** ① 이 법에서 사용하는 용어의 뜻은 다음과 같다.

8. "건축"이란 건축물을 신축 · 증축 · 개축 · 재축(再築)하거나 건축물을 이전하는 것을 말한다.

8의2. "결합건축"이란 제56조에 따른 용적률을 개별 대지마다 적용하지 아니하고, 2개 이상의 대지를 대상으로 통합적용하여 건축물을 건축하는 것을 말한다.

시행령 **제2조(정의)** 이 영에서 사용하는 용어의 뜻은 다음과 같다.〈개정 2009. 7. 16., 2010. 2. 18., 2011. 12. 8., 2011. 12. 30., 2013. 3. 23., 2014. 11. 11., 2014. 11. 28., 2015. 9. 22., 2016. 1. 19., 2016. 5. 17., 2016. 6. 30., 2016. 7. 19., 2017. 2. 3., 2018. 9. 4., 2020. 4. 28.〉

1. "신축"이란 건축물이 없는 대지(기존 건축물이 해체되거나 멸실된 대지를 포함한다)에 새로 건축물을 축조(築造)하는 것[부속건축물만 있는 대지에 새로 주된 건축물을 축조하는 것을 포함하되, 개축(改築) 또는 재축(再築)하는 것은 제외한다]을 말한다.
2. "증축"이란 기존 건축물이 있는 대지에서 건축물의 건축면적, 연면적, 층수 또는 높이를 늘리는 것을 말한다.
3. "개축"이란 기존 건축물의 전부 또는 일부[내력벽 · 기둥 · 보 · 지붕틀(제16호에 따른 한옥의 경우에는 지붕틀의 범위에서 서까래는 제외한다) 중 셋 이상이 포함되는 경우를 말한다]를 해체하고 그 대지에 종전과 같은 규모의 범위에서 건축물을 다시 축조하는 것을 말한다.
4. "재축"이란 건축물이 천재지변이나 그 밖의 재해(災害)로 멸실된 경우 그 대지에 다음 각 목의 요건을 모두 갖추어 다시 축조하는 것을 말한다.

가. 연면적 합계는 종전 규모 이하로 할 것

나. 동(棟)수, 층수 및 높이는 다음의 어느 하나에 해당할 것

1) 동수, 층수 및 높이가 모두 종전 규모 이하일 것

2) 동수, 층수 또는 높이의 어느 하나가 종전 규모를 초과하는 경우에는 해당 동수, 층수 및 높이가 「건축법」(이하 "법"이라 한다), 이 영 또는 건축조례(이하 "법령등"이라 한다)에 모두 적합할 것

3) 건축행위 도해

4) 결합건축의 정의

건축법제56조에 따른 용적률을 개별 대지마다 적용하지 아니하고, 2개 이상의 대지를 대상으로 통합적용하여 건축물을 건축하는 것을 의미함

5. "이전"이란 건축물의 주요구조부를 해체하지 아니하고 같은 대지의 다른 위치로 옮기는 것을 말한다.

'건축'의 의미 및 건축행위의 종류

1) '건축'의 의미

본 건축법에서 말하는 '건축'이라 함은 흔히 일반적으로 말하는 건축(architecture)의 의미로 사용되는 것이 아니라, 건물을 축조하는 행위를 지칭하는 것이다.

즉, 건축법에서는 건물을 축조하는 행위의 정도에 따라 크게 '건축'과 '대수선'으로 나눠 법을 적용하고 있다. 이외 법적 대상이 아닌 더 적은 범위의 행위는 '수선'이라 할 수 있다.

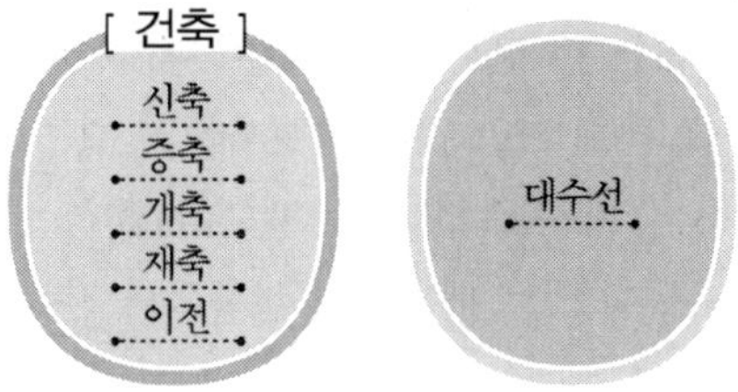

2) 건축법에서의 건축행위의 종류

(1) 신축(新築)

신축이란 다음의 어느 하나에 해당하는 것이다.

① 건축물이 없는 대지에 새로 건축물을 축조하는 것

② 부속건축물만 있는 대지에 새로 건축물을 축조하는 것

③ 기존 건축물을 철거하고, 그 대지에 종전의 기존 건축물 규모를 초과하여 다시 축조하는 것

(2) 증축(增築)

증축이란 기존건축물이 있는 대지에서 건축물의 건축면적, 연면적, 층수 또는 높이를 증가시키는 행위

(3) 개축(改築)

개축이란 다음의 어느 하나에 해당하는 것을 말한다.

① 기존건축물의 전부를 철거하고, 그 대지에 종전의 기존건축물 규모 안에서 다시 축조하는 것

② 기존건축물의 내력벽 · 기둥 · 보 및 지붕틀 중 셋 이상을 포함한 일부를 철거하고 그 대지에 종전의 기존건축물 규모 안에서 건축물을 다시 축조하는 것

(4) 재축(再築)

재축이란 천재지변이나 재해로 멸실된 경우에 그 대지에 기존건축물 규모안에서 다시 축조는 것으로 재축과 개축은 결과적으로 동일한 축조이나, 개축은 자의(自意) 또는 기타 행위에 의하여 건축물을 철거하고 다시 축조하는 것이고, 재축은 재난 등으로 인해 멸실된 건축물을 타의에 의하여 축조하는 점에서 서로 다르다.

(5) 이전(移轉)

이전이란 건축물의 주요구조부를 해체하지 아니하고 같은 대지의 다른 위치로 변경하는 것을 뜻한다. 건축물의 위치를 다른 대지의 위치로 바꾸는 경우 그 다른 대지에 대하여 그 다른 대지가 건축물이 없는 대지이면 신축이 되고, 기존 건축물이 있는 대지이면 증축으로 해석된다.

3) 건축행위 도해

건축법상 정의	행위이전	행위이후
신 축	공지(空地)	건축물을 새로 축조
	부속건축물만 있음	주된 건축물을 새로 축조 부속건축물
	기존건축물	기존건축물을 자의로 철거하고 종전의 규모를 초과하여 건축물을 축조
	기존건축물	기존건축물이 재해로 멸실되어 종전의 규모를 초과하여 건축물을 축조
	갑의 대지 C 이동 을의 대지	C 건축물이 없는 갑의 대지로 을의 대지에 있던 기존건축물 C를 옮김
증 축	기존건축물	기존 건축물에 연결하여 건축물을 새로 축조
	기존건축물	기존 건축물과 별동으로 건축물을 새로 축조
	갑의 대지 A B 이동 을의 대지	B A 기존건축물 A가 있는 갑의 대지로 을의 대지에 있던 기존건축물 B를 옮김
개 축	기존건축물	기존건축물을 자의로 철거하고 종전의 규모와 동일한 범위에서 건축물을 축조 (기존건축물의 내력벽 · 기둥 · 보 및 지붕틀 중 셋 이상을 포함한 일부를 철거)
재 축	기존건축물	기존건축물이 재해로 멸실되어 종전의 규모와 같은 범위에서 건축물을 축조
이 전	기존건축물	이동 기존건축물의 주요구조부를 해체 하지 아니하고 같은 대지의 다른 위치로 옮김

4) 결합건축의 정의

건축법제56조에 따른 용적률을 개별 대지마다 적용하지 아니하고, 2개 이상의 대지를 대상으로 통합적용하여 건축물을 건축하는 것을 의미함

1-2-9 대수선

건축법 **제2조(정의)** ① 이 법에서 사용하는 용어의 뜻은 다음과 같다.

9. "대수선"이란 건축물의 기둥, 보, 내력벽, 주계단 등의 구조나 외부 형태를 수선·변경하거나 증설하는 것으로서 대통령령으로 정하는 것을 말한다.

시행령 **제3조의2(대수선의 범위)** 법 제2조제1항제9호에서 "대통령령으로 정하는 것"이란 다음 각 호의 어느 하나에 해당하는 것으로서 증축·개축 또는 재축에 해당하지 아니하는 것을 말한다.〈개정 2010. 2. 18., 2014. 11. 28.〉

1. 내력벽을 증설 또는 해체하거나 그 벽면적을 30제곱미터 이상 수선 또는 변경하는 것
2. 기둥을 증설 또는 해체하거나 세 개 이상 수선 또는 변경하는 것
3. 보를 증설 또는 해체하거나 세 개 이상 수선 또는 변경하는 것
4. 지붕틀(한옥의 경우에는 지붕틀의 범위에서 서까래는 제외한다)을 증설 또는 해체하거나 세 개 이상 수선 또는 변경하는 것
5. 방화벽 또는 방화구획을 위한 바닥 또는 벽을 증설 또는 해체하거나 수선 또는 변경하는 것
6. 주계단·피난계단 또는 특별피난계단을 증설 또는 해체하거나 수선 또는 변경하는 것
7. 삭제 〈2019. 10. 22.〉
8. 다가구주택의 가구 간 경계벽 또는 다세대주택의 세대 간 경계벽을 증설 또는 해체하거나 수선 또는 변경하는 것
9. 건축물의 외벽에 사용하는 마감재료(법 제52조제2항에 따른 마감재료를 말한다)를 증설 또는 해체하거나 벽면적 30제곱미터 이상 수선 또는 변경하는 것

[전문개정 2008. 10. 29.]

대수선의 설명

1) 대수선

대수선이란 다음 어느 하나에 해당하는 것으로서 증축·개축 또는 재축에 해당하지 아니하는 것

①	내력벽을 증설 또는 해체하거나	내력벽의 벽 면적을 30㎡ 이상	수선 또는 변경하는 것
②	기둥을 증설 또는 해체하거나	기둥을 세 개 이상	
③	보를 증설 또는 해체하거나	보를 세 개 이상	
④	지붕틀을 증설 또는 해체하거나	지붕틀을 세 개 이상	
⑤	방화벽 또는 방화구획을 위한 바닥 또는 벽을 증설 또는 해체하거나		
⑥	주계단 · 피난계단 또는 특별피난계단을 증설 또는 해체하거나		
⑦	다가구주택의 가구 간 경계벽 또는 다세대주택의 세대 간 경계벽을 증설 또는 해체하거나		

2) 대수선과 개축의 구분

개축은 내력벽, 기둥, 보, 지붕틀 중 3개소 이상을 포함하여 수선 또는 변경하는 것이며, 대수선은 이중 2개소 이하를 수선 또는 변경하는 것을 말하는 것으로 대수선의 범위가 커지면 개축이 된다.

사례 \ 변경부위	내력벽	기둥	보	지붕틀	총 행위개소	건축행위
A 경우의 변경 개소		2개		1개	2	수선
B 경우의 변경 개소			3개		1	대수선
C 경우의 변경 개소	25㎡	1개	2개	2개	4	개축

1-2-10 리모델링

건축법 **제2조(정의)** ① 이 법에서 사용하는 용어의 뜻은 다음과 같다.

10. "리모델링"이란 건축물의 노후화를 억제하거나 기능 향상 등을 위하여 대수선하거나 건축물의 일부를 증축 또는 개축하는 행위를 말한다.

1-2-11 도로

건축법 **제2조(정의)** 이 법에서 사용하는 용어의 뜻은 다음과 같다.

11. "도로"란 보행과 자동차 통행이 가능한 너비 4미터 이상의 도로(지형적으로 자동차 통행이 불가능한 경우와 막다른 도로의 경우에는 대통령령으로 정하는 구조와 너비의 도로)로서 다음 각 목의 어느 하나에 해당하는 도로나 그 예정도로를 말한다.

   가. 「국토의 계획 및 이용에 관한 법률」, 「도로법」, 「사도법」, 그 밖의 관계 법령에 따라 신설 또는 변경에 관한 고시가 된 도로

나. 건축허가 또는 신고 시에 특별시장 · 광역시장 · 도지사 · 특별자치시장 · 특별자치도지사(이하 "시 · 도지사"라 한다) 또는 시장 · 군수 · 구청장(자치구의 구청장을 말한다. 이하 같다)이 위치를 지정하여 공고한 도로

시행령 **제3조의3(지형적 조건 등에 따른 도로의 구조와 너비)** 법 제2조 제1항 제11호 각 목 외의 부분에서 "대통령령으로 정하는 구조와 너비의 도로"란 다음 각 호의 어느 하나에 해당하는 도로를 말한다.

1. 특별자치시장 · 특별자치도지사 또는 시장 · 군수 · 구청장이 지형적 조건으로 인하여 차량 통행을 위한 도로의 설치가 곤란하다고 인정하여 그 위치를 지정 · 공고하는 구간의 너비 3미터 이상(길이가 10미터 미만인 막다른 도로인 경우에는 너비 2미터 이상)인 도로
2. 제1호에 해당하지 아니하는 막다른 도로로서 그 도로의 너비가 그 길이에 따라 각각 다음 표에 정하는 기준 이상인 도로

막다른 도로의 길이	도로의 너비
10미터 미만	2미터
10미터 이상 35미터 미만	3미터
35미터 이상	6미터(도시지역이 아닌 읍 · 면 지역은 4미터)

도로의 정의와 종류

1) 도로의 정의와 적용

건축법상 '도로'란 평상시 건축물의 이용에 지장이 없도록 보행 및 자동차 통행이 가능한 너비 4m 이상의 도로로 규정하고 있으나, 개설되지 않은 예정도로의 경우에도 관계법령에 의해 새로 신설 또는 변경에 관한 고시가 된 경우 건축법상의 도로로 인정한다. 그러나 현재 그 대지 안으로 출입할 수 있는 사실상의 통로가 없으면 건축허가를 받을 수 없다.

2) 도로의 종류와 규정

(1) 통과도로

보행 및 자동차 통행이 가능한 너비 4m 이상의 도로로 다음 중 어느 하나에 해당하는 도로 또는 예정도로

구분		도로
①	'국토의 계획 및 이용에 관한 법률' · '도로법' · '사도법' 기타 관계법령에 따라	신설 또는 변경에 관한 고시가 된 도로
②	건축허가 또는 신고 시	특별시장 · 광역시장 · 도지사 · 특별자치 도지사 또는 시장 · 군수 · 구청장이 그 위치를 지정하여 공고한 도로

(2) 지형적 조건 등으로 차량통행을 위한 도로의 설치가 곤란한 경우

도로의 설치가 곤란하다고 인정하여 시장 · 군수 · 구청장이 그 위치를 지정 · 공고하는 구간안의 너비 3m 이상(길이가 10m 미만인 막다른 도로는 너비 2m 이상)인 도로

(3) 막다른 도로

당해 도로의 너비가 그 길이에 따라 다음 표에 정하는 기준 이상인 도로

막다른 도로의 길이		도로의 너비
①	10m 미만	2m
②	10m 이상 35m 미만	3m
③	35m 이상	6m(도시지역이 아닌 읍 · 면지역은 4m)

1-2-12 건축주, 설계자, 공사감리자, 공사시공자 및 관계전문기술자

건축법 **제2조(정의)** ① 이 법에서 사용하는 용어의 뜻은 다음과 같다.

12. "건축주"란 건축물의 건축 · 대수선 · 용도변경, 건축설비의 설치 또는 공작물의 축조(이하 "건축물의 건축 등"이라 한다)에 관한 공사를 발주하거나 현장 관리인을 두어 스스로 그 공사를 하는 자를 말한다.
13. "설계자"란 자기의 책임(보조자의 도움을 받는 경우를 포함한다)으로 설계도서를 작성하고 그 설계도서에서 의도하는 바를 해설하며, 지도하고 자문에 응하는 자를 말한다.

건축법 **제2조(정의)**

15. "공사감리자"란 자기의 책임(보조자의 도움을 받는 경우를 포함한다)으로 이 법으로 정하는 바에 따라 건축물, 건축설비 또는 공작물이 설계도서의 내용대로 시공되는지를 확인하고, 품질관리 · 공사관리 · 안전관리 등에 대하여 지도 · 감독하는 자를 말한다.
16. "공사시공자"란 「건설산업기본법」 제2조 제4호에 따른 건설공사를 하는 자를 말한다.

16의2. "건축물의 유지 · 관리"란 건축물의 소유자나 관리자가 사용 승인된 건축물의 대지 · 구조 · 설비 및 용도 등을 지속적으로 유지하기 위하여 건축물이 멸실될 때까지 관리하는 행위를 말한다.

17. "관계전문기술자"란 건축물의 구조 · 설비 등 건축물과 관련된 전문기술자격을 보유하고 설계와 공사감리에 참여하여 설계자 및 공사감리자와 협력하는 자를 말한다.

1-2-13 설계도서

건축법 **제2조(정의)** ① 이 법에서 사용하는 용어의 뜻은 다음과 같다.

14. "설계도서"란 건축물의 건축 등에 관한 공사용 도면, 구조 계산서, 시방서(示方書), 그 밖에 국토교통부령으로 정하는 공사에 필요한 서류를 말한다.

시행규칙 **제1조의2(설계도서의 범위)** 「건축법」(이하 "법"이라 한다) 제2조 제14호에서 "그 밖에 국토교통부령으로 정하는 공사에 필요한 서류"란 다음 각 호의 서류를 말한다.

1. 건축설비계산 관계서류
2. 토질 및 지질 관계서류
3. 기타 공사에 필요한 서류

관계법령에 의한 설계도서

	관계법령	설계도서		
①	건축법	1. 공사용 도면	2. 구조계산서	3. 시방서
②	건축법 시행규칙	4. 건축설비계산 관계서류	5. 토질 및 지질 관계서류	6. 기타 공사에 필요한 서류

1-2-14 특별건축구역

건축법 **제2조(정의)** ① 이 법에서 사용하는 용어의 뜻은 다음과 같다.

18. "특별건축구역"이란 조화롭고 창의적인 건축물의 건축을 통하여 도시경관의 창출, 건설기술 수준향상 및 건축 관련 제도개선을 도모하기 위하여 이 법 또는 관계 법령에 따라 일부 규정을 적용하지 아니하거나 완화 또는 통합하여 적용할 수 있도록 특별히 지정하는 구역을 말한다.

특별건축구역의 지정배경

국토교통부는 행정중심복합도시와 혁신도시 등 기타 필요한 지역을 '특별건축구역'으로 지정, 이 지역에서 공공기관이 업무시설 등을 건축하는 경우 건폐율 · 높이 제한 · 일조권 · 주차장 설치 등 건축법을 완화해 주는 내용의 건축법 개정안을 2008년 2월 22일부터 공포하고 시행하게 되었다.

1-2-15 내수재료

> 시행령 제2조(정의) ① 이 영에서 사용하는 용어의 뜻은 다음과 같다.
> 6. "내수재료(耐水材料)"란 인조석 · 콘크리트 등 내수성을 가진 재료로서 국토교통부령으로 정하는 재료를 말한다.

> 피난·방화구조 제2조(내수재료) 「건축법 시행령」(이하 "영"이라 한다) 제2조제6호에서 "국토교통부령으로 정하는 재료"란 벽돌 · 자연석 · 인조석 · 콘크리트 · 아스팔트 · 도자기질재료 · 유리 및 그 밖에 이와 비슷한 내수성 건축재료를 말한다.〈개정 2005. 7. 22., 2008. 3. 14., 2013. 3. 23., 2019. 8. 6.〉

내수재료 용어의 사용범위

거실부분 특히 음식점이나 조리장의 바닥 등의 마감 재료와 하수관 등의 재료를 규제하는데 이용되었다. 구체적인 내용은 '건축물의 피난 · 방화구조 등의 기준에 관한 규칙'에 제시된다.

1-2-16 내화구조

> 시행령 제2조(정의) ① 이 영에서 사용하는 용어의 뜻은 다음과 같다.
> 7. "내화구조(耐火構造)"란 화재에 견딜 수 있는 성능을 가진 구조로서 국토교통부령으로 정하는 기준에 적합한 구조를 말한다.

> 피난·방화구조 제3조(내화구조) 영 제2조제7호에서 "국토교통부령으로 정하는 기준에 적합한 구조"란 다음 각 호의 어느 하나에 해당하는 것을 말한다. 〈개정 2000. 6. 3., 2005. 7. 22., 2006. 6. 29., 2008. 3. 14., 2008. 7. 21., 2010. 4. 7., 2013. 3. 23., 2019. 8. 6., 2021. 8. 27., 2021. 12. 23.〉

1. 벽의 경우에는 다음 각 목의 어느 하나에 해당하는 것
   가. 철근콘크리트조 또는 철골철근콘크리트조로서 두께가 10센티미터 이상인 것
   나. 골구를 철골조로 하고 그 양면을 두께 4센티미터 이상의 철망모르타르(그 바름바탕을 불연재료로 한 것으로 한정한다. 이하 이 조에서 같다) 또는 두께 5센티미터 이상의 콘크리트블록ㆍ벽돌 또는 석재로 덮은 것
   다. 철재로 보강된 콘크리트블록조ㆍ벽돌조 또는 석조로서 철재에 덮은 콘크리트블록등의 두께가 5센티미터 이상인 것
   라. 벽돌조로서 두께가 19센티미터 이상인 것
   마. 고온ㆍ고압의 증기로 양생된 경량기포 콘크리트패널 또는 경량기포 콘크리트블록조로서 두께가 10센티미터 이상인 것
2. 외벽 중 비내력벽인 경우에는 제1호에도 불구하고 다음 각 목의 어느 하나에 해당하는 것
   가. 철근콘크리트조 또는 철골철근콘크리트조로서 두께가 7센티미터 이상인 것
   나. 골구를 철골조로 하고 그 양면을 두께 3센티미터 이상의 철망모르타르 또는 두께 4센티미터 이상의 콘크리트블록ㆍ벽돌 또는 석재로 덮은 것
   다. 철재로 보강된 콘크리트블록조ㆍ벽돌조 또는 석조로서 철재에 덮은 콘크리트블록등의 두께가 4센티미터 이상인 것
   라. 무근콘크리트조ㆍ콘크리트블록조ㆍ벽돌조 또는 석조로서 그 두께가 7센티미터 이상인 것
3. 기둥의 경우에는 그 작은 지름이 25센티미터 이상인 것으로서 다음 각 목의 어느 하나에 해당하는 것. 다만, 고강도 콘크리트(설계기준강도가 50MPa 이상인 콘크리트를 말한다. 이하 이 조에서 같다)를 사용하는 경우에는 국토교통부장관이 정하여 고시하는 고강도 콘크리트 내화성능 관리기준에 적합해야 한다.
   가. 철근콘크리트조 또는 철골철근콘크리트조
   나. 철골을 두께 6센티미터(경량골재를 사용하는 경우에는 5센티미터)이상의 철망모르타르 또는 두께 7센티미터 이상의 콘크리트블록ㆍ벽돌 또는 석재로 덮은 것
   다. 철골을 두께 5센티미터 이상의 콘크리트로 덮은 것
4. 바닥의 경우에는 다음 각 목의 어느 하나에 해당하는 것
   가. 철근콘크리트조 또는 철골철근콘크리트조로서 두께가 10센티미터 이상인 것
   나. 철재로 보강된 콘크리트블록조ㆍ벽돌조 또는 석조로서 철재에 덮은 콘크리트블록등의 두께가 5센티미터 이상인 것

다. 철재의 양면을 두께 5센티미터 이상의 철망모르타르 또는 콘크리트로 덮은 것

5. 보(지붕틀을 포함한다)의 경우에는 다음 각 목의 어느 하나에 해당하는 것. 다만, 고강도 콘크리트를 사용하는 경우에는 국토교통부장관이 정하여 고시하는 고강도 콘크리트내화성능 관리기준에 적합해야 한다.
   가. 철근콘크리트조 또는 철골철근콘크리트조
   나. 철골을 두께 6센티미터(경량골재를 사용하는 경우에는 5센티미터)이상의 철망모르타르 또는 두께 5센티미터 이상의 콘크리트로 덮은 것
   다. 철골조의 지붕틀(바닥으로부터 그 아랫부분까지의 높이가 4미터 이상인 것에 한한다)로서 바로 아래에 반자가 없거나 불연재료로 된 반자가 있는 것
6. 지붕의 경우에는 다음 각 목의 어느 하나에 해당하는 것
   가. 철근콘크리트조 또는 철골철근콘크리트조
   나. 철재로 보강된 콘크리트블록조 · 벽돌조 또는 석조
   다. 철재로 보강된 유리블록 또는 망입유리(두꺼운 판유리에 철망을 넣은 것을 말한다)로 된 것
7. 계단의 경우에는 다음 각 목의 어느 하나에 해당하는 것
   가. 철근콘크리트조 또는 철골철근콘크리트조
   나. 무근콘크리트조 · 콘크리트블록조 · 벽돌조 또는 석조
   다. 철재로 보강된 콘크리트블록조 · 벽돌조 또는 석조
   라. 철골조
8. 「과학기술분야 정부출연연구기관 등의 설립 · 운영 및 육성에 관한 법률」 제8조에 따라 설립된 한국건설기술연구원의 장(이하 "한국건설기술연구원장"이라 한다)이 국토교통부장관이 정하여 고시하는 방법에 따라 품질을 시험한 결과 별표 1에 따른 성능기준에 적합할 것
9. 다음 각 목의 어느 하나에 해당하는 것으로서 한국건설기술연구원장이 국토교통부장관으로부터 승인받은 기준에 적합한 것으로 인정하는 것
   가. 한국건설기술연구원장이 인정한 내화구조 표준으로 된 것
   나. 한국건설기술연구원장이 인정한 성능설계에 따라 내화구조의 성능을 검증할 수 있는 구조로 된 것
10. 한국건설기술연구원장이 제27조제1항에 따라 정한 인정기준에 따라 인정하는 것

내화구조의 기준

<table>
<tr><th colspan="3">구조부분</th><th colspan="2">내화구조의 기준</th><th>기준두께</th></tr>
<tr><td rowspan="7">①</td><td rowspan="7">벽</td><td rowspan="6">벽( )안은 경량골재를 사용한 경우</td><td colspan="2">가. 철근 · 철골콘크리트조</td><td>10cm(7cm) 이상</td></tr>
<tr><td colspan="2">나. 벽돌조</td><td>19cm 이상</td></tr>
<tr><td rowspan="2">다. 철골조의 골구 양면에
(단, 바름바탕을 불연재료로 하지 않는 것은 제외)</td><td>철망모르타르로 덮을 때</td><td>4cm(3cm) 이상</td></tr>
<tr><td>콘크리트블록 · 벽돌 · 석재로 덮을 때</td><td>5cm(4cm) 이상</td></tr>
<tr><td colspan="2">라. 철재로 보강된 콘크리트 블록조 · 벽돌조 · 석조</td><td>5cm(4cm) 이상</td></tr>
<tr><td colspan="2">마. 고온 · 고압증기 양생된 경량기포콘크리트패널 또는 경량기포콘크리트블록조</td><td>10cm 이상</td></tr>
<tr><td>외벽 중 비내력벽</td><td colspan="2">가. 무근콘크리트조 · 콘크리트블록조 · 벽돌조 · 석조</td><td>7cm 이상</td></tr>
<tr><td rowspan="4">②</td><td colspan="2" rowspan="4">기둥
(작은 지름이 25cm 이상인 것)</td><td colspan="2">가. 철근, 철골철근콘크리트조</td><td>두께무관</td></tr>
<tr><td rowspan="3">나. 철골에( )안은경량골재를 사용한 경우</td><td>철망모르타르를 덮을 것</td><td>6cm(5cm) 이상</td></tr>
<tr><td>콘크리트블록 · 벽돌 · 석재로 덮을 때</td><td>7cm 이상</td></tr>
<tr><td>콘크리트로 덮은 것</td><td>5cm 이상</td></tr>
<tr><td rowspan="3">③</td><td colspan="2" rowspan="3">바닥</td><td colspan="2">가. 철근, 철골철근콘크리트조</td><td>10cm 이상</td></tr>
<tr><td colspan="2">나. 철재로 보강된 콘크리트 블록조 · 벽돌조 또는 석조로서 철재에 덮은 콘크리트 블록 등의 두께</td><td>5cm 이상</td></tr>
<tr><td colspan="2">다. 철재의 양면에 철망모르타르 또는 콘크리트로 덮은 것</td><td>5cm 이상</td></tr>
<tr><td rowspan="4">④</td><td colspan="2" rowspan="4">보</td><td colspan="2">가. 철근 철골철근 콘크리트조</td><td>두께무관</td></tr>
<tr><td rowspan="2">나. 철골에( )안은 경량골재를 사용한 경우</td><td>철망모르타르로 덮은 것</td><td>6cm(5cm) 이상</td></tr>
<tr><td>콘크리트로 덮은 것</td><td>5cm 이상</td></tr>
<tr><td colspan="3">다. 철골조의 지붕틀로서 바로 아래에 반자가 없거나 불연재료로 된 반자가 있는 것(바닥으로부터 지붕틀 아랫부분까지의 높이가 4m 이상인 것에 한함)</td></tr>
<tr><td rowspan="3">⑤</td><td colspan="2" rowspan="3">지붕</td><td colspan="2">가. 철근, 철골철근콘크리트조</td><td rowspan="3">두께무관</td></tr>
<tr><td colspan="2">나. 철재로 보강된 콘크리트블록조 · 벽돌조 석조</td></tr>
<tr><td colspan="2">다. 유리블록, 망입유리로 된 것</td></tr>
<tr><td rowspan="4">⑥</td><td colspan="2" rowspan="4">계단</td><td colspan="2">가. 철근, 철골콘크리트조</td><td rowspan="4">두께무관</td></tr>
<tr><td colspan="2">나. 철재로 보강된 콘크리트블록조 · 벽돌조 · 석조</td></tr>
<tr><td colspan="2">다. 철재로 보강된 콘크리트블록조 · 벽돌조 · 석조</td></tr>
<tr><td colspan="2">라. 철골조</td></tr>
<tr><td>⑦</td><td colspan="2">기타</td><td colspan="3">국토교통부장관이 정하는 것으로서 국토교통부장관이 적합하다고 인정한 것또는 한국건설 기술연구원장이 실시하는 품질 시험에서 그 성능이 확인된 것</td></tr>
</table>

내화구조의 정의

내화구조란 장시간의 화재 시에도 재료의 형태나 강도 등이 크게 변하지 않고 견디어 내어 화재 후 간단한 수선으로 재사용이 가능한 구조를 말한다.

내화구조 두께의 산정

내화구조는 장시간 화재에도 견디어 내어야 하는 법의 제정 취지에 따라 바닥두께가 다를 경우 두께 산정방법은 가장 얇은 부분의 두께를 말하며, 이때 원칙적으로 바닥의 두께에서 마감재인 보호몰탈의 두께를 포함하지 않는다.

내화성능 비교

내화구조의 방화성능은 방화구조의 내화성능보다 강하다.

1-2-17 방화구조

시행령 제2조(정의) ① 이 영에서 사용하는 용어의 뜻은 다음과 같다.

8. "방화구조(防火構造)"란 화염의 확산을 막을 수 있는 성능을 가진 구조로서 국토교통부령으로 정하는 기준에 적합한 구조를 말한다.

피난·방화구조 제4조(방화구조) 영 제2조제8호에서 "국토교통부령으로 정하는 기준에 적합한 구조"란 다음 각 호의 어느 하나에 해당하는 것을 말한다. 〈개정 2005. 7. 22., 2008. 3. 14., 2010. 4. 7., 2013. 3. 23., 2019. 8. 6., 2022. 2. 10.〉

1. 철망모르타르로서 그 바름두께가 2센티미터 이상인 것
2. 석고판 위에 시멘트모르타르 또는 회반죽을 바른 것으로서 그 두께의 합계가 2.5센티미터 이상인 것
3. 시멘트모르타르 위에 타일을 붙인 것으로서 그 두께의 합계가 2.5센티미터 이상인 것
4. 삭제 〈2010. 4. 7.〉
5. 삭제 〈2010. 4. 7.〉
6. 심벽에 흙으로 맞벽치기한 것
7. 「산업표준화법」에 따른 한국산업표준(이하 "한국산업표준"이라 한다)에 따라 시험한 결과 방화 2급 이상에 해당하는 것

방화구조의 정의 및 기준

1) 방화구조의 정의

방화구조란 화염의 확산을 막을 수 있는 성능을 가진 구조를 말한다. 방화구조의 방화성능은 내화구조의 성능보다 약하다.

2) 방화구조의 기준

구조부분		구조기준
①	철망모르타르 바르기	바름 두께가 2cm 이상인 것
②	석면 시멘트판 또는 석고판 위에 시멘트모르타르 또는 회반죽을 바른 것	두께의 합계가 2.5cm 이상인 것
③	시멘트 모르타르 위에 타일을 붙인 것	
④	삭제 〈2010.4.7〉	-
⑤	삭제 〈2010.4.7〉	-
⑥	심벽에 흙으로 맞벽치기 한 것	모두 인정
⑦	'산업표준화법'에 의한 시험결과 방화 2급 이상에 해당하는 것	

1-2-18 불연재료, 준불연재료 및 난연재료

시행령 **제2조(정의)** ① 이 영에서 사용하는 용어의 뜻은 다음과 같다.

9. "난연재료(難燃材料)"란 불에 잘 타지 아니하는 성능을 가진 재료로서 국토교통부령으로 정하는 기준에 적합한 재료를 말한다.
10. "불연재료(부연재료)"란 불에 타지 아니하는 성질을 가진 재료로서 국토교통부령으로 정하는 기준에 적합한 재료를 말한다.
11. "준불연재료"란 불연재료에 준하는 성질을 가진 재료로서 국토교통부령으로 정하는 기준에 적합한 재료를 말한다.

피난·방화구조 **제5조(난연재료)** 영 제2조제9호에서 "국토교통부령으로 정하는 기준에 적합한 재료"란 한국산업표준에 따라 시험한 결과 가스 유해성, 열방출량 등이 국토교통부장관이 정하여 고시하는 난연재료의 성능기준을 충족하는 것을 말한다. 〈개정 2005. 7. 22., 2006. 6. 29., 2008. 3. 14., 2013. 3. 23., 2019. 8. 6., 2022. 2. 10.〉

제6조(불연재료) 영 제2조제10호에서 "국토교통부령으로 정하는 기준에 적합한 재료"란 다음 각 호의 어느 하나에 해당하는 것을 말한다. 〈개정 2000. 6. 3., 2004. 10. 4., 2005. 7. 22., 2006. 6. 29., 2008. 3. 14., 2013. 3. 23., 2014. 5. 22., 2019. 8. 6., 2022. 2. 10.〉

1. 콘크리트 · 석재 · 벽돌 · 기와 · 철강 · 알루미늄 · 유리 · 시멘트모르타르 및 회. 이 경우 시멘트모르타르 또는 회 등 미장재료를 사용하는 경우에는 「건설기술 진흥법」 제44조제1항제2호에 따라 제정된 건축공사표준시방서에서 정한 두께 이상인 것에 한한다.
2. 한국산업표준에 따라 시험한 결과 질량감소율 등이 국토교통부장관이 정하여 고시하는 불연재료의 성능기준을 충족하는 것
3. 그 밖에 제1호와 유사한 불연성의 재료로서 국토교통부장관이 인정하는 재료. 다만, 제1호의 재료와 불연성재료가 아닌 재료가 복합으로 구성된 경우를 제외한다.

제7조(준불연재료) 영 제2조제11호에서 "국토교통부령으로 정하는 기준에 적합한 재료"란 한국산업표준에 따라 시험한 결과 가스 유해성, 열방출량 등이 국토교통부장관이 정하여 고시하는 준불연재료의 성능기준을 충족하는 것을 말한다. 〈개정 2005. 7. 22., 2006. 6. 29., 2008. 3. 14., 2013. 3. 23., 2019. 8. 6., 2022. 2. 10.〉

재료별 분류

분류	정의	시험결과	재료
불연재료	불에 타지 아니하는 성질을 가진 재료	질량감소율 등이 불연재료의 성능기준을 충족하는 것	콘크리트 · 석재 · 벽돌 · 기와 · 석면판 · 철망 · 알루미늄 · 유리 · 시멘트모르타르 · 회 및 기타 이와 유사한 불연성의 재료로서 국토교통부 장관이 인정하는 재료
준불연재료	불연재료에 준하는 방화성능을 가진 재료	가스유해성, 열방출량 등이 준불연재료의 성능기준을 충족하는 것	
난연재료	불에 잘 타지 아니하는 성능을 가진 재료	가스 유해성, 열방출량 등이 난연재료의 성능기준을 충족 하는 것	

1-2-19 부속건축물, 부속용도

시행령 **제2조(정의)** 이 영에서 사용하는 용어의 뜻은 다음과 같다.

12. "부속건축물"이란 같은 대지에서 주된 건축물과 분리된 부속용도의 건축물로서 주된 건축물을 이용 또는 관리하는 데에 필요한 건축물을 말한다.
13. "부속용도"란 건축물의 주된 용도의 기능에 필수적인 용도로서 다음 각 목의 어느 하나에 해당하는 용도를 말한다.
    가. 건축물의 설비, 대피, 위생, 그 밖에 이와 비슷한 시설의 용도
    나. 사무, 작업, 집회, 물품저장, 주차, 그 밖에 이와 비슷한 시설의 용도

다. 구내식당 · 직장어린이집 · 구내운동시설 등 종업원 후생복리시설, 구내소각시설, 그 밖에 이와 비슷한 시설의 용도. 이 경우 다음의 요건을 모두 갖춘 휴게음식점(별표 1 제3호의 제1종 근린생활시설 중 같은 호 나목에 따른 휴게음식점을 말한다)은 구내식당에 포함되는 것으로 본다.
1) 구내식당 내부에 설치할 것
2) 설치면적이 구내식당 전체 면적의 3분의 1 이하로서 50제곱미터 이하일 것
3) 다류(茶類)를 조리 · 판매하는 휴게음식점일 것

라. 관계 법령에서 주된 용도의 부수시설로 설치할 수 있게 규정하고 있는 시설, 그 밖에 국토교통부장관이 이와 유사하다고 인정하여 고시하는 시설의 용도

주용도와 부속용도

부속용도는 주용도의 운영상 필요한 불가분의 관계가 있는 용도로서 주용도를 중심으로 판단하여야 하며, 주용도의 건축물이 허용되면 부속용도는 건축이 허용되어야함은 당연하며, 부속용도를 주용도와 분리하여 별도의 용도로 용도제한을 적용하여서는 아니 된다.

1-2-20 발코니

시행령 제2조(정의) 이 영에서 사용하는 용어의 뜻은 다음과 같다.

14. "발코니"란 건축물의 내부와 외부를 연결하는 완충공간으로서 전망이나 휴식 등의 목적으로 건축물 외벽에 접하여 부가적(附加的)으로 설치되는 공간을 말한다. 이 경우 주택에 설치되는 발코니로서 국토교통부장관이 정하는 기준에 적합한 발코니는 필요에 따라 거실 · 침실 · 창고 등의 용도로 사용할 수 있다.

1-2-21 고층건축물/초고층 건축물/준초고층 건축물

건축법 제2조(정의)

19. "고층건축물"이란 층수가 30층 이상이거나 높이가 120미터 이상인 건축물을 말한다.

시행령 제2조(정의)

15. "초고층 건축물"이란 층수가 50층 이상이거나 높이가 200미터 이상인 건축물을 말한다.

15의 2. "준초고층 건축물"이란 고층건축물 중 초고층 건축물이 아닌 것을 말한다.

1-2-22 실내건축

건축법 **제2조(정의)**

20. "실내건축"이란 건축물의 실내를 안전하고 쾌적하며 효율적으로 사용하기 위하여 내부 공간을 칸막이로 구획하거나 벽지, 천장재, 바닥재, 유리 등 대통령령으로 정하는 재료 또는 장식물을 설치하는 것을 말한다.

시행령 **제3조의4(실내건축의 재료 등)** 법 제2조 제1항 제20호에서 "벽지, 천장재, 바닥재, 유리 등 대통령령으로 정하는 재료 또는 장식물"이란 다음 각 호의 재료를 말한다.

1. 벽, 천장, 바닥 및 반자틀의 재료
2. 실내에 설치하는 난간, 창호 및 출입문의 재료
3. 실내에 설치하는 전기 · 가스 · 급수(給水), 배수(排水) · 환기시설의 재료
4. 실내에 설치하는 충돌 · 끼임 등 사용자의 안전사고 방지를 위한 시설의 재료

[본조신설 2014.11.28.]

1-2-23 한옥

시행령 **제2조(정의)** 이 영에서 사용하는 용어의 뜻은 다음과 같다.

16. "한옥"이란 「한옥 등 건축자산의 진흥에 관한 법률」 제2조제2호에 따른 한옥을 말한다.

「한옥 등 건축자산의 진흥에 관한 법률」 제2조(정의) 이 법에서 사용하는 용어의 뜻은 다음과 같다.

2. "한옥"이란 주요 구조가 기둥 · 보 및 한식지붕틀로 된 목구조로서 우리나라 전통양식이 반영된 건축물 및 그 부속건축물을 말한다.
3. "한옥건축양식"이란 한옥의 형태와 구조를 갖추거나 또는 이를 현대적인 재료와 기술을 사용하여 건축한 것을 말한다.

1-2-24 다중이용건축물

시행령 **제2조(정의)** 이 영에서 사용하는 용어의 뜻은 다음과 같다.

17. "다중이용 건축물"이란 다음 각 목의 어느 하나에 해당하는 건축물을 말한다.

가. 다음의 어느 하나에 해당하는 용도로 쓰는 바닥면적의 합계가 5천제곱미터 이

상인 건축물
1) 문화 및 집회시설(동물원 및 식물원은 제외한다)
2) 종교시설
3) 판매시설
4) 운수시설 중 여객용 시설
5) 의료시설 중 종합병원
6) 숙박시설 중 관광숙박시설
나. 16층 이상인 건축물

17의2. "준다중이용 건축물"이란 다중이용 건축물 외의 건축물로서 다음 각 목의 어느 하나에 해당하는 용도로 쓰는 바닥면적의 합계가 1천제곱미터 이상인 건축물을 말한다.
가. 문화 및 집회시설(동물원 및 식물원은 제외한다)
나. 종교시설
다. 판매시설
라. 운수시설 중 여객용 시설
마. 의료시설 중 종합병원
바. 교육연구시설
사. 노유자시설
아. 운동시설
자. 숙박시설 중 관광숙박시설
차. 위락시설
카. 관광 휴게시설
타. 장례시설

다중이용건축물 지정 배경

최근 다수인이 사용하는 대규모 건축물에 대한 붕괴사고 등이 발생함에 따라 많은 인원이 이용하는 시설을 별도 관리할 필요성이 대두되었다. 이에 따라 건축설계초기 단계인 설계심의 및 구조계산에서부터 공사감리까지 전 과정에 대한 규제를 강화하는 측면에서 별도의 '다중이용건축물' 을 지정하였다.

<table>
<tr><th>구분</th><th colspan="2">내용</th></tr>
<tr><td>용도
면적별</td><td>① 다음용도로 사용되는 바닥면적의 합계가 5,000m^2 이상인 건축물</td><td>– 문화 및 집회시설(전시장 및 동 · 식물원 제외)
– 종교시설, 판매시설, 운수시설(여객용 시설만 해당)
– 의료시설 중 종합병원
– 숙박시설 중 관광숙박시설</td></tr>
<tr><td>층수별</td><td colspan="2">② 16층 이상인 건축물</td></tr>
</table>

1-2-25 특수구조건축물

건축법 **제6조의2(특수구조 건축물의 특례)** 건축물의 구조, 재료, 형식, 공법 등이 특수한 대통령령으로 정하는 건축물(이하 "특수구조 건축물"이라 한다)은 제4조, 제4조의2부터 제4조의8까지, 제5조부터 제9조까지, 제11조, 제14조, 제19조, 제21조부터 제25조까지, 제40조, 제41조, 제48조, 제48조의2, 제49조, 제50조, 제50조의2, 제51조, 제52조, 제52조의2, 제52조의4, 제53조, 제62조부터 제64조까지, 제65조의2, 제67조, 제68조 및 제84조를 적용할 때 대통령령으로 정하는 바에 따라 강화 또는 변경하여 적용할 수 있다. 〈개정 2019. 4. 23., 2019. 4. 30.〉

[본조신설 2015. 1. 6.]

[시행일 : 2020. 5. 1.] 제6조의2

시행령 **제2조(정의)** 이 영에서 사용하는 용어의 뜻은 다음과 같다.

18. "특수구조 건축물"이란 다음 각 목의 어느 하나에 해당하는 건축물을 말한다.
    가. 한쪽 끝은 고정되고 다른 끝은 지지(支持)되지 아니한 구조로 된 보 · 차양 등이 외벽(외벽이 없는 경우에는 외곽 기둥을 말한다)의 중심선으로부터 3미터 이상 돌출된 건축물
    나. 기둥과 기둥 사이의 거리(기둥의 중심선 사이의 거리를 말하며, 기둥이 없는 경우에는 내력벽과 내력벽의 중심선 사이의 거리를 말한다. 이하 같다)가 20미터 이상인 건축물
    다. 무량판 구조(보가 없이 바닥판 · 기둥으로 구성된 구조를 말한다. 이하 같다)를 가진 건축물로서 무량판 구조인 어느 하나의 층에 수직으로 배치된 주요구조부의 전체 단면적에서 보가 없이 배치된 기둥의 전체 단면적이 차지하는 비율이 4분의 1 이상인 건축물
    라. 특수한 설계 · 시공 · 공법 등이 필요한 건축물로서 국토교통부장관이 정하여 고시하는 구조로 된 건축물

1-3 면적 · 높이 및 층수의 산정

건축법 **제84조(면적 · 높이 및 층수의 산정)** 건축물의 대지면적, 연면적, 바닥면적, 높이, 처마, 천장, 바닥 및 층수의 산정방법은 대통령령으로 정한다.

1-3-1 대지면적

건축법 **제46조(건축선의 지정)**

① 도로와 접한 부분에 건축물을 건축할 수 있는 선[이하 "건축선(建築線)"이라 한다]은 대지와 도로의 경계선으로 한다. 다만, 제2조 제1항 제11호에 따른 소요 너비에 못 미치는 너비의 도로인 경우에는 그 중심선으로부터 그 소요 너비의 2분의 1의 수평거리만큼 물러난 선을 건축선으로 하되, 그 도로의 반대쪽에 경사지, 하천, 철도, 선로부지, 그 밖에 이와 유사한 것이 있는 경우에는 그 경사지 등이 있는 쪽의 도로경계선에서 소요 너비에 해당하는 수평거리의 선을 건축선으로 하며, 도로의 모퉁이에서는 대통령령으로 정하는 선을 건축선으로 한다.

② 특별자치시장 · 특별자치도지사 또는 시장 · 군수 · 구청장은 시가지 안에서 건축물의 위치나 환경을 정비하기 위하여 필요하다고 인정하면 제1항에도 불구하고 대통령령으로 정하는 범위에 서 건축선을 따로 지정할 수 있다.〈개정 2014.1.14.〉

③ 특별자치시장 · 특별자치도지사 또는 시장 · 군수 · 구청장은 제2항에 따라 건축선을 지정하면 지체 없이 이를 고시하여야 한다.〈개정 2014.1.14.〉

시행령 **제119조(면적 등의 산정방법)** ① 법 제84조에 따라 건축물의 면적 · 높이 및 층수 등은 다음 각 호의 방법에 따라 산정한다.

1. 대지면적: 대지의 수평투영면적으로 한다. 다만, 다음 각 목의 어느 하나에 해당하는 면적은 제외한다.
   가. 법 제46조제1항 단서에 따라 대지에 건축선이 정하여진 경우: 그 건축선과 도로 사이의 대지면적
   나. 대지에 도시 · 군계획시설인 도로 · 공원 등이 있는 경우: 그 도시 · 군계획시설에 포함되는 대지(「국토의 계획 및 이용에 관한 법률」 제47조제7항에 따라 건축물 또는 공작물을 설치하는 도시 · 군계획시설의 부지는 제외한다)면적

시행령 제31조(건축선) ① 법 제46조 제1항에 따라 너비 8미터 미만인 도로의 모퉁이에 위치한 대지의 도로모퉁이 부분의 건축선은 그 대지에 접한 도로경계선의 교차점으로부터 도로경계선에 따라 다음의 표에 따른 거리를 각각 후퇴한 두 점을 연결한 선으로 한다.

(단위 : 미터)

도로의 교차각	해당 도로의 너비		교차되는 도로의 너비
	6 이상 8 미만	4 이상 6 미만	
90° 미만	4	3	6 이상 8 미만
	3	2	4 이상 6 미만
90° 이상 120° 미만	3	2	6 이상 8 미만
	2	2	4 이상 6 미만

② 특별자치시장 · 특별자치도지사 또는 시장 · 군수 · 구청장은 법 제46조 제2항에 따라 「국토의 계획 및 이용에 관한 법률」 제36조 제1항 제1호에 따른 도시지역에는 4미터 이하의 범위에서 건축선을 따로 지정할 수 있다. 〈개정 2014.10.14.〉

③ 특별자치시장 · 특별자치도지사 또는 시장 · 군수 · 구청장은 제2항에 따라 건축선을 지정하려면 미리 그 내용을 해당 지방자치단체의 공보(公報), 일간신문 또는 인터넷홈페이지 등에 30일 이상 공고하여야 하며, 공고한 내용에 대하여 의견이 있는 자는 공고기간에 특별자치시장 · 특별자치도지사 또는 시장 · 군수 · 구청장에게 의견을 제출(전자문서에 의한 제출을 포함한다)할 수 있다. 〈개정 2014.10.14.〉

대지면적의 산정

1) 대지면적의 산정 원칙

대지면적은 대지의 수평 투영 면적으로 한다.
즉, 대지의 표면이 그림과 같이 경사져 있는 경우 그 표면에 따른 면적이 아니라, 그 수평면에 투영한 면적으로 한다.

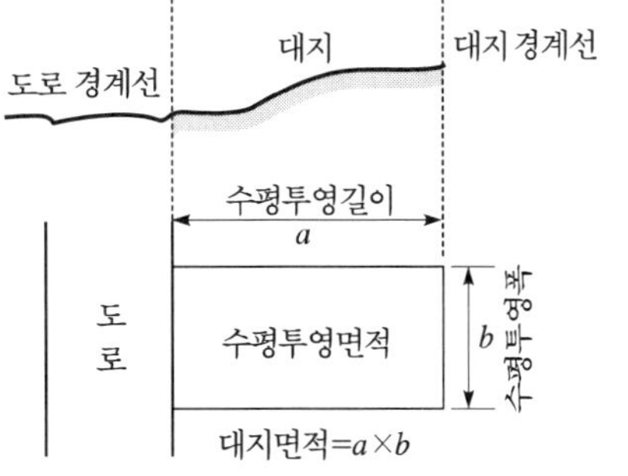

2) 대지면적에서 제외되는 부분

- 소요너비 미달도로의 건축선과 도로 경계선 사이의 부분
- 대지 안에 도시 · 군 계획시설인 도로 · 공원 등이 있는 경우 그 도시 · 군 계획시설에 포함되는 대지면적
- 너비 8m 미만인 도로의 모퉁이에서의 건축선과 도로경계선 사이의 부분 이에 대한 자세

한 설명은 아래와 같다.

① 소요너비 미달도로의 건축선과 도로 경계선 사이의 부분은 다음 그림과 같이 대지면적 산정에서 제외된다. 소요너비에 미달되는 너비의 도로 중 그 도로의 양쪽에 대지가 있는 경우에는 도로의 중심선으로부터 그 소요너비의 1/2에 해당하는 수평 거리를 후퇴한 선을 건축선으로 하고, 이 건축선과 도로와의 사이의 대지면적은 건축법상 대지면적에 포함되지 아니한다.

② 대지 안에 도시 · 군 계획시설인 도로 · 공원 등이 있는 경우 그 도시 · 군 계획시설에 포함되는 대지면적은 건축법상 대지면적에 포함되지 아니한다.

③ 도로 너비 8m 미만인 도로의 모퉁이에 위치한 대지의 경우, 대지면적에서 제외되는 부분의 산정기준은 다음 표에 의하여 정하는 두 점을 연결한 선에 의해 결정된다.

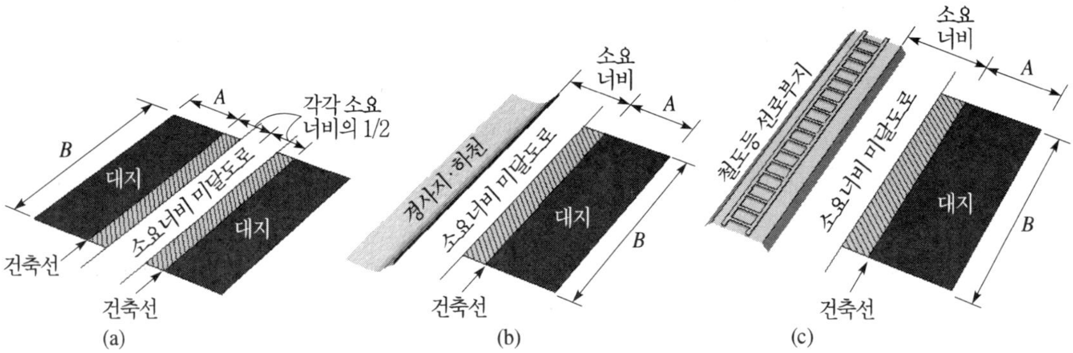

도로의 교차각	해당 도로의 너비		교차되는 도로의 너비
	6m 이상 8m 미만	4m 이상 6m 미만	
90° 미만	4m	3m	6m 이상 8m 미만
	3m	2m	4m 이상 6m 미만
90° 이상 120° 미만	3m	2m	6m 이상 8m 미만
	2m	2m	4m 이상 6m 미만

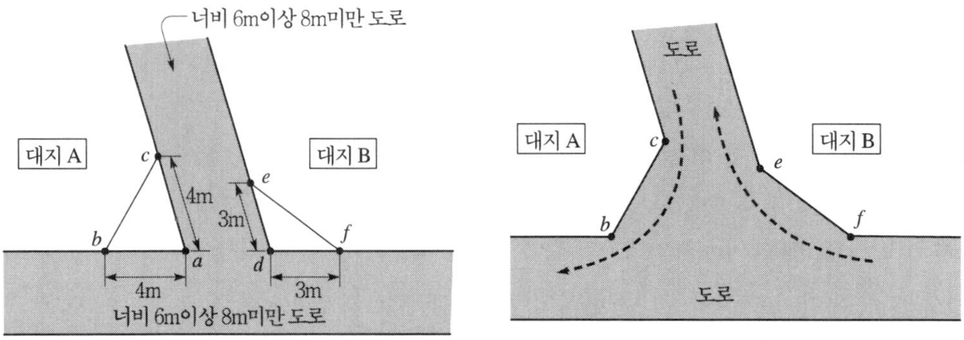

1-3-2 건축면적

시행령 제119조(면적 등의 산정방법) ① 법 제84조에 따라 건축물의 면적·높이 및 층수 등은 다음 각 호의 방법에 따라 산정한다. 〈개정 2024. 6. 18.〉

2. 건축면적: 건축물의 외벽(외벽이 없는 경우에는 외곽 부분의 기둥으로 한다. 이하 이 호에서 같다)의 중심선으로 둘러싸인 부분의 수평투영면적으로 한다. 다만, 다음 각 목의 어느 하나에 해당하는 경우에는 해당 목에서 정하는 기준에 따라 산정한다.

가. 처마, 차양, 부연(附椽), 그 밖에 이와 비슷한 것으로서 그 외벽의 중심선으로부터 수평거리 1미터 이상 돌출된 부분이 있는 건축물의 건축면적은 그 돌출된 끝부분으로부터 다음의 구분에 따른 수평거리를 후퇴한 선으로 둘러싸인 부분의 수평투영면적으로 한다.

1) 「전통사찰의 보존 및 지원에 관한 법률」 제2조제1호에 따른 전통사찰: 4미터 이하의 범위에서 외벽의 중심선까지의 거리

2) 사료 투여, 가축 이동 및 가축 분뇨 유출 방지 등을 위하여 처마, 차양, 부연, 그 밖에 이와 비슷한 것이 설치된 축사: 3미터 이하의 범위에서 외벽의 중심선까지의 거리(두 동의 축사가 하나의 차양으로 연결된 경우에는 6미터 이하의 범위에서 축사 양 외벽의 중심선까지의 거리를 말한다)

3) 한옥: 2미터 이하의 범위에서 외벽의 중심선까지의 거리

4) 「환경친화적자동차의 개발 및 보급 촉진에 관한 법률 시행령」 제18조의5에 따른 충전시설(그에 딸린 충전 전용 주차구획을 포함한다)의 설치를 목적으로 처마, 차양, 부연, 그 밖에 이와 비슷한 것이 설치된 공동주택(「주택법」 제15조에 따른 사업계획승인 대상으로 한정한다): 2미터 이하의 범위에서 외벽의 중심선까지의 거리

5) 「신에너지 및 재생에너지 개발·이용·보급 촉진법」 제2조제3호에 따른 신·재생에너지 설비(신·재생에너지를 생산하거나 이용하기 위한 것만 해당한다)를 설치하기 위하여 처마, 차양, 부연, 그 밖에 이와 비슷한 것이 설치된 건축물로서 「녹색건축물 조성 지원법」 제17조에 따른 제로에너지건축물 인증을 받은 건축물: 2미터 이하의 범위에서 외벽의 중심선까지의 거리

6) 「환경친화적 자동차의 개발 및 보급 촉진에 관한 법률」 제2조제9호의 수소연료공급시설을 설치하기 위하여 처마, 차양, 부연 그 밖에 이와 비슷한 것이 설치된 별표 1 제19호가목의 주유소, 같은 호 나목의 액화석유가스 충전소 또는 같은 호 바목의 고압가스 충전소: 2미터 이하의 범위에서 외벽의 중심선까지의 거리

7) 그 밖의 건축물: 1미터

나. 다음의 건축물의 건축면적은 국토교통부령으로 정하는 바에 따라 산정한다.

1) 태양열을 주된 에너지원으로 이용하는 주택

2) 창고 또는 공장 중 물품을 입출고하는 부위의 상부에 한쪽 끝은 고정되고 다른 쪽 끝은 지지되지 않는 구조로 설치된 돌출차양

3) 단열재를 구조체의 외기측에 설치하는 단열공법으로 건축된 건축물

다. 다음의 경우에는 건축면적에 산입하지 않는다.

1) 지표면으로부터 1미터 이하에 있는 부분(창고 중 물품을 입출고하기 위하여 차량을 접안시키는 부분의 경우에는 지표면으로부터 1.5미터 이하에 있는 부분)

2) 「다중이용업소의 안전관리에 관한 특별법 시행령」 제9조에 따라 기존의 다중이용업소(2004년 5월 29일 이전의 것만 해당한다)의 비상구에 연결하여 설치하는 폭 2미터 이하의 옥외 피난계단(기존 건축물에 옥외 피난계단을 설치함으로써 법 제55조에 따른 건폐율의 기준에 적합하지 아니하게 된 경우만 해당한다)

3) 건축물 지상층에 일반인이나 차량이 통행할 수 있도록 설치한 보행통로나 차량통로

4) 지하주차장의 경사로

5) 건축물 지하층의 출입구 상부(출입구 너비에 상당하는 규모의 부분을 말한다)

6) 생활폐기물 보관시설(음식물쓰레기, 의류 등의 수거시설을 말한다. 이하 같다)

7) 「영유아보육법」 제15조에 따른 어린이집(2005년 1월 29일 이전에 설치된 것만 해당한다)의 비상구에 연결하여 설치하는 폭 2미터 이하의 영유아용 대피용 미끄럼대 또는 비상계단(기존 건축물에 영유아용 대피용 미끄럼대 또는 비상계단을 설치함으로써 법 제55조에 따른 건폐율 기준에 적합하지 아니하게 된 경우만 해당한다)

8) 「장애인ㆍ노인ㆍ임산부 등의 편의증진 보장에 관한 법률 시행령」 별표 2의 기준에 따라 설치하는 장애인용 승강기, 장애인용 에스컬레이터, 휠체어리프트 또는 경사로

9) 「가축전염병 예방법」 제17조제1항제1호에 따른 소독설비를 갖추기 위하여 같은 호에 따른 가축사육시설(2015년 4월 27일 전에 건축되거나 설치된 가축사육시설로 한정한다)에서 설치하는 시설

10) 「매장유산 보호 및 조사에 관한 법률」 제14조제1항제1호 및 제2호에 따른 현지보존 및 이전보존을 위하여 매장유산 보호 및 전시에 전용되는 부분

11 「가축분뇨의 관리 및 이용에 관한 법률」 제12조제1항에 따른 처리시설(법률 제12516호 가축분뇨의 관리 및 이용에 관한 법률 일부개정법률 부칙 제9조에 해당하는 배출시설의 처리시설로 한정한다)

12) 「영유아보육법」 제15조에 따른 설치기준에 따라 직통계단 1개소를 갈음하여 건축물의 외부에 설치하는 비상계단(같은 조에 따른 어린이집이 2011년 4월 6일 이전에 설치된 경우로서 기존 건축물에 비상계단을 설치함으로써 법 제55조에 따른 건폐율 기준에 적합하지 않게 된 경우만 해당한다)

시행규칙 **제43조(태양열을 이용하는 주택 등의 건축면적 산정방법 등)** ① 영 제119조제1항제2호나목1) 및 3)에 따라 태양열을 주된 에너지원으로 이용하는 주택의 건축면적과 단열재를 구조체의 외기측에 설치하는 단열공법으로 건축된 건축물의 건축면적은 건축물의 외벽중 내측 내력벽의 중심선을 기준으로 한다. 이 경우 태양열을 주된 에너지원으로 이용하는 주택의 범위는 국토교통부장관이 정하여 고시하는 바에 따른다.〈개정 1996. 1. 18., 2008. 3. 14., 2011. 6. 29., 2013. 3. 23., 2020. 10. 28.〉

② 영 제119조제1항제2호나목2)에 따라 창고 또는 공장 중 물품을 입출고하는 부위의 상부에 설치하는 한쪽 끝은 고정되고 다른 끝은 지지되지 않은 구조로 된 돌출차양의 면적 중 건축면적에 산입하는 면적은 다음 각 호에 따라 산정한 면적 중 작은 값으로 한다.〈신설 2005. 10. 20., 2008. 12. 11., 2011. 6. 29., 2017. 1. 19., 2020. 10. 28.〉

1. 해당 돌출차양을 제외한 창고의 건축면적의 10퍼센트를 초과하는 면적
2. 해당 돌출차양의 끝부분으로부터 수평거리 6미터를 후퇴한 선으로 둘러싸인 부분의 수평투영면적

[제목개정 2005. 10. 20.]

건축면적의 산정 등

1) 건축면적 산정의 원칙

건축물의 외벽(외벽이 없는 경우에는 외곽부분의 기둥)의 중심선으로 둘러싸인 부분의 수평투영면적으로 한다.

다만, 태양열을 주된 에너지원으로 이용하는 주택의 건축면적은 건축물의 외벽 중 내측 내력벽의 중심선을 기준으로 한다.

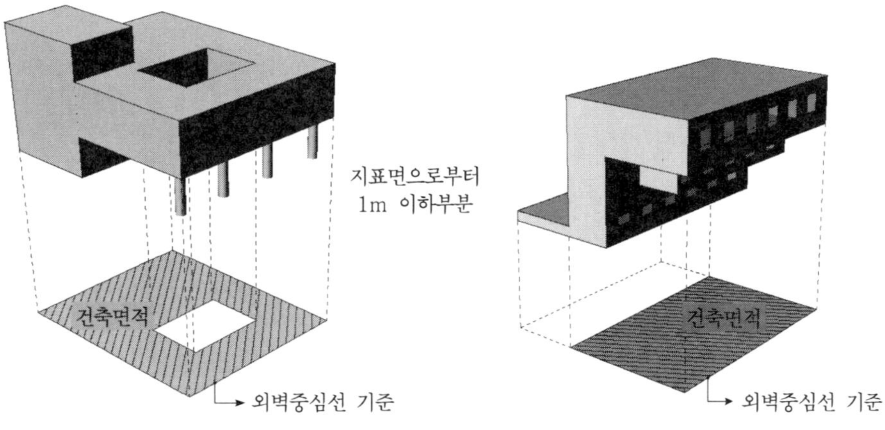

2) 건축면적에서의 제외 부분

	제외 부분	부가 설명
①	지표면으로부터 1m 이하에 있는 부분	창고 중 물품을 입출고하기 위하여 차량을 접안시키는 부분의 경우에는 지표면으로부터 1.5m 이하에 있는 부분을 말함
②	다중이용업소*의 비상구에 연결하여 설치하는 폭 2m 이하의 옥외피난계단**	* '다중이용업소의 안전관리에 관한 특별법 시행령'의 규정에 따라 '04.5.29 이전에 설치한 것에 한함) ** 기존 건축물에 옥외 피난계단을 설치함으로써 법 제55조에 따른 건폐율의 기준에 적합하지 아니하게 된 경우만 해당
③	건축물 지상층에 설치한 보행통로나 차량통로	일반인이나 차량이 통행할 수 있도록 설치
④	지하주차장 경사로	
⑤	건축물 지하층 출입구 상부	출입구 너비에 상당하는 규모의 부분을 말함
⑥	생활폐기물 보관시설 (음식물쓰레기, 의류 등의 수거시설)	음식물쓰레기, 의류 등의 수거함을 말함
⑦	어린이집의 비상구에 연결하여 설치하는 폭 2미터 이하의 영유아용 대피용 미끄럼대 또는 비상계단	기존 건축물에 영유아용 대피용 미끄럼대 또는 비상계단을 설치함으로써 법 제55조에 따른 건폐율 기준에 적합하지 아니하게 된 경우만 해당
⑧	장애인용 승강기, 장애인용 에스컬레이터, 휠체어리프트 또는 경사로	「장애인·노인·임산부 등의 편의증진 보장에 관한 법률 시행령」 별표 2의 기준
⑨	소독설비를 갖추기 위하여 같은 호에 따른 가축사육시설	「가축전염병 예방법」 제17조제1항제1호, 2015년 4월 27일 전에 건축되거나 설치된 가축사육시설로 한정
⑩	현지보존 및 이전보존을 위하여 매장유산 보호 및 전시에 전용되는 부분	「매장유산 보호 및 조사에 관한 법률」제14조제1항 제1호 및 제2호에 따른
⑪	처리시설	「가축분뇨의 관리 및 이용에 관한 법률」 제12조제1항, 법률 제12516호 가축분뇨의 관리 및 이용에 관한 법률 일부개정법률 부칙 제9조에 해당하는 배출시설의 처리시설
⑫	어린이집 직통계단 1개소를 갈음하여 건축물의 외부에 설치하는 비상계단	어린이집이 2011년 4월 6일 이전에 설치된 경우로서 기존 건축물에 비상계단을 설치함으로써 법 제55조에 따른 건폐율 기준에 적합하지 않게 된 경우만 해당

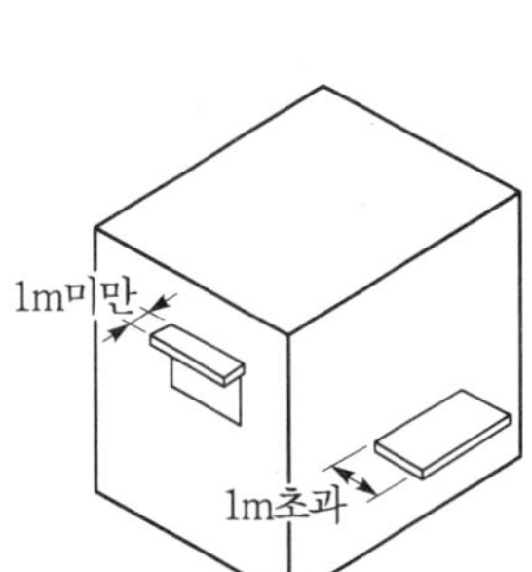

⇨

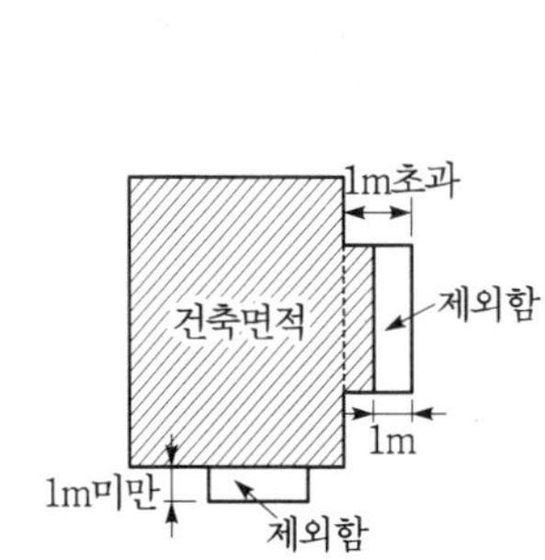

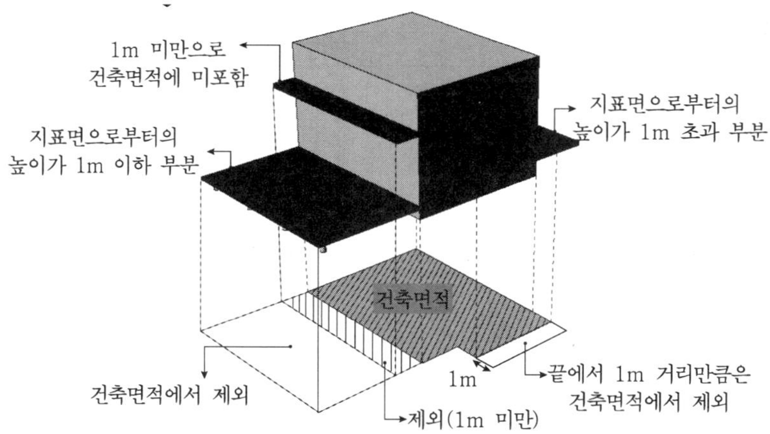

3) 처마, 차양, 부연 등이 돌출된 것의 산정

	건축물의 분류	외벽의 중심선까지의 거리
①	일반적 건축물(아래 사항에 해당되지 않는 것)	1m
②	한옥	2m
③	공동주택에서 환경친화자동차 관련 충전시설	2m
④	신 · 재생에너지 설비의 제로에너지건축물 인증을 받은 건축물	2m
⑤	돌출차양이 설치된 축사(가축에게 사료 등을 투여 등을 위하여 처마, 차양, 부연, 그 밖에 이와 비슷한 것이 설치된 축사)	3m
⑥	전통사찰	4m

4) 별도의 규정에 따른 건축면적 산정

다음의 건축물의 건축면적은 국토교통부령(규칙 제43조)로 정하는 바에 따라 산정한다.

	해당 부분	산정 내용
①	태양열을 주된 에너지원으로 이용하는 주택	건축물의 외벽중 내측 내력벽의 중심선을 기준
②	단열재를 구조체의 외기측에 설치하는 단열공법으로 건축된 건축물	
③	창고 또는 공장 중 물품을 입출고 부위의 상부 돌출차양(한쪽 끝은 고정되고 다른 쪽 끝은 지지되지 않는 구조)	아래 2가지의 값 중 작은 값을 건축면적으로 산입 1. 해당 돌출차양을 제외한 창고의 건축면적의 10%를 초과하는 면적 2. 해당 돌출차양의 끝부분으로부터 수평거리 6m를 후퇴한 선으로 둘러싸인 부분의 수평 투영 면적

1-3-3 바닥면적

시행령 **제119조(면적 등의 산정방법)** ① 법 제84조에 따라 건축물의 면적·높이 및 층수 등은 다음 각 호의 방법에 따라 산정한다. 〈개정 2024. 6. 18.〉

3. 바닥면적: 건축물의 각 층 또는 그 일부로서 벽, 기둥, 그 밖에 이와 비슷한 구획의 중심선으로 둘러싸인 부분의 수평투영면적으로 한다. 다만, 다음 각 목의 어느 하나에 해당하는 경우에는 각 목에서 정하는 바에 따른다.
   가. 벽·기둥의 구획이 없는 건축물은 그 지붕 끝부분으로부터 수평거리 1미터를 후퇴한 선으로 둘러싸인 수평투영면적으로 한다.
   나. 건축물의 노대등의 바닥은 난간 등의 설치 여부에 관계없이 노대등의 면적(외벽의 중심선으로부터 노대등의 끝부분까지의 면적을 말한다)에서 노대등이 접한 가장 긴 외벽에 접한 길이에 1.5미터를 곱한 값을 뺀 면적을 바닥면적에 산입한다.
   다. 필로티나 그 밖에 이와 비슷한 구조(벽면적의 2분의 1 이상이 그 층의 바닥면에서 위층 바닥 아래면까지 공간으로 된 것만 해당한다)의 부분은 그 부분이 공중의 통행이나 차량의 통행 또는 주차에 전용되는 경우와 공동주택의 경우에는 바닥면적에 산입하지 아니한다.
   라. 승강기탑(옥상 출입용 승강장을 포함한다), 계단탑, 장식탑, 다락[층고(層高)가 1.5미터(경사진 형태의 지붕인 경우에는 1.8미터) 이하인 것만 해당한다], 건축물의 내부에 설치하는 냉방설비 배기장치 전용 설치공간(각 세대나 실별로 외부 공기에 직접 닿는 곳에 설치하는 경우로서 1제곱미터 이하로 한정한다), 건축물의 외부 또는 내부에 설치하는 굴뚝, 더스트슈트, 설비덕트, 그 밖에 이와 비슷한 것과 옥상·옥외 또는 지하에 설치하는 물탱크, 기름탱크, 냉각탑, 정화조, 도시가스 정압기, 그 밖에 이와 비슷한 것을 설치하기 위한 구조물과 건축물 간에 화물의 이동에 이용되는 컨베이어벨트만을 설치하기 위한 구조물은 바닥면적에 산입하지 않는다.
   마. 공동주택으로서 지상층에 설치한 기계실, 전기실, 어린이놀이터, 조경시설 및 생활폐기물 보관시설의 면적은 바닥면적에 산입하지 않는다.
   바. 「다중이용업소의 안전관리에 관한 특별법 시행령」 제9조에 따라 기존의 다중이용업소(2004년 5월 29일 이전의 것만 해당한다)의 비상구에 연결하여 설치하는 폭 1.5미터 이하의 옥외 피난계단(기존 건축물에 옥외 피난계단을 설치함으로써 법 제56조에 따른 용적률에 적합하지 아니하게 된 경우만 해당한다)은 바닥면적에 산입하지 아니한다.
   사. 제6조제1항제6호에 따른 건축물을 리모델링하는 경우로서 미관 향상, 열의 손실 방지 등을 위하여 외벽에 부가하여 마감재 등을 설치하는 부분은 바닥면적에 산입하

지 아니한다.

아. 제1항제2호나목3)의 건축물의 경우에는 단열재가 설치된 외벽 중 내측 내력벽의 중심선을 기준으로 산정한 면적을 바닥면적으로 한다.

자. 「영유아보육법」 제15조에 따른 어린이집(2005년 1월 29일 이전에 설치된 것만 해당한다)의 비상구에 연결하여 설치하는 폭 2미터 이하의 영유아용 대피용 미끄럼대 또는 비상계단의 면적은 바닥면적(기존 건축물에 영유아용 대피용 미끄럼대 또는 비상계단을 설치함으로써 법 제56조에 따른 용적률 기준에 적합하지 아니하게 된 경우만 해당한다)에 산입하지 아니한다.

차. 「장애인ㆍ노인ㆍ임산부 등의 편의증진 보장에 관한 법률 시행령」 별표 2의 기준에 따라 설치하는 장애인용 승강기, 장애인용 에스컬레이터, 휠체어리프트 또는 경사로는 바닥면적에 산입하지 아니한다.

카. 「가축전염병 예방법」 제17조제1항제1호에 따른 소독설비를 갖추기 위하여 같은 호에 따른 가축사육시설(2015년 4월 27일 전에 건축되거나 설치된 가축사육시설로 한정한다)에서 설치하는 시설은 바닥면적에 산입하지 아니한다.

타. 「매장유산 보호 및 조사에 관한 법률」 제14조제1항제1호 및 제2호에 따른 현지보존 및 이전보존을 위하여 매장유산 보호 및 전시에 전용되는 부분은 바닥면적에 산입하지 아니한다.

파. 「영유아보육법」 제15조에 따른 설치기준에 따라 직통계단 1개소를 갈음하여 건축물의 외부에 설치하는 비상계단의 면적은 바닥면적(같은 조에 따른 어린이집이 2011년 4월 6일 이전에 설치된 경우로서 기존 건축물에 비상계단을 설치함으로써 법 제56조에 따른 용적률 기준에 적합하지 않게 된 경우만 해당한다)에 산입하지 않는다.

하. 지하주차장의 경사로(지상층에서 지하 1층으로 내려가는 부분으로 한정한다)는 바닥면적에 산입하지 않는다.

거. 제46조제4항제3호에 따른 대피공간의 바닥면적은 건축물의 각 층 또는 그 일부로서 벽의 내부선으로 둘러싸인 부분의 수평투영면적으로 한다.

너. 제46조제5항제3호 또는 제4호에 따른 구조 또는 시설(해당 세대 밖으로 대피할 수 있는 구조 또는 시설만 해당한다)을 같은 조 제4항에 따른 대피공간에 설치하는 경우 또는 같은 조 제5항제4호에 따른 대체시설을 발코니(발코니의 외부에 접하는 경우를 포함한다. 이하 같다)에 설치하는 경우에는 해당 구조 또는 시설이 설치되는 대피공간 또는 발코니의 면적 중 다음의 구분에 따른 면적까지를 바닥면적에 산입하지 않는다.

1) 인접세대와 공동으로 설치하는 경우: 4제곱미터

2) 각 세대별로 설치하는 경우: 3제곱미터

바닥면적의 산정 등

1) 바닥면적 산정의 원칙

바닥면적 건축물의 각층 또는 그 일부로서 벽 · 기둥 그 밖에 이와 비슷한 구획으로 둘러싸인 부분의 수평투영면적으로 한다.

2) 바닥면적의 산정

(1) 바닥면적의 산정에서 구조물의 일부만 산입하는 경우

① 벽 · 기둥의 구획이 없는 건축물(캔틸레버 등)

그 지붕 끝부분으로부터 수평거리 1m를 후퇴한 선으로 둘러싸인 수평투영면적으로 한다.

② 주택의 발코니 등 건축물의 노대나 그 밖의 이와 비슷한 것

노대 등이 접한 가장 긴 외벽에 접한 길이에 1.5미터를 곱한 값을 뺀 면적을 바닥면적에 산입한다.

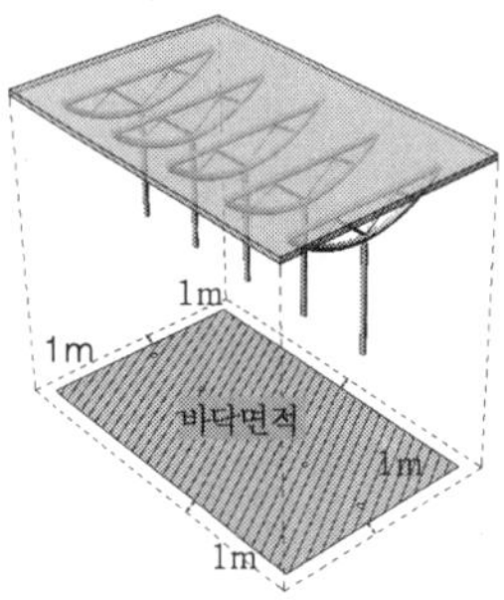

벽 · 기둥의 구획이 없는 예

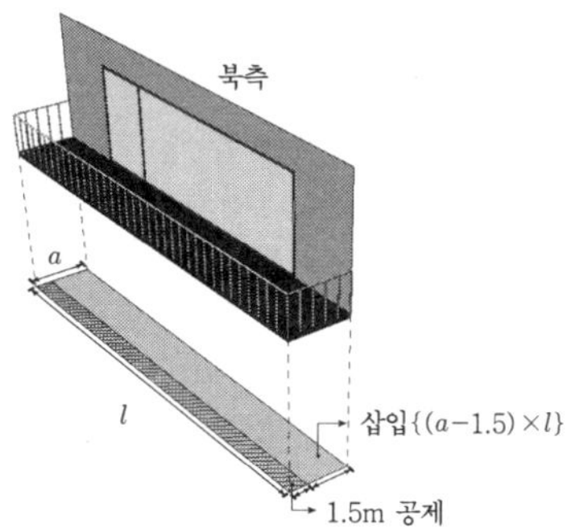

일반적인 노대의 경우

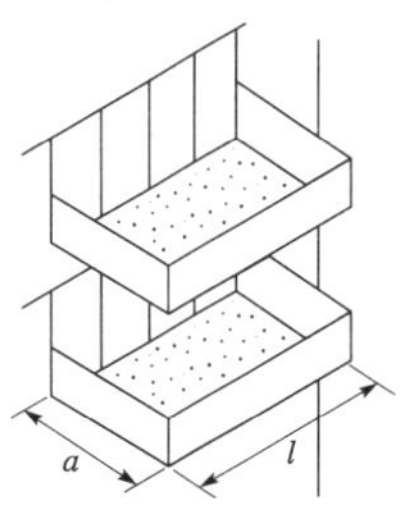

바닥면적 $= (l \times a) - (l \times 1.5\text{m})$

일반적인 경우

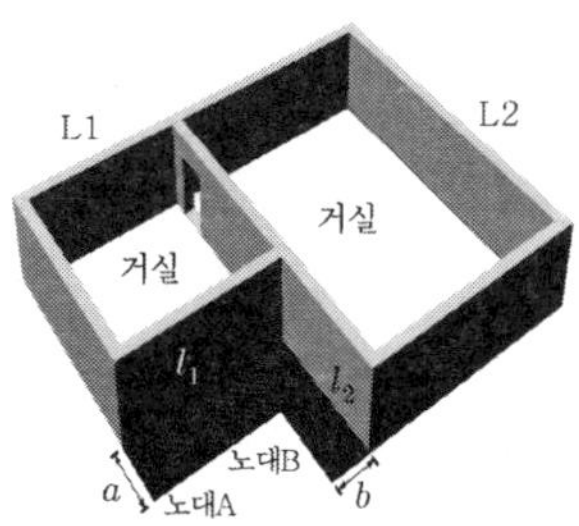

바닥면적 $= [(l_1 \times a) - (l_1 \times 1.5\text{m})] + [(l_2 \times b) - (l_2 \times 1.5\text{m})]$

노대가 꺾인 경우

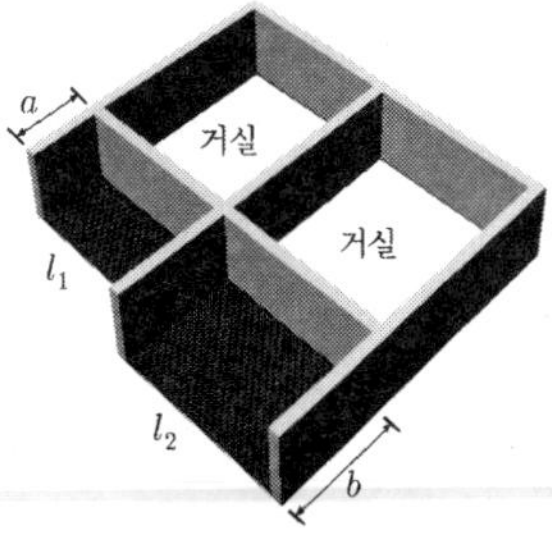

벽으로 구획된 2개의 노대

바닥면적 $= [(l_1 \times a) - (l_1 \times 1.5\text{m})] + [(l_2 \times b) - (l_2 \times 1.5\text{m})]$

(2) 바닥면적산정에서 구조물의 전부가 제외되는 경우

① 필로티 그 밖에 이와 비슷한 구조의 부분이 다음과 같은 용도로 쓰이는 경우 (벽면적의 1/2 이상이 당해 층의 바닥면에서 위층 바닥 아래면까지 공간으로 된 것에 한함)

㉠ 공중의 통행

㉡ 차량의 통행 · 주차에 전용

㉢ 공동주택

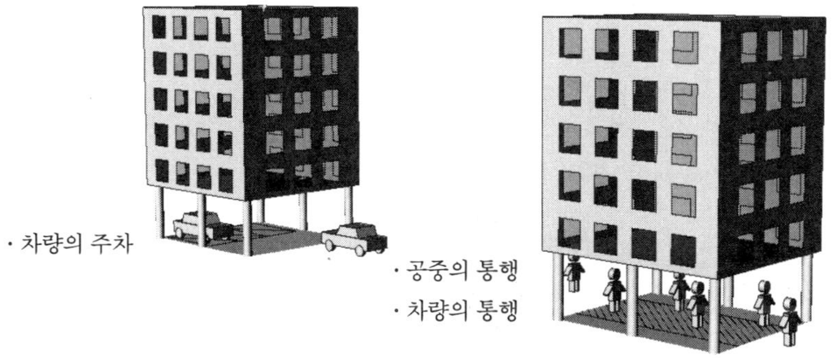

필로티나 그 밖에 이와 비슷한 구조의 용도

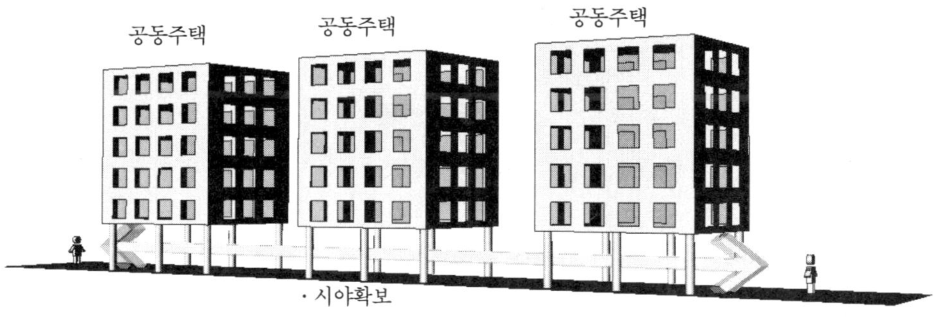

필로티 등이 공동주택에 설치되는 경우

② 승강기탑 등의 경우

㉠ 승강기탑 · 계단탑 · 장식탑 · 층고 1.5m 이하인 다락(경사진 형태의 지붕인 경우 1.8m)

㉡ 건축물의 내부에 설치하는 냉방설비 배기장치 전용 설치공간(각 세대나 실별로 외부 공기에 직접 닿는 곳에 설치하는 경우로서 1제곱미터 이하로 한정)

㉢ 건축물의 외부 또는 내부에 설치하는 굴뚝, 더스트 슈트, 설비덕트

㉣ 옥상 · 옥외 또는 지하에 설치하는 물탱크, 기름탱크, 냉각탑, 정화조, 도시가스 정압기

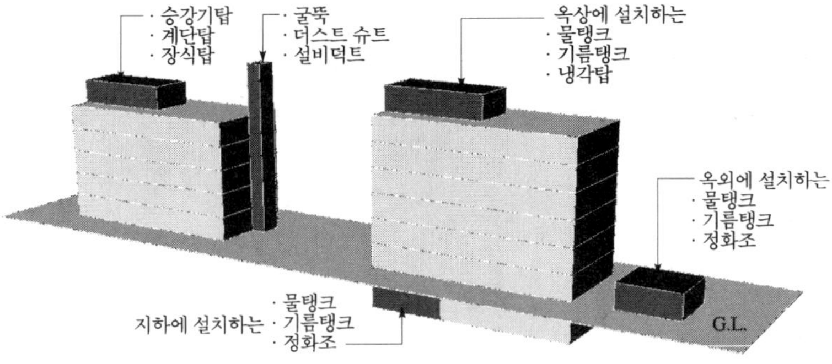

승강기탑 등이 바닥면적산정에서 제외되는 경우

③ 공동주택의 부분

지상층에 설치한 기계실 전기실, 어린이놀이터 조경시설, 생활폐기물 보관시설은 면적에서 제외한다.

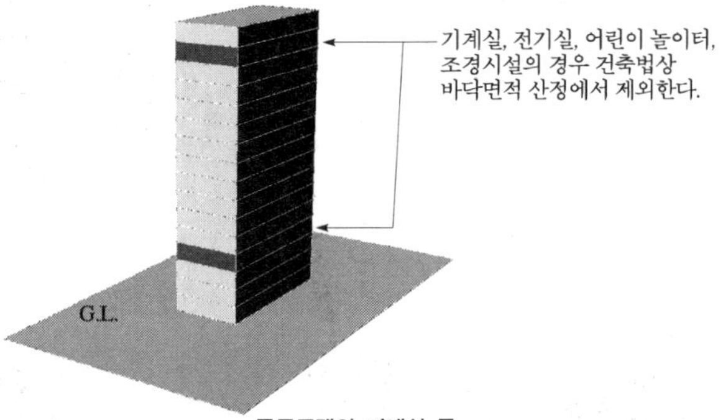

공동주택의 기계실 등

④ 다중이용업소(2004. 5. 29일 이전의 것에 한함)의 비상구에 연결하여 설치하는 폭 1.5m 이하의 옥외피난계단

⑤ 어린이집(2005년 1월 29일 이전에 설치)의 비상구에 연결하여 설치하는 폭 2미터 이하의 영유아용 대피용 미끄럼대 또는 비상계단

⑥ 장애인용 승강기, 장애인용 에스컬레이터, 휠체어리프트 또는 경사로

⑦ 소독설비를 갖추기 위한 가축사육시설(2015년 4월 27일 전에 설치)에서 설치하는 시설

⑧ 현지보존 및 이전보존을 위하여 매장유산 보호 및 전시에 전용되는 부분

⑨ 어린이집 직통계단 1개소를 갈음하여 건축물의 외부에 설치하는 비상계단(어린이집이 2011년 4월 6일 이전에 설치)

⑩ 지하주차장의 경사로(지상층에서 지하 1층으로 내려가는 부분)

⑪ 아파트 대피공간 또는 발코니의 면적 중 다음의 구분에 따른 면적

1) 인접세대와 공동으로 설치하는 경우: 4제곱미터

2) 각 세대별로 설치하는 경우: 3제곱미터

1-3-4 연면적

연면적 산정의 원칙

하나의 건축물의 각층(지하층을 포함한다)의 바닥면적의 합계로 한다.

> 시행령 제119조(면적 등의 산정방법) ① 법 제84조에 따라 건축물의 면적 · 높이 및 층수 등은 다음 각 호의 방법에 따라 산정한다.
>
> 4. 연면적 : 하나의 건축물 각 층의 바닥면적의 합계로 하되, 용적률을 산정할 때에는 다음 각 목에 해당하는 면적은 제외한다.
>   가. 지하층의 면적
>   나. 지상층의 주차용(해당 건축물의 부속용도인 경우만 해당한다)으로 쓰는 면적
>   다. 삭제 〈2012.12.12.〉
>   라. 삭제 〈2012.12.12.〉
>   마. 제34조 제3항 및 제4항에 따라 초고층 건축물과 준초고층 건축물에 설치하는 피난안전구역의 면적
>   바. 제40조 제3항 제2호에 따라 건축물의 경사지붕 아래에 설치하는 대피공간의 면적

용적률을 위한 연면적 산정의 예외규정

① 지하층의 면적

② 지상층의 주차용으로 사용되는 면적
 – 단, 해당건축물의 부속용도인 경우에만 해당된다.

③ 초고층 건축물과 준초고층 건축물에 설치하는 피난안전구역의 면적

④ 건축물의 경사지붕 아래 설치하는 대피공간의 면적

1-3-5 건축물의 높이

> 시행령 제119조(면적 등의 산정방법) ① 법 제84조에 따라 건축물의 면적 · 높이 및 층수 등은 다음 각 호의 방법에 따라 산정한다. 〈개정 2024. 6. 18.〉
>
> 5. 건축물의 높이: 지표면으로부터 그 건축물의 상단까지의 높이[건축물의 1층 전체에 필로티(건축물을 사용하기 위한 경비실, 계단실, 승강기실, 그 밖에 이와 비슷한 것을 포함한다)가 설치되어 있는 경우에는 법 제60조 및 법 제61조제2항을 적용할 때 필로티의 층고를 제외한 높이]로 한다. 다만, 다음 각 목의 어느 하나에 해당하는 경

> 우에는 각 목에서 정하는 바에 따른다.
>
> 가. 법 제60조에 따른 건축물의 높이는 전면도로의 중심선으로부터의 높이로 산정한다. 다만, 전면도로가 다음의 어느 하나에 해당하는 경우에는 그에 따라 산정한다.
>
> 1) 건축물의 대지에 접하는 전면도로의 노면에 고저차가 있는 경우에는 그 건축물이 접하는 범위의 전면도로부분의 수평거리에 따라 가중평균한 높이의 수평면을 전면도로면으로 본다.
>
> 2) 건축물의 대지의 지표면이 전면도로보다 높은 경우에는 그 고저차의 2분의 1의 높이만큼 올라온 위치에 그 전면도로의 면이 있는 것으로 본다.
>
> 나. 법 제61조에 따른 건축물 높이를 산정할 때 건축물 대지의 지표면과 인접 대지의 지표면 간에 고저차가 있는 경우에는 그 지표면의 평균 수평면을 지표면으로 본다. 다만, 법 제61조제2항에 따른 높이를 산정할 때 해당 대지가 인접 대지의 높이보다 낮은 경우에는 해당 대지의 지표면을 지표면으로 보고, 공동주택을 다른 용도와 복합하여 건축하는 경우에는 공동주택의 가장 낮은 부분을 그 건축물의 지표면으로 본다.
>
> 다. 건축물의 옥상에 설치되는 승강기탑(옥상 출입용 승강장을 포함한다)ㆍ계단탑ㆍ망루ㆍ장식탑ㆍ옥탑 등으로서 그 수평투영면적의 합계가 해당 건축물 건축면적의 8분의 1(「주택법」 제15조제1항에 따른 사업계획승인 대상인 공동주택 중 세대별 전용면적이 85제곱미터 이하인 경우에는 6분의 1) 이하인 경우로서 그 부분의 높이가 12미터를 넘는 경우에는 그 넘는 부분만 해당 건축물의 높이에 산입한다.
>
> 라. 지붕마루장식ㆍ굴뚝ㆍ방화벽의 옥상돌출부나 그 밖에 이와 비슷한 옥상돌출물과 난간벽(그 벽면적의 2분의 1 이상이 공간으로 되어 있는 것만 해당한다)은 그 건축물의 높이에 산입하지 아니한다.

건축물의 높이 산정

1) 일반적인 원칙

① 건축물이 위치하는 지표면으로부터 그 건축물의 상단까지의 높이

② 건축물 1층 전체가 필로티인 경우(경비실, 계단실, 승강기실 등 포함)

- 건축물의 높이 제한 및 공동주택의 높이 제한의 규정을 적용함에 있어서 필로티의 층고를 제외한 높이

2) 전면도로에 의한 건축물의 높이 산정

① 전면도로의 고저차가 없는 경우

전면도로 중심선에서 건축물의 상단까지의 높이

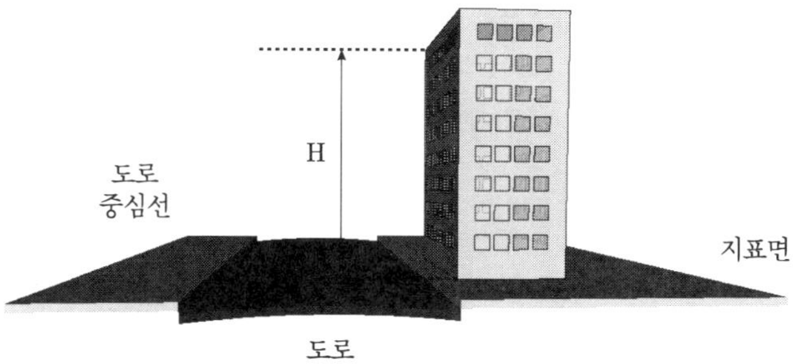

② 전면도로의 노면에 고저차가 있는 경우

당해 건축물이 접하는 범위의 전면도로부분의 수평거리에 따라 가중평균한 높이의 수평면을 전면도로로 본다.

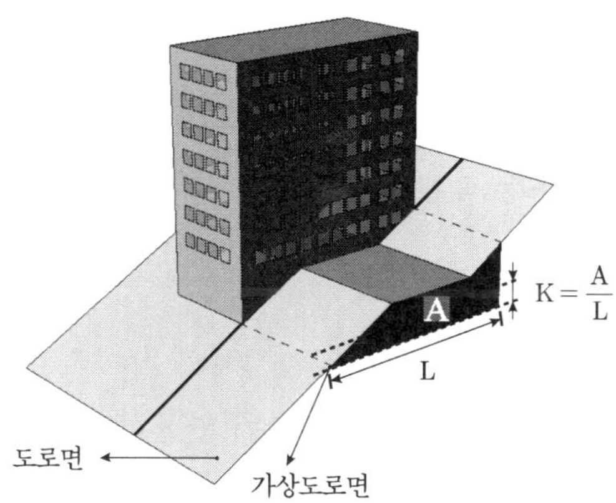

③ 건축물의 대지에 지표면이 전면도로보다 높은 경우

그 고저차가 1/2의 높이만큼 올라온 위치에 전면도로가 있는 것으로 본다.

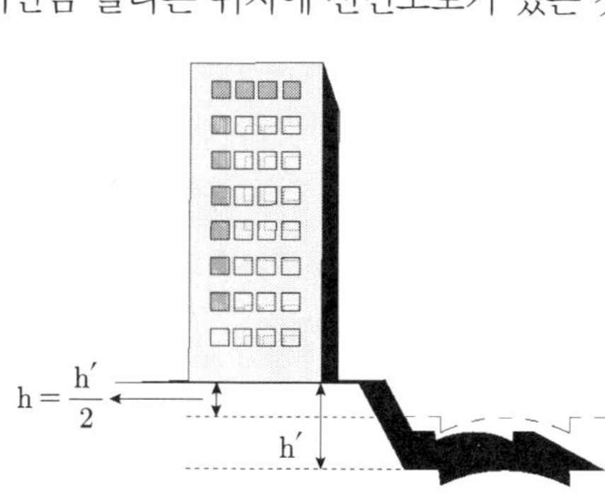

3) 일조확보를 위한 건축물의 높이제한의 경우 높이 산정

① 당해 건축물 대지의 지표면과 인접대지의 지표면간에 고저차가 있는 경우

– 그 지표면의 평균 수평면을 지표면으로 본다.

② 전용주거지역, 일반주거지역이 아닌 지역에서 공동주택은 다른 용도와 복합하여 건축하는 경우

– 건축물의 지표면 산정에는 공동주택의 가장 낮은 부분을 지표면으로 본다.

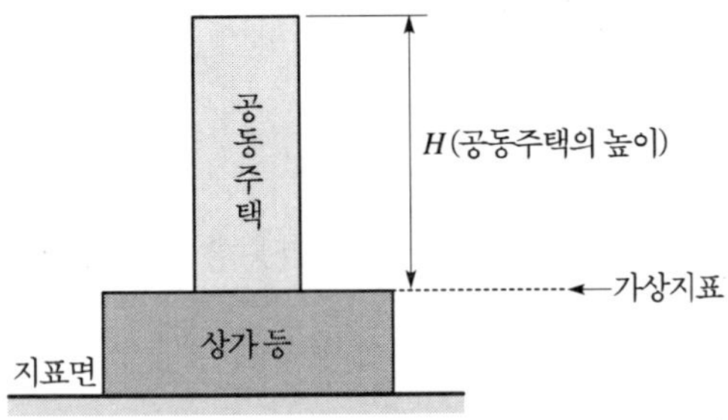

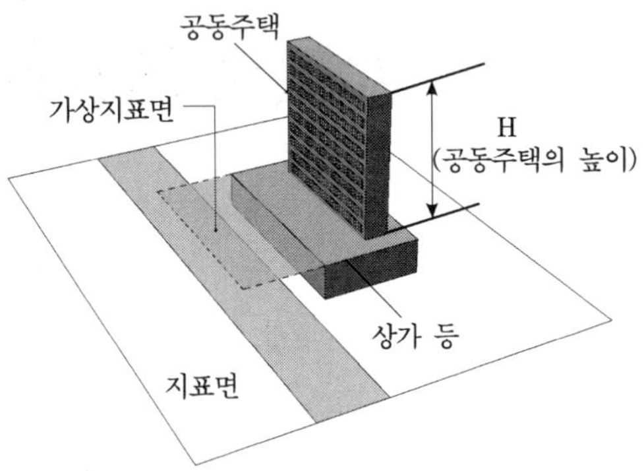

4) 건축물의 높이산정에서 제외되는 부분

① 건축물의 옥상부분

– 옥상부분 면적 $\leq \dfrac{\text{건축면적}}{8}$

– 옥상부분 면적 $\leq \dfrac{\text{건축면적}}{8}$ 이면서 옥상부 높이 12m 이하

– 옥상부분 면적 $> \dfrac{\text{건축면적}}{8}$

건축물의 옥상에 설치되는 승강기탑(옥상 출입용 승강장을 포함한다)、계단탑、망루、장식탑、옥탑 등으로서 그 수평투영면적의 합계가 해당 건축물 건축면적의 1/8(「주택법」제15조제1항에 따른 사업계획승인 대상인 공동주택 중 세대별 전용면적이 85제곱미터 이하인 경우에는 1/6) 이하인 경우로서 그 부분의 높이가 12미터를 넘는 경우에는 그 넘는 부분만 해당 건축물의 높이에 산입한다.

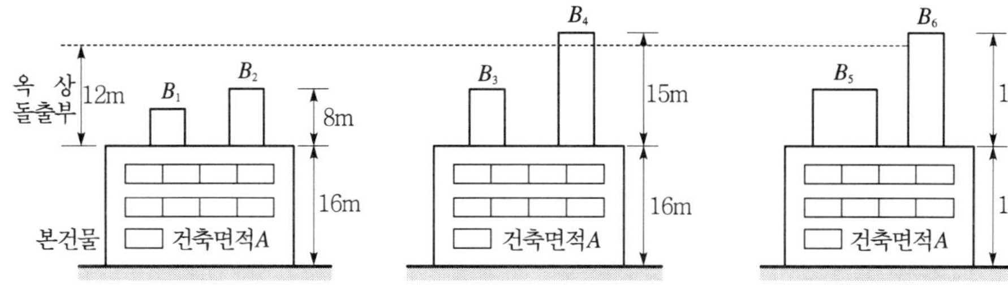

$B_1+B_2 \leqq \frac{1}{8}A$이면 　 $B_3+B_4 \leqq \frac{1}{8}A$이면 　 $B_5+B_6 > \frac{1}{8}A$이면

건축물의 높이 　 $H=16\text{m}$ 　 $H=16\text{m}+(15\text{m}-12\text{m})=19\text{m}$ 　 $H=16\text{m}+15\text{m}=31\text{m}$

② 옥상 돌출부와 난간벽

옥상 돌출부(지붕 마루 장식 · 굴뚝 · 방화벽 그밖에 이와 비슷한 옥상 돌출물)와 그 난간벽(그 벽 면적이 1/2 이상이 공간으로 되어 있는 것만 해당한다)은 당해 건축물의 높이 산정에서 제외된다.

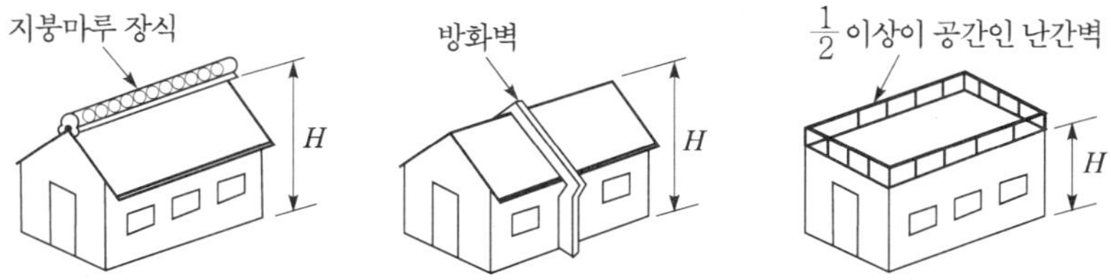

1-3-6 처마높이

> 시행령 **제119조(면적 등의 산정방법)** ① 법 제84조에 따라 건축물의 면적 · 높이 및 층수 등은 다음 각 호의 방법에 따라 산정한다.
>
> 6. 처마높이 : 지표면으로부터 건축물의 지붕틀 또는 이와 비슷한 수평재를 지지하는 벽 · 깔도리 또는 기둥의 상단까지의 높이로 한다.

처마높이

처마높이는 목조건축물이나 조적조의 지붕틀을 지지하는 기둥 또는 내력벽 상단까지의 높이를 제한하기 위한 용어로 각 구조물의 형식에 따라 다소 차이가 있다.

다음 그림은 각 구조형식에 따른 처마높이이다.

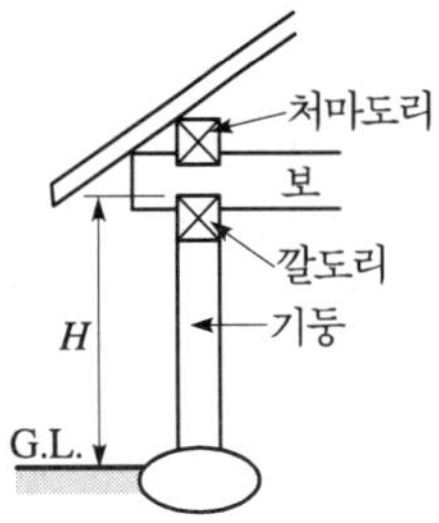

처마도리 H=깔도리 상단

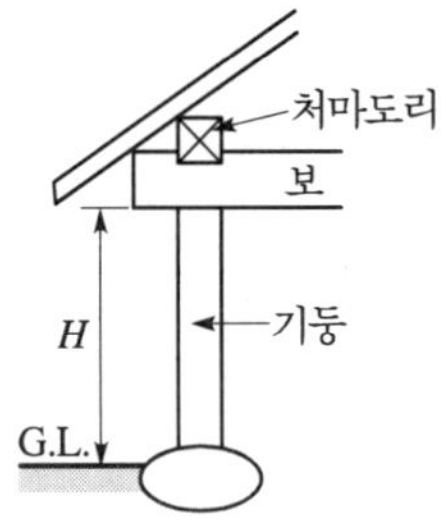

H=기둥상단

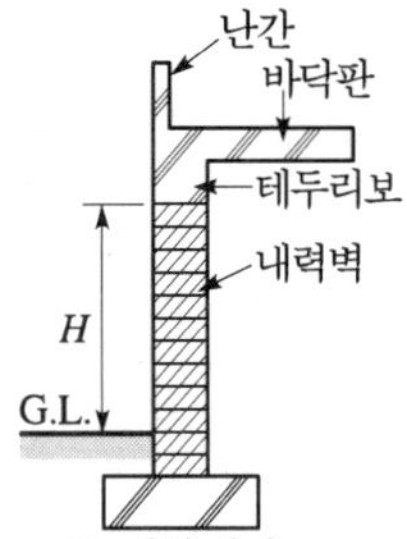

H=벽의 상단

1-3-7 반자높이

> 시행령 **제119조(면적 등의 산정방법)** ① 법 제84조에 따라 건축물의 면적 · 높이 및 층수 등은 다음 각 호의 방법에 따라 산정한다.
>
> 7. 반자높이 : 방의 바닥면으로부터 반자까지의 높이로 한다. 다만, 한 방에서 반자높이가 다른 부분이 있는 경우에는 그 각 부분의 반자면적에 따라 가중평균한 높이로 한다.

반자높이

반자높이를 제한하는 목적은 거실에 있는 사람들의 호흡을 위한 공기량과 밀접한 관계가 있다. 이러한 이유로 반자높이를 좀 더 정확히 표현하면, 방의 용적을 고려한 가중평균한 높이이다.

그러므로 반자높이는 방의 용적을 방의 면적으로 나눈 것이다.

반자높이 = 방의 용적 / 방의 면적

1-3-8 층고

> 시행령 **제119조(면적 등의 산정방법)** ① 법 제84조에 따라 건축물의 면적 · 높이 및 층수 등은 다음 각 호의 방법에 따라 산정한다.
>
> 8. 층고 : 방의 바닥구조체 윗면으로부터 위층 바닥구조체의 윗면까지의 높이로 한다. 다만, 한방에서 층의 높이가 다른 부분이 있는 경우에는 그 각 부분 높이에 따른 면적에 따라 가중평균한 높이로 한다.

층고의 측정

실제 건축물 바닥은 구조체와 마감재가 붙어있어 층의 높이를 측정하는데 혼선이 생길 수 있다. 이를 보다 명확히 하기위해 법에서 층고는 방의 바닥구조체 윗면으로부터 위층 바닥 구조체의 윗면까지의 높이로 규정한다.

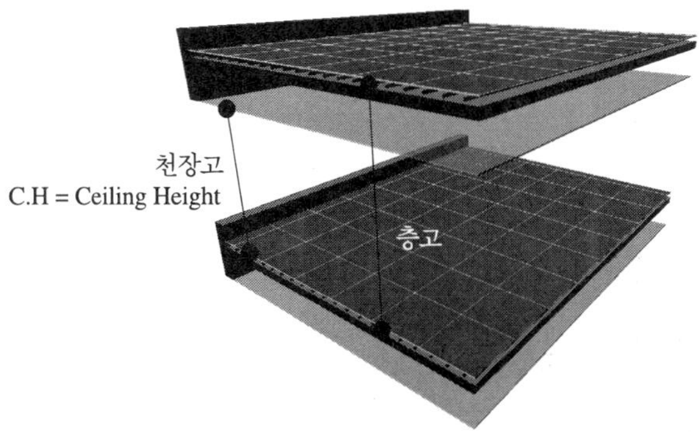

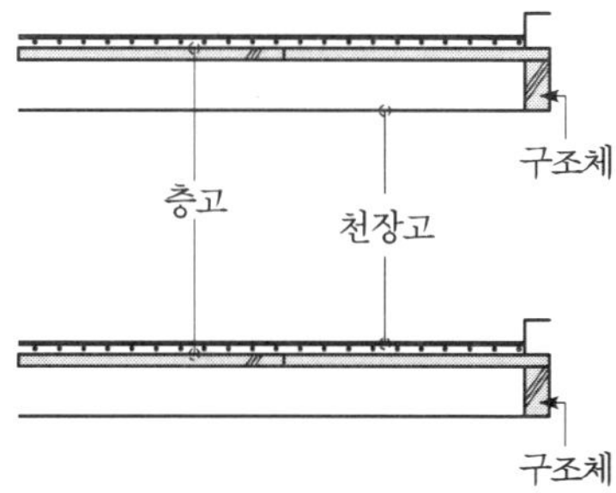

1-3-9 층수

> **시행령** **제119조(면적 등의 산정방법)** ① 법 제84조에 따라 건축물의 면적·높이 및 층수 등은 다음 각 호의 방법에 따라 산정한다.〈개정 2009.6.30., 2009.7.16., 2010.2.18., 2011.4.4., 2011.6.29., 2011.12.8., 2011.12.30., 2012.4.10., 2012.12.12., 2013.3.23., 2013.11.20., 2014.11.28., 2015.4.24., 2016.1.19., 2016.7.19., 2016.8.11., 2017.5.2.〉
>
> 9. 층수 : 승강기탑(옥상 출입용 승강장을 포함한다), 계단탑, 망루, 장식탑, 옥탑, 그 밖에 이와 비슷한 건축물의 옥상 부분으로서 그 수평투영면적의 합계가 해당 건축물 건축면적의 8분의 1(「주택법」 제15조제1항에 따른 사업계획승인 대상인 공동주택 중 세대별 전용면적이 85제곱미터 이하인 경우에는 6분의 1) 이하인 것과 지하층은 건축물의 층수에 산입하지 아니하고, 층의 구분이 명확하지 아니한 건축물은 그 건축물의 높이 4미터마다 하나의 층으로 보고 그 층수를 산정하며, 건축물이 부분에 따라 그 층수가 다른 경우에는 그 중 가장 많은 층수를 그 건축물의 층수로 본다.

층수

1) 층수 산정의 원칙

① 층의 구분이 불명확한 건축물

- 높이 4m마다 하나의 층으로 산정

② 건축물의 부분에 따라 그 층수를 달리 하는 경우
  - 각 부분의 층수 중 가장 많은 층수를 그 건축물의 층수로 본다.

2) 층수 산정에서 제외되는 부분

① 옥상부분
  - 수평투영면적의 합계가 해당 건축면적의 1/8이하인 것은 층수에 산입하지 않음

② 지하층은 층수에 산입하지 않음

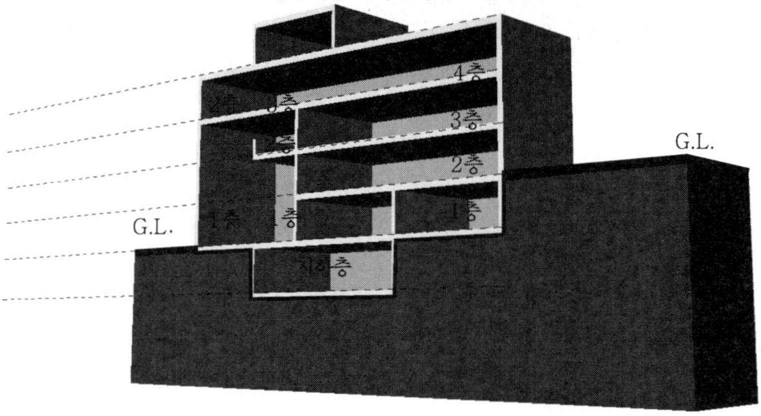

1-3-10 지하층의 지표면 산정

> **시행령** **제119조(면적 등의 산정방법)** ① 법 제84조에 따라 건축물의 면적 · 높이 및 층수 등은 다음 각 호의 방법에 따라 산정한다.
> 10. 지하층의 지표면 : 법 제2조 제1항 제5호에 따른 지하층의 지표면은 각 층의 주위가 접하는 각 지표면 부분의 높이를 그 지표면 부분의 수평거리에 따라 가중평균한 높이의 수평면을 지표면으로 산정한다.

지하층의 지표면의 산정 방식

지하층의 주위에 지표면의 고저차가 있는 경우 건축법상 지표면의 산정방법은 각층의 주위가 접하는 각 지표면 부분의 수평거리에 따라 가중평균한 높이의 수평면을 건축법상 지표면으로 본다.

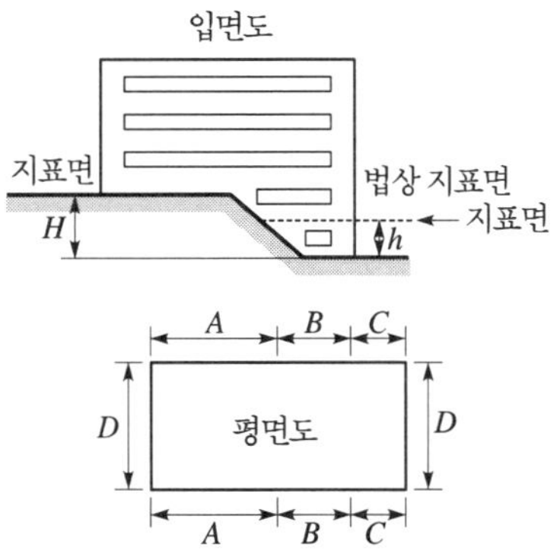

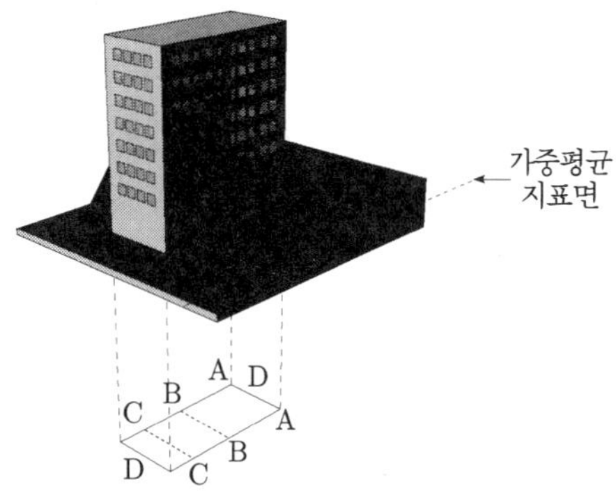

1-3-11 지표면에 고저차가 있는 경우

시행령 시행령 제119조(면적 등의 산정방법)

② 제1항 각 호(제10호는 제외한다)에 따른 기준에 따라 건축물의 면적 · 높이 및 층수 등을 산정할 때 지표면에 고저차가 있는 경우에는 건축물의 주위가 접하는 각 지표면 부분의 높이를 그 지표면 부분의 수평거리에 따라 가중평균한 높이의 수평면을 지표면으로 본다. 이 경우 그 고저차가 3미터를 넘는 경우에는 그 고저차 3미터 이내의 부분마다 그 지표면을 정한다.

③ 다음 각 호의 요건을 모두 갖춘 건축물의 건폐율을 산정할 때에는 제1항제2호에도 불구하고 지방건축위원회의 심의를 통해 제2호에 따른 개방 부분의 상부에 해당하는 면적을 건축면적에서 제외할 수 있다.〈신설 2020. 4. 21.〉

1. 다음 각 목의 어느 하나에 해당하는 시설로서 해당 용도로 쓰는 바닥면적의 합계가 1천제곱미터 이상일 것
   가. 문화 및 집회시설(공연장 · 관람장 · 전시장만 해당한다)
   나. 교육연구시설(학교 · 연구소 · 도서관만 해당한다)
   다. 수련시설 중 생활권 수련시설, 업무시설 중 공공업무시설
2. 지면과 접하는 저층의 일부를 높이 8미터 이상으로 개방하여 보행통로나 공지 등으로 활용할 수 있는 구조 · 형태일 것

④ 제1항제5호다목 또는 제1항제9호에 따른 수평투영면적의 산정은 제1항제2호에 따른 건축면적의 산정방법에 따른다.〈개정 2020. 4. 21.〉

[전문개정 2008. 10. 29.]

지표면의 고저차가 많은 경우의 지표면 산정

지표면에 고저차가 있는 경우, 법에 의한 지표면의 산정은 앞의 규정과 같이 지표면 부분의 수평거리에 따라 가중평균한 높이로 산정한다.
이 경우 중 지표면의 높이 차이가 3m가 넘는 경우는 매 3m이내마다 구분지어 그 지표면을 정한다.

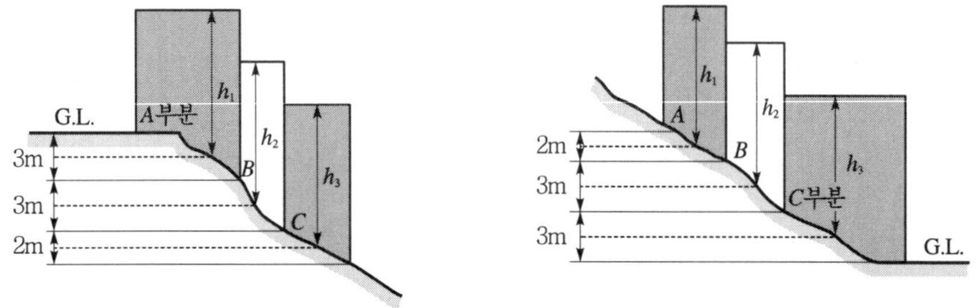

h_1 : A부분의 높이, h_2 : B부분의 높이, h_3 : C부분의 높이
--- : 파선은 가중평균의 기준점

건폐율 산정시 건축면적에서 제외할 수 있는 예외 규정

- 건축물의 건폐율을 산정할 때에는 지방건축위원회의 심의를 통해 제2호에 따른 개방 부분의 상부에 해당하는 면적을 건축면적에서 제외할 수 있음 〈신설 2020. 4. 21.〉
  1) 다음 각 목의 어느 하나에 해당하는 시설로서 해당 용도로 쓰는 바닥면적의 합계가 1천제곱미터 이상일 것
     가. 문화 및 집회시설(공연장 · 관람장 · 전시장만 해당한다)
     나. 교육연구시설(학교 · 연구소 · 도서관만 해당한다)
     다. 수련시설 중 생활권 수련시설, 업무시설 중 공공업무시설
  2) 지면과 접하는 저층의 일부를 높이 8미터 이상으로 개방하여 보행통로나 공지 등으로 활용할 수 있는 구조 · 형태일 것

1-4 건축법의 적용

1-4-1 적용제외

건축법 제3조(적용 제외) ① 다음 각 호의 어느 하나에 해당하는 건축물에는 이 법을 적용하지 아니한다. 〈개정 2016. 1. 19., 2019. 11. 26., 2023. 3. 21., 2023. 8. 8., 2024. 2. 6.〉

1. 「문화유산의 보존 및 활용에 관한 법률」에 따른 지정문화유산이나 임시지정문화유산 또는 「자연유산의 보존 및 활용에 관한 법률」에 따라 지정된 천연기념물등이나 임시지정천연기념물, 임시지정명승, 임시지정시·도자연유산, 임시자연유산자료
2. 철도나 궤도의 선로 부지(敷地)에 있는 다음 각 목의 시설
   가. 운전보안시설
   나. 철도 선로의 위나 아래를 가로지르는 보행시설
   다. 플랫폼
   라. 해당 철도 또는 궤도사업용 급수(給水)·급탄(給炭) 및 급유(給油) 시설
3. 고속도로 통행료 징수시설
4. 컨테이너를 이용한 간이창고(「산업집적활성화 및 공장설립에 관한 법률」 제2조제1호에 따른 공장의 용도로만 사용되는 건축물의 대지에 설치하는 것으로서 이동이 쉬운 것만 해당된다)
5. 「하천법」에 따른 하천구역 내의 수문조작실

② 「국토의 계획 및 이용에 관한 법률」에 따른 도시지역 및 같은 법 제51조제3항에 따른 지구단위계획구역(이하 "지구단위계획구역"이라 한다) 외의 지역으로서 동이나 읍(동이나 읍에 속하는 섬의 경우에는 인구가 500명 이상인 경우만 해당된다)이 아닌 지역은 제44조부터 제47조까지, 제51조 및 제57조를 적용하지 아니한다. 〈개정 2011. 4. 14., 2014. 1. 14.〉

③ 「국토의 계획 및 이용에 관한 법률」 제47조제7항에 따른 건축물이나 공작물을 도시·군계획시설로 결정된 도로의 예정지에 건축하는 경우에는 제45조부터 제47조까지의 규정을 적용하지 아니한다. 〈개정 2011. 4. 14.〉

건축법의 적용 제외

건축법은 전국에 있는 모든 건축물에 적용되는 것이 원칙이지만, 「문화유산의 보존 및 활용에 관한 법률」에 의한 문화유산과 철도 또는 궤도의 선로부지 안에 있는 시설 등은 건축법의 적용대상에서 전부 혹은 일부 적용되지 아니한다.

1) 건축법 전체가 적용되지 않는 것

	대상범위	구체적 시설
①	「문화유산의 보존 및 활용에 관한 법률」에 따른	지정문화유산이나 임시지정문화유산
②	「자연유산의 보존 및 활용에 관한 법률」에 따라 지정된	천연기념물등이나 임시지정천연기념물, 임시지정명승, 임시지정시 · 도자연유산, 임시자연유산자료
③	철도 또는 궤도의 선로부지 안에 있는	1. 운전보안시설 2. 철도 선로의 위나 아래를 가로지르는 보행시설 3. 플랫폼 4. 해당 철도 또는 궤도사업용 급수 · 급탄 및 급유시설
④	고속도로	통행료 징수시설
⑤	공장부지 안에 설치하는 것으로서	이동이 쉬운 컨테이너를 이용한 간이창고
⑥	하천법에 의한	하천구역 내의 수문조작실

2) 건축법의 일부 조항을 적용하지 않는 경우

「국토의 계획 및 이용에 관한 법률」에 의한 도시지역 및 같은 법 제51조 제3항에 따른 제2종 지구단위계획구역외의 지역으로서 동이나 읍(동이나 읍에 속하는 섬의 경우에는 인구가 500명 이상인 경우에만 해당) 이 아닌 지역은 다음의 규정을 적용하지 아니한다.

	법 조항	제목
①	법 제44조	대지와 도로의 관계
②	법 제45조	도로의 지정 · 폐지 또는 변경
③	법 제46조	건축선의 지정
④	법 제47조	건축선에 따른 건축제한
⑤	법 제51조	방화지구안의 건축물
⑥	법 제57조	대지의 분할제한

3) 매수하지 아니하기로 결정한 도로예정지안의 건축기준 완화

「국토의 계획 및 이용에 관한 법률」 제47조 제7항의 규정에 의한 건축물 또는 공작물을 도시 · 군 계획시설로 결정된 도로의 예정지 안에 건축하는 경우 다음의 건축법 규정은 적용하지 아니한다.

	법 조항	제목
①	법 제45조	도로의 지정 · 폐지 또는 변경
②	법 제46조	건축선의 지정
③	법 제47조	건축선에 따른 건축제한

1-4-2 건축위원회

건축법 **제4조(건축위원회)** ① 국토교통부장관, 시 · 도지사 및 시장 · 군수 · 구청장은 다음 각 호의 사항을 조사 · 심의 · 조정 또는 재정(이하 이 조에서 "심의등"이라 한다)하기 위하여 각각 건축위원회를 두어야 한다.〈개정 2009.4.1., 2013.3.23., 2014.5.28.〉

1. 이 법과 조례의 제정 · 개정 및 시행에 관한 중요 사항
2. 건축물의 건축등과 관련된 분쟁의 조정 또는 재정에 관한 사항. 다만, 시 · 도지사 및 시장 · 군수 · 구청장이 두는 건축위원회는 제외한다.
3. 건축물의 건축등과 관련된 민원에 관한 사항. 다만, 국토교통부장관이 두는 건축위원회는 제외한다.
4. 건축물의 건축 또는 대수선에 관한 사항
5. 다른 법령에서 건축위원회의 심의를 받도록 규정한 사항

② 국토교통부장관, 시 · 도지사 및 시장 · 군수 · 구청장은 건축위원회의 심의등을 효율적으로 수행하기 위하여 필요하면 자신이 설치하는 건축위원회에 다음 각 호의 전문위원회를 두어 운영할 수 있다.〈개정 2009.4.1., 2013.3.23., 2014.5.28.〉

1. 건축분쟁전문위원회(국토교통부에 설치하는 건축위원회에 한정한다)
2. 건축민원전문위원회(시 · 도 및 시 · 군 · 구에 설치하는 건축위원회에 한정한다)
3. 건축계획 · 건축구조 · 건축설비 등 분야별 전문위원회

③ 제2항에 따른 전문위원회는 건축위원회가 정하는 사항에 대하여 심의 등을 한다.〈개정 2009. 4.1., 2014.5.28.〉

④ 제3항에 따라 전문위원회의 심의 등을 거친 사항은 건축위원회의 심의 등을 거친 것으로 본다.〈개정 2009.4.1., 2014.5.28.〉

⑤ 제1항에 따른 각 건축위원회의 조직 · 운영, 그 밖에 필요한 사항은 대통령령으로 정하는 바에 따라 국토교통부령이나 해당 지방자치단체의 조례(자치구의 경우에는 특별시나 광역시의 조례를 말한다. 이하 같다)로 정한다.

제4조의2(건축위원회의 건축 심의 등) ① 대통령령으로 정하는 건축물을 건축하거나 대수선하려는 자는 국토교통부령으로 정하는 바에 따라 시 · 도지사 또는 시장 · 군수 · 구청장에게 제4조에 따른 건축위원회(이하 "건축위원회"라 한다)의 심의를 신청하여야 한다.〈개정 2017.1.17.〉

② 제1항에 따라 심의 신청을 받은 시 · 도지사 또는 시장 · 군수 · 구청장은 대통령령으로 정하는 바에 따라 건축위원회에 심의 안건을 상정하고, 심의 결과를 국토교통부령으로 정하는 바에 따라 심의를 신청한 자에게 통보하여야 한다.

③ 제2항에 따른 건축위원회의 심의 결과에 이의가 있는 자는 심의 결과를 통보받은 날부터 1개월 이내에 시 · 도지사 또는 시장 · 군수 · 구청장에게 건축위원회의 재심의를 신청할 수 있다.

④ 제3항에 따른 재심의 신청을 받은 시 · 도지사 또는 시장 · 군수 · 구청장은 그 신청을 받은 날부터 15일 이내에 대통령령으로 정하는 바에 따라 건축위원회에 재심의 안건을 상정하고, 재심의 결과를 국토교통부령으로 정하는 바에 따라 재심의를 신청한 자에게 통보하여야 한다.

제4조의3(건축위원회 회의록의 공개) 시 · 도지사 또는 시장 · 군수 · 구청장은 제4조의2 제1항에 따른 심의(같은 조 제3항에 따른 재심의를 포함한다. 이하 이 조에서 같다)를 신청한 자가 요청하는 경우에는 대통령령으로 정하는 바에 따라 건축위원회 심의의 일시 · 장소 · 안건 · 내용 · 결과 등이 기록된 회의록을 공개하여야 한다. 다만, 심의의 공정성을 침해할 우려가 있다고 인정되는 이름, 주민등록번호 등 대통령령으로 정하는 개인 식별 정보에 관한 부분의 경우에는 그러하지 아니하다. [본조신설 2014.5.28.]

제4조의4(건축민원전문위원회) ① 제4조 제2항에 따른 건축민원전문위원회는 건축물의 건축등과 관련된 다음 각 호의 민원[특별시장 · 광역시장 · 특별자치시장 · 특별자치도지사 또는 시장 · 군수 · 구청장(이하 "허가권자"라 한다)의 처분이 완료되기 전의 것으로 한정하며, 이하 "질의민원"이라 한다]을 심의하며, 시 · 도지사가 설치하는 건축민원전문위원회(이하 "광역지방건축민원전문위원회"라 한다)와 시장 · 군수 · 구청장이 설치하는 건축민원전문위원회(이하 "기초지방건축민원전문위원회"라 한다)로 구분한다.

1. 건축법령의 운영 및 집행에 관한 민원
2. 건축물의 건축등과 복합된 사항으로서 제11조 제5항 각 호에 해당하는 법률 규정의 운영 및 집행에 관한 민원
3. 그 밖에 대통령령으로 정하는 민원

② 광역지방건축민원전문위원회는 허가권자나 도지사(이하 "허가권자 등"이라 한다)의 제11조에 따른 건축허가나 사전승인에 대한 질의민원을 심의하고, 기초지방건축민원전문위원회는 시장(행정시의 시장을 포함한다) · 군수 · 구청장의 제11조 및 제14조에 따른 건축허가 또는 건축신고와 관련한 질의민원을 심의한다.

③ 건축민원전문위원회의 구성 · 회의 · 운영, 그 밖에 필요한 사항은 해당 지방자치단체의 조례로 정한다. [본조신설 2014.5.28.]

제4조의5(질의민원 심의의 신청) ① 건축물의 건축등과 관련된 질의민원의 심의를 신청하려는 자는 제

4조의4 제2항에 따른 관할 건축민원전문위원회에 심의 신청서를 제출하여야 한다.

② 제1항에 따른 심의를 신청하고자 하는 자는 다음 각 호의 사항을 기재하여 문서로 신청하여야 한다. 다만, 문서에 의할 수 없는 특별한 사정이 있는 경우에는 구술로 신청할 수 있다.

1. 신청인의 이름과 주소
2. 신청의 취지 · 이유와 민원신청의 원인이 된 사실내용
3. 그 밖에 행정기관의 명칭 등 대통령령으로 정하는 사항

③ 건축민원전문위원회는 신청인의 질의민원을 받으면 15일 이내에 심의절차를 마쳐야 한다. 다만, 사정이 있으면 건축민원전문위원회의 의결로 15일 이내의 범위에서 기간을 연장할 수 있다. [본조신설 2014.5.28.]

제4조의6(심의를 위한 조사 및 의견 청취) ① 건축민원전문위원회는 심의에 필요하다고 인정하면 위원 또는 사무국의 소속 공무원에게 관계 서류를 열람하게 하거나 관계 사업장에 출입하여 조사하게 할 수 있다.

② 건축민원전문위원회는 필요하다고 인정하면 신청인, 허가권자의 업무담당자, 이해관계자 또는 참고인을 위원회에 출석하게 하여 의견을 들을 수 있다.

③ 민원의 심의신청을 받은 건축민원전문위원회는 심의기간 내에 심의하여 심의결정서를 작성하여야 한다. [본조신설 2014.5.28.]

제4조의7(의견의 제시 등) ① 건축민원전문위원회는 질의민원에 대하여 관계 법령, 관계 행정기관의 유권해석, 유사판례와 현장여건 등을 충분히 검토하여 심의의견을 제시할 수 있다.

② 건축민원전문위원회는 민원심의의 결정내용을 지체 없이 신청인 및 해당 허가권자 등에게 통지하여야 한다.

③ 제2항에 따라 심의 결정내용을 통지받은 허가권자등은 이를 존중하여야 하며, 통지받은 날부터 10일 이내에 그 처리결과를 해당 건축민원전문위원회에 통보하여야 한다.

④ 제2항에 따른 심의 결정내용을 시장 · 군수 · 구청장이 이행하지 아니하는 경우에는 제4조의4 제2항에도 불구하고 해당 민원인은 시장 · 군수 · 구청장이 통보한 처리결과를 첨부하여 광역지방건축민원전문위원회에 심의를 신청할 수 있다.

⑤ 제3항에 따라 처리결과를 통보받은 건축민원전문위원회는 신청인에게 그 내용을 지체 없이 통보하여야 한다. [본조신설 2014.5.28.]

제4조의8(사무국) ① 건축민원전문위원회의 사무를 처리하기 위하여 위원회에 사무국을 두어야 한다.

② 건축민원전문위원회에는 다음 각 호의 사무를 나누어 맡도록 심사관을 둔다.

1. 건축민원전문위원회의 심의 · 운영에 관한 사항
2. 건축물의 건축등과 관련된 민원처리에 관한 업무지원 사항
3. 그 밖에 위원장이 지정하는 사항

③ 건축민원전문위원회의 위원장은 특정 사건에 관한 전문적인 사항을 처리하기 위하여 관계 전문가를 위촉하여 제2항 각 호의 사무를 하게 할 수 있다. [본조신설 2014.5.28.]

시행령

제5조(중앙건축위원회의 설치 등) ① 법 제4조 제1항에 따라 국토교통부에 두는 건축위원회(이하 "중앙건축위원회"라 한다)는 다음 각 호의 사항을 조사 · 심의 · 조정 또는 재정(이하 "심의 등"이라 한다)한다. 〈개정 2013.3.23., 2014.11.28.〉

1. 법 제23조 제4항에 따른 표준설계도서의 인정에 관한 사항
2. 건축물의 건축 · 대수선 · 용도변경, 건축설비의 설치 또는 공작물의 축조(이하 "건축물의 건축 등"이라 한다)와 관련된 분쟁의 조정 또는 재정에 관한 사항
3. 법과 이 영의 제정 · 개정 및 시행에 관한 중요 사항
4. 다른 법령에서 중앙건축위원회의 심의를 받도록 한 경우 해당 법령에서 규정한 심의사항
5. 그 밖에 국토교통부장관이 중앙건축위원회의 심의가 필요하다고 인정하여 회의에 부치는 사항

② 제1항에 따라 심의 등을 받은 건축물이 다음 각 호의 어느 하나에 해당하는 경우에는 해당 건축물의 건축 등에 관한 중앙건축위원회의 심의 등을 생략할 수 있다.

1. 건축물의 규모를 변경하는 것으로서 다음 각 목의 요건을 모두 갖춘 경우
   가. 건축위원회의 심의 등의 결과에 위반되지 아니할 것
   나. 심의 등을 받은 건축물의 건축면적, 연면적, 층수 또는 높이 중 어느 하나도 10분의 1을 넘지 아니하는 범위에서 변경할 것
2. 중앙건축위원회의 심의 등의 결과를 반영하기 위하여 건축물의 건축 등에 관한 사항을 변경하는 경우

③ 중앙건축위원회는 위원장 및 부위원장 각 1명을 포함하여 70명 이내의 위원으로 구성한다.

④ 중앙건축위원회의 위원은 관계 공무원과 건축에 관한 학식 또는 경험이 풍부한 사

람 중에서 국토교통부장관이 임명하거나 위촉한다.〈개정 2013.3.23.〉

⑤ 중앙건축위원회의 위원장과 부위원장은 제4항에 따라 임명 또는 위촉된 위원 중에서 국토교통부장관이 임명하거나 위촉한다.〈개정 2013.3.23.〉

⑥ 공무원이 아닌 위원의 임기는 2년으로 하며, 한 차례만 연임할 수 있다.[전문개정 2012.12.12.]

제5조의2(위원의 제척 · 기피 · 회피) ① 중앙건축위원회의 위원(이하 이 조 및 제5조의3에서 "위원"이라 한다)이 다음 각 호의 어느 하나에 해당하는 경우에는 중앙건축위원회의 심의 · 의결에서 제척(除斥)된다.

1. 위원 또는 그 배우자나 배우자이었던 사람이 해당 안건의 당사자(당사자가 법인 · 단체 등인 경우에는 그 임원을 포함한다. 이하 이 호 및 제2호에서 같다)가 되거나 그 안건의 당사자와 공동권리자 또는 공동의무자인 경우
2. 위원이 해당 안건의 당사자와 친족이거나 친족이었던 경우
3. 위원이 해당 안건에 대하여 자문, 연구, 용역(하도급을 포함한다), 감정 또는 조사를 한 경우
4. 위원이나 위원이 속한 법인 · 단체 등이 해당 안건의 당사자의 대리인이거나 대리인이었던 경우
5. 위원이 임원 또는 직원으로 재직하고 있거나 최근 3년 내에 재직하였던 기업 등이 해당 안건에 관하여 자문, 연구, 용역(하도급을 포함한다), 감정 또는 조사를 한 경우

② 해당 안건의 당사자는 위원에게 공정한 심의 · 의결을 기대하기 어려운 사정이 있는 경우에는 중앙건축위원회에 기피 신청을 할 수 있고, 중앙건축위원회는 의결로 이를 결정한다. 이 경우 기피 신청의 대상인 위원은 그 의결에 참여하지 못한다.

③ 위원이 제1항 각 호에 따른 제척 사유에 해당하는 경우에는 스스로 해당 안건의 심의 · 의결에서 회피(回避)하여야 한다.[본조신설 2012.12.12.]

제5조의3(위원의 해임 · 해촉) 국토교통부장관은 위원이 다음 각 호의 어느 하나에 해당하는 경우에는 해당 위원을 해임하거나 해촉(解囑)할 수 있다.〈개정 2013.3.23.〉

1. 심신장애로 인하여 직무를 수행할 수 없게 된 경우
2. 직무태만, 품위손상이나 그 밖의 사유로 인하여 위원으로 적합하지 아니하다고 인정되는 경우
3. 제5조의2 제1항 각 호의 어느 하나에 해당하는 데에도 불구하고 회피하지 아니한 경우 [본조신설 2012.12.12.]

제5조의4(운영세칙) 제5조, 제5조의2 및 제5조의3에서 규정한 사항 외에 중앙건축위원회의 운영에 관한 사항, 수당 및 여비의 지급에 관한 사항은 국토교통부령으로 정한다.〈개정 2013.3.23.〉 [본조신설 2012.12.12.]

시행령 **제5조의5(지방건축위원회)** ① 법 제4조제1항에 따라 특별시 · 광역시 · 특별자치시 · 도 · 특별자치도(이하 "시 · 도"라 한다) 및 시 · 군 · 구(자치구를 말한다. 이하 같다)에 두는 건축위원회(이하 "지방건축위원회"라 한다)는 다음 각 호의 사항에 대한 심의등을 한다.〈개정 2013. 11. 20., 2014. 10. 14., 2014. 11. 11., 2014. 11. 28., 2020. 4. 21.〉

1. 법 제46조제2항에 따른 건축선(建築線)의 지정에 관한 사항
2. 법 또는 이 영에 따른 조례(해당 지방자치단체의 장이 발의하는 조례만 해당한다)의 제정 · 개정 및 시행에 관한 중요 사항
3. 삭제 〈2014. 11. 11.〉
4. 다중이용 건축물 및 특수구조 건축물의 구조안전에 관한 사항
5. 삭제 〈2016. 1. 19.〉
6. 삭제 〈2020. 4. 21.〉
7. 다른 법령에서 지방건축위원회의 심의를 받도록 한 경우 해당 법령에서 규정한 심의사항
8. 특별시장 · 광역시장 · 특별자치시장 · 도지사 또는 특별자치도지사(이하 "시 · 도지사"라 한다) 및 시장 · 군수 · 구청장이 도시 및 건축 환경의 체계적인 관리를 위하여 필요하다고 인정하여 지정 · 공고한 지역에서 건축조례로 정하는 건축물의 건축등에 관한 것으로서 시 · 도지사 및 시장 · 군수 · 구청장이 지방건축위원회의 심의가 필요하다고 인정한 사항 이 경우 심의 사항은 시 · 도지사 및 시장 · 군수 · 구청장이 건축 계획, 구조 및 설비 등에 대해 심의 기준을 정하여 공고한 사항으로 한정한다.

② 제1항에 따라 심의등을 받은 건축물이 제5조제2항 각 호의 어느 하나에 해당하는 경우에는 해당 건축물의 건축등에 관한 지방건축위원회의 심의등을 생략할 수 있다.

③ 제1항에 따른 지방건축위원회는 위원장 및 부위원장 각 1명을 포함하여 25명 이상 150명 이하의 위원으로 성별을 고려하여 구성한다.〈개정 2016. 1. 19.〉

④ 지방건축위원회의 위원은 다음 각 호의 어느 하나에 해당하는 사람 중에서 시 · 도지사 및 시장 · 군수 · 구청장이 임명하거나 위촉한다.

1. 도시계획 및 건축 관계 공무원
2. 도시계획 및 건축 등에서 학식과 경험이 풍부한 사람

⑤ 지방건축위원회의 위원장과 부위원장은 제4항에 따라 임명 또는 위촉된 위원 중에서 시·도지사 및 시장·군수·구청장이 임명하거나 위촉한다.

⑥ 지방건축위원회 위원의 임명·위촉·제척·기피·회피·해촉·임기 등에 관한 사항, 회의 및 소위원회의 구성·운영 및 심의등에 관한 사항, 위원의 수당 및 여비 등에 관한 사항은 조례로 정하되, 다음 각 호의 기준에 따라야 한다.〈개정 2014. 11. 11., 2014. 11. 28., 2018. 9. 4., 2020. 4. 21.〉

1. 위원의 임명·위촉 기준 및 제척·기피·회피·해촉·임기
   가. 공무원을 위원으로 임명하는 경우에는 그 수를 전체 위원 수의 4분의 1 이하로 할 것
   나. 공무원이 아닌 위원은 건축 관련 학회 및 협회 등 관련 단체나 기관의 추천 또는 공모절차를 거쳐 위촉할 것
   다. 다른 법령에 따라 지방건축위원회의 심의를 하는 경우에는 해당 분야의 관계 전문가가 그 심의에 위원으로 참석하는 심의위원 수의 4분의 1 이상이 되게 할 것. 이 경우 필요하면 해당 심의에만 위원으로 참석하는 관계 전문가를 임명하거나 위촉할 수 있다.
   라. 위원의 제척·기피·회피·해촉에 관하여는 제5조의2 및 제5조의3을 준용할 것
   마. 공무원이 아닌 위원의 임기는 3년 이내로 하며, 필요한 경우에는 한 차례만 연임할 수 있게 할 것
2. 심의등에 관한 기준
   가. 「국토의 계획 및 이용에 관한 법률」 제30조제3항 단서에 따라 건축위원회와 도시계획위원회가 공동으로 심의한 사항에 대해서는 심의를 생략할 것
   나. 제1항제4호에 관한 사항은 법 제21조에 따른 착공신고 전에 심의할 것. 다만, 법 제13조의2에 따라 안전영향평가 결과가 확정된 경우는 제외한다.
   다. 지방건축위원회의 위원장은 회의 개최 10일 전까지 회의 안건과 심의에 참여할 위원을 확정하고, 회의 개최 7일 전까지 회의에 부치는 안건을 각 위원에게 알릴 것. 다만, 대외적으로 기밀 유지가 필요한 사항이나 그 밖에 부득이한 사유가 있는 경우에는 그러하지 아니하다.
   라. 지방건축위원회의 위원장은 다목에 따라 심의에 참여할 위원을 확정하면 심의등을 신청한 자에게 위원 명단을 알릴 것
   마. 삭제 〈2014. 11. 28.〉
   바. 지방건축위원회의 회의는 구성위원(위원장과 위원장이 다목에 따라 회의 참

여를 확정한 위원을 말한다) 과반수의 출석으로 개의(開議)하고, 출석위원 과반수 찬성으로 심의등을 의결하며, 심의등을 신청한 자에게 심의등의 결과를 알릴 것

사. 지방건축위원회의 위원장은 업무 수행을 위하여 필요하다고 인정하는 경우에는 관계 전문가를 지방건축위원회의 회의에 출석하게 하여 발언하게 하거나 관계 기관·단체에 자료를 요구할 것

아. 건축주·설계자 및 심의등을 신청한 자가 희망하는 경우에는 회의에 참여하여 해당 안건 등에 대하여 설명할 수 있도록 할 것

자. 제1항제4호, 제7호 및 제8호에 따른 사항을 심의하는 경우 심의등을 신청한 자에게 지방건축위원회에 간략설계도서(배치도·평면도·입면도·주단면도 및 국토교통부장관이 정하여 고시하는 도서로 한정하며, 전자문서로 된 도서를 포함한다)를 제출하도록 할 것

차. 건축구조 분야 등 전문분야에 대해서는 분야별 해당 전문위원회에서 심의하도록 할 것(건축구조 분야에 대해서는 제5조의6제1항에 따라 해당 전문위원회를 구성하여 심의해야 하고, 그 밖의 전문분야에 대해서는 같은 항에 따라 분야별 전문위원회를 구성한 경우만 해당한다)

카. 지방건축위원회 심의 절차 및 방법 등에 관하여 국토교통부장관이 정하여 고시하는 기준에 따를 것

[본조신설 2012. 12. 12.]

시행령 **제5조의6(전문위원회의 구성 등)** ① 국토교통부장관, 시·도지사 또는 시장·군수·구청장은 법 제4조제2항에 따라 다음 각 호의 분야별로 전문위원회를 구성·운영할 수 있다.

1. 건축계획 분야
2. 건축구조 분야
3. 건축설비 분야
4. 건축방재 분야
5. 에너지관리 등 건축환경 분야
6. 건축물 경관(景觀) 분야(공간환경 분야를 포함한다)
7. 조경 분야
8. 도시계획 및 단지계획 분야

9. 교통 및 정보기술 분야
10. 사회 및 경제 분야
11. 그 밖의 분야

② 제1항에 따른 전문위원회의 구성·운영에 관한 사항, 수당 및 여비 지급에 관한 사항은 국토교통부령 또는 건축조례로 정한다.

제5조의7(지방건축위원회의 심의) ① 법 제4조의2제1항에서 "대통령령으로 정하는 건축물"이란 제5조의5제1항제4호, 제7호 및 제8호에 따른 심의 대상 건축물을 말한다.〈개정 2018. 9. 4., 2021. 5. 4.〉

② 시·도지사 또는 시장·군수·구청장은 법 제4조의2제1항에 따라 건축물을 건축하거나 대수선하려는 자가 지방건축위원회의 심의를 신청한 경우에는 법 제4조의2제2항에 따라 심의 신청 접수일부터 30일 이내에 해당 지방건축위원회에 심의 안건을 상정하여야 한다.

③ 법 제4조의2제3항에 따라 재심의 신청을 받은 시·도지사 또는 시장·군수·구청장은 지방건축위원회의 심의에 참여할 위원을 다시 확정하여 법 제4조의2제4항에 따라 해당 지방건축위원회에 재심의 안건을 상정하여야 한다.

[본조신설 2014. 11. 28.]

제5조의8(지방건축위원회 회의록의 공개) ① 시·도지사 또는 시장·군수·구청장은 법 제4조의3 본문에 따라 법 제4조의2제1항에 따른 심의(같은 조 제3항에 따른 재심의를 포함한다. 이하 이 조에서 같다)를 신청한 자가 지방건축위원회의 회의록 공개를 요청하는 경우에는 지방건축위원회의 심의 결과를 통보한 날부터 6개월까지 공개를 요청한 자에게 열람 또는 사본을 제공하는 방법으로 공개하여야 한다.

② 법 제4조의3 단서에서 "이름, 주민등록번호 등 대통령령으로 정하는 개인 식별 정보"란 이름, 주민등록번호, 직위 및 주소 등 특정인임을 식별할 수 있는 정보를 말한다.

제5조의9(건축민원전문위원회의 심의 대상) 법 제4조의4제1항제3호에서 "대통령령으로 정하는 민원"이란 다음 각 호의 어느 하나에 해당하는 민원을 말한다.

1. 건축조례의 운영 및 집행에 관한 민원
2. 그 밖에 관계 건축법령에 따른 처분기준 외의 사항을 요구하는 등 허가권자의 부당한 요구에 따른 민원

제5조의10(질의민원 심의의 신청) ① 법 제4조의5제2항 각 호 외의 부분 단서에 따라 구술로 신청한 질의민원 심의 신청을 접수한 담당 공무원은 신청인이 심의 신청서를 작성할 수 있도록 협조하여야 한다.

② 법 제4조의5제2항제3호에서 "행정기관의 명칭 등 대통령령으로 정하는 사항"이란 다음 각 호의 사항을 말한다.

1. 민원 대상 행정기관의 명칭
2. 대리인 또는 대표자의 이름과 주소(법 제4조의6제2항 및 제4조의7제2항 · 제5항에 따른 위원회 출석, 의견 제시, 결정내용 통지 수령 및 처리결과 통보 수령 등을 위임한 경우만 해당한다)

시행규칙

제2조(중앙건축위원회의 운영 등) ① 법 제4조 제1항 및 「건축법 시행령」(이하 "영"이라 한다) 제5조의4에 따라 국토교통부에 두는 건축위원회(이하 "중앙건축위원회"라 한다)의 회의는 다음 각 호에 따라 운영한다. 〈개정 2013.3.23.〉

1. 중앙건축위원회의 위원장은 중앙건축위원회의 회의를 소집하고, 그 의장이 된다.
2. 중앙건축위원회의 회의는 구성위원(위원장과 위원장이 회의 시마다 확정하는 위원을 말한다) 과반수의 출석으로 개의(開議)하고, 출석위원 과반수의 찬성으로 조사 · 심의 · 조정 또는 재정(이하 "심의 등"이라 한다)을 의결한다.
3. 중앙건축위원회의 위원장은 업무수행을 위하여 필요하다고 인정하는 경우에는 관계 전문가를 중앙건축위원회의 회의에 출석하게 하여 발언하게 하거나 관계 기관 · 단체에 대하여 자료를 요구할 수 있다.

② 중앙건축위원회의 회의에 출석한 위원에 대하여는 예산의 범위에서 수당 및 여비를 지급할 수 있다. 다만, 공무원인 위원이 그의 소관 업무와 직접적으로 관련하여 출석하는 경우에는 그러하지 아니하다.

③ 이 규칙에서 규정한 사항 외에 중앙건축위원회의 운영에 필요한 사항은 중앙건축위원회의 의결을 거쳐 위원장이 정한다. [전문개정 2012.12.12.]

제2조의2(중앙건축위원회의 심의 등의 결과 통보) 국토교통부장관은 중앙건축위원회가 심의 등을 의결한 날부터 7일 이내에 심의 등을 신청한 자에게 그 심의 등의 결과를 서면으로 알려야 한다. 〈개정 2013.3.23.〉 [본조신설 2012.12.12.]

제2조의3(전문위원회의 구성 등) ① 삭제 〈1999.5.11.〉

② 법 제4조 제2항에 따라 중앙건축위원회에 구성되는 전문위원회(이하 이 조에서 "전

문위원회"라 한다)는 중앙건축위원회의 위원 중 5인 이상 15인 이하의 위원으로 구성한다.〈개정 1999.5.11., 2006.5.12.〉

③ 전문위원회의 위원장은 전문위원회의 위원 중에서 국토교통부장관이 임명 또는 위촉하는 자가 된다.〈개정 1999.5.11., 2008.3.14., 2013.3.23.〉

④ 전문위원회의 운영에 관하여는 제2조 제1항 및 제2항을 준용한다. 이 경우 "중앙건축위원회"는 각각 "전문위원회"로 본다.〈개정 2012.12.12.〉

제2조의4(지방건축위원회의 심의 신청 등) ① 법 제4조의2 제1항 및 제3항에 따라 건축물을 건축하거나 대수선하려는 자는 특별시·광역시·특별자치시·도·특별자치도 및 시·군·구(자치구를 말한다. 이하 같다)에 두는 건축위원회(이하 "지방건축위원회"라 한다)의 심의 또는 재심의를 신청하려는 경우에는 별지 제1호 서식의 건축위원회 심의(재심의)신청서에 영 제5조의5 제6항 제2호 자목에 따른 간략설계도서를 첨부(심의를 신청하는 경우에 한정한다)하여 제출하여야 한다.

② 법 제4조의2 제2항 및 제4항에 따라 특별시장·광역시장·특별자치시장·도지사·특별자치도지사(이하 "시·도지사"라 한다) 또는 시장·군수·구청장(자치구의 구청장을 말한다. 이하 같다)은 지방건축위원회의 심의 또는 재심의를 완료한 날부터 14일 이내에 그 심의 또는 재심의 결과를 심의 또는 재심의를 신청한 자에게 통보하여야 한다. [본조신설 2014.11.28.]

1-4-3 적용의 완화

건축법 **제5조(적용의 완화)** ① 건축주, 설계자, 공사시공자 또는 공사감리자(이하 "건축관계자"라 한다)는 업무를 수행할 때 이 법을 적용하는 것이 매우 불합리하다고 인정되는 대지나 건축물로서 대통령령으로 정하는 것에 대하여는 이 법의 기준을 완화하여 적용할 것을 허가권자에게 요청할 수 있다.〈개정 2014.1.14., 2014.5.28.〉

② 제1항에 따른 요청을 받은 허가권자는 건축위원회의 심의를 거쳐 완화 여부와 적용 범위를 결정하고 그 결과를 신청인에게 알려야 한다.〈개정 2014.5.28.〉

③ 제1항과 제2항에 따른 요청 및 결정의 절차와 그 밖에 필요한 사항은 해당 지방자치단체의 조례로 정한다.

시행령 **제6조(적용의 완화)** ① 법 제5조제1항에 따라 완화하여 적용하는 건축물 및 기준은 다음 각 호와 같다. 〈개정 2009. 6. 30., 2009. 7. 16., 2010. 2. 18., 2010. 8. 17., 2010. 12. 13., 2012. 4. 10., 2012. 12. 12., 2013. 3. 23., 2013. 5. 31., 2014. 4. 29., 2014. 10. 14., 2015. 12. 28., 2016. 7. 19., 2016. 8. 11., 2017. 2. 3., 2020. 5. 12., 2024. 6. 18., 2024. 12. 17.〉

1. 수면 위에 건축하는 건축물 등 대지의 범위를 설정하기 곤란한 경우: 법 제40조부터 제47조까지, 법 제55조부터 제57조까지, 법 제60조 및 법 제61조에 따른 기준
2. 거실이 없는 통신시설 및 기계·설비시설인 경우: 법 제44조부터 법 제46조까지의 규정에 따른 기준
3. 31층 이상인 건축물(건축물 전부가 공동주택의 용도로 쓰이는 경우는 제외한다)과 발전소, 제철소, 「산업집적활성화 및 공장설립에 관한 법률 시행령」 별표 1의2 제2호마목에 따라 산업통상자원부령으로 정하는 업종의 제조시설, 운동시설 등 특수 용도의 건축물인 경우: 법 제43조, 제49조부터 제52조까지, 제62조, 제64조, 제67조 및 제68조에 따른 기준
4. 전통사찰, 전통한옥 등 전통문화의 보존을 위하여 시·도의 건축조례로 정하는 지역의 건축물인 경우: 법 제2조제1항제11호, 제44조, 제46조 및 제60조제3항에 따른 기준
5. 경사진 대지에 계단식으로 건축하는 공동주택으로서 지면에서 직접 각 세대가 있는 층으로의 출입이 가능하고, 위층 세대가 아래층 세대의 지붕을 정원 등으로 활용하는 것이 가능한 형태의 건축물과 초고층 건축물인 경우: 법 제55조에 따른 기준
6. 다음 각 목의 어느 하나에 해당하는 건축물인 경우: 법 제42조, 제43조, 제46조, 제55조, 제56조, 제58조, 제60조, 제61조제2항에 따른 기준

   가. 허가권자가 리모델링 활성화가 필요하다고 인정하여 지정·공고한 구역(이하 "리모델링 활성화 구역"이라 한다) 안의 건축물

   나. 사용승인을 받은 후 15년 이상이 되어 리모델링이 필요한 건축물

   다. 기존 건축물을 건축(증축, 일부 개축 또는 일부 재축으로 한정한다. 이하 이 목 2) 및 제32조제4항에서 같다)하거나 대수선하는 경우로서 다음의 요건을 모두 갖춘 건축물

   1) 기존 건축물이 건축 또는 대수선 당시의 법령상 건축물 전체에 대하여 다음의 구분에 따른 확인 또는 확인 서류 제출을 하여야 하는 건축물에 해당하지 아니할 것

   가) 2009년 7월 16일 대통령령 제21629호 건축법 시행령 일부개정령으로 개정되기 전의 제32조에 따른 지진에 대한 안전여부의 확인

나) 2009년 7월 16일 대통령령 제21629호 건축법 시행령 일부개정령으로 개정된 이후부터 2014년 11월 28일 대통령령 제25786호 건축법 시행령 일부개정령으로 개정되기 전까지의 제32조에 따른 구조 안전의 확인

다) 2014년 11월 28일 대통령령 제25786호 건축법 시행령 일부개정령으로 개정된 이후의 제32조에 따른 구조 안전의 확인 서류 제출

2) 제32조제4항에 따라 기존 건축물을 건축 또는 대수선하기 전과 후의 건축물 전체에 대한 구조 안전의 확인 서류를 제출할 것. 다만, 기존 건축물을 일부 재축하는 경우에는 재축 후의 건축물에 대한 구조 안전의 확인 서류만 제출한다.

7. 기존 건축물에 「장애인ㆍ노인ㆍ임산부 등의 편의증진 보장에 관한 법률」 제8조에 따른 편의시설을 설치하면 법 제55조 또는 법 제56조에 따른 기준에 적합하지 아니하게 되는 경우: 법 제55조 및 법 제56조에 따른 기준

7의2. 「국토의 계획 및 이용에 관한 법률」에 따른 도시지역 및 지구단위계획구역 외의 지역 중 동이나 읍에 해당하는 지역에 건축하는 건축물로서 건축조례로 정하는 건축물인 경우: 법 제2조제1항제11호 및 제44조에 따른 기준

8. 다음 각 목의 어느 하나에 해당하는 대지에 건축하는 건축물로서 재해예방을 위한 조치가 필요한 경우: 법 제55조, 법 제56조, 법 제60조 및 법 제61조에 따른 기준

가. 「국토의 계획 및 이용에 관한 법률」 제37조에 따라 지정된 방재지구(防災地區)

나. 「급경사지 재해예방에 관한 법률」 제6조에 따라 지정된 붕괴위험지역

9. 조화롭고 창의적인 건축을 통하여 아름다운 도시경관을 창출한다고 법 제11조에 따른 특별시장ㆍ광역시장ㆍ특별자치시장ㆍ특별자치도지사 또는 시장ㆍ군수ㆍ구청장(이하 "허가권자"라 한다)가 인정하는 건축물과 「주택법 시행령」 제10조제1항에 따른 도시형 생활주택(아파트는 제외한다)인 경우: 법 제60조 및 제61조에 따른 기준

10. 「공공주택 특별법」 제2조제1호에 따른 공공주택인 경우: 법 제61조제2항에 따른 기준

11. 다음 각 목의 어느 하나에 해당하는 공동주택에 「주택건설 기준 등에 관한 규정」 제2조제3호에 따른 주민공동시설(주택소유자가 공유하는 시설로서 영리를 목적으로 하지 아니하고 주택의 부속용도로 사용하는 시설만 해당하며, 이하 "주민공동시설"이라 한다)을 설치하는 경우: 법 제56조에 따른 기준

가. 「주택법」 제15조에 따라 사업계획 승인을 받아 건축하는 공동주택

나. 상업지역 또는 준주거지역에서 법 제11조에 따라 건축허가를 받아 건축하는 200세대 이상 300세대 미만인 공동주택

다. 법 제11조에 따라 건축허가를 받아 건축하는 「주택법 시행령」 제10조에 따른

도시형 생활주택

12. 법 제77조의4제1항에 따라 건축협정을 체결하여 건축물의 건축ㆍ대수선 또는 리모델링을 하려는 경우: 법 제55조 및 제56조에 따른 기준
13. 기존 주택단지에 「아동복지법」 제44조의2에 따른 다함께돌봄센터를 설치하는 경우: 법 제56조에 따른 기준

② 허가권자는 법 제5조제2항에 따라 완화 여부 및 적용 범위를 결정할 때에는 다음 각 호의 기준을 지켜야 한다. 〈개정 2009. 7. 16., 2010. 2. 18., 2010. 7. 6., 2010. 12. 13., 2012. 12. 12., 2013. 3. 23., 2013. 5. 31., 2014. 10. 14., 2016. 8. 11., 2024. 6. 18.〉

1. 제1항제1호부터 제5호까지, 제7호ㆍ제7호의2 및 제9호의 경우
   가. 공공의 이익을 해치지 아니하고, 주변의 대지 및 건축물에 지나친 불이익을 주지 아니할 것
   나. 도시의 미관이나 환경을 지나치게 해치지 아니할 것
2. 제1항제6호의 경우
   가. 제1호 각 목의 기준에 적합할 것
   나.증축은 기능향상 등을 고려하여 국토교통부령으로 정하는 규모와 범위에서 할 것
   다. 「주택법」 제15조에 따른 사업계획승인 대상인 공동주택의 리모델링은 복리시설을 분양하기 위한 것이 아닐 것
3. 제1항제8호의 경우
   가. 제1호 각 목의 기준에 적합할 것
   나. 해당 지역에 적용되는 법 제55조, 법 제56조, 법 제60조 및 법 제61조에 따른 기준을 100분의 140 이하의 범위에서 건축조례로 정하는 비율을 적용할 것
4. 제1항제10호의 경우
   가. 제1호 각 목의 기준에 적합할 것
   나. 기준이 완화되는 범위는 외벽의 중심선에서 발코니 끝부분까지의 길이 중 1.5미터를 초과하는 발코니 부분에 한정될 것. 이 경우 완화되는 범위는 최대 1미터로 제한하며, 완화되는 부분에 창호를 설치해서는 아니 된다.
5. 제1항제11호 및 제13호의 경우
   가. 제1호 각 목의 기준에 적합할 것
   나. 법 제56조에 따른 용적률의 기준은 해당 지역에 적용되는 용적률에 주민공동시설에 해당하는 용적률을 가산한 범위에서 건축조례로 정하는 용적률을 적용할 것
6. 제1항제12호의 경우

가. 제1호 각 목의 기준에 적합할 것

나. 법 제55조 및 제56조에 따른 건폐율 또는 용적률의 기준은 법 제77조의4제1항에 따라 건축협정이 체결된 지역 또는 구역(이하 "건축협정구역"이라 한다) 안에서 연접한 둘 이상의 대지에서 건축허가를 동시에 신청하는 경우 둘 이상의 대지를 하나의 대지로 보아 적용할 것

[전문개정 2008. 10. 29.]

시행규칙 **제2조의5(적용의 완화)** 영 제6조제2항제2호나목에서 "국토교통부령으로 정하는 규모 및 범위"란 다음 각 호의 구분에 따른 증축을 말한다. 〈개정 2012. 12. 12., 2013. 3. 23., 2013. 11. 28., 2014. 4. 25., 2014. 11. 28., 2016. 7. 20., 2016. 8. 12., 2022. 2. 11., 2024. 12. 17.〉

1. 증축의 규모는 다음 각 목의 기준에 따라야 한다.
   가. 연면적의 증가
      1) 공동주택이 아닌 건축물로서 「주택법 시행령」 제10조제1항제1호에 따른 소형주택으로의 용도변경을 위하여 증축되는 건축물 및 공동주택: 건축위원회의 심의에서 정한 범위 이내일 것.
      2) 그 외의 건축물: 기존 건축물 연면적 합계의 10분의 2의 범위에서 건축위원회의 심의에서 정한 범위 이내일 것. 다만, 영 제6조제1항제6호가목에 따른 리모델링 활성화 구역은 기존 건축물의 연면적 합계의 10분의 3의 범위에서 건축위원회 심의에서 정한 범위 이내일 것으로 한다.
   나. 건축물의 층수 및 높이의 증가: 건축위원회 심의에서 정한 범위 이내일 것.
   다. 「주택법」 제15조에 따른 사업계획승인 대상인 공동주택 세대수의 증가: 가목에 따라 증축 가능한 연면적의 범위에서 기존 세대수의 100분의 15를 상한으로 건축위원회 심의에서 정한 범위 이내일 것
2. 증축할 수 있는 범위는 다음 각 목의 구분에 따른다.
   가. 공동주택
      1) 승강기 · 계단 및 복도
      2) 각 세대 내의 노대 · 화장실 · 창고 및 거실
      3) 「주택법」에 따른 부대시설
      4) 「주택법」에 따른 복리시설
      5) 기존 공동주택의 높이 · 층수 또는 세대수

나. 가목 외의 건축물

1) 승강기 · 계단 및 주차시설

2) 노인 및 장애인 등을 위한 편의시설

3) 외부벽체

4) 통신시설 · 기계설비 · 화장실 · 정화조 및 오수처리시설

5) 기존 건축물의 높이 및 층수

6) 법 제2조제1항제6호에 따른 거실

[전문개정 2010. 8. 5.]

[제2조의4에서 이동 <2014. 11. 28.>]

건축법 적용의 완화

1) 법적용의 완화 대상

완화 적용 대상			완화적용 법규
1.	대지의 범위를 설정하기 곤란한 건축물		법 제40조 대자의 안전 등 제41조 토지굴착부분에 대한 조치 등 제42조 대지의 조경 제43조 공개공지 등의 확보 제44조 대지와 도로의 관계 제45조 도로의 지정 · 폐지 또는 변경 제46조 건축선의 지정 제47조 건축선에 따른 건축 제한 제55조 건축물의 건폐율 제57조 대지의 분할제한 제60조 건축물의 높이 제한 제61조 일조 등의 확보를 위한 건축물의 높이 제한
2.	통신시설 및 기계 · 설비 시설에 의 적용	거실이 없는 경우	법 제44조 대지와 도로와의 관계 제45조 도로의 지정 · 폐지 또는 변경 제46조 건축선의 지정
3.	31층 이상인 공동 주택이 아닌 건축물과 특수건축물에 대한 적용	특수건축물 : 발전소 · 제철소 · 첨단업종의 제조시설 · 운동 시설 등	법 제43조 공개공지 등의 확보 제49조 건축물의 피난시설 및 용도제한 등 제50조 건축물의 내화구조 및 방화 제51조 방화지구 안의 건축물 제52조 건축물의 내부마감재료 제62조 건축설비기준 등 제64조 승강기 제67조 관계전문기술자 제68조 기술적 기준
4.	시 · 도의 건축조례로 정하는 지역의 건축물인 경우	전통문화의 보전을 위하여 정하는 경우	법 제2조 제1항 제11호 도로 제44조 대지와 도로와의 관계 제46조 건축선의 지정 제60조 제3항 건축물의 높이 제한
5.	경사지 대지의 공동주택과 초고층인 경우	지면에서 직접 각 세대가 있는 층으로의 출입이 가능하고, 위층 세대가 아래층 세대의 지붕을 정원 등으로 활용하는 것이 가능한 형태의 공동주택인 경우	법 제55조 건축물의 건폐율

완화 적용 대상			완화적용 법규
6.	리모델링하는 경우	사용승인을 받은 후 15년 이상 된 경우	법 제42조 대지의 조경 제43조 공개공지 등의 확보 제46조 건축선의 지정 제55조 건축물의 건폐율 제56조 건축물의 용적률 제58조 대지안의 공지 제60조 건축물의 높이 제한 제61조 제2항 일조 등의 확보를 위한 건축물의 높이 제한
7.	기존 건축물에 장애인 등의 편의시설을 제공하는 경우	기존건축물에 장애인 · 노인 · 임산부 등의편의시설을 제공함으로서 법기준에 부 적합하게 된 경우	법 제55조 건축물의 건폐율 제56조 건축물의 용적률
7의 2.	동이나 읍에 해당하는 지역에 건축하는 건축물	「국토의 계획 및 이용에 관한 법률」에 따른 도시지역 및 지구단위계획구역 외의 지역 중 동이나 읍에 해당하는 지역에 건축하는 건축물로서 건축조례로 정하는 건축물인 경우	법 제2조 제1항 제11호 도로 제44조 대지와 도로의 관계
8.	재해예방을 위한 조치가 필요한 경우	「국토의 계획 및 이용에 관한 법률」 제37조에 따라 지정된 방재지구 「급경사지 재해예방에 관한 법률」 제6조에 따라 지정된 붕괴위험지역	법 제55조 건축물의 건폐율 제56조 건축물의 용적율 제60조 건축물의 높이 제한 제61조 일조 등의 확보를 위한 건축물의 높이 제한
9.	허가권자가 인정하는 건축물과 도시형 생활주택인 경우	조화롭고 창의적인 건축을 통하여 아름다운 도시경관을 창출한다고 법 제11조에 따른 특별시장 · 광역시장 · 특별자치시장 · 특별자치도지사 또는 시장 · 군수 · 구청장(이하 "허가권자"라 한다)가 인정하는 건축물과 「주택법 시행령」 제3조 제1항에 따른 도시형 생활주택(아파트는 제외한다)인 경우	법 제60조 건축물의 높이 제한 제61조 일조 등의 확보를 위한 건축물의 높이 제한
10.	공공주택인 경우	「공공주택건설 등에 관한 특별법」 제2조 제1호에 따른 공공주택인 경우	법 제61조 제2항 일조 등의 확보를 위한 건축물의 높이 제한

	완화 적용 대상		완화적용 법규
11.	공동주택의 주민공동시설을 설치하는 경우	「주택법」 제16조에 따라 사업계획 승인을 받아 건축하는 공동주택	법 제56조 건축물의 용적률
		상업지역 또는 준주거지역에서 법 제11조에 따라 건축허가를 받아 건축하는 200세대 이상 300세대 미만인 공동주택	
		법 제11조에 따라 건축허가를 받아 건축하는 「주택법 시행령」 제3조에 따른 도시형 생활주택	
12.	건축물의 건축 · 대 수선 또는 리모델링을 하려는 경우	법 제77조의4 제1항에 따라 건축협정을 체결하여 건축물의 건축 · 대수선 또는 리모델링을 하려는 경우	법 제55조 건축물의 건폐율 제56조 건축물의 용적률
13.	다함께돌봄센터를 설치하는 경우	기존 주택단지에 「아동복지법」 제44조의2에 따른 다함께돌봄센터를 설치하는 경우: 법 제56조에 따른 기준	법 제56조 건축물의 용적률

1-4-4 기존의 건축물 등에 관한 특례

건축법 **제6조(기존의 건축물 등에 관한 특례)** 허가권자는 법령의 제정 · 개정이나 그 밖에 대통령령으로 정하는 사유로 대지나 건축물이 이 법에 맞지 아니하게 된 경우에는 대통령령으로 정하는 범위에서 해당 지방자치단체의 조례로 정하는 바에 따라 건축을 허가할 수 있다.

제6조의2(특수구조 건축물의 특례) 건축물의 구조, 재료, 형식, 공법 등이 특수한 대통령령으로 정하는 건축물(이하 "특수구조 건축물"이라 한다)은 제4조, 제4조의2부터 제4조의8까지, 제5조부터 제9조까지, 제11조, 제14조, 제19조, 제21조부터 제25조까지, 제40조, 제41조, 제48조, 제48조의2, 제49조, 제50조, 제50조의2, 제51조, 제52조, 제52조의2, 제52조의4, 제53조, 제62조부터 제64조까지, 제65조의2, 제67조, 제68조 및 제84조를 적용할 때 대통령령으로 정하는 바에 따라 강화 또는 변경하여 적용할 수 있다.〈개정 2019. 4. 23., 2019. 4. 30.〉

제6조의3(부유식 건축물의 특례) ①「공유수면 관리 및 매립에 관한 법률」제8조에 따른 공유수면 위에 고정된 인공대지(제2조 제1항 제1호의" 대지" 로 본다)를 설치하고 그 위에 설치한 건축물(이하" 부유식 건축물" 이라 한다)은 제40조부터 제44조까지, 제46조 및 제47조를 적용할 때 대통령령으로 정하는 바에 따라 달리 적용할 수 있다.
② 부유식 건축물의 설계, 시공 및 유지관리 등에 대하여 이 법을 적용하기 어려운 경우에는 대통령령으로 정하는 바에 따라 변경하여 적용할 수 있다.[본조신설 2016.1.19.]

시행령 **제6조의2(기존의 건축물 등에 대한 특례)** ① 법 제6조에서 "그 밖에 대통령령으로 정하는 사유"란 다음 각 호의 어느 하나에 해당하는 경우를 말한다. 〈개정 2012. 4. 10., 2013. 3. 23.〉

1. 도시 · 군관리계획의 결정 · 변경 또는 행정구역의 변경이 있는 경우
2. 도시 · 군계획시설의 설치, 도시개발사업의 시행 또는 「도로법」에 따른 도로의 설치가 있는 경우
3. 그 밖에 제1호 및 제2호와 비슷한 경우로서 국토교통부령으로 정하는 경우

② 허가권자는 기존 건축물 및 대지가 법령의 제정 · 개정이나 제1항 각 호의 사유로 법령등에 부적합하더라도 다음 각 호의 어느 하나에 해당하는 경우에는 건축을 허가할 수 있다. 〈개정 2010. 2. 18., 2012. 4. 10., 2014. 10. 14., 2016. 1. 19., 2016. 5. 17., 2021. 11. 2.〉

1. 기존 건축물을 재축하는 경우
2. 증축하거나 개축하려는 부분이 법령등에 적합한 경우
3. 기존 건축물의 대지가 도시 · 군계획시설의 설치 또는 「도로법」에 따른 도로의 설치로 법 제57조에 따라 해당 지방자치단체가 정하는 면적에 미달되는 경우로서 그 기존 건축물을 연면적 합계의 범위에서 증축하거나 개축하는 경우
4. 기존 건축물이 도시 · 군계획시설 또는 「도로법」에 따른 도로의 설치로 법 제55조 또는 법 제56조에 부적합하게 된 경우로서 화장실 · 계단 · 승강기의 설치 등 그 건축물의 기능을 유지하기 위하여 그 기존 건축물의 연면적 합계의 범위에서 증축하는 경우
5. 법률 제7696호 건축법 일부개정법률 제50조의 개정규정에 따라 최초로 개정한 해당 지방자치단체의 조례 시행일 이전에 건축된 기존 건축물의 건축선 및 인접 대지경계선으로부터의 거리가 그 조례로 정하는 거리에 미달되는 경우로서 그 기존 건축물을 건축 당시의 법령에 위반되지 않는 범위에서 수직으로 증축하는 경우
6. 기존 한옥을 개축하는 경우
7. 건축물 대지의 전부 또는 일부가 「자연재해대책법」 제12조에 따른 자연재해위험개선지구에 포함되고 법 제22조에 따른 사용승인 후 20년이 지난 기존 건축물을 재해로 인한 피해 예방을 위하여 연면적의 합계 범위에서 개축하는 경우

③ 허가권자는 「국토의 계획 및 이용에 관한 법률 시행령」 제84조의2 또는 제93조의3에 따라 기존 공장을 증축하는 경우에는 다음 각 호의 기준을 적용하여 해당 공장(이하 "기존 공장"이라 한다)의 증축을 허가할 수 있다. 〈신설 2016. 1. 19., 2022. 1. 18.〉

1. 제3조의3제2호에도 불구하고 도시지역에서의 길이 35미터 이상인 막다른 도로의 너비기준은 4미터 이상으로 한다.
2. 제28조제2항에도 불구하고 연면적 합계가 3천제곱미터 미만인 기존 공장이 증축으로 3천제곱미터 이상이 되는 경우 해당 대지가 접하여야 하는 도로의 너비는 4미터 이상으로 하고, 해당 대지가 도로에 접하여야 하는 길이는 2미터 이상으로 한다.

[전문개정 2008. 10. 29.]

시행규칙

제3조(기존건축물에 대한 특례) 영 제6조의2 제1항 제3호에서 "국토교통부령으로 정하는 경우"란 다음 각 호의 어느 하나에 해당하는 경우를 말한다.〈개정 2003.7.1., 2005.7.18., 2006.5.12., 2008. 3.14., 2010.8.5., 2012.3.16., 2013.3.23., 2014.10.15.〉

1. 법률 제3259호 「준공미필건축물 정리에 관한 특별조치법」, 법률 제3533호 「특정건축물 정리에 관한 특별조치법」, 법률 제6253호 「특정건축물 정리에 관한 특별조치법」, 법률 제7698호 「특정건축물 정리에 관한 특별조치법」및 법률 제11930호 「특정건축물 정리에 관한 특별조치법」에 따라 준공검사필증 또는 사용승인서를 교부받은 사실이 건축물대장에 기재된 경우
2. 「도시 및 주거환경정비법」에 의한 주거환경개선사업의 준공인가증을 교부받은 경우
3. 「공유토지분할에 관한 특례법」에 의하여 분할된 경우
4. 대지의 일부 토지소유권에 대하여 「민법」 제245조에 따라 소유권이전등기가 완료된 경우
5. 「지적재조사에 관한 특별법」에 따른 지적재조사사업으로 새로운 지적공부가 작성된 경우

시행령

제6조의3(특수구조 건축물 구조 안전의 확인에 관한 특례) ① 법 제6조의2에서 "대통령령으로 정하는 건축물"이란 제2조제18호에 따른 특수구조 건축물을 말한다.

② 특수구조 건축물을 건축하거나 대수선하려는 건축주(제32조제3항에 따라 구조 안전의 확인 방법이 달리 적용되는 건축주는 제외한다)는 법 제21조에 따른 착공신고를 하기 전에 국토교통부령으로 정하는 바에 따라 허가권자에게 해당 건축물의 구조 안전에 관하여 지방건축위원회의 심의를 신청하여야 한다. 이 경우 건축주는 설계자로부터 미리 법 제48조제2항에 따른 구조 안전 확인을 받아야 한다. 〈개정 2024. 12. 17.〉

③ 제2항에 따른 신청을 받은 허가권자는 심의 신청 접수일부터 15일 이내에 제5조의6제1항제2호에 따른 건축구조 분야 전문위원회에 심의 안건을 상정하고, 심의 결과를 심

의를 신청한 자에게 통보하여야 한다.
④ 제3항에 따른 심의 결과에 이의가 있는 자는 심의 결과를 통보받은 날부터 1개월 이내에 허가권자에게 재심의를 신청할 수 있다.
⑤ 제3항에 따른 심의 결과 또는 제4항에 따른 재심의 결과를 통보받은 건축주는 법 제21조에 따른 착공신고를 할 때 그 결과를 반영하여야 한다.
⑥ 제3항에 따른 심의 결과의 통보, 제4항에 따른 재심의의 방법 및 결과 통보에 관하여는 법 제4조의2제2항 및 제4항을 준용한다.
[본조신설 2015. 7. 6.]
[종전 제6조의3은 제6조의4로 이동 〈2015. 7. 6.〉]

1-4-5 통일성을 유지하기 위한 도의 조례

건축법 **제7조(통일성을 유지하기 위한 도의 조례)** 도(道) 단위로 통일성을 유지할 필요가 있으면 제5조 제3항, 제6조, 제17조 제2항, 제20조 제2항 제3호, 제27조 제3항, 제42조, 제57조 제1항, 제58조 및 제61조에 따라 시 · 군의 조례로 정하여야 할 사항을 도의 조례로 정할 수 있다.〈개정 2014.1.14., 2015.5.18.〉

통일성을 유지하기 위한 도의 조례 허용 항목

도 단위로 통일성을 유지할 필요가 있을 때에는 다음 법조문에 의하여 시 · 군의 조례로 정하여야 할 사항을 도의 조례로 정할 수 있다.

법조문	내용
제5조 제3항	적용의 완화
제6조	기존의 건축물 등에 관한 특례
제17조 제2항	건축허가 등의 수수료
제20조 제2항 제3호	가설건축물
제27조 제3항	현장조사 검사 및 확인사무의 대행
제42조	대지의 조경
제57조 제1항	대지의 분할 제한
제58조	대지 안의 공지
제61조	일조 등의 확보를 위한 건축물의 높이 제한

1-4-6 리모델링에 대비한 특례 등

건축법 **제8조(리모델링에 대비한 특례 등)** 리모델링이 쉬운 구조의 공동주택의 건축을 촉진하기 위하여 공동주택을 대통령령으로 정하는 구조로 하여 건축허가를 신청하면 제56조, 제60조 및 제61조에 따른 기준을 100분의 120의 범위에서 대통령령으로 정하는 비율로 완화하여 적용할 수 있다.

시행령 **제6조의5(리모델링이 쉬운 구조 등)** ① 법 제8조에서 "대통령령으로 정하는 구조"란 다음 각 호의 요건에 적합한 구조를 말한다. 이 경우 다음 각 호의 요건에 적합한지에 관한 세부적인 판단 기준은 국토교통부장관이 정하여 고시한다.〈개정 2009.7.16., 2013.3.23.〉

1. 각 세대는 인접한 세대와 수직 또는 수평 방향으로 통합하거나 분할할 수 있을 것
2. 구조체에서 건축설비, 내부 마감재료 및 외부 마감재료를 분리할 수 있을 것
3. 개별 세대 안에서 구획된 실(室)의 크기, 개수 또는 위치 등을 변경할 수 있을 것

② 법 제8조에서 "대통령령으로 정하는 비율"이란 100분의 120을 말한다. 다만, 건축조례에서 지역별 특성 등을 고려하여 그 비율을 강화한 경우에는 건축조례로 정하는 기준에 따른다.

[전문개정 2008.10.29.]

[제6조의4에서 이동 〈2016.7.19.〉]

1-4-7 다른 법령의 배제

건축법 **제9조(다른 법령의 배제)**

① 건축물의 건축 등을 위하여 지하를 굴착하는 경우에는 「민법」 제244조 제1항을 적용하지 아니 한다. 다만, 필요한 안전조치를 하여 위해(危害)를 방지하여야 한다.

② 건축물에 딸린 개인하수처리시설에 관한 설계의 경우에는 「하수도법」 제38조를 적용하지 아니 한다.

출제빈도 ■■■■
중요도 ■■■■■

주요내용

건축물이 실제 계획에서 건설되기 까지 필요한 행정규제 적용대상과 집행 절차의 기준을 규정하는 부분으로 건축 실무적으로 매우 중요한 부분이다.

전체 단원을 건축 인허가의 전반적 프로세스와 함께 이해하는 것이 바람직하다.

출제의 유형은 건축허가, 신고의 대상과 절차시기 및 이에 부수되는 법률적 효력에 대한 이해의 정도를 측정하고 있다.

세부목차

참고용 건축법 목차

CHAPTER 2

제2장 건축물의 건축

건축 Process

건축기획단계
- 사업구상과 기초적인 조사를 함
- 위치, 건립규모, 용도 등 가능성 검토 경제성 검토

※ 개발사업자·건축사 협조

건축계획단계

개략설계도를 작성하여 건축물의 배치·형태·입면 등을 결정함

※ 건축사의 도움을 받아야 함

사전결정단계

대형건축물이나 입지여건상 특수한 건축물의 건축가능여부에 대한 검토
- 토지형질변경
- 산지전용·농지전용
- 건축상의·교통영향평가심의

※ 사전결정유효기간 : 2년

건축심의단계

교수·공무원 등 전문가의 심의
- 21층 이상, 연면적10만m² 이상
- 분양대상건축물
- 다중이용건축물
- 미관지구안의 건축물

건축허가신청단계
- 관계부서협의
- 법령검토
- 현장조사
- 특별시·광역시 : 21층 이상, 10만m² 이상
- 구 : 기타
- 도(道) : 시장, 군수 100% 허가

도지사의 사전승인
- 21층 이상, 10만m² 이상

건축허가단계

개발행위허가, 도로점용허가, 농지전용 허가 등 다른 법령에 의한 허가·승인을 동시처리함

※ 허가유효기간 : 1년(1년 연장가능)

착공신고단계

공사시공자, 공사감리자 선정
- 착공 관련 각종 서류 제출

철거신고

철거예정일 7일전 신고

공사감리중간보고

공사진행상황을 공사감리자가 건축주에게 보고, 건축주는 사용 승인 신청시 일괄보고함

임시사용승인단계

일부만 완공된 경우 완공된 부분에 대한 임시사용승인 가능함.

※ 임시사용을 하지 않고 바로 사용승인 신청이 가능함.

사용승인단계

공사가 완료되면 사용검사후 사용승인함.

※ 사용검사필증을 교부함.

건축물대장

사용검사필증에 의거 허가권자가 작성함.

건축물 등기

건축물대장에 의거 소유주가 등기신청함.

※ 사용승인후 60일 이내 등기신청

2-1 건축 관련 입지와 규모의 사전결정

건축법 **제10조(건축 관련 입지와 규모의 사전결정)**

① 제11조에 따른 건축허가 대상 건축물을 건축하려는 자는 건축허가를 신청하기 전에 허가권자에게 그 건축물의 건축에 관한 다음 각 호의 사항에 대한 사전결정을 신청할 수 있다.〈개정 2015. 5. 18.〉

1. 해당 대지에 건축하는 것이 이 법이나 관계 법령에서 허용되는지 여부
2. 이 법 또는 관계 법령에 따른 건축기준 및 건축제한, 그 완화에 관한 사항 등을 고려하여 해당 대지에 건축 가능한 건축물의 규모
3. 건축허가를 받기 위하여 신청자가 고려하여야 할 사항

② 제1항에 따른 사전결정을 신청하는 자(이하 "사전결정신청자"라 한다)는 건축위원회 심의와 「도시교통정비 촉진법」에 따른 교통영향평가서의 검토를 동시에 신청할 수 있다.〈개정 2008. 3. 28., 2015. 7. 24.〉

③ 허가권자는 제1항에 따라 사전결정이 신청된 건축물의 대지면적이 「환경영향평가법」 제43조에 따른 소규모 환경영향평가 대상사업인 경우 환경부장관이나 지방환경관서의 장과 소규모 환경영향평가에 관한 협의를 하여야 한다.〈개정 2011. 7. 21.〉

④ 허가권자는 제1항과 제2항에 따른 신청을 받으면 입지, 건축물의 규모, 용도 등을 사전결정한 후 사전결정 신청자에게 알려야 한다.

⑤ 제1항과 제2항에 따른 신청 절차, 신청 서류, 통지 등에 필요한 사항은 국토교통부령으로 정한다.〈개정 2013. 3. 23.〉

⑥ 제4항에 따른 사전결정 통지를 받은 경우에는 다음 각 호의 허가를 받거나 신고 또는 협의를 한 것으로 본다.〈개정 2010. 5. 31.〉

1. 「국토의 계획 및 이용에 관한 법률」 제56조에 따른 개발행위허가
2. 「산지관리법」 제14조와 제15조에 따른 산지전용허가와 산지전용신고, 같은 법 제15조의2에 따른 산지일시사용허가 · 신고. 다만, 보전산지인 경우에는 도시지역만 해당된다.
3. 「농지법」 제34조, 제35조 및 제43조에 따른 농지전용허가 · 신고 및 협의
4. 「하천법」 제33조에 따른 하천점용허가

⑦ 허가권자는 제6항 각 호의 어느 하나에 해당되는 내용이 포함된 사전결정을 하려면 미리 관계 행정기관의 장과 협의하여야 하며, 협의를 요청받은 관계 행정기관의 장은 요청받은 날부터 15일 이내에 의견을 제출하여야 한다.

⑧ 관계 행정기관의 장이 제7항에서 정한 기간(「민원 처리에 관한 법률」 제20조제2항에 따라 회신기간을 연장한 경우에는 그 연장된 기간을 말한다) 내에 의견을 제출하

지 아니하면 협의가 이루어진 것으로 본다.〈신설 2018. 12. 18.〉

⑨ 사전결정신청자는 제4항에 따른 사전결정을 통지받은 날부터 2년 이내에 제11조에 따른 건축허가를 신청하여야 하며, 이 기간에 건축허가를 신청하지 아니하면 사전결정의 효력이 상실된다.〈개정 2018. 12. 18.〉

시행규칙 **제4조(건축에 관한 입지 및 규모의 사전결정신청시 제출서류)** 법 제10조제1항 및 제2항에 따른 사전결정을 신청하는 자는 별지 제1호의2서식의 사전결정신청서에 다음 각 호의 도서를 첨부하여 법 제11조제1항에 따른 허가권자(이하 "허가권자"라 한다)에게 제출하여야 한다.

1. 영 제5조의5제6항제2호자목에 따라 제출되어야 하는 간략설계도서(법 제10조제2항에 따라 사전결정신청과 동시에 건축위원회의 심의를 신청하는 경우만 해당한다)
2. 「도시교통정비 촉진법」에 따른 교통영향평가서의 검토를 위하여 같은 법에서 제출하도록 한 서류(법 제10조제2항에 따라 사전결정신청과 동시에 교통영향평가서의 검토를 신청하는 경우만 해당됩니다)
3. 「환경정책기본법」에 따른 사전환경성검토를 위하여 같은 법에서 제출하도록 한 서류(법 제10조제1항에 따라 사전결정이 신청된 건축물의 대지면적 등이 「환경정책기본법」에 따른 사전환경성검토 협의대상인 경우만 해당한다)
4. 법 제10조제6항 각 호의 허가를 받거나 신고 또는 협의를 하기 위하여 해당법령에서 제출하도록 한 서류(해당사항이 있는 경우만 해당한다)
5. 별표 2 중 건축계획서(에너지절약계획서, 노인 및 장애인을 위한 편의시설 설치계획서는 제외한다) 및 배치도(조경계획은 제외한다)

시행규칙 **제5조(건축에 관한 입지 및 규모의 사전결정서 등)** ① 허가권자는 법 제10조 제4항에 따라 사전결정을 한 후 별지 제1호의3 서식의 사전결정서를 사전결정일부터 7일 이내에 사전결정을 신청한 자에게 송부하여야 한다.〈개정 2012.12.12., 2014.11.28.〉

② 제1항에 따른 사전결정서에는 법·영 또는 해당지방자치단체의 건축에 관한 조례(이하 "건축조례"라 한다) 등(이하 "법령 등"이라 한다)에의 적합 여부와 법 제10조 제6항에 따른 관계법률의 허가·신고 또는 협의 여부를 표시하여야 한다.

2-2 건축허가 및 신청

2-2-1 건축허가대상

건축법 **제11조(건축허가)**

① 건축물을 건축하거나 대수선하려는 자는 특별자치시장 · 특별자치도지사 또는 시장 · 군수 · 구청장의 허가를 받아야 한다. 다만, 21층 이상의 건축물 등 대통령령으로 정하는 용도 및 규모의 건축물을 특별시나 광역시에 건축하려면 특별시장이나 광역시장의 허가를 받아야 한다.〈개정 2014.1.4.〉

② 시장 · 군수는 제1항에 따라 다음 각 호의 어느 하나에 해당하는 건축물의 건축을 허가하려면 미리 건축계획서와 국토교통부령으로 정하는 건축물의 용도, 규모 및 형태가 표시된 기본설계 도서를 첨부하여 도지사의 승인을 받아야 한다.

1. 제1항 단서에 해당하는 건축물
2. 자연환경이나 수질을 보호하기 위하여 도지사가 지정 · 공고한 구역에 건축하는 3층 이상 또는 연면적의 합계가 1천 제곱미터 이상인 건축물로서 위락시설과 숙박시설 등 대통령령으로 정하는 용도에 해당하는 건축물
3. 주거환경이나 교육환경 등 주변 환경을 보호하기 위하여 필요하다고 인정하여 도지사가 지정 · 공고한 구역에 건축하는 위락시설 및 숙박시설에 해당하는 건축물

시행령 **제8조(건축허가)** ① 법 제11조 제1항 단서에 따라 특별시장 또는 광역시장의 허가를 받아야 하는 건축물의 건축은 층수가 21층 이상이거나 연면적의 합계가 10만 제곱미터 이상인 건축물의 건축(연면적의 10분의 3 이상을 증축하여 층수가 21층 이상으로 되거나 연면적의 합계가 10만 제곱미터 이상으로 되는 경우를 포함한다)을 말한다. 다만, 다음 각 호의 어느 하나에 해당하는 건축물의 건축은 제외한다.〈개정 2008.10.29., 2009.7.16., 2010.12.13., 2012.12.12., 2014.11.11., 2014.11. 28.〉

1. 공장
2. 창고
3. 지방건축위원회의 심의를 거친 건축물(특별시 또는 광역시의 건축조례로 정하는 바에 따라 해당 지방건축위원회의 심의사항으로 할 수 있는 건축물에 한정하며, 초고층 건축물은 제외한다)

② 삭제〈2006.5.8.〉

③ 법 제11조 제2항 제2호에서 "위락시설과 숙박시설 등 대통령령으로 정하는 용도에 해당하는 건축물"이란 다음 각 호의 건축물을 말한다.〈개정 2008.10.29.〉

1. 공동주택
2. 제2종 근린생활시설(일반음식점만 해당한다)
3. 업무시설(일반업무시설만 해당한다)
4. 숙박시설
5. 위락시설

④ 삭제〈2006.5.8.〉

⑤ 삭제〈2006.5.8.〉

⑥ 법 제11조 제2항에 따른 승인신청에 필요한 신청서류 및 절차 등에 관하여 필요한 사항은 국토교통부령으로 정한다.〈개정 2008.10.29., 2013.3.23.〉

시행규칙 **제7조(건축허가의 사전승인)** ① 법 제11조 제2항에 따라 건축허가사전승인 대상건축물의 건축허가에 관한 승인을 받으려는 시장 · 군수는 다음 각 호의 구분에 따른 도서를 도지사에게 제출(전자문서로 제출하는 것을 포함한다)하여야 한다.

1. 법 제11조 제2항 제1호의 경우 : 별표 3의 도서
2. 법 제11조 제2항 제2호 및 제3호의 경우 : 별표 3의2의 도서

② 제1항의 규정에 의하여 사전승인의 신청을 받은 도지사는 승인요청을 받은 날부터 50일 이내에 승인여부를 시장 · 군수에게 통보(전자문서에 의한 통보를 포함한다)하여야 한다. 다만, 건축물의 규모가 큰 경우 등 불가피한 경우에는 30일의 범위 내에서 그 기간을 연장할 수 있다.

건축허가 대상의 종류

(1) 시장 · 군수 · 구청장이 허가

건축물을 건축 또는 대수선하고자 하는 자는 특별자치시장 · 특별자치도지사 또는 시장 · 군수 · 구청장의 허가를 받아야 한다.

- 단서 : 21층 이상의 건축물 등 다음 (2)에 정하는 용도 및 규모의 건축물을 특별시 또는 광역시에 건축하고자 하는 경우에는 특별시장 또는 광역시장의 허가를 받아야 한다.

(2) 특별시장 · 광역시장이 직접 허가

다음 중 어느 하나의 건축물을 특별시 또는 광역시에 건축하고자 하는 경우 앞의 (1)의 규정에 불구하고 특별시장 또는 광역시장의 허가를 받아야 한다.

건축물 규모	내용	예외규정
– 층수가 21층 이상이거나 – 연면적의 합계가 10만 제곱미터 이상인	건축물의 건축 (연면적의 10분의 3 이상을 증축하여 층수가 21층 이상으로 되거나 연면적의 합계가 10만 제곱미터 이상으로 되는 경우를 포함)	1. 공장 2. 창고 3. 지방건축위원회의 심의를 거친 건축물 (특별시 또는 광역시의 건축조례로 정하는 바에 따라 해당 지방건축위원회의 심의사항으로 할 수 있는 건축물에 한정하며, 초고층 건축물은 제외)

(3) 도지사의 승인 후 시장 · 군수가 허가

시장 · 군수는 다음 각 호에 해당하는 건축물의 건축을 허가하는 경우 미리 건축계획서와 기본설계도서를 첨부하여 도지사의 승인을 얻은 후 허가하여야 한다.

구분		내용
1.	다음 중 어느 하나의 건축물을 특별시 또는 광역시 외의 지역에 건축하고자 하는 경우 – 층수가 21층 이상이거나 – 연면적의 합계가 10만 m^2 이상인 건축물(공장, 창고 및 제5조 제5항에 따라 지방건축위원회의 심의를 거친 건축물은 제외한다.	단서 : 연면적의 3/10 이상의 증축으로 인하여 층수가 21층 이상으로 되거나 연면적의 합계가 10만 m^2 이상으로 되는 경우의 증축을 포함한다.
2.	자연환경 또는 수질보호를 위하여 지정 · 공고하는 구역 안에 건축하는 3층 이상 되는 연면적 합계 1천 m^2 이상의 건축물로서 우측 란의 용도에 해당하는 건축물	• 공동주택 • 숙박시설 • 위락시설 • 제2종 근린생활시설(일반음식점만 해당) • 업무시설(일반업시설만 해당)
3.	주거환경 또는 교육환경 등 주변 환경의 보호 상 필요하다고 인정하여 도지사가 지정 · 공고하는 구역 안에 건축하는 우측 란의 용도에 해당하는 건축물	• 숙박시설 • 위락시설

2-2-2 건축허가 등의 신청

건축법

제11조(건축허가) ③ 제1항에 따라 허가를 받으려는 자는 허가신청서에 국토교통부령으로 정하는 설계도서와 제5항 각 호에 따른 허가 등을 받거나 신고를 하기 위하여 관계 법령에서 제출하도록 의무화하고 있는 신청서 및 구비서류를 첨부하여 허가권자에게 제출하여야 한다. 다만, 국토교통부장관이 관계 행정기관의 장과 협의하여 국토교통부령으로 정하는 신청서 및 구비서류는 제21조에 따른 착공신고 전까지 제출할 수 있다.〈개정 2013. 3. 23., 2015. 5. 18.〉

시행령

제9조(건축허가 등의 신청) ① 법 제11조제1항에 따라 건축물의 건축 또는 대수선의 허가를 받으려는 자는 국토교통부령으로 정하는 바에 따라 허가신청서에 관계 서류를 첨부하여 허가권자에게 제출하여야 한다. 다만, 「방위사업법」에 따른 방위산업시설의 건축 또는 대수선의 허가를 받으려는 경우에는 건축 관계 법령에 적합한지 여부에 관한 설계자의 확인으로 관계 서류를 갈음할 수 있다.〈개정 2013. 3. 23., 2018. 9. 4.〉

② 허가권자는 법 제11조제1항에 따라 허가를 하였으면 국토교통부령으로 정하는 바에 따라 허가서를 신청인에게 발급하여야 한다.〈개정 2013. 3. 23., 2018. 9. 4.〉

시행규칙 **제6조(건축허가 등의 신청)** ①법 제11조제1항 · 제3항, 제20조제1항, 영 제9조제1항 및 제15조제8항에 따라 건축물의 건축 · 대수선 허가 또는 가설건축물의 건축허가를 받으려는 자는 별지 제1호의4서식의 건축 · 대수선 · 용도변경 (변경)허가 신청서에 다음 각 호의 서류를 첨부하여 허가권자에게 제출(전자문서로 제출하는 것을 포함한다)해야 한다. 이 경우 허가권자는 「전자정부법」 제36조제1항에 따른 행정정보의 공동이용(이하 "행정정보의 공동이용"이라 한다)을 통해 제1호의2의 서류 중 토지등기사항증명서를 확인해야 한다. 〈개정 1996. 1. 18., 1999. 5. 11., 2005. 7. 18., 2006. 5. 12., 2007. 12. 13., 2008. 12. 11., 2011. 1. 6., 2011. 6. 29., 2012. 12. 12., 2014. 11. 28., 2015. 10. 5., 2016. 7. 20., 2016. 8. 12., 2017. 1. 19., 2018. 11. 29., 2019. 11. 18., 2021. 6. 25., 2021. 12. 31., 2023. 6. 9.〉

1. 건축할 대지의 범위에 관한 서류

1의2. 건축할 대지의 소유에 관한 권리를 증명하는 서류. 다만, 다음 각 목의 경우에는 그에 따른 서류로 갈음할 수 있다.

가. 건축할 대지에 포함된 국유지 또는 공유지에 대해서는 허가권자가 해당 토지의 관리청과 협의하여 그 관리청이 해당 토지를 건축주에게 매각하거나 양여할 것을 확인한 서류

나. 집합건물의 공용부분을 변경하는 경우에는 「집합건물의 소유 및 관리에 관한 법률」 제15조제1항에 따른 결의가 있었음을 증명하는 서류

다. 분양을 목적으로 하는 공동주택을 건축하는 경우에는 그 대지의 소유에 관한 권리를 증명하는 서류. 다만, 법 제11조에 따라 주택과 주택 외의 시설을 동일 건축물로 건축하는 건축허가를 받아 「주택법 시행령」 제27조제1항에 따른 호수 또는 세대수 이상으로 건설 · 공급하는 경우 대지의 소유권에 관한 사항은 「주택법」 제21조를 준용한다.

1의3. 법 제11조제11항제1호에 해당하는 경우에는 건축할 대지를 사용할 수 있는 권원을 확보하였음을 증명하는 서류

1의4. 법 제11조제11항제2호 및 영 제9조의2제1항 각 호의 사유에 해당하는 경우에는 다음 각 목의 서류

가. 건축물 및 해당 대지의 공유자 수의 100분의 80 이상의 서면동의서: 공유자가 자필로 서명하는 서면동의의 방법으로 하며, 주민등록증, 여권 등 신원을 확인할 수 있는 신분증명서의 사본을 첨부해야 한다. 다만, 공유자가 해외에 장기체류하거나 법인인 경우 등 불가피한 사유가 있다고 허가권자가 인정하는 경우에

는 공유자가 인감도장을 날인하거나 서명한 서면동의서에 해당 인감증명서나 「본인서명사실 확인 등에 관한 법률」 제2조제3호에 따른 본인서명사실확인서 또는 같은 법 제7조제7항에 따른 전자본인서명확인서의 발급증을 첨부하는 방법으로 할 수 있다.

나. 가목에 따라 동의한 공유자의 지분 합계가 전체 지분의 100분의 80 이상임을 증명하는 서류

다. 영 제9조의2제1항 각 호의 어느 하나에 해당함을 증명하는 서류

라. 해당 건축물의 개요

1의5. 제5조에 따른 사전결정서(법 제10조에 따라 건축에 관한 입지 및 규모의 사전결정서를 받은 경우만 해당한다)

2. 별표 2의 설계도서(법 제10조에 따른 사전결정을 받은 경우에는 건축계획서 및 배치도를 제외한다). 다만, 법 제23조제4항에 따른 표준설계도서에 따라 건축하는 경우에는 건축계획서 및 배치도만 해당한다.

3. 법 제11조제5항 각 호에 따른 허가등을 받거나 신고를 하기 위하여 해당 법령에서 제출하도록 의무화하고 있는 신청서 및 구비서류(해당 사항이 있는 경우로 한정한다)

4. 별지 제27호의12서식에 따른 결합건축협정서(해당 사항이 있는 경우로 한정한다)

② 법 제11조제3항 단서에서 "국토교통부령으로 정하는 신청서 및 구비서류"란 별표 2의 설계도서 중 구조도 및 구조계산서를 말한다. 〈신설 2021. 6. 25.〉

③ 법 제16조제1항 및 영 제12조제1항에 따라 변경허가를 받으려는 자는 별지 제1호의4서식의 건축 · 대수선 · 용도변경 (변경)허가 신청서에 변경하려는 부분에 대한 변경 전 · 후의 설계도서와 제1항 각 호에서 정하는 관계 서류 중 변경이 있는 서류를 첨부하여 허가권자에게 제출(전자문서로 제출하는 것을 포함한다)해야 한다. 이 경우 허가권자는 행정정보의 공동이용을 통해 제1항제1호의2의 서류 중 토지등기사항증명서를 확인해야 한다. 〈신설 2018. 11. 29., 2019. 11. 18., 2021. 6. 25.〉

④ 삭제 〈1999. 5. 11.〉

[제목개정 2018. 11. 29.]

시행규칙 **제8조(건축허가서 등)** ① 영 제9조제2항에 따른 건축허가서 및 영 제15조제9항에 따른 가설건축물 건축허가서는 별지 제2호서식과 같다.

② 제6조제3항에 따라 신청을 받은 허가권자가 법 제16조에 따라 변경허가를 한 경우에는 별지 제2호서식의 건축 · 대수선 · 용도변경 허가서를 신청인에게 발급해야 한다. 〈개정 2021. 6. 25.〉

③ 허가권자는 제1항 및 제2항에 따라 별지 제2호서식의 건축 · 대수선 · 용도변경 허

> 가서를 교부하는 때에는 별지 제3호서식의 건축 · 대수선 · 용도변경 허가(신고)대장을 건축물의 용도별 및 월별로 작성 · 관리해야 한다.
>
> ④ 별지 제3호서식의 건축 · 대수선 · 용도변경 허가(신고)대장은 전자적 처리가 불가능한 특별한 사유가 없으면 전자적 처리가 가능한 방법으로 작성 · 관리해야 한다.
>
> [전문개정 2018. 11. 29.]

건축허가등을 위한 참조 자료

■ 건축법 시행규칙 [별표 2] 〈개정 2018. 11. 29.〉

건축허가신청에 필요한 설계도서(제6조제1항 관련)

도서의 종류	도서의축척	표시하여야 할 사항
건축계획서	임의	1. 개요(위치 · 대지면적 등) 2. 지역 · 지구 및 도시계획사항 3. 건축물의 규모(건축면적 · 연면적 · 높이 · 층수 등) 4. 건축물의 용도별 면적 5. 주차장규모 6. 에너지절약계획서(해당건축물에 한한다) 7. 노인 및 장애인 등을 위한 편의시설 설치계획서(관계법령에 의하여 설치의무가 있는 경우에 한한다)
배 치 도	임의	1. 축척 및 방위 2. 대지에 접한 도로의 길이 및 너비 3. 대지의 종 · 횡단면도 4. 건축선 및 대지경계선으로부터 건축물까지의 거리 5. 주차동선 및 옥외주차계획 6. 공개공지 및 조경계획
평 면 도	임의	1. 1층 및 기준층 평면도 2. 기둥 · 벽 · 창문 등의 위치 3. 방화구획 및 방화문의 위치 4. 복도 및 계단의 위치 5. 승강기의 위치
입 면 도	임의	1. 2면 이상의 입면계획 2. 외부마감재료 3. 간판 및 건물번호판의 설치계획(크기 · 위치)
단 면 도	임의	1. 종 · 횡단면도 2. 건축물의 높이, 각층의 높이 및 반자높이
구 조 도 (구조안전 확인 또는 내진설계 대상 건축물)	임의	1. 구조내력상 주요한 부분의 평면 및 단면 2. 주요부분의 상세도면 3. 구조안전확인서
구조계산서 (구조안전 확인 또는 내진설계 대상 건축물)	임의	1. 구조계산서 목록표(총괄표, 구조계획서, 설계하중, 주요 구조도, 배근도 등) 2. 구조내력상 주요한 부분의 응력 및 단면 산정 과정 3. 내진설계의 내용(지진에 대한 안전 여부 확인 대상 건축물)
실내마감도	임의	벽 및 반자의 마감의 종류
소방설비도	임의	「소방시설설치유지 및 안전관리에 관한 법률」에 따라 소방관서의 장의 동의를 얻어야 하는 건축물의 해당소방 관련 설비

■ 건축법 시행규칙 [별지 제1호의4서식] 〈개정 2021. 6. 25.〉 세움터(www.eais.go.kr)에서도 신청할 수 있습니다.

건축 · 대수선 · 용도변경 (변경)허가 신청서

• 어두운 난(▒)은 신청인이 작성하지 않으며, [ ]에는 해당하는 곳에 V 표시를 합니다. (6쪽 중 제1쪽)

허가번호(연도-기관코드-업무구분-허가일련번호)		접수일자	처리일자
건축구분	[ ] 신축 [ ] 증축 [ ] 개축 [ ] 재축 [ ] 이전 [ ] 대수선 [ ] 허가사항 변경 [ ] 용도변경 [ ] 가설건축물 건축		
① 건축주	성명(법인명)	생년월일(사업자 또는 법인등록번호)	
	주소 (전화번호:)		
	전자우편 송달동의	「행정절차법」 제14조에 따라 정보통신망을 이용한 각종 부담금 부과 사전통지 등의 문서 송달에 동의합니다.	
		[ ] 동의함	[ ] 동의하지 않음
		건축주 (서명 또는 인)	
		전자우편 주소 @	
② 설계자	성명(법인명) (서명 또는 인)	자격번호	
	사무소명	신고번호	
	사무소 주소 (전화번호:)		
③ 대지조건	대지위치		
	지번	관련지번	
	지목	용도지역	
	용도지구 /	용도구역 /	

• 대수선의 경우에는 대수선 개요(Ⅳ)만 적되, 대수선으로 인하여 층별 개요와 동별 개요의 (주)구조가 변경되는 경우에는 변경되는 (주)구조를 동별 개요와 층별 개요에 적습니다.
• 건축구분에 관계없이 전체 건축물에 대한 개요를 적습니다.

Ⅰ. 전체 개요

대지면적 ㎡		건축면적 ㎡
건폐율 %		연면적 합계 ㎡
연면적 합계(용적률 산정용) ㎡		용적률 %
④ 건축물 명칭	주 건축물 수 동	부속 건축물 동 ㎡
⑤ 주용도	세대/호/가구수 세대 호 가구	총 주차대수 대
주택을 포함하는 경우 세대/가구/호별 평균 전용면적 ㎡		

210㎜×297㎜ [보존용지(2종) 70g/㎡]

■ 건축법 시행규칙 [별지 제1호의4서식]

(6쪽 중 제2쪽)

⑥ 하수처리시설	형식							용량		(인용)
	구분	옥내		옥외		인근		전기자동차	면제	
주차장	자주식	대	㎡	대	㎡	대	㎡	옥내: 대 옥외: 대 인근: 대	대	
	기계식	대	㎡	대	㎡	대	㎡			

공개 공지 면적	조경 면적	건축선 후퇴 면적	건축선 후퇴 거리
㎡	㎡	㎡	㎡
[ ] 건축협정을 체결한 건축물		[ ] 결합건축협정을 체결한 건축물	

변경사항	※ 유의사항: 허가사항을 변경하려는 경우에만 그 내용을 간략하게 적습니다.
일괄처리 사항	[ ] 공사용 가설건축물 축조신고 [ ] 공작물 축조신고 [ ] 개발행위허가 [ ] 도시 · 군계획시설사업 시행자의 지정 및 실시계획인가 [ ] 산지전용허가 · 신고, 산지일시사용 허가신고 [ ] 농지전용허가 · 신고 및 협의 [ ] 사도개설허가 [ ] 도로점용허가 [ ] 비관리청 도로공사 시행 허가 및 도로의 연결허가 [ ] 하천점용허가 [ ] 개인하수처리시설 설치신고 [ ] 배수설비 설치신고 [ ] 상수도 공급신청 [ ] 자가용전기설비 공사계획 인가 · 신고 [ ] 수질오염물질 배출시설 설치 허가 · 신고 [ ] 대기오염물질 배출시설 설치 허가 · 신고 [ ] 소음 · 진동 배출시설 설치 허가 · 신고 [ ] 가축분뇨 배출시설 설치 허가 · 신고 [ ] 공원구역 행위허가 [ ] 도시공원 점용허가 [ ] 특정토양오염관리대상시설 신고 [ ] 수산자원보호구역 행위허가 [ ] 초지전용 허가 · 신고 ※ 유의사항: 「건축법」 제11조에 따라 다른 법률의 허가를 받거나 신고를 한 것으로 보는 사항에 ∨ 표시합니다.
존치기간	년 월 일까지 (가설건축물 건축허가인 경우만 적습니다)
시공기간	착공일부터 년

「건축법」 제11조 · 제16조 · 제19조 및 제20조 제1항에 따라 위와 같이 (변경)허가를 신청합니다

년 월 일

건축주 (서명 또는 인)

특별시장 · 광역시장 · 특별자치시장 · 특별자치도지사, 시장 · 군수 · 구청장 귀하

■ 건축법 시행규칙 [별지 제1호의4서식]

II. 동별 개요

※ 는 증축이 있는 경우 증가부분만 적습니다. (6쪽 중 제3쪽)

기존 건축물의 동별 개요		구 분	허가신청 건축물의 동별 개요	
[ ] 주 건축물 [ ] 부속 건축물		주/부속구분	[ ] 주 건축물 [ ] 부속 건축물	
		⑦ 동 명칭 및 번호		
		주용도		
호		※ ⑧ 호수	호	
가구	세대	※ ⑨ 가구/세대수	가구	세대
[ ] 철근콘트리트조 [ ] 철골조 [ ] 기타		주구조	[ ] 철근콘트리트조 [ ] 철골조 [ ] 기타	
		⑩ 세부구조		
		지붕		
		⑪ 지붕 마감재료		
		※ 건축면적(㎡)		
		※ 연면적(㎡)		
		※ 용적률 산정용 연면적(㎡)		
지하: 층	지상: 층	층수	지하: 층	지상: 층
		높이(m)		
		승용승강기		
		비상용승강기		
보 · 차양길이: m 기둥과 기둥사이: m 내력벽과 내력벽사이: m		특수구조 건축물 (「건축법 시행령」 제2조제18호)	보 · 차양길이: m 기둥과 기둥사이: m 내력벽과 내력벽사이: m	
		※ ⑫ 특수구조 건축물 유형		

III. 층별 개요

• 동 명칭 및 번호 (⑦ 과 동일하게 적습니다)

기존 건축물의 층별 개요			구 분		허가신청 건축물의 층별 개요		
⑬ 구조	⑭ 용도	⑮ 면적(㎡)	층구분	건축구분	⑯ 구조	⑰ 용도	⑱ 면적(㎡)

■ 건축법 시행규칙 [별지 제1호의4서식]

Ⅳ. 대수선 개요

※ 대수선을 하려는 항목에 V표시하시고, 증설 · 해체 · 수선 또는 변경여부를 표시하시기 바랍니다. (6쪽 중 제4쪽)

층구분	
층구분	[ ] 내력벽 증설 · 해체 · 수선 · 변경 [㎡]
	[ ] 기둥 증설 · 해체 · 수선 · 변경 [개]
	[ ] 보 증설 · 해체 · 수선 · 변경 [개]
	[ ] 지붕틀 증설 · 해체 · 수선 · 변경 [개]
	[ ] 방화벽 증설 · 해체 · 수선 · 변경
	[ ] 방화구획 증설 · 해체 · 수선 · 변경
	[ ] 주계단 증설 · 해체 · 수선 · 변경
	[ ] 피난계단 증설 · 해체 · 수선 · 변경
	[ ] 특별피난계단 증설 · 해체 · 수선 · 변경
	[ ] 다가구주택의 가구 간 경계벽의 증설 · 해체 · 수선 · 변경
	[ ] 다세대주택의 세대 간 경계벽의 증설 · 해체 · 수선 · 변경
	[ ] 건축물의 외벽 증설 · 해체 · 수선 · 변경 [㎡]

※ 준주택, 도시형 생활주택 개요

기존 건축물의 유형별 개요			허가신청 건축물의 유형별 개요		
⑲ 유형	⑳ 실/호/세대수	㉑ 실/호/세대별 면적(㎡)	㉒ 유형	㉓ 실/호/세대수	㉔ 실/호/세대별 면적(㎡)

※ 다가구주택 호(가구)별 면적

기존 건축물의 유형별 개요			허가신청 건축물의 유형별 개요		
호(가구) 구분	층구분	㉕ 호(가구)별 전용면적(㎡)	호(가구) 구분	층구분	㉖ 호(가구)별 전용면적(㎡)

■ 건축법 시행규칙 [별지 제1호의4서식]

(6쪽 중 제5쪽)

첨부서류 및 허가권자 확인사항	
1. 신축, 증축, 개축, 재축, 이전, 대수선 및 가설건축물의 건축	가. 건축할 대지의 범위에 관한 서류 나. 건축할 대지의 소유에 관한 권리를 증명하는 서류. 다만, 다음 각 목의 경우에는 그에 따른 서류로 갈음할 수 있습니다. 1) 건축할 대지에 포함된 국유지 또는 공유지에 대해서는 허가권자가 해당 토지의 관리청과 협의하여 그 관리청이 해당 토지를 건축주에게 매각하거나 양여할 것을 확인한 서류 2) 집합건물의 공용부분을 변경하는 경우에는 「집합건물의 소유 및 관리에 관한 법률」 제15조제1항에 따른 결의가 있었음을 증명하는 서류 3) 「건축법」 제11조에 따라 주택과 주택 외의 시설을 동일 건축물로 건축하는 건축허가를 받아 「주택법 시행령」 제27조제1항에 따른 호수 또는 세대수 이상으로 건설 · 공급하는 경우 「주택법」 제21조제1항 각 호의 어느 하나에 해당함을 증명하는 서류 다. 「건축법」 제11조제11항제1호에 해당하는 경우에는 건축할 대지를 사용할 수 있는 권원을 확보하였음을 증명하는 서류 라. 「건축법」 제11조제11항제2호 및 같은 법 시행령 제9조의2제1항 각 호의 사유에 해당하는 경우에는 다음 각 목의 서류 1) 건축물 및 해당 대지의 공유자 수의 100분의 80 이상의 서면동의서: 공유자가 지장(指章)을 날인하고 자필로 서명하는 서면동의의 방법으로 하며, 주민등록증, 여권 등 신원을 확인할 수 있는 신분증명서의 사본을 첨부해야 합니다. 다만, 공유자가 해외에 장기체류하거나 법인인 경우 등 불가피한 사유가 있다고 허가권자가 인정하는 경우에는 공유자가 인감도장을 날인하거나 서명한 서면동의서에 해당 인감증명서나 「본인서명사실 확인 등에 관한 법률」 제2조제3호에 따른 본인서명사실확인서 또는 같은 법 제7조제7항에 따른 전자본인서명확인서의 발급증을 첨부하는 방법으로 할 수 있습니다. 2) 가목에 따라 동의한 공유자의 지분 합계가 전체 지분의 100분의 80 이상임을 증명하는 서류 3) 「건축법 시행령」 제9조의2제1항 각 호의 어느 하나에 해당함을 증명하는 서류 4) 해당 건축물의 개요 마. 「건축법 시행규칙」 제5조에 따른 사전결정서(「건축법」 제10조에 따라 건축에 관한 입지 및 규모의 사전결정서를 받은 경우만 해당합니다) 바. 「건축법 시행규칙」 별표 2의 설계도서(「건축법」 제10조에 따른 사전결정을 받은 경우에는 건축계획서 및 배치도는 제외합니다). 다만,「건축법」 제23조제4항에 따른 표준설계도서에 따라 건축하는 경우에는 건축계획서 및 배치도만 제출하며, 구조도 및 구조계산서는 착공신고 전까지 제출할 수 있습니다. 사. 「건축법」 제11조제5항 각 호에 따른 허가 등을 받거나 신고하기 위해 해당 법령에서 제출하도록 의무화하고 있는 신청서 및 구비서류(해당 사항이 있는 경우로 한정합니다) 아. 「건축법 시행규칙」 별지 제27호의11서식에 따른 결합건축협정서(해당 사항이 있는 경우로 한정합니다)
2. 허가사항 변경	변경하려는 부분에 대한 변경 전 · 후의 설계도서
3. 용도변경	가. 용도를 변경하려는 층의 변경 후의 평면도 나. 용도변경에 따라 변경되는 내화 · 방화 · 피난 또는 건축설비에 관한 사항을 표시한 도서 ※ 용도를 변경하려는 층의 변경 전 평면도는 행정정보의 공동이용 또는 「건축법」 제32조제1항에 따른 전산자료를 통해 확인되지 않는 경우 직접 제출해야 합니다.
4. 허가권자 확인사항	가. 제1호나목: 토지등기사항증명서 나. 제3호: 건축물대장 또는 「건축법」 제32조제1항에 따른 전산자료를 통해 변경 전의 평면도 확인

<table>
<tr><th colspan="4">허가안내</th></tr>
<tr><td>제출하는 곳</td><td>특별시 · 광역시 · 특별자치시 · 특별자치도 · 시 · 군 · 구</td><td>처리부서</td><td>건축허가 부서</td></tr>
<tr><td>수수료</td><td>「건축법 시행규칙」 별표 4 참조</td><td>처리기간</td><td>특별시 · 광역시: 40일 ~ 50일
특별자치시 · 특별자치도 · 시 · 군 · 구: 2일~15일(도지사 사전승인대상: 70일)</td></tr>
<tr><th colspan="4">「건축법」 근거규정</th></tr>
<tr><td>제11조 제1항</td><td colspan="3">1. 건축물을 건축하거나 대수선하려는 자는 특별자치시장 · 특별자치도지사 또는 시장 · 군수 · 구청장의 허가를 받아야 합니다. 다만, 「건축법」 제14조제1항 및 같은 법 시행령 제11조제2항에 해당하는 경우에는 미리 특별자치시장 · 특별자치도지사 또는 시장 · 군수 · 구청장에게 같은 법 시행규칙 제12조에 따라 신고하면 건축허가를 받은 것으로 봅니다.
2. 층수가 21층 이상이거나 연면적의 합계가 10만 제곱미터 이상인 건축물[공장, 창고 및 지방건축위원회의 심의를 거친 건축물(초고층 건축물은 제외)은 제외합니다]의 건축(연면적의 10분의 3 이상을 증축하여 층수가 21층 이상으로 되거나 연면적의 합계가 10만 제곱미터 이상으로 되는 경우를 포함합니다)을 특별시 또는 광역시에 하려면 특별시장 또는 광역시장의 허가를 받아야 합니다.</td></tr>
<tr><td>제16조 제1항</td><td colspan="3">허가받은 사항을 변경하려는 경우</td></tr>
<tr><td>제19조 제2항</td><td colspan="3">용도변경(상위군으로의 용도변경을 말합니다)</td></tr>
<tr><td>제20조 제1항</td><td colspan="3">도시 · 군계획시설 또는 도시 · 군계획시설예정지에 가설건축물을 건축하려는 경우</td></tr>
<tr><th colspan="4">유의사항</th></tr>
<tr><td>「건축법」 제11조, 제19조, 제 80조, 제108조 및 제110조</td><td colspan="3">1. 건축 또는 용도변경 허가를 받은 후 다음 각 목의 어느 하나에 해당하는 경우에는 그 허가가 취소됩니다.
가. 허가를 받은 날부터 2년(신설 · 증설 또는 업종변경의 승인을 받은 공장: 3년) 이내에 공사에 착수하지 않은 경우
나. 가목의 기간 이내에 공사에 착수하였으나 공사의 완료가 불가능하다고 인정되는 경우
다. 「건축법」 제21조에 따른 착공신고 전에 경매 또는 공매 등으로 건축주가 대지의 소유권을 상실한 때부터 6개월이 경과한 이후 공사의 착수가 불가능하다고 판단되는 경우
2. 도시지역에서 허가를 받지 않고 건축물을 건축 · 대수선 또는 용도변경을 한 경우에는 3년 이하의 징역 또는 5억원 이하의 벌금에 처하게 되며, 위반건축물은 위반사항이 시정될 때까지 연 2회 이내의 이행강제금이 부과됩니다.
3. 다음 각 목의 어느 하나에 해당하는 경우에는 2년 이하의 징역 또는 1억원 이하의 벌금에 처하게 되며, 위반건축물은 위반사항이 시정될 때까지 연 2회 이내의 이행강제금이 부과됩니다.
가. 도시지역 밖에서 허가를 받지 않고 건축물을 건축 · 대수선 또는 용도변경을 한 경우
나. 허가받은 사항을 허가 없이 변경한 경우
다. 허가받지 않고 가설건축물을 건축한 경우</td></tr>
</table>

■ 건축법 시행규칙 [별지 제1호의4서식]

(6쪽 중 제6쪽)

작성방법

1. ①·②:해당하는 자가 다수인 경우에는 "○○○외 인"으로 적고, "외 ○인"의 현황도 제출합니다. 아울러, 각종 부담금 사전통지의 전자우편 송달에 대한 동의여부를 표시하고, 동의하는 경우에는 전자우편 주소를 적습니다.
2. ③ : 지번은 「공간정보의 구축 및 관리 등에 관한 법률」에 따른 지번을 적되, 여러 필지인 경우 "지번"란에 대표지번을 적고, "관련지번"란에 대표지번 외의 지번을 적으며, 「공유수면의 관리 및 매립에 관한 법률」 제8조에 따라 공유수면의 점용·사용 허가를 받은 경우 그 장소가 지번이 없으면 그 점용·사용 허가를 받은 장소를 적습니다.
3. ④ : 건축물(단독주택 제외)을 총칭할 수 있는 명칭을 반드시 적습니다(예: 쌍둥이빌딩, ○○아파트).
4. ⑤ : 복합용도인 경우에는 주된 용도 하나 이상을 적습니다("주상복합" 등으로 적지 않습니다).
5. ⑥ : 여러 형식이 혼용되는 경우에는 대표형식을 적고(그 외의 형식도 적습니다), 하수처리시설의 용량은 대표형식과 그 외의 형식을 합한 용량을 적습니다.
6. ⑦ : 동의 명칭 및 번호는 다른 동과 중복되지 않도록 명확하게 적습니다. (예 : 101동, A동등)
7. ⑧·⑨·⑳·㉓ : 집합건물의 구분소유 업무구획 수는 "호수", 단독주택의 주거구획 수는 "가구수", 공동주택의 구분소유 주거구획 수는 "세대수"를 적고, 고시원의 구획 수는"실수"를 적습니다.
8. ⑩ : 세부구조 유형(단일 형강구조, 철골철근콘크리트 합성구조, 공업화 박판 강구조(PEB), 경량철골구조, 트러스구조, 기타)을 적으며, 건축물이 복수의 유형에 해당하는 경우에는 모두 적습니다.
9. ⑪ : 지붕 마감재료(RC슬래브, 복합자재, 금속판, 유리, 기와, 기타)를 적습니다.
10. ⑫ : 「건축법 시행령」 제2조제18호다목에 따른 특수구조 건축물의 유형을 적으며, 건축물이 복수의 유형에 해당하는 경우에는 모두 적습니다.

특수구조 건축물 유형	
1. 주요구조부가 공업화박판강구조(PEB)인 건축물	2. 주요구조부가 강관입체트러스(스페이스프레임)인 건축물
3. 주요구조부가 막 구조인 건축물	4. 주요구조부가 케이블 구조인 건축물
5. 주요구조부가 부유식구조인 건축물	
6. 6개층 이상을 지지하는 기둥이나 벽체의 하중이 슬래브나 보에 전이되는 건축물	
7. 건축물의 주요구조부에 면진·제진장치를 사용한 건축물 8.기타	

11. ⑲·㉒ : 「주택법 시행령」 제4조 및 제10조에 따른 준주택과 도시형생활주택의 유형을 적습니다.
12. ㉑·㉔ : 층별 개요 내용과 관계없이 대지 전체를 기준으로 준주택은 실/호/세대별 면적을, 도시형생활주택은 주거전용면적(「주택법 시행규칙」 제2조)을 적습니다.
13. ⑬~㉔

작성례 1) 도시지역에서 지하 1층에 바닥면적 100㎡ 의 단독주택(다가구주택)을 철근콘크리트조로, 지상 1층에 바닥면적 100㎡ 의 단독주택(다가구주택)을 조적조로 신축하려는 경우

기존 건축물 층별 개요			구분		허가신청 층별 개요		
구조	용도	면적(㎡)	층구분	건축구분	구조	용도	면적(㎡)
			지1	신축	철근콘크리트조	단독주택(다가구)	100
			1	신축	조적조	단독주택(다가구)	100

작성례 2) 기존건축물(5층)의 각 층 바닥면적이 300㎡이고, 철근콘크리트조인 1층의 업무시설(사무소) 100㎡를 제2종근린생활시설(일반음식점)로 용도변경하고, 6층에 숙박시설(여관) 150㎡를 증축하려는 경우

기존 건축물 층별 개요			구분		허가신청 층별 개요		
구조	용도	면적(㎡)	층구분	건축구분	구조	용도	면적(㎡)
철근 콘크리트조	업무시설 (사무소)	100	1	용도변경	철근콘크리트조	제2종근린생활시설 (일반음식점)	100
			6	증축	철근콘크리트조	숙박시설(여관)	150

작성례 3) 기존 건축물(3층)의 연면적이 400㎡이고, 철근콘크리트구조인 1층의 제2종근린생활시설(사무소) 150㎡ 을 대수선하려는 경우

기존 건축물 층별 개요			구분		허가신청 층별 개요		
구조	용도	면적(㎡)	층구분	건축구분	구조	용도	면적(㎡)
철근 콘크리트조	제2종근린생활시설 (사무소)	150	1	대수선	철근콘크리트조	제2종근린생활시설 (사무소)	150

작성례 4) 준주택(오피스텔) 호별 면적 25㎡-10호 또는 도시형생활주택(원룸형주택) 전용면적 30㎡-13세대를 건축(용도변경 포함)하려는 경우

※ 준주택 · 도시형 생활주택 개요

기존 건축물의 유형별 개요			허가신청 건축물의 유형별 개요		
유 형	실/호/세대수	실/호/세대별 면적(㎡)	유 형	실/호/세대수	실/호/세대별 면적(㎡)
			준주택(오피스텔)	10	25
			도시형생활주택 (원룸형주택)	13	30

14. ㉕ · ㉖ : 「주택법 시행규칙」 제2조제1호에 따라 다가구주택의 각 호(가구)별 주거전용면적을 적습니다.

처리절차

신청서 작성	→	접 수	→	검 토 (협 의)	→	결 재	→	허가서 작성	→	허가서 교부
신청인(건축주)		특별시 · 광역시 · 특별자치시 · 특별자치도, 시 · 군 · 구(건축허가 부서)								신청인(건축주)

[별표 3] 〈개정 2017. 2. 3.〉

대형건축물의 건축허가 사전승인신청 및 건축물 안전영향평가 의뢰시 제출도서의 종류
(건축법시행규칙 제7조제1항제1호 및 제9조의2제1항 관련)

1. 건축계획서

분야	도서종류	표시하여야 할 사항
건축	설계설명서	• 공사개요 위치 · 대지면적 · 공사기간 · 공사금액 등 • 사전조사사항 지반고 · 기후 · 동결심도 · 수용인원 · 상하수와 주변지역을 포함한 지질 및 지형, 인구, 교통, 지역, 지구, 토지이용현황, 시설물현황 등 • 건축계획 배치 · 평면 · 입면계획 · 동선계획 · 개략조경계획 · 주차계획 및 교통처리계획 등 • 시공방법 • 개략공정계획 • 주요설비계획 • 주요자재 사용계획 • 기타 필요한 사항
	구조계획서	• 설계근거기준 • 구조재료의 성질 및 특성 • 하중조건분석 적용 • 구조의 형식선정계획 • 각부 구조계획 • 건축구조성능(단열 · 내화 · 차음 · 진동장애 등) • 구조안전검토
	지질조사서	• 토질개황 • 각종 토질시험내용 • 지내력 산출근거 • 지하수위면 • 기초에 대한 의견
	시방서	• 시방내용(국토교통부장관이 작성한 표준시방서에 없는 공법인 경우에 한한다)

2. 기본설계도서

<table>
<tr><th>분야</th><th>도서종류</th><th>표시하여야 할 사항</th></tr>
<tr><td rowspan="5">건축</td><td>투시도 또는
투시도 사진</td><td>• 색채사용</td></tr>
<tr><td>평면도
(주요층,
기준층)</td><td>1. 각실의 용도 및 면적
2. 기둥 · 벽 · 창문 등의 위치
3. 방화구획 및 방화문의 위치
4. 복도 · 직통계단 · 피난계단 또는 특별 피난계단의 위치 및 치수
5. 비상용승강기 · 승용승강기의 위치 및 치수
6. 가설건축물의 규모</td></tr>
<tr><td>2면 이상의
입면도</td><td>1. 축척
2. 외벽의 마감재료</td></tr>
<tr><td>2면 이상의
단면도</td><td>1. 축척
2. 건축물의 높이, 각층의 높이 및 반자높이</td></tr>
<tr><td>주차장평면도</td><td>1. 축척 및 방위
2. 주차장면적
3. 도로 · 통로 및 출입구의 위치</td></tr>
<tr><td rowspan="3">설 비</td><td>건축설비도</td><td>1. 비상용승강기 · 승용승강기 · 에스컬레이터 · 난방설비 · 환기설비 기타 건축설비의 설비계획
2. 비상조명장치 · 통신설비 기타 전기설비설치계획</td></tr>
<tr><td>소방설비도</td><td>옥내소화전설비 · 스프링클러설비 · 각종 소화설비 · 옥외소화전설비 · 동력소방펌프설비 · 자동화재탐지설비 · 전기화재경보기 · 화재속보설비와 유도 등 기타 유도표시 소화용수의 위치 및 수량배연설비 · 연결살수설비 · 비상콘센트설비의 설치계획</td></tr>
<tr><td>상 · 하수도
계통도</td><td>상 · 하수도의 연결관계, 수조의 위치, 급 · 배수 등</td></tr>
</table>

2-2-3 건축허가제한 및 건축허가로서 관계 법률의 허가 등을 대신하는 경우

건축법 **제11조(건축허가)**

④ 허가권자는 제1항에 따른 건축허가를 하고자 하는 때에 「건축기본법」 제25조에 따른 한국건축규정의 준수 여부를 확인하여야 한다. 다만, 다음 각 호의 어느 하나에 해당하는 경우에는 이 법이나 다른 법률에도 불구하고 건축위원회의 심의를 거쳐 건축허가를 하지 아니할 수 있다. 〈개정 2012. 1. 17., 2012. 10. 22., 2014. 1. 14., 2015. 5. 18., 2015. 8. 11., 2017. 4. 18., 2023. 12. 26.〉

1. 위락시설이나 숙박시설에 해당하는 건축물의 건축을 허가하는 경우 해당 대지에 건축하려는 건축물의 용도·규모 또는 형태가 주거환경이나 교육환경 등 주변 환경을 고려할 때 부적합하다고 인정되는 경우
2. 「국토의 계획 및 이용에 관한 법률」 제37조제1항제4호에 따른 방재지구(이하 "방재지구"라 한다) 및 「자연재해대책법」 제12조제1항에 따른 자연재해위험개선지구 등 상습적으로 침수되거나 침수가 우려되는 대통령령으로 정하는 지역에 건축하려는 건축물에 대하여 일부 공간에 거실을 설치하는 것이 부적합하다고 인정되는 경우

⑤ 제1항에 따른 건축허가를 받으면 다음 각 호의 허가 등을 받거나 신고를 한 것으로 보며, 공장건축물의 경우에는 「산업집적활성화 및 공장설립에 관한 법률」 제13조의2와 제14조에 따라 관련 법률의 인·허가등이나 허가등을 받은 것으로 본다. 〈개정 2009. 6. 9., 2010. 5. 31., 2011. 5. 30., 2014. 1. 14., 2017. 1. 17., 2020. 3. 31.〉

1. 제20조제3항에 따른 공사용 가설건축물의 축조신고
2. 제83조에 따른 공작물의 축조신고
3. 「국토의 계획 및 이용에 관한 법률」 제56조에 따른 개발행위허가
4. 「국토의 계획 및 이용에 관한 법률」 제86조제5항에 따른 시행자의 지정과 같은 법 제88조제2항에 따른 실시계획의 인가
5. 「산지관리법」 제14조와 제15조에 따른 산지전용허가와 산지전용신고, 같은 법 제15조의2에 따른 산지일시사용허가·신고. 다만, 보전산지인 경우에는 도시지역만 해당된다.
6. 「사도법」 제4조에 따른 사도(私道)개설허가
7. 「농지법」 제34조, 제35조 및 제43조에 따른 농지전용허가·신고 및 협의
8. 「도로법」 제36조에 따른 도로관리청이 아닌 자에 대한 도로공사 시행의 허가, 같은 법 제52조제1항에 따른 도로와 다른 시설의 연결 허가
9. 「도로법」 제61조에 따른 도로의 점용 허가

10. 「하천법」 제33조에 따른 하천점용 등의 허가
11. 「하수도법」 제27조에 따른 배수설비(配水設備)의 설치신고
12. 「하수도법」 제34조제2항에 따른 개인하수처리시설의 설치신고
13. 「수도법」 제38조에 따라 수도사업자가 지방자치단체인 경우 그 지방자치단체가 정한 조례에 따른 상수도 공급신청
14. 「전기안전관리법」 제8조에 따른 자가용전기설비 공사계획의 인가 또는 신고
15. 「물환경보전법」 제33조에 따른 수질오염물질 배출시설 설치의 허가나 신고
16. 「대기환경보전법」 제23조에 따른 대기오염물질 배출시설설치의 허가나 신고
17. 「소음 · 진동관리법」 제8조에 따른 소음 · 진동 배출시설 설치의 허가나 신고
18. 「가축분뇨의 관리 및 이용에 관한 법률」 제11조에 따른 배출시설 설치허가나 신고
19. 「자연공원법」 제23조에 따른 행위허가
20. 「도시공원 및 녹지 등에 관한 법률」 제24조에 따른 도시공원의 점용허가
21. 「토양환경보전법」 제12조에 따른 특정토양오염관리대상시설의 신고
22. 「수산자원관리법」 제52조제2항에 따른 행위의 허가
23. 「초지법」 제23조에 따른 초지전용의 허가 및 신고

⑥ 허가권자는 제5항 각 호의 어느 하나에 해당하는 사항이 다른 행정기관의 권한에 속하면 그 행정기관의 장과 미리 협의하여야 하며, 협의 요청을 받은 관계 행정기관의 장은 요청을 받은 날부터 15일 이내에 의견을 제출하여야 한다. 이 경우 관계 행정기관의 장은 제8항에 따른 처리기준이 아닌 사유를 이유로 협의를 거부할 수 없고, 협의 요청을 받은 날부터 15일 이내에 의견을 제출하지 아니하면 협의가 이루어진 것으로 본다. 〈개정 2017. 1. 17.〉

시행령 **제9조의2(상습 침수 우려지역)** 허가권자는 법 제11조제4항제2호에 따라 다음 각 호의 어느 하나에 해당하는 지역에 건축하려는 건축물에 대하여 일부 공간에 거실을 설치하는 것이 부적합한 경우에는 건축위원회의 심의를 거쳐 건축허가를 하지 않을 수 있다.

1. 「국토의 계획 및 이용에 관한 법률」 제37조제1항제4호에 따른 방재지구
2. 「자연재해대책법」 제12조제1항에 따른 자연재해위험개선지구(같은 법 시행령 제8조제1항제1호에 따른 상습가뭄재해지구는 제외한다)
3. 제1호 및 제2호에 준하는 지역으로서 허가권자가 상습적으로 침수되거나 침수가 우려된다고 인정하여 지정 · 고시하는 지역

[본조신설 2024. 3. 26.]

[종전 제9조의2는 제9조의3으로 이동 〈2024. 3. 26.〉]

건축허가 등의 제한 또는 허가 등을 대신 하는 경우

(1) 위락시설 또는 숙박시설에 해당하는 건축물의 건축허가 제한

허가권자는 위락시설 또는 숙박시설에 해당하는 건축물의 건축을 허가하고자 하는 경우 당해 건축물의 건축이 주거환경 또는 교육환경 등 주변 환경에 비추어 부적합하다고 인정하는 경우에는 건축위원회의 심의를 거쳐 건축허가를 하지 아니할 수 있다.

(2) 「국토의 계획 및 이용에 관한 법률」제37조제1항제4호에 따른 방재지구(이하 "방재지구"라 한다) 및 「자연재해대책법」제12조제1항에 따른 자연재해위험개선지구 등 상습적으로 침수되거나 침수가 우려되는 대통령령으로 정하는 지역에 건축하려는 건축물에 대하여 일부 공간에 거실을 설치하는 것이 부적합하다고 인정되는 경우

(3) 건축허가로서 관계 법률의 허가 등을 대신하는 경우

관련법	허가 · 신고내용	관련법	허가 · 신고내용
건축법	공사용 가설건축물의 축조신고	하수도법	배수설비의 설치신고
	공작물의 축조신고		개인하수처리시설의 설치신고
국토의 계획 및 이용에 관한 법률	개발행위허가	수도법	수도사업자가 지방자치단체인 경우 당해 지방자치단체가 정한 조례에 의한 상수도 공급신청
	도시 · 군계획시설 사업시행자의 지정	전기안전관리법	자가용 전기설비공사 계획의인가 또는 신고
	도시 · 군계획시설 사업의 실시계획 인가	물환경보전법	수질오염물질 배출시설설치의 허가나 신고
산지관리법	산지전용허가 및 산지전용신고	대기환경보전법	대기오염물질 배출시설설치의 허가나 신고
사도법	사도개설허가	소음 · 진동 규제법	소음 · 진동 배출시설설치의허가나 신고
농지법	농지전용허가 · 신고 및 협의	가축분뇨의 관리 및 이용에 관한 법률	배출시설 설치허가나 신고
도로법	도로의 점용허가	자연공원법	행위허가
	비관리청 공사시행허가 및 도로의 연결허가	도시공원 및 녹지 등에 관한 법률	도시공원의 점용 허가
하천법	하천점용 등의 허가	토지환경보전법	특정 토양오염관리 대상시설의 신고
수산자원관리법	행위의 허가		
초지법	초지전용의 허가 및 신고		

2-2-4 건축허가의 취소

건축법 **제11조(건축허가의 취소)** ⑦ 허가권자는 제1항에 따른 허가를 받은 자가 다음 각 호의 어느 하나에 해당하면 허가를 취소하여야 한다. 다만, 제1호에 해당하는 경우로서 정당한 사유가 있다고 인정되면 1년의 범위에서 공사의 착수기간을 연장할 수 있다. 〈개정 2014. 1. 14., 2017. 1. 17., 2020. 6. 9.〉

1. 허가를 받은 날부터 2년(「산업집적활성화 및 공장설립에 관한 법률」 제13조에 따라 공장의 신설 · 증설 또는 업종변경의 승인을 받은 공장은 3년) 이내에 공사에 착수하지 아니한 경우
2. 제1호의 기간 이내에 공사에 착수하였으나 공사의 완료가 불가능하다고 인정되는 경우
3. 제21조에 따른 착공신고 전에 경매 또는 공매 등으로 건축주가 대지의 소유권을 상실한 때부터 6개월이 지난 이후 공사의 착수가 불가능하다고 판단되는 경우

건축허가의 취소

허가 취소 요건	내용
1. 허가를 받은 날부터 2년 이내에 공사에 착수하지 아니한 경우 2. 제1호의 기간 이내에 공사에 착수하였으나 공사의 완료가 불가능하다고 인정되는 경우 3. 착공신고 전에 건축주가 대지의 소유권을 상실(경매 또는 공매)한 때부터 6개월이 경과한 이후 공사의 착수가 불가능하다고 판단되는 경우	건축허가를 취소하여야 한다 (다만, 정당한 사유가 있다고 인정되면 1년 범위에서 공사 착수 기간 연장 가능)

2-2-5 처리기준 통보 및 고시

건축법 **제11조(건축허가)** ⑧ 제5항 각 호의 어느 하나에 해당하는 사항과 제12조제1항의 관계 법령을 관장하는 중앙행정기관의 장은 그 처리기준을 국토교통부장관에게 통보하여야 한다. 처리기준을 변경한 경우에도 또한 같다. 〈개정 2013. 3. 23.〉

⑨ 국토교통부장관은 제8항에 따라 처리기준을 통보받은 때에는 이를 통합하여 고시하여야 한다. 〈개정 2013. 3. 23.〉

⑩ 제4조제1항에 따른 건축위원회의 심의를 받은 자가 심의 결과를 통지 받은 날부터 2년 이내에 건축허가를 신청하지 아니하면 건축위원회 심의의 효력이 상실된다. 〈신설 2011. 5. 30.〉

⑪ 제1항에 따라 건축허가를 받으려는 자는 해당 대지의 소유권을 확보하여야 한다. 다만, 다음 각 호의 어느 하나에 해당하는 경우에는 그러하지 아니하다. 〈신설 2016. 1. 19., 2017. 1. 17., 2021. 8. 10.〉

1. 건축주가 대지의 소유권을 확보하지 못하였으나 그 대지를 사용할 수 있는 권원을 확보한 경우. 다만, 분양을 목적으로 하는 공동주택은 제외한다.

2. 건축주가 건축물의 노후화 또는 구조안전 문제 등 대통령령으로 정하는 사유로 건축물을 신축 · 개축 · 재축 및 리모델링을 하기 위하여 건축물 및 해당 대지의 공유자 수의 100분의 80 이상의 동의를 얻고 동의한 공유자의 지분 합계가 전체 지분의 100분의 80 이상인 경우
3. 건축주가 제1항에 따른 건축허가를 받아 주택과 주택 외의 시설을 동일 건축물로 건축하기 위하여 「주택법」 제21조를 준용한 대지 소유 등의 권리 관계를 증명한 경우. 다만, 「주택법」 제15조제1항 각 호 외의 부분 본문에 따른 대통령령으로 정하는 호수 이상으로 건설 · 공급하는 경우에 한정한다.
4. 건축하려는 대지에 포함된 국유지 또는 공유지에 대하여 허가권자가 해당 토지의 관리청이 해당 토지를 건축주에게 매각하거나 양여할 것을 확인한 경우
5. 건축주가 집합건물의 공용부분을 변경하기 위하여 「집합건물의 소유 및 관리에 관한 법률」 제15조제1항에 따른 결의가 있었음을 증명한 경우
6. 건축주가 집합건물을 재건축하기 위하여 「집합건물의 소유 및 관리에 관한 법률」 제47조에 따른 결의가 있었음을 증명한 경우

시행령 **제9조의3(건축허가 신청 시 소유권 확보 예외 사유)** ① 법 제11조제11항제2호에서 "건축물의 노후화 또는 구조안전 문제 등 대통령령으로 정하는 사유"란 건축물이 다음 각 호의 어느 하나에 해당하는 경우를 말한다.

1. 급수 · 배수 · 오수 설비 등의 설비 또는 지붕 · 벽 등의 노후화나 손상으로 그 기능 유지가 곤란할 것으로 우려되는 경우
2. 건축물의 노후화로 내구성에 영향을 주는 기능적 결함이나 구조적 결함이 있는 경우
3. 건축물이 훼손되거나 일부가 멸실되어 붕괴 등 그 밖의 안전사고가 우려되는 경우
4. 천재지변이나 그 밖의 재해로 붕괴되어 다시 신축하거나 재축하려는 경우

② 허가권자는 건축주가 제1항제1호부터 제3호까지의 어느 하나에 해당하는 사유로 법 제11조제11항제2호의 동의요건을 갖추어 같은 조 제1항에 따른 건축허가를 신청한 경우에는 그 사유 해당 여부를 확인하기 위하여 현지조사를 하여야 한다. 이 경우 필요한 경우에는 건축주에게 다음 각 호의 어느 하나에 해당하는 자로부터 안전진단을 받고 그 결과를 제출하도록 할 수 있다. 〈개정 2018. 1. 16.〉

1. 건축사
2. 「기술사법」 제5조의7에 따라 등록한 건축구조기술사(이하 "건축구조기술사"라 한다)
3. 「시설물의 안전 및 유지관리에 관한 특별법」 제28조제1항에 따라 등록한 건축 분야 안전진단전문기관

[본조신설 2016. 7. 19.]

[제9조의2에서 이동 〈2024. 3. 26.〉]

2-2-6 건축복합민원 일괄협의회

건축법 **제12조(건축복합민원 일괄협의회)** ① 허가권자는 제11조에 따라 허가를 하려면 해당용도·규모 또는 형태의 건축물을 건축하려는 대지에 건축하는 것이 「국토의 계획 및 이용에 관한 법률」 제54조, 제56조부터 제62조까지 및 제76조부터 제82조까지의 규정과 그 밖에 대통령령으로 정하는 관계 법령의 규정에 맞는지를 확인하고, 제10조 제6항 각 호와 같은 조 제7항 또는 제11조 제5항 각 호와 같은 조 제6항의 사항을 처리하기 위하여 대통령령으로 정하는 바에 따라 건축복합민원 일괄협의회를 개최하여야 한다.

② 제1항에 따라 확인이 요구되는 법령의 관계 행정기관의 장과 제10조 제7항 및 제11조 제6항에 따른 관계 행정기관의 장은 소속 공무원을 제1항에 따른 건축복합민원 일괄협의회에 참석하게 하여야 한다.

시행령 **제10조(건축복합민원 일괄협의회)** ① 법 제12조제1항에서 "대통령령으로 정하는 관계 법령의 규정"이란 다음 각 호의 규정을 말한다. 〈개정 2009. 6. 9., 2009. 7. 16., 2010. 2. 18., 2010. 3. 9., 2010. 12. 29., 2012. 7. 26., 2012. 12. 12., 2014. 7. 14., 2016. 5. 17., 2017. 1. 26., 2017. 2. 3., 2017. 3. 29., 2021. 5. 4., 2022. 11. 29., 2024. 5. 7.〉

1. 「군사기지 및 군사시설보호법」 제13조
2. 「자연공원법」 제23조
3. 「수도권정비계획법」 제7조부터 제9조까지
4. 「택지개발촉진법」 제6조
5. 「도시공원 및 녹지 등에 관한 법률」 제24조 및 제38조
6. 「공항시설법」 제34조
7. 「교육환경 보호에 관한 법률」 제9조
8. 「산지관리법」 제8조, 제10조, 제12조, 제14조 및 제18조
9. 「산림자원의 조성 및 관리에 관한 법률」 제36조 및 「산림보호법」 제9조
10. 「도로법」 제40조 및 제61조
11. 「주차장법」 제19조, 제19조의2 및 제19조의4
12. 「환경정책기본법」 제38조
13. 「자연환경보전법」 제15조
14. 「수도법」 제7조 및 제15조
15. 「도시교통정비 촉진법」 제34조 및 제36조
16. 「문화유산의 보존 및 활용에 관한 법률」 제35조

16의2. 「자연유산의 보존 및 활용에 관한 법률」 제17조

17. 「전통사찰의 보존 및 지원에 관한 법률」 제10조
18. 「개발제한구역의 지정 및 관리에 관한 특별조치법」 제12조제1항, 제13조 및 제15조
19. 「농지법」 제32조 및 제34조
20. 「고도 보존 및 육성에 관한 특별법」 제11조
21. 「소방시설 설치 및 관리에 관한 법률」 제6조

② 허가권자는 법 제12조에 따른 건축복합민원 일괄협의회(이하 "협의회"라 한다)의 회의를 법 제10조제1항에 따른 사전결정 신청일 또는 법 제11조제1항에 따른 건축허가 신청일부터 10일 이내에 개최하여야 한다.

③ 허가권자는 협의회의 회의를 개최하기 3일 전까지 회의 개최 사실을 관계 행정기관 및 관계 부서에 통보하여야 한다.

④ 협의회의 회의에 참석하는 관계 공무원은 회의에서 관계 법령에 관한 의견을 발표하여야 한다.

⑤ 사전결정 또는 건축허가를 하는 관계 행정기관 및 관계 부서는 그 협의회의 회의를 개최한 날부터 5일 이내에 동의 또는 부동의 의견을 허가권자에게 제출하여야 한다.

⑥ 이 영에서 규정한 사항 외에 협의회의 운영 등에 필요한 사항은 건축조례로 정한다.

[전문개정 2008. 10. 29.]

2-2-7 건축공사현장 안전관리 예치금 등

건축법 **제13조(건축 공사현장 안전관리 예치금 등)** ① 제11조에 따라 건축허가를 받은 자는 건축물의 건축공사를 중단하고 장기간 공사현장을 방치할 경우 공사현장의 미관 개선과 안전관리 등 필요한 조치를 하여야 한다.

② 허가권자는 연면적이 1천제곱미터 이상인 건축물(「주택도시기금법」에 따른 주택도시보증공사가 분양보증을 한 건축물, 「건축물의 분양에 관한 법률」 제4조제1항제1호에 따른 분양보증이나 신탁계약을 체결한 건축물은 제외한다)로서 해당 지방자치단체의 조례로 정하는 건축물에 대하여는 제21조에 따른 착공신고를 하는 건축주(「한국토지주택공사법」에 따른 한국토지주택공사 또는 「지방공기업법」에 따라 건축사업을 수행하기 위하여 설립된 지방공사는 제외한다)에게 장기간 건축물의 공사현장이 방치되는 것에 대비하여 미리 미관 개선과 안전관리에 필요한 비용(대통령령으로 정하는 보증서를 포함하며, 이하 "예치금"이라 한다)을 건축공사비의 1퍼센트의 범위에서 예치하게 할 수 있다. 〈개정 2012. 12. 18., 2014. 5. 28., 2015. 1. 6.〉

③ 허가권자가 예치금을 반환할 때에는 대통령령으로 정하는 이율로 산정한 이자를 포

함하여 반환하여야 한다. 다만, 보증서를 예치한 경우에는 그러하지 아니하다.

④ 제2항에 따른 예치금의 산정 · 예치 방법, 반환 등에 관하여 필요한 사항은 해당 지방자치단체의 조례로 정한다.

⑤ 허가권자는 공사현장이 방치되어 도시미관을 저해하고 안전을 위해한다고 판단되면 건축허가를 받은 자에게 건축물 공사현장의 미관과 안전관리를 위한 다음 각 호의 개선을 명할 수 있다.〈개정 2014. 5. 28., 2019. 4. 30., 2020. 6. 9.〉

1. 안전울타리 설치 등 안전조치
2. 공사재개 또는 해체 등 정비

⑥ 허가권자는 제5항에 따른 개선명령을 받은 자가 개선을 하지 아니하면 「행정대집행법」으로 정하는 바에 따라 대집행을 할 수 있다. 이 경우 제2항에 따라 건축주가 예치한 예치금을 행정대집행에 필요한 비용에 사용할 수 있으며, 행정대집행에 필요한 비용이 이미 납부한 예치금보다 많을 때에는 「행정대집행법」 제6조에 따라 그 차액을 추가로 징수할 수 있다.

⑦ 허가권자는 방치되는 공사현장의 안전관리를 위하여 긴급한 필요가 있다고 인정하는 경우에는 대통령령으로 정하는 바에 따라 건축주에게 고지한 후 제2항에 따라 건축주가 예치한 예치금을 사용하여 제5항제1호 중 대통령령으로 정하는 조치를 할 수 있다.〈신설 2014. 5. 28.〉

시행령 **제10조의2(건축 공사현장 안전관리 예치금)** ① 법 제13조 제2항에서 "대통령령으로 정하는 보증서"란 다음 각 호의 어느 하나에 해당하는 보증서를 말한다.〈개정 2010.11.15., 2012.12.12., 2013. 3.23.〉

1. 「보험업법」에 따른 보험회사가 발행한 보증보험증권
2. 「은행법」에 따른 은행이 발행한 지급보증서
3. 「건설산업기본법」에 따른 공제조합이 발행한 채무액 등의 지급을 보증하는 보증서
4. 「자본시장과 금융투자업에 관한 법률 시행령」제192조 제2항에 따른 상장증권
5. 그 밖에 국토교통부령으로 정하는 보증서

② 법 제13조 제3항 본문에서 "대통령령으로 정하는 이율"이란 법 제13조 제2항에 따른 안전관리 예치금을 「국고금관리법 시행령」 제11조에서 정한 금융기관에 예치한 경우의 안전관리 예치금에 대하여 적용하는 이자율을 말한다.

③ 법 제13조 제7항에 따라 허가권자는 착공신고 이후 건축 중에 공사가 중단된 건축물로서 공사 중단 기간이 2년을 경과한 경우에는 건축주에게 서면으로 고지한 후 법 제13조 제2항에 따른 예치금을 사용하여 공사현장의 미관과 안전관리 개선을 위

한 다음 각 호의 조치를 할 수 있다.〈신설 2014.11.28.〉
1. 공사현장 안전펜스의 설치
2. 대지 및 건축물의 붕괴 방지 조치
3. 공사현장의 미관 개선을 위한 조경 또는 시설물 등의 설치
4. 그 밖에 공사현장의 미관 개선 또는 대지 및 건축물에 대한 안전관리 개선 조치가 필요하여 건축조례로 정하는 사항

시행규칙 **제9조(건축공사현장 안전관리예치금)** 영 제10조의2 제1항 제5호에서 "국토교통부령이 정하는 보증서"라 함은 「주택법」 제76조에 따라 설립된 대한주택보증주식회사가 발행하는 보증서를 말한다.

2-2-8 건축물 안전영향평가

건축법 **제13조의2(건축물 안전영향평가)** ① 허가권자는 초고층 건축물 등 대통령령으로 정하는 주요 건축물에 대하여 제11조에 따른 건축허가를 하기 전에 건축물의 구조, 지반 및 풍환경(風環境) 등이 건축물의 구조안전과 인접 대지의 안전에 미치는 영향 등을 평가하는 건축물 안전영향평가(이하 "안전영향평가"라 한다)를 안전영향평가기관에 의뢰하여 실시하여야 한다.〈개정 2021. 3. 16.〉

② 안전영향평가기관은 국토교통부장관이 「공공기관의 운영에 관한 법률」 제4조에 따른 공공기관으로서 건축 관련 업무를 수행하는 기관 중에서 지정하여 고시한다.

③ 안전영향평가 결과는 건축위원회의 심의를 거쳐 확정한다. 이 경우 제4조의2에 따라 건축위원회의 심의를 받아야 하는 건축물은 건축위원회 심의에 안전영향평가 결과를 포함하여 심의할 수 있다.

④ 안전영향평가 대상 건축물의 건축주는 건축허가 신청 시 제출하여야 하는 도서에 안전영향평가 결과를 반영하여야 하며, 건축물의 계획상 반영이 곤란하다고 판단되는 경우에는 그 근거 자료를 첨부하여 허가권자에게 건축위원회의 재심의를 요청할 수 있다.

⑤ 안전영향평가의 검토 항목과 건축주의 안전영향평가 의뢰, 평가 비용 납부 및 처리 절차 등 그 밖에 필요한 사항은 대통령령으로 정한다.

⑥ 허가권자는 제3항 및 제4항의 심의 결과 및 안전영향평가 내용을 국토교통부령으로 정하는 방법에 따라 즉시 공개하여야 한다.

⑦ 안전영향평가를 실시하여야 하는 건축물이 다른 법률에 따라 구조안전과 인접 대지

의 안전에 미치는 영향 등을 평가 받은 경우에는 안전영향평가의 해당 항목을 평가 받은 것으로 본다.

[본조신설 2016. 2. 3.]

2-3 건축신고

건축법 **제14조(건축신고)** ① 제11조에 해당하는 허가 대상 건축물이라 하더라도 다음 각 호의 어느 하나에 해당하는 경우에는 미리 특별자치시장 · 특별자치도지사 또는 시장 · 군수 · 구청장에게 국토교통부령으로 정하는 바에 따라 신고를 하면 건축허가를 받은 것으로 본다. 〈개정 2009.2.6., 2011.4.14., 2013.3.23., 2014.1.14., 2014.5.28.〉

1. 바닥면적의 합계가 85제곱미터 이내의 증축 · 개축 또는 재축. 다만, 3층 이상 건축물인 경우에는 증축 · 개축 또는 재축하려는 부분의 바닥면적의 합계가 건축물 연면적의 10분의 1 이내인 경우로 한정한다.
2. 「국토의 계획 및 이용에 관한 법률」에 따른 관리지역, 농림지역 또는 자연환경보전지역에서 연면적이 200제곱미터 미만이고 3층 미만인 건축물의 건축. 다만, 다음 각 목의 어느 하나에 해당하는 구역에서의 건축은 제외한다.
   가. 지구단위계획구역
   나. 방재지구 등 재해취약지역으로서 대통령령으로 정하는 구역
3. 연면적이 200제곱미터 미만이고 3층 미만인 건축물의 대수선
4. 주요구조부의 해체가 없는 등 대통령령으로 정하는 대수선
5. 그 밖에 소규모 건축물로서 대통령령으로 정하는 건축물의 건축

② 제1항에 따른 건축신고에 관하여는 제11조제5항 및 제6항을 준용한다. 〈개정 2014.5.28.〉

③ 특별자치시장 · 특별자치도지사 또는 시장 · 군수 · 구청장은 제1항에 따른 신고를 받은 날부터 5일 이내에 신고수리 여부 또는 민원 처리 관련 법령에 따른 처리기간의 연장 여부를 신고인에게 통지하여야 한다. 다만, 이 법 또는 다른 법령에 따라 심의, 동의, 협의, 확인 등이 필요한 경우에는 20일 이내에 통지하여야 한다. 〈신설 2017.4.18.〉

④ 특별자치시장 · 특별자치도지사 또는 시장 · 군수 · 구청장은 제1항에 따른 신고가 제3항 단서에 해당하는 경우에는 신고를 받은 날부터 5일 이내에 신고인에게 그 내용을 통지하여야 한다. 〈신설 2017.4.18.〉

⑤ 제1항에 따라 신고를 한 자가 신고일부터 1년 이내에 공사에 착수하지 아니하면 그 신고의 효력은 없어진다. 다만, 건축주의 요청에 따라 허가권자가 정당한 사유가 있다고 인정하면 1년의 범위에서 착수기한을 연장할 수 있다. 〈개정 2016.1.19., 2017.4.18.〉

시행령 **제11조(건축신고)** ① 법 제14조제1항제2호나목에서 "방재지구 등 재해취약지역으로서 대통령령으로 정하는 구역"이란 다음 각 호의 어느 하나에 해당하는 지구 또는 지역을 말한다.

1. 「국토의 계획 및 이용에 관한 법률」 제37조에 따라 지정된 방재지구(防災地區)
2. 「급경사지 재해예방에 관한 법률」 제6조에 따라 지정된 붕괴위험지역

② 법 제14조제1항제4호에서 "주요구조부의 해체가 없는 등 대통령령으로 정하는 대수선"이란 다음 각 호의 어느 하나에 해당하는 대수선을 말한다.

1. 내력벽의 면적을 30제곱미터 이상 수선하는 것
2. 기둥을 세 개 이상 수선하는 것
3. 보를 세 개 이상 수선하는 것
4. 지붕틀을 세 개 이상 수선하는 것
5. 방화벽 또는 방화구획을 위한 바닥 또는 벽을 수선하는 것
6. 주계단 · 피난계단 또는 특별피난계단을 수선하는 것

③ 법 제14조제1항제5호에서 "대통령령으로 정하는 건축물"이란 다음 각 호의 어느 하나에 해당하는 건축물을 말한다.

1. 연면적의 합계가 100제곱미터 이하인 건축물
2. 건축물의 높이를 3미터 이하의 범위에서 증축하는 건축물
3. 법 제23조제4항에 따른 표준설계도서(이하 "표준설계도서"라 한다)에 따라 건축하는 건축물로서 그 용도 및 규모가 주위환경이나 미관에 지장이 없다고 인정하여 건축조례로 정하는 건축물
4. 「국토의 계획 및 이용에 관한 법률」 제36조제1항제1호다목에 따른 공업지역, 같은 법 제51조제3항에 따른 지구단위계획구역(같은 법 시행령 제48조제10호에 따른 산업 · 유통형만 해당한다) 및 「산업입지 및 개발에 관한 법률」에 따른 산업단지에서 건축하는 2층 이하인 건축물로서 연면적 합계 500제곱미터 이하인 공장(별표 1 제4호너목에 따른 제조업소 등 물품의 제조 · 가공을 위한 시설을 포함한다)
5. 농업이나 수산업을 경영하기 위하여 읍 · 면지역(특별자치시장 · 특별자치도지사 · 시장 · 군수가 지역계획 또는 도시 · 군계획에 지장이 있다고 지정 · 공고한

구역은 제외한다)에서 건축하는 연면적 200제곱미터 이하의 창고 및 연면적 400제곱미터 이하의 축사, 작물재배사(作物栽培舍), 종묘배양시설, 화초 및 분재 등의 온실

④ 법 제14조에 따른 건축신고에 관하여는 제9조제1항을 준용한다.

시행규칙 **제12조(건축신고)** ①법 제14조제1항 및 제16조제1항에 따라 건축물의 건축 · 대수선 또는 설계변경의 신고를 하려는 자는 별지 제6호서식의 건축 · 대수선 · 용도변경 (변경)신고서에 다음 각 호의 서류를 첨부하여 특별자치시장 · 특별자치도지사 또는 시장 · 군수 · 구청장에게 제출(전자문서로 제출하는 것을 포함한다)해야 한다. 이 경우 특별자치시장 · 특별자치도지사 또는 시장 · 군수 · 구청장은 행정정보의 공동이용을 통해 제4호의 서류 중 토지등기사항증명서를 확인해야 한다.〈개정 2006. 5. 12., 2007. 12. 13., 2008. 12. 11., 2011. 1. 6., 2011. 6. 29., 2012. 12. 12., 2014. 10. 15., 2016. 1. 13., 2018. 11. 29., 2019. 11. 18.〉

1. 별표 2 중 배치도 · 평면도(층별로 작성된 것만 해당한다) · 입면도 및 단면도. 다만, 다음 각 목의 경우에는 각 목의 구분에 따른 도서를 말한다.
   가. 연면적의 합계가 100제곱미터를 초과하는 영 별표 1 제1호의 단독주택을 건축하는 경우 : 별표 2의 설계도서 중 건축계획서 · 배치도 · 평면도 · 입면도 · 단면도 및 구조도(구조내력상 주요한 부분의 평면 및 단면을 표시한 것만 해당한다)
   나. 법 제23조제4항에 따른 표준설계도서에 따라 건축하는 경우 : 건축계획서 및 배치도
   다. 법 제10조에 따른 사전결정을 받은 경우 : 평면도
2. 법 제11조제5항 각 호에 따른 허가 등을 받거나 신고를 하기 위하여 해당법령에서 제출하도록 의무화하고 있는 신청서 및 구비서류(해당사항이 있는 경우로 한정한다)
3. 건축할 대지의 범위에 관한 서류
4. 건축할 대지의 소유 또는 사용에 관한 권리를 증명하는 서류. 다만, 건축할 대지에 포함된 국유지 · 공유지에 대해서는 특별자치시장 · 특별자치도지사 또는 시장 · 군수 · 구청장이 해당 토지의 관리청과 협의하여 그 관리청이 해당 토지를 건축주에게 매각하거나 양여할 것을 확인한 서류로 그 토지의 소유에 관한 권리를 증명하는 서류를 갈음할 수 있으며, 집합건물의 공용부분을 변경하는 경우에는 「집합건물의 소유 및 관리에 관한 법률」제15조제1항에 따른 결의가 있었음을

증명하는 서류로 갈음할 수 있다.

5. 법 제48조제2항에 따라 구조안전을 확인해야 하는 건축 · 대수선의 경우: 별표 2에 따른 구조도 및 구조계산서. 다만, 「건축물의 구조기준 등에 관한 규칙」에 따른 소규모건축물로서 국토교통부장관이 고시하는 소규모건축구조기준에 따라 설계한 경우에는 구조도만 해당한다.

② 법 제14조제1항에 따른 신고를 받은 특별자치시장 · 특별자치도지사 또는 시장 · 군수 · 구청장은 해당 건축물을 건축하려는 대지에 재해의 위험이 있다고 인정하는 경우에는 지방건축위원회의 심의를 거쳐 별표 2의 서류 중 이미 제출된 서류를 제외한 나머지 서류를 추가로 제출하도록 요구할 수 있다.〈신설 2011. 1. 6., 2014. 10. 15.〉

③ 특별자치시장 · 특별자치도지사 또는 시장 · 군수 · 구청장은 제1항에 따른 건축 · 대수선 · 용도변경신고서를 받은 때에는 그 기재내용을 확인한 후 그 신고의 내용에 따라 별지 제7호서식의 건축 · 대수선 · 용도변경 신고필증을 신고인에게 교부하여야 한다.〈개정 2011. 1. 6., 2014. 10. 15., 2018. 11. 29.〉

④ 제3항에 따라 건축 · 대수선 · 용도변경 신고필증을 발급하는 경우에 관하여는 제8조제3항 및 제4항을 준용한다.〈개정 2008. 12. 11., 2011. 1. 6., 2018. 11. 29.〉

⑤ 특별자치시장 · 특별자치도지사 · 시장 · 군수 또는 구청장은 제1항에 따른 신고를 하려는 자에게 같은 항 각 호의 서류를 제출하는데 도움을 줄 수 있는 건축사사무소, 건축지도원 및 건축기술자 등에 대한 정보를 충분히 제공하여야 한다.〈신설 2008. 12. 11., 2011. 1. 6., 2014. 10. 15.〉

[전문개정 1999. 5. 11.]

건축신고에 관한 사항 등

(1) 건축신고로서 건축허가를 대신하는 건축물

① 바닥면적 합계가 85m² 이내 증축 · 개축 또는 재축(다만, 3층 이상 건축물인 경우에는 증축 · 개축 또는 재축하려는 부분의 바닥면적의 합계가 건축물 연면적의 10분의 1 이내인 경우로 한정한다.)

② 국토의 계획 및 이용에 관한 법률에 의한 관리지역 · 농림지역 또는 자연환경보전지역 안에서 연면적 200m² 미만이고 3층 미만인 건축물의 건축(다만, 지구단위계획구역 또는 방재지구 등 재해취약지역으로서 대통령령으로 정하는 구역에서의 건축은 제외한다.)

③ 대수선(연면적 200m² 미만이고 3층 미만인 건축물의 대수선에 한한다.)

④ 주요구조부의 해체가 없는 대수선 등 대통령령으로 정하는 대수선은 건축신고로 처리가능하도록 함(영 제11조 제2항)

<table>
<tr><th colspan="4">대수선에 해당하는 행위</th></tr>
<tr><td>1.</td><td>내력벽을 증설 또는 해체하거나</td><td>내력벽의 벽 면적을 30㎡ 이상</td><td rowspan="7">수선
또는
변경하는 것</td></tr>
<tr><td>2.</td><td>기둥을 증설 또는 해체하거나</td><td>기둥을 세 개 이상</td></tr>
<tr><td>3.</td><td>보를 증설 또는 해체하거나</td><td>보를 세 개 이상</td></tr>
<tr><td>4.</td><td>지붕틀을 증설 또는 해체하거나</td><td>지붕틀을 세 개 이상</td></tr>
<tr><td>5.</td><td colspan="2">방화벽 또는 방화구획을 위한 바닥 또는 벽을 증설 또는 해체하거나</td></tr>
<tr><td>6.</td><td colspan="2">주계단 · 피난계단 또는 특별피난계단을 증설 또는 해체하거나</td></tr>
<tr><td>7.</td><td colspan="2">다가구주택의 가구 간 경계벽 또는 다세대주택의 세대 간 경계벽을 증설 또는 해체하거나</td></tr>
</table>

⑤ 그 밖에 소규모 건축물로서 다음에 정하는 건축물의 건축(영 제11조 제3항)

건축신고대상 소규모 건축물	
1.	연면적의 합계가 100㎡ 이하인 건축물
2.	건축물의 높이를 3M 이하의 범위에서 증축하는 건축물
3.	표준설계도서에 따라 건축하는 건축물로서 그 용도 및 규모가 주위환경이나 미관에 지장이 없다고 인정하여 조례로 정하는 건축물
4.	공업지역, 제2종 지구단위계획구역(산업형만 해당함) 및 산업단지에서 건축하는 2층 이하인 건축물로서 연면적 합계 500㎡ 이하인 공장
5.	농업이나 수산업을 영위하기 위하여 읍 · 면지역에서 건축하는 연면적 200㎡ 이하의 창고 및 연면적 400㎡ 이하의 축사 · 작물재배사

(2) 신고의 효력상실

건축신고를 한 자가 신고일부터 1년 이내에 공사에 착수하지 아니하면 그 신고의 효력은 없어진다.

(3) 건축 · 대수선 · 용도변경 (변경)신고서에 첨부할 서류(별표2에 따른 도서)

① 배치도 및 평면도(층별로 작성된 것만 해당)

구분	내용
가. 연면적의 합계가 100㎡를 초과하는 단독주택	건축계획서 · 배치도 · 평면도 · 입면도 · 단면도 · 구조도(구조내력상 주요한 부분의 평면 및 단면을 표시한 것만 해당)
나. 표준설계도서에 따라 건축하는 경우	건축계획서 · 배치도
다. 법 제10조에 따른 사전결정을 받은 경우	평면도

② 허가 등을 받거나 신고를 하기 위하여 해당 법령에서 제출(전자문서 포함)하도록 의무화하고 있는 신청서 및 구비서류(해당사항이 있는 경우로 한정)
③ 건축할 대지의 범위에 관한 서류
④ 대지의 소유 또는 사용에 관한 권리를 증명하는 서류
⑤ 구조안전을 확인해야 하는 건축 · 대수선의 경우: 별표 2에 따른 구조도 및 구조계산서. 다만, 「건축물의 구조기준 등에 관한 규칙」에 따른 소규모건축물로서 국토교통부장관이 고시하는 소규모건축구조기준에 따라 설계한 경우에는 구조도만 해당.

2-4 건축주와의 계약 등

건축법 **제15조(건축주와의 계약 등)** ① 건축관계자는 건축물이 설계도서에 따라 이 법과 이 법에 따른 명령이나 처분, 그 밖의 관계 법령에 맞게 건축되도록 업무를 성실히 수행하여야 하며, 서로 위법하거나 부당한 일을 하도록 강요하거나 이와 관련하여 어떠한 불이익도 주어서는 아니 된다.
② 건축관계자 간의 책임에 관한 내용과 그 범위는 이 법에서 규정한 것 외에는 건축주와 설계자, 건축주와 공사시공자, 건축주와 공사감리자 간의 계약으로 정한다.
③ 국토교통부장관은 제2항에 따른 계약의 체결에 필요한 표준계약서를 작성하여 보급하고 활용하게 하거나 「건축사법」 제31조에 따른 건축사협회(이하 "건축사협회"라 한다), 「건설산업기본법」 제50조에 따른 건설사업자단체로 하여금 표준계약서를 작성하여 보급하고 활용하게 할 수 있다.〈개정 2013. 3. 23., 2014. 1. 14., 2019. 4. 30.〉
[시행일 : 2019. 11. 1.] 제15조

2-5 허가와 신고사항의 변경

건축법 **법제16조(허가와 신고사항의 변경)** ① 건축주가 제11조나 제14조에 따라 허가를 받았거나 신고한 사항을 변경하려면 변경하기 전에 대통령령으로 정하는 바에 따라 허가권자의 허가를 받거나 특별자치시장 · 특별자치도지사 또는 시장 · 군수 · 구청장에게 신고하여야 한다. 다만, 대통령령으로 정하는 경미한 사항의 변경은 그러하지 아니하다.〈개정 2014.1.14.〉

② 제1항 본문에 따른 허가나 신고사항 중 대통령령으로 정하는 사항의 변경은 제22조에 따른 사용승인을 신청할 때 허가권자에게 일괄하여 신고할 수 있다.

③ 제1항에 따른 허가 사항의 변경허가에 관하여는 제11조제5항 및 제6항을 준용한다.〈개정 2017.4.18.〉

④ 제1항에 따른 신고 사항의 변경신고에 관하여는 제11조제5항 · 제6항 및 제14조제3항 · 제4항을 준용한다.〈신설 2017.4.18.〉

시행령 **제12조(허가 · 신고사항의 변경 등)** ① 법 제16조제1항에 따라 허가를 받았거나 신고한 사항을 변경하려면 다음 각 호의 구분에 따라 허가권자의 허가를 받거나 특별자치시장 · 특별자치도지사 또는 시장 · 군수 · 구청장에게 신고하여야 한다.〈개정 2009. 8. 5., 2012. 12. 12., 2014. 10. 14., 2017. 1. 20., 2018. 9. 4.〉

1. 바닥면적의 합계가 85제곱미터를 초과하는 부분에 대한 신축 · 증축 · 개축에 해당하는 변경인 경우에는 허가를 받고, 그 밖의 경우에는 신고할 것
2. 법 제14조제1항제2호 또는 제5호에 따라 신고로써 허가를 갈음하는 건축물에 대하여는 변경 후 건축물의 연면적을 각각 신고로써 허가를 갈음할 수 있는 규모에서 변경하는 경우에는 제1호에도 불구하고 신고할 것
3. 건축주 · 설계자 · 공사시공자 또는 공사감리자(이하 "건축관계자"라 한다)를 변경하는 경우에는 신고할 것

② 법 제16조제1항 단서에서 "대통령령으로 정하는 경미한 사항의 변경"이란 신축 · 증축 · 개축 · 재축 · 이전 · 대수선 또는 용도변경에 해당하지 아니하는 변경을 말한다.

③ 법 제16조제2항에서 "대통령령으로 정하는 사항"이란 다음 각 호의 어느 하나에 해당하는 사항을 말한다.

1. 건축물의 동수나 층수를 변경하지 아니하면서 변경되는 부분의 바닥면적의 합계가 50제곱미터 이하인 경우로서 다음 각 목의 요건을 모두 갖춘 경우
   가. 변경되는 부분의 높이가 1미터 이하이거나 전체 높이의 10분의 1 이하일 것
   나. 허가를 받거나 신고를 하고 건축 중인 부분의 위치 변경범위가 1미터 이내일 것
   다. 법 제14조제1항에 따라 신고를 하면 법 제11조에 따른 건축허가를 받은 것으로 보는 규모에서 건축허가를 받아야 하는 규모로의 변경이 아닐 것
2. 건축물의 동수나 층수를 변경하지 아니하면서 변경되는 부분이 연면적 합계의 10분의 1 이하인 경우(연면적이 5천 제곱미터 이상인 건축물은 각 층의 바닥면적

이 50제곱미터 이하의 범위에서 변경되는 경우만 해당한다). 다만, 제4호 본문 및 제5호 본문에 따른 범위의 변경인 경우만 해당한다.

3. 대수선에 해당하는 경우
4. 건축물의 층수를 변경하지 아니하면서 변경되는 부분의 높이가 1미터 이하이거나 전체 높이의 10분의 1 이하인 경우. 다만, 변경되는 부분이 제1호 본문, 제2호 본문 및 제5호 본문에 따른 범위의 변경인 경우만 해당한다.
5. 허가를 받거나 신고를 하고 건축 중인 부분의 위치가 1미터 이내에서 변경되는 경우. 다만, 변경되는 부분이 제1호 본문, 제2호 본문 및 제4호 본문에 따른 범위의 변경인 경우만 해당한다.

④ 제1항에 따른 허가나 신고사항의 변경에 관하여는 제9조를 준용한다.〈개정 2018. 9. 4.〉

허가 신고 등의 변경 및 일괄변경 신고

(1) 허가 · 신고사항의 변경 등

건축허가를 받았거나 신고한 사항을 변경하려면 다음 각 호의 구분에 따라 이를 변경하기 전에 허가를 받거나 신고하여야 한다.

다만, 신축 · 증축 · 개축 · 재축 · 이전 또는 대수선에 해당하지 아니하는 경미한 사항의 변경에 대하여는 그러하지 아니한다.

	구 분	내 용
1.	바닥면적의 합계가 85㎡를 초과하는부분에 대한 증축 · 개축에 해당하는 변경	허가권자의 허가를 받아야 한다.
2.	그 밖의 경우	특별자치도지사 또는 시장 · 군수 · 구청장에게 신고하여야 한다.
3.	신고로서 허가를 갈음하는 건축물의 경우	앞의 1의 규정에도 불구하고 특별자치시장 · 특별자치도지사 또는 시장 · 군수 · 구청장에게 신고하여야 한다.
4.	건축주 · 설계자 · 공사시공자 또는 공사감리자(이하 "건축관계자"라 한다)를 변경하는 경우	특별자치시장, 특별자치도지사 또는 시장, 군수, 구청장에게 신고하여야 함

(2) 일괄변경 신고

다음 변경에 대하여는 사용승인신청 시 일괄하여 신청할 수 있다.

일괄변경 신고대상	비고
1. 변경되는 부분의 바닥면적 합계가 50㎡ 이하인 경우	건축물의 동수나 층수를 변경하지 아니하는경우에 한함.
2. 변경되는 부분의 바닥면적 합계의 1/10 이하인 경우	건축물의 동수나 층수를 변경하지 아니하는 경우에 한함.
3. 대수선에 해당하는 경우	
4. 변경되는 부분의 높이가 1m 이하이거나 전체높이의 1/10 이하인 경우	건축물의 층수를 변경하지 아니하는 경우에 한함.
5. 변경되는 부분의 위치가 1m 이하인 경우	

2-6 건축허가 등의 수수료

건축법 **제17조(건축허가 등의 수수료)**

① 제11조, 제14조, 제16조, 제19조, 제20조 및 제83조에 따라 허가를 신청하거나 신고를 하는 자는 허가권자나 신고수리자에게 수수료를 납부하여야 한다.

② 제1항에 따른 수수료는 국토교통부령으로 정하는 범위에서 해당 지방자치단체의 조례로 정한다.

시행규칙 **제10조(건축허가 등의 수수료)**

① 법 제11조·제14조·제16조·제19조·제20조 및 제83조에 따라 건축허가를 신청하거나 건축신고를 하는 자는 법 제17조제2항에 따라 별표 4에 따른 금액의 범위에서 건축조례로 정하는 수수료를 내야 한다. 다만, 재해복구를 위한 건축물의 건축 또는 대수선에 있어서는 그렇지 않다. 〈개정 1996. 1. 18., 2006. 5. 12., 2008. 12. 11., 2022. 11. 2.〉

② 제1항 본문에도 불구하고 건축물을 대수선하거나 바닥면적을 산정할 수 없는 공작물을 축조하기 위하여 허가 신청 또는 신고를 하는 경우의 수수료는 대수선의 범위 또는 공작물의 높이 등을 고려하여 건축조례로 따로 정한다. 〈신설 2008. 12. 11.〉

③ 삭제 〈2022. 11. 2.〉

[제목개정 1999. 5. 11., 2006. 5. 12.]

2-7 건축 관계자 변경신고

건축법 **제11조(건축 관계자 변경신고)** ①법 제11조 및 제14조에 따라 건축 또는 대수선에 관한 허가를 받거나 신고를 한 자가 다음 각 호의 어느 하나에 해당하게 된 경우에는 그 양수인 · 상속인 또는 합병후 존속하거나 합병에 의하여 설립되는 법인은 그 사실이 발생한 날부터 7일 이내에 별지 제4호서식의 건축관계자변경신고서에 변경 전 건축주의 명의변경동의서 또는 권리관계의 변경사실을 증명할 수 있는 서류를 첨부하여 허가권자에게 제출(전자문서로 제출하는 것을 포함한다)하여야 한다.

1. 허가를 받거나 신고를 한 건축주가 허가 또는 신고 대상 건축물을 양도한 경우
2. 허가를 받거나 신고를 한 건축주가 사망한 경우
3. 허가를 받거나 신고를 한 법인이 다른 법인과 합병을 한 경우

② 건축주는 설계자, 공사시공자 또는 공사감리자를 변경한 때에는 그 변경한 날부터 7일 이내에 별지 제4호서식의 건축관계자변경신고서를 허가권자에게 제출(전자문서에 의한 제출을 포함한다)하여야 한다.〈개정 2007.12.13., 2017.1.20.〉

③ 허가권자는 제1항 및 제2항의 규정에 의한 건축관계자변경신고서를 받은 때에는 그 기재내용을 확인한 후 별지 제5호서식의 건축관계자변경신고필증을 신고인에게 교부하여야 한다.

2-8 건축허가 제한 등

건축법 **제18조(건축허가 제한 등)** ① 국토교통부장관은 국토관리를 위하여 특히 필요하다고 인정하거나 주무부장관이 국방, 「국가유산기본법」 제3조에 따른 국가유산의 보존, 환경보전 또는 국민경제를 위하여 특히 필요하다고 인정하여 요청하면 허가권자의 건축허가나 허가를 받은 건축물의 착공을 제한할 수 있다. 〈개정 2013. 3. 23., 2023. 5. 16.〉

② 특별시장 · 광역시장 · 도지사는 지역계획이나 도시 · 군계획에 특히 필요하다고 인정하면 시장 · 군수 · 구청장의 건축허가나 허가를 받은 건축물의 착공을 제한할 수 있다. 〈개정 2011. 4. 14., 2014. 1. 14.〉

③ 국토교통부장관이나 시 · 도지사는 제1항이나 제2항에 따라 건축허가나 건축허가를 받은 건축물의 착공을 제한하려는 경우에는 「토지이용규제 기본법」 제8조에 따라 주민의견을 청취한 후 건축위원회의 심의를 거쳐야 한다. 〈신설 2014. 5. 28.〉

④ 제1항이나 제2항에 따라 건축허가나 건축물의 착공을 제한하는 경우 제한기간은

2년 이내로 한다. 다만, 1회에 한하여 1년 이내의 범위에서 제한기간을 연장할 수 있다. 〈개정 2014. 5. 28.〉

⑤ 국토교통부장관이나 특별시장 · 광역시장 · 도지사는 제1항이나 제2항에 따라 건축허가나 건축물의 착공을 제한하는 경우 제한 목적 · 기간, 대상 건축물의 용도와 대상 구역의 위치 · 면적 · 경계 등을 상세하게 정하여 허가권자에게 통보하여야 하며, 통보를 받은 허가권자는 지체 없이 이를 공고하여야 한다. 〈개정 2013. 3. 23., 2014. 1. 14., 2014. 5. 28.〉

⑥ 특별시장 · 광역시장 · 도지사는 제2항에 따라 시장 · 군수 · 구청장의 건축허가나 건축물의 착공을 제한한 경우 즉시 국토교통부장관에게 보고하여야 하며, 보고를 받은 국토교통부장관은 제한 내용이 지나치다고 인정하면 해제를 명할 수 있다. 〈개정 2013. 3. 23., 2014. 1. 14., 2014. 5. 28.〉

[시행일: 2024. 5. 17.] 제18조

건축허가 제한 등

① 국토교통부장관은 다음에 해당하는 경우 허가권자의 건축허가나 허가를 받은 건축물의 착공을 제한할 수 있다.
- 국토관리상 특히 필요하다고 인정하는 경우
- 주무부장관이 국방, 「국가유산기본법」 제3조에 따른 국가유산의 보존, 환경보전 또는 국민경제를 위하여 특히 필요하다고 인정하여 요청하는 경우

② 특별시장 · 광역시장 · 도지사는 다음에 해당하는 경우에 시장 등의 건축허가나 허가를 받은 건축물의 착공을 제한할 수 있다.
- 지역계획 또는 도시 · 군 계획상 특히 필요하다고 인정하는 경우

③ 건축허가나 건축허가를 받은 건축물의 착공을 제한하려는 경우에는 주민의견을 청취한 후 건축위원회의 심의를 거쳐야 한다.

④ 제한기간을 2년 이내로 한다.
- 제한기간 연장 : 1회에 한하여 1년 이내의 범위에서 제한기간 연장 가능하다.

2-9 용도변경

건축법 **제19조(용도변경)** ① 건축물의 용도변경은 변경하려는 용도의 건축기준에 맞게 하여야 한다.

② 제22조에 따라 사용승인을 받은 건축물의 용도를 변경하려는 자는 다음 각 호의 구분에 따라 국토교통부령으로 정하는 바에 따라 특별자치시장 · 특별자치도지사 또는 시장 · 군수 · 구청장의 허가를 받거나 신고를 하여야 한다.〈개정 2013. 3. 23., 2014. 1. 14.〉

1. 허가 대상: 제4항 각 호의 어느 하나에 해당하는 시설군(施設群)에 속하는 건축물의 용도를 상위군(제4항 각 호의 번호가 용도변경하려는 건축물이 속하는 시설군보다 작은 시설군을 말한다)에 해당하는 용도로 변경하는 경우
2. 신고 대상: 제4항 각 호의 어느 하나에 해당하는 시설군에 속하는 건축물의 용도를 하위군(제4항 각 호의 번호가 용도변경하려는 건축물이 속하는 시설군보다 큰 시설군을 말한다)에 해당하는 용도로 변경하는 경우

③ 제4항에 따른 시설군 중 같은 시설군 안에서 용도를 변경하려는 자는 국토교통부령으로 정하는 바에 따라 특별자치시장 · 특별자치도지사 또는 시장 · 군수 · 구청장에게 건축물대장 기재내용의 변경을 신청하여야 한다. 다만, 대통령령으로 정하는 변경의 경우에는 그러하지 아니하다.〈개정 2013. 3. 23., 2014. 1. 14.〉

④ 시설군은 다음 각 호와 같고 각 시설군에 속하는 건축물의 세부 용도는 대통령령으로 정한다.

1. 자동차 관련 시설군
2. 산업 등의 시설군
3. 전기통신시설군
4. 문화 및 집회시설군
5. 영업시설군
6. 교육 및 복지시설군
7. 근린생활시설군
8. 주거업무시설군
9. 그 밖의 시설군

⑤ 제2항에 따른 허가나 신고 대상인 경우로서 용도변경하려는 부분의 바닥면적의 합계가 100제곱미터 이상인 경우의 사용승인에 관하여는 제22조를 준용한다. 다만, 용도변경하려는 부분의 바닥면적의 합계가 500제곱미터 미만으로서 대수선에 해당되는 공사를 수반하지 아니하는 경우에는 그러하지 아니하다.〈개정 2016. 1. 19.〉

⑥ 제2항에 따른 허가 대상인 경우로서 용도변경하려는 부분의 바닥면적의 합계가 500제곱미터 이상인 용도변경(대통령령으로 정하는 경우는 제외한다)의 설계에 관

하여는 제23조를 준용한다.

⑦ 제1항과 제2항에 따른 건축물의 용도변경에 관하여는 제3조, 제5조, 제6조, 제7조, 제11조제2항부터 제9항까지, 제12조, 제14조부터 제16조까지, 제18조, 제20조, 제27조, 제29조, 제38조, 제42조부터 제44조까지, 제48조부터 제50조까지, 제50조의2, 제51조부터 제56조까지, 제58조, 제60조부터 제64조까지, 제67조, 제68조, 제78조부터 제87조까지의 규정과 「녹색건축물 조성 지원법」 제15조 및 「국토의 계획 및 이용에 관한 법률」 제54조를 준용한다.〈개정 2011. 5. 30., 2014. 1. 14., 2014. 5. 28., 2019. 4. 30.〉

제19조의2(복수 용도의 인정) ① 건축주는 건축물의 용도를 복수로 하여 제11조에 따른 건축허가, 제14조에 따른 건축신고 및 제19조에 따른 용도변경 허가 · 신고 또는 건축물대장 기재내용의 변경 신청을 할 수 있다.

② 허가권자는 제1항에 따라 신청한 복수의 용도가 이 법 및 관계 법령에서 정한 건축기준과 입지기준 등에 모두 적합한 경우에 한정하여 국토교통부령으로 정하는 바에 따라 복수 용도를 허용할 수 있다.〈개정 2020. 6. 9.〉

[본조신설 2016. 1. 19.]

시행령 **제14조(용도변경)** ① 삭제 〈2006. 5. 8.〉

② 삭제 〈2006. 5. 8.〉

③ 국토교통부장관은 법 제19조제1항에 따른 용도변경을 할 때 적용되는 건축기준을 고시할 수 있다. 이 경우 다른 행정기관의 권한에 속하는 건축기준에 대하여는 미리 관계 행정기관의 장과 협의하여야 한다. 〈개정 2008. 10. 29., 2013. 3. 23.〉

④ 법 제19조제3항 단서에서 "대통령령으로 정하는 변경"이란 다음 각 호의 어느 하나에 해당하는 건축물 상호 간의 용도변경을 말한다. 다만, 별표 1 제3호다목(목욕장만 해당한다) · 라목, 같은 표 제4호가목 · 사목 · 카목 · 파목(골프연습장, 놀이형시설만 해당한다) · 더목 · 러목 · 머목, 같은 표 제7호다목2), 같은 표 제15호가목(생활숙박시설만 해당한다) 및 같은 표 제16호가목 · 나목에 해당하는 용도로 변경하는 경우는 제외한다. 〈개정 2009. 6. 30., 2009. 7. 16., 2011. 6. 29., 2012. 12. 12., 2014. 3. 24., 2019. 10. 22., 2021. 11. 2., 2024. 2. 13.〉

1. 별표 1의 같은 호에 속하는 건축물 상호 간의 용도변경
2. 「국토의 계획 및 이용에 관한 법률」이나 그 밖의 관계 법령에서 정하는 용도제한에 적합한 범위에서 제1종 근린생활시설과 제2종 근린생활시설 상호 간의 용도변경

⑤ 법 제19조제4항 각 호의 시설군에 속하는 건축물의 용도는 다음 각 호와 같다. 〈개정 2008. 10. 29., 2010. 12. 13., 2011. 6. 29., 2014. 3. 24., 2016. 2. 11., 2017. 2. 3., 2023. 5. 15.〉

1. 자동차 관련 시설군
   가. 자동차 관련 시설
2. 산업 등 시설군
   가. 운수시설
   나. 창고시설
   다. 공장
   라. 위험물저장 및 처리시설
   마. 자원순환 관련 시설
   바. 묘지 관련 시설
   사. 장례시설
3. 전기통신시설군
   가. 방송통신시설
   나. 발전시설
4. 문화집회시설군
   가. 문화 및 집회시설
   나. 종교시설
   다. 위락시설
   라. 관광휴게시설
5. 영업시설군
   가. 판매시설
   나. 운동시설
   다. 숙박시설
   라. 제2종 근린생활시설 중 다중생활시설
6. 교육 및 복지시설군
   가. 의료시설
   나. 교육연구시설
   다. 노유자시설(老幼者施設)
   라. 수련시설
   마. 야영장 시설
7. 근린생활시설군

가. 제1종 근린생활시설
나. 제2종 근린생활시설(다중생활시설은 제외한다)
8. 주거업무시설군
가. 단독주택
나. 공동주택
다. 업무시설
라. 교정시설
마. 국방 · 군사시설
9. 그 밖의 시설군
가. 동물 및 식물 관련 시설
나. 삭제 〈2010. 12. 13.〉

⑥ 기존의 건축물 또는 대지가 법령의 제정 · 개정이나 제6조의2제1항 각 호의 사유로 법령 등에 부적합하게 된 경우에는 건축조례로 정하는 바에 따라 용도변경을 할 수 있다. 〈개정 2008. 10. 29.〉

⑦ 법 제19조제6항에서 "대통령령으로 정하는 경우"란 1층인 축사를 공장으로 용도변경하는 경우로서 증축 · 개축 또는 대수선이 수반되지 아니하고 구조 안전이나 피난 등에 지장이 없는 경우를 말한다. 〈개정 2008. 10. 29.〉

[전문개정 1999. 4. 30.]

시행규칙 제12조의2(용도변경)

① 법 제19조제2항에 따라 용도변경의 허가를 받으려는 자는 별지 제1호의4서식의 건축 · 대수선 · 용도변경 (변경)허가 신청서에, 용도변경의 신고를 하려는 자는 별지 제6호서식의 건축 · 대수선 · 용도변경 (변경)신고서에 다음 각 호의 서류를 첨부하여 특별자치시장 · 특별자치도지사 또는 시장 · 군수 · 구청장에게 제출(전자문서로 제출하는 것을 포함한다)하여야 한다. 〈개정 2006. 5. 12., 2007. 12. 13., 2008. 12. 11., 2011. 6. 29., 2014. 10. 15., 2014. 11. 28., 2016. 1. 13., 2018. 11. 29.〉
1. 용도를 변경하려는 층의 변경 후의 평면도
2. 용도변경에 따라 변경되는 내화 · 방화 · 피난 또는 건축설비에 관한 사항을 표시한 도서

② 허가권자는 제1항에 따른 신청을 받은 경우 용도를 변경하려는 층의 변경 전의 평면도를 확인하기 위해 행정정보의 공동이용을 통해 건축물대장을 확인하거나 법 제32조제1항에 따른 전산자료를 확인해야 한다. 다만, 행정정보의 공동이용 또는 전산자료를

통해 평면도를 확인할 수 없는 경우에는 해당 서류를 제출하도록 해야 한다. 〈신설 2018. 11. 29., 2019. 11. 18.〉

③ 법 제16조 및 제19조제7항에 따라 용도변경의 변경허가를 받으려는 자는 별지 제1호의4서식의 건축ㆍ대수선ㆍ용도변경 (변경)허가 신청서에, 용도변경의 변경신고를 하려는 자는 별지 제6호서식의 건축ㆍ대수선ㆍ용도변경 (변경)신고서에 변경하려는 부분에 대한 변경 전ㆍ후의 설계도서를 첨부하여 특별자치시장ㆍ특별자치도지사 또는 시장ㆍ군수ㆍ구청장에게 제출(전자문서로 제출하는 것을 포함한다)해야 한다. 〈신설 2018. 11. 29.〉

④ 특별자치시장ㆍ특별자치도지사 또는 시장ㆍ군수ㆍ구청장은 제1항 및 제3항에 따른 건축ㆍ대수선ㆍ용도변경 (변경)허가 신청서를 받은 경우에는 법 제12조제1항 및 영 제10조제1항에 따른 관계 법령에 적합한지를 확인한 후 별지 제2호서식의 건축ㆍ대수선ㆍ용도변경 허가서를 용도변경의 허가 또는 변경허가를 신청한 자에게 발급하여야 한다. 〈신설 2006. 5. 12., 2008. 12. 11., 2011. 6. 29., 2014. 10. 15., 2018. 11. 29.〉

⑤ 특별자치시장ㆍ특별자치도지사 또는 시장ㆍ군수ㆍ구청장은 제1항 또는 제3항에 따른 건축ㆍ대수선ㆍ용도변경 (변경)신고서를 받은 때에는 그 기재내용을 확인한 후 별지 제7호서식의 건축ㆍ대수선ㆍ용도변경 신고필증을 신고인에게 발급하여야 한다. 〈개정 2006. 5. 12., 2011. 6. 29., 2014. 10. 15., 2018. 11. 29.〉

⑥ 제8조제3항 및 제4항은 제4항 및 제5항에 따라 건축ㆍ대수선ㆍ용도변경 허가서 또는 건축ㆍ대수선ㆍ용도변경 신고필증을 발급하는 경우에 준용한다. 〈개정 2018. 11. 29.〉

[본조신설 1999. 5. 11.]

제12조의3(복수 용도의 인정) ① 법 제19조의2제2항에 따른 복수 용도는 영 제14조제5항 각 호의 같은 시설군 내에서 허용할 수 있다.

② 제1항에도 불구하고 허가권자는 지방건축위원회의 심의를 거쳐 다른 시설군의 용도간의 복수 용도를 허용할 수 있다. 다만, 영 제14조제5항제4호나목에 따른 종교시설 및 같은 항 제6호다목에 따른 노유자시설(老幼者施設) 간의 복수 용도를 허용하려는 경우에는 지방건축위원회의 심의를 생략할 수 있다. 〈개정 2025. 1. 14.〉

[본조신설 2016. 7. 20.]

용도변경

(1) 9개의 용도변경 시설군

용도변경 시설군		건축물의 용도	비고
1.	자동차관련 시설군	자동차관련 시설	상위(건축기준이 강한)
2.	산업 등 시설군	가. 운수시설	시설군
		나. 창고시설	↑
		다. 공장	
		라. 위험물저장 및 처리시설	
		마. 자원순환 관련 시설	
		바. 묘지 관련 시설	
		사. 장례시설	
3.	전기통신 시설군	가. 방송통신시설	
		나. 발전시설	
4.	문화집회시설군	가. 문화 및 집회시설	
		나. 종교시설	
		다. 위락시설	
		라. 관광휴게시설	
5.	영업시설군	가. 판매시설	아래로 내려갈수록
		나. 운동시설	건축기준이 약한 시설군임
		다. 숙박시설	
		라. 제2종 근린생활시설 중 다중생활시설	
6.	교육 및 복지시설군	가. 의료시설	
		나. 교육연구시설	
		다. 노유자시설(老幼者施設)	
		라. 수련시설	
		마. 야영장 시설	
7.	근린생활시설군	가. 제1종 근린생활시설	
		나. 제2종 근린생활시설 (다중생활시설은 제외)	
8.	주거업무시설군	가. 단독주택	
		나. 공동주택	↓
		다. 업무시설	하위(건축기준이 약한) 시설군
		라. 교정시설	
		마. 국방 · 군사시설	
9.	그 밖의 시설군	동물 및 식물관련시설	

(2) 허가 또는 신고

사용승인을 얻은 건축물의 용도를 변경하고자 하는 자는 다음 구분에 따라 특별자치시장 · 특별자치도지사 또는 시장 · 군수 · 구청장의 허가를 받거나 신고를 하여야 한다.

① 허가대상

앞의 (1)의 표에서 각 호의 어느 하나에 해당하는 시설군에 속하는 건축물의 용도를 상위군(건축기준이 강한 시설군)에 해당하는 용도로 변경하는 경우

예 : 제2종 근린생활시설을 교육연구시설로 용도 변경하면 허가대상이 된다.

② 신고대상

앞의 (1)의 표에서 각 호의 어느 하나에 해당하는 시설군에 속하는 건축물의 용도를 하위군(건축기준이 약한 시설군)에 해당하는 용도로 변경하는 경우

예 : 종교시설을 의료시설로 용도 변경하면 신고대상이 된다.

③ 동일한 시설군내에서 용도를 변경하는 경우

특별자치시장 · 특별자치도지사 또는 시장 · 군수 · 구청장에게 건축물대장 기재사항의 변경을 신청하여야 한다.

예 : 단독주택에 속하는 다가구주택을 공동주택에 속하는 다세대주택으로 용도 변경하는 경우

2-10 가설건축물

건축법 **제20조(가설건축물)** ① 도시 · 군계획시설 및 도시 · 군계획시설예정지에서 가설건축물을 건축하려는 자는 특별자치시장 · 특별자치도지사 또는 시장 · 군수 · 구청장의 허가를 받아야 한다.〈개정 2011.4.14., 2014.1.14.〉

② 특별자치시장 · 특별자치도지사 또는 시장 · 군수 · 구청장은 해당 가설건축물의 건축이 다음 각 호의 어느 하나에 해당하는 경우가 아니면 제1항에 따른 허가를 하여야 한다.〈신설 2014.1.14.〉

1. 「국토의 계획 및 이용에 관한 법률」 제64조에 위배되는 경우
2. 4층 이상인 경우
3. 구조, 존치기간, 설치목적 및 다른 시설 설치 필요성 등에 관하여 대통령령으로 정하는 기준의 범위에서 조례로 정하는 바에 따르지 아니한 경우
4. 그 밖에 이 법 또는 다른 법령에 따른 제한규정을 위반하는 경우

③ 제1항에도 불구하고 재해복구, 흥행, 전람회, 공사용 가설건축물 등 대통령령으로 정하는 용도의 가설건축물을 축조하려는 자는 대통령령으로 정하는 존치 기간, 설치 기준 및 절차에 따라 특별자치시장 · 특별자치도지사 또는 시장 · 군수 · 구청장

에게 신고한 후 착공하여야 한다.〈개정 2014.1.14.〉

④ 제3항에 따른 신고에 관하여는 제14조제3항 및 제4항을 준용한다.〈신설 2017.4.18.〉

⑤ 제1항과 제3항에 따른 가설건축물을 건축하거나 축조할 때에는 대통령령으로 정하는 바에 따라 제25조, 제38조부터 제42조까지, 제44조부터 제50조까지, 제50조의 2, 제51조부터 제64조까지, 제67조, 제68조와 「녹색건축물 조성 지원법」 제15조 및 「국토의 계획 및 이용에 관한 법률」 제76조 중 일부 규정을 적용하지 아니한다.〈개정 2014.1.14., 2017.4.18.〉

⑥ 특별자치시장 · 특별자치도지사 또는 시장 · 군수 · 구청장은 제1항부터 제3항까지의 규정에 따라 가설건축물의 건축을 허가하거나 축조신고를 받은 경우 국토교통부령으로 정하는 바에 따라 가설건축물대장에 이를 기재하여 관리하여야 한다.〈개정 2013.3.23., 2014.1.14., 2017.4.18.〉

⑦ 제2항 또는 제3항에 따라 가설건축물의 건축허가 신청 또는 축조신고를 받은 때에는 다른 법령에 따른 제한 규정에 대하여 확인이 필요한 경우 관계 행정기관의 장과 미리 협의하여야 하고, 협의 요청을 받은 관계 행정기관의 장은 요청을 받은 날부터 15일 이내에 의견을 제출하여야 한다. 이 경우 관계 행정기관의 장이 협의 요청을 받은 날부터 15일 이내에 의견을 제출하지 아니하면 협의가 이루어진 것으로 본다.〈신설 2017.1.17., 2017.4.18.〉

시행령 **제15조(가설건축물)** ① 법 제20조제2항제3호에서 "대통령령으로 정하는 기준"이란 다음 각 호의 기준을 말한다. 〈개정 2012. 4. 10., 2014. 10. 14.〉

1. 철근콘크리트조 또는 철골철근콘크리트조가 아닐 것
2. 존치기간은 3년 이내일 것. 다만, 도시 · 군계획사업이 시행될 때까지 그 기간을 연장할 수 있다.
3. 전기 · 수도 · 가스 등 새로운 간선 공급설비의 설치를 필요로 하지 아니할 것
4. 공동주택 · 판매시설 · 운수시설 등으로서 분양을 목적으로 건축하는 건축물이 아닐 것

② 제1항에 따른 가설건축물에 대하여는 법 제38조를 적용하지 아니한다.

③ 제1항에 따른 가설건축물 중 시장의 공지 또는 도로에 설치하는 차양시설에 대하여는 법 제46조 및 법 제55조를 적용하지 아니한다.

④ 제1항에 따른 가설건축물을 도시 · 군계획 예정 도로에 건축하는 경우에는 법 제45조부터 제47조를 적용하지 아니한다. 〈개정 2012. 4. 10.〉

⑤ 법 제20조제3항에서 "재해복구, 흥행, 전람회, 공사용 가설건축물 등 대통령령으로 정하는 용도의 가설건축물"이란 다음 각 호의 어느 하나에 해당하는 것을 말한다. 〈개정 2009. 6. 30., 2009. 7. 16., 2010. 2. 18., 2011. 6. 29., 2013. 5. 31., 2014.

10. 14., 2014. 11. 11., 2015. 4. 24., 2016. 1. 19., 2016. 6. 30.〉

1. 재해가 발생한 구역 또는 그 인접구역으로서 특별자치시장 · 특별자치도지사 또는 시장 · 군수 · 구청장이 지정하는 구역에서 일시사용을 위하여 건축하는 것
2. 특별자치시장 · 특별자치도지사 또는 시장 · 군수 · 구청장이 도시미관이나 교통소통에 지장이 없다고 인정하는 가설흥행장, 가설전람회장, 농 · 수 · 축산물 직거래용 가설점포, 그 밖에 이와 비슷한 것
3. 공사에 필요한 규모의 공사용 가설건축물 및 공작물
4. 전시를 위한 견본주택이나 그 밖에 이와 비슷한 것
5. 특별자치시장 · 특별자치도지사 또는 시장 · 군수 · 구청장이 도로변 등의 미관정비를 위하여 지정 · 공고하는 구역에서 축조하는 가설점포(물건 등의 판매를 목적으로 하는 것을 말한다)로서 안전 · 방화 및 위생에 지장이 없는 것
6. 조립식 구조로 된 경비용으로 쓰는 가설건축물로서 연면적이 10제곱미터 이하인 것
7. 조립식 경량구조로 된 외벽이 없는 임시 자동차 차고
8. 컨테이너 또는 이와 비슷한 것으로 된 가설건축물로서 임시사무실 · 임시창고 또는 임시숙소로 사용되는 것(건축물의 옥상에 축조하는 것은 제외한다. 다만, 2009년 7월 1일부터 2015년 6월 30일까지 및 2016년 7월 1일부터 2019년 6월 30일까지 공장의 옥상에 축조하는 것은 포함한다)
9. 도시지역 중 주거지역 · 상업지역 또는 공업지역에 설치하는 농업 · 어업용 비닐하우스로서 연면적이 100제곱미터 이상인 것
10. 연면적이 100제곱미터 이상인 간이축사용, 가축분뇨처리용, 가축운동용, 가축의 비가림용 비닐하우스 또는 천막(벽 또는 지붕이 합성수지 재질로 된 것과 지붕 면적의 2분의 1 이하가 합성강판으로 된 것을 포함한다)구조 건축물
11. 농업 · 어업용 고정식 온실 및 간이작업장, 가축양육실
12. 물품저장용, 간이포장용, 간이수선작업용 등으로 쓰기 위하여 공장 또는 창고시설에 설치하거나 인접 대지에 설치하는 천막(벽 또는 지붕이 합성수지 재질로 된 것을 포함한다), 그 밖에 이와 비슷한 것
13. 유원지, 종합휴양업 사업지역 등에서 한시적인 관광 · 문화행사 등을 목적으로 천막 또는 경량구조로 설치하는 것
14. 야외전시시설 및 촬영시설
15. 야외흡연실 용도로 쓰는 가설건축물로서 연면적이 50제곱미터 이하인 것
16. 그 밖에 제1호부터 제14호까지의 규정에 해당하는 것과 비슷한 것으로서 건축조례로 정하는 건축물

⑥ 법 제20조제5항에 따라 가설건축물을 축조하는 경우에는 다음 각 호의 구분에 따라 관련 규정을 적용하지 않는다. 〈개정 2015. 9. 22., 2018. 9. 4., 2019. 10. 22.,

2020. 10. 8., 2023. 9. 12.〉

1. 제5항 각 호(제4호는 제외한다)의 가설건축물을 축조하는 경우에는 법 제25조, 제38조부터 제42조까지, 제44조부터 제47조까지, 제48조, 제48조의2, 제49조, 제50조, 제50조의2, 제51조, 제52조, 제52조의2, 제52조의4, 제53조, 제53조의2, 제54조부터 제58조까지, 제60조부터 제62조까지, 제64조, 제67조 및 제68조와 「국토의 계획 및 이용에 관한 법률」 제76조를 적용하지 않는다. 다만, 법 제48조, 제49조 및 제61조는 다음 각 목에 따른 경우에만 적용하지 않는다.
   가. 법 제48조 및 제49조를 적용하지 않는 경우: 다음의 어느 하나에 해당하는 경우
      1) 1층 또는 2층인 가설건축물(제5항제2호 및 제14호의 경우에는 1층인 가설건축물만 해당한다)을 건축하는 경우
      2) 3층 이상인 가설건축물(제5항제2호 및 제14호의 경우에는 2층 이상인 가설건축물을 말한다)을 건축하는 경우로서 지방건축위원회의 심의 결과 구조 및 피난에 관한 안전성이 인정된 경우. 다만, 구조 및 피난에 관한 안전성을 인정할 수 있는 서류로서 국토교통부령으로 정하는 서류를 특별자치시장 · 특별자치도지사 또는 시장 · 군수 · 구청장에게 제출하는 경우에는 지방건축위원회의 심의를 생략할 수 있다.
   나. 법 제61조를 적용하지 아니하는 경우: 정북방향으로 접하고 있는 대지의 소유자와 합의한 경우
2. 제5항제4호의 가설건축물을 축조하는 경우에는 법 제25조, 제38조, 제39조, 제42조, 제45조, 제50조의2, 제53조, 제54조부터 제57조까지, 제60조, 제61조 및 제68조와 「국토의 계획 및 이용에 관한 법률」 제76조만을 적용하지 아니한다.

⑦ 법 제20조제3항에 따라 신고해야 하는 가설건축물의 존치기간은 3년 이내로 하며, 존치기간의 연장이 필요한 경우에는 횟수별 3년의 범위에서 제5항 각 호의 가설건축물별로 건축조례로 정하는 횟수만큼 존치기간을 연장할 수 있다. 다만, 제5항제3호의 공사용 가설건축물 및 공작물의 경우에는 해당 공사의 완료일까지의 기간으로 한다. 〈개정 2014. 10. 14., 2014. 11. 11., 2021. 11. 2.〉

⑧ 법 제20조제1항 또는 제3항에 따라 가설건축물의 건축허가를 받거나 축조신고를 하려는 자는 국토교통부령으로 정하는 가설건축물 건축허가신청서 또는 가설건축물 축조신고서에 관계 서류를 첨부하여 특별자치시장 · 특별자치도지사 또는 시장 · 군수 · 구청장에게 제출하여야 한다. 다만, 건축물의 건축허가를 신청할 때 건축물의 건축에 관한 사항과 함께 공사용 가설건축물의 건축에 관한 사항을 제출한 경우에는 가설건축물 축조신고서의 제출을 생략한다. 〈개정 2013. 3. 23., 2014. 10. 14., 2018. 9. 4.〉

⑨ 제8항 본문에 따라 가설건축물 건축허가신청서 또는 가설건축물 축조신고서를 제출받은 특별자치시장 · 특별자치도지사 또는 시장 · 군수 · 구청장은 그 내용을 확인

한 후 신청인 또는 신고인에게 국토교통부령으로 정하는 바에 따라 가설건축물 건축허가서 또는 가설건축물 축조신고필증을 주어야 한다. 〈개정 2018. 9. 4.〉

⑩ 삭제 〈2010. 2. 18.〉

[전문개정 2008. 10. 29.]

제15조의2(가설건축물의 존치기간 연장) ① 특별자치시장 · 특별자치도지사 또는 시장 · 군수 · 구청장은 법 제20조에 따른 가설건축물의 존치기간 만료일 30일 전까지 해당 가설건축물의 건축주에게 다음 각 호의 사항을 알려야 한다. 〈개정 2014. 10. 14., 2016. 6. 30.〉

1. 존치기간 만료일
2. 존치기간 연장 가능 여부
3. 제15조의3에 따라 존치기간이 연장될 수 있다는 사실(같은 조 제1호 각 목의 어느 하나에 해당하는 가설건축물에 한정한다)

② 존치기간을 연장하려는 가설건축물의 건축주는 다음 각 호의 구분에 따라 특별자치시장 · 특별자치도지사 또는 시장 · 군수 · 구청장에게 허가를 신청하거나 신고하여야 한다. 〈개정 2014. 10. 14.〉

1. 허가 대상 가설건축물: 존치기간 만료일 14일 전까지 허가 신청
2. 신고 대상 가설건축물: 존치기간 만료일 7일 전까지 신고

③ 제2항에 따른 존치기간 연장허가신청 또는 존치기간 연장신고에 관하여는 제15조 제8항 본문 및 같은 조 제9항을 준용한다. 이 경우 "건축허가"는 "존치기간 연장허가"로, "축조신고"는 "존치기간 연장신고"로 본다. 〈신설 2018. 9. 4.〉

[본조신설 2010. 2. 18.]

제15조의3(공장에 설치한 가설건축물 등의 존치기간 연장) 제15조의2제2항에도 불구하고 다음 각 호의 요건을 모두 충족하는 가설건축물로서 건축주가 같은 항의 구분에 따른 기간까지 특별자치시장 · 특별자치도지사 또는 시장 · 군수 · 구청장에게 그 존치기간의 연장을 원하지 않는다는 사실을 통지하지 않는 경우에는 기존 가설건축물과 동일한 기간(제1호다목의 경우에는 「국토의 계획 및 이용에 관한 법률」 제2조제10호의 도시 · 군계획시설사업이 시행되기 전까지의 기간으로 한정한다)으로 존치기간을 연장한 것으로 본다. 〈개정 2014. 10. 14., 2016. 6. 30., 2021. 1. 8.〉

1. 다음 각 목의 어느 하나에 해당하는 가설건축물일 것
   가. 공장에 설치한 가설건축물
   나. 제15조제5항제11호에 따른 가설건축물(「국토의 계획 및 이용에 관한 법률」 제36조제1항제3호에 따른 농림지역에 설치한 것만 해당한다)
   다. 도시 · 군계획시설 예정지에 설치한 가설건축물

2. 존치기간 연장이 가능한 가설건축물일 것
[본조신설 2010. 2. 18.]
[제목개정 2016. 6. 30.]

시행규칙 **제13조(가설건축물)** ①법 제20조제3항에 따라 신고하여야 하는 가설건축물을 축조하려는 자는 영 제15조제8항에 따라 별지 제8호서식의 가설건축물 축조신고서(전자문서로 된 신고서를 포함한다)에 배치도ㆍ평면도 및 대지사용승낙서(다른 사람이 소유한 대지인 경우만 해당한다)를 첨부하여 특별자치시장ㆍ특별자치도지사 또는 시장ㆍ군수ㆍ구청장에게 제출하여야 한다. 〈개정 1996. 1. 18., 1999. 5. 11., 2004. 11. 29., 2005. 7. 18., 2006. 5. 12., 2008. 12. 11., 2011. 6. 29., 2014. 10. 15., 2018. 11. 29.〉

② 영 제15조제9항에 따른 가설건축물 축조 신고필증은 별지 제9호서식에 따른다. 〈개정 2006. 5. 12., 2018. 11. 29.〉

③ 특별자치시장ㆍ특별자치도지사 또는 시장ㆍ군수ㆍ구청장은 법 제20조제1항 또는 제3항에 따라 가설건축물의 건축을 허가하거나 축조신고를 수리한 경우에는 별지 제10호서식의 가설건축물 관리대장에 이를 기재하고 관리하여야 한다. 〈개정 1996. 1. 18., 1999. 5. 11., 2006. 5. 12., 2008. 12. 11., 2011. 6. 29., 2014. 10. 15., 2018. 11. 29.〉

④ 가설건축물의 소유자나 가설건축물에 대한 이해관계자는 제3항에 따른 가설건축물 관리대장을 열람할 수 있다. 〈신설 1998. 9. 29., 1999. 5. 11., 2018. 11. 29.〉

⑤ 영 제15조제7항의 규정에 의하여 가설건축물의 존치기간을 연장하고자 하는 자는 별지 제11호서식의 가설건축물 존치기간 연장신고서(전자문서로 된 신고서를 포함한다)를 특별자치시장ㆍ특별자치도지사 또는 시장ㆍ군수ㆍ구청장에게 제출하여야 한다. 이 경우 해당 가설건축물의 현황(가설건축물의 전면, 후면 및 양 측면을 포함한다)을 확인할 수 있는 사진(가설건축물 존치기간 연장신고서 제출일 이전 1개월 내에 촬영된 사진을 말한다)을 함께 제출해야 한다. 〈신설 1999. 5. 11., 2004. 11. 29., 2005. 7. 18., 2011. 6. 29., 2014. 10. 15., 2018. 11. 29., 2024. 12. 17.〉

⑥ 특별자치시장ㆍ특별자치도지사 또는 시장ㆍ군수ㆍ구청장은 제5항에 따른 가설건축물 존치기간 연장신고서를 받은 때에는 그 기재내용을 확인한 후 별지 제12호서식의 가설건축물 존치기간 연장 신고필증을 신고인에게 발급하여야 한다. 〈신설 1999. 5. 11., 2011. 6. 29., 2014. 10. 15., 2018. 11. 29.〉

⑦ 특별자치시장ㆍ특별자치도지사 또는 시장ㆍ군수ㆍ구청장은 가설건축물이 법령에 적합하지 아니하게 된 경우에는 제3항에 따른 가설건축물 관리대장의 그 밖의 사항란에 다음 각 호의 사항을 표시하고, 위반내용이 시정된 경우에는 그 내용을 적어야

> 한다. 〈신설 2011. 4. 7., 2011. 6. 29., 2014. 10. 15., 2018. 11. 29.〉
> 1. 위반일자
> 2. 내용 및 원인
>
> ⑧ 영 제15조제6항제1호가목2) 단서에서 "국토교통부령으로 정하는 서류"란 제1항에 따른 가설건축물 축조신고서에 추가로 첨부하여 제출하는 다음 각 호의 서류를 말한다. 〈신설 2023. 11. 1.〉
> 1. 가설건축물의 입면도ㆍ단면도ㆍ구조도 및 구조계산서
> 2. 「건축물의 구조기준 등에 관한 규칙」 별지 제2호서식의 구조안전 및 내진설계 확인서
> 3. 별지 제8호의2서식의 3층 이상인 가설건축물의 피난안전 확인서

가설건축물 등

(1) 가설건축물

① 허가 대상 : 도시 · 군 계획시설 및 도시 · 군 계획시설예정지에서 가설건축물을 건축하려는 자

② 허가 : 특별자치시장 · 특별자치도지사 또는 시장 · 군수 · 구청장은 해당 가설건축물의 건축이 다음 각 호의 어느 하나에 해당하는 경우가 아니면 제1항에 따른 허가를 하여야 한다.

1. 「국토의 계획 및 이용에 관한 법률」 제64조에 위배되는 경우
2. 4층 이상인 경우
3. 구조, 존치기간, 설치목적 및 다른 시설 설치 필요성 등에 관하여 대통령령으로 정하는 기준의 범위에서 조례로 정하는 바에 따르지 아니한 경우
4. 그 밖에 이 법 또는 다른 법령에 따른 제한규정을 위반하는 경우

③ 기준

1. 구조 : 철근콘크리트조 또는 철골 철근 콘크리트조가 아닐 것
2. 존치기간 : 3년 이내일 것(단, 도시 · 군 계획사업이 시행될 때까지 기간연장 가능)
3. 전기 · 수도 · 가스 등 새로운 간선공급설비의 설치를 필요로 하지 아니할 것
4. 공동주택 · 판매시설 · 운수시설 등의 분양을 목적으로 건축하는 건축물이 아닐 것

④ 건축법 적용에서 제외되는 법규

1. 가설건축물에 대하여

– 제38조(건축물대장)

2. 가설건축물중 시장의 공지 또는 도로에 설치하는 차양시설에 대하여

– 법 제46조(건축선의 지정)

– 법 제55조(건축물의 건폐율)

3. 가설건축물을 도시계획 예정도로 안에 건축하는 경우

– 법 제45조(도로의 지정 · 폐지 또는 변경)

– 법 제46조(건축선의 지정)

– 법 제47조(건축선에 따른 건축제한)

(2) 대통령령으로 정하는 가설 건축물

① 대상 : 재해복구 · 흥행 · 전람회 · 공사용 가설건축물 등

② 신고 : 다음 ④의 기준에 적합한 가설건축물을 축조하고자 하는 자는 특별자치시장 · 특별자치도지사 또는 시장 · 군수 · 구청장에게 신고한 후 착공하여야 한다.

③ 존치기간 : 3년 이내로 하되, 존치기간을 연장하려는 자는 허가대상 건축물은 존치기간 만료일 14일 전까지 허가 신청, 신고 대상 건축물은 존치기간 만료 7일 전까지 신고

④ 기준

1. 재해가 발생한 구역 또는 그 인접구역으로서 특별자치시장 · 특별자치도지사 또는 시장 · 군수 · 구청장이 지정하는 구역에서 일시사용을 위하여 건축하는 것
2. 가설흥행장, 가설전람회장, 농 · 수 · 축산물 직거래용 가설점포(도시미관이나 교통소통에 지장이 없는 것)
3. 공사용 가설건축물 및 공작물(공사에 필요한 규모)
4. 전시를 위한 견본주택
5. 도로변 등의 미관정비를 위하여 지정 · 공고하는 구역에서 축조하는 가설점포
6. 조립식 구조로 된 경비용으로 쓰는 가설건축물로서 연면적이 10제곱미터 이하인 것
7. 조립식 경량구조로 된 외벽이 없는 임시 자동차 차고
8. 컨테이너 또는 이와 비슷한 것으로 된 가설건축물로서 임시사무실 · 임시창고 또는 임시숙소로 사용되는 것(건축물의 옥상에 축조하는 것은 제외. 다만, 2009년 7월 1일부터 2015년 6월 30일까지 및 2016년 7월 1일부터 2019년 6월 30일까지 공장의 옥상에 축조하는 것은 포함)
9. 도시지역 중 주거지역 · 상업지역 또는 공업지역에 설치하는 농업 · 어업용 비닐하우스로서 연면적이 100제곱미터 이상인 것
10. 연면적이 100제곱미터 이상인 간이축사용, 가축분뇨처리용, 가축운동용, 가축의

비가림용 비닐하우스 또는 천막 구조 건축물

11. 농업 · 어업용 고정식 온실 및 간이작업장, 가축양육실
12. 물품저장용, 간이포장용, 간이수선작업용 등으로 쓰기 위하여 공장 또는 창고시설에 설치하거나 인접 대지에 설치하는 천막
13. 유원지, 종합휴양업 사업지역 등에서 한시적인 관광 · 문화행사 등을 목적으로 천막 또는 경량구조로 설치하는 것
14. 야외전시시설 및 촬영시설
15. 야외흡연실 용도로 쓰는 가설건축물로서 연면적이 50제곱미터 이하인 것
16. 그 밖에 제1호부터 제14호까지의 규정에 해당하는 것과 비슷한 것으로서 건축조례로 정하는 건축물

⑤ 건축법 또는 국토의 계획 및 이용에 관한 법률 적용에서 제외되는 법규

- 법 제25조(건축물이 공사감리)
- 법 제38조(건축물 대장)부터 제58조(대지안의 공지)까지
- 법 제60조(건축물의 높이 제한)부터 제62조(건축설비기준)까지
- 법 제64조(승강기)
- 법 제67조(관계전문기술자)
- 법 제68조(기술적 기준)
- 「국토의 계획 및 이용에 관한 법률」 제76조(용도지역 및 용도지구에서의 건축물의 건축 제한 등)

⑥ 법의 제한적 적용

법 제48조(구조내력 등), 제49조(건축물의 피난시설 및 용도제한 등) 및 제61조(일조 등 의 확보를 위한 건축물의 높이 제한)는 다음 각 호에 따른 경우에만 적용하지 아니한다.

- 법 제48조 및 제49조를 적용하지 아니하는 경우 : 1층 또는 2층인 가설건축물, 3층 이상인 가설건축물을 건축하는 경우로서 지방건축위원회의 심의 결과 구조 및 피난에 관한 안전성이 인정된 경우
- 제61조를 적용하지 아니하는 경우 : 정북방향으로 접하고 있는 대지의 소유자와 합의한 경우

2-11 착공신고 등

건축법 **제21조(착공신고 등)** ① 제11조 · 제14조 또는 제20조제1항에 따라 허가를 받거나 신고를 한 건축물의 공사를 착수하려는 건축주는 국토교통부령으로 정하는 바에 따라 허가권자에게 공사계획을 신고하여야 한다. 〈개정 2013. 3. 23., 2019. 4. 30., 2021. 7. 27.〉

② 제1항에 따라 공사계획을 신고하거나 변경신고를 하는 경우 해당 공사감리자(제25조제1항에 따른 공사감리자를 지정한 경우만 해당된다)와 공사시공자가 신고서에 함께 서명하여야 한다.

③ 허가권자는 제1항 본문에 따른 신고를 받은 날부터 3일 이내에 신고수리 여부 또는 민원 처리 관련 법령에 따른 처리기간의 연장 여부를 신고인에게 통지하여야 한다. 〈신설 2017. 4. 18.〉

④ 허가권자가 제3항에서 정한 기간 내에 신고수리 여부 또는 민원 처리 관련 법령에 따른 처리기간의 연장 여부를 신고인에게 통지하지 아니하면 그 기간이 끝난 날의 다음 날에 신고를 수리한 것으로 본다. 〈신설 2017. 4. 18.〉

⑤ 건축주는 「건설산업기본법」 제41조를 위반하여 건축물의 공사를 하거나 하게 할 수 없다. 〈개정 2017. 4. 18.〉

⑥ 제11조에 따라 허가를 받은 건축물의 건축주는 제1항에 따른 신고를 할 때에는 제15조제2항에 따른 각 계약서의 사본을 첨부하여야 한다. 〈개정 2017. 4. 18.〉

시행규칙 **제14조(착공신고등)** ①법 제21조제1항에 따른 건축공사의 착공신고를 하려는 자는 별지 제13호서식의 착공신고서(전자문서로 된 신고서를 포함한다)에 다음 각 호의 서류 및 도서를 첨부하여 허가권자에게 제출하여야 한다.〈개정 2006. 5. 12., 2008. 12. 11., 2015. 10. 5., 2016. 7. 20., 2018. 11. 29.〉

1. 법 제15조에 따른 건축관계자 상호간의 계약서 사본(해당사항이 있는 경우로 한정한다)
2. 별표 4의2의 설계도서. 다만, 법 제11조 또는 제14조에 따라 건축허가 또는 신고를 할 때 제출한 경우에는 제출하지 않으며, 변경사항이 있는 경우에는 변경사항을 반영한 설계도서를 제출한다.
3. 법 제25조제11항에 따른 감리 계약서(해당 사항이 있는 경우로 한정한다)

② 건축주는 법 제11조제7항 각 호 외의 부분 단서에 따라 공사착수시기를 연기하려는 경우에는 별지 제14호서식의 착공연기신청서(전자문서로 된 신청서를 포함한다)를

허가권자에게 제출하여야 한다.〈개정 1996. 1. 18., 1999. 5. 11., 2004. 11. 29., 2008. 12. 11.〉

③ 허가권자는 토지굴착공사를 수반하는 건축물로서 가스, 전기 · 통신, 상 · 하수도등 지하매설물에 영향을 줄 우려가 있는 건축물의 착공신고가 있는 경우에는 당해 지하매설물의 관리기관에 토지굴착공사에 관한 사항을 통보하여야 한다.〈신설 1996. 1. 18., 1999. 5. 11.〉

④ 허가권자는 제1항 및 제2항의 규정에 의한 착공신고서 또는 착공연기신청서를 받은 때에는 별지 제15호서식의 착공신고필증 또는 별지 제16호서식의 착공연기확인서를 신고인 또는 신청인에게 교부하여야 한다.〈신설 1999. 5. 11.〉

⑤ 삭제 〈2020. 10. 28.〉

⑥ 건축주는 법 제21조제1항에 따른 착공신고를 할 때에 해당 건축공사가 「산업안전보건법」 제73조제1항에 따른 건설재해예방전문지도기관의 지도대상에 해당하는 경우에는 제1항 각 호에 따른 서류 외에 같은 법 시행규칙 별지 제104호서식의 기술지도계약서 사본을 첨부해야 한다.〈신설 2016. 5. 30., 2020. 10. 28.〉

[참고] 건설산업기본법

제41조(건설공사 시공자의 제한) ① 다음 각 호의 어느 하나에 해당하는 건축물의 건축 또는 대수선(大修繕)에 관한 건설공사(제9조제1항 단서에 따른 경미한 건설공사는 제외한다. 이하 이 조에서 같다)는 건설사업자가 하여야 한다. 다만, 다음 각 호 외의 건설공사와 농업용, 축산업용 건축물 등 대통령령으로 정하는 건축물의 건설공사는 건축주가 직접 시공하거나 건설사업자에게 도급하여야 한다. 〈개정 2011. 8. 4., 2016. 2. 3., 2017. 12. 26., 2019. 4. 30.〉

1. 연면적이 200제곱미터를 초과하는 건축물
2. 연면적이 200제곱미터 이하인 건축물로서 다음 각 목의 어느 하나에 해당하는 경우
   가. 「건축법」에 따른 공동주택
   나. 「건축법」에 따른 단독주택 중 다중주택, 다가구주택, 공관, 그 밖에 대통령령으로 정하는 경우
   다. 주거용 외의 건축물로서 많은 사람이 이용하는 건축물 중 학교, 병원 등 대통령령으로 정하는 건축물
3. 삭제 〈2017. 12. 26.〉
4. 삭제 〈2017. 12. 26.〉

② 많은 사람이 이용하는 시설물로서 다음 각 호의 어느 하나에 해당하는 새로운 시설물을 설치하는 건설공사는 건설사업자가 하여야 한다. 〈개정 2019. 4. 30., 2024. 2. 27.〉

1. 「체육시설의 설치·이용에 관한 법률」에 따른 체육시설 중 대통령령으로 정하는 체육시설
2. 「도시공원 및 녹지 등에 관한 법률」에 따른 도시공원 또는 도시공원에 설치되는 공원시설로서 대통령령으로 정하는 시설물
3. 「자연공원법」에 따른 자연공원에 설치되는 공원시설 중 대통령령으로 정하는 시설물
4. 「관광진흥법」에 따른 테마파크시설 중 대통령령으로 정하는 시설물

[전문개정 2011. 5. 24.]

[시행일: 2025. 8. 28.] 제41조

시행령 **[참고] 건설산업기본법 시행령**

제36조(시공자의 제한을 받는 건축물) ① 법 제41조 제1항 제2호 나목에서 "대통령령으로 정하는 경우"란 「건축법 시행령」별표 1 제1호 가목, 나목 및 다목의 단독주택의 형태를 갖춘 가정어린이집·공동생활가정·지역아동센터·노인복지시설(노인복지주택

은 제외한다) 및 같은 호 라목에 따른 공관(公館)을 말한다.〈신설 2012.2.2.〉

② 법 제41조 제1항 제4호에서 "대통령령으로 정하는 건축물"이란 건축물의 전부 또는 일부가 다음 각 호의 어느 하나에 해당하는 용도로 사용되는 건축물을 말한다.〈개정 2001.7.7., 2005.5. 7., 2005.11.25., 2007.12.28., 2011.11.1., 2011.12.8., 2012.2.2., 2014.3.24.〉

1. 「초 · 중등교육법」, 「고등교육법」또는 「사립학교법」에 의한 학교

1의2. 「영유아보육법」에 따른 어린이집

1의3. 「유아교육법」에 따른 유치원

1의4. 「장애인 등에 대한 특수교육법」에 따른 특수교육기관 및 장애인평생교육시설

1의5. 「평생교육법」에 따른 평생교육시설

2. 「학원의 설립 · 운영 및 과외교습에 관한 법률」에 의한 학원

3. 「식품위생법」에 의한 식품접객업 중 유흥주점

4. 「공중위생관리법」에 의한 숙박시설

5. 「의료법」에 의한 병원(종합병원 · 한방병원 및 요양병원을 포함한다)

6. 「관광진흥법」에 의한 관광숙박시설 또는 관광객 이용 시설 중 전문휴양시설 · 종합휴양시설 및 관광공연장

7. 「건축법 시행령」 별표 1 제4호 거목에 따른 다중생활시설

8. 「건축법 시행령」 별표 1 제14호에 따른 업무시설

[본조신설 2000.4.18.]

[제목개정 2012.2.2.]

제37조(시공자의 제한을 받지 아니하는 건축물) 법 제41조제1항 각 호 외의 부분 단서에서 "대통령령으로 정하는 건축물"이란 다음 각 호의 어느 하나에 해당하는 건축물을 말한다.〈개정 2003.11.29., 2005.5.7., 2005.11.25., 2007.12.28., 2008.10.29., 2011.11.1., 2016.8.11.〉

1. 농업 · 임업 · 축산업 또는 어업용으로 설치하는 창고 · 저장고 · 작업장 · 퇴비사 · 축사 · 양어장 기타 이와 유사한 용도의 건축물

2. 삭제 〈2012.2.2.〉

3. 「주택법」 제4조에 따라 등록을 한 주택건설사업자가 같은 법 시행령 제17조제1항에 따른 자본금 · 기술능력 및 주택건설실적을 갖추고 같은 법 제15조에 따른 주택건설사업계획의 승인 또는 「건축법」 제11조에 따른 건축허가를 받아 건설하는 주거용건축물

착공신고 절차 및 필요도서 등

(1) 착공신고절차

① 허가를 받거나 신고를 한 건축물의 공사를 착수하려는 건축주는 국토교통부령으로 정하는 바에 따라 허가권자에게 공사계획을 신고하여야 한다.

② 공사감리의무대상 건축물의 경우 공사감리자 및 공사시공자가 신고서에 함께 서명하여야 한다.

(2) 착공신고에 필요한 서류 및 설계도서

① 건축관계자 상호간의 계약서 사본(해당사항이 있는 경우)

② 건축법 시행규칙 제14조 별표 4의2의 설계도서

③ 감리 계약서(해당 사항이 있는 경우)

(3) 건설업자만이 시공할 수 있는 건축물

*건설업자 : 건설산업기본법의 규정에 의한 면허를 받아 건설업을 영위하는 자를 말한다.

다음 표의 건축물의 건축 또는 대수선에 관한 건설공사는 건설업자가 시공하여야 한다.

구분		규모 및 용도	
①	모든 건축물	연면적이 200㎡를 초과하는 건축물	
②	주거용 건축물	연면적이 200㎡ 이하인 공동주택, 단독주택 중 다중주택, 다가구주택, 공관	
③	주거용 외의 건축물	1. 초·중등·고등교육법 또는사립학교법에 의한	학교, 어린이집, 유치원, 특수교육기관, 장애인 평생교육시설, 평생교육시설
		2. 학원의 설립·운영에 관한 법률에 의한	학원
		3. 식품위생법의 의한 식품 접객업 중	유흥주점
		4. 공중위생법에 의한	숙박시설
		5. 의료법에 의한	병원
		6. 관광진흥법에 의한	관광숙박시설, 전문 휴양시설·종합휴양시설, 관광공연장
		7. 건축법 시행령 별표 1 제4호	다중생활시설
		8. 건축법 시행령 별표 제14호	업무시설

(4) 시공사 제한을 받지 아니하는 건축물

① 농업 · 임업 · 축산업 또는 어업용으로 설치하는 창고 · 저장고 · 작업장 · 퇴비사 · 축사 · 양어장 기타 이와 유사한 용도의 건축물

② 「주택법」 제4조에 따라 등록을 한 주택건설사업자가 자본금 · 기술능력 및 주택건설실적을 갖추고 주택건설사업계획의 승인 또는 건축허가를 받아 건설하는 주거용건축물

2-12 건축물의 사용승인

건축법 제22조(건축물의 사용승인)

① 건축주가 제11조 · 제14조 또는 제20조제1항에 따라 허가를 받았거나 신고를 한 건축물의 건축공사를 완료[하나의 대지에 둘 이상의 건축물을 건축하는 경우 동(棟)별 공사를 완료한 경우를 포함한다]한 후 그 건축물을 사용하려면 제25조제6항에 따라 공사감리자가 작성한 감리완료보고서(같은 조 제1항에 따른 공사감리자를 지정한 경우만 해당된다)와 국토교통부령으로 정하는 공사완료도서를 첨부하여 허가권자에게 사용승인을 신청하여야 한다. 〈개정 2013. 3. 23., 2016. 2. 3.〉

② 허가권자는 제1항에 따른 사용승인신청을 받은 경우 국토교통부령으로 정하는 기간에 다음 각 호의 사항에 대한 검사를 실시하고, 검사에 합격된 건축물에 대하여는 사용승인서를 내주어야 한다. 다만, 해당 지방자치단체의 조례로 정하는 건축물은 사용승인을 위한 검사를 실시하지 아니하고 사용승인서를 내줄 수 있다. 〈개정 2013. 3. 23.〉

1. 사용승인을 신청한 건축물이 이 법에 따라 허가 또는 신고한 설계도서대로 시공되었는지의 여부
2. 감리완료보고서, 공사완료도서 등의 서류 및 도서가 적합하게 작성되었는지의 여부

③ 건축주는 제2항에 따라 사용승인을 받은 후가 아니면 건축물을 사용하거나 사용하게 할 수 없다. 다만, 다음 각 호의 어느 하나에 해당하는 경우에는 그러하지 아니하다. 〈개정 2013. 3. 23.〉

1. 허가권자가 제2항에 따른 기간 내에 사용승인서를 교부하지 아니한 경우
2. 사용승인서를 교부받기 전에 공사가 완료된 부분이 건폐율, 용적률, 설비, 피난 · 방화 등 국토교통부령으로 정하는 기준에 적합한 경우로서 기간을 정하여 대통령령으로 정하는 바에 따라 임시로 사용의 승인을 한 경우

④ 건축주가 제2항에 따른 사용승인을 받은 경우에는 다음 각 호에 따른 사용승인 · 준공검사 또는 등록신청 등을 받거나 한 것으로 보며, 공장건축물의 경우에는 「산업집적활성화 및 공장설립에 관한 법률」 제14조의2에 따라 관련 법률의 검사 등을 받은 것으로 본다. 〈개정 2009. 1. 30., 2009. 6. 9., 2011. 4. 14., 2011. 5. 30., 2014. 1. 14., 2014. 6. 3., 2017. 1. 17., 2018. 3. 27., 2020. 3. 31., 2024. 1. 16.〉

1. 하수도법」 제27조에 따른 배수설비(排水設備)의 준공검사 및 같은 법 제37조에 따른 개인하수처리시설의 준공검사
2. 「공간정보의 구축 및 관리 등에 관한 법률」 제64조에 따른 지적공부(地籍公簿)의 변동사항 등록신청
3. 「승강기 안전관리법」 제28조에 따른 승강기 설치검사
4. 「에너지이용 합리화법」 제39조에 따른 보일러 설치검사
5. 「전기안전관리법」 제9조에 따른 전기설비의 사용전검사
6. 「정보통신공사업법」 제36조에 따른 정보통신공사의 사용전검사

6의2. 「기계설비법」 제15조에 따른 기계설비의 사용 전 검사

7. 「도로법」 제62조제2항에 따른 도로점용 공사의 준공확인
8. 「국토의 계획 및 이용에 관한 법률」 제62조에 따른 개발 행위의 준공검사
9. 「국토의 계획 및 이용에 관한 법률」 제98조에 따른 도시 · 군계획시설사업의 준공검사
10. 「물환경보전법」 제37조에 따른 수질오염물질 배출시설의 가동개시의 신고
11. 「대기환경보전법」 제30조에 따른 대기오염물질 배출시설의 가동개시의 신고
12. 삭제 〈2009. 6. 9.〉

⑤ 허가권자는 제2항에 따른 사용승인을 하는 경우 제4항 각 호의 어느 하나에 해당하는 내용이 포함되어 있으면 관계 행정기관의 장과 미리 협의하여야 한다.

⑥ 특별시장 또는 광역시장은 제2항에 따라 사용승인을 한 경우 지체 없이 그 사실을 군수 또는 구청장에게 알려서 건축물대장에 적게 하여야 한다. 이 경우 건축물대장에는 설계자, 대통령령으로 정하는 주요 공사의 시공자, 공사감리자를 적어야 한다.

시행령 **제17조(건축물의 사용승인)**

① 삭제 〈2006. 5. 8.〉

② 건축주는 법 제22조제3항제2호에 따라 사용승인서를 받기 전에 공사가 완료된 부분에 대한 임시사용의 승인을 받으려는 경우에는 국토교통부령으로 정하는 바에 따라 임시사용승인신청서를 허가권자에게 제출(전자문서에 의한 제출을 포함한다)하여야 한다. 〈개정 2008. 10. 29., 2013. 3. 23.〉

③ 허가권자는 제2항의 신청서를 접수한 경우에는 공사가 완료된 부분이 법 제22조제3항제2호에 따른 기준에 적합한 경우에만 임시사용을 승인할 수 있으며, 식수 등 조경에 필요한 조치를 하기에 부적합한 시기에 건축공사가 완료된 건축물은 허가권자가 지정하는 시기까지 식수(植樹) 등 조경에 필요한 조치를 할 것을 조건으로 임시사용을 승인할 수 있다. 〈개정 2008. 10. 29.〉

④ 임시사용승인의 기간은 2년 이내로 한다. 다만, 허가권자는 대형 건축물 또는 암반공사 등으로 인하여 공사기간이 긴 건축물에 대하여는 그 기간을 연장할 수 있다. 〈개정 2008. 10. 29.〉

⑤ 법 제22조제6항 후단에서 "대통령령으로 정하는 주요 공사의 시공자"란 다음 각 호의 어느 하나에 해당하는 자를 말한다. 〈개정 2008. 10. 29., 2020. 2. 18., 2023. 9. 12.〉

1. 「건설산업기본법」 제9조에 따라 종합공사 또는 전문공사를 시공하는 업종을 등록한 자로서 발주자로부터 건설공사를 도급받은 건설사업자
2. 「전기공사업법」·「소방시설공사업법」 또는 「정보통신공사업법」에 따라 공사를 수행하는 시공자

시행규칙 **제16조(사용승인신청)** ①법 제22조제1항(법 제19조제5항에 따라 준용되는 경우를 포함한다)에 따라 건축물의 사용승인을 받으려는 자는 별지 제17호서식의 (임시)사용승인신청서에 다음 각 호의 구분에 따른 도서를 첨부하여 허가권자에게 제출해야 한다. 〈개정 2006. 5. 12., 2008. 12. 11., 2010. 8. 5., 2012. 5. 23., 2016. 7. 20., 2017. 1. 20., 2018. 11. 29., 2021. 12. 31., 2024. 12. 17.〉

1. 법 제25조제1항에 따른 공사감리자를 지정한 경우 : 공사감리완료보고서
2. 법 제11조, 제14조 또는 제16조에 따라 허가、변경허가를 받았거나 신고、변경신고를 한 도서에 변경이 있는 경우 : 설계변경사항이 반영된 최종 공사완료도서
3. 법 제14조제1항에 따른 신고를 하여 건축한 건축물 : 배치 및 평면이 표시된 현황도면
4. 삭제 〈2018. 11. 29.〉

5. 법 제22조제4항 각 호에 따른 사용승인·준공검사 또는 등록신청 등을 받거나 하기 위하여 해당 법령에서 제출하도록 의무화하고 있는 신청서 및 첨부서류(해당 사항이 있는 경우로 한정한다)
6. 법 제25조제11항에 따라 감리비용을 지불하였음을 증명하는 서류(해당 사항이 있는 경우로 한정한다)
7. 법 제48조의3제1항에 따라 내진능력을 공개해야 하는 건축물인 경우: 「건축물의 구조기준 등에 관한 규칙」 제58조에 따른 구조안전 및 내진설계 확인서(같은 규칙 제60조의2제2항 전단에 해당하는 경우로 한정한다)
8. 사용승인을 신청할 건축물이 영 별표 1 제15호가목에 따른 생활숙박시설(30실 이상이거나 생활숙박시설 영업장의 면적이 해당 건축물 연면적의 3분의 1 이상인 것으로 한정한다)인 경우에는 「건축물의 분양에 관한 법률 시행령」 제9조제1항제9호의3에 따른 내용(분양받은 자가 서명 또는 날인한 「건축물의 분양에 관한 법률 시행규칙」 별지 제2호의2서식의 생활숙박시설 관련 확인서를 포함한다)의 사본

② 제1항에 따른 신청을 받은 허가권자는 해당 건축물이 「액화석유가스의 안전관리 및 사업법」 제44조제2항 본문에 따라 액화석유가스의 사용시설에 대한 완성검사를 받아야 할 건축물인 경우에는 행정정보의 공동이용을 통해 액화석유가스 완성검사 증명서를 확인해야 하며, 신청인이 확인에 동의하지 않은 경우에는 해당 서류를 제출하도록 해야 한다. 〈신설 2018. 11. 29.〉

③ 허가권자는 제1항에 따른 사용승인신청을 받은 경우에는 법 제22조제2항에 따라 그 신청서를 받은 날부터 7일 이내에 사용승인을 위한 현장검사를 실시하여야 하며, 현장검사에 합격된 건축물에 대하여는 별지 제18호서식의 사용승인서를 신청인에게 발급하여야 한다. 〈개정 2006. 5. 12., 2008. 12. 11., 2018. 11. 29.〉

[전문개정 1999. 5. 11.]

제17조(임시사용승인신청등) ①영 제17조제2항의 규정에 의한 임시사용승인신청서는 별지 제17호서식에 의한다.

② 영 제17조제3항에 따라 허가권자는 건축물 및 대지의 일부가 법 제40조부터 제50조까지, 제50조의2, 제51조부터 제58조까지, 제60조부터 제62조까지, 제64조, 제67조, 제68조 및 제77조를 위반하여 건축된 경우에는 해당 건축물의 임시사용을 승인하여서는 아니된다.

③ 허가권자는 제1항의 규정에 의한 임시사용승인신청을 받은 경우에는 당해신청서를 받은 날부터 7일이내에 별지 제19호서식의 임시사용승인서를 신청인에게 교부하여야 한다.

건축물의 사용승인 등

(1) 건축물의 사용승인 절차

① 사용승인 신청

- 별지 제17호 서식의(임시)사용승인 신청서에 다음 각 호의 구분에 따른 도서를 첨부하여 허가권자에게 제출

	구 분	첨부도서
1	공사감리자를 지정한 경우	공사감리완료보고서
2	허가 · 변경허가를 받았거나 신고 · 변경신고를 한 도서에 변경이 있는 경우	설계변경사항이 반영된 최종 공사완료도서
3	신고를 하여 건축한 건축물	배치 및 평면이 표시된 현황도면
4	액화석유가스의 사용시설에 대한 완성검사를 받아야 할 건축물	액화석유가스 완성검사 증명서
5	사용승인 · 준공검사 또는 등록신청 등을 받거나 하기 위하여 해당 법령에서 제출 의무화된 경우	신청서 및 첨부서류 (해당 사항이 있는 경우로 한정)
6	공사감리자를 지정하는 건축물	감리비용을 지불하였음을 증명하는 서류(해당 사항이 있는 경우)
7	내진능력을 공개해야 하는 건축물	구조안전 및 내진설계 확인서
8	생활숙박시설(30실 이상이거나 생활숙박시설 영업장의 면적이 해당 건축물 연면적의 3분의 1 이상인 것으로 한정한다)인 경우	(분양받은 자가 서명 또는 날인한 「건축물의 분양에 관한 법률 시행규칙」 별지 제2호의2서식의 생활숙박시설 관련 확인서를 포함한다)의 사본

② 사용 승인서 발급

- 허가권자는 그 신청서를 받은 날부터 7일 이내에 사용승인을 위한 현장검사를 실시
- 현장검사에 합격된 건축물에 대하여는 별지 제18호 서식의 사용승인서를 신청인에게 발급
- 단, 해당 지방자치단체의 조례로 정하는 건축물은 사용승인을 위한 검사를 실시하지 아니하고 사용승인서를 내줄 수 있음

(2) 사용승인의 부수효과

사용승인을 받은 경우에는 다음 관계법에 의한 준공검사를 받거나 등록신청을 한 것으로 본다.

	관계법	내 용
1.	「하수도법」 제27조	배수설비의 준공검사
	「하수도법」 제37조	개인하수처리시설의 준공검사
2.	「공간정보의 구축 및 관리 등에 관한 법률」 제64조	지적공부(지적공부)의 변동사항 등록신청
3.	「승강기시설 안전관리법」 제13조	승강기 완성검사
4.	「에너지이용 합리화법」 제39조	보일러 설치검사
5.	「전기사업법」 제63조	전기설비의 사용 전 검사
6.	「정보통신공사업법」 제36조	정보통신공사의 사용 전 검사
6의2	「기계설비법」 제15조	기계설비의 사용 전 검사
7.	「도로법」 제62조 제2항	도로점용 공사의 준공확인
8.	「국토의 계획 및 이용에 관한 법률」 제62조	개발 행위의 준공검사
9.	「국토의 계획 및 이용에 관한 법률」 제98조	도시 · 군 계획시설사업의 준공검사
10.	「물환경보전법」 제37조	수질오염물질 배출시설의 가동개시의 신고
11.	「대기환경보전법」 제30조	대기오염물질 배출시설의 가동개시의 신고

2-13 건축물의 설계

건축법 **제23조(건축물의 설계)** ① 제11조 제1항에 따라 건축허가를 받아야 하거나 제14조 제1항에 따라 건축신고를 하여야 하는 건축물 또는 「주택법」 제66조 제1항 또는 제2항에 따른 리모델링을 하는 건축물의 건축등을 위한 설계는 건축사가 아니면 할 수 없다. 다만, 다음 각 호의 어느 하나에 해당하는 경우에는 그러하지 아니하다.〈개정 2014.5.28., 2016.1.19.〉

1. 바닥면적의 합계가 85제곱미터 미만인 증축 · 개축 또는 재축
2. 연면적이 200제곱미터 미만이고 층수가 3층 미만인 건축물의 대수선
3. 그 밖에 건축물의 특수성과 용도 등을 고려하여 대통령령으로 정하는 건축물의 건축 등

② 설계자는 건축물이 이 법과 이 법에 따른 명령이나 처분, 그 밖의 관계 법령에 맞고 안전 · 기능 및 미관에 지장이 없도록 설계하여야 하며, 국토교통부장관이 정하여 고시하는 설계도서 작성기준에 따라 설계도서를 작성하여야 한다. 다만, 해당 건축물의 공법(工法) 등이 특수한 경우로서 국토교통부령으로 정하는 바에 따라 건축위

원회의 심의를 거친 때에는 그러하지 아니하다.〈개정 2013.3.23.〉

③ 제2항에 따라 설계도서를 작성한 설계자는 설계가 이 법과 이 법에 따른 명령이나 처분, 그 밖의 관계 법령에 맞게 작성되었는지를 확인한 후 설계도서에 서명날인하여야 한다.

④ 국토교통부장관이 국토교통부령으로 정하는 바에 따라 작성하거나 인정하는 표준설계도서나 특수한 공법을 적용한 설계도서에 따라 건축물을 건축하는 경우에는 제1항을 적용하지 아니한다.〈개정 2013.3.23.〉

시행령 **제18조(설계도서의 작성)** 법 제23조제1항제3호에서 "대통령령으로 정하는 건축물"이란 다음 각 호의 어느 하나에 해당하는 건축물을 말한다.〈개정 2009.7.16., 2010.2.18., 2012.4.10., 2016.6.30.〉

1. 읍 · 면지역(시장 또는 군수가 지역계획 또는 도시 · 군계획에 지장이 있다고 인정하여 지정 · 공고한 구역은 제외한다)에서 건축하는 건축물 중 연면적이 200제곱미터 이하인 창고 및 농막(「농지법」에 따른 농막을 말한다)과 연면적 400제곱미터 이하인 축사, 작물재배사, 종묘배양시설, 화초 및 분재 등의 온실
2. 제15조제5항 각 호의 어느 하나에 해당하는 가설건축물로서 건축조례로 정하는 가설건축물

건축물의 설계에 대한 설명

(1) 설계도서의 작성

① 법령의 규정에 적합하고 안전 · 기능 및 미관에 지장이 없도록 설계하여야 한다.

② 설계도서작성기준에 따라 설계 도서를 작성하여야 한다.

③ 설계자는 설계도서에 서명날인 하여야 한다.

(2) 건축사가 아니면 설계할 수 없는 건축물

구분		해당 건축물
①	법 제11조 제1항의 규정에 따라	건축허가를 받아야 하는 건축물
②	법 제14조 제1항의 규정에 따라	건축신고를 하여야 하는 건축물
③	「주택법」 제42조 제2항 또는 제3항	리모델링을 하는 건축물의 건축 등

(3) 건축사의 설계를 필요로 하지 않는 경우

① 바닥면적의 합계가 $85m^2$ 미만의 증축 · 개축 또는 재축의 경우

② 연면적이 $200m^2$ 미만이고 층수가 3층 미만인 건축물의 대수선의 경우

③ 그 밖에 건축물의 특수성과 용도 등을 고려하여 대통령령으로 정하는 건축물

- 읍면지역에서 건축하는 건축물 중 연면적이 $200m^2$ 이하인 창고 및 농막
- 연면적 $400m^2$ 이하인 축사, 작물재배사, 종묘배양시설, 화초 및 분재 등의 온실
- 건축조례로 정하는 가설건축물

2-14 건축시공

건축법 **제24조(건축시공)**

① 공사시공자는 제15조 제2항에 따른 계약대로 성실하게 공사를 수행하여야 하며, 이 법과 이 법에 따른 명령이나 처분, 그 밖의 관계 법령에 맞게 건축물을 건축하여 건축주에게 인도하여야 한다.

② 공사시공자는 건축물(건축허가나 용도변경허가 대상인 것만 해당된다)의 공사현장에 설계도서를 갖추어 두어야 한다.

③ 공사시공자는 설계도서가 이 법과 이 법에 따른 명령이나 처분, 그 밖의 관계 법령에 맞지 아니하거나 공사의 여건상 불합리하다고 인정되면 건축주와 공사감리자의 동의를 받아 서면으로 설계자에게 설계를 변경하도록 요청할 수 있다. 이 경우 설계자는 정당한 사유가 없으면 요청에 따라야 한다.

④ 공사시공자는 공사를 하는 데에 필요하다고 인정하거나 제25조 제5항에 따라 공사감리자로부터 상세시공도면을 작성하도록 요청을 받으면 상세시공도면을 작성하여 공사감리자의 확인을 받아야 하며, 이에 따라 공사를 하여야 한다.

⑤ 공사시공자는 건축허가나 용도변경허가가 필요한 건축물의 건축공사를 착수한 경우에는 해당 건축공사의 현장에 국토교통부령으로 정하는 바에 따라 건축허가 표지판을 설치하여야 한다.

⑥ 「건설산업기본법」 제41조 제1항 각 호에 해당하지 아니하는 건축물의 건축주는 공사현장의 공정을 관리하기 위하여 같은 법 제2조 제15호에 따른 건설기술자 1명을 현장관리인으로 지정하여야 한다. 이 경우 현장관리인은 건축주의 승낙을 받지 아니하고는 정당한 사유 없이 그 공사 현장을 이탈하여서는 아니 된다. 〈신설 2016.2.3.〉

⑦ 공동주택, 종합병원, 관광숙박시설 등 대통령령으로 정하는 용도 및 규모의 건축물의 공사시공자는 건축주, 공사감리자 및 허가권자가 설계도서에 따라 적정하게 공

사되었는지를 확인할 수 있도록 공사의 공정이 대통령령으로 정하는 진도에 다다른 때마다 사진 및 동영상을 촬영하고 보관하여야 한다. 이 경우 촬영 및 보관 등 그 밖에 필요한 사항은 국토교통부령으로 정한다.〈신설 2016.2.3.〉

시행령 **제18조의2(사진 및 동영상 촬영 대상 건축물 등)** ① 법 제24조제7항 전단에서 "공동주택, 종합병원, 관광숙박시설 등 대통령령으로 정하는 용도 및 규모의 건축물"이란 다음 각 호의 어느 하나에 해당하는 건축물을 말한다. 〈개정 2018. 12. 4.〉

1. 다중이용 건축물
2. 특수구조 건축물
3. 건축물의 하층부가 필로티나 그 밖에 이와 비슷한 구조(벽면적의 2분의 1 이상이 그 층의 바닥면에서 위층 바닥 아래면까지 공간으로 된 것만 해당한다)로서 상층부와 다른 구조형식으로 설계된 건축물(이하 "필로티형식 건축물"이라 한다) 중 3층 이상인 건축물

② 법 제24조제7항 전단에서 "대통령령으로 정하는 진도에 다다른 때"란 다음 각 호의 구분에 따른 단계에 다다른 경우를 말한다. 〈개정 2018. 12. 4., 2019. 8. 6., 2024. 6. 18.〉

1. 다중이용 건축물: 다음 각 목에 해당하는 단계
   가. 제19조제3항제1호부터 제3호까지의 구분에 따른 단계
   나. 제46조제1항에 따른 방화구획 설치 공사와 관련하여 국토교통부령으로 정하는 단계
2. 특수구조 건축물: 다음 각 목의 어느 하나에 해당하는 단계
   가. 매 층마다 상부 슬래브배근을 완료한 경우
   나. 매 층마다 주요구조부의 조립을 완료한 경우
3. 3층 이상의 필로티형식 건축물: 다음 각 목의 어느 하나에 해당하는 단계
   가. 기초공사 시 철근배치를 완료한 경우
   나. 건축물 상층부의 하중이 상층부와 다른 구조형식의 하층부로 전달되는 다음의 어느 하나에 해당하는 부재(部材)의 철근배치를 완료한 경우
      1) 기둥 또는 벽체 중 하나
      2) 보 또는 슬래브 중 하나

[본조신설 2017. 2. 3.]

[종전 제18조의2는 제18조의3으로 이동 〈2017. 2. 3.〉]

시행규칙 **제18조(건축허가표지판)** 법 제24조제5항에 따라 공사시공자는 건축물의 규모·용도·설계자·시공자 및 감리자 등을 표시한 건축허가표지판을 주민이 보기 쉽도록 해당건축공사 현장의 주요 출입구에 설치하여야 한다.〈개정 2008. 12. 11.〉
[본조신설 2006. 5. 12.]

제18조의2(현장관리인의 업무) 현장관리인은 법 제24조제6항 후단에 따라 다음 각 호의 업무를 수행한다.

1. 건축물 및 대지가 이 법 또는 관계 법령에 적합하도록 건축주를 지원하는 업무
2. 건축물의 위치와 규격 등이 설계도서에 따라 적정하게 시공되는 지에 대한 확인ㆍ관리
3. 시공계획 및 설계 변경에 관한 사항 검토 등 공정관리에 관한 업무
4. 안전시설의 적정 설치 및 안전기준 준수 여부의 점검ㆍ관리
5. 그 밖에 건축주와 계약으로 정하는 업무

[본조신설 2020. 10. 28.]
[종전 제18조의2는 제18조의3으로 이동 〈2020. 10. 28.〉]

제18조의3(사진·동영상 촬영 및 보관 등) ① 영 제18조의2제2항제1호나목에서 "국토교통부령으로 정하는 단계"란 다음 각 호의 단계를 말한다. 〈신설 2024. 12. 16.〉

1. 「건축물의 피난ㆍ방화구조 등의 기준에 관한 규칙」 제14조제2항제2호에 따라 내화채움성능이 인정된 구조로 메우는 시공을 완료한 단계
2. 「건축물의 피난ㆍ방화구조 등의 기준에 관한 규칙」 제14조제2항제3호 각 목 외의 부분 본문에 따라 댐퍼를 설치하는 시공을 완료한 단계

② 법 제24조제7항 전단에 따라 사진 및 동영상을 촬영ㆍ보관하여야 하는 공사시공자는 영 제18조의2제2항에서 정하는 진도에 다다른 때마다 촬영한 사진 및 동영상을 디지털파일 형태로 가공ㆍ처리하여 보관하여야 하며, 해당 사진 및 동영상을 디스크 등 전자저장매체 또는 정보통신망을 통하여 공사감리자에게 제출하여야 한다. 〈개정 2024. 12. 16.〉
③ 제2항에 따라 사진 및 동영상을 제출받은 공사감리자는 그 내용의 적정성을 검토한 후 법 제25조제6항에 따라 건축주에게 감리중간보고서 및 감리완료보고서를 제출할 때 해당 사진 및 동영상을 함께 제출하여야 한다. 〈개정 2024. 12. 16.〉
④ 제3항에 따라 사진 및 동영상을 제출받은 건축주는 법 제25조제6항에 따라 허가권자에게 감리중간보고서 및 감리완료보고서를 제출할 때 해당 사진 및 동영상을 함께 제출하여야 한다. 〈개정 2024. 12. 16.〉
⑤ 제1항부터 제4항까지에서 규정한 사항 외에 사진 및 동영상의 촬영 및 보관 등에 필요한 사항은 국토교통부장관이 정하여 고시한다. 〈개정 2024. 12. 16.〉
[본조신설 2017. 2. 3.]
[제18조의2에서 이동 〈2020. 10. 28.〉]

공사시공자의 역할 등

(1) 공사시공자의 성실의무

공사시공자는 계약에 따라 성실하게 공사를 수행하여야 하며, 적법하게 건축하여 건축주에게 인도하여야 한다.

(2) 공사현장에 설계도서 비치의무

공사시공자는 건축물의 공사현장에 설계 도서를 갖추어 두어야 한다.

(3) 공사시공자의 설계변경 요청

공사시공자는 다음 1 또는 2에 해당하는 경우 건축주 및 공사감리자의 동의를 얻어 서면으로서 설계자에게 설계변경을 요청할 수 있다.

*설계변경을 요청받은 설계자는 정당한 사유가 없는 한 이에 응하도록 함.

다음 : 1. 건축법 및 관계법령의 규정에 맞지 아니할 때
2. 공사의 여건상 불합리하다고 인정되는 경우

(4) 공사시공자의 상세 시공도면 작성

공사시공자는 다음 1 또는 2에 해당하는 경우 상세시공 도면을 작성하여 공사감리자의 확인을 받아야 하며, 이에 따라 공사를 하여야 한다.

다음 : 1. 당해 공사를 함에 있어 필요하다고 인정하거나
2. 연면적의 합계가 5천m^2 이상인 공사의 공사감리자로부터 상세시공도면을 작성하도록 요청받은 경우

(5) 공사현장에 건축허가표지판 설치의무

공사시공자는 건축물의 규모 · 용도 · 설계자 · 시공자 및 감리자 등을 표시한 건축허가표지판을 주민이 보기 쉽도록 해당 건축공사 현장의 주요출입구에 설치하여야 한다.

(6) 현장관리인의 지정 및 업무

- 현장관리인의 지정: 건축물의 건축주는 공사 현장의 공정을 관리하기 위하여 건설기술자 1명을 현장관리인으로 지정하여야 한다. 현장관리인은 건축주의 승낙을 받지 않고 정당한 사유 없이 그 공사 현장 을 이탈하여서는 안 된다.
- 현장관리인의 업무

① 건축물 및 대지가 이 법 또는 관계 법령에 적합하도록 건축주를 지원하는 업무
② 건축물의 위치와 규격 등이 설계도서에 따라 적정하게 시공되는 지에 대한 확인 · 관리
③ 시공계획 및 설계 변경에 관한 사항 검토 등 공정관리에 관한 업무
④ 안전시설의 적정 설치 및 안전기준 준수 여부의 점검 · 관리
⑤ 그 밖에 건축주와 계약으로 정하는 업무

(7) 사진 또는 동영상 촬영 보관 및 제출

1) 사진 또는 동영상 촬영 대상 건축물 및 공사단계
- 공동주택, 종합병원, 관광숙박시설 등 다중이용 건축물, 특수구조 건축물, 필로티형식 건축물 중 3층 이상인 건축물

촬영 대상 건축물		공사 단계
1.	다중이용 건축물	가. 제19조제3항제1호부터 제3호까지의 구분에 따른 단계 나. 제46조제1항에 따른 방화구획 설치 공사와 관련하여 국토교통부령으로 정하는 단계 ※국토교통부령으로 정하는 단계: 1.「건축물의 피난 · 방화구조 등의 기준에 관한 규칙」 제14조제2항제2호에 따라 내화채움성능이 인정된 구조로 메우는 시공을 완료한 단계 2.「건축물의 피난 · 방화구조 등의 기준에 관한 규칙」 제14조제2항제3호 각 목 외의 부분 본문에 따라 댐퍼를 설치하는 시공을 완료한 단계
2.	특수구조 건축물	가. 매 층마다 상부 슬래브배근을 완료한 경우 나. 매 층마다 주요구조부의 조립을 완료한 경우
3.	3층 이상의 필로티형식 건축물	가. 기초공사 시 철근배치를 완료한 경우 나. 건축물 상층부의 하중이 상층부와 다른 구조형식의 하층부로 전달되는 다음의 어느 하나에 해당하는 부재(部材)의 철근배치를 완료한 경우 1) 기둥 또는 벽체 중 하나 2) 보 또는 슬래브 중 하나

2) 공사시공자는 영 제18조의2제2항에서 정하는 진도에 다다른 때마다 촬영한 사진 및 동영상을 디지털파일 형태로 가공、처리하여 보관하여야 하며, 해당 사진 및 동영상을 디스크 등 전자저장매체 또는 정보통신망을 통하여 공사감리자에게 제출
3) 사진 및 동영상을 제출받은 공사감리자는 그 내용의 적정성을 검토한 후 법 제25조제6항에 따라 건축주에게 감리중간보고서 및 감리완료보고서를 제출할 때 해당 사진 및 동영상을 함께 제출

4) 사진 및 동영상을 제출받은 건축주는 법 제25조제6항에 따라 허가권자에게 감리중간보고서 및 감리완료보고서를 제출할 때 해당 사진 및 동영상을 함께 제출
5) 제1항부터 제4항까지에서 규정한 사항 외에 사진 및 동영상의 촬영 및 보관 등에 필요한 사항은 국토교통부장관이 정하여 고시

2-15 건축물의 공사감리

2-15-1 공사감리의 지정 및 업무

건축법 제25조(건축물의 공사감리)

① 건축주는 대통령령으로 정하는 용도·규모 및 구조의 건축물을 건축하는 경우 건축사나 대통령령으로 정하는 자를 공사감리자(공사시공자 본인 및 「독점규제 및 공정거래에 관한 법률」 제2조에 따른 계열회사는 제외한다)로 지정하여 공사감리를 하게 하여야 한다.〈개정 2016. 2. 3.〉

② 제1항에도 불구하고 「건설산업기본법」 제41조제1항 각 호에 해당하지 아니하는 소규모 건축물로서 건축주가 직접 시공하는 건축물 및 주택으로 사용하는 건축물 중 대통령령으로 정하는 건축물의 경우에는 대통령령으로 정하는 바에 따라 허가권자가 해당 건축물의 설계에 참여하지 아니한 자 중에서 공사감리자를 지정하여야 한다. 다만, 다음 각 호의 어느 하나에 해당하는 건축물의 건축주가 국토교통부령으로 정하는 바에 따라 허가권자에게 신청하는 경우에는 해당 건축물을 설계한 자를 공사감리자로 지정할 수 있다.〈신설 2016. 2. 3., 2018. 8. 14., 2020. 4. 7.〉

1. 「건설기술 진흥법」 제14조에 따른 신기술 중 대통령령으로 정하는 신기술을 보유한 자가 그 신기술을 적용하여 설계한 건축물
2. 「건축서비스산업 진흥법」 제13조제4항에 따른 역량 있는 건축사로서 대통령령으로 정하는 건축사가 설계한 건축물
3. 설계공모를 통하여 설계한 건축물

시행령 **제19조(공사감리)**

③ 법 제25조제6항에서 "공사의 공정이 대통령령으로 정하는 진도에 다다른 경우"란 공사(하나의 대지에 둘 이상의 건축물을 건축하는 경우에는 각각의 건축물에 대한 공사를 말한다)의 공정이 다음 각 호의 구분에 따른 단계에 다다른 경우를 말한다. 〈개정 2014. 11. 28., 2016. 5. 17., 2017. 2. 3., 2019. 8. 6., 2024. 12. 17.〉

1. 해당 건축물의 구조가 철근콘크리트조ㆍ철골철근콘크리트조ㆍ조적조 또는 보강콘크리트블럭조인 경우: 다음 각 목의 어느 하나에 해당하는 단계
   가. 기초공사 시 철근배치를 완료한 경우
   나. 지붕슬래브배근을 완료한 경우
   다. 지상 5개 층마다 상부 슬래브배근을 완료한 경우
   라. 지하층 각 층(제2조제18호다목에 따른 특수구조 건축물로서 무량판 구조인 해당 지하층에 수직으로 배치된 주요구조부의 전체 단면적에서 보가 없이 배치된 기둥의 전체 단면적이 차지하는 비율이 4분의 1 이상인 경우만 해당한다)의 상부 슬래브배근을 완료한 경우
2. 해당 건축물의 구조가 철골조인 경우: 다음 각 목의 어느 하나에 해당하는 단계
   가. 기초공사 시 철근배치를 완료한 경우
   나. 지붕철골 조립을 완료한 경우
   다. 지상 3개 층마다 또는 높이 20미터마다 주요구조부의 조립을 완료한 경우
3. 해당 건축물의 구조가 제1호 또는 제2호 외의 구조인 경우: 기초공사에서 거푸집 또는 주춧돌의 설치를 완료한 단계
4. 제1호부터 제3호까지에 해당하는 건축물이 3층 이상의 필로티형식 건축물인 경우: 다음 각 목의 어느 하나에 해당하는 단계
   가. 해당 건축물의 구조에 따라 제1호부터 제3호까지의 어느 하나에 해당하는 경우
   나. 제18조의2제2항제3호나목에 해당하는 경우

제19조의2(허가권자가 공사감리자를 지정하는 건축물 등)

① 법 제25조제2항 각 호 외의 부분 본문에서 "대통령령으로 정하는 건축물"이란 다음 각 호의 건축물을 말한다. 〈개정 2017. 10. 24., 2019. 2. 12.〉

1. 「건설산업기본법」 제41조제1항 각 호에 해당하지 아니하는 건축물 중 다음 각 목의 어느 하나에 해당하지 아니하는 건축물
   가. 별표 1 제1호가목의 단독주택
   나. 농업ㆍ임업ㆍ축산업 또는 어업용으로 설치하는 창고ㆍ저장고ㆍ작업장ㆍ퇴비사ㆍ축사ㆍ양어장 및 그 밖에 이와 유사한 용도의 건축물

다. 해당 건축물의 건설공사가 「건설산업기본법 시행령」 제8조제1항 각 호의 어느 하나에 해당하는 경미한 건설공사인 경우

2. 주택으로 사용하는 다음 각 목의 어느 하나에 해당하는 건축물(각 목에 해당하는 건축물과 그 외의 건축물이 하나의 건축물로 복합된 경우를 포함한다)

가. 아파트

나. 연립주택

다. 다세대주택

라. 다중주택

마. 다가구주택

3. 삭제 〈2019. 2. 12.〉

② 시 · 도지사는 법 제25조제2항 각 호 외의 부분 본문에 따라 공사감리자를 지정하기 위하여 다음 각 호의 구분에 따른 자를 대상으로 모집공고를 거쳐 공사감리자의 명부를 작성하고 관리해야 한다. 이 경우 시 · 도지사는 미리 관할 시장 · 군수 · 구청장과 협의해야 한다. 〈개정 2020. 4. 21., 2021. 9. 14.〉

1. 다중이용 건축물의 경우: 「건축사법」 제23조제1항에 따라 건축사사무소의 개설신고를 한 건축사 및 「건설기술 진흥법」에 따른 건설엔지니어링사업자

2. 그 밖의 경우: 「건축사법」 제23조제1항에 따라 건축사사무소의 개설신고를 한 건축사

③ 제1항 각 호의 어느 하나에 해당하는 건축물의 건축주는 법 제21조에 따른 착공신고를 하기 전에 국토교통부령으로 정하는 바에 따라 허가권자에게 공사감리자의 지정을 신청하여야 한다.

④ 허가권자는 제2항에 따른 명부에서 공사감리자를 지정하여야 한다.

⑤ 제3항 및 제4항에서 규정한 사항 외에 공사감리자 모집공고, 명부작성 방법 및 공사감리자 지정 방법 등에 관한 세부적인 사항은 시 · 도의 조례로 정한다.

⑥ 법 제25조제2항제1호에서 "대통령령으로 정하는 신기술"이란 건축물의 주요구조부 및 주요구조부에 사용하는 마감재료에 적용하는 신기술을 말한다. 〈신설 2020. 10. 8.〉

⑦ 법 제25조제2항제2호에서 "대통령령으로 정하는 건축사"란 건축주가 같은 항 각 호 외의 부분 단서에 따라 허가권자에게 공사감리 지정을 신청한 날부터 최근 10년간 「건축서비스산업 진흥법 시행령」 제11조제1항 각 호의 어느 하나에 해당하는 설계공모 또는 대회에서 당선되거나 최우수 건축 작품으로 수상한 실적이 있는 건축사를 말한다. 〈신설 2020. 10. 8.〉

> ⑧ 법 제25조제13항에서 "해당 계약서 등 대통령령으로 정하는 서류"란 다음 각 호의 서류를 말한다. 〈신설 2019. 2. 12., 2020. 10. 8.〉
> 1. 설계자의 건축과정 참여에 관한 계획서
> 2. 건축주와 설계자와의 계약서
> [본조신설 2016. 7. 19.]

건축물의 공사 감리 지정

(1) 건축사를 공사감리자로 지정하여야 하는 건축물

① 법 제11조에 따라 건축허가를 받아야 하는 건축물(건축신고 대상 건축물은 제외한다)을 건축하는 경우

② 영 제6조 제1항 제6호에 따른 건축물을 리모델링하는 경우

(2) 다중이용건축물의 공사감리 지정

① 「건설기술 진흥법」에 따른 건설엔지니어링사업자(공사시공자 본인이거나 「독점규제 및 공정거래에 관한 법률」 제2조제12호에 따른 계열회사인 건설엔지니어링사업자는 제외한다)

② 「건설기술 진흥법 시행령」 제60조(감리원의 업무범위 및 배치기준)에 따라 건설사업관리기술인을 배치하는 경우에는 건축사를 공사감리자로 지정

감리자	해당 건축물의 용도 · 규모 · 구조	예외
건축사	1. 건축허가를 받아야 하는 건축물(건축신고 대상 건축물은 제외)을 건축하는 경우 2. 사용승인을 받은 후 15년 이상이 되어 리모델링이 필요한 건축물인 경우	• 용도변경 • 신고대상 건축물 • 신고대상 가설건축물 • 공작물
「건설기술 진흥법」에 따른 건설엔지니어링사업자(공사시공자 본인이거나 계열회사인 건설엔지니어링사업자는 제외) 또는 건축사	다중이용건축물을 건축하는 경우	「건설기술 진흥법 시행령」 제60조에 따라 건설사업관리기술인을 배치하는 경우에는 건축사를 공사감리자로 지정할 수 있음

2-15-2 시정 또는 공사 중지요청

건축법 제25조(건축물의 공사감리)

③ 공사감리자는 공사감리를 할 때 이 법과 이 법에 따른 명령이나 처분, 그 밖의 관계 법령에 위반된 사항을 발견하거나 공사시공자가 설계도서대로 공사를 하지 아니하면 이를 건축주에게 알린 후 공사시공자에게 시정하거나 재시공하도록 요청하여야 하며, 공사시공자가 시정이나 재시공 요청에 따르지 아니하면 서면으로 그 건축공사를 중지하도록 요청할 수 있다. 이 경우 공사중지를 요청받은 공사시공자는 정당한 사유가 없으면 즉시 공사를 중지하여야 한다.

2-15-3 위법사항의 보고

건축법 제25조(건축물의 공사감리)

④ 공사감리자는 제3항에 따라 공사시공자가 시정이나 재시공 요청을 받은 후 이에 따르지 아니하거나 공사중지 요청을 받고도 공사를 계속하면 국토교통부령으로 정하는 바에 따라 이를 허가권자에게 보고하여야 한다.

시행규칙 제19조(감리보고서등)

① 법 제25조제3항에 따라 공사감리자는 건축공사기간중 발견한 위법사항에 관하여 시정·재시공 또는 공사중지의 요청을 하였음에도 불구하고 공사시공자가 이에 따르지 아니하는 경우에는 시정등을 요청할 때에 명시한 기간이 만료되는 날부터 7일 이내에 별지 제20호서식의 위법건축공사보고서를 허가권자에게 제출(전자문서로 제출하는 것을 포함한다)하여야 한다.

위법 건축공사 보고서 제출

① 사유 : 공사시공자가 시정·재시공 또는 공사 중지의 요청에 따르지 아니할 때

② 기간 : 시정 등을 요청할 때에 명시한 기간이 만료되는 날부터 7일 이내

③ 제출 : 공사감리자가 허가권자에게 제출(전자문서 포함)하여야 한다.

2-15-4 상세시공도면의 작성 요청

건축법 **제25조(건축물의 공사감리)**

⑤ 대통령령으로 정하는 용도 또는 규모의 공사의 공사감리자는 필요하다고 인정하면 공사시공자에게 상세시공도면을 작성하도록 요청할 수 있다.

시행령 **제19조(공사감리)**

④ 법 제25조제5항에서 "대통령령으로 정하는 용도 또는 규모의 공사"란 연면적의 합계가 5천 제곱미터 이상인 건축공사를 말한다.〈개정 2017.2.3.〉

2-15-5 감리보고서 등

건축법 **제25조(건축물의 공사감리)**

⑥ 공사감리자는 국토교통부령으로 정하는 바에 따라 감리일지를 기록 · 유지하여야 하고, 공사의 공정(工程)이 대통령령으로 정하는 진도에 다다른 경우에는 감리중간보고서를, 공사를 완료한 경우에는 감리완료보고서를 국토교통부령으로 정하는 바에 따라 각각 작성하여 건축주에게 제출하여야 한다. 이 경우 건축주는 감리중간보고서는 제출받은 때, 감리완료보고서는 제22조에 따른 건축물의 사용승인을 신청할 때 허가권자에게 제출하여야 한다.〈개정 2013. 3. 23., 2016. 2. 3., 2020. 4. 7.〉

⑦ 건축주나 공사시공자는 제3항과 제4항에 따라 위반사항에 대한 시정이나 재시공을 요청하거나 위반사항을 허가권자에게 보고한 공사감리자에게 이를 이유로 공사감리자의 지정을 취소하거나 보수의 지급을 거부하거나 지연시키는 등 불이익을 주어서는 아니 된다.〈개정 2016. 2. 3.〉

시행령 **제19조(공사감리)**

③ 법 제25조제6항에서 "공사의 공정이 대통령령으로 정하는 진도에 다다른 경우"란 공사(하나의 대지에 둘 이상의 건축물을 건축하는 경우에는 각각의 건축물에 대한 공사를 말한다)의 공정이 다음 각 호의 구분에 따른 단계에 다다른 경우를 말한다. 〈개정 2014. 11. 28., 2016. 5. 17., 2017. 2. 3., 2019. 8. 6., 2024. 12. 17.〉

1. 해당 건축물의 구조가 철근콘크리트조 · 철골철근콘크리트조 · 조적조 또는 보강콘크리트블럭조인 경우: 다음 각 목의 어느 하나에 해당하는 단계
   가. 기초공사 시 철근배치를 완료한 경우
   나. 지붕슬래브배근을 완료한 경우

다. 지상 5개 층마다 상부 슬래브배근을 완료한 경우

라. 지하층 각 층(제2조제18호다목에 따른 특수구조 건축물로서 무량판 구조인 해당 지하층에 수직으로 배치된 주요구조부의 전체 단면적에서 보가 없이 배치된 기둥의 전체 단면적이 차지하는 비율이 4분의 1 이상인 경우만 해당한다)의 상부 슬래브 배근을 완료한 경우

2. 해당 건축물의 구조가 철골조인 경우: 다음 각 목의 어느 하나에 해당하는 단계

가. 기초공사 시 철근배치를 완료한 경우

나. 지붕철골 조립을 완료한 경우

다. 지상 3개 층마다 또는 높이 20미터마다 주요구조부의 조립을 완료한 경우

3. 해당 건축물의 구조가 제1호 또는 제2호 외의 구조인 경우: 기초공사에서 거푸집 또는 주춧돌의 설치를 완료한 단계

4. 제1호부터 제3호까지에 해당하는 건축물이 3층 이상의 필로티형식 건축물인 경우: 다음 각 목의 어느 하나에 해당하는 단계

가. 해당 건축물의 구조에 따라 제1호부터 제3호까지의 어느 하나에 해당하는 경우

나. 제18조의2제2항제3호나목에 해당하는 경우

시행규칙 **제19조(감리보고서등)**

③ 법 제25조제6항에 따른 공사감리일지는 별지 제21호서식에 따른다. 〈개정 2018. 11. 29.〉

④ 건축주는 법 제25조제6항에 따라 감리중간보고서 · 감리완료보고서를 제출할 때 별지 제22호서식에 다음 각 호의 서류를 첨부하여 허가권자에게 제출해야 한다. 〈신설 2018. 11. 29.〉

1. 건축공사감리 점검표
2. 별지 제21호서식의 공사감리일지
3. 공사추진 실적 및 설계변경 종합
4. 품질시험성과 총괄표
5. 「산업표준화법」에 따른 산업표준인증을 받은 자재 및 국토교통부장관이 인정한 자재의 사용 총괄표
6. 공사현장 사진 및 동영상(법 제24조제7항에 따른 건축물만 해당한다)
7. 공사감리자가 제출한 의견 및 자료(제출한 의견 및 자료가 있는 경우만 해당한다)

⑤ 제4항에 따라 감리중간보고서 · 감리완료보고서를 제출받은 허가권자는 같은 항 제2호에 따른 공사감리일지에 서명 · 날인한 감리원과 영 제19조제10항에 따른 건축사보 배치현황이 일치하는지 여부를 확인해야 한다. 〈신설 2023. 11. 1.〉

[전문개정 1996. 1. 18.]

공사감리보고서에 관한 이행 사항

(1) 공사감리자가 이행할 사항

① 감리일지를 기록 · 유지하여야 한다.

② 공사(하나의 대지에 둘 이상의 건축물이 있는 경우에는 각각의 건축물)의 공정이 다음 각 호의 어느 하나에 다다른 때에는 감리 중간보고서를 건축주에게 제출하여야 한다.

가) 구조와 공사 단계

<table>
<tr><th colspan="2">구 조</th><th>기초 공사</th><th>지붕 공사</th><th>지상층 공사</th><th>지하층</th></tr>
<tr><td>1</td><td>철근콘크리트조
철근철골콘크리트조
조적조
보강 콘크리트 블럭조</td><td rowspan="2">철근배근
완료시</td><td>지붕 슬래브
배근 완료시</td><td>지상 5개층 마다
상부 슬래브
배근 완료시</td><td>지하층 각 층의
상부 슬래브배근을
완료한 경우</td></tr>
<tr><td>2</td><td>철골조</td><td>지붕 철골조립
완료시</td><td>지상 3개층 마다
또는 높이 20미터
마다 주요구조부의
조립 완료시</td><td>-</td></tr>
<tr><td>3</td><td>1, 2번 그 외</td><td>거푸집 또는
주춧돌 설치
완료한 단계</td><td>-</td><td>-</td><td>-</td></tr>
</table>

※ 지하층 각층:제2조제18호다목에 따른 특수구조 건축물로서 무량판 구조인 해당 지하층에 수직으로 배치된 주요구조부의 전체 단면적에서 보가 없이 배치된 기둥의 전체 단면적이 차지하는 비율이 4분의 1 이상인 경우만 해당

나) 건축물이 3층 이상의 필로티형식 건축물인 경우(건축법시행령 18조2의 2항3호)

- 위의 구조에 해당하는 건축물이 3층 이상의 필로티형식 건축물인 경우 다음의 어느 하나에 해당하는 경우 감리 중간보고서를 건축주에게 제출하여야 함
- 기초공사 시 철근배치를 완료한 경우
- 건축물 상층부의 하중이 상층부와 다른 구조형식의 하층부로 전달되는 다음의 어느 하나에 해당하는 부재(部材)의 철근배치를 완료한 경우

  ① 기둥 또는 벽체 중 하나

  ② 보 또는 슬래브 중 하나

(2) 건축주가 이행할 사항

건축주는 감리중간보고서는 제출받은 때, 감리완료보고서는 제22조에 따른 건축물의 사용승인을 신청할 때 허가권자에게 제출하여야 한다.

(3) 공사감리자에 대한 불이익 금지

건축주 또는 공사시공자는 위반사항에 대한 시정 등을 요청하거나 위반사항을 허가권자에게 보고한 공사감리자에 대하여 이를 이유로

① 공사감리자의 지정을 취소하거나

② 보수의 지급을 거부 또는 지연시키는 등 불이익을 주어서는 아니 된다.

(4) 감리중간보고서 · 감리완료보고서를 제출할 때 첨부 서류

① 건축공사감리 점검표

② 공사감리일지

③ 공사추진 실적 및 설계변경 종합

④ 품질시험성과 총괄표

⑤ 산업표준인증을 받은 자재 및 국토교통부장관이 인정한 자재의 사용 총괄표

⑥ 공사현장 사진 및 동영상(법 제24조제7항에 따른 건축물만 해당)

⑦ 공사감리자가 제출한 의견 및 자료

2-15-6 공사감리의 방법 및 범위

건축법 제25조(건축물의 공사감리)

⑧ 제1항에 따른 공사감리의 방법 및 범위 등은 건축물의 용도 · 규모 등에 따라 대통령령으로 정하되, 이에 따른 세부기준이 필요한 경우에는 국토교통부장관이 정하거나 건축사협회로 하여금 국토교통부장관의 승인을 받아 정하도록 할 수 있다. 〈개정 2013. 3. 23., 2016. 2. 3.〉

⑨ 국토교통부장관은 제8항에 따라 세부기준을 정하거나 승인을 한 경우 이를 고시하여야 한다. 〈개정 2013. 3. 23., 2016. 2. 3.〉

⑩ 「주택법」 제15조에 따른 사업계획 승인 대상과 「건설기술 진흥법」 제39조제2항에 따라 건설사업관리를 하게 하는 건축물의 공사감리는 제1항부터 제9항까지 및 제11항부터 제14항까지의 규정에도 불구하고 각각 해당 법령으로 정하는 바에 따른다. 〈개정 2013. 5. 22., 2016. 1. 19., 2016. 2. 3., 2018. 8. 14.〉

⑪ 제1항에 따라 건축주가 공사감리자를 지정하거나 제2항에 따라 허가권자가 공사감리자를 지정하는 건축물의 건축주는 제21조에 따른 착공신고를 하는 때에 감리비용이 명시된 감리 계약서를 허가권자에게 제출하여야 하고, 제22조에 따른 사용승인을 신청하는 때에는 감리용역 계약내용에 따라 감리비용을 지급하여야 한다. 이 경우 허가권자는 감리 계약서에 따라 감리비용이 지급되었는지를 확인한 후 사용승인을 하여야 한다. 〈신설 2016. 2. 3., 2020. 12. 22., 2021. 7. 27.〉

⑫ 제2항에 따라 허가권자가 공사감리자를 지정하는 건축물의 건축주는 설계자의 설계의도가 구현되도록 해당 건축물의 설계자를 건축과정에 참여시켜야 한다. 이 경우 「건축서비스산업 진흥법」 제22조를 준용한다. 〈신설 2018. 8. 14.〉

⑬ 제12항에 따라 설계자를 건축과정에 참여시켜야 하는 건축주는 제21조에 따른 착공신고를 하는 때에 해당 계약서 등 대통령령으로 정하는 서류를 허가권자에게 제출하여야 한다. 〈신설 2018. 8. 14.〉

⑭ 허가권자는 제2항에 따라 허가권자가 공사감리자를 지정하는 경우의 감리비용에 관한 기준을 해당 지방자치단체의 조례로 정할 수 있다. 〈신설 2016. 2. 3., 2018. 8. 14., 2020. 12. 22.〉

시행령 **제19조(공사감리)** ⑤ 공사감리자는 수시로 또는 필요할 때 공사현장에서 감리업무를 수행해야 하며, 다음 각 호의 건축공사를 감리하는 경우에는 「건축사법」 제2조제2호에 따른 건축사보(「기술사법」 제6조에 따른 기술사사무소 또는 「건축사법」 제23조제9항 각 호의 건설엔지니어링사업자 등에 소속되어 있는 사람으로서 「국가기술자격법」에 따른 해당 분야 기술계 자격을 취득한 사람과 「건설기술 진흥법 시행령」 제4조에 따른 건설사업관리를 수행할 자격이 있는 사람을 포함한다. 이하 같다) 중 건축 분야의 건축사보 한 명 이상을 전체 공사기간 동안, 토목 · 전기 또는 기계 분야의 건축사보 한 명 이상을 각 분야별 해당 공사기간 동안 각각 공사현장에서 감리업무를 수행하게 해야 한다. 이 경우 건축사보는 해당 분야의 건축공사의 설계 · 시공 · 시험 · 검사 · 공사감독 또는 감리업무 등에 2년 이상 종사한 경력이 있는 사람이어야 한다. 〈개정 2009. 7. 16., 2010. 12. 13., 2014. 5. 22., 2015. 9. 22., 2018. 9. 4., 2020. 1. 7., 2020. 4. 21., 2021. 9. 14.〉

1. 바닥면적의 합계가 5천 제곱미터 이상인 건축공사. 다만, 축사 또는 작물 재배사의 건축공사는 제외한다.
2. 연속된 5개 층(지하층을 포함한다) 이상으로서 바닥면적의 합계가 3천 제곱미터 이상인 건축공사
3. 아파트 건축공사
4. 준다중이용 건축물 건축공사

⑥ 공사감리자는 제5항 각 호에 해당하지 않는 건축공사로서 깊이 10미터 이상의 토지 굴착공사 또는 높이 5미터 이상의 옹벽 등의 공사(「산업집적활성화 및 공장설립에 관한 법률」 제2조제14호에 따른 산업단지에서 바닥면적 합계가 2천제곱미터 이하인 공장을 건축하는 경우는 제외한다)를 감리하는 경우에는 건축사보 중 건축 또는 토목 분야의 건축사보 한 명 이상을 해당 공사기간 동안 공사현장에서 감리업무를 수행하게 해야 한다. 이 경우 건축사보는 건축공사의 시공 · 공사감독 또는 감리업무 등에 2년 이상 종사한 경력이 있는 사람이어야 한다. 〈신설 2020. 4. 21., 2021. 8. 10., 2023. 9. 12.〉

⑦ 공사감리자는 제61조제1항제4호에 해당하는 건축물의 마감재료 설치공사를 감리하는 경우로서 국토교통부령으로 정하는 경우에는 건축 또는 안전관리 분야의 건축사보 한 명 이상이 마감재료 설치공사기간 동안 그 공사현장에서 감리업무를 수행하게 해야 한다. 이 경우 건축사보는 건축공사의 설계 · 시공 · 시험 · 검사 · 공사감독 또는 감리업무 등에 2년 이상 종사한 경력이 있는 사람이어야 한다. 〈신설

2021. 8. 10.〉

⑧ 공사감리자는 제5항부터 제7항까지의 규정에 따라 건축사보로 하여금 감리업무를 수행하게 하는 경우 다른 공사현장이나 공정의 감리업무를 수행하고 있지 않는 건축사보가 감리업무를 수행하게 해야 한다. 〈신설 2021. 8. 10.〉

⑨ 공사감리자가 수행하여야 하는 감리업무는 다음과 같다. 〈개정 2013. 3. 23., 2020. 4. 21., 2021. 8. 10.〉

1. 공사시공자가 설계도서에 따라 적합하게 시공하는지 여부의 확인
2. 공사시공자가 사용하는 건축자재가 관계 법령에 따른 기준에 적합한 건축자재인지 여부의 확인
3. 그 밖에 공사감리에 관한 사항으로서 국토교통부령으로 정하는 사항

⑩ 제5항부터 제7항까지의 규정에 따라 공사현장에 건축사보를 두는 공사감리자는 다음 각 호의 구분에 따른 기간에 국토교통부령으로 정하는 바에 따라 건축사보의 배치현황을 허가권자에게 제출해야 한다. 〈개정 2013. 3. 23., 2014. 11. 28., 2020. 4. 21., 2021. 8. 10.〉

1. 최초로 건축사보를 배치하는 경우에는 착공 예정일(제6항 또는 제7항에 따라 배치하는 경우에는 배치일을 말한다)부터 7일
2. 건축사보의 배치가 변경된 경우에는 변경된 날부터 7일
3. 건축사보가 철수한 경우에는 철수한 날부터 7일

⑪ 허가권자는 제10항에 따라 공사감리자로부터 건축사보의 배치현황을 받으면 지체 없이 건축사보가 이중으로 배치되어 있는지 여부 등 국토교통부령으로 정하는 내용을 확인한 후 「전자정부법」 제37조에 따른 행정정보 공동이용센터를 통해 그 배치현황을 「건축사법」 제31조에 따른 대한건축사협회에 보내야 한다. 〈개정 2013. 3. 23., 2020. 4. 21., 2021. 8. 10., 2022. 7. 26., 2023. 9. 12.〉

⑫ 제11항에 따라 건축사보의 배치현황을 받은 대한건축사협회는 이를 관리해야 하며, 건축사보가 이중으로 배치된 사실 등을 확인한 경우에는 지체 없이 그 사실 등을 관계 시 · 도지사, 허가권자 및 그 밖에 국토교통부령으로 정하는 자에게 알려야 한다. 〈개정 2012. 12. 12., 2020. 4. 21., 2021. 8. 10., 2022. 7. 26., 2023. 9. 12.〉

⑬ 제12항에서 규정한 사항 외에 건축사보의 배치현황 관리 등에 필요한 사항은 국토교통부령으로 정한다. 〈신설 2023. 9. 12.〉

[전문개정 2008. 10. 29.]

시행규칙 **제19조의2(공사감리업무 등)** ①공사감리자는 영 제19조제9항제3호에 따라 다음 각 호의 업무를 수행한다. 〈개정 2020. 10. 28., 2021. 12. 31.〉

1. 건축물 및 대지가 이 법 및 관계 법령에 적합하도록 공사시공자 및 건축주를 지도
2. 시공계획 및 공사관리의 적정여부의 확인

2의2. 건축공사의 하도급과 관련된 다음 각 목의 확인

가. 수급인(하수급인을 포함한다. 이하 이 호에서 같다)이 「건설산업기본법」 제16조에 따른 시공자격을 갖춘 건설사업자에게 건축공사를 하도급했는지에 대한 확인

나. 수급인이 「건설산업기본법」 제40조제1항에 따라 공사현장에 건설기술인을 배치했는지에 대한 확인

3. 공사현장에서의 안전관리의 지도
4. 공정표의 검토
5. 상세시공도면의 검토 · 확인
6. 구조물의 위치와 규격의 적정여부의 검토 · 확인
7. 품질시험의 실시여부 및 시험성과의 검토 · 확인
8. 설계변경의 적정여부의 검토 · 확인
9. 기타 공사감리계약으로 정하는 사항

② 공사감리자는 영 제19조제10항에 따라 건축사보 배치현황을 제출(제22조의2에 따른 전자정보시스템을 통해 제출하는 것을 말한다)하는 경우에는 별지 제22호의2서식에 다음 각 호의 서류를 첨부(건축사보가 철수하는 경우는 제외한다)해야 한다. 이 경우 공사감리자는 공사현장에 배치되는 건축사보(배치기간을 변경하거나 철수하는 경우의 건축사보는 제외한다)로부터 배치기간 및 다른 공사현장이나 공정에 이중으로 배치되었는지 여부를 확인받은 후 해당 건축사보의 서명 · 날인을 받아야 한다. 〈개정 2023. 11. 1.〉

1. 예정공정표(건축주의 확인을 받은 것을 말한다) 및 분야별 건축사보 배치계획
2. 건축사보의 경력, 자격 및 소속을 증명하는 서류

③ 영 제19조제11항에서 "건축사보가 이중으로 배치되어 있는지 여부 등 국토교통부령으로 정하는 내용"이란 다음 각 호의 사항을 말한다. 〈신설 2023. 11. 1.〉

1. 제2항 각 호의 내용이 영 제19조제2항 및 제5항부터 제7항까지의 규정에 적합한지 여부
2. 건축사보가 영 제19조제2항 및 제5항부터 제7항까지의 규정에 따른 건축공사 현장에 이중으로 배치되어 있는지 여부

④ 영 제19조제12항에서 "국토교통부령으로 정하는 자"란 다음 각 호의 자를 말한다. 〈신설 2023. 11. 1.〉

1. 「주택법」 제15조에 따른 주택건설사업 사업계획승인권자(이하 "주택건설사업계

획승인권자"라 한다)
2. 「건설기술진흥법 시행규칙」 제25조제1항에 따른 건설엔지니어링 실적관리 수탁기관(이하 "건설엔지니어링 실적관리 수탁기관"이라 한다)

⑤ 「건축사법」 제31조에 따른 대한건축사협회(이하 "대한건축사협회"라 한다)는 영 제19조제11항에 따라 허가권자로부터 받은 건축사보 배치현황을 전자적 처리가 가능한 방식으로 관리한다. 〈신설 2023. 11. 1.〉

⑥ 대한건축사협회는 다음 각 호의 자료를 활용하여 건축사보가 공사현장에 이중으로 배치되어 있는지 여부를 확인한다. 〈신설 2023. 11. 1.〉
1. 제5항에 따른 건축사보 배치현황 자료
2. 국토교통부장관이 정하는 바에 따라 주택건설사업계획승인권자로부터 받은 감리원 배치 자료
3. 국토교통부장관이 정하는 바에 따라 건설엔지니어링 실적관리 수탁기관으로부터 받은 건설엔지니어링 참여 기술인의 현황 자료

[본조신설 1996. 1. 18.]
[제목개정 2005. 7. 18.]

공사감리의 대상 및 업무내용 등

(1) 일반건축물의 공사감리

수시로 또는 필요할 때 공사현장에서 감리 업무를 수행하여야 한다.

(2) 대규모 건축물과 아파트의 공사감리

- 다음 각 호의 건축 등의 공사감리에 있어서는 건축사보(2년 이상 설계 · 시공 · 감리업무 등에 경력이 있는 자)를 해당 공사기간 동안 공사현장에서 감리업무를 수행하게 하여야 한다.
- 공사감리자는 제5항부터 제7항까지의 규정에 따라 건축사보로 하여금 감리업무를 수행하게 하는 경우 다른 공사현장이나 공정의 감리업무를 수행하고 있지 않는 건축사보가 감리업무를 수행하게 해야 한다.

감리대상 건축물	감리인원	감리기간
1. 바닥면적의 합계가 5천㎡ 이상인 건축공사(축사 또는 작물 재배사는 제외) 2. 연속된 5개층(지하층 포함) 이상으로서 바닥면적의 합계가 3천㎡ 이상인 건축공사 3. 아파트 건축공사 4. 준다중이용 건축물 건축공사	건축분야의 2년 이상 경력이 있는 건축사보 한명 이상	전체 공사 기간 동안(상주감리)
	토목 · 전기 또는 기계분야의 건축사보 한명 이상	각 분야별 해당공사 기간 동안
깊이 10미터 이상의 토지 굴착공사 또는 높이 5미터 이상의 옹벽 등의 공사(「산업집적활성화 및 공장설립에 관한 법률」 제2조제14호에 따른 산업단지에서 바닥면적 합계가 2천제곱미터 이하인 공장을 건축하는 경우는 제외)	건축 또는 토목 분야의 건축사보 한 명 이상(건축사보의 자격: 건축공사의 시공 · 공사감독 또는 감리업무 등에 2년 이상 종사한 경력이 있는 사람)	해당 공사 기간 동안
공장, 창고시설, 위험물 저장 및 처리 시설(자가난방과 자가발전 등의 용도로 쓰는 시설을 포함의 마감재료 설치공사	- 건축 또는 안전관리 분야의 건축사보 한 명 이상 - 건축사보는 건축공사의 설계 · 시공 · 시험 · 검사 · 공사감독 또는 감리업무 등에 2년 이상 종사한 경력이 있는 사람	마감재료 설치공사기간 동안

(3) 공사감리자가 수행하여야 하는 감리업무

① 건축물 및 대지가 이 법 및 관계법령에 적합하도록 공사시공자 및 건축주를 지도
② 시공계획 및 공사관리의 적정여부의 확인
③ 공사현장에서의 안전관리의 지도
④ 공정표의 검토
⑤ 상세시공도면의 검토 · 확인
⑥ 구조물의 위치와 규격의 적정여부의 검토 · 확인
⑦ 품질시험의 실시여부 및 시험성과의 검토 · 확인
⑧ 설계변경의 적정여부의 검토 · 확인
⑨ 기타 공사감리계약으로 정하는 사항

(4) 건축사보의 배치현황 제출

① 공사현장에 건축사보를 두는 공사감리자는 다음 기간 이내에 건축사보의 배치현황을 허가권자에게 제출하여야 한다.

구분		내용
1.	최초로 건축사보를 배치하는 경우	착공예정일부터 7일
2.	건축사보의 배치에 관한 변경이 있는 경우	변경된 날부터 7일
3.	건축사보가 철수한 경우	철수한 날부터 7일

② 허가권자는 공사감리자로부터 건축사보의 배치현황을 받으면 지체 없이 건축사보가 이중으로 배치되어 있는지 여부 등 국토교통부령으로 정하는 내용을 확인한 후 「전자정부법」 제37조에 따른 행정정보 공동이용센터를 통해 그 배치현황을 「건축사법」 제31조에 따른 대한건축사협회에 보내야 한다.

③ 건축사보의 배치현황을 받은 대한건축사협회는 이를 관리해야 하며, 건축사보가 이중으로 배치된 사실 등을 확인한 경우에는 지체 없이 그 사실 등을 관계 시 · 도지사, 허가권자 및 그 밖에 국토교통부령으로 정하는 자에게 알려야 한다.

④ 제12항에서 규정한 사항 외에 건축사보의 배치현황 관리 등에 필요한 사항은 국토교통부령으로 정한다.

(5) 건축사보의 배치 현황 첨부 서류 및 이중 배치 여부 확인

① 공사감리자는 건축사보 배치현황을 제출(전자정보시스템을 통해 제출)하는 경우에는 별지 제22호의2서식에 다음 각 호의 서류를 첨부(건축사보가 철수하는 경우는 제외)해야 한다. 이 경우 공사감리자는 공사현장에 배치되는 건축사보(배치기간을 변경하거나 철수하는 경우의 건축사보는 제외)로부터 배치기간 및 다른 공사현장이나 공정에 이중으로 배치되었는지 여부를 확인받은 후 해당 건축사보의 서명 · 날인을 받아야 한다.

- 예정공정표(건축주의 확인을 받은 것) 및 분야별 건축사보 배치계획
- 건축사보의 경력, 자격 및 소속을 증명하는 서류

② 건축사보가 이중으로 배치되어 있는지 여부 확인

대한건축사협회는 다음 각 호의 자료를 활용하여 건축사보가 공사현장에 이중으로 배치되어 있는지 여부를 확인한다.

- 건축사보 배치현황 자료
- 주택건설사업계획승인권자로부터 받은 감리원 배치 자료
- 건설엔지니어링 실적관리 수탁기관으로부터 받은 건설엔지니어링 참여 기술인의 현황 자료

2-16 허용오차

건축법 **제26조(허용 오차)** 대지의 측량(「공간정보의 구축 및 관리 등에 관한 법률」에 따른 지적측량은 제외한다)이나 건축물의 건축 과정에서 부득이하게 발생하는 오차는 이 법을 적용할 때 국토교통부령으로 정하는 범위에서 허용한다.〈개정 2009.6.9., 2013.3.23., 2014.6.3.〉

시행규칙 **제20조(허용오차)** 법 제26조에 따른 허용오차의 범위는 별표 5와 같다.

〔별표 5〕

건축허용오차(제20조 관련)

1. 대지관련 건축기준의 허용오차

항목	허용되는 오차의 범위
건축선의 후퇴거리	3퍼센트 이내
인접건축물과의 거리	3퍼센트 이내
건폐율	0.5퍼센트 이내(건축면적 5제곱미터를 초과할 수 없다)
용적률	1퍼센트 이내(연면적 30제곱미터를 초과할 수 없다)

2. 건축물관련 건축기준의 허용오차

항목	허용되는 오차의 범위
건축물 높이	2퍼센트 이내(1미터를 초과할 수 없다)
평면길이	2퍼센트 이내(건축물 전체길이는 1미터를 초과할 수 없고, 벽으로 구획된 각 실의 경우에는 10센티미터를 초과할 수 없다)
출구너비	2퍼센트 이내
반자높이	2퍼센트 이내
벽체두께	3퍼센트 이내
바닥판두께	3퍼센트 이내

2-17 현장조사 · 검사 및 확인업무의 대행

건축법 **제27조(현장조사 · 검사 및 확인업무의 대행)**

① 허가권자는 이 법에 따른 현장조사 · 검사 및 확인업무를 대통령령으로 정하는 바에 따라 「건축사법」 제23조에 따라 건축사사무소 개설신고를 한 자에게 대행하게 할 수 있다.〈개정 2014.1.14., 2014.5.28.〉

② 제1항에 따라 업무를 대행하는 자는 현장조사 · 검사 또는 확인결과를 국토교통부령으로 정하는 바에 따라 허가권자에게 서면으로 보고하여야 한다.

③ 허가권자는 제1항에 따른 자에게 업무를 대행하게 한 경우 국토교통부령으로 정하는 범위에서 해당 지방자치단체의 조례로 정하는 수수료를 지급하여야 한다.

시행령 **제20조(현장조사 · 검사 및 확인업무의 대행)**

① 허가권자는 법 제27조제1항에 따라 건축조례로 정하는 건축물의 건축허가, 건축신고, 사용승인 및 임시사용승인과 관련되는 현장조사 · 검사 및 확인업무를 건축사로 하여금 대행하게 할 수 있다. 이 경우 허가권자는 건축물의 사용승인 및 임시사용승인과 관련된 현장조사 · 검사 및 확인업무를 대행할 건축사를 다음 각 호의 기준에 따라 선정하여야 한다.〈개정 2014. 11. 28.〉

1. 해당 건축물의 설계자 또는 공사감리자가 아닐 것
2. 건축주의 추천을 받지 아니하고 직접 선정할 것

② 시 · 도지사는 법 제27조제1항에 따라 현장조사 · 검사 및 확인업무를 대행하게 하는 건축사(이하 이 조에서 "업무대행건축사"라 한다)의 명부를 모집공고를 거쳐 작성 · 관리해야 한다. 이 경우 시 · 도지사는 미리 관할 시장 · 군수 · 구청장과 협의해야 한다.〈개정 2021. 1. 8.〉

③ 허가권자는 제2항에 따른 명부에서 업무대행건축사를 지정해야 한다.〈신설 2021. 1. 8.〉

④ 제2항 및 제3항에 따른 업무대행건축사 모집공고, 명부 작성 · 관리 및 지정에 필요한 사항은 시 · 도의 조례로 정한다.〈신설 2021. 1. 8.〉

[전문개정 2008. 10. 29.]

시행규칙 제21조(현장조사 · 검사업무의 대행)

① 법 제27조 제2항에 따라 현장조사 · 검사 또는 확인업무를 대행하는 자는 허가권자에게 별지 제23호 서식의 건축허가조사 및 검사조서 또는 별지 제24호 서식의 사용승인조사 및 검사조서를 제출하여야 한다.〈개정 2006.5.12., 2008.12.11.〉

② 허가권자는 제1항에 따라 건축허가 또는 사용승인을 하는 것이 적합한 것으로 표시된 건축허가조사 및 검사조서 또는 사용승인조사 및 검사조서를 받은 때에는 지체없이 건축허가서 또는 사용승인서를 교부하여야 한다. 다만, 법 제11조 제2항에 따라 건축허가를 할 때 도지사의 승인이 필요한 건축물인 경우에는 미리 도지사의 승인을 받아 건축허가서를 발급하여야 한다.〈개정 2006.5.12., 2008.12.11.〉

③ 허가권자는 법 제27조 제3항에 따라 현장조사 · 검사 및 확인업무를 대행하는 자에게 「엔지니어링산업 진흥법」 제31조에 따라 산업통상자원부장관이 고시하는 엔지니어링사업 대가기준에 따라 산정한 대가 이상의 범위에서 건축조례로 정하는 수수료를 지급하여야 한다.〈개정 1996. 1.18., 2000.7.4., 2005.7.18., 2006.5.12., 2008.12.11., 2010.8.5., 2012.12.12., 2013.3.23., 2014. 10.15.〉

2-18 공사현장의 위해 방지

건축법 제28조(공사현장의 위해 방지 등)

① 건축물의 공사시공자는 대통령령으로 정하는 바에 따라 공사현장의 위해를 방지하기 위하여 필요한 조치를 하여야 한다.

② 허가권자는 건축물의 공사와 관련하여 건축관계자간 분쟁상담 등의 필요한 조치를 하여야 한다.

시행령 제21조(공사현장의 위해 방지)

건축물의 시공 또는 철거에 따른 유해 · 위험의 방지에 관한 사항은 산업안전보건에 관한 법령에서 정하는 바에 따른다.

2-19 공용건축물에 대한 특례

건축법 제29조(공용건축물에 대한 특례)

① 국가나 지방자치단체는 제11조, 제14조, 제19조, 제20조 및 제83조에 따른 건축물을 건축 · 대수선 · 용도변경하거나 가설건축물을 건축하거나 공작물을 축조하려는 경우에는 대통령령으로 정하는 바에 따라 미리 건축물의 소재지를 관할하는 허가권자와 협의하여야 한다.

② 국가나 지방자치단체가 제1항에 따라 건축물의 소재지를 관할하는 허가권자와 협의한 경우에는 제11조, 제14조, 제19조, 제20조 및 제83조에 따른 허가를 받았거나 신고한 것으로 본다.

③ 제1항에 따라 협의한 건축물에는 제22조 제1항부터 제3항까지의 규정을 적용하지 아니한다. 다만, 건축물의 공사가 끝난 경우에는 지체 없이 허가권자에게 통보하여야 한다.

④ 국가나 지방자치단체가 소유한 대지의 지상 또는 지하 여유공간에 구분지상권을 설정하여 주민편의시설 등 대통령령으로 정하는 시설을 설치하고자 하는 경우 허가권자는 구분지상권자를 건축주로 보고 구분지상권이 설정된 부분을 제2조 제1항 제1호의 대지로 보아 건축허가를 할 수 있다. 이 경우 구분지상권 설정의 대상 및 범위, 기간 등은 「국유재산법」 및 「공유재산 및 물품 관리법」에 적합하여야 한다.

시행령 제22조(공용건축물에 대한 특례)

① 국가 또는 지방자치단체가 법 제29조에 따라 건축물을 건축하려면 해당 건축공사를 시행하는 행정기관의 장 또는 그 위임을 받은 자는 건축공사에 착수하기 전에 그 공사에 관한 설계도서와 국토교통부령으로 정하는 관계 서류를 허가권자에게 제출(전자문서에 의한 제출을 포함한다)하여야 한다. 다만, 국가안보상 중요하거나 국가기밀에 속하는 건축물을 건축하는 경우에는 설계도서의 제출을 생략할 수 있다.

② 허가권자는 제1항 본문에 따라 제출된 설계도서와 관계 서류를 심사한 후 그 결과를 해당 행정기관의 장 또는 그 위임을 받은 자에게 통지(해당 행정기관의 장 또는 그 위임을 받은 자가 원하거나 전자문서로 제1항에 따른 설계도서 등을 제출한 경우에는 전자문서로 알리는 것을 포함한다)하여야 한다.

③ 국가 또는 지방자치단체는 법 제29조 제3항 단서에 따라 건축물의 공사가 완료되었음을 허가권자에게 통보하는 경우에는 국토교통부령으로 정하는 관계 서류를 첨부하여야 한다.

④ 법 제29조제4항 전단에서 “주민편의시설 등 대통령령으로 정하는 시설”이란 다음 각 호의 시설을 말한다.〈신설 2016.7.19.〉

1. 제1종 근린생활시설
2. 제2종 근린생활시설(총포판매소, 장의사, 다중생활시설, 제조업소, 단란주점, 안마시술소 및 노래연습장은 제외한다)
3. 문화 및 집회시설(공연장 및 전시장으로 한정한다)
4. 의료시설
5. 교육연구시설
6. 노유자시설
7. 운동시설
8. 업무시설(오피스텔은 제외한다)

[전문개정 2008.10.29.]

시행규칙 제22조(공용건축물의 건축에 있어서의 제출서류)

① 영 제22조 제1항에서 “국토교통부령으로 정하는 관계 서류”란 제6조 · 제12조 · 제12조의2의 규정에 의한 관계도서 및 서류(전자문서를 포함한다)를 말한다.

② 영 제22조 제3항에서 “국토교통부령으로 정하는 관계 서류”란 다음 각 호의 서류(전자문서를 포함한다)를 말한다.

1. 별지 제17호 서식의 사용승인신청서. 이 경우 구비서류는 현황도면에 한한다.
2. 별지 제24호 서식의 사용승인조사 및 검사조서

공용건축물의 특례

1) 제정 취지

일반 건축물과 같이 공용건축물의 경우에도 관련법에 따른 허가 과정을 거쳐야 하나, 공용건축물의 건축주가 대부분 인허가를 담당하는 기관보다 상위 기관인 국가 또는 지방자치단체가 되므로 행정적 편의를 위하여 일정 정도의 절차에 의한 협의로 갈음하고자 한다.

2) 특례의 적용

① 국가 또는 지방자치단체가 건축 등을 하고자 하는 경우 공사착수 전에 미리 건축물의 소재지를 관할하는 허가권자와 협의하여야 한다. 이 경우 공사착수 전에 설계도서(국가안보상 중요하거나 국가기밀인 경우 생략가능) 관계서류를 허가권자에게 제출(전

자문서 포함)하여야 한다.

② 국가 또는 지방자치단체가 관할 허가권자와 협의한 경우 건축법에 의한 허가를 받았거나 신고한 것으로 본다.

③ 협의한 건축물은 건축물의 사용승인 규정을 적용하지 않는다.

④ 국가나 지방자치단체가 소유한 대지의 지상 또는 지하 여유공간에 구분지상권을 설정하여 주민 편의시설 등을 설치하고자 할 때 허가권자는 건축허가를 할 수 있다.

[참고 : 구분지상권은 공중권(空中權) · 지중권(地中權) · 지하권(地下權)을 통틀어서 부르는 용어임]

2-20 건축통계 등

건축법 **제30조(건축통계 등)**

① 허가권자는 다음 각 호의 사항(이하 "건축통계"라 한다)을 국토교통부령으로 정하는 바에 따라 국토교통부장관이나 시 · 도지사에게 보고하여야 한다.

1. 제11조에 따른 건축허가 현황
2. 제14조에 따른 건축신고 현황
3. 제19조에 따른 용도변경허가 및 신고 현황
4. 제21조에 따른 착공신고 현황
5. 제22조에 따른 사용승인 현황
6. 그 밖에 대통령령으로 정하는 사항

② 건축통계의 작성 등에 필요한 사항은 국토교통부령으로 정한다.

2-21 건축행정 전산화

건축법 **제31조(건축행정 전산화)** ① 국토교통부장관은 이 법에 따른 건축행정 관련 업무를 전산처리하기 위하여 종합적인 계획을 수립 · 시행할 수 있다.

② 허가권자는 제10조, 제11조, 제14조, 제16조, 제19조부터 제22조까지, 제25조, 제29조, 제30조, 제38조, 제83조 및 제92조에 따른 신청서, 신고서, 첨부서류, 통지, 보고 등을 디스켓, 디스크 또는 정보통신망 등으로 제출하게 할 수 있다.〈개정 2019. 4. 30.〉

[시행일 : 2020. 5. 1.] 제31조

2-22 건축허가 업무 등의 전산처리 등

건축법 **제32조(건축허가 업무 등의 전산처리 등)** ① 허가권자는 건축허가 업무 등의 효율적인 처리를 위하여 국토교통부령으로 정하는 바에 따라 전자정보처리 시스템을 이용하여 이 법에 규정된 업무를 처리할 수 있다. 〈개정 2013. 3. 23.〉

② 제1항에 따른 전자정보처리 시스템에 따라 처리된 자료(이하 "전산자료"라 한다)를 이용하려는 자는 대통령령으로 정하는 바에 따라 관계 중앙행정기관의 장의 심사를 거쳐 다음 각 호의 구분에 따라 국토교통부장관, 시·도지사 또는 시장·군수·구청장의 승인을 받아야 한다. 다만, 지방자치단체의 장이 승인을 신청하는 경우에는 관계 중앙행정기관의 장의 심사를 받지 아니한다. 〈개정 2013. 3. 23., 2014. 1. 14., 2022. 6. 10.〉

1. 전국 단위의 전산자료: 국토교통부장관
2. 특별시·광역시·특별자치시·도·특별자치도(이하 "시·도"라 한다) 단위의 전산자료: 시·도지사
3. 시·군 또는 구(자치구를 말한다. 이하 같다) 단위의 전산자료: 시장·군수·구청장

③ 국토교통부장관, 시·도지사 또는 시장·군수·구청장이 제2항에 따른 승인신청을 받은 경우에는 건축허가 업무 등의 효율적인 처리에 지장이 없고 대통령령으로 정하는 건축주 등의 개인정보 보호기준을 위반하지 아니한다고 인정되는 경우에만 승인할 수 있다. 이 경우 용도를 한정하여 승인할 수 있다. 〈개정 2013. 3. 23.〉

④ 제2항 및 제3항에도 불구하고 건축물의 소유자가 본인 소유의 건축물에 대한 소유 정보를 신청하거나 건축물의 소유자가 사망하여 그 상속인이 피상속인의 건축물에 대한 소유 정보를 신청하는 경우에는 승인 및 심사를 받지 아니할 수 있다. 〈신설 2017. 10. 24.〉

⑤ 제2항에 따른 승인을 받아 전산자료를 이용하려는 자는 사용료를 내야 한다. 〈개정 2017. 10. 24.〉

⑥ 제1항부터 제5항까지의 규정에 따른 전자정보처리 시스템의 운영에 관한 사항, 전산자료의 이용 대상 범위와 심사기준, 승인절차, 사용료 등에 관하여 필요한 사항은 대통령령으로 정한다. 〈개정 2017. 10. 24.〉

시행령 **제22조의2(건축 허가업무 등의 전산처리 등)** ① 법 제32조 제2항 각 호 외의 부분 본문에 따라 같은 조 제1항에 따른 전자정보처리 시스템으로 처리된 자료(이하 "전산자료"라 한다)를 이용하려는 자는 관계 중앙행정기관의 장의 심사를 받기 위하여 다음 각 호의 사항을 적은 신청서를 관계 중앙행정기관의 장에게 제출하여야 한다.

1. 전산자료의 이용 목적 및 근거

2. 전산자료의 범위 및 내용
3. 전산자료를 제공받는 방식
4. 전산자료의 보관방법 및 안전관리대책 등

② 제1항에 따라 전산자료를 이용하려는 자는 전산자료의 이용목적에 맞는 최소한의 범위에서 신청하여야 한다.

③ 제1항에 따른 신청을 받은 관계 중앙행정기관의 장은 다음 각 호의 사항을 심사한 후 신청받은 날부터 15일 이내에 그 심사결과를 신청인에게 알려야 한다.
1. 제1항 각 호의 사항에 대한 타당성 · 적합성 및 공익성
2. 법 제32조 제3항에 따른 개인정보 보호기준에의 적합 여부
3. 전산자료의 이용목적 외 사용방지 대책의 수립 여부

④ 법 제32조 제2항에 따라 전산자료 이용의 승인을 받으려는 자는 국토교통부령으로 정하는 건축행정 전산자료 이용승인 신청서에 제3항에 따른 심사결과를 첨부하여 국토교통부장관, 시 · 도지사 또는 시장 · 군수 · 구청장에게 제출하여야 한다. 다만, 중앙행정기관의 장 또는 지방자치단체의 장이 전산자료를 이용하려는 경우에는 전산자료 이용의 근거 · 목적 및 안전관리대책 등을 적은 문서로 승인을 신청할 수 있다.

⑤ 법 제32조 제3항 전단에서 "대통령령으로 정하는 건축주 등의 개인정보 보호기준"이란 다음 각 호의 기준을 말한다.
1. 신청한 전산자료는 그 자료에 포함되어 있는 성명 · 주민등록번호 등의 사항에 따라 특정 개인임을 알 수 있는 정보(해당 정보만으로는 특정개인을 식별할 수 없더라도 다른 정보와 쉽게 결합하여 식별할 수 있는 정보를 포함한다), 그 밖에 개인의 사생활을 침해할 우려가 있는 정보가 아닐 것. 다만, 개인의 동의가 있거나 다른 법률에 근거가 있는 경우에는 이용하게 할 수 있다.
2. 제1호 단서에 따라 개인정보가 포함된 전산자료를 이용하는 경우에는 전산자료의 이용목적 외의 사용 또는 외부로의 누출 · 분실 · 도난 등을 방지할 수 있는 안전관리대책이 마련되어 있을 것

⑥ 국토교통부장관, 시 · 도지사 또는 시장 · 군수 · 구청장은 법 제32조 제3항에 따라 전산자료의 이용을 승인하였으면 그 승인한 내용을 기록 · 관리하여야 한다.

시행규칙 제22조의2(건축 허가업무 등의 전산처리 등)

① 법 제32조 제1항에 따라 허가권자는 정보통신망 이용환경의 미비, 전산장애 등 불가피한 경우를 제외하고는 전자정보시스템을 이용하여 건축허가 등의 업무를 처리하여야 한다.

② 제1항에 따른 전자정보처리시스템의 구축, 운영 및 관리에 관한 세부적인 사항은 국토교통부장관이 정한다.

제22조의3(건축 허가업무 등의 전산처리 등) 영 제22조의2 제4항에 따라 전산자료 이용의 승인을 얻으려는 자는 별지 제24호의2 서식의 건축행정전산자료 이용승인신청서를 국토교통부장관, 특별시장 · 광역시장 · 특별자치시장 · 도지사 또는 특별자치도지사(이하 "시 · 도지사"라 한다)나 시장 · 군수 · 구청장에게 제출하여야 한다.〈개정 2008.3.14., 2011.6.29., 2013.3.23., 2014. 10.15.〉

2-23 전산자료의 이용자에 대한 지도 · 감독

건축법 **제33조(전산자료의 이용자에 대한 지도 · 감독)**

① 국토교통부장관, 시 · 도지사 또는 시장 · 군수 · 구청장은 개인정보의 보호 및 전산자료의 이용목적 외 사용 방지 등을 위하여 필요하다고 인정되면 전산자료의 보유 또는 관리 등에 관한 사항에 관하여 제32조에 따라 전산자료를 이용하는 자를 지도 · 감독할 수 있다.〈개정 2013. 3. 23., 2019. 8. 20.〉

② 제1항에 따른 지도 · 감독의 대상 및 절차 등에 관하여 필요한 사항은 대통령령으로 정한다.

시행령 **제22조의3(전산자료의 이용자에 대한 지도 · 감독의 대상 등)**

① 법 제33조 제1항에 따라 전산자료를 이용하는 자에 대하여 그 보유 또는 관리 등에 관한 사항을 지도 · 감독하는 대상은 다음 각 호의 구분에 따른 전산자료(다른 법령에 따라 제공받은 전산자료를 포함한다)를 이용하는 자로 한다. 다만, 국가 및 지방자치단체는 제외한다.

1. 국토교통부장관 : 연간 50만 건 이상 전국 단위의 전산자료를 이용하는 자
2. 시 · 도지사 : 연간 10만 건 이상 시 · 도 단위의 전산자료를 이용하는 자
3. 시장 · 군수 · 구청장 : 연간 5만 건 이상 시 · 군 · 구 단위의 전산자료를 이용하는 자

② 국토교통부장관, 시 · 도지사 또는 시장 · 군수 · 구청장은 법 제33조 제1항에 따른 지도 · 감독을 위하여 필요한 경우에는 제1항에 따른 지도 · 감독 대상에 해당하는 자에 대하여 다음 각 호의 자료를 제출하도록 요구할 수 있다.

1. 전산자료의 이용실태에 관한 자료

2. 전산자료의 이용에 따른 안전관리대책에 관한 자료

③ 제2항에 따라 자료제출을 요구받은 자는 정당한 사유가 있는 경우를 제외하고는 15일 이내에 관련 자료를 제출하여야 한다.

④ 국토교통부장관, 시 · 도지사 또는 시장 · 군수 · 구청장은 법 제33조 제1항에 따라 전산자료의 이용실태에 관한 현지조사를 하려면 조사대상자에게 조사 목적 · 내용, 조사자의 인적사항, 조사 일시 등을 3일 전까지 알려야 한다.

⑤ 국토교통부장관, 시 · 도지사 또는 시장 · 군수 · 구청장은 제4항에 따른 현지조사 결과를 조사대상자에게 알려야 하며, 조사 결과 필요한 경우에는 시정을 요구할 수 있다.

2-24 건축종합민원실의 설치

건축법 **제34조(건축종합민원실의 설치)**

특별자치시장 · 특별자치도지사 또는 시장 · 군수 · 구청장은 대통령령으로 정하는 바에 따라 건축허가, 건축신고, 사용승인 등 건축과 관련된 민원을 종합적으로 접수하여 처리할 수 있는 민원실을 설치 · 운영하여야 한다.〈개정 2014.1.14〉

시행령 **제22조의4(건축에 관한 종합민원실)**

① 법 제34조에 따라 특별자치시 · 특별자치도 또는 시 · 군 · 구에 설치하는 민원실은 다음 각 호의 업무를 처리한다.〈개정 2014.10.14〉

1. 법 제22조에 따른 사용승인에 관한 업무
2. 법 제27조 제1항에 따라 건축사가 현장조사 · 검사 및 확인업무를 대행하는 건축물의 건축허가와 사용승인 및 임시사용승인에 관한 업무
3. 건축물대장의 작성 및 관리에 관한 업무
4. 복합민원의 처리에 관한 업무
5. 건축허가 · 건축신고 또는 용도변경에 관한 상담 업무
6. 건축관계자 사이의 분쟁에 대한 상담
7. 그 밖에 특별자치시장 · 특별자치도지사 또는 시장 · 군수 · 구청장이 주민의 편익을 위하여 필요하다고 인정하는 업무

② 제1항에 따른 민원실은 민원인의 이용에 편리한 곳에 설치하고, 그 조직 및 기능에 관하여는 특별자치시 · 특별자치도 또는 시 · 군 · 구의 규칙으로 정한다.〈개정 2014.10.14〉

출제빈도	■■■
중요도	■■■

주요내용

건축물 유지관리를 다루는 법 구성 내용이 비교적 적어 각종 시험에서의 출제빈도도 비교적 낮은 편이다.
건축물의 철거 등의 시기와 건축지도원의 자격과 업무범위 등의 확인이 필요하다.

세부목차

참고용 건축법 목차

CHAPTER 3

제3장 건축물의 유지와 관리

3-1 건축물의 유지와 관리

건축법 제35조 삭제 〈2019. 4. 30.〉

제35조의2 삭제 〈2019. 4. 30.

시행령 제23조 삭제 〈2020. 4. 28.〉

제23조의2 삭제 〈2020. 4. 28.〉

제23조의3 삭제 〈2020. 4. 28.〉

제23조의4 삭제 〈2020. 4. 28.〉

제23조의5 삭제 〈2020. 4. 28.〉

제23조의6 삭제 〈2020. 4. 28.〉

제23조의7 삭제 〈2020. 4. 28.〉

시행규칙 제23조 삭제 〈2020. 5. 1.〉

3-2 건축물의 철거 등의 신고

건축법 **제36조** 삭제 〈2019. 4. 30.〉

시행규칙 **제24조** 삭제 〈2020. 5. 1.〉

24조의2(건축물 석면의 제거 · 처리) 제14조제5항에 따라 석면이 함유된 건축물을 증축 · 개축 또는 대수선하는 경우에는 「산업안전보건법」 등 관계 법령에 적합하게 석면을 먼저 제거 · 처리한 후 건축물을 증축 · 개축 또는 대수선해야 한다.〈개정 2020. 5. 1.〉
[본조신설 2010. 8. 5.]

건축물의 철거 신고 기간

① 건축물을 자의로 철거하는 경우 : 철거예정일 7일전 까지

② 건축물이 재해로 인하여 멸실된 경우 : 멸실 후 30일 이내

3-3 건축지도원

건축법 **제37조(건축지도원)**

① 특별자치시장 · 특별자치도지사 또는 시장 · 군수 · 구청장은 이 법 또는 이 법에 따른 명령이나 처분에 위반되는 건축물의 발생을 예방하고 건축물을 적법하게 유지 · 관리하도록 지도하기 위하여 대통령령으로 정하는 바에 따라 건축지도원을 지정할 수 있다.〈개정 2014.1.14〉

② 제1항에 따른 건축지도원의 자격과 업무 범위 등은 대통령령으로 정한다.

시행령 **제24조(건축지도원)** ① 법 제37조에 따른 건축지도원(이하 "건축지도원"이라 한다)은 특별자치시장 · 특별자치도지사 또는 시장 · 군수 · 구청장이 특별자치시 · 특별자치도 또는 시 · 군 · 구에 근무하는 건축직렬의 공무원과 건축에 관한 학식이 풍부한 자로서 건축조례로 정하는 자격을 갖춘 자 중에서 지정한다.〈개정 2012.7.19., 2014.10.14.〉

② 건축지도원의 업무는 다음 각 호와 같다.

1. 건축신고를 하고 건축 중에 있는 건축물의 시공 지도와 위법 시공 여부의 확인 ·

지도 및 단속
2. 건축물의 대지, 높이 및 형태, 구조 안전 및 화재 안전, 건축설비 등이 법령 등에 적합하게 유지·관리되고 있는지의 확인·지도 및 단속
3. 허가를 받지 아니하거나 신고를 하지 아니하고 건축하거나 용도변경한 건축물의 단속
③ 건축지도원은 제2항의 업무를 수행할 때에는 권한을 나타내는 증표를 지니고 관계인에게 내보여야 한다.
④ 건축지도원의 지정 절차, 보수 기준 등에 관하여 필요한 사항은 건축조례로 정한다.

건축지도원의 지정과 의무

1) 건축지도원의 지정

건축물의 적법한 유지 관리를 위하여

① 건축직렬 공무원

② 건축에 관한 학식이 풍부한 자로서 건축조례가 정한 기준에 따라 지정한다.

2) 건축지도원의 임무

① 건축신고 건축물의 시공지도와 위법시공여부의 확인·지도 및 단속

② 건축물의 대지, 높이 및 형태, 구조안전 및 화재안전, 건축설비 등의 적법성의 확인·지도 및 단속

③ 허가를 받지 아니하거나 신고 없이 건축하거나 용도 변경한 건축물의 단속

3-4 건축물대장

건축법 **제38조(건축물대장)** ① 특별자치시장·특별자치도지사 또는 시장·군수·구청장은 건축물의 소유·이용 및 유지·관리 상태를 확인하거나 건축정책의 기초 자료로 활용하기 위하여 다음 각 호의 어느 하나에 해당하면 건축물대장에 건축물과 그 대지의 현황 및 국토교통부령으로 정하는 건축물의 구조내력(構造耐力)에 관한 정보를 적어서 보관하고 이를 지속적으로 정비하여야 한다.

1. 제22조제2항에 따라 사용승인서를 내준 경우
2. 제11조에 따른 건축허가 대상 건축물(제14조에 따른 신고 대상 건축물을 포함한다) 외의 건축물의 공사를 끝낸 후 기재를 요청한 경우

3. 삭제 〈2019. 4. 30.〉
4. 그 밖에 대통령령으로 정하는 경우

② 특별자치시장 · 특별자치도지사 또는 시장 · 군수 · 구청장은 건축물대장의 작성 · 보관 및 정비를 위하여 필요한 자료나 정보의 제공을 중앙행정기관의 장 또는 지방자치단체의 장에게 요청할 수 있다. 이 경우 자료나 정보의 제공을 요청받은 기관의 장은 특별한 사유가 없으면 그 요청에 따라야 한다.

③ 제1항 및 제2항에 따른 건축물대장의 서식, 기재 내용, 기재 절차, 그 밖에 필요한 사항은 국토교통부령으로 정한다.

[시행일 : 2020. 5. 1.] 제38조

시행령 **제25조(건축물대장)** 법 제38조 제1항 제4호에서 "그 밖에 대통령령으로 정하는 경우"란 다음 각 호의 어느 하나에 해당하는 경우를 말한다.

1. 「집합건물의 소유 및 관리에 관한 법률」 제56조 및 제57조에 따른 건축물대장의 신규 등록 및 변경등록의 신청이 있는 경우
2. 법 시행일 전에 법령등에 적합하게 건축되고 유지 · 관리된 건축물의 소유자가 그 건축물의 건축물관리대장이나 그 밖에 이와 비슷한 공부(公簿)를 법 제38조에 따른 건축물대장에 옮겨 적을 것을 신청한 경우
3. 그 밖에 기재내용의 변경 등이 필요한 경우로서 국토교통부령으로 정하는 경우

건축물대장의 내용

1) 건축물대장의 기재 및 보관의 목적

① 건축물의 소유 및 이용 상태를 확인

② 건축 정책의 기초자료로 활용

2) 기재대상

① 건축법에 의한 사용승인서를 교부한 경우

② 건축허가(신고포함) 대상 건축물 외의 건축물의 공사를 완료한 후 그 건축물에 대하여 기재의 요청이 있는 경우

③ 그 밖의 대통령령이 정하는 경우

3-5 등기촉탁

건축법 **제39조(등기촉탁)** ① 특별자치시장 · 특별자치도지사 또는 시장 · 군수 · 구청장은 다음 각 호의 어느 하나에 해당하는 사유로 건축물대장의 기재 내용이 변경되는 경우(제2호의 경우 신규 등록은 제외한다) 관할 등기소에 그 등기를 촉탁하여야 한다. 이 경우 제1호와 제4호의 등기촉탁은 지방자치단체가 자기를 위하여 하는 등기로 본다.〈개정 2014. 1. 14., 2017. 1. 17., 2019. 4. 30.〉

1. 지번이나 행정구역의 명칭이 변경된 경우
2. 제22조에 따른 사용승인을 받은 건축물로서 사용승인 내용 중 건축물의 면적 · 구조 · 용도 및 층수가 변경된 경우
3. 「건축물관리법」 제30조에 따라 건축물을 해체한 경우
4. 「건축물관리법」 제34조에 따른 건축물의 멸실 후 멸실신고를 한 경우

② 제1항에 따른 등기촉탁의 절차에 관하여 필요한 사항은 국토교통부령으로 정한다.〈개정 2013. 3. 23.〉

[시행일 : 2020. 5. 1.] 제39조

출제빈도	■■■■
중요도	■■■■

주요내용

건축법의 기술관련 규정 중 그 내용적 범위가 적지만, 출제 빈도가 상당히 높은 부분이다.
건축법상 대지로의 인정조건인 대지의 안정성과 독립성 및 건축선의 지정 등이 주된 내용이다.
대지와 도로와의 관계 및 건축선에 대한 규정 등은 출제 빈도도 높고, 실무에서도 반드시 알아야 할 중요한 부분이다.

세부목차

참고용 건축법 목차

CHAPTER 4 제4장 건축물의 대지와 도로

4-1 대지의 안전 등

건축법 제40조(대지의 안전 등)

① 대지는 인접한 도로면보다 낮아서는 아니 된다. 다만, 대지의 배수에 지장이 없거나 건축물의 용도상 방습(防濕)의 필요가 없는 경우에는 인접한 도로면보다 낮아도 된다.

② 습한 토지, 물이 나올 우려가 많은 토지, 쓰레기, 그 밖에 이와 유사한 것으로 매립된 토지에 건축물을 건축하는 경우에는 성토(盛土), 지반 개량 등 필요한 조치를 하여야 한다.

③ 대지에는 빗물과 오수를 배출하거나 처리하기 위하여 필요한 하수관, 하수구, 저수탱크, 그 밖에 이와 유사한 시설을 하여야 한다.

④ 손궤(손궤 : 무너져 내림)의 우려가 있는 토지에 대지를 조성하려면 국토교통부령으로 정하는 바에 따라 옹벽을 설치하거나 그 밖에 필요한 조치를 하여야 한다.

시행규칙 **제25조(대지의 조성)** 법 제40조 제4항에 따라 손궤의 우려가 있는 토지에 대지를 조성하는 경우에는 다음 각 호의 조치를 하여야 한다. 다만, 건축사 또는 「기술사법」에 따른 건축구조기술사에 의하여 해당 토지의 구조안전이 확인된 경우는 그러하지 아니하다.〈개정 2000.7.4., 2005.7. 18., 2008.12.11., 2012.12.12., 2014.10.15.〉

1. 성토 또는 절토하는 부분의 경사도가 1 : 1.5 이상으로서 높이가 1미터 이상인 부분에는 옹벽을 설치할 것
2. 옹벽의 높이가 2미터 이상인 경우에는 이를 콘크리트구조로 할 것. 다만, 별표 6의 옹벽에 관한 기술적 기준에 적합한 경우에는 그러하지 아니하다.
3. 옹벽의 외벽면에는 이의 지지 또는 배수를 위한 시설외의 구조물이 밖으로 튀어나오지 아니하게 할 것
4. 옹벽의 윗가장자리로부터 안쪽으로 2미터 이내에 묻는 배수관은 주철관, 강관 또는 흡관으로 하고, 이음부분은 물이 새지 아니하도록 할 것
5. 옹벽에는 3제곱미터마다 하나 이상의 배수구멍을 설치하여야 하고, 옹벽의 윗가장자리로부터 안쪽으로 2미터 이내에서의 지표수는 지상으로 또는 배수관으로

> 배수하여 옹벽의 구조상 지장이 없도록 할 것
> 6. 성토부분의 높이는 법 제40조에 따른 대지의 안전 등에 지장이 없는 한 인접대지의 지표면보다 0.5미터 이상 높게 하지 아니할 것. 다만, 절토에 의하여 조성된 대지 등 허가권자가지형조건상 부득이하다고 인정하는 경우에는 그러하지 아니하다.

대지의 안전 등을 위한 조치

1) 대지의 안전을 도로면과의 관계

대지는 이와 인접하는 도로면보다 낮아서는 안 된다.
단, 배수에 지장이 없거나 건축의 용도상 방습의 필요가 없는 경우에는 예외로 한다.

2) 성토 및 지반개량

대지의 조건이 양호하지 아니한 다음과 같은 토지에는 성토 및 지반개량을 등의 조치를 취해야 한다.

① 습한 토지
② 물이 나올 우려가 많은 토지
③ 쓰레기 등으로 매립된 토지

3) 대지 안의 하수 처리

대지 안에는 빗물 및 오수를 배출하거나 처리하기 위하여 필요한 하수관, 하수구, 저수탱크 등의 시설을 설치하여야 한다.

4) 대지조성시 안전조치

다음의 경우에는 각각에 해당되는 안전조치를 하여야 한다.

	부분	조치 내용
1.	성토 등의 경사도가 1:1.5 이상으로서 높이 1m 이상인 부분	옹벽을 설치할 것
2.	옹벽의 높이가 2m 이상인 경우	옹벽을 콘크리트 구조로 할 것. 다만, '건축법 시행규칙' [별표 6]옹벽의 기술적 기준에 적합한 석축은 예외
3.	옹벽의 외벽 면	옹벽을 지지하거나 배수를 위한 시설 외의 구조물이 밖으로 돌출되지 아니하도록 할 것
4.	옹벽의 윗가장자리로부터 안쪽으로 2미터 이내에 묻는 배수관	주철관, 강관 또는 흡관으로 하고, 이음부분은 물이 새지 아니하도록 할 것

	부분	조치 내용
5.	옹벽	3제곱미터마다 하나 이상의 배수구멍을 설치
	옹벽의 윗가장자리로부터 안쪽으로 2미터 이내에서의 지표수	지상으로 또는 배수관으로 배수하여 옹벽의 구조상 지장이 없도록 할 것
6.	성토부분의 높이	대지의 안전 등에 지장이 없는 한 인접대지의 지표면보다 0.5미터 이상 높게 하지 아니할 것(다만, 허가권자가 지형조건상 부득이하다고 인정하는 경우에는 그러하지 아니하다.)

〔별표 6〕〈개정 2014.10.15〉

옹벽에 관한 기술적 기준(제25조 관련)

1. 석축인 옹벽의 경사도는 그 높이에 따라 다음 표에 정하는 기준 이하일 것

구분	1.5미터까지	3미터까지	5미터까지
멧쌓기	1 : 0.30	1 : 0.35	1 : 0.40
찰쌓기	1 : 0.25	1 : 0.30	1 : 0.35

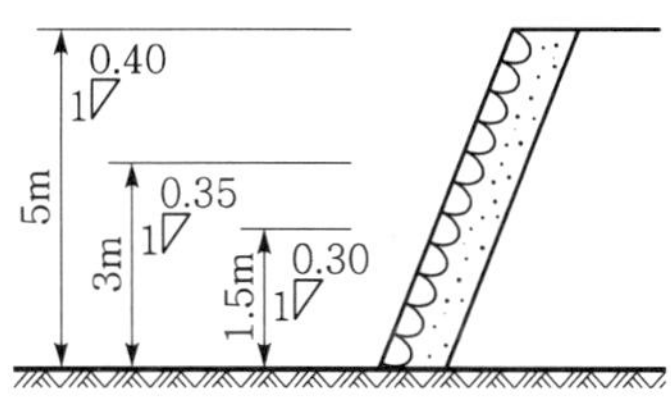

[멧쌓기]

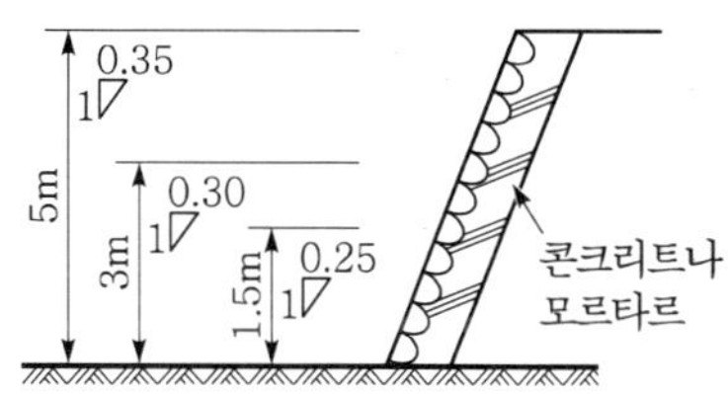

[찰쌓기]

2. 석축인 옹벽의 석축용 돌의 뒷길이 및 뒷채움돌의 두께는 그 높이에 따라 다음 표에 정하는 기준 이상일 것

구분 \ 높이		1.5미터까지	3미터까지	5미터까지
석축용돌의 뒷길이(센티미터)		30	40	50
뒷채움돌의 두께(센티미터)	상부하부	30	30	30
		40	50	50

3. 석축인 옹벽의 윗가장자리로부터 건축물의 외벽면까지 띄어야 하는 거리는 다음 표에 정하는 기준 이상일 것. 다만, 건축물의 기초가 석축의 기초 이하에 있는 경우에는 그러하니 아니하다.

구분	내용		
건축물의 층수	1층	2층	3층 이상
띄우는 거리(미터)	1.5	2	3

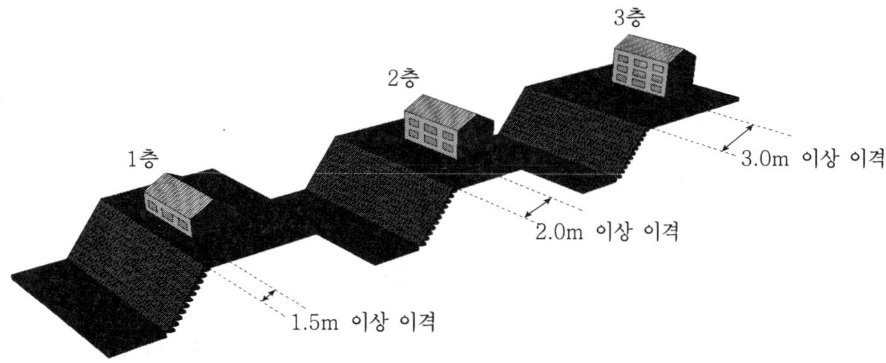

4-2 토지 굴착 부분에 대한 조치 등

건축법 **제41조(토지 굴착 부분에 대한 조치 등)** ① 공사시공자는 대지를 조성하거나 건축공사를 하기 위하여 토지를 굴착·절토(切土)·매립(埋立) 또는 성토 등을 하는 경우 그 변경 부분에는 국토교통부령으로 정하는 바에 따라 공사 중 비탈면 붕괴, 토사 유출 등 위험 발생의 방지, 환경 보존, 그 밖에 필요한 조치를 한 후 해당 공사현장에 그 사실을 게시하여야 한다.〈개정 2013.3.23., 2014.5.28.〉

② 허가권자는 제1항을 위반한 자에게 의무이행에 필요한 조치를 명할 수 있다.

시행규칙 **제26조(토지의 굴착부분에 대한 조치)**

① 법 제41조 제1항에 따라 대지를 조성하거나 건축공사에 수반하는 토지를 굴착하는 경우에는 다음 각 호에 따른 위험발생의 방지조치를 하여야 한다.

1. 지하에 묻은 수도관·하수도관·가스관 또는 케이블 등이 토지굴착으로 인하여 파손되지 아니하도록 할 것
2. 건축물 및 공작물에 근접하여 토지를 굴착하는 경우에는 그 건축물 및 공작물의 기초 또는 지반의 구조내력의 약화를 방지하고 급격한 배수를 피하는 등 토지의 붕괴에 의한 위해를 방지하도록 할 것
3. 토지를 깊이 1.5미터 이상 굴착하는 경우에는 그 경사도가 별표 7에 의한 비율이하이거나 주변상황에 비추어 위해방지에 지장이 없다고 인정되는 경우를 제외하

> 고는 토압에 대하여 안전한 구조의 흙막이를 설치할 것
> 4. 굴착공사 및 흙막이 공사의 시공 중에는 항상 점검을 하여 흙막이의 보강, 적절한 배수조치 등 안전 상태를 유지하도록 하고, 흙막이판을 제거하는 경우에는 주변지반의 내려앉음을 방지하도록 할 것
>
> ② 성토부분 · 절토부분 또는 되메우기를 하지 아니하는 굴착부분의 비탈면으로서 제25조에 따른 옹벽을 설치하지 아니하는 부분에 대하여는 법 제41조 제1항에 따라 다음 각 호에 따른 환경의 보전을 위한 조치를 하여야 한다.
> 1. 배수를 위한 수로는 돌 또는 콘크리트를 사용하여 토양의 유실을 막을 수 있도록 할 것
> 2. 높이가 3미터를 넘는 경우에는 높이 3미터 이내마다 그 비탈면적의 5분의 1 이상에 해당하는 면적의 단을 만들 것. 다만, 허가권자가 그 비탈면의 토질 · 경사도등을 고려하여 붕괴의 우려가 없다고 인정하는 경우에는 그러하지 아니하다.
> 3. 비탈면에는 토양의 유실방지와 미관의 유지를 위하여 나무 또는 잔디를 심을 것. 다만, 나무 또는 잔디를 심는 것으로는 비탈면의 안전을 유지할 수 없는 경우에는 돌붙이기를 하거나 콘크리트블록격자 등의 구조물을 설치하여야 한다.

[별표 7] 토질에 따른 경사도(규칙 제26조 제1항 관련)

토질	경사도
경암	1 : 0.5
연암	1 : 1.0
모래	1 : 1.8
모래질흙	1 : 1.2
사력질흙, 암괴 또는 호박돌이 섞인 모래질흙	1 : 1.2
점토, 점성토	1 : 1.2
암괴 또는 호박돌이 섞인 점성토	1 : 1.5

토지 굴착 부분 등에 관한 조치

1) 토지의 굴착

① 굴착부분에 대한 현장 게시

공사 시공자는 대지를 조성하거나 건축공사에 수반하는 토지를 절토, 매입 또는 성토 등을 굴착하는 경우에는 그 변경부분에 대하여 공사 중 비탈면 붕괴, 토사유출 등 위험발생의 방지, 환경보존 등의 조치를 한 후 당해 공사 현장에 그 사실을 게시하여야 한다.

② 게시 위반자에 대한 조치

시장, 군수, 구청장은 앞 ①의 규정을 위반한 자에 대하여 그 의무이행에 필요한 조치를 명할 수 있다.

2) 위험 발생의 방지 조치

대지를 조성하거나 건축공사에 수반하는 토지를 굴착하는 경우에는 다음 각 호에 의한 위험 발생 방지조치를 하여야 한다.

① 지하에 묻은 수도관, 하수도관, 가스관 또는 케이블 등이 토지굴착으로 인하여 파손되지 않도록 할 것

② 건축물 및 공작물에 근접하여 굴착하는 경우에는 지반의 구조내력의 약화를 방지하고 급격한 배수를 피하는 등 토지의 붕괴에 의한 위해를 방지할 것

③ 토지를 깊이 1.5m 이상 굴착하는 경우에는 그 경사도가 '별표7' 에 의한 비율 이하이거나 토압에 대하여 안전한 구조의 흙막이를 설치할 것. 단, 주변상황에 비추어 위해방지에 지장이 없다고 인정되는 경우는 제외

④ 굴착공사 및 흙막이 공사의 시공 중에는 흙막이의 보강, 적절한 배수조치 등 안정상타를 유지하도록 하고, 흙막이판을 제거하는 경우에는 주변지반의 내려앉음을 방지하도록 할 것

3) 환경의 보전을 위한 조치

성토, 절토 또는 되메우기를 하지 않는 굴착 부분의 비탈면으로서 옹벽을 설치하지 않는 부분에 대하여는 다음 각 호에 의한 환경보전을 위한 조치를 해야 한다.

① 배수를 위한 수로는 돌 또는 콘크리트를 사용하여 토양의 유실을 막을 수 있도록 할 것

② 높이가 3m를 넘는 경우에는 3m 이내마다 비탈면적의 1/5 이상에 해당하는 면적의 단을 만들 것. 단, 시장 등이 비탈면의 토질, 경사도 등을 고려하여 붕괴의 우려가 없다고 인정하는 경우는 제외

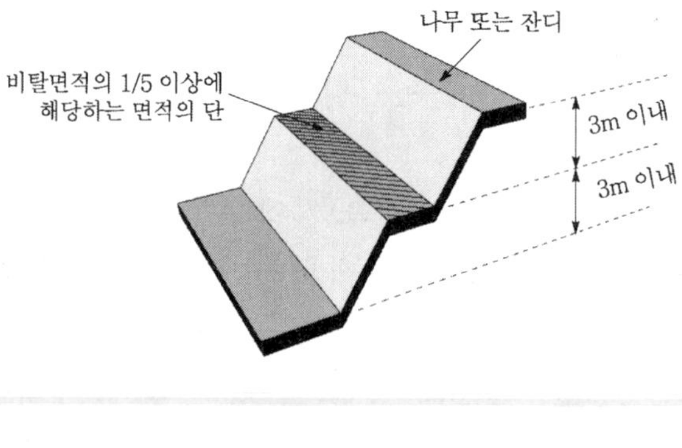

③ 비탈면에는 토양의 유실방지와 미관의 유지를 위하여 나무 또는 잔디를 심을 것. 단, 나무 또는 잔디를 심는 것으로서 비탁면의 안전을 유지할 수 없는 경우는 돌붙이기를 하거나 콘크리트 블록 격자 등의 구조물을 설치할 것

4-3 대지의 조경

건축법 **제42조(대지의 조경)**

① 면적이 200제곱미터 이상인 대지에 건축을 하는 건축주는 용도지역 및 건축물의 규모에 따라 해당 지방자치단체의 조례로 정하는 기준에 따라 대지에 조경이나 그 밖에 필요한 조치를 하여야 한다. 다만, 조경이 필요하지 아니한 건축물로서 대통령령으로 정하는 건축물에 대하여는 조경 등의 조치를 하지 아니할 수 있으며, 옥상 조경 등 대통령령으로 따로 기준을 정하는 경우에는 그 기준에 따른다.

② 국토교통부장관은 식재(植栽) 기준, 조경 시설물의 종류 및 설치방법, 옥상 조경의 방법 등 조경에 필요한 사항을 정하여 고시할 수 있다.

시행령 **제27조(대지의 조경)**

① 법 제42조 제1항 단서에 따라 다음 각 호의 어느 하나에 해당하는 건축물에 대하여는 조경 등의 조치를 하지 아니할 수 있다.

1. 자연녹지지역에 건축하는 건축물
2. 면적 5천 제곱미터 미만인 대지에 건축하는 공장
3. 연면적의 합계가 1천 500제곱미터 미만인 공장
4. 「산업집적활성화 및 공장설립에 관한 법률」 제2조 제14호에 따른 산업단지의 공장
5. 대지에 염분이 함유되어 있는 경우 또는 건축물 용도의 특성상 조경 등의 조치를 하기가 곤란하거나 조경 등의 조치를 하는 것이 불합리한 경우로서 건축조례로 정하는 건축물
6. 축사
7. 법 제20조 제1항에 따른 가설건축물
8. 연면적의 합계가 1천 500제곱미터 미만인 물류시설(주거지역 또는 상업지역에 건축하는 것은 제외한다)로서 국토교통부령으로 정하는 것
9. 「국토의 계획 및 이용에 관한 법률」에 따라 지정된 자연환경보전지역 · 농림지역 또는 관리지역(지구단위계획구역으로 지정된 지역은 제외한다)의 건축물

10. 다음 각 목의 어느 하나에 해당하는 건축물 중 건축조례로 정하는 건축물
   가. 「관광진흥법」 제2조 제6호에 따른 관광지 또는 같은 조 제7호에 따른 관광단지에 설치하는 관광시설
   나. 「관광진흥법 시행령」 제2조 제1항 제3호 가목에 따른 전문휴양업의 시설 또는 같은 호 나목에 따른 종합휴양업의 시설
   다. 「국토의 계획 및 이용에 관한 법률 시행령」 제48조 제10호에 따른 관광 · 휴양형 지구단위계획구역에 설치하는 관광시설
   라. 「체육시설의 설치 · 이용에 관한 법률 시행령」 별표 1에 따른 골프장

② 법 제42조 제1항 단서에 따른 조경 등의 조치에 관한 기준은 다음 각 호와 같다. 다만, 건축조례로 다음 각 호의 기준보다 더 완화된 기준을 정한 경우에는 그 기준에 따른다.

1. 공장(제1항 제2호부터 제4호까지의 규정에 해당하는 공장은 제외한다) 및 물류시설(제1항 제8호에 해당하는 물류시설과 주거지역 또는 상업지역에 건축하는 물류시설은 제외한다)
   가. 연면적의 합계가 2천 제곱미터 이상인 경우 : 대지면적의 10퍼센트 이상
   나. 연면적의 합계가 1천 500제곱미터 이상 2천 제곱미터 미만인 경우 : 대지면적의 5퍼센트 이상
2. 「공항시설법」 제2조제7호에 따른 공항시설 : 대지면적(활주로 · 유도로 · 계류장 · 착륙대 등 항공기의 이륙 및 착륙시설로 쓰는 면적은 제외한다)의 10퍼센트 이상
3. 「철도건설법」 제2조 제1호에 따른 철도 중 역시설 : 대지면적(선로 · 승강장 등 철도운행에 이용되는 시설의 면적은 제외한다)의 10퍼센트 이상
4. 그 밖에 면적 200제곱미터 이상 300제곱미터 미만인 대지에 건축하는 건축물 : 대지면적의 10퍼센트 이상

③ 건축물의 옥상에 법 제42조 제2항에 따라 국토교통부장관이 고시하는 기준에 따라 조경이나 그 밖에 필요한 조치를 하는 경우에는 옥상부분 조경면적의 3분의 2에 해당하는 면적을 법 제42조 제1항에 따른 대지의 조경면적으로 산정할 수 있다. 이 경우 조경면적으로 산정하는 면적은 법 제42조 제1항에 따른 조경면적의 100분의 50을 초과할 수 없다.

> **시행규칙** 26조의2(대지안의 조경)
> 영 제27조 제1항 제8호에서 "국토교통부령으로 정하는 것"이란 「물류정책기본법」 제2조 제4호에 따른 물류시설을 말한다.

대지의 조경

1) 대지의 조경 대상

면적 200m² 이상인 대지에 건축하는 건축주는 당해 지방자치단계의 조례가 정하는 기준에 따라 대지 안에 조경 기타 필요한 조치를 하여야 한다.

2) 대지의 조경 대상 제외

다음 각 호의 어느 하나에 해당하는 건축물은 앞의 원칙에도 불구하고 조경 등의 조치를 하지 아니할 수 있다.

① 자연 녹지 지역에 건축하는 건축물
② 면적 5,000m² 미만인 대지에 건축하는 공장
③ 연면적의 합계가 1,500m² 미만인 공장
④ '산업집적활성화 및 공장 설립에 관한 법률' 의 규정에 의한 산업단지의 공장
⑤ 대지에 염분이 함유된 것 기타 건축조례가 정하는 것
⑥ 축사
⑦ 건축법에 따른 가설 건축물
⑧ 연면적의 합계가 1,500m² 미만인 물류시설(주거시설과 상업지역 제외)
⑨ 자연환경보전지역, 농림지역 또는 관리지역(지구단위계획구역으로 지정된 지역은 제외)안의 건축물
⑩ 다음 각 목의 어느 하나에 해당하는 건축물 중 건축조례로 정하는 건축물
  가. 관광지 또는 관광단지에 설치하는 관광시설
  나. 전문휴양업의 시설 또는 종합휴양업의 시설
  다. 관광 휴양형 지구단위계획구역에 설치하는 관광시설
  라. '체육시설의 설치 · 이용에 관한 법률 시행령' 별표 1에 따른 골프장

3) 조경기준의 완화

다음 각 호의 1에 해당하는 건축물에 대하여는 앞의 원칙에도 불구하고 완화하여 적용할 수

있다. 다만, 건축조례에서 다음 각 호의 기준보다 더 완화된 기준을 정한 경우에는 그 기준에 의한다.

시설기준			조경비율
1.	공장 및 물류시설	연면적의 합계가 2,000m² 이상	대지면적의 10% 이상
		연면적의 합계가 1,500m² 이상 2,000m² 미만	대지면적의 5% 이상
2.	'공항시설법' 규정에 의한 공항시설		대지면적의 10% 이상
3.	'철도 건설법' 규정에 의한 철도 중 역시설		대지면적의 10% 이상
4.	기타 면적 200m² 이상 300m² 미만인 대지에 건축하는 건축물		대지면적의 10% 이상

4) 건축물의 옥상 조경

옥상부분 조경면적의 2/3를 '건축법' 제 42조 제1항의 규정에 의한 조경면적으로 산정할 수 있다. 이 경우 조경면적으로 산정하는 면적은 '건축법' 제42조 제1항의 규정에 의한 조경면적의 50/100을 초과할 수 없다.

4-4 공개 공지 등의 확보

건축법 **제43조(공개 공지 등의 확보)** ① 다음 각 호의 어느 하나에 해당하는 지역의 환경을 쾌적하게 조성하기 위하여 대통령령으로 정하는 용도와 규모의 건축물은 일반이 사용할 수 있도록 대통령령으로 정하는 기준에 따라 소규모 휴식시설 등의 공개 공지(空地: 공터) 또는 공개 공간(이하 "공개공지등"이라 한다)을 설치하여야 한다.〈개정 2014. 1. 14., 2018. 8. 14., 2019. 4. 23.〉

1. 일반주거지역, 준주거지역
2. 상업지역
3. 준공업지역
4. 특별자치시장 · 특별자치도지사 또는 시장 · 군수 · 구청장이 도시화의 가능성이 크거나 노후 산업단지의 정비가 필요하다고 인정하여 지정 · 공고하는 지역

② 제1항에 따라 공개공지등을 설치하는 경우에는 제55조, 제56조와 제60조를 대통령령으로 정하는 바에 따라 완화하여 적용할 수 있다.〈개정 2019. 4. 23.〉

③ 시 · 도지사 또는 시장 · 군수 · 구청장은 관할 구역 내 공개공지등에 대한 점검 등 유지 · 관리에 관한 사항을 해당 지방자치단체의 조례로 정할 수 있다.〈신설 2019. 4. 23.〉

④ 누구든지 공개공지등에 물건을 쌓아놓거나 출입을 차단하는 시설을 설치하는 등 공

개공지등의 활용을 저해하는 행위를 하여서는 아니 된다.〈신설 2019. 4. 23.〉
⑤ 제4항에 따라 제한되는 행위의 유형 또는 기준은 대통령령으로 정한다.〈신설 2019. 4. 23.〉
[시행일 : 2019. 10. 24.] 제43조

시행령 **제27조의2(공개 공지 등의 확보)** ① 법 제43조제1항에 따라 다음 각 호의 어느 하나에 해당하는 건축물의 대지에는 공개 공지 또는 공개 공간(이하 이 조에서 "공개공지등"이라 한다)을 설치해야 한다. 이 경우 공개 공지는 필로티의 구조로 설치할 수 있다. 〈개정 2009. 7. 16., 2013. 11. 20., 2019. 10. 22.〉

1. 문화 및 집회시설, 종교시설, 판매시설(「농수산물 유통 및 가격안정에 관한 법률」에 따른 농수산물유통시설은 제외한다), 운수시설(여객용 시설만 해당한다), 업무시설 및 숙박시설로서 해당 용도로 쓰는 바닥면적의 합계가 5천 제곱미터 이상인 건축물
2. 그 밖에 다중이 이용하는 시설로서 건축조례로 정하는 건축물

② 공개공지등의 면적은 대지면적의 100분의 10 이하의 범위에서 건축조례로 정한다. 이 경우 법 제42조에 따른 조경면적과 「매장유산 보호 및 조사에 관한 법률」 제14조제1항제1호에 따른 매장유산의 현지보존 조치 면적을 공개공지등의 면적으로 할 수 있다. 〈개정 2014. 11. 11., 2015. 8. 3., 2017. 6. 27., 2024. 5. 7.〉

③ 제1항에 따라 공개공지등을 설치할 때에는 모든 사람들이 환경친화적으로 편리하게 이용할 수 있도록 긴 의자 또는 조경시설 등 건축조례로 정하는 시설을 설치해야 한다. 〈개정 2019. 10. 22.〉

④ 제1항에 따른 건축물(제1항에 따른 건축물과 제1항에 해당되지 아니하는 건축물이 하나의 건축물로 복합된 경우를 포함한다)에 공개공지등을 설치하는 경우에는 법 제43조제2항에 따라 다음 각 호의 범위에서 대지면적에 대한 공개공지등 면적 비율에 따라 법 제56조 및 제60조를 완화하여 적용한다. 다만, 다음 각 호의 범위에서 건축조례로 정한 기준이 완화 비율보다 큰 경우에는 해당 건축조례로 정하는 바에 따른다. 〈개정 2014. 11. 11.〉

1. 법 제56조에 따른 용적률은 해당 지역에 적용하는 용적률의 1.2배 이하
2. 법 제60조에 따른 높이 제한은 해당 건축물에 적용하는 높이기준의 1.2배 이하

⑤ 제1항에 따른 공개공지등의 설치대상이 아닌 건축물(「주택법」 제15조제1항에 따른 사업계획승인 대상인 공동주택 중 주택 외의 시설과 주택을 동일 건축물로 건축하는 것 외의 공동주택은 제외한다)의 대지에 법 제43조제4항, 이 조 제2항 및 제3항

에 적합한 공개 공지를 설치하는 경우에는 제4항을 준용한다. 〈개정 2014. 11. 11., 2016. 8. 11., 2017. 1. 20., 2019. 10. 22.〉

⑥ 공개공지등에는 연간 60일 이내의 기간 동안 건축조례로 정하는 바에 따라 주민들을 위한 문화행사를 열거나 판촉활동을 할 수 있다. 다만, 울타리를 설치하는 등 공중이 해당 공개공지등을 이용하는데 지장을 주는 행위를 해서는 아니 된다. 〈신설 2009. 6. 30.〉

⑦ 법 제43조제4항에 따라 제한되는 행위는 다음 각 호와 같다. 〈신설 2020. 4. 21.〉

1. 공개공지등의 일정 공간을 점유하여 영업을 하는 행위
2. 공개공지등의 이용에 방해가 되는 행위로서 다음 각 목의 행위
   가. 공개공지등에 제3항에 따른 시설 외의 시설물을 설치하는 행위
   나. 공개공지등에 물건을 쌓아 놓는 행위
3. 울타리나 담장 등의 시설을 설치하거나 출입구를 폐쇄하는 등 공개공지등의 출입을 차단하는 행위
4. 공개공지등과 그에 설치된 편의시설을 훼손하는 행위
5. 그 밖에 제1호부터 제4호까지의 행위와 유사한 행위로서 건축조례로 정하는 행위

[전문개정 2008. 10. 29.]

공개공지 내용 해설

1) 대상지역

다음의 지역에 해당하는 건축물 중 아래 2)의 대상용도 규모 건축물은 일반이 사용할 수 있도록 소규모 휴식시설 등의 공개공지 또는 공개공간을 설치하여야 한다.

① 일반주거지역, 준주거지역, 상업지역, 준공업지역

② 특별자치시장 · 특별자치도지사 또는 시장, 군수, 구청장이 도시화의 가능성이 크다고 인정하여 지정 공고하는 지역

2) 대상 용도 및 규모(이 경우 공개 공지는 필로티의 구조로 설치할 수 있음)

① 문화 및 집회시설, 종교시설, 판매시설(농수산물 유통시설은 제외), 운수시설, 업무시설 및 숙박시설로서 해당 용도로 쓰는 바닥면적의 합계가 5천 제곱미터 이상인 건축물

② 그 밖에 다중이 이용하는 시설로서 건축조례로 정하는 건축물

3) 면적

대지면적의 100분의 10 이하의 범위에서 공개공지 또는 공개공간의 면적을 건축조례로 정한다. 이 경우 법 제42조에 따른 조경면적과 「매장유산 보호 및 조사에 관한 법률」 제14조 제1항제1호에 따른 매장유산의 현지보존 조치 면적을 공개공지등의 면적으로 할 수 있다.

4) 설치시설

모든 사람들이 환경친화적으로 편리하게 이용할 수 있도록 긴 의자 또는 조경시설 등 건축조례로 정하는 시설을 설치해야 함

5) 완화적용

공개공지를 설치할 경우, 다음 2가지 항목을 완화하여 조례에 따라 적용할 수 있다.

① 법 제56조의 규정에 의한 건축물의 용적률을 해당 용적률의 1.2배 이하 완화

② 법 제60조의 규정에 의한 건축물의 높이 제한을 당해 높이 기준의 1.2배 이하로 완화

6) 적용대상이외의 건축물에 대한 적용 시 완화

바닥면적의 합계가 5,000m^2 이상인 건축물로서 공개공지 등의 설치대상 건축물이 아니더라도 법의 규정에 적합하게 공개공지를 설치하는 경우에는 앞의 5)의 완화적용을 받을 수 있다.

7) 공개공지내의 행사 및 이용

공개공지 등에는 연간 60일 이내의 기간 동안 건축조례로 정하는 바에 따라 주민들을 위한 문화행사를 열거나 판촉활동을 할 수 있다. 다만, 공중이 해당 공개공지 등을 이용하는데 지장을 주는 행위를 해서는 안 된다.

4-5 대지와 도로의 관계

건축법 제44조(대지와 도로의 관계)

① 건축물의 대지는 2미터 이상이 도로(자동차만의 통행에 사용되는 도로는 제외한다)에 접하여야 한다. 다만, 다음 각 호의 어느 하나에 해당하면 그러하지 아니하다.

1. 해당 건축물의 출입에 지장이 없다고 인정되는 경우
2. 건축물의 주변에 대통령령으로 정하는 공지가 있는 경우
3. 「농지법」 제2조 제1호 나목에 따른 농막을 건축하는 경우

② 건축물의 대지가 접하는 도로의 너비, 대지가 도로에 접하는 부분의 길이, 그 밖에 대지와 도로의 관계에 관하여 필요한 사항은 대통령령으로 정하는 바에 따른다.

시행령 제28조(대지와 도로의 관계) ① 법 제44조제1항제2호에서 “대통령령으로 정하는 공지”란 다음 각 호의 어느 하나에 해당하는 공지로서 허가권자가 인정한 것을 말한다. 〈개정 2024. 7. 30.〉

1. 광장
2. 공원
3. 유원지
4. 그 밖에 관계 법령에 따라 건축이 금지되고 공중의 통행에 지장이 없는 공지

② 법 제44조제2항에 따라 연면적의 합계가 2천 제곱미터(공장인 경우에는 3천 제곱미터) 이상인 건축물(축사, 작물 재배사, 그 밖에 이와 비슷한 건축물로서 건축조례로 정하는 규모의 건축물은 제외한다)의 대지는 너비 6미터 이상의 도로에 4미터 이상 접하여야 한다. 〈개정 2009. 6. 30., 2009. 7. 16.〉

[전문개정 2008. 10. 29.]

대지와 도로와의 관계 내용

1) 대지에 접하는 도로의 역할

도로는 건축물이 있는 대지안의 일상적인 출입을 위한 것 뿐 아니라, 화재나 비상시의 소방차의 출입, 주민의 피난으로 쓰이며, 도시 내의 통풍, 채광, 일조 등을 위한 공간을 제공하고, 급수 · 배수시설 · 전기 · 전화 등의 시설을 위한 설치장소를 제공한다.

2) 도로에 접하여야 하는 건축물의 대지

① 원칙 : 건축물의 대지는 2m 이상 도로(자동차만의 통행에 쓰이는 도로를 제외)에 접하여야 한다.

② 예외

앞의 규정에도 불구하고 다음에 해당하는 경우에는 그러하지 아니하다.

- 당해 건축물의 출입에 지장이 없다고 인정하는 경우
- 건축물의 주변에 광장 · 공원 · 유원지 그 밖에 관계법령에 따라 건축이 금지되고 공중의 통행에 지장이 없는 공지로서 허가권자가 인정한 것
- 토지의 개량시설과 농축산물 생산시설 등에 따른 농막을 건축하는 경우

3) 일정규모 이상의 건축물이 있는 대지와 도로의 관계

연면적의 합계가 2,000m^2 이상인 건축물이 있는 대지는 너비 6m 이상인 도로에 4m 이상 접하여야 한다.

4-6 도로의 지정 · 폐지 또는 변경

건축법 제45조(도로의 지정 · 폐지 또는 변경)

① 허가권자는 제2조 제1항 제11호 나목에 따라 도로의 위치를 지정 · 공고하려면 국토교통부령으로 정하는 바에 따라 그 도로에 대한 이해관계인의 동의를 받아야 한다. 다만, 다음 각 호의 어느 하나에 해당하면 이해관계인의 동의를 받지 아니하고 건축위원회의 심의를 거쳐 도로를 지정할 수 있다.

1. 허가권자가 이해관계인이 해외에 거주하는 등의 사유로 이해관계인의 동의를 받기가 곤란하다고 인정하는 경우
2. 주민이 오랫동안 통행로로 이용하고 있는 사실상의 통로로서 해당 지방자치단체의 조례로 정하는 것인 경우

② 허가권자는 제1항에 따라 지정한 도로를 폐지하거나 변경하려면 그 도로에 대한 이해관계인의 동의를 받아야 한다. 그 도로에 편입된 토지의 소유자, 건축주 등이 허가권자에게 제1항에 따라 지정된 도로의 폐지나 변경을 신청하는 경우에도 또한 같다.

③ 허가권자는 제1항과 제2항에 따라 도로를 지정하거나 변경하면 국토교통부령으로 정하는 바에 따라 도로관리대장에 이를 적어서 관리하여야 한다.

시행규칙 제26조의4(도로대장 등)

법 제45조 제2항 및 제3항에 따른 도로의 폐지 · 변경신청서 및 도로대장은 각각 별지 제26호 서식 및 별지 제27호 서식과 같다.

도로의 지정 폐지 또는 변경 내용

1) 허가권자가 도로의 위치를 지정 · 공고하고자 할 때

원칙 : 당해 도로에 대한 이해관계를 가진 자의 동의를 받아야 한다.

예외 : 다음의 경우 이해관계인의 동의를 생략할 수 있다.

- 이해관계인이 해외에 거주하는 등 동의를 받기가 곤란하다고 허가권자가 인정하는 경우
- 주민이 장기간 통행로로 이용하고 있는 사실상의 도로로서 해당 지방자치단체의 조례로 정하는 것인 경우

2) 허가권자가 지정한 도로를 폐지 또는 변경하고자 할 때

① 해당 도로에 대한 이해관계인의 동의를 받아야 한다.

② 해당 도로에 편입된 토지의 소유자, 건축주 등이 허가권자에게 지정된 도로의 폐지 또는 변경을 신청하는 경우에도 위의 ①과 같은 동의를 받아야 한다.

3) 도로를 지정 또는 변경한 경우

허가권자는 도로관련대장에 이를 기재하고 관리하여야 한다.

4-7 건축선의 지정

건축법 제46조(건축선의 지정)

① 도로와 접한 부분에 건축물을 건축할 수 있는 선[이하 "건축선(建築線)"이라 한다]은 대지와 도로의 경계선으로 한다. 다만, 제2조 제1항 제11호에 따른 소요 너비에 못 미치는 너비의 도로인 경우에는 그 중심선으로부터 그 소요 너비의 2분의 1의 수평거리만큼 물러난 선을 건축선으로 하되, 그 도로의 반대쪽에 경사지, 하천, 철도, 선로부지, 그 밖에 이와 유사한 것이 있는 경우에는 그 경사지 등이 있는 쪽의 도로경계선에서 소요 너비에 해당하는 수평거리의 선을 건축선으로 하며, 도로의 모퉁이에서는 대통령령으로 정하는 선을 건축선으로 한다.

② 특별자치시장 · 특별자치도지사 또는 시장 · 군수 · 구청장은 시가지 안에서 건축물의 위치나 환경을 정비하기 위하여 필요하다고 인정하면 제1항에도 불구하고 대통령령으로 정하는 범위에서 건축선을 따로 지정할 수 있다.〈개정 2014.1.14〉

③ 특별자치시장 · 특별자치도지사 또는 시장 · 군수 · 구청장은 제2항에 따라 건축선을 지정하면 지체 없이 이를 고시하여야 한다.〈개정 2014.1.14〉

시행령 제31조(건축선)

① 법 제46조 제1항에 따라 너비 8미터 미만인 도로의 모퉁이에 위치한 대지의 도로모퉁이 부분의 건축선은 그 대지에 접한 도로경계선의 교차점으로부터 도로경계선에 따라 다음의 표에 따른 거리를 각각 후퇴한 두 점을 연결한 선으로 한다.

(단위 : 미터)

도로의 교차각	당해 도로의 너비		교차되는 도로의 너비
	6 이상 8 미만	4 이상 6 미만	
90° 미만	4	3	6 이상 8 미만
	3	2	4 이상 6 미만
90° 이상 120° 미만	3	2	6 이상 8 미만
	2	2	4 이상 6 미만

② 특별자치시장 · 특별자치도지사 또는 시장 · 군수 · 구청장은 법 제46조 제2항에 따라 「국토의 계획 및 이용에 관한 법률」 제36조 제1항 제1호에 따른 도시지역에는 4미터 이하의 범위에서 건축선을 따로 지정할 수 있다. 〈개정 2014.10.14.〉

③ 특별자치시장 · 특별자치도지사 또는 시장 · 군수 · 구청장은 제2항에 따라 건축선을 지정하려면 미리 그 내용을 해당 지방자치단체의 공보(公報), 일간신문 또는 인터넷홈페이지 등에 30일 이상 공고하여야 하며, 공고한 내용에 대하여 의견이 있는 자는 공고기간에 특별자치시장 · 특별자치도지사 또는 시장 · 군수 · 구청장에게 의견을 제출(전자문서에 의한 제출을 포함한다)할 수 있다. 〈개정 2014.10.14.〉

건축선의 정의 및 상황별 건축선 지정

1) 건축선의 정의

건축선은 도로와 접한 부분에 있어서 건축물을 건축할 수 있는 선을 말한다.

2) 원칙적인 건축선

대지와 도로의 경계선으로 한다.

3) 소요너비에 미달되는 도로에서의 건축선

대지가 소요너비에 미달되는 도로에 접하였을 경우 다음 표에 정하는 바에 의한다.

대지와 도로와의 관계	건축선의 지정
도로 양쪽에 대지가 있을 때	도로의 중심선에서 각 소요너비의 1/2의 수평거리를 후퇴한 선
도로의 반대쪽에 경사지, 하천, 철도, 선로부지 등이 있을 때	당해 경사지 등이 있는 쪽 도로경계선에서 소요너비에 해당하는 수평거리를 후퇴한 선

① 소요너비 미만의 통과도로의 건축선 지정

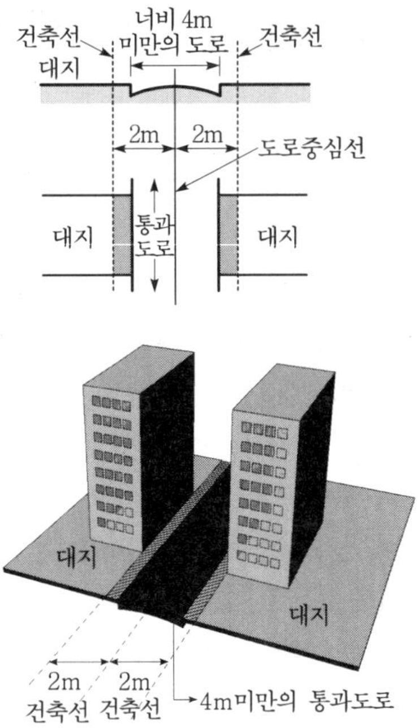

② 소요너비 미만 막다른 도로의 건축선 지정

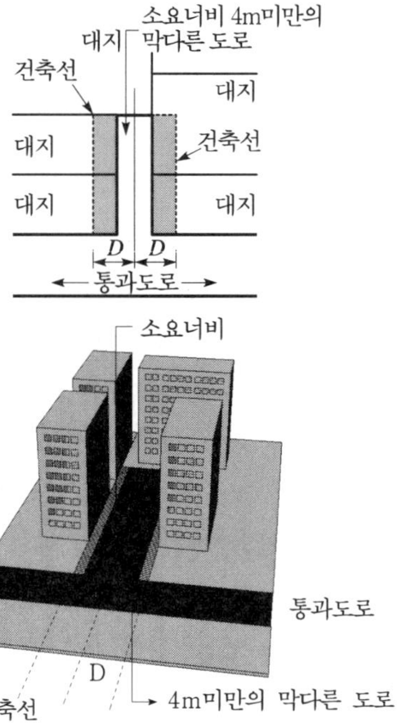

③ 한쪽이 경사면인 소요너비 미만의 통과도로의 건축선 지정

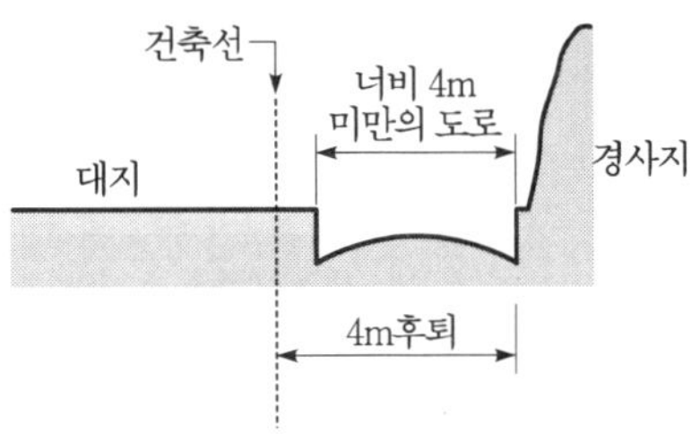

④ 한쪽이 하천인 소요너비 미만의 통과도로의 건축선 지정

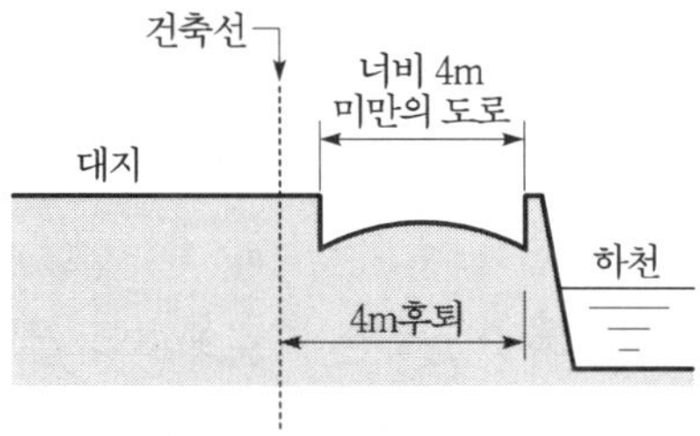

⑤ 선로부지에 면한 기준너비 미만의 도로의 건축선 지정

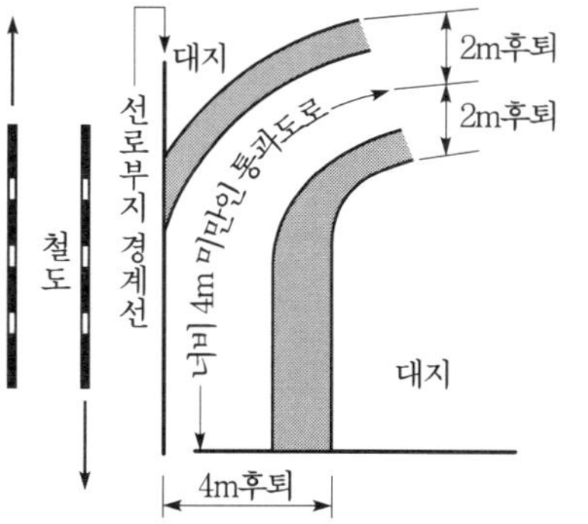

4) 도로 모퉁이에서의 건축선

너비 8m 미만인 좁은 도로의 모퉁이에서는 자동차의 통행을 용이하게 하고 통행인들의 시야를 확보하기 위하여 대지의 모퉁이 부분의 건축선을 정하여 가각전제(街角剪除)를 한다. 즉, 그 대지에 접한 도로경계선의 교차점으로부터 도로경계선에 따라 다음 표에 의한 거리를 각각 후퇴한 두 점을 연결한 선을 그 대지 모퉁이의 건축선으로 한다.

도로의 교차각	당해 도로의 너비		교차되는 도로의 너비
	6m 이상 8m 미만	4m 이상 6m 미만	
90° 미만	4m	3m	6m 이상 8m 미만
	3m	2m	4m 이상 6m 미만
90° 이상	3m	2m	6m 이상 8m 미만
120° 미만	2m	2m	4m 이상 6m 미만

① 소요너비 이상인 일반도로 모퉁이에서의 건축선 지정

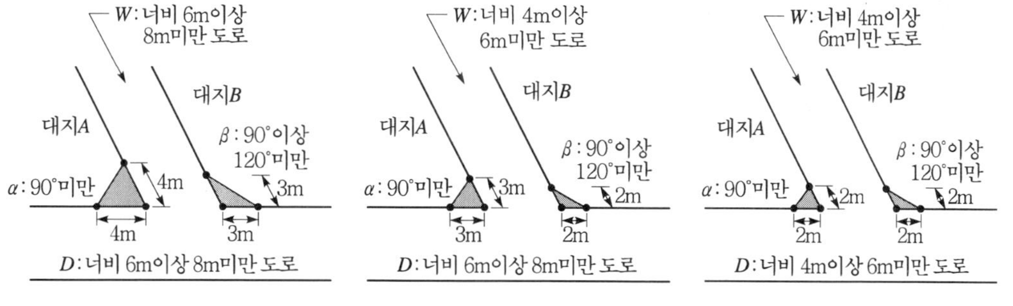

② 소요너비 미만인 도로 및 모퉁이에서의 건축선 지정

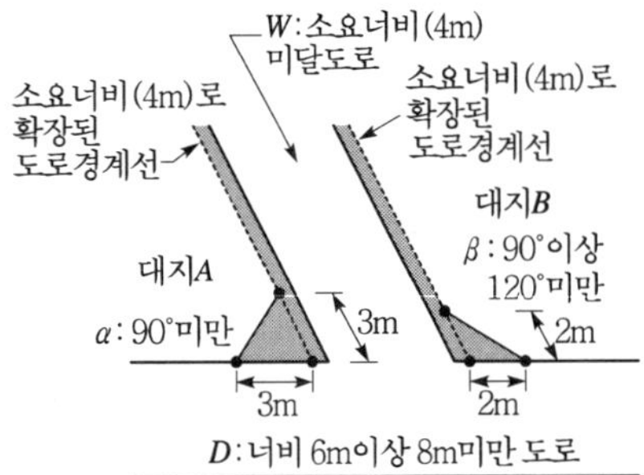

③ 반대편에 하천 등(경사지 · 하천 및 선로부지)이 있는 소요도로 미만에서의 건축선 지정

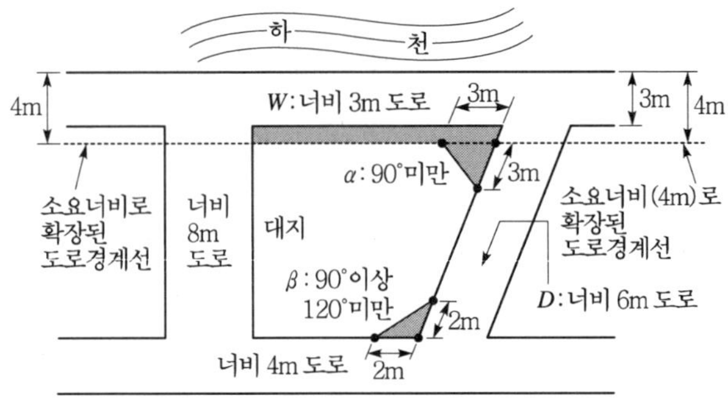

5) 특별자치시장 · 특별자치도지사 또는 시장, 군수, 구청장이 지정하는 건축선

① 시가지 안에서 건축물의 위치를 정비하거나 환경을 정비하기 위하여 앞의 1), 2)의 규정에도 불구하고 '국토의 계획 및 이용에 관한 법률'의 규정에 의한 도시지역은 4m 이하의 범위에서 건축선을 따로 지정할 수 있다.

② 특별자치시장 · 특별자치도지사 또는 시장, 군수, 구청장은 앞의 ①의 규정에 의하여 건축선을 지정하고자 하는 때에는 미리 그 내용을 지방자치단체의 공보, 일간신문, 또는 인터넷홈페이지 등에 30일 이상 공고하여야 하며, 공고내용에 대하여 의견이 있는 자는 공고기간 내에 의견을 제출할 수 있다.

4-8 건축선에 따른 건축제한

건축법 제47조(건축선에 따른 건축제한)

① 건축물과 담장은 건축선의 수직면(垂直面)을 넘어서는 아니 된다. 다만, 지표(地表) 아래 부분은 그러하지 아니하다.

② 도로면으로부터 높이 4.5미터 이하에 있는 출입구, 창문, 그 밖에 이와 유사한 구조물은 열고 닫을 때 건축선의 수직면을 넘지 아니하는 구조로 하여야 한다.

건축선에 따른 건축제한 도해

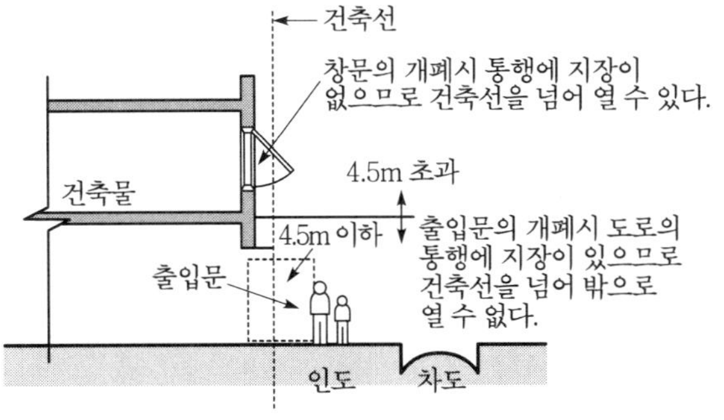

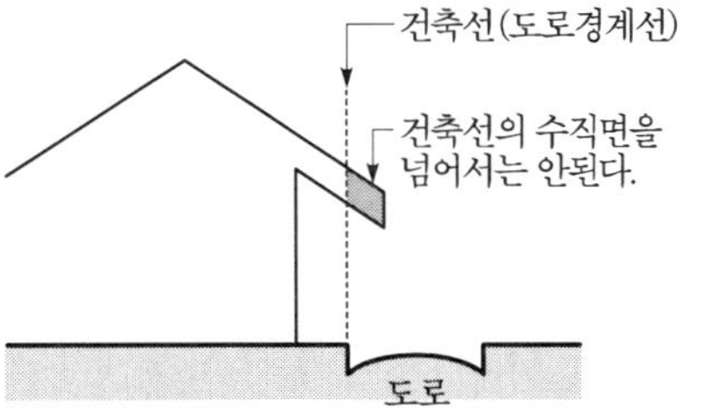

출제빈도	■■■■■
중요도	■■■■■

주요내용

건축법 중 실제 법 내용도 많고, 그만큼 주요 내용도 많이 포함하고 있는 가장 중요한 부분이다.
특히 건축물의 안전에 관련된 구조 내력, 피난규정, 방화규정, 지하층 기준 등의 내용은 실무에서도 중요하고, 실제 국가시험에서도 매회 출제되는 경향이 있다.
또한, 피난규정에 있어서 계단과 관련된 기준, 방화규정에 있어서 주요구조부, 지하층 구조제한 등 구체적 기준이 나온 부분은 반드시 정확히 학습하여야 한다.

세부목차

참고용 건축법 목차

CHAPTER 5

제5장 건축물의 구조 및 재료

5-1 구조내력 등

5-1-1 구조안전의 확인

건축법 **제48조(구조내력 등)**

① 건축물은 고정하중, 적재하중(積載荷重), 적설하중(積雪荷重), 풍압(風壓), 지진, 그 밖의 진동 및 충격 등에 대하여 안전한 구조를 가져야 한다.

② 제11조제1항에 따른 건축물을 건축하거나 대수선하는 경우에는 대통령령으로 정하는 바에 따라 구조의 안전을 확인하여야 한다.

③ 지방자치단체의 장은 제2항에 따른 구조 안전 확인 대상 건축물에 대하여 허가 등을 하는 경우 내진(耐震)성능 확보 여부를 확인하여야 한다.〈신설 2011. 9. 16.〉

④ 제1항에 따른 구조내력의 기준과 구조 계산의 방법 등에 관하여 필요한 사항은 국토교통부령으로 정한다.〈개정 2011. 9. 16., 2013. 3. 23., 2015. 1. 6.〉

제48조의2(건축물 내진등급의 설정)

① 국토교통부장관은 지진으로부터 건축물의 구조 안전을 확보하기 위하여 건축물의 용도, 규모 및 설계구조의 중요도에 따라 내진등급(耐震等級)을 설정하여야 한다.

② 제1항에 따른 내진등급을 설정하기 위한 내진등급기준 등 필요한 사항은 국토교통부령으로 정한다.

[본조신설 2013. 7. 16.]

제48조의3(건축물의 내진능력 공개)

① 다음 각 호의 어느 하나에 해당하는 건축물을 건축하고자 하는 자는 제22조에 따른 사용승인을 받는 즉시 건축물이 지진 발생 시에 견딜 수 있는 능력(이하 "내진능력"이라 한다)을 공개하여야 한다. 다만, 제48조제2항에 따른 구조안전 확인 대상 건축물이 아니거나 내진능력 산정이 곤란한 건축물로서 대통령령으로 정하는 건축물은 공개하지 아니한다.〈개정 2017. 12. 26.〉

1. 층수가 2층[주요구조부인 기둥과 보를 설치하는 건축물로서 그 기둥과 보가 목재인 목구조 건축물(이하 "목구조 건축물"이라 한다)의 경우에는 3층] 이상인 건축물
2. 연면적이 200제곱미터(목구조 건축물의 경우에는 500제곱미터) 이상인 건축물
3. 그 밖에 건축물의 규모와 중요도를 고려하여 대통령령으로 정하는 건축물

② 제1항의 내진능력의 산정 기준과 공개 방법 등 세부사항은 국토교통부령으로 정한다.

[본조신설 2016. 1. 19.]

시행령 제32조(구조 안전의 확인)

① 법 제48조제2항에 따라 법 제11조제1항에 따른 건축물을 건축하거나 대수선하는 경우 해당 건축물의 설계자는 국토교통부령으로 정하는 구조기준 등에 따라 그 구조의 안전을 확인하여야 한다. 〈개정 2009. 7. 16., 2013. 3. 23., 2013. 5. 31., 2014. 11. 28.〉

1. 삭제 〈2014. 11. 28.〉
2. 삭제 〈2014. 11. 28.〉
3. 삭제 〈2014. 11. 28.〉
4. 삭제 〈2014. 11. 28.〉
5. 삭제 〈2014. 11. 28.〉
6. 삭제 〈2014. 11. 28.〉
7. 삭제 〈2014. 11. 28.〉

② 제1항에 따라 구조 안전을 확인한 건축물 중 다음 각 호의 어느 하나에 해당하는 건축물의 건축주는 해당 건축물의 설계자로부터 구조 안전의 확인 서류를 받아 법 제21조에 따른 착공신고를 하는 때에 그 확인 서류를 허가권자에게 제출하여야 한다. 다만, 표준설계도서에 따라 건축하는 건축물은 제외한다. 〈개정 2014. 11. 28., 2015. 9. 22., 2017. 2. 3., 2017. 10. 24., 2018. 12. 4., 2024. 12. 17.〉

1. 층수가 2층[주요구조부인 기둥과 보를 설치하는 건축물로서 그 기둥과 보가 목재인 목구조 건축물(이하 "목구조 건축물"이라 한다)의 경우에는 3층] 이상인 건축물
2. 연면적이 200제곱미터(목구조 건축물의 경우에는 500제곱미터) 이상인 건축물. 다만, 창고, 축사, 작물 재배사는 제외한다.
3. 높이가 13미터 이상인 건축물
4. 처마높이가 9미터 이상인 건축물
5. 기둥과 기둥 사이의 거리가 10미터 이상인 건축물
6. 건축물의 용도 및 규모를 고려한 중요도가 높은 건축물로서 국토교통부령으로 정하는 건축물

7. 국가적 문화유산으로 보존할 가치가 있는 건축물로서 국토교통부령으로 정하는 것
8. 제2조제18호가목, 다목 및 라목의 건축물
9. 별표 1 제1호의 단독주택 및 같은 표 제2호의 공동주택

③ 제1항 및 제2항 각 호 외의 부분 본문에도 불구하고 방화·방수·단열 등의 성능 개선을 위해 기존 건축물을 국토교통부령으로 정하는 바에 따라 증축 또는 대수선하는 건축주에 대해서는 다음 각 호의 요건을 모두 갖춘 경우 국토교통부령으로 정하는 바에 따라 구조 안전의 확인 방법을 달리 적용할 수 있다. 다만, 제3조의2제5호에 해당하는 경우에는 제1호를 적용하지 않는다. 〈신설 2024. 12. 17.〉

1. 주요구조부의 변경이 없을 것
2. 법 제48조제1항에 따른 구조내력(構造耐力)의 변경이 국토교통부령으로 정하는 경미한 변경에 해당할 것

④ 제6조제1항제6호다목에 따라 기존 건축물을 건축 또는 대수선하려는 건축주는 법 제5조제1항에 따라 적용의 완화를 요청할 때 구조 안전의 확인 서류를 허가권자에게 제출하여야 한다. 〈신설 2017. 2. 3., 2024. 12. 17.〉

[전문개정 2008. 10. 29.]

제32조의2(건축물의 내진능력 공개)

① 법 제48조의3제1항 각 호 외의 부분 단서에서 "대통령령으로 정하는 건축물"이란 다음 각 호의 어느 하나에 해당하는 건축물을 말한다.

1. 창고, 축사, 작물 재배사 및 표준설계도서에 따라 건축하는 건축물로서 제32조제2항제1호 및 제3호부터 제9호까지의 어느 하나에도 해당하지 아니하는 건축물
2. 제32조제1항에 따른 구조기준 중 국토교통부령으로 정하는 소규모건축구조기준을 적용한 건축물

② 법 제48조의3제1항제3호에서 "대통령령으로 정하는 건축물"이란 제32조제2항제3호부터 제9호까지의 어느 하나에 해당하는 건축물을 말한다.

[본조신설 2018. 6. 26.]

구조기준 **제58조의2(성능 개선을 위한 증축 · 대수선에 따른 구조안전확인서 제출의 특례)**

① 영 제32조제3항 각 호 외의 부분 본문에 따라 기존 건축물을 다음 각 호에 따라 증축 또는 대수선하는 건축주는 법 제21조에 따른 착공신고를 할 때 별지 제4호서식의 구조안전확인서를 제출해야 한다.

1. 지붕 또는 외벽을 수선 · 변경 또는 증설하기 위한 증축(건축물의 건폐율 · 용적률 및 높이의 변경이 법 제26조에 따른 허용오차 범위 내인 경우로 한정한다)
2. 다음 각 목의 어느 하나에 해당하는 대수선
   가. 영 제3조의2제5호에 따른 대수선(방화문 또는 방화셔터를 설치하거나 변경하는 경우로서 방화구획을 위한 바닥 또는 벽의 일부를 수선하는 경우로 한정한다)
   나. 영 제3조의2제9호에 따른 대수선(건축물의 외벽에 벽돌 또는 석재 등 건축구조기준에 따른 무거운 마감재료를 설치하지 않는 경우로 한정한다)
3. 제1호 또는 제2호에 준하는 증축 또는 대수선으로서 지방자치단체의 건축에 관한 조례로 정하는 증축 또는 대수선

② 영 제32조제3항제2호에서 "국토교통부령으로 정하는 경미한 변경"이란 건축구조기준에 따른 구조내력의 증가가 5퍼센트 이하인 변경을 말한다.

[본조신설 2024. 12. 17.]

제60조의2(건축물의 내진능력 산정 기준 및 공개 방법) ① 법 제48조의3제1항에 따른 내진능력(이하 "내진능력"이라 한다)의 산정 기준은 별표 13과 같다.

② 법 제48조의3제1항에 따른 건축물에 대하여 법 제22조에 따라 사용승인을 신청하는 자는 별표 13 제1호가목에 따라 산정한 내진능력을 신청서에 적어 제출하여야 한다. 이 경우 제58조에 따른 구조안전 및 내진설계 확인서를 함께 제출해야 한다. 〈개정 2024. 12. 17.〉

③ 법 제48조의3제1항에 따른 내진능력의 공개는 내진능력을 건축물대장에 기재하는 방법으로 하며, 내진능력의 표기방법은 별표 13 제2호에 따른다. 〈개정 2024. 12. 17.〉

④ 법 제48조의3제1항에 따른 내진능력 공개 대상 건축물이 아닌 건축물의 내진능력을 산정하여 제3항에 따른 방법으로 공개하려는 건축물의 소유자는 별표 13 제1호나목에 따라 내진능력을 확인할 수 있는 자료를 허가권자에게 제출해야 한다. 〈신설 2024. 12. 17.〉

[본조신설 2017. 1. 20.]

건축물의 구조안전 및 지진

1) 구조안전 확인

건축물을 건축하거나 대수선하는 경우 해당 건축물의 설계자는 국토교통부령으로 정하는 구조기준 등에 따라 그 구조의 안전을 확인하여야 한다.

2) 구조안전의 확인 서류를 제출하여야 하는 건축물

2-1) 착공신고시 제출

① 층수가 2층(주요구조부인 기둥과 보를 설치하는 건축물로서 그 기둥과 보가 목재인 목구조 건축물의 경우에는 3층) 이상인 건축물

② 연면적이 200제곱미터(목구조 건축물의 경우에는 500제곱미터) 이상인 건축물. (창고, 축사, 작물 재배사 및 표준설계도서에 따라 건축하는 건축물은 제외)

③ 높이가 13미터 이상인 건축물

④ 처마높이가 9미터 이상인 건축물

⑤ 기둥과 기둥 사이의 거리가 10미터 이상인 건축물

⑥ 건축물의 용도 및 규모를 고려한 중요도가 높은 건축물로서 국토교통부령으로 정하는 건축물

⑦ 국가적 문화유산으로 보존할 가치가 있는 건축물로서 국토교통부령으로 정하는 것

⑧ 제2조 제18호 가목 및 다목의 건축물

⑨ 별표 1 제1호의 단독주택 및 같은 표 제2호의 공동주택

2-2) 법 적용 완화 요청시 제출

기존 건축물을 건축 또는 대수선하려는 건축물의 법 적용 완화를 요청할 때

3) 건축물 내진등급의 설정

국토교통부장관은 지진으로부터 건축물의 구조 안전을 확보하기 위하여 건축물의 용도, 규모 및 설계구조의 중요도에 따라 내진등급(耐震等級)을 설정하여야 한다. 내진등급기준 등 필요한 사항은 국토교통부령으로 정한다.

■내진능력 공개 대상

지정 법령	주요 내용
건축법 제48조 3	1. 층수가 2층[주요구조부인 기둥과 보를 설치하는 건축물로서 그 기둥과 보가 목재인 목구조 건축물(이하 "목구조 건축물"이라 한다)의 경우에는 3층] 이상인 건축물 2. 연면적이 200제곱미터(목구조 건축물의 경우에는 500제곱미터) 이상인 건축물 3. 그 밖에 건축물의 규모와 중요도를 고려하여 대통령령(A)으로 정하는 건축물
(A) 건축법 시행령 제32조	■ 높이가 13미터 이상인 건축물 ■ 처마높이가 9미터 이상인 건축물 ■ 기둥과 기둥 사이의 거리가 10미터 이상인 건축물 ■ 건축물의 용도 및 규모를 고려한 중요도가 높은 건축물로서 국토교통부령으로 정하는 건축물 ■ 국가적 문화유산으로 보존할 가치가 있는 건축물로서 국토교통부령으로 정하는 것 ■ 건축법 시행령 제2조 제18호가목 및 다목의 건축물(B) ■ 별표 1 제1호의 단독주택 및 같은 표 제2호의 공동주택
(B) 건축법 시행령 제2조 제18호	18. "특수구조 건축물"이란 다음 각 목의 어느 하나에 해당하는 건축물을 말한다. 가. 한쪽 끝은 고정되고 다른 끝은 지지(支持)되지 아니한 구조로 된 보·차양 등이 외벽(외벽이 없는 경우에는 외곽 기둥을 말한다)의 중심선으로부터 3미터 이상 돌출된 건축물 나. 기둥과 기둥 사이의 거리(기둥의 중심선 사이의 거리를 말하며, 기둥이 없는 경우에는 내력벽과 내력벽의 중심선 사이의 거리를 말한다. 이하 같다)가 20미터 이상인 건축물 다. 무량판 구조(보가 없이 바닥판·기둥으로 구성된 구조를 말한다. 이하 같다)를 가진 건축물로서 무량판 구조인 어느 하나의 층에 수직으로 배치된 주요구조부의 전체 단면적에서 보가 없이 배치된 기둥의 전체 단면적이 차지하는 비율이 4분의 1 이상인 건축물 라. 특수한 설계·시공·공법 등이 필요한 건축물로서 국토교통부장관이 정하여 고시하는 구조로 된 건축물

4) 구조안전확인서 제출

착공신고를 하는 경우에 구조안전 및 내진설계 확인서를 작성하여 제출

5) 성능 개선을 위한 증축 · 대수선에 따른 구조안전확인서 제출의 특례

5-1) 영 제32조제3항 각 호 외의 부분 본문에 따라 기존 건축물을 다음 각 호에 따라 증축 또는 대수선하는 건축주는 법 제21조에 따른 착공신고를 할 때 별지 제4호서식의 구조안전확인서를 제출해야 한다.

① 지붕 또는 외벽을 수선 · 변경 또는 증설하기 위한 증축(건축물의 건폐율 · 용적률 및 높이의 변경이 법 제26조에 따른 허용오차 범위 내인 경우)

② 다음 각 목의 어느 하나에 해당하는 대수선

- 영 제3조의2제5호에 따른 대수선(방화문 또는 방화셔터를 설치하거나 변경하는 경우로서 방화구획을 위한 바닥 또는 벽의 일부를 수선하는 경우)
- 영 제3조의2제9호-건축물의 외벽에 사용하는 마감재료를 증설 또는 해체하거나 벽면적 30제곱미터 이상 수선 또는 변경하는 것-에 따른 대수선(건축물의 외벽에 벽돌 또는 석재 등 건축구조기준에 따른 무거운 마감재료를 설치하지 않는 경우)

③ 제1호 또는 제2호에 준하는 증축 또는 대수선으로서 지방자치단체의 건축에 관한 조례로 정하는 증축 또는 대수선

5-2) 영 제32조제3항제2호에서 "국토교통부령으로 정하는 경미한 변경"이란 건축구조기준에 따른 구조내력의 증가가 5퍼센트 이하인 변경을 말함

5-1-2 관계전문기술자와의 협력

건축법 제67조(관계전문기술자)

① 설계자와 공사감리자는 제40조, 제41조, 제48조부터 제50조까지, 제50조의2, 제51조, 제52조, 제62조 및 제64조와 「녹색건축물 조성 지원법」 제15조에 따른 대지의 안전, 건축물의 구조상 안전, 부속구조물 및 건축설비의 설치 등을 위한 설계 및 공사감리를 할 때 대통령령으로 정하는 바에 따라 다음 각 호의 어느 하나의 자격을 갖춘 관계전문기술자(「기술사법」 제21조제2호에 따라 벌칙을 받은 후 대통령령으로 정하는 기간이 경과되지 아니한 자는 제외한다)의 협력을 받아야 한다. 〈개정 2016.2.3.〉

1. 「기술사법」 제6조에 따라 기술사사무소를 개설등록한 자
2. 「건설기술 진흥법」 제26조에 따라 건설기술용역업자로 등록한 자
3. 「엔지니어링산업 진흥법」 제21조에 따라 엔지니어링사업자의 신고를 한 자
4. 「전력기술관리법」 제14조에 따라 설계업 및 감리업으로 등록한 자

② 관계전문기술자는 건축물이 이 법 및 이 법에 따른 명령이나 처분, 그 밖의 관계 법령에 맞고 안전·기능 및 미관에 지장이 없도록 업무를 수행하여야 한다.

시행령 **제91조의3(관계전문기술자와의 협력)** ① 다음 각 호의 어느 하나에 해당하는 건축물의 설계자는 제32조제1항에 따라 해당 건축물에 대한 구조의 안전을 확인하는 경우에는 건축구조기술사의 협력을 받아야 한다. 〈개정 2009. 7. 16., 2013. 3. 23., 2013. 5. 31., 2014. 11. 28., 2015. 9. 22., 2018. 12. 4.〉

1. 6층 이상인 건축물
2. 특수구조 건축물
3. 다중이용 건축물
4. 준다중이용 건축물
5. 3층 이상의 필로티형식 건축물
6. 제32조제2항제6호에 해당하는 건축물 중 국토교통부령으로 정하는 건축물

② 연면적 1만제곱미터 이상인 건축물(창고시설은 제외한다) 또는 에너지를 대량으로 소비하는 건축물로서 국토교통부령으로 정하는 건축물에 건축설비를 설치하는 경우에는 국토교통부령으로 정하는 바에 따라 다음 각 호의 구분에 따른 관계전문기술자의 협력을 받아야 한다. 〈개정 2009. 7. 16., 2013. 3. 23., 2016. 5. 17., 2017. 5. 2.〉

1. 전기, 승강기(전기 분야만 해당한다) 및 피뢰침: 「기술사법」에 따라 등록한 건축전기설비기술사 또는 발송배전기술사
2. 급수·배수(配水)·배수(排水)·환기·난방·소화·배연·오물처리 설비 및 승

강기(기계 분야만 해당한다): 「기술사법」에 따라 등록한 건축기계설비기술사 또는 공조냉동기계기술사

3. 가스설비: 「기술사법」에 따라 등록한 건축기계설비기술사, 공조냉동기계기술사 또는 가스기술사

③ 깊이 10미터 이상의 토지 굴착공사 또는 높이 5미터 이상의 옹벽 등의 공사를 수반하는 건축물의 설계자 및 공사감리자는 토지 굴착 등에 관하여 국토교통부령으로 정하는 바에 따라 「기술사법」에 따라 등록한 토목구조기술사, 토질 및 기초 기술사, 지질 및 지반 기술사 또는 토목시공기술사의 협력을 받아야 한다. 〈개정 2009. 7. 16., 2010. 12. 13., 2013. 3. 23., 2016. 5. 17., 2024. 12. 17.〉

④ 설계자 및 공사감리자는 안전상 필요하다고 인정하는 경우, 관계 법령에서 정하는 경우 및 설계계약 또는 감리계약에 따라 건축주가 요청하는 경우에는 관계전문기술자의 협력을 받아야 한다.

⑤ 특수구조 건축물 및 고층건축물의 공사감리자는 제19조제3항제1호 각 목 및 제2호 각 목에 해당하는 공정에 다다를 때 건축구조기술사의 협력을 받아야 한다. 〈개정 2014. 11. 28., 2016. 5. 17.〉

⑥ 3층 이상인 필로티형식 건축물의 공사감리자는 법 제48조에 따른 건축물의 구조상 안전을 위한 공사감리를 할 때 공사가 제18조의2제2항제3호나목에 따른 단계에 다다른 경우마다 법 제67조제1항제1호부터 제3호까지의 규정에 따른 관계전문기술자의 협력을 받아야 한다. 이 경우 관계전문기술자는 「건설기술 진흥법 시행령」 별표 1 제3호라목1)에 따른 건축구조 분야의 특급 또는 고급기술자의 자격요건을 갖춘 소속 기술자로 하여금 업무를 수행하게 할 수 있다. 〈신설 2018. 12. 4.〉

⑦ 제1항부터 제6항까지의 규정에 따라 설계자 또는 공사감리자에게 협력한 관계전문기술자는 공사 현장을 확인하고, 그가 작성한 설계도서 또는 감리중간보고서 및 감리완료보고서에 설계자 또는 공사감리자와 함께 서명날인하여야 한다. 〈개정 2009. 7. 16., 2013. 5. 31., 2014. 11. 28., 2018. 12. 4.〉

⑧ 제32조제1항에 따른 구조 안전의 확인에 관하여 설계자에게 협력한 건축구조기술사는 국토교통부장관이 정하여 고시하는 기준에 따라 구조의 안전을 확인한 건축물의 구조도 등 구조 관련 서류에 설계자와 함께 서명날인하여야 한다. 〈신설 2009. 7. 16., 2013. 5. 31., 2014. 11. 28., 2018. 12. 4., 2024. 12. 17.〉

⑨ 법 제67조제1항 각 호 외의 부분에서 "대통령령으로 정하는 기간"이란 2년을 말한다. 〈신설 2016. 7. 19., 2018. 12. 4.〉

[전문개정 2008. 10. 29.]

시행규칙 **제36조의2(관계전문기술자)** ① 삭제 〈2010. 8. 5.〉

② 영 제91조의3제3항에 따라 건축물의 설계자 및 공사감리자는 다음 각 호의 어느 하나에 해당하는 사항에 대하여 「기술사법」에 따라 등록한 토목구조기술사, 토질 및 기초 기술사, 지질 및 지반 기술사 또는 토목시공기술사의 협력을 받아야 한다. 〈개정 2005. 10. 20., 2011. 1. 6., 2016. 5. 30., 2024. 12. 17.〉

1. 지질조사
2. 토공사의 설계 및 감리
3. 흙막이벽 · 옹벽설치등에 관한 위해방지 및 기타 필요한 사항

[본조신설 1996. 1. 18.]

[참고]

구조기준 **제56조(적용범위)**

② 영 제32조 제2항 제6호에서 "국토교통부령이 정하는 지진구역안의 건축물"이란 별표 10에 따른 지진구역 Ⅰ의 지역에 건축하는 건축물로서 별표 11에 따른 중요도 특 또는 중요도 1에 해당하는 건축물을 말한다.〈개정 2013.3.23, 2014.11.28〉

제61조(건축구조기술사와의 협력) 영 제91조의3제1항제6호에 따라 건축물의 설계자가 해당 건축물에 대한 구조의 안전을 확인하는 경우 건축구조기술사의 협력을 받아야 하는 건축물은 별표 10에 따른 지진구역 Ⅰ의 지역에 건축하는 건축물로서 별표 11에 따른 중요도가 특에 해당하는 건축물로 한다. 〈개정 2024. 12. 17.〉

[전문개정 2015. 12. 21.]

건축구조기술사와의 협력

1) 건축구조기술사에 의한 구조안전 확인

아래의 건축물의 설계자는 구조의 안전을 확인하는 경우에 건축구조기술사의 협력을 받아야 한다.

① 6층 이상인 건축물
② 특수구조 건축물
③ 다중이용 건축물
④ 준다중이용 건축물
⑤ 3층 이상의 필로티형식 건축물
⑥ 제32조 제2항 제6호(지진구역 안의 건축물)에 해당하는 건축물 중 국토교통부령으로 정하는 건축물

2) 특수구조 건축물 및 고층건축물의 협력

특수구조 건축물 및 고층건축물의 공사감리자는 제19조 제3항 제1호 다목에 해당하는 공정(지상 5개 층마다 상부 슬래브배근을 완료한 경우. 다만, 철골조 구조의 건축물의 경우에는 지상 3개 층마다 또는 높이 20미터마다 주요구조부의 조립을 완료한 경우)에 다다를 때 건축구조기술사의 협력을 받아야 한다.

3) 구조안전 확인

구조 안전의 확인에 관하여 설계자에게 협력한 건축구조기술사는 구조의 안전을 확인한 건축물의 구조도 등 구조 관련 서류에 설계자와 함께 서명날인하여야 한다.

4) 구조 관련 협업 내용 비교

착공시 구조 안전 확인 서류 제출 대상 건축물	건축구조기술사의 협력을 받아야 하는 건축물
① 층수가 2층 이상인 건축물 ② 연면적이 200제곱미터 이상인 건축물 ③ 높이가 13미터 이상인 건축물 ④ 처마높이가 9미터 이상인 건축물 ⑤ 기둥과 기둥 사이의 거리가 10미터 이상인 건축물 ⑥ 건축물의 용도 및 규모를 고려한 중요도가 높은 건축물 ⑦ 국가적 문화유산으로 보존할 가치가 있는 건축물 ⑧ 특수 구조 건축물 ⑨ 별표 1 제1호의 단독주택 및 같은 표 제2호의 공동주택 ⑩ 기존 건축물을 건축 또는 대수선하려는 건축주가 법 적용의 완화를 요청할 때	① 6층 이상인 건축물 ② 특수구조 건축물 ③ 다중이용 건축물 ④ 준다중이용 건축물 ⑤ 3층 이상의 필로티형식 건축물 ⑥ 제32조 제2항 제6호(지진구역 안의 건축물)에 해당하는 건축물 중 국토교통부령으로 정하는 건축물

토목구조기술사, 토질 및 기초 기술사, 지질 및 지반 기술사 또는 토목시공기술사의 협력

1) 대상

깊이 10미터 이상의 토지 굴착공사 또는 높이 5미터 이상의 옹벽 등의 공사를 수반하는 건축물의 설계자 및 공사감리자:

- 토지 굴착 등에 관하여 국토교통부령으로 정하는 바에 따라 「기술사법」에 따라 등록한 토목구조기술사, 토질 및 기초 기술사, 지질 및 지반 기술사 또는 토목시공기술사의 협력을 받아야 함

2) 협력내용

① 지질조사

② 토공사의 설계 및 감리

③ 흙막이벽 · 옹벽설치 등에 관한 위해방지 및 기타 필요한 사항

5-2 건축물의 피난시설 및 용도제한 등

건축법 **제49조(건축물의 피난시설 및 용도제한 등)** ① 대통령령으로 정하는 용도 및 규모의 건축물과 그 대지에는 국토교통부령으로 정하는 바에 따라 복도, 계단, 출입구, 그 밖의 피난시설과 저수조(貯水槽), 대지 안의 피난과 소화에 필요한 통로를 설치하여야 한다. 〈개정 2013. 3. 23., 2018. 4. 17.〉

② 대통령령으로 정하는 용도 및 규모의 건축물의 안전·위생 및 방화(防火) 등을 위하여 필요한 용도 및 구조의 제한, 방화구획(防火區劃), 화장실의 구조, 계단·출입구, 거실의 반자 높이, 거실의 채광·환기, 배연설비와 바닥의 방습 등에 관하여 필요한 사항은 국토교통부령으로 정한다. 다만, 대규모 창고시설 등 대통령령으로 정하는 용도 및 규모의 건축물에 대해서는 방화구획 등 화재 안전에 필요한 사항을 국토교통부령으로 별도로 정할 수 있다. 〈개정 2013. 3. 23., 2019. 4. 23., 2021. 10. 19.〉

③ 대통령령으로 정하는 건축물은 국토교통부령으로 정하는 기준에 따라 소방관이 진입할 수 있는 창을 설치하고, 외부에서 주야간에 식별할 수 있는 표시를 하여야 한다. 〈신설 2019. 4. 23.〉

④ 대통령령으로 정하는 용도 및 규모의 건축물에 대하여 가구·세대 등 간 소음 방지를 위하여 국토교통부령으로 정하는 바에 따라 경계벽 및 바닥을 설치하여야 한다. 〈신설 2014. 5. 28., 2019. 4. 23.〉

⑤ 「자연재해대책법」 제12조제1항에 따른 자연재해위험개선지구 중 침수위험지구에 국가·지방자치단체 또는 「공공기관의 운영에 관한 법률」 제4조제1항에 따른 공공기관이 건축하는 건축물은 침수 방지 및 방수를 위하여 다음 각 호의 기준에 따라야 한다. 〈신설 2015. 1. 6., 2019. 4. 23.〉

1. 건축물의 1층 전체를 필로티(건축물을 사용하기 위한 경비실, 계단실, 승강기실, 그 밖에 이와 비슷한 것을 포함한다) 구조로 할 것
2. 국토교통부령으로 정하는 침수 방지시설을 설치할 것

피난·방화구조 **제18조의2(소방관 진입창의 기준)** 법 제49조제3항에서 "국토교통부령으로 정하는 기준"이란 다음 각 호의 요건을 모두 충족하는 것을 말한다.

1. 2층 이상 11층 이하인 층에 각각 1개소 이상 설치할 것. 이 경우 소방관이 진입할 수 있는 창의 가운데에서 벽면 끝까지의 수평거리가 40미터 이상인 경우에는 40미터 이내마다 소방관이 진입할 수 있는 창을 추가로 설치해야 한다.
2. 소방차 진입로 또는 소방차 진입이 가능한 공터에 면할 것

3. 창문의 가운데에 지름 20센티미터 이상의 역삼각형을 야간에도 알아볼 수 있도록 빛 반사 등으로 붉은색으로 표시할 것
4. 창문의 한쪽 모서리에 타격지점을 지름 3센티미터 이상의 원형으로 표시할 것
5. 창문의 크기는 폭 90센티미터 이상, 높이 1.2미터 이상으로 하고, 실내 바닥면으로부터 창의 아랫부분까지의 높이는 80센티미터 이내로 할 것
6. 다음 각 목의 어느 하나에 해당하는 유리를 사용할 것
   가. 플로트판유리로서 그 두께가 6밀리미터 이하인 것
   나. 강화유리 또는 배강도유리로서 그 두께가 5밀리미터 이하인 것
   다. 가목 또는 나목에 해당하는 유리로 구성된 이중 유리로서 그 두께가 24밀리미터 이하인 것

[본조신설 2019. 8. 6.]

피난에 관한 용어 정의

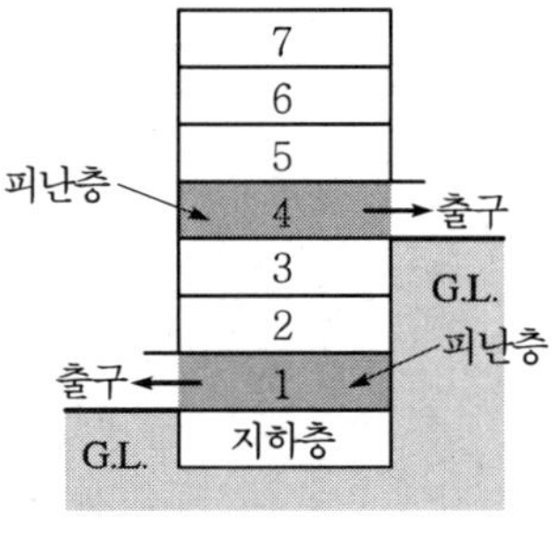

- **피난층** : '직접 지상으로 통하는 출입구가 있는 층' 으로 지형에 따라 하나의 건축물에도 여러 개의 피난 층이 있을 수 있다.
- **직통계단** : '건축물의 어떤 층에서 피난층 또는 지상까지 이르는 경로가 계단과 계단참만을 통하여 오르내릴 수 있는 직통 계단을 말한다.아래 그림의 지상층 계단 A와 B는 피난층까지 직접 연결이 안 되어 직통계단이 아니고, 지하층 계단 C는 피난층과 직접 연결되어 직통계단이다.

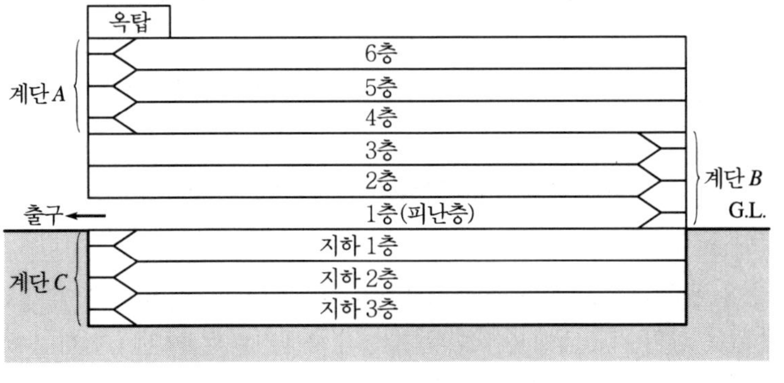

- **피난계단** : 직통계단에 주로 방화 및 배연시설에 대한 기준을 강화한 것으로 옥내 피난계단과 옥외피난계단이 있다.

- **특별피난계단** : 직통계단으로서 피난계단 보다 더욱 안전한 피난을 위해 부속실이나 노대(발코니)가 딸린 계단을 말한다.
- **보행거리** : 보행거리란 거실의 각 부분으로부터 피난층에 통하는 직통계단 중 거실로부터 가장 가까운 거리에 있는 계단까지의 길이를 말한다.

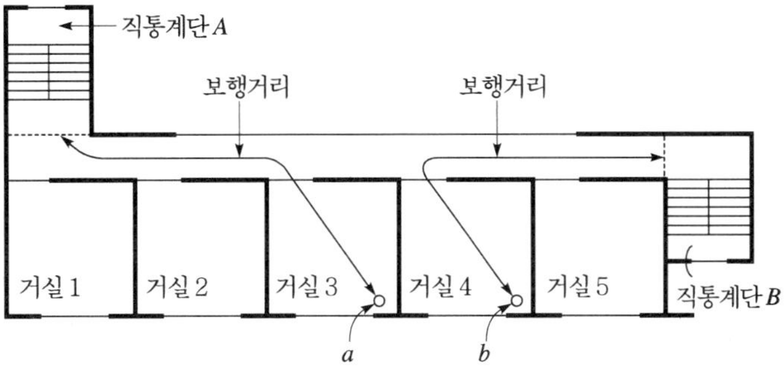

5-2-1 직통계단의 설치

시행령 **제34조(직통계단의 설치)** ① 건축물의 피난층(직접 지상으로 통하는 출입구가 있는 층 및 제3항과 제4항에 따른 피난안전구역을 말한다. 이하 같다) 외의 층에서는 피난층 또는 지상으로 통하는 직통계단(경사로를 포함한다. 이하 같다)을 거실의 각 부분으로부터 계단(거실로부터 가장 가까운 거리에 있는 1개소의 계단을 말한다)에 이르는 보행거리가 30미터 이하가 되도록 설치해야 한다. 다만, 건축물(지하층에 설치하는 것으로서 바닥면적의 합계가 300제곱미터 이상인 공연장 · 집회장 · 관람장 및 전시장은 제외한다)의 주요구조부가 내화구조 또는 불연재료로 된 건축물은 그 보행거리가 50미터(층수가 16층 이상인 공동주택의 경우 16층 이상인 층에 대해서는 40미터) 이하가 되도록 설치할 수 있으며, 자동화 생산시설에 스프링클러 등 자동식 소화설비를 설치한 공장으로서 국토교통부령으로 정하는 공장인 경우에는 그 보행거리가 75미터(무인화 공장인 경우에는 100미터) 이하가 되도록 설치할 수 있다.〈개정 2009. 7. 16., 2010. 2. 18., 2011. 12. 30., 2013. 3. 23., 2019. 8. 6., 2020. 10. 8.〉

② 법 제49조제1항에 따라 피난층 외의 층이 다음 각 호의 어느 하나에 해당하는 용도 및 규모의 건축물에는 국토교통부령으로 정하는 기준에 따라 피난층 또는 지상으로 통하는 직통계단을 2개소 이상 설치하여야 한다.〈개정 2009. 7. 16., 2013. 3. 23., 2014. 3. 24., 2015. 9. 22., 2017. 2. 3.〉

1. 제2종 근린생활시설 중 공연장 · 종교집회장, 문화 및 집회시설(전시장 및 동 · 식물원은 제외한다), 종교시설, 위락시설 중 주점영업 또는 장례시설의 용도로 쓰

는 층으로서 그 층에서 해당 용도로 쓰는 바닥면적의 합계가 200제곱미터(제2종 근린생활시설 중 공연장 · 종교집회장은 각각 300제곱미터) 이상인 것

2. 단독주택 중 다중주택 · 다가구주택, 제1종 근린생활시설 중 정신과의원(입원실이 있는 경우로 한정한다), 제2종 근린생활시설 중 인터넷컴퓨터게임시설제공업소(해당 용도로 쓰는 바닥면적의 합계가 300제곱미터 이상인 경우만 해당한다) · 학원 · 독서실, 판매시설, 운수시설(여객용 시설만 해당한다), 의료시설(입원실이 없는 치과병원은 제외한다), 교육연구시설 중 학원, 노유자시설 중 아동 관련 시설 · 노인복지시설 · 장애인 거주시설(「장애인복지법」 제58조제1항제1호에 따른 장애인 거주시설 중 국토교통부령으로 정하는 시설을 말한다. 이하 같다) 및 「장애인복지법」 제58조제1항제4호에 따른 장애인 의료재활시설(이하 "장애인 의료재활시설"이라 한다), 수련시설 중 유스호스텔 또는 숙박시설의 용도로 쓰는 3층 이상의 층으로서 그 층의 해당 용도로 쓰는 거실의 바닥면적의 합계가 200제곱미터 이상인 것
3. 공동주택(층당 4세대 이하인 것은 제외한다) 또는 업무시설 중 오피스텔의 용도로 쓰는 층으로서 그 층의 해당 용도로 쓰는 거실의 바닥면적의 합계가 300제곱미터 이상인 것
4. 제1호부터 제3호까지의 용도로 쓰지 아니하는 3층 이상의 층으로서 그 층 거실의 바닥면적의 합계가 400제곱미터 이상인 것
5. 지하층으로서 그 층 거실의 바닥면적의 합계가 200제곱미터 이상인 것

③ 초고층 건축물에는 피난층 또는 지상으로 통하는 직통계단과 직접 연결되는 피난안전구역(건축물의 피난 · 안전을 위하여 건축물 중간층에 설치하는 대피공간을 말한다. 이하 같다)을 지상층으로부터 최대 30개 층마다 1개소 이상 설치하여야 한다.〈신설 2009. 7. 16., 2011. 12. 30.〉

④ 준초고층 건축물에는 피난층 또는 지상으로 통하는 직통계단과 직접 연결되는 피난안전구역을 해당 건축물 전체 층수의 2분의 1에 해당하는 층으로부터 상하 5개층 이내에 1개소 이상 설치하여야 한다. 다만, 국토교통부령으로 정하는 기준에 따라 피난층 또는 지상으로 통하는 직통계단을 설치하는 경우에는 그러하지 아니하다.〈신설 2011. 12. 30., 2013. 3. 23.〉

⑤ 제3항 및 제4항에 따른 피난안전구역의 규모와 설치기준은 국토교통부령으로 정한다.〈신설 2009. 7. 16., 2011. 12. 30., 2013. 3. 23.〉

[전문개정 2008. 10. 29.]

피난·방화구조

제8조(직통계단의 설치기준) ① 영 제34조제1항 단서에서 "국토교통부령으로 정하는 공장"이란 반도체 및 디스플레이 패널을 제조하는 공장을 말한다. 〈신설 2010. 4. 7., 2013. 3. 23., 2019. 8. 6.〉

② 영 제34조제2항에 따라 2개소 이상의 직통계단을 설치하는 경우 다음 각 호의 기준에 적합해야 한다. 〈개정 2019. 8. 6.〉

1. 가장 멀리 위치한 직통계단 2개소의 출입구 간의 가장 가까운 직선거리(직통계단 간을 연결하는 복도가 건축물의 다른 부분과 방화구획으로 구획된 경우 출입구 간의 가장 가까운 보행거리를 말한다)는 건축물 평면의 최대 대각선 거리의 2분의 1 이상으로 할 것. 다만, 스프링클러 또는 그 밖에 이와 비슷한 자동식 소화설비를 설치한 경우에는 3분의 1이상으로 한다.
2. 각 직통계단 간에는 각각 거실과 연결된 복도 등 통로를 설치할 것

제8조의2(피난안전구역의 설치기준) ① 영 제34조제3항 및 제4항에 따라 설치하는 피난안전구역(이하 "피난안전구역"이라 한다)은 해당 건축물의 1개층을 대피공간으로 하며, 대피에 장애가 되지 아니하는 범위에서 기계실, 보일러실, 전기실 등 건축설비를 설치하기 위한 공간과 같은 층에 설치할 수 있다. 이 경우 피난안전구역은 건축설비가 설치되는 공간과 내화구조로 구획하여야 한다. 〈개정 2012. 1. 6.〉

② 피난안전구역에 연결되는 특별피난계단은 피난안전구역을 거쳐서 상·하층으로 갈 수 있는 구조로 설치하여야 한다.

③ 피난안전구역의 구조 및 설비는 다음 각 호의 기준에 적합하여야 한다. 〈개정 2012. 1. 6., 2014. 11. 19., 2017. 7. 26., 2019. 8. 6., 2024. 8. 26.〉

1. 피난안전구역의 바로 아래층 및 위층은 「녹색건축물 조성 지원법」 제15조제1항에 따라 국토교통부장관이 정하여 고시한 기준에 적합한 단열재를 설치할 것. 이 경우 아래층은 최상층에 있는 거실의 반자 또는 지붕 기준을 준용하고, 위층은 최하층에 있는 거실의 바닥 기준을 준용할 것
2. 피난안전구역의 내부마감재료는 불연재료로 설치할 것
3. 건축물의 내부에서 피난안전구역으로 통하는 계단은 특별피난계단의 구조로 설치할 것
4. 비상용 승강기는 피난안전구역에서 승하차 할 수 있는 구조로 설치할 것
5. 피난안전구역에는 식수공급을 위한 급수전을 1개소 이상 설치하고 예비전원에 의한 조명설비를 설치할 것
6. 관리사무소 또는 방재센터 등과 긴급연락이 가능한 경보 및 통신시설을 설치할 것

> 7. 별표 1의2에서 정하는 기준에 따라 산정한 면적 이상일 것
> 8. 피난안전구역의 높이는 2.1미터 이상일 것
> 9. 「건축물의 설비기준 등에 관한 규칙」 제14조에 따른 배연설비(이하 "배연설비"라 한다)를 설치할 것
> 10. 그 밖에 소방청장이 정하는 소방 등 재난관리를 위한 설비를 갖출 것
>
> [본조신설 2010. 4. 7.]

직통계단에 관한 내용

1) 직통계단까지의 보행거리

건축물의 피난층 외의 층에 있어서 피난층 또는 지상으로 통하는 직통계단에서 거실의 각 부분에 이르는 보행거리는 다음 값 이하로 설치하여야 한다.

건축물의 구분		보행거리 기준
일반적인 건축물		30m
주요구조부가 내화구조 또는 불연재료인 건축물	층수가 16층 이상인 공동주택(16층 이상인 층에 대해서)	40m
	일반 건축물	50m
	자동식 소화설비를 설치한 공장	75m 이하(무인화 공장인 경우 100m 이하)
	지하층에 설치하는 것으로서 바닥면적의 합계가 300m² 이상인 공연장 · 집회장 · 관람장 및 전시장은 제외한다)	

2) 직통계단의 출입구

피난에 지장이 없도록 일정한 간격을 두어 설치하고, 각 직통계단 상호간에는 각각 거실과 연결된 복도 등 통로를 설치하여야 한다.

3) 2개소 이상의 직통계단 설치 기준 및 의무

- 보다 원활한 피난을 위해 각 용도 및 해당용도의 규모에 따라 직통계단을 2개 이상 설치하도록 하고 있다.
- 가장 멀리 위치한 직통계단 2개소의 출입구 간의 가장 가까운 직선거리(직통계단 간을 연결하는 복도가 건축물의 다른 부분과 방화구획으로 구획된 경우 출입구 간의 가장 가까운 보행거리를 말한다)는 건축물 평면의 최대 대각선 거리의 2분의 1 이상으로 할 것. 다만, 스프링클러 또는 그 밖에 이와 비슷한 자동식 소화설비를 설치한 경우에는 3분의 1 이상으로 한다.
- 각 직통계단 간에는 각각 거실과 연결된 복도 등 통로를 설치할 것

구분	해당 용도와 층		해당 용도의 면적 기준	
1.	• 문화 및 집회시설(전시장 및 동 식물원 제외) • 종교시설 • 위락시설 중 주점영업 또는 장례시설		바닥면적의 합계	200㎡ 이상인 것
	• 제2종 근린생활시설 중 공연장 · 종교집회장			300㎡ 이상인 것
2.	• 단독주택 중 다중주택 · 다가구주택 • 제1종 근린생활시설 중 정신과의원(입원실이 있는 경우) • 제2종 근린생활시설 중 인터넷컴퓨터게임시설제공업소, 학원, 독서실 • 판매시설 • 운수시설 • 의료시설(입원실이 없는 치과병원은 제외) • 교육연구시설 중 학원 • 노유자시설 중 아동 관련 시설 · 노인복지시설 · 장애인 거주시설 • 장애인 의료재활시설 • 수련시설 중 유스호스텔 또는 숙박시설	3층 이상의 층	거실의 바닥면적의 합계	200㎡ 이상인 것
3.	• 공동주택(층당 4세대 이하인 것은 제외) • 업무시설 중 오피스텔		거실의 바닥면적의 합계	300㎡ 이상인 것
4.	• 그 외 용도(위 1호 내지 3호에 규정된 용도에 해당하지 아니한 것)	3층 이상의 층	거실의 바닥면적의 합계	400㎡ 이상인 것
5.	• 지하층		거실의 바닥면적의 합계	200㎡ 이상인 것

피난안전구역의 설치

1) 피난 안전구역의 정의

건축물의 피난 · 안전을 위하여 건축물 중간층에 설치하는 대피공간을 말한다.

2) 피난 안전구역의 설치

① 초고층 건축물에는 피난층 또는 지상으로 통하는 직통계단과 직접 연결되는 피난안전구역을 지상층으로부터 최대 30개 층마다 1개소 이상 설치하여야 한다.

② 준초고층 건축물에는 피난층 또는 지상으로 통하는 직통계단과 직접 연결되는 피난안전구역을 해당 건축물 전체 층수의 2분의 1에 해당하는 층으로부터 상하 5개층 이내에 1개소 이상 설치하여야 한다. 다만, 국토교통부령으로 정하는 기준에 따라 피난층 또는 지상으로 통하는 직통계단을 설치하는 경우에는 그러하지 아니하다.

3) 피난안전구역의 설치 기준

① 구역 내 설비시설과의 관계

- 피난안전구역은 해당 건축물의 1개층을 대피공간으로 한다.
- 대피에 장애가 되지 아니하는 범위에서 기계실, 보일러실, 전기실 등 건축설비를 설치하기 위한 공간과 같은 층에 설치할 수 있다.
- 같은 층에 피난안전구역과 건축설비가 설치되는 공간은 내화구조로 구획한다.

② 피난안전구역에 연결되는 특별피난계단

피난안전구역에 연결되는 특별피난계단은 피난안전구역을 거쳐서 상·하층으로 갈 수 있는 구조로 설치하여야 한다.

③ 피난안전구역의 구조 및 설비

1. 피난안전구역의 바로 아래층 및 윗층은 단열재를 설치할 것. 이 경우 아래층은 최상층에 있는 거실의 반자 또는 지붕 기준을 준용하고, 윗층은 최하층에 있는 거실의 바닥 기준을 준용할 것
2. 피난안전구역의 내부마감재료는 불연재료로 설치할 것
3. 건축물의 내부에서 피난안전구역으로 통하는 계단은 특별피난계단의 구조로 설치할 것
4. 비상용 승강기는 피난안전구역에서 승하차 할 수 있는 구조로 설치할 것
5. 피난안전구역에는 식수공급을 위한 급수전을 1개소 이상 설치하고 예비전원에 의한 조명설비를 설치할 것
6. 관리사무소 또는 방재센터 등과 긴급연락이 가능한 경보 및 통신시설을 설치할 것
7. 별표 1의2에서 정하는 기준에 따라 산정한 면적 이상일 것
8. 피난안전구역의 높이는 2.1미터 이상일 것
9. 배연설비를 설치할 것
10. 재난관리를 위한 설비를 갖출 것

[별표 1의2]〈개정 2012.1.6.〉

피난안전구역의 면적 산정기준(제8조의2 제3항 제7호 관련)

1. 피난안전구역의 면적은 다음 산식에 따라 산정한다.

(피난안전구역 윗층의 재실자 수×0.5)×0.28㎡

가. 피난안전구역 윗층의 재실자 수는 해당 피난안전구역과 다음 피난안전구역 사이의 용도별 바닥면적을 사용 형태별 재실자 밀도로 나눈 값의 합계를 말한다. 다만, 문화·집회용도 중 벤치형 좌석을 사용하는 공간과 고정좌석을 사용하는 공간은 다음의 구분에 따라 피난안전구역 윗층의 재실자 수를 산정한다.

1) 벤치형 좌석을 사용하는 공간: 좌석길이 / 45.5cm

2) 고정좌석을 사용하는 공간: 휠체어 공간 수+고정좌석 수

나. 피난안전구역 설치 대상 건축물의 용도에 따른 사용 형태별 재실자 밀도는 다음 표와 같다.

(단위: ㎡/인)

용 도	사용 형태별		재실자 밀도
문화·집회	고정좌석을 사용하지 않는 공간		0.45
	고정좌석이 아닌 의자를 사용하는 공간		1.29
	벤치형 좌석을 사용하는 공간		-
	고정좌석을 사용하는 공간		-
	무대		1.40
	게임제공업 등의 공간		1.02
운동	운동시설		4.60
교육	도서관	서고	9.30
		열람실	4.60
	학교 및 학원	교실	1.90
보육	보호시설		3.30
의료	입원치료구역		22.3
	수면구역		11.1
교정	교정시설 및 보호관찰소 등		11.1
주거	호텔 등 숙박시설		18.6
	공동주택		18.6
업무	업무시설, 운수시설 및 관련 시설		9.30
판매	지하층 및 1층		2.80
	그 외의 층		5.60
	배송공간		27.9
저장	창고, 자동차 관련 시설		46.5
산업	공장		9.30
	제조업 시설		18.6

※ 계단실, 승강로, 복도 및 화장실은 사용 형태별 재실자 밀도의 산정에서 제외하고, 취사장·조리장의 사용 형태별 재실자 밀도는 9.30으로 본다.

2. 피난안전구역 설치 대상 용도에 대한 「건축법 시행령」 별표 1에 따른 용도별 건축물의 종류는 다음 표와 같다.

용 도	용도별 건축물
문화 · 집회	문화 및 집회시설(공연장 · 집회장 · 관람장 · 전시장만 해당한다), 종교시설, 위락시설, 제1종 근린생활시설 및 제2종 근린생활시설 중 휴게음식점 · 제과점 · 일반음식점 등 음식 · 음료를 제공하는 시설, 제2종 근린생활시설 중 공연장 · 종교집회장 · 게임제공업 시설, 그 밖에 이와 비슷한 문화 · 집회시설
운동	운동시설, 제1종 근린생활시설 및 제2종 근린생활시설 중 운동시설
교육	교육연구시설, 수련시설, 자동차 관련 시설 중 운전학원 및 정비학원, 제2종 근린생활시설 중 학원 · 직업훈련소 · 독서실, 그 밖에 이와 비슷한 교육시설
보육	노유자시설, 제1종 근린생활시설 중 지역아동센터
의료	의료시설, 제1종 근린생활시설 중 의원, 치과의원, 한의원, 침술원, 접골원(接骨院), 조산원 및 안마원
교정	교정 및 군사시설
주거	공동주택 및 숙박시설
업무	업무시설, 운수시설, 제1종 근린생활시설과 제2종 근린생활시설 중 지역자치센터 · 파출소 · 사무소 · 이용원 · 미용원 · 목욕장 · 세탁소 · 기원 · 사진관 · 표구점, 그 밖에 이와 비슷한 업무시설
판매	판매시설(게임제공업 시설 등은 제외한다), 제1종 근린생활시설 중 슈퍼마켓과 일용품 등의 소매점
저장	창고시설, 자동차 관련 시설(운전학원 및 정비학원은 제외한다)
산업	공장, 제2종 근린생활시설 중 제조업 시설

5-2-2 피난계단의 설치

시행령 제35조(피난계단의 설치)

① 법 제49조 제1항에 따라 5층 이상 또는 지하 2층 이하인 층에 설치하는 직통계단은 국토교통부령으로 정하는 기준에 따라 피난계단 또는 특별피난계단으로 설치하여야 한다. 다만, 건축물의 주요구조부가 내화구조 또는 불연재료로 되어 있는 경우로서 다음 각 호의 어느 하나에 해당하는 경우에는 그러하지 아니하다.

1. 5층 이상인 층의 바닥면적의 합계가 200제곱미터 이하인 경우
2. 5층 이상인 층의 바닥면적 200제곱미터 이내마다 방화구획이 되어 있는 경우

② 건축물(갓복도식 공동주택은 제외한다)의 11층(공동주택의 경우에는 16층) 이상인 층(바닥면적이 400제곱미터 미만인 층은 제외한다) 또는 지하 3층 이하인 층(바닥면적이 400제곱미터미만인 층은 제외한다)으로부터 피난층 또는 지상으로 통하는 직통계단은 제1항에도 불구하고 특별피난계단으로 설치하여야 한다.

③ 제1항에서 판매시설의 용도로 쓰는 층으로부터의 직통계단은 그 중 1개소 이상을 특별피난계단으로 설치하여야 한다.

> ④ 삭제〈1995.12.30〉
>
> ⑤ 건축물의 5층 이상인 층으로서 문화 및 집회시설 중 전시장 또는 동·식물원, 판매시설, 운수시설(여객용 시설만 해당한다), 운동시설, 위락시설, 관광휴게시설(다중이 이용하는 시설만 해당한다) 또는 수련시설 중 생활권 수련시설의 용도로 쓰는 층에는 제34조에 따른 직통계단 외에 그 층의 해당 용도로 쓰는 바닥면적의 합계가 2천 제곱미터를 넘는 경우에는 그 넘는 2천 제곱미터 이내마다 1개소의 피난계단 또는 특별피난계단(4층 이하의 층에는 쓰지 아니하는 피난계단 또는 특별피난계단만 해당한다)을 설치하여야 한다.
>
> ⑥ 삭제〈1999.4.30〉

피난계단의 설치

<table>
<tr><th>구분</th><th colspan="2">층의 위치 및 용도</th><th>설치해야하는 계단의 종류</th><th>비고</th></tr>
<tr><td>1.</td><td rowspan="2">- 5층 이상의 층
- 지하2층이하의 층</td><td>일반용도</td><td>피난계단
또는
특별피난계단</td><td rowspan="2">주요구조부가 내화구조 또는 불연재료로 된 건축물로서 다음의 경우에는 예외
- 5층 이상의 층의 바닥면적의 합계가 200m² 이하인 경우
- 5층 이상의 층의 바닥면적 매 200m² 이내마다 방화구획이 되어있는 경우</td></tr>
<tr><td>2.</td><td>판매시설</td><td>특별피난계단
(직통계단 중 1개소 이상)</td></tr>
<tr><td>3.</td><td colspan="2">- 11층 이상(공동주택은 16층 이상)
- 지하 3층 이하의 층</td><td>특별피난계단</td><td>- 갓복도식* 공동주택 제외
- 바닥면적이 400m² 미만인층 제외</td></tr>
<tr><td>4.</td><td colspan="2">- 5층 이상
- 문화집회시설 중 전시장 및 동·식물원
- 판매시설
- 운수시설(여객용 시설만 해당)
- 운동시설
- 위락시설
- 관광휴게시설
- 수련시설 중 생활권 수련시설</td><td>피난계단 또는
특별피난계단
(직통계단)+{(그 층의 바닥면적의 합계) − 2,000m²} / 2,000m²</td><td>영 제49조에 따른 직통계단 외에 그 층의 해당용도의 바닥면적의 합계가 2,000m² 이내마다 1개소의 비율로 4층 이하의 층에 쓰이지 않도록 따로 설치</td></tr>
</table>

갓복도식 공동주택 : 각 층의 계단실 및 승강기에서 각 세대로 통하는 복도의 한쪽 면이 외기에 개방된 구조의 공동주택

건축물 내의 원활한 피난을 위하여 법에서 정하는 건축물은 건축물의 층의 위치에 따라 그 층으로부터 피난층 또는 지상으로 통하는 직통계단을 피난계단 또는 특별피난계단으로 하여야 한다.

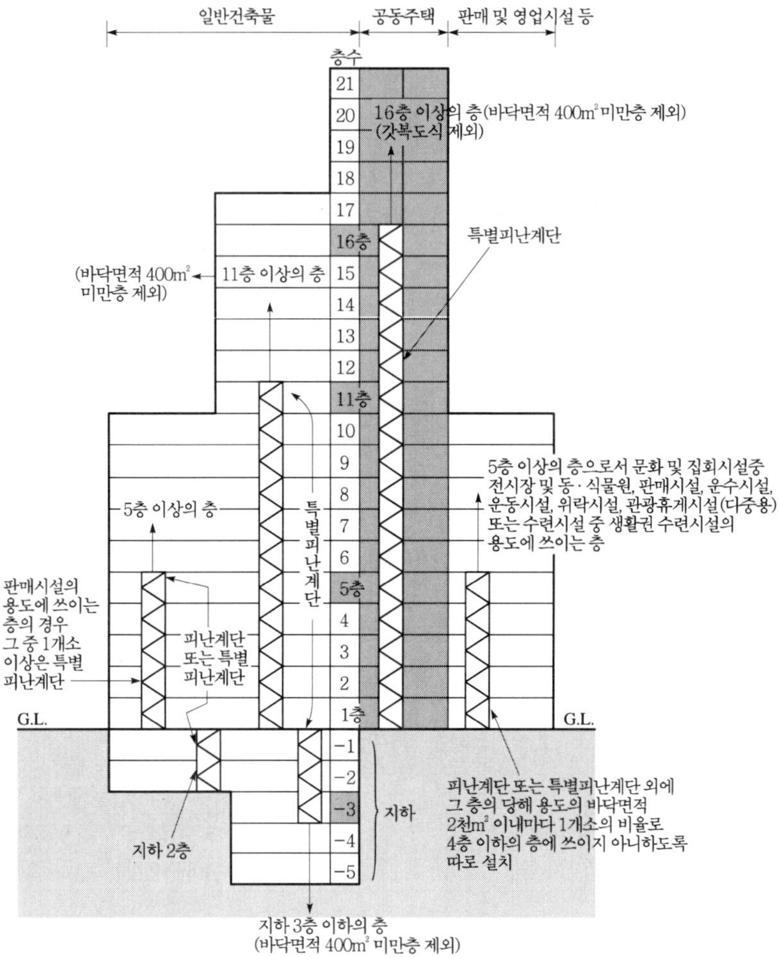

5-2-3 피난계단 및 특별피난계단의 구조

피난·방화구조 제9조(피난계단 및 특별피난계단의 구조) ①영 제35조제1항 각 호 외의 부분 본문에 따라 건축물의 5층 이상 또는 지하 2층 이하의 층으로부터 피난층 또는 지상으로 통하는 직통계단(지하 1층인 건축물의 경우에는 5층 이상의 층으로부터 피난층 또는 지상으로 통하는 직통계단과 직접 연결된 지하 1층의 계단을 포함한다)은 피난계단 또는 특별피난계단으로 설치해야 한다. 〈개정 2019. 8. 6.〉

② 제1항에 따른 피난계단 및 특별피난계단의 구조는 다음 각 호의 기준에 적합해야 한다. 〈개정 2000. 6. 3., 2003. 1. 6., 2005. 7. 22., 2010. 4. 7., 2012. 1. 6., 2019. 8. 6., 2021. 3. 26., 2024. 11. 15.〉

1. 건축물의 내부에 설치하는 피난계단의 구조
   가. 계단실은 창문 · 출입구 기타 개구부(이하 "창문등"이라 한다)를 제외한 당해 건축물의 다른 부분과 내화구조의 벽으로 구획할 것
   나. 계단실의 실내에 접하는 부분(바닥 및 반자 등 실내에 면한 모든 부분을 말한다)의 마감(마감을 위한 바탕을 포함한다)은 불연재료로 할 것
   다. 계단실에는 예비전원에 의한 조명설비를 할 것
   라. 계단실의 바깥쪽과 접하는 창문등(망이 들어 있는 유리의 붙박이창으로서 그 면적이 각각 1제곱미터 이하인 것을 제외한다)은 당해 건축물의 다른 부분에 설치하는 창문등으로부터 2미터 이상의 거리를 두고 설치할 것
   마. 건축물의 내부와 접하는 계단실의 창문등(출입구를 제외한다)은 망이 들어 있는 유리의 붙박이창으로서 그 면적을 각각 1제곱미터 이하로 할 것
   바. 건축물의 내부에서 계단실로 통하는 출입구의 유효너비는 0.9미터 이상으로 하고, 그 출입구에는 피난의 방향으로 열 수 있는 것으로서 언제나 닫힌 상태를 유지하거나 화재로 인한 연기 또는 불꽃을 감지하여 자동적으로 닫히는 구조로 된 영 제64조제1항제1호의 60분+ 방화문(이하 "60분+ 방화문"이라 한다) 또는 같은 항 제2호의 60분 방화문(이하 "60분 방화문"이라 한다)을 설치할 것. 다만, 연기 또는 불꽃을 감지하여 자동적으로 닫히는 구조로 할 수 없는 경우에는 온도를 감지하여 자동적으로 닫히는 구조로 할 수 있다.
   사. 계단은 내화구조로 하고 피난층 또는 지상까지 직접 연결되도록 할 것
2. 건축물의 바깥쪽에 설치하는 피난계단의 구조
   가. 계단은 그 계단으로 통하는 출입구외의 창문등(망이 들어 있는 유리의 붙박이창으로서 그 면적이 각각 1제곱미터 이하인 것을 제외한다)으로부터 2미터 이상의 거리를 두고 설치할 것
   나. 건축물의 내부에서 계단으로 통하는 출입구에는 60분+ 방화문 또는 60분 방화문을 설치할 것
   다. 계단의 유효너비는 0.9미터 이상으로 할 것
   라. 계단은 내화구조로 하고 지상까지 직접 연결되도록 할 것
3. 특별피난계단의 구조
   가. 건축물의 내부와 계단실은 노대를 통하여 연결하거나 외부를 향하여 열 수 있는 면적 1제곱미터 이상인 창문(바닥으로부터 1미터 이상의 높이에 설치한 것에 한한다) 또는 「건축물의 설비기준 등에 관한 규칙」 제14조의 규정에 적합한 구조의 배연설비가 있는 면적 3제곱미터 이상인 부속실을 통하여 연결할 것

나. 계단실 · 노대 및 부속실(「건축물의 설비기준 등에 관한 규칙」 제10조제2호 가목의 규정에 의하여 비상용승강기의 승강장을 겸용하는 부속실을 포함한다)은 창문등을 제외하고는 내화구조의 벽으로 각각 구획할 것

다. 계단실 및 부속실의 실내에 접하는 부분(바닥 및 반자 등 실내에 면한 모든 부분을 말한다)의 마감(마감을 위한 바탕을 포함한다)은 불연재료로 할 것

라. 계단실에는 예비전원에 의한 조명설비를 할 것

마. 계단실 · 노대 또는 부속실에 설치하는 건축물의 바깥쪽에 접하는 창문등(망이 들어 있는 유리의 붙박이창으로서 그 면적이 각각 1제곱미터이하인 것을 제외한다)은 계단실 · 노대 또는 부속실외의 당해 건축물의 다른 부분에 설치하는 창문등으로부터 2미터 이상의 거리를 두고 설치할 것

바. 계단실에는 노대 또는 부속실에 접하는 부분외에는 건축물의 내부와 접하는 창문등을 설치하지 아니할 것

사. 계단실의 노대 또는 부속실에 접하는 창문등(출입구를 제외한다)은 망이 들어 있는 유리의 붙박이창으로서 그 면적을 각각 1제곱미터 이하로 할 것

아. 노대 및 부속실에는 계단실외의 건축물의 내부와 접하는 창문등(출입구를 제외한다)을 설치하지 아니할 것

자. 건축물의 내부에서 노대 또는 부속실로 통하는 출입구에는 60분+ 방화문 또는 60분 방화문을 설치하고, 노대 또는 부속실로부터 계단실로 통하는 출입구에는 60분+ 방화문, 60분 방화문 또는 영 제64조제1항제3호의 30분 방화문을 설치할 것. 이 경우 방화문은 언제나 닫힌 상태를 유지하거나 화재로 인한 연기 또는 불꽃을 감지하여 자동적으로 닫히는 구조로 해야 하고, 연기 또는 불꽃으로 감지하여 자동적으로 닫히는 구조로 할 수 없는 경우에는 온도를 감지하여 자동적으로 닫히는 구조로 할 수 있다.

차. 계단은 내화구조로 하되, 피난층 또는 지상까지 직접 연결되도록 할 것

카. 출입구의 유효너비는 0.9미터 이상으로 하고 피난의 방향으로 열 수 있을 것

③ 영 제35조제1항 각 호 외의 부분 본문에 따른 피난계단 또는 특별피난계단은 돌음계단으로 해서는 안 되며, 영 제40조에 따라 옥상광장을 설치해야 하는 건축물의 피난계단 또는 특별피난계단은 해당 건축물의 옥상으로 통하도록 설치해야 한다. 이 경우 옥상으로 통하는 출입문은 피난방향으로 열리는 구조로서 피난 시 이용에 장애가 없어야 한다. 〈개정 2010. 4. 7., 2019. 8. 6.〉

④ 영 제35조제2항에서 "갓복도식 공동주택"이라 함은 각 층의 계단실 및 승강기에서 각 세대로 통하는 복도의 한쪽 면이 외기에 개방된 구조의 공동주택을 말한다. 〈신설 2006. 6. 29., 2021. 9. 3.〉

옥내외 피난계단 및 특별피난계단의 구조

1) 옥내 피난계단 및 특별피난계단의 구조

<table>
<tr><th>구분</th><th>옥내피난계단</th><th>특별피난계단</th></tr>
<tr><td>건축물의 내부와 계단실의 연결</td><td>직접</td><td>노대를 통하여 연결하거나 외부를 향하여 열 수 있는 면적 $1m^2$ 이상인 창문(바닥으로부터 1m 이상의 높이에 설치한 것에 한함) 또는 배연설비가 있는 면적 $3m^2$ 이상인 부속실을 통하여 연결</td></tr>
<tr><td>벽의 구획</td><td colspan="2">계단실(노대 및 부속실)은 창문 등을 제외하고는 내화구조의 벽으로 구획할 것</td></tr>
<tr><td>실내 마감</td><td colspan="2">계단실(부속실)의 벽 및 반자 등 실내에 접하는 모든 부분의 마감은 불연재료로 할 것</td></tr>
<tr><td>조명 설비</td><td colspan="2">계단에는 예비전원에 의한 조명 설비를 할 것</td></tr>
<tr><td>창문 등의 거리</td><td colspan="2">계단실(노대 및 부속실)의 바깥쪽과 접하는 창문 등은 일반 창문 등으로부터 2m 이상의 거리를 두고 설치할 것</td></tr>
<tr><td rowspan="2">창문등</td><td colspan="2">건축물의 내부와 접하는 계단실의 창문 등의 망입 유리의 붙박이창으로서 그 면적을 각각 $1m^2$ 이하로 할 것</td></tr>
<tr><td>설치 금지</td><td>- 계단실에는 노대 또는 부속실에 접하는 부분 외에는 건축물의 내부와 접하는 창문 등의 설치 금지
- 노대 및 부속실에는 계단실 외의 건축물의 내부와 접하는 창문 등(출입구는 제외)을 설치하지 아니할 것</td></tr>
<tr><td rowspan="2">출입구</td><td colspan="2">출입구의 유효너비는 0.9m 이상으로 하고 피난의 방향으로 열 수 있을 것</td></tr>
<tr><td>건축물의 내부에서 계단실로 통하는 출입구에는 60분+방화문 또는 60분방화문의 설치</td><td>- 건축물의 내부에서 노대 또는 부속실로 통하는 출입구에는 60분+방화문 또는 60분방화문 설치
- 노대 또는 부속실로부터 계단실로 통하는 출입구에는 60분+방화문, 60분방화문 또는 30분방화문 설치</td></tr>
<tr><td>계단</td><td colspan="2">- 내화구조로 하고 피난층은 지상까지 직접 연결되도록 할 것
- 돌음계단으로 하면 안 됨.
- 옥상광장을 설치하여야 하는 건축물의 피난계단 또는 특별피난계단은 건축물의 옥상으로 통하도록 설치할 것</td></tr>
</table>

2) 옥외피난계단의 구조

구분	설치기준
창문 등의 거리	계단은 그 계단으로 통하는 출입구 외의 창문 등으로부터 2m 이상의 거리를 두고 설치할 것
출입구	건축물의 내부에서 계단으로 통하는 출입구에는 60분+방화문 또는 60분방화문을 설치할 것
계단	- 계단의 유효너비는 0.9m 이상으로 할 것 - 내화구조로 하고 지상까지 직접 연결되도록 할 것 - 돌음 계단으로 하여서는 아니 된다. - 옥상광장을 설치하여야 하는 건축물의 피난계단은 당해 건축물의 옥상으로 통하도록 설치하여야 한다.

5-2-4 옥외 피난계단의 설치

시행령 **제36조(옥외 피난계단의 설치)** 건축물의 3층 이상인 층(피난층은 제외한다)으로서 다음 각 호의 어느 하나에 해당하는 용도로 쓰는 층에는 제34조에 따른 직통계단 외에 그 층으로부터 지상으로 통하는 옥외피난계단을 따로 설치하여야 한다.〈개정 2014.3.24.〉

1. 제2종 근린생활시설 중 공연장(해당 용도로 쓰는 바닥면적의 합계가 300제곱미터 이상인 경우만 해당한다), 문화 및 집회시설 중 공연장이나 위락시설 중 주점영업의 용도로 쓰는 층으로서 그 층 거실의 바닥면적의 합계가 300제곱미터 이상인 것
2. 문화 및 집회시설 중 집회장의 용도로 쓰는 층으로서 그 층 거실의 바닥면적의 합계가 1천 제곱미터 이상인 것

옥외 피난계단의 별도 설치

3층 이상인 층(피난층은 제외)으로서 다음 어느 하나에 해당하는 경우 직통계단 외에 옥외 피난계단을 따로 설치하여야 한다.

용도	거실의 바닥면적의 합계	층의 위치
- 제2종 근린생활시설 중 공연장(해당 용도로 쓰이는 바닥면적의 합계) - 문화 및 집회시설 중 공연장 - 위락시설 중 주점영업	300m² 이상	피난층을 제외한 3층 이상인 층
- 문화 및 집회시설 중 집회장	1,000 이상	

① 옥내 피난계단의 도해

- 피난이동순서 : 옥내 → 계단실 → 피난층

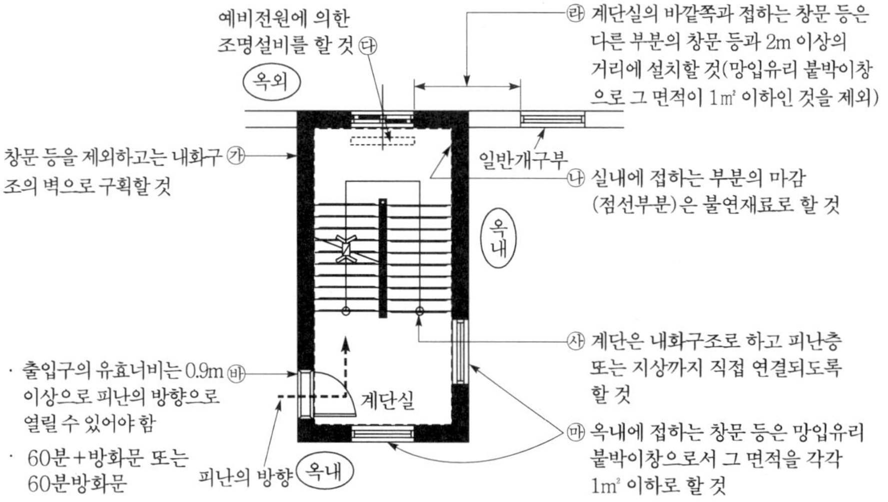

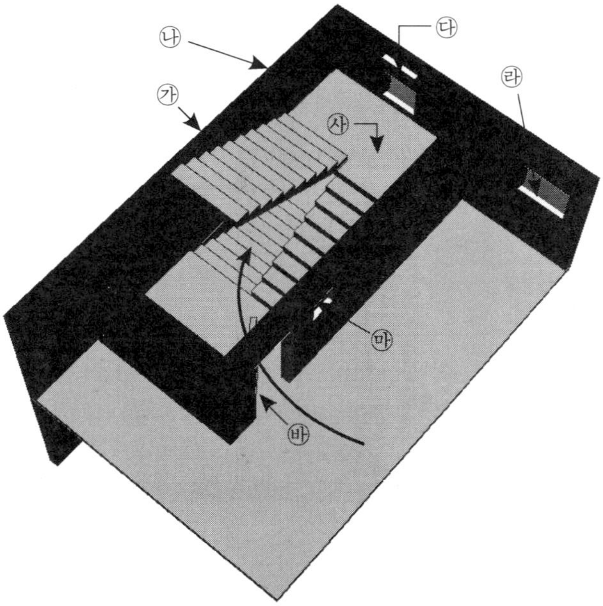

② 옥외 피난계단의 도해

피난형태 : 옥내 → 옥외계단 → 지상

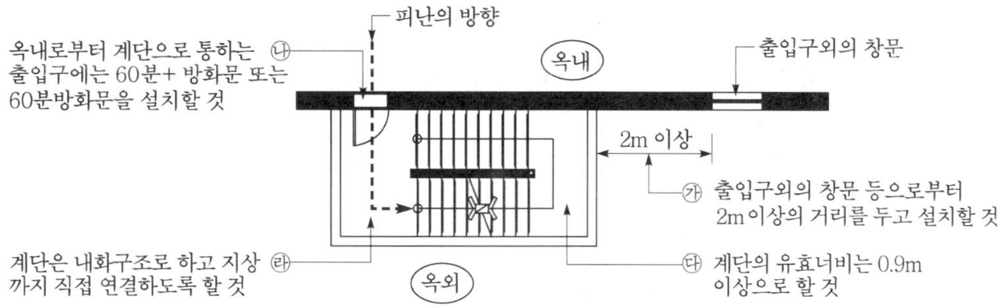

③ 특별피난계단의 도해 -1(외부개방창 있는 옥내 부속실형)

• 피난이동순서 : 옥내 → 부속실 → 계단실 → 피난층

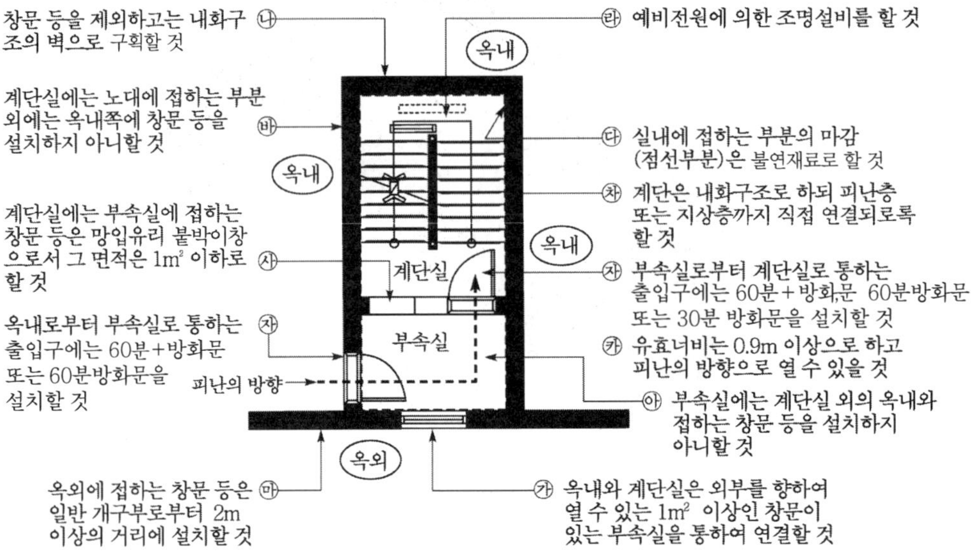

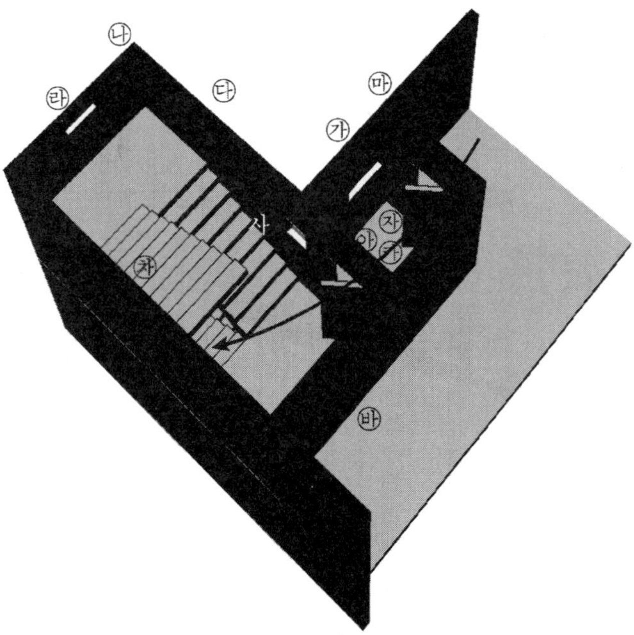

④ 특별피난계단의 도해 -2(노대연결형)

- 피난이동순서 : 옥내 → 노대 → 계단실 → 피난층

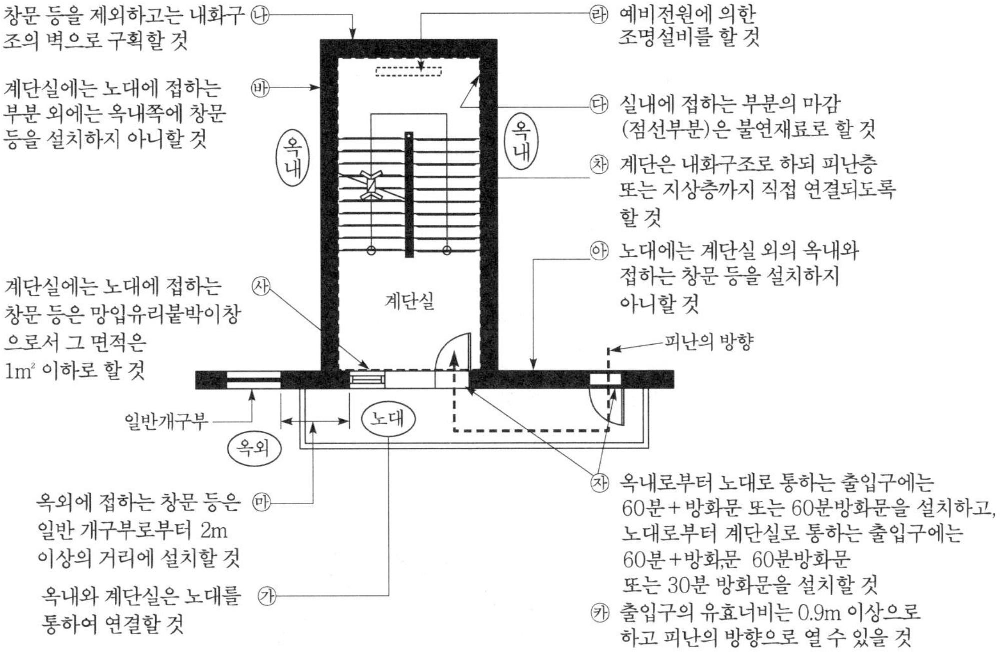

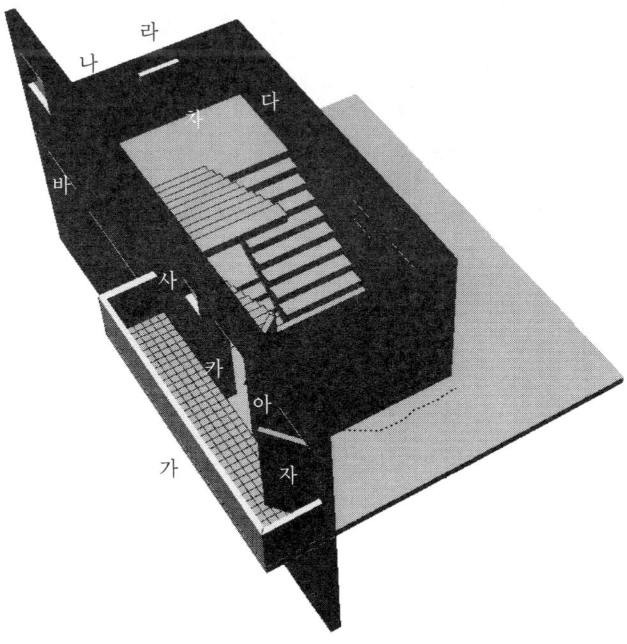

⑤ 특별피난계단의 도해 -3(배연설비 있는 부속실형)

- 피난이동순서 : 옥내 → 부속실 → 계단실 → 피난층

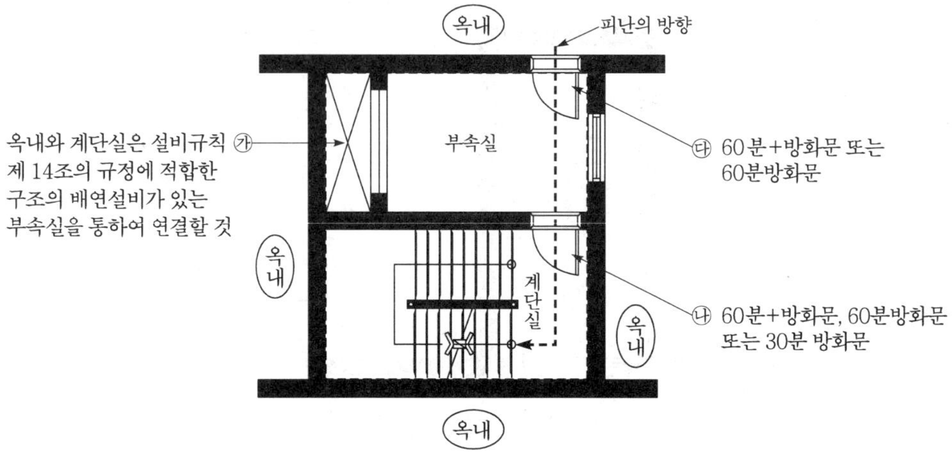

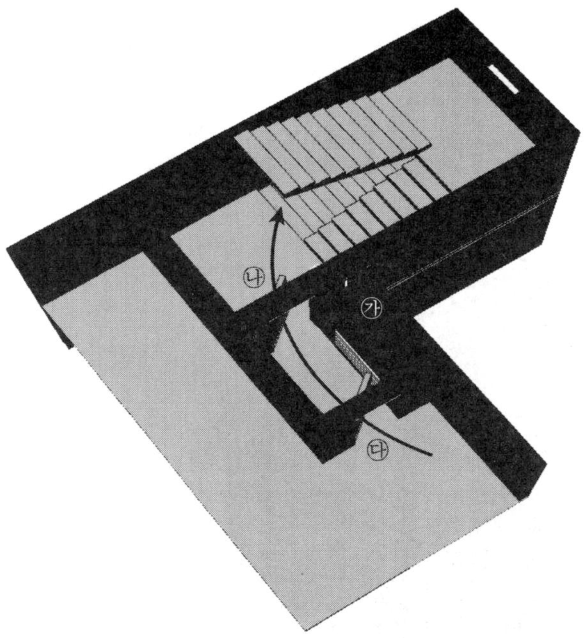

5-2-5 지하층과 피난층 사이의 개방 공간 설치

시행령 **제37조(지하층과 피난층 사이의 개방 공간 설치)** 바닥면적의 합계가 3천 제곱미터 이상인 공연장 · 집회장 · 관람장 또는 전시장을 지하층에 설치하는 경우에는 각 실에 있는 자가 지하층 각 층에서 건축물 밖으로 피난하여 옥외 계단 또는 경사로 등을 이용하여 피난층으로 대피할 수 있도록 천장이 개방된 외부 공간을 설치하여야 한다.

지하층과 피난층 사이의 개방 공간 설치

많은 사람이 모이는 대규모 시설이 지하층에 설치되는 경우에는 화재 등의 발생 시 지하층 각층에서 건축물 밖으로 쉽게 대피할 수 있도록 천장이 개방된 외부공간을 설치하도록 한다.

5-2-6 관람실 등으로부터의 출구 설치

시행령 **제38조(관람실 등으로부터의 출구 설치)** 법 제49조제1항에 따라 다음 각 호의 어느 하나에 해당하는 건축물에는 국토교통부령으로 정하는 기준에 따라 관람실 또는 집회실로부터의 출구를 설치해야 한다.〈개정 2013. 3. 23., 2014. 3. 24., 2017. 2. 3., 2019. 8. 6.〉

1. 제2종 근린생활시설 중 공연장 · 종교집회장(해당 용도로 쓰는 바닥면적의 합계가 각각 300제곱미터 이상인 경우만 해당한다)
2. 문화 및 집회시설(전시장 및 동 · 식물원은 제외한다)
3. 종교시설
4. 위락시설
5. 장례시설

[전문개정 2008. 10. 29.]

[제목개정 2019. 8. 6.]

피난·방화구조 **제10조(관람실 등으로부터의 출구의 설치기준)** ①영 제38조 각 호의 어느 하나에 해당하는 건축물의 관람실 또는 집회실로부터 바깥쪽으로의 출구로 쓰이는 문은 안여닫이로 해서는 안 된다.〈개정 2019. 8. 6.〉

② 영 제38조에 따라 문화 및 집회시설 중 공연장의 개별 관람실(바닥면적이 300제곱미터 이상인 것만 해당한다)의 출구는 다음 각 호의 기준에 적합하게 설치해야 한다.〈개정 2019. 8. 6.〉

1. 관람실별로 2개소 이상 설치할 것

2. 각 출구의 유효너비는 1.5미터 이상일 것
3. 개별 관람실 출구의 유효너비의 합계는 개별 관람실의 바닥면적 100제곱미터마다 0.6미터의 비율로 산정한 너비 이상으로 할 것

[제목개정 2019. 8. 6.]

관람실 등으로부터의 출구설치기준

<table>
<tr><th colspan="2">구분</th><th colspan="2">설치규정</th></tr>
<tr><td rowspan="4">- 제2종 근린생활시설 중 공연장 · 종교집회장(해당 용도 바닥면적 각각 300m² 이상인 경우)
- 문화 및 집회시설(전시장 및 동 · 식물원은 제외한다)
- 종교시설
- 위락시설
- 장례시설</td><td>관람실 또는 집회실로부터 바깥쪽으로의 출구에 쓰이는 문</td><td colspan="2">안여닫이로 하여서는 안 됨</td></tr>
<tr><td rowspan="3">공연장의 개별 관람실의 출구
(바닥면적 300m² 이상인 것)</td><td>- 관람실별 출구 개수</td><td>2개소 이상 설치할 것</td></tr>
<tr><td>- 각 출구의 유효 너비</td><td>1.5m 이상일 것</td></tr>
<tr><td>- 개별 관람실 출구의 유효 너비의 합계</td><td>$\frac{\text{개별 관람실의 바닥면적}(m^2)}{100m^2} \times 0.6m$ 이상</td></tr>
</table>

관람실 또는 집회실로부터 바깥쪽으로의 출구

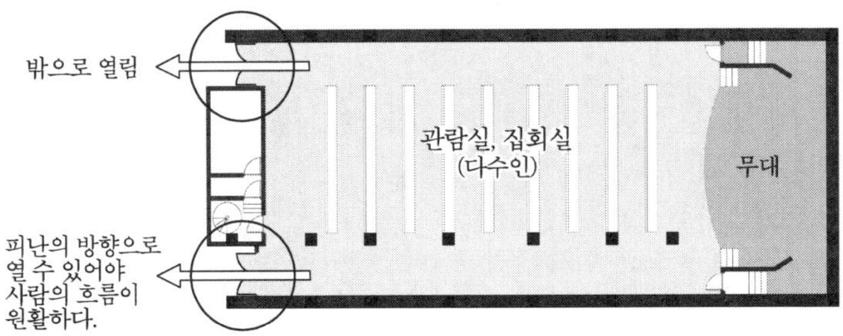

5-2-7 건축물 바깥쪽으로의 출구 설치

시행령 **제39조(건축물 바깥쪽으로의 출구 설치)** ① 법 제49조제1항에 따라 다음 각 호의 어느 하나에 해당하는 건축물에는 국토교통부령으로 정하는 기준에 따라 그 건축물로부터 바깥쪽으로 나가는 출구를 설치하여야 한다.〈개정 2013.3.23., 2014.3.24., 2017.2.3.〉

1. 제2종 근린생활시설 중 공연장·종교집회장·인터넷컴퓨터게임시설제공업소(해당 용도로 쓰는 바닥면적의 합계가 각각 300제곱미터 이상인 경우만 해당한다)
2. 문화 및 집회시설(전시장 및 동·식물원은 제외한다)
3. 종교시설
4. 판매시설
5. 업무시설 중 국가 또는 지방자치단체의 청사
6. 위락시설
7. 연면적이 5천 제곱미터 이상인 창고시설
8. 교육연구시설 중 학교
9. 장례시설
10. 승강기를 설치하여야 하는 건축물

② 법 제49조제1항에 따라 건축물의 출입구에 설치하는 회전문은 국토교통부령으로 정하는 기준에 적합하여야 한다.

피난·방화구조 **제11조(건축물의 바깥쪽으로의 출구의 설치기준)** ①영 제39조제1항의 규정에 의하여 건축물의 바깥쪽으로 나가는 출구를 설치하는 경우 피난층의 계단으로부터 건축물의 바깥쪽으로의 출구에 이르는 보행거리(가장 가까운 출구와의 보행거리를 말한다. 이하 같다)는 영 제34조제1항의 규정에 의한 거리이하로 하여야 하며, 거실(피난에 지장이 없는 출입구가 있는 것을 제외한다)의 각 부분으로부터 건축물의 바깥쪽으로의 출구에 이르는 보행거리는 영 제34조제1항의 규정에 의한 거리의 2배 이하로 하여야 한다.

② 영 제39조제1항에 따라 건축물의 바깥쪽으로 나가는 출구를 설치하는 건축물중 문화 및 집회시설(전시장 및 동·식물원을 제외한다), 종교시설, 장례식장 또는 위락시설의 용도에 쓰이는 건축물의 바깥쪽으로의 출구로 쓰이는 문은 안여닫이로 하여서는 아니된다.〈개정 2010. 4. 7.〉

③ 영 제39조제1항에 따라 건축물의 바깥쪽으로 나가는 출구를 설치하는 경우 관람실의 바닥면적의 합계가 300제곱미터 이상인 집회장 또는 공연장은 주된 출구 외에 보조출구 또는 비상구를 2개소 이상 설치해야 한다.〈개정 2019. 8. 6.〉

④ 판매시설의 용도에 쓰이는 피난층에 설치하는 건축물의 바깥쪽으로의 출구의 유효

너비의 합계는 해당 용도에 쓰이는 바닥면적이 최대인 층에 있어서의 해당 용도의 바닥면적 100제곱미터마다 0.6미터의 비율로 산정한 너비 이상으로 하여야 한다.〈개정 2010. 4. 7.〉

⑤ 다음 각 호의 어느 하나에 해당하는 건축물의 피난층 또는 피난층의 승강장으로부터 건축물의 바깥쪽에 이르는 통로에는 제15조제5항에 따른 경사로를 설치하여야 한다.〈개정 2010. 4. 7.〉

1. 제1종 근린생활시설 중 지역자치센터 · 파출소 · 지구대 · 소방서 · 우체국 · 방송국 · 보건소 · 공공도서관 · 지역건강보험조합 기타 이와 유사한 것으로서 동일한 건축물안에서 당해 용도에 쓰이는 바닥면적의 합계가 1천제곱미터 미만인 것
2. 제1종 근린생활시설 중 마을회관 · 마을공동작업소 · 마을공동구판장 · 변전소 · 양수장 · 정수장 · 대피소 · 공중화장실 기타 이와 유사한 것
3. 연면적이 5천제곱미터 이상인 판매시설, 운수시설
4. 교육연구시설 중 학교
5. 업무시설중 국가 또는 지방자치단체의 청사와 외국공관의 건축물로서 제1종 근린생활시설에 해당하지 아니하는 것
6. 승강기를 설치하여야 하는 건축물

⑥ 「건축법」(이하 "법"이라 한다) 제49조제1항에 따라 영 제39조제1항 각 호의 어느 하나에 해당하는 건축물의 바깥쪽으로 나가는 출입문에 유리를 사용하는 경우에는 안전유리를 사용하여야 한다.〈신설 2006. 6. 29., 2015. 7. 9.〉

건축물의 바깥쪽으로의 출구 및 피난 보행거리 등

1) 건축물의 바깥쪽으로의 출구설치 대상

다수의 사람들이 이용하는 다음 용도건축물의 경우에는, 평상시 이용 편의 뿐 아니라, 재난 발생시를 대비하여 직접 외부로 바로 통하는 출입구를 설치하여야 한다.

① 제2종 근린생활 중 공연장 · 종교집회장 · 인터넷컴퓨터게임시설제공업소(해당 용도로 쓰이는 바닥면적의 합계가 각각 300m^2 이상인 경우만 해당)

② 문화 및 집회시설(전시장 및 동 · 식물원 제외)

③ 종교시설

④ 판매시설

⑤ 업무시설 중 국가 또는 지방자치단체의 청사

⑥ 위락시설

⑦ 연면적이 5,000m² 이상인 창고시설
⑧ 교육연구시설 중 학교
⑨ 장례시설
⑩ 승강기를 설치하여야 하는 건축물

2) 피난층에서의 보행거리 등

건축물의 바깥쪽으로 나가는 출구를 설치하는 경우에는 아래 2가지 경우에 대한 보행거리를 법에서 정하는 기준에 따라 설치하여야 한다.

① 피난층의 계단으로부터 건축물의 바깥쪽으로의 출구에 이르는 보행거리는 직통계단까지의 보행거리규정에 의한 거리 이하로 하여야 한다.

cf) 피난층의 계단으로부터 건축물의 바깥쪽으로의 출구에 이르는 보행거리는 다음 표 참조

<table>
<tr><th colspan="2">건축물의 구분</th><th>보행거리 기준</th></tr>
<tr><td colspan="2">일반적인 건축물</td><td>30m 이하</td></tr>
<tr><td rowspan="4">주요구조부가 내화구조 또는 불연재료인 건축물</td><td>공동주택으로 층수가 16층 이상인 것</td><td>40m 이하</td></tr>
<tr><td>건축물</td><td>50m 이하</td></tr>
<tr><td>자동식 소화설비를 설치한 공장</td><td>75m 이하
(무인화 공장인 경우 100m 이하)</td></tr>
<tr><td colspan="2">지하층에 설치하는 것으로서 바닥면적의 합계가 300m² 이상인 공연장 · 집회장 · 관람장 및 전시장은 제외한다.</td></tr>
</table>

② 거실의 각 부분으로부터 건축물의 바깥쪽으로의 출구까지의 보행거리는 위 ①값의 2배 이하로 한다.

3) 안여닫이문 금지

다수의 사람이 단시간에 움직임 가능성이 있는 다음 건축물의 바깥쪽으로의 출구로 쓰이는 문은 피난을 고려하여 안여닫이로 하지 않도록 규정하고 있다.

① 문화 및 집회시설(전시장 및 동 · 식물원을 제외)
② 장례시설
③ 위락시설

4) 보조출구 또는 비상구 설치

관람실의 바닥면적의 합계가 300m² 이상인 집회장 또는 공연장에 있어서는 주된 출구 외에 보조출구 또는 비상구를 2개소 이상 설치하여 평상시 이용 및 피난시를 대비하도록 한다.

5) 판매시설의 피난층에 설치하는 건축물의 바깥쪽으로의 출구의 유효너비 합계

$$\frac{\text{최대인 층의 바닥면적}(m^2)}{100m^2} \times 0.6m \text{ 이상}$$

6) 경사로의 설치

다음에 해당하는 건축물의 피난층 또는 피난층의 승강장으로부터 건축물의 바깥쪽에 이르는 통로에는 경사로를 설치하여야 한다.

용도 및 면적			세부용도 및 기타기준
1	제1종 근린생활시설 중	당해 용도의 바닥면적의 합계가 1,000m² 미만인 것	동사무소, 경찰관파출소, 소방서, 우체국, 전신전화국, 방송국, 보건소, 공공도서관, 지역의료보험조합 기타 이와 유사한 것
2		면적제한 없음	마을 공회당, 마을 공동작업소, 마을공동구판장,변전소, 양수장, 정수장, 대피소, 공중화장실, 기타 이와 유사한 것
3	판매시설 중	연면적 5,000m² 이상인 것	판매시설, 운수시설
4	교육연구시설 중		학교
5	업무시설 중		국가 또는 지방자치단계의 청사와 외국공관의 건축물로서 제1종 근린생활시설에 해당하지 아니한 것
6	승강기를 설치하여야 하는 건축물		

5-2-8 회전문의 설치기준

시행령 **제39조(건축물 바깥쪽으로의 출구 설치)** ② 법 제49조 제1항에 따라 건축물의 출입구에 설치하는 회전문은 국토교통부령으로 정하는 기준에 적합하여야 한다.

피난·방화구조 **제12조(회전문의 설치기준)** 영 제39조 제2항의 규정에 의하여 건축물의 출입구에 설치하는 회전문은 다음 각 호의 기준에 적합하여야 한다.

1. 계단이나 에스컬레이터로부터 2미터 이상의 거리를 둘 것
2. 회전문과 문틀사이 및 바닥사이는 다음 각 목에서 정하는 간격을 확보하고 틈 사이를 고무와 고무펠트의 조합체 등을 사용하여 신체나 물건 등에 손상이 없도록 할 것
   가. 회전문과 문틀 사이는 5센티미터 이상
   나. 회전문과 바닥 사이는 3센티미터 이하
3. 출입에 지장이 없도록 일정한 방향으로 회전하는 구조로 할 것
4. 회전문의 중심축에서 회전문과 문틀 사이의 간격을 포함한 회전문날개 끝부분까지의 길이는 140센티미터 이상이 되도록 할 것
5. 회전문의 회전속도는 분당회전수가 8회를 넘지 아니하도록 할 것
6. 자동회전문은 충격이 가하여지거나 사용자가 위험한 위치에 있는 경우에는 전자감지장치 등을 사용하여 정지하는 구조로 할 것

회전문의 설치기준

항목	내용
회전문 설치위치	계단과 에스컬레이터로부터 2m 이상 거리를 둘 것
문틀 및 바닥 사이 간격 확보	회전문과 문틀사이 5cm 이상
	회전문과 바닥사이 3cm 이하
회전방향	일정한 방향으로 회전
회전문의 크기	반경 140cm 이상
회전속도	분당 회전수 8회 미만
충격 시 사고방지	전자감지장치 등을 사용하여 바로 정지하는 구조

5-2-9 옥상광장 등의 설치

시행령 **제40조(옥상광장 등의 설치)** 시행령제40조(옥상광장 등의 설치) ① 옥상광장 또는 2층 이상인 층에 있는 노대등[노대(露臺)나 그 밖에 이와 비슷한 것을 말한다. 이하 같다]의 주위에는 높이 1.2미터 이상의 난간을 설치하여야 한다. 다만, 그 노대등에 출입할 수 없는 구조인 경우에는 그러하지 아니하다. 〈개정 2018. 9. 4.〉

② 5층 이상인 층이 제2종 근린생활시설 중 공연장·종교집회장·인터넷컴퓨터게임시설제공업소(해당 용도로 쓰는 바닥면적의 합계가 각각 300제곱미터 이상인 경우만 해당한다), 문화 및 집회시설(전시장 및 동·식물원은 제외한다), 종교시설, 판매시설, 위락시설 중 주점영업 또는 장례시설의 용도로 쓰는 경우에는 피난 용도로 쓸 수 있는 광장을 옥상에 설치하여야 한다. 〈개정 2014. 3. 24., 2017. 2. 3.〉

③ 다음 각 호의 어느 하나에 해당하는 건축물은 옥상으로 통하는 출입문에 「소방시설 설치 및 관리에 관한 법률」 제40조제1항에 따른 성능인증 및 같은 조 제2항에 따른 제품검사를 받은 비상문자동개폐장치(화재 등 비상시에 소방시스템과 연동되어 잠김 상태가 자동으로 풀리는 장치를 말한다)를 설치해야 한다. 〈신설 2021. 1. 8., 2022. 11. 29.〉

1. 제2항에 따라 피난 용도로 쓸 수 있는 광장을 옥상에 설치해야 하는 건축물
2. 피난 용도로 쓸 수 있는 광장을 옥상에 설치하는 다음 각 목의 건축물
   가. 다중이용 건축물
   나. 연면적 1천제곱미터 이상인 공동주택

④ 층수가 11층 이상인 건축물로서 11층 이상인 층의 바닥면적의 합계가 1만 제곱미터 이상인 건축물의 옥상에는 다음 각 호의 구분에 따른 공간을 확보하여야 한다. 〈개정 2009. 7. 16., 2011. 12. 30., 2021. 1. 8.〉

1. 건축물의 지붕을 평지붕으로 하는 경우: 헬리포트를 설치하거나 헬리콥터를 통하여 인명 등을 구조할 수 있는 공간
2. 건축물의 지붕을 경사지붕으로 하는 경우: 경사지붕 아래에 설치하는 대피공간

⑤ 제4항에 따른 헬리포트를 설치하거나 헬리콥터를 통하여 인명 등을 구조할 수 있는 공간 및 경사지붕 아래에 설치하는 대피공간의 설치기준은 국토교통부령으로 정한다. 〈신설 2011. 12. 30., 2013. 3. 23., 2021. 1. 8.〉

[전문개정 2008. 10. 29.]

피난·방화구조

제13조(헬리포트 및 구조공간 설치 기준) ①영 제40조제4항제1호에 따라 건축물에 설치하는 헬리포트는 다음 각 호의 기준에 적합해야 한다. 〈개정 2003. 1. 6., 2010. 4. 7., 2012. 1. 6., 2021. 3. 26.〉

1. 헬리포트의 길이와 너비는 각각 22미터이상으로 할 것. 다만, 건축물의 옥상바닥의 길이와 너비가 각각 22미터이하인 경우에는 헬리포트의 길이와 너비를 각각 15미터까지 감축할 수 있다.
2. 헬리포트의 중심으로부터 반경 12미터 이내에는 헬리콥터의 이·착륙에 장애가 되는 건축물, 공작물, 조경시설 또는 난간 등을 설치하지 아니할 것
3. 헬리포트의 주위한계선은 백색으로 하되, 그 선의 너비는 38센티미터로 할 것
4. 헬리포트의 중앙부분에는 지름 8미터의 "ⓗ"표지를 백색으로 하되, "H"표지의 선의 너비는 38센티미터로, "○"표지의 선의 너비는 60센티미터로 할 것
5. 헬리포트로 통하는 출입문에 영 제40조제3항 각 호 외의 부분에 따른 비상문자동개폐장치(이하 "비상문자동개폐장치"라 한다)를 설치할 것

② 영 제40조제4항제1호에 따라 옥상에 헬리콥터를 통하여 인명 등을 구조할 수 있는 공간을 설치하는 경우에는 직경 10미터 이상의 구조공간을 확보해야 하며, 구조공간에는 구조활동에 장애가 되는 건축물, 공작물 또는 난간 등을 설치해서는 안 된다. 이 경우 구조공간의 표시기준 및 설치기준 등에 관하여는 제1항제3호부터 제5호까지의 규정을 준용한다. 〈신설 2010. 4. 7., 2012. 1. 6., 2021. 3. 26.〉

③ 영 제40조제4항제2호에 따라 설치하는 대피공간은 다음 각 호의 기준에 적합해야 한다. 〈신설 2012. 1. 6., 2021. 3. 26., 2024. 11. 15.〉

1. 대피공간의 면적은 지붕 수평투영면적의 10분의 1 이상 일 것
2. 특별피난계단 또는 피난계단과 연결되도록 할 것
3. 출입구·창문을 제외한 부분은 해당 건축물의 다른 부분과 내화구조의 바닥 및 벽으로 구획할 것
4. 출입구는 유효너비 0.9미터 이상으로 하고, 그 출입구에는 60분+ 방화문 또는 60분 방화문을 설치할 것

   4의2. 제4호에 따른 방화문에 비상문자동개폐장치를 설치할 것
5. 내부마감재료는 불연재료로 할 것
6. 예비전원으로 작동하는 조명설비를 설치할 것
7. 관리사무소 등과 긴급 연락이 가능한 통신시설을 설치할 것

[제목개정 2010. 4. 7.]

옥상광장 등의 설치기준

1) 옥상광장의 난간 설치

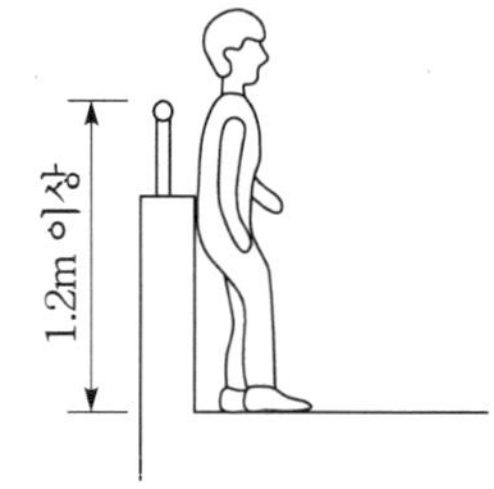

옥상난간 : 추락 방지 등 안전을 위한 것임

옥상광장 또는 2층 이상의 층에 있는 노대 등에는 안전을 위해 높이 1.2m 이상의 난간을 설치하여야 한다.
단, 사람이 출입할 수 없는 구조인 것은 해당사항이 없다.

2) 옥상광장의 설치 대상 건축물

5층 이상인 층이 다음의 용도로 쓰는 경우에는 피난을 위하여 옥상에 광장을 설치하여야 한다.

① 제2종 근린생활시설 중 공연장 · 종교집회장 · 인터넷게임시설제공업소(해당 용도로 쓰는 바닥면적 합계 300m² 이상인 경우만 해당)
② 문화 및 집회시설(전시장 및 동 · 식물원은 제외)
③ 종교시설
④ 판매시설
⑤ 위락시설 중 주점영업
⑥ 장례시설

3) 옥상으로 통하는 출입문에 성능인증 및 제품검사를 받은 비상문자동개폐장치(화재 등 비상시에 소방시스템과 연동되어 잠김 상태가 자동으로 풀리는 장치)를 설치해야 하는 건축물

① 광장을 옥상에 설치해야 하는 건축물
② 피난 용도로 쓸 수 있는 광장을 옥상에 설치하는 건축물: 다중이용 건축물, 연면적 1천제곱미터 이상인 공동주택

4) 헬리포트 설치 기준

① 설치대상 : 층수가11층 이상인 건축물로서 11층 이상인 층의 바닥면적 합계가 10,000m² 이상인 건축물 옥상
② 평지붕으로 하는 경우 : 헬리포트를 설치하거나 헬리콥터를 통하여 인명 등을 구조할 수 있는 공간(직경10m 이상의 구조공간) 확보
③ 경사지붕으로 하는 경우 : 경사지붕 아래에 설치하는 대피공간 확보. 다음과 같은 설치 기준 필요

- 대피공간의 면적은 지붕 수평투영면적의 10분의 1 이상 일 것
- 특별피난계단 또는 피난계단과 연결되도록 할 것, 출입구 · 창문을 제외한 부분은 해당 건축물의 다른 부분과 내화구조의 바닥 및 벽으로 구획할 것
- 출입구는 유효너비 0.9미터 이상으로 하고, 그 출입구에는 60분+방화문 또는 60분방화문을 설치할 것
- 방화문에 비상문자동개폐장치를 설치할 것
- 내부마감재료는 불연재료로 할 것
- 예비전원으로 작동하는 조명설비를 설치할 것
- 관리사무소 등과 긴급 연락이 가능한 통신시설을 설치할 것

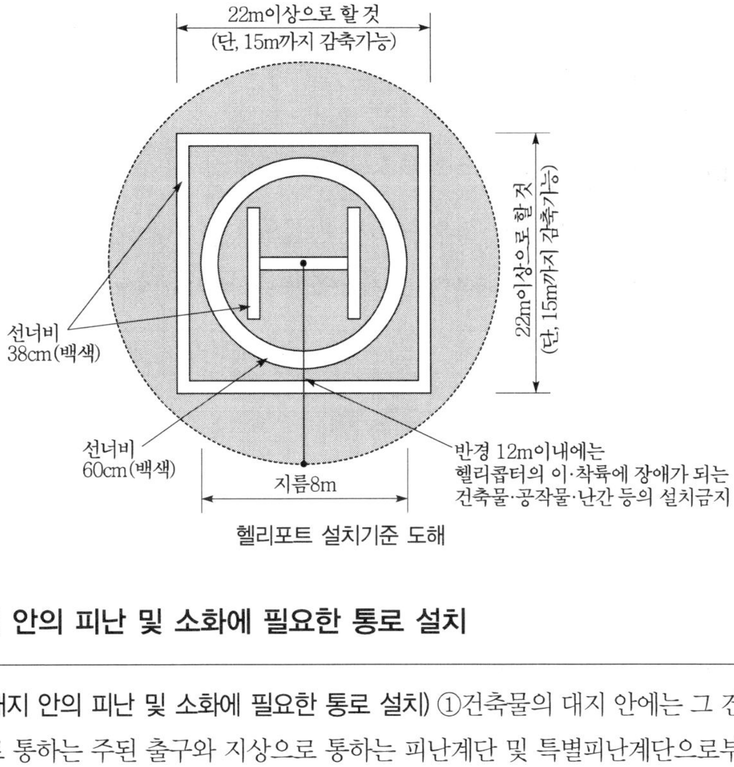

헬리포트 설치기준 도해

5-2-10 대지 안의 피난 및 소화에 필요한 통로 설치

시행령 **제41조(대지 안의 피난 및 소화에 필요한 통로 설치)** ①건축물의 대지 안에는 그 건축물 바깥쪽으로 통하는 주된 출구와 지상으로 통하는 피난계단 및 특별피난계단으로부터 도로 또는 공지(공원, 광장, 그 밖에 이와 비슷한 것으로서 피난 및 소화를 위하여 해당 대지의 출입에 지장이 없는 것을 말한다. 이하 이 조에서 같다)로 통하는 통로를 다음 각 호의 기준에 따라 설치하여야 한다. 〈개정 2010.12.13., 2015.9.22., 2016.5.17., 2017.2.3.〉

1. 통로의 너비는 다음 각 목의 구분에 따른 기준에 따라 확보할 것
   가. 단독주택 : 유효 너비 0.9미터 이상
   나. 바닥면적의 합계가 500제곱미터 이상인 문화 및 집회시설, 종교시설, 의료

시설, 위락시설 또는 장례시설 : 유효 너비 3미터 이상
다. 그 밖의 용도로 쓰는 건축물 : 유효 너비 1.5미터 이상
2. 필로티 내 통로의 길이가 2미터 이상인 경우에는 피난 및 소화활동에 장애가 발생하지 아니하도록 자동차 진입억제용 말뚝 등 통로 보호시설을 설치하거나 통로에 단차(段差)를 둘 것
② 제1항에도 불구하고 다중이용 건축물, 준다중이용 건축물 또는 층수가 11층 이상인 건축물이 건축되는 대지에는 그 안의 모든 다중이용 건축물, 준다중이용 건축물 또는 층수가 11층 이상인 건축물에 「소방기본법」 제21조에 따른 소방자동차(이하 "소방자동차"라 한다)의 접근이 가능한 통로를 설치하여야 한다. 다만, 모든 다중이용 건축물, 준다중이용 건축물 또는 층수가 11층 이상인 건축물이 소방자동차의 접근이 가능한 도로 또는 공지에 직접 접하여 건축되는 경우로서 소방자동차가 도로 또는 공지에서 직접 소방활동이 가능한 경우에는 그러하지 아니하다.

대지안의 피난 및 소화용 통로

그 건축물의 바깥쪽으로의 주된 출구와 지상으로 통하는 피난계단 및 특별피난계단으로부터 도로 또는 공지로 통하는 통로는 다음 기준에 따라야 한다.

적용시설			설치 기준
통로 유효 너비 확보	단독주택		유효너비 0.9m 이상
	문화 및 집회시설, 종교시설, 의료시설, 위락시설, 장례시설	바닥면적의 합계가 500m² 이상	유효 너비 3m 이상
	그 밖의 용도		유효 너비 1.5m 이상
필로티 내 통로의 길이가 2미터 이상인 경우			자동차 진입억제용 말뚝 등 통로 보호시설을 설치하거나 통로에 단차를 둘 것

소방차 접근이 가능한 통로의 설치

- 대상 : 다중이용 건축물, 준다중이용 건축물 또는 층수가 11층 이상인 건축물
- 설치 : 대지 안의 위 대상 모든 건축물에 소방자동차의 접근이 가능한 통로를 설치하여야 한다.
- 예외 : 위 대상 모든 건축물이 소방자동차의 접근이 가능한 도로 또는 공지에 직접 접하여 건축되는 경우로서 소방자동차가 도로 또는 공지에서 직접 소방활동이 가능한 경우에는 그러하지 아니하다.

5-2-11 피난 규정의 적용례

시행령 **제44조(피난 규정의 적용례)** 건축물이 창문, 출입구, 그 밖의 개구부(開口部)(이하 "창문 등"이라 한다)가 없는 내화구조의 바닥 또는 벽으로 구획되어 있는 경우에는 그 구획된 각 부분을 각각 별개의 건축물로 보아 제34조부터 제41조까지를 적용한다.

피난 규정 적용을 위한 건축물의 구분

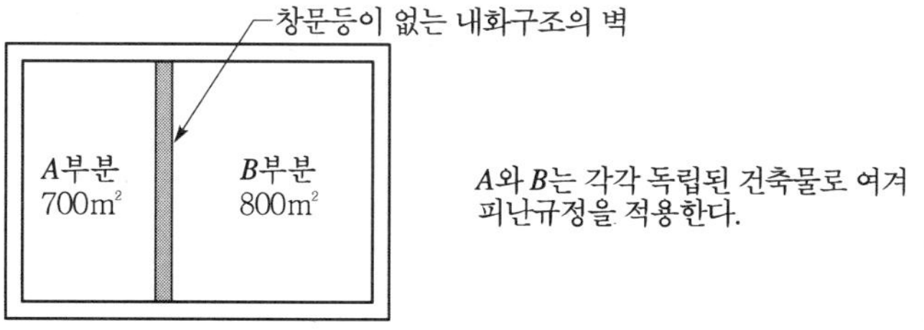

평면도

별개 건축물 적용 항목

- 제34조(직통계단의 설치)
- 제35조(피난계단의 설치)
- 제36조(옥외 피난계단의 설치)
- 제37조(지하층과 피난층 사이의 개방공간 설치)
- 제38조(관람실 등으로부터의 출구 설치)
- 제39조(건축물 바깥쪽으로의 출구 설치)
- 제40조(옥상광장 등의 설치)
- 제41조(대지 안의 피난 및 소화에 필요한 통로 설치)

5-2-12 방화구획 등의 설치

시행령 **제46조(방화구획 등의 설치)** ① 법 제49조제2항 본문에 따라 주요구조부가 내화구조 또는 불연재료로 된 건축물로서 연면적이 1천 제곱미터를 넘는 것은 국토교통부령으로 정하는 기준에 따라 다음 각 호의 구조물로 구획(이하 "방화구획"이라 한다)을 해야 한다. 다만, 「원자력안전법」 제2조제8호 및 제10호에 따른 원자로 및 관계시설은 같은 법에서 정하는 바에 따른다. 〈개정 2020. 10. 8., 2022. 4. 29.〉

1. 내화구조로 된 바닥 및 벽
2. 제64조제1항제1호 · 제2호에 따른 방화문 또는 자동방화셔터(국토교통부령으로

정하는 기준에 적합한 것을 말한다. 이하 같다)

② 다음 각 호에 해당하는 건축물의 부분에는 제1항을 적용하지 않거나 그 사용에 지장이 없는 범위에서 제1항을 완화하여 적용할 수 있다. 〈개정 2010. 2. 18., 2017. 2. 3., 2019. 8. 6., 2020. 10. 8., 2022. 4. 29., 2023. 5. 15.〉

1. 문화 및 집회시설(동 · 식물원은 제외한다), 종교시설, 운동시설 또는 장례시설의 용도로 쓰는 거실로서 시선 및 활동공간의 확보를 위하여 불가피한 부분
2. 물품의 제조 · 가공 및 운반 등(보관은 제외한다)에 필요한 고정식 대형 기기(器機) 또는 설비의 설치를 위하여 불가피한 부분. 다만, 지하층인 경우에는 지하층의 외벽 한쪽 면(지하층의 바닥면에서 지상층 바닥 아래면까지의 외벽 면적 중 4분의 1 이상이 되는 면을 말한다) 전체가 건물 밖으로 개방되어 보행과 자동차의 진입 · 출입이 가능한 경우로 한정한다.
3. 계단실 · 복도 또는 승강기의 승강장 및 승강로로서 그 건축물의 다른 부분과 방화구획으로 구획된 부분. 다만, 해당 부분에 위치하는 설비배관 등이 바닥을 관통하는 부분은 제외한다.
4. 건축물의 최상층 또는 피난층으로서 대규모 회의장 · 강당 · 스카이라운지 · 로비 또는 피난안전구역 등의 용도로 쓰는 부분으로서 그 용도로 사용하기 위하여 불가피한 부분
5. 복층형 공동주택의 세대별 층간 바닥 부분
6. 주요구조부가 내화구조 또는 불연재료로 된 주차장
7. 단독주택, 동물 및 식물 관련 시설 또는 국방 · 군사시설(집회, 체육, 창고 등의 용도로 사용되는 시설만 해당한다)로 쓰는 건축물
8. 건축물의 1층과 2층의 일부를 동일한 용도로 사용하며 그 건축물의 다른 부분과 방화구획으로 구획된 부분(바닥면적의 합계가 500제곱미터 이하인 경우로 한정한다)

③ 건축물 일부의 주요구조부를 내화구조로 하거나 제2항에 따라 건축물의 일부에 제1항을 완화하여 적용한 경우에는 내화구조로 한 부분 또는 제1항을 완화하여 적용한 부분과 그 밖의 부분을 방화구획으로 구획하여야 한다. 〈개정 2018. 9. 4.〉

④ 공동주택 중 아파트로서 4층 이상인 층의 각 세대가 2개 이상의 직통계단을 사용할 수 없는 경우에는 발코니(발코니의 외부에 접하는 경우를 포함한다)에 인접 세대와 공동으로 또는 각 세대별로 다음 각 호의 요건을 모두 갖춘 대피공간을 하나 이상 설치해야 한다. 이 경우 인접 세대와 공동으로 설치하는 대피공간은 인접 세대를 통하여 2개 이상의 직통계단을 쓸 수 있는 위치에 우선 설치되어야 한다. 〈개정 2013. 3. 23., 2020. 10. 8., 2023. 9. 12., 2024. 6. 18.〉

1. 대피공간은 바깥의 공기와 접할 것
2. 대피공간은 실내의 다른 부분과 방화구획으로 구획될 것
3. 대피공간의 바닥면적은 인접 세대와 공동으로 설치하는 경우에는 3제곱미터 이상, 각 세대별로 설치하는 경우에는 2제곱미터 이상일 것
4. 대피공간으로 통하는 출입문은 제64조제1항제1호에 따른 60분+ 방화문으로 설치할 것
5. 국토교통부장관이 정하는 기준에 적합할 것

⑤ 제4항에도 불구하고 아파트의 4층 이상인 층에서 발코니(제4호의 경우에는 발코니의 외부에 접하는 경우를 포함한다)에 다음 각 호의 어느 하나에 해당하는 구조 또는 시설을 갖춘 경우에는 대피공간을 설치하지 않을 수 있다. 〈개정 2010. 2. 18., 2013. 3. 23., 2014. 8. 27., 2018. 9. 4., 2021. 8. 10., 2023. 9. 12.〉

1. 발코니와 인접 세대와의 경계벽이 파괴하기 쉬운 경량구조 등인 경우
2. 발코니의 경계벽에 피난구를 설치한 경우
3. 발코니의 바닥에 국토교통부령으로 정하는 하향식 피난구를 설치한 경우
4. 국토교통부장관이 제4항에 따른 대피공간과 동일하거나 그 이상의 성능이 있다고 인정하여 고시하는 구조 또는 시설(이하 이 호에서 "대체시설"이라 한다)을 갖춘 경우. 이 경우 국토교통부장관은 대체시설의 성능에 대해 미리 「과학기술분야 정부출연연구기관 등의 설립 · 운영 및 육성에 관한 법률」 제8조제1항에 따라 설립된 한국건설기술연구원(이하 "한국건설기술연구원"이라 한다)의 기술검토를 받은 후 고시해야 한다.

⑥ 요양병원, 정신병원, 「노인복지법」 제34조제1항제1호에 따른 노인요양시설(이하 "노인요양시설"이라 한다), 장애인 거주시설 및 장애인 의료재활시설의 피난층 외의 층에는 다음 각 호의 어느 하나에 해당하는 시설을 설치하여야 한다. 〈신설 2015. 9. 22., 2018. 9. 4.〉

1. 각 층마다 별도로 방화구획된 대피공간
2. 거실에 접하여 설치된 노대등
3. 계단을 이용하지 아니하고 건물 외부의 지상으로 통하는 경사로 또는 인접 건축물로 피난할 수 있도록 설치하는 연결복도 또는 연결통로

⑦ 법 제49조제2항 단서에서 "대규모 창고시설 등 대통령령으로 정하는 용도 및 규모의 건축물"이란 제2항제2호에 해당하여 제1항을 적용하지 않거나 완화하여 적용하는 부분이 포함된 창고시설을 말한다. 〈신설 2022. 4. 29.〉

[전문개정 2008. 10. 29.]

[제목개정 2015. 9. 22.]

피난·방화구조

제14조(방화구획의 설치기준) ①영 제46조제1항 각 호 외의 부분 본문에 따라 건축물에 설치하는 방화구획은 다음 각 호의 기준에 적합해야 한다. 〈개정 2010. 4. 7., 2019. 8. 6., 2021. 3. 26.〉

1. 10층 이하의 층은 바닥면적 1천제곱미터(스프링클러 기타 이와 유사한 자동식 소화설비를 설치한 경우에는 바닥면적 3천제곱미터)이내마다 구획할 것
2. 매층마다 구획할 것. 다만, 지하 1층에서 지상으로 직접 연결하는 경사로 부위는 제외한다.
3. 11층 이상의 층은 바닥면적 200제곱미터(스프링클러 기타 이와 유사한 자동식 소화설비를 설치한 경우에는 600제곱미터)이내마다 구획할 것. 다만, 벽 및 반자의 실내에 접하는 부분의 마감을 불연재료로 한 경우에는 바닥면적 500제곱미터(스프링클러 기타 이와 유사한 자동식 소화설비를 설치한 경우에는 1천500제곱미터)이내마다 구획하여야 한다.
4. 필로티나 그 밖에 이와 비슷한 구조(벽면적의 2분의 1 이상이 그 층의 바닥면에서 위층 바닥 아래면까지 공간으로 된 것만 해당한다)의 부분을 주차장으로 사용하는 경우 그 부분은 건축물의 다른 부분과 구획할 것

② 제1항에 따른 방화구획은 다음 각 호의 기준에 적합하게 설치해야 한다. 〈개정 2003. 1. 6., 2005. 7. 22., 2006. 6. 29., 2008. 3. 14., 2010. 4. 7., 2012. 1. 6., 2013. 3. 23., 2019. 8. 6., 2021. 3. 26., 2021. 12. 23., 2024. 8. 26., 2024. 11. 15.〉

1. 영 제46조에 따른 방화구획으로 사용하는 60분+ 방화문 또는 60분 방화문은 언제나 닫힌 상태를 유지하거나 화재로 인한 연기 또는 불꽃을 감지하여 자동적으로 닫히는 구조로 할 것. 다만, 연기 또는 불꽃을 감지하여 자동적으로 닫히는 구조로 할 수 없는 경우에는 온도를 감지하여 자동적으로 닫히는 구조로 할 수 있다.
2. 다음 각 목에 해당하는 경우 그 부분을 별표 1 제1호에 따른 내화시간(내화채움성능이 인정된 구조로 메워지는 구성 부재에 적용되는 내화시간을 말한다) 이상 견딜 수 있는 내화채움성능이 인정된 구조로 메울 것
   가. 급수관 · 배전관 또는 그 밖의 관이나 전선 등이 방화구획을 관통하여 관통부가 생기는 경우
   나. 방화구획의 벽과 벽, 벽과 바닥, 바닥과 바닥 사이에 접합부가 생기는 경우
   다. 방화구획과 외벽 사이에 접합부가 생기는 경우
   라. 방화구획에 그 밖의 틈이 생기는 경우
3. 환기 · 난방 또는 냉방시설의 풍도가 방화구획을 관통하는 경우에는 그 관통부분 또는 이에 근접한 부분에 다음 각 목의 기준에 적합한 댐퍼를 설치할 것. 다만, 반도체공장건축물로서 방화구획을 관통하는 풍도의 주위에 스프링클러헤드를

설치하는 경우에는 그렇지 않다.

가. 화재로 인한 연기 또는 불꽃을 감지하여 자동적으로 닫히는 구조로 할 것. 다만, 주방 등 연기가 항상 발생하는 부분에는 온도를 감지하여 자동적으로 닫히는 구조로 할 수 있다.

나. 국토교통부장관이 정하여 고시하는 비차열(非遮熱) 성능 및 방연성능 등의 기준에 적합할 것

다. 삭제 〈2019. 8. 6.〉

라. 삭제 〈2019. 8. 6.〉

4. 영 제46조제1항제2호 및 제81조제5항제5호에 따라 설치되는 자동방화셔터는 다음 각 목의 요건을 모두 갖출 것. 이 경우 자동방화셔터의 구조 및 성능기준 등에 관한 세부사항은 국토교통부장관이 정하여 고시한다.

가. 피난이 가능한 60분+ 방화문 또는 60분 방화문으로부터 3미터 이내에 별도로 설치할 것

나. 전동방식이나 수동방식으로 개폐할 수 있을 것

다. 불꽃감지기 또는 연기감지기 중 하나와 열감지기를 설치할 것

라. 불꽃이나 연기를 감지한 경우 일부 폐쇄되는 구조일 것

마. 열을 감지한 경우 완전 폐쇄되는 구조일 것

③ 영 제46조제1항제2호에서 "국토교통부령으로 정하는 기준에 적합한 것"이란 한국건설기술연구원장이 국토교통부장관이 정하여 고시하는 바에 따라 다음 각 호의 사항을 모두 인정한 것을 말한다. 〈신설 2019. 8. 6., 2021. 3. 26.〉

1. 생산공장의 품질 관리 상태를 확인한 결과 국토교통부장관이 정하여 고시하는 기준에 적합할 것

2. 해당 제품의 품질시험을 실시한 결과 비차열 1시간 이상의 내화성능을 확보하였을 것

④ 영 제46조제5항제3호에 따른 하향식 피난구(덮개, 사다리, 승강식피난기 및 경보시스템을 포함한다)의 구조는 다음 각 호의 기준에 적합하게 설치해야 한다. 〈신설 2010. 4. 7., 2019. 8. 6., 2021. 3. 26., 2022. 4. 29.〉

1. 피난구의 덮개(덮개와 사다리, 승강식피난기 또는 경보시스템이 일체형으로 구성된 경우에는 그 사다리, 승강식피난기 또는 경보시스템을 포함한다)는 품질시험을 실시한 결과 비차열 1시간 이상의 내화성능을 가져야 하며, 피난구의 유효 개구부 규격은 직경 60센티미터 이상일 것

2. 상층·하층간 피난구의 수평거리는 15센티미터 이상 떨어져 있을 것

3. 아래층에서는 바로 위층의 피난구를 열 수 없는 구조일 것

> 4. 사다리는 바로 아래층의 바닥면으로부터 50센티미터 이하까지 내려오는 길이로 할 것
> 5. 덮개가 개방될 경우에는 건축물관리시스템 등을 통하여 경보음이 울리는 구조일 것
> 6. 피난구가 있는 곳에는 예비전원에 의한 조명설비를 설치할 것
>
> ⑤ 제2항제2호에 따른 내화채움방법에 필요한 사항은 국토교통부장관이 정하여 고시한다. 〈신설 2012. 1. 6., 2013. 3. 23., 2019. 8. 6., 2021. 3. 26., 2024. 8. 26.〉
>
> ⑥ 법 제49조제2항 단서에 따라 영 제46조제7항에 따른 창고시설 중 같은 조 제2항제2호에 해당하여 같은 조 제1항을 적용하지 않거나 완화하여 적용하는 부분에는 다음 각 호의 구분에 따른 설비를 추가로 설치해야 한다. 〈신설 2022. 4. 29., 2024. 8. 26.〉
> 1. 개구부의 경우: 「소방시설 설치 및 관리에 관한 법률」 제12조제1항에 따른 화재안전기준(이하 이 조에서 "화재안전기준"이라 한다)을 충족하는 설비로서 수막(水幕)을 형성하여 화재확산을 방지하는 설비
> 2. 개구부 외의 부분의 경우: 화재안전기준을 충족하는 설비로서 화재를 조기에 진화할 수 있도록 설계된 스프링클러

방화구획

1) 방화구획의 설치 대상 및 기준

- 설치대상: 주요구조부가 내화구조 또는 불연재료로 된 건축물로서 연면적이 1천m²를 넘는 것
- 설치기준:

① 내화구조로 된 바닥 및 벽, 방화문(자동방화셔터)으로 구획하여야 함

② 방화구획으로 사용하는 60+방화문 또는 60분방화문은 언제나 닫힌 상태를 유지하거나 화재로 인한 연기 또는 불꽃을 감지하여 자동적으로 닫히는 구조로 할 것(또는 온도를 감지하여 자동적으로 닫히는 구조)

③ 자동방화셔터는 피난이 가능한 60+방화문 또는 60분방화문으로부터 3미터 이내에 별도로 설치할 것

<table>
<tr><th colspan="2">단위구획의 종류</th><th colspan="2">구획의 기준</th></tr>
<tr><td colspan="2">층단위</td><td colspan="2">매 층마다 구획할 것</td></tr>
<tr><td rowspan="3">면적단위</td><td>10층 이하의 층</td><td colspan="2">바닥면적 1,000m²(3,000m²) 이내마다 구획할 것</td></tr>
<tr><td rowspan="2">11층 이상의 층</td><td>실내마감재가 불연재료가 아닌 경우</td><td>200m²(600m²) 이내마다 구획할 것</td></tr>
<tr><td>실내마감재가 불연재료인 경우</td><td>500m²(1,500m²) 이내마다 구획할 것</td></tr>
<tr><td colspan="2">필로티 주차장</td><td colspan="2">건축물의 다른 부분과 구획할 것</td></tr>
</table>

( ) 안의 숫자는 스프링클러 기타 이와 유사한 자동식 소화설비를 설치한 경우

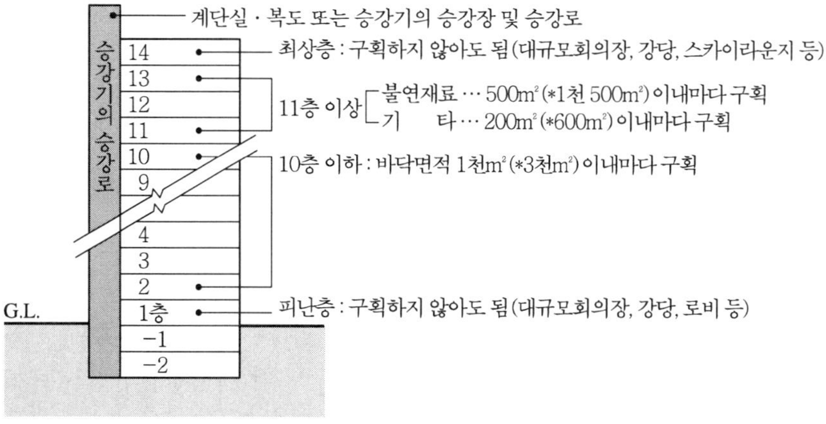

*건축법시행령 제46조1항에 의해 연면적 1천제곱미터 이상−매층마다 방화구획

2) 방화구획 완화 규정

다음에 해당하는 건축물의 부분에는 앞의 방화구획에 대한 규정을 적용하지 아니하거나 완화하여 적용할 수 있다.

	해당 용도 및 시설	내용
1.	문화 및 집회시설(동 · 식물원 제외)	종교시설, 운동시설, 장례시설의 용도로 쓰는 거실로서 시설 및 활동공간의 확보를 위하여 불가피한 경우
2.	작업 활동 공간	대형 기계 · 설비의 설치 및 이동식 물류설비의 작업 활동을 위해 불가피한 경우
3.	계단실 부분, 복도 또는 승강기의 승강로 부분	그 건축물의 다른 부분과 방화구획으로 구획된 부분
4.	건축물의 최상층 또는 피난층	대규모 회의장, 강당, 스카이라운지, 로비 등 해당용도로서 사용상 불가피한 부분
5.	복층형인 공동주택	세대별 층간 바닥부분
6.	주차장	주요구조부가 내화 구조, 불연재료인 경우
7.	단독주택, 동물 및 식물관련시설 국방 · 군사시설 (집회, 체육, 창고 등의 용도로사용 되는 시설만 해당)	해당용도에 쓰이는 건축물

아파트 대피공간

1) 아파트 대피공간의 설치 기준

아파트로서 4층 이상인 층의 각 세대가 2개 이상의 직통계단을 사용할 수 없는 경우 다음 조건을 갖춘 대피공간을 하나 이상 설치하여야 한다.

항목		내용	
1.	외기 유입	대피공간은 바깥공기와 접할 것	
2.	방화구획	실내의 다른 부분과 방화구획 될 것	
3.	바닥면적	공동 설치 시	3m² 이상
		세대별 설치 시	2m² 이상
4.	대피공간으로 통하는 출입문	60분+ 방화문	
5.	기타	국토교통부장관이 정하는 기준에 적합할 것	

2) 아파트 대피공간 설치 규정 완화

아파트의 4층 이상인 층에서 발코니(제4호의 경우에는 발코니의 외부에 접하는 경우를 포함한다)에 다음 각 호의 어느 하나에 해당하는 구조 또는 시설을 갖춘 경우에는 대피공간을 설치하지 않을 수 있다.

① 발코니와 인접 세대와의 경계벽이 파괴하기 쉬운 경량구조 등인 경우
② 발코니의 경계벽에 피난구를 설치한 경우
③ 발코니의 바닥에 하향식 피난구를 설치한 경우
④ 대피공간과 동일하거나 그 이상의 성능이 있다고 인정 고시된 구조 또는 시설을 갖춘 경우

노인 및 장애인 관련시설 등의 피난시설 설치기준

- 설치대상 시설: 요양병원, 정신병원, 노인요양시설(「노인복지법」 제34조 제1항 제1호), 장애인 거주시설 및 장애인 의료재활시설
- 설치기준: 피난층 외의 층
  ① 각 층마다 별도로 방화구획된 대피공간
  ② 거실에 접하여 설치된 노대 등
  ③ 계단을 이용하지 아니하고 건물 외부의 지상으로 통하는 경사로 또는 인접 건축물로 피난할 수 있도록 설치하는 연결복도 또는 연결통로

5-2-13 방화에 장애가 되는 용도의 제한

시행령 제47조(방화에 장애가 되는 용도의 제한) ① 법 제49조 제2항에 따라 의료시설, 노유자시설(아동 관련 시설 및 노인복지시설만 해당한다), 공동주택 또는 장례시설과 위락시설, 위험물저장 및 처리시설, 공장 또는 자동차 관련 시설(정비공장만 해당한다)은 같은 건축물에 함께 설치할 수 없다. 다만, 다음 각 호의 어느 하나에 해당하는 경우로서 국토교통부령으로 정하는 경우에는 그러하지 아니하다.

1. 공동주택(기숙사만 해당한다)과 공장이 같은 건축물에 있는 경우

2. 중심상업지역 · 일반상업지역 또는 근린상업지역에서 「도시 및 주거환경정비법」에 따른 도시환경정비사업을 시행하는 경우
3. 공동주택과 위락시설이 같은 초고층 건축물에 있는 경우. 다만, 사생활을 보호하고 방범 · 방화 등 주거 안전을 보장하며 소음 · 악취 등으로부터 주거환경을 보호할 수 있도록 주택의 출입구 · 계단 및 승강기 등을 주택 외의 시설과 분리된 구조로 하여야 한다.
4. 「산업집적활성화 및 공장설립에 관한 법률」 제2조 제13호에 따른 지식산업센터와 「영유아보육법」 제10조 제4호에 따른 직장어린이집이 같은 건축물에 있는 경우

② 법 제49조 제2항에 따라 다음 각 호의 어느 하나에 해당하는 용도의 시설은 같은 건축물에 함께 설치할 수 없다.〈개정 2009.7.16., 2010.8.17., 2012.12.12., 2014.3.24.〉

1. 노유자시설 중 아동 관련 시설 또는 노인복지시설과 판매시설 중 도매시장 또는 소매시장
2. 단독주택(다중주택, 다가구주택에 한정한다), 공동주택, 제1종 근린생활시설 중 조산원 또는 산후조리원과 제2종 근린생활시설 중 다중생활시설

피난·방화구조 **제14조의2(복합건축물의 피난시설 등)** 영 제47조 제1항 단서의 규정에 의하여 같은 건축물 안에 공동주택 · 의료시설 · 아동관련시설 또는 노인복지시설(이하 이 조에서 "공동주택 등"이라 한다)중 하나 이상과 위락시설 · 위험물저장 및 처리시설 · 공장 또는 자동차정비공장(이하 이 조에서 "위락시설 등"이라 한다)중 하나 이상을 함께 설치하고자 하는 경우에는 다음 각 호의 기준에 적합하여야 한다.

1. 공동주택 등의 출입구와 위락시설 등의 출입구는 서로 그 보행거리가 30미터 이상이 되도록 설치할 것
2. 공동주택 등(당해 공동주택 등에 출입하는 통로를 포함한다)과 위락시설 등(당해 위락시설 등에 출입하는 통로를 포함한다)은 내화구조로 된 바닥 및 벽으로 구획하여 서로 차단할 것
3. 공동주택등과 위락시설 등은 서로 이웃하지 아니하도록 배치할 것
4. 건축물의 주요 구조부를 내화구조로 할 것
5. 거실의 벽 및 반자가 실내에 면하는 부분(반자돌림대 · 창대 그 밖에 이와 유사한 것을 제외한다. 이하 이 조에서 같다)의 마감은 불연재료 · 준불연재료 또는 난연재료로 하고, 그 거실로부터 지상으로 통하는 주된 복도 · 계단 그밖에 통로의 벽 및 반자가 실내에 면하는 부분의 마감은 불연재료 또는 준불연재료로 할 것

방화에 장애가 되는 용도의 제한

화재의 위험이 높고 주거환경에 나쁜 영향을 미치는 시설과 주거 및 노인, 아동 등이 주로 이용하는 시설 등을 동일한 건축물에 설치할 수 없도록 건축물의 용도규제를 강화하여 대형 사고의 가능성을 사전에 예방하고자 한다.

1) 용도제한

아래 A군과 B군에 속한 용도는 하나의 건축물에 함께 설치할 수 없다.

A군		B군
– 공동주택 – 의료시설 – 아동관련시설 – 노인복지시설 – 장례시설	X	– 위락시설 – 위험물저장 및 처리시설 – 공장 – 자동차 정비공장
– 노유자시설 중 아동관련시설 노인복지시설	X	– 판매시설 중 도매시장 소매시장
– 단독주택(다중주택, 다가구주택에 한정한다) – 공동주택 – 제1종 근린생활시설 중 조산원 또는 산후조리원	X	– 제2종 근린생활시설 중 다중생활시설

2) 용도제한의 완화

위의 용도제한에도 불구하고, 아래 기준에 해당하는 경우에는 '피난 및 방화규칙에 적합한 경우에는 같은 건축물 안에 함께 설치할 수 있다.

① 기숙사와 공장이 같은 건축물 안에 있는 경우

② 상업지역(중심 · 일반 · 근린)안에서 도시 및 주거환경정비법에 따른 도시환경정비사업을 시행하는 경우

③ 공동주택과 위락시설이 같은 초고층 건축물에 있는 경우(다만, 주택의 출입구, 계단 및 승강기 등을 주택 외의 시설과 분리된 구조로 하여야 함)

④ 지식산업센터와 직장어린이집이 같은 건축물에 있는 경우

3) 완화 적용을 위한 기준

앞의 A군과 B군 용도시설 중 하나 이상을 함께 설치하고자 하는 경우에는 아래의 기준에 적합하여야 한다.

구분		완화기준
1.	출입구	출입구 간의 보행거리가 30m 이상 되도록 설치할 것
2.	바닥 및 벽	- 내화구조로 된 바닥 및 벽으로 구획하여 서로 차단할 것 - 서로 이웃하지 아니하도록 배치할 것
3.	건축물의 주요구조부	내화구조로 할 것
4.	거실의 벽 및 반자의 실내마감	불연재료, 준불연재료 또는 난연재료로 할 것
5.	복도 · 계단 통로의 벽 및 반자의 실내마감	불연재료 또는 준불연재료로 할 것

5-2-14 계단의 설치

시행령 **제48조(계단 · 복도 및 출입구의 설치)** ① 법 제49조 제2항에 따라 연면적 200제곱미터를 초과하는 건축물에 설치하는 계단 및 복도는 국토교통부령으로 정하는 기준에 적합하여야 한다.

② 법 제49조 제2항에 따라 제39조 제1항 각 호의 어느 하나에 해당하는 건축물의 출입구는 국토교통부령으로 정하는 기준에 적합하여야 한다.

피난·방화구조 **제15조(계단의 설치기준)** ① 영 제48조의 규정에 의하여 건축물에 설치하는 계단은 다음 각 호의 기준에 적합하여야 한다.

1. 높이가 3미터를 넘는 계단에는 높이 3미터이내마다 너비 1.2미터 이상의 계단참을 설치할 것
2. 높이가 1미터를 넘는 계단 및 계단참의 양옆에는 난간(벽 또는 이에 대치되는 것을 포함한다)을 설치할 것
3. 너비가 3미터를 넘는 계단에는 계단의 중간에 너비 3미터 이내마다 난간을 설치할 것. 다만, 계단의 단 높이가 15센티미터 이하이고, 계단의 단 너비가 30센티미터 이상인 경우에는 그러하지 아니하다.
4. 계단의 유효 높이(계단의 바닥 마감면부터 상부 구조체의 하부 마감면까지의 연직방향의 높이를 말한다)는 2.1미터 이상으로 할 것

계단 등의 설치 기준

연면적 200m^2를 초과하는 건축물에 설치하는 계단은 다음기준에 적합하게 설치하여야 한다.

종류		대상	내용
1.	계단참	높이가 3m를 넘는 계단	높이 3m 이내마다 너비 1.2m 이상의 계단참 설치
2.	난간	높이가 1m를 넘는 계단 및 계단참	양옆에 난간을 설치 (난간 혹은 벽 또는 이에 대치 대는 것 포함)
3.	중간난간	너비가 3m를 넘는 계단 (계단의 단 높이 15cm 이하, 단 너비 30cm 이상인 것은 예외)	계단의 중간에 너비 3m 이내마다 중간난간 설치

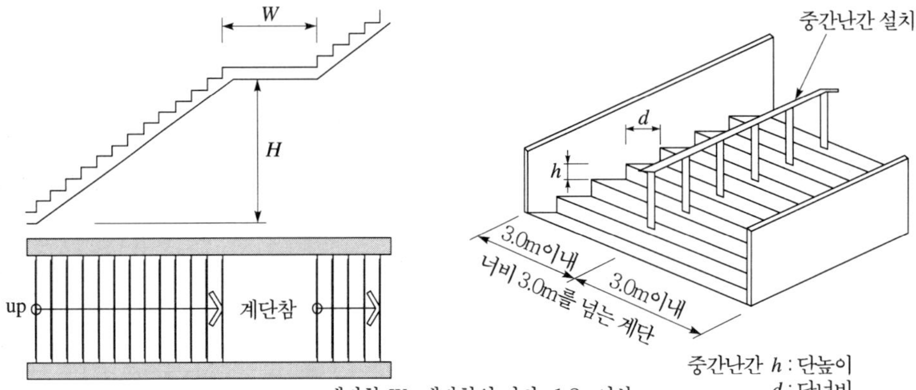

계단참 W : 계단참의 너비=1.2m이상
H : 계단참의 높이=3m이내

중간난간 h : 단높이
d : 단너비

5-2-15 계단의 구조

피난·방화구조 **제15조(계단의 설치기준)** ②제1항에 따라 계단을 설치하는 경우 계단 및 계단참의 너비(옥내계단에 한정한다), 계단의 단높이 및 단너비의 칫수는 다음 각 호의 기준에 적합해야 한다. 이 경우 돌음계단의 단너비는 그 좁은 너비의 끝부분으로부터 30센티미터의 위치에서 측정한다.〈개정 2003. 1. 6., 2005. 7. 22., 2010. 4. 7., 2015. 4. 6., 2019. 8. 6.〉

1. 초등학교의 계단인 경우에는 계단 및 계단참의 유효너비는 150센티미터 이상, 단높이는 16센티미터 이하, 단너비는 26센티미터 이상으로 할 것
2. 중·고등학교의 계단인 경우에는 계단 및 계단참의 유효너비는 150센티미터 이상, 단높이는 18센티미터 이하, 단너비는 26센티미터 이상으로 할 것
3. 문화 및 집회시설(공연장·집회장 및 관람장에 한한다)·판매시설 기타 이와 유사한 용도에 쓰이는 건축물의 계단인 경우에는 계단 및 계단참의 유효너비를 120센티미터 이상으로 할 것
4. 제1호부터 제3호까지의 건축물 외의 건축물의 계단으로서 다음 각 목의 어느 하

나에 해당하는 층의 계단인 경우에는 계단 및 계단참은 유효너비를 120센티미터 이상으로 할 것

가. 계단을 설치하려는 층이 지상층인 경우: 해당 층의 바로 위층부터 최상층(상부층 중 피난층이 있는 경우에는 그 아래층을 말한다)까지의 거실 바닥면적의 합계가 200제곱미터 이상인 경우

나. 계단을 설치하려는 층이 지하층인 경우: 지하층 거실 바닥면적의 합계가 100제곱미터 이상인 경우

5. 기타의 계단인 경우에는 계단 및 계단참의 유효너비를 60센티미터 이상으로 할 것
6. 「산업안전보건법」에 의한 작업장에 설치하는 계단인 경우에는 「산업안전 기준에 관한 규칙」에서 정한 구조로 할 것

③ 공동주택(기숙사를 제외한다) · 제1종 근린생활시설 · 제2종 근린생활시설 · 문화 및 집회시설 · 종교시설 · 판매시설 · 운수시설 · 의료시설 · 노유자시설 · 업무시설 · 숙박시설 · 위락시설 또는 관광휴게시설의 용도에 쓰이는 건축물의 주계단 · 피난계단 또는 특별피난계단에 설치하는 난간 및 바닥은 아동의 이용에 안전하고 노약자 및 신체장애인의 이용에 편리한 구조로 하여야 하며, 양쪽에 벽등이 있어 난간이 없는 경우에는 손잡이를 설치하여야 한다.〈개정 2010. 4. 7.〉

④ 제3항의 규정에 의한 난간 · 벽 등의 손잡이와 바닥마감은 다음 각호의 기준에 적합하게 설치하여야 한다.

1. 손잡이는 최대지름이 3.2센티미터 이상 3.8센티미터 이하인 원형 또는 타원형의 단면으로 할 것
2. 손잡이는 벽등으로부터 5센티미터 이상 떨어지도록 하고, 계단으로부터의 높이는 85센티미터가 되도록 할 것
3. 계단이 끝나는 수평부분에서의 손잡이는 바깥쪽으로 30센티미터 이상 나오도록 설치할 것

⑤ 계단을 대체하여 설치하는 경사로는 다음 각호의 기준에 적합하게 설치하여야 한다.〈개정 2010. 4. 7.〉

1. 경사도는 1 : 8을 넘지 아니할 것
2. 표면을 거친 면으로 하거나 미끄러지지 아니하는 재료로 마감할 것
3. 경사로의 직선 및 굴절부분의 유효너비는 「장애인 · 노인 · 임산부등의 편의증진 보장에 관한 법률」이 정하는 기준에 적합할 것

⑥ 제1항 각호의 규정은 제5항의 규정에 의한 경사로의 설치기준에 관하여 이를 준용한다.

⑦ 제1항 및 제2항에도 불구하고 영 제34조제4항 단서에 따라 피난층 또는 지상으로 통하는 직통계단을 설치하는 경우 계단 및 계단참의 유효너비는 다음 각 호의 구분

에 따른 기준에 적합하여야 한다.〈신설 2012. 1. 6., 2015. 4. 6.〉
1. 공동주택: 120센티미터 이상
2. 공동주택이 아닌 건축물: 150센티미터 이상

⑧ 승강기기계실용 계단, 망루용 계단 등 특수한 용도에만 쓰이는 계단에 대해서는 제1항부터 제7항까지의 규정을 적용하지 아니한다.〈개정 2012. 1. 6.〉

계단 등의 설치 기준

1) 계단 각부의 치수

<table>
<tr><th colspan="3">용도별 계단</th><th>계단 및 계단참의 너비</th><th>단 높이</th><th>단 너비</th></tr>
<tr><td colspan="3">초등학교의 계단</td><td>150cm 이상</td><td>16cm 이하</td><td>26cm 이상</td></tr>
<tr><td colspan="3">중 · 고등학교의 계단</td><td>150cm 이상</td><td>18cm 이하</td><td>26cm 이상</td></tr>
<tr><td colspan="2">문화 및 집회시설 중</td><td>공연장 · 집회장 및 관람장</td><td rowspan="4"></td><td rowspan="4"></td><td rowspan="4"></td></tr>
<tr><td colspan="2">판매시설 중</td><td>도매시장 · 소매시장 및 상점</td></tr>
<tr><td rowspan="2">면적기준</td><td>바로 위층부터 최상층 까지의 거실바닥면적의 합계 200㎡</td><td>지상층</td></tr>
<tr><td>거실바닥면적 합계 100㎡ 이상</td><td>지하층 계단</td></tr>
<tr><td></td><td colspan="2">기타의 계단</td><td>60cm 이상</td><td></td><td></td></tr>
</table>

2) 아동 노약자 등을 위한 설치

아래 용도에 쓰이는 건축물의 주계단 · 피난계단 또는 특별 피난계단에 설치하는 난간 및 바닥은 아동의 이용에 안전하고 노약자 및 신체장애인의 이용에 편리한 구조로 하여야 하며, 양쪽에 벽 등이 있어 난간이 없는 경우에는 손잡이를 설치하여야 한다.

① 공동주택
② 제1종 근린생활시설 및 제2종 근린생활시설
③ 문화 및 집회시설
④ 판매시설
⑤ 의료시설
⑥ 노유자시설
⑦ 업무시설, 숙박시설, 위락시설, 관광휴게시설

3) 난간 · 벽 등의 손잡이와 바닥 마감

구분		내용
1.	손잡이의 크기 및 형태	최대지름이 3.2cm ~ 3.8cm인 원형 또는 타원형 단면
2.	손잡이 위치	벽 등으로부터 5cm 이상 떨어지고, 계단바닥에서 높이 85cm 정도
3.	계단 끝과의 위치	계단 끝나는 부분에서 손잡이는 바깥쪽으로 30cm 이상 나오도록 할 것

4) 계단에 대체되는 경사로

구분		내용
1.	경사도	1:8을 넘지 않도록 함
2.	표면마감	표면을 거친 면으로 하거나 미끄러지지 않는 재료

5) 직통계단의 계단 및 계단참의 유효너비

① 공동주택 : 120센티미터 이상

② 공동주택이 아닌 건축물 : 150센티미터 이상

6) 계단의 각부 명칭 도해

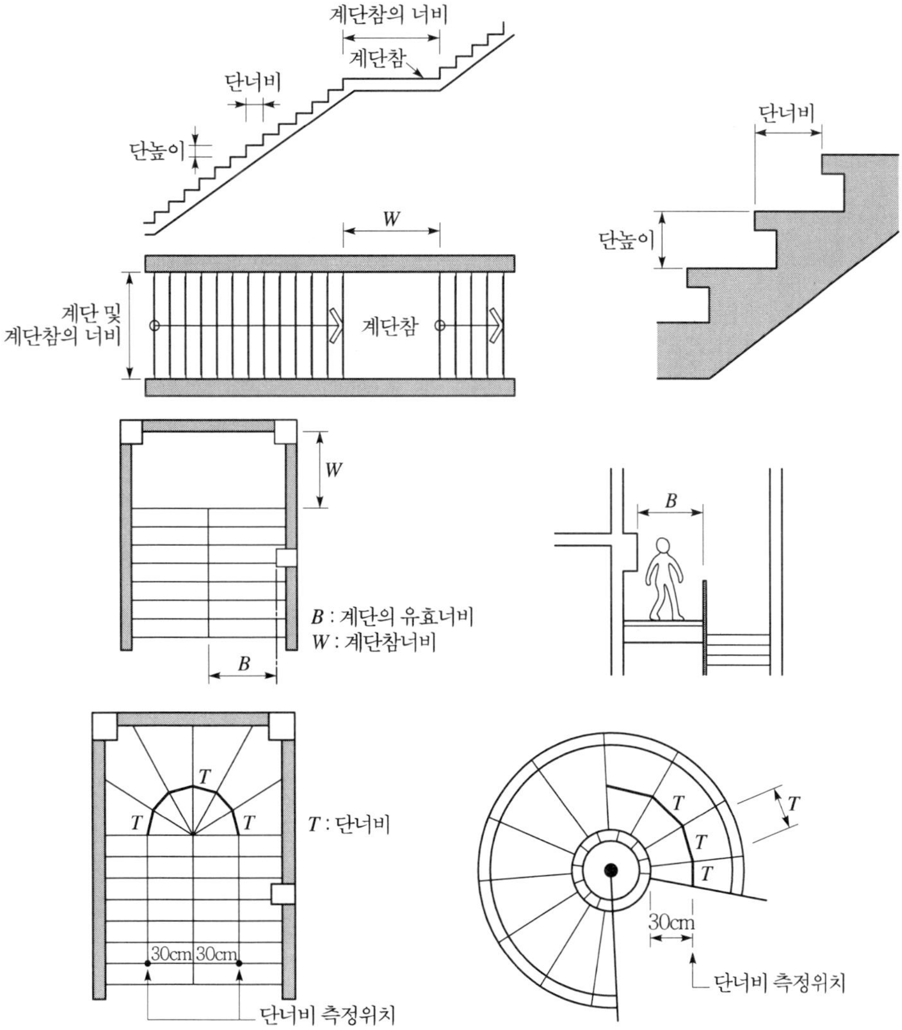

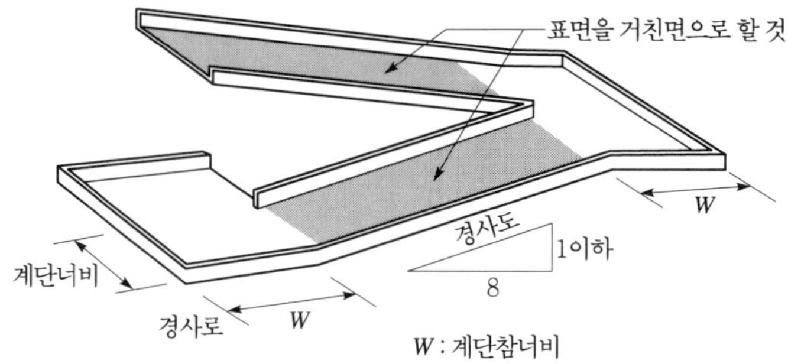

5-2-16 복도의 너비 및 설치기준

피난·방화구조 제15조의2(복도의 너비 및 설치기준) ①영 제48조의 규정에 의하여 건축물에 설치하는 복도의 유효너비는 다음 표와 같이 하여야 한다

구분	양옆에 거실이 있는 복도	기타의 복도
유치원 · 초등학교 · 중학교 · 고등학교	2.4m 이상	1.8m 이상
공동주택 · 오피스텔	1.8m 이상	1.2m 이상
당해 층 거실의 바닥면적 합계가 200m² 이상인 경우	1.5m 이상 (의료시설의 복도는 1.8m 이상)	1.2m 이상

② 문화 및 집회시설(공연장 · 집회장 · 관람장 · 전시장에 한정한다), 종교시설 중 종교집회장, 노유자시설 중 아동 관련 시설 · 노인복지시설, 수련시설 중 생활권수련시설, 위락시설 중 유흥주점 및 장례식장의 관람실 또는 집회실과 접하는 복도의 유효너비는 제1항에도 불구하고 다음 각 호에서 정하는 너비로 해야 한다. 〈개정 2010. 4. 7., 2019. 8. 6.〉

1. 해당 층에서 해당 용도로 쓰는 바닥면적의 합계가 500제곱미터 미만인 경우 1.5미터 이상
2. 해당 층에서 해당 용도로 쓰는 바닥면적의 합계가 500제곱미터 이상 1천제곱미터 미만인 경우 1.8미터 이상
3. 해당 층에서 해당 용도로 쓰는 바닥면적의 합계가 1천제곱미터 이상인 경우 2.4미터 이상

③ 문화 및 집회시설 중 공연장에 설치하는 복도는 다음 각 호의 기준에 적합해야 한다. 〈개정 2019. 8. 6.〉

1. 공연장의 개별 관람실(바닥면적이 300제곱미터 이상인 경우에 한정한다)의 바깥쪽에는 그 양쪽 및 뒤쪽에 각각 복도를 설치할 것
2. 하나의 층에 개별 관람실(바닥면적이 300제곱미터 미만인 경우에 한정한다)을 2

개소 이상 연속하여 설치하는 경우에는 그 관람실의 바깥쪽의 앞쪽과 뒤쪽에 각각 복도를 설치할 것

④ 법 제19조에 따라 「공공주택 특별법 시행령」 제37조제1항제3호에 해당하는 건축물을 「주택법 시행령」 제4조의 준주택으로 용도변경하려는 경우로서 다음 각 호의 요건을 모두 갖춘 경우에는 용도변경한 건축물의 복도 중 양 옆에 거실이 있는 복도의 유효너비는 제1항에도 불구하고 1.5미터 이상으로 할 수 있다. 〈신설 2021. 10. 15.〉

1. 용도변경의 목적이 해당 건축물을 「공공주택 특별법」 제43조제1항에 따라 공공매입임대주택으로 공급하려는 공공주택사업자에게 매도하려는 것일 것
2. 둘 이상의 직통계단이 지상까지 직접 연결되어 있을 것
3. 건축물의 내부에서 계단실로 통하는 출입구의 유효너비가 0.9미터 이상일 것
4. 제3호의 출입구에는 영 제64조제1호에 따른 방화문을 피난하려는 방향으로 열리도록 설치하되, 해당 방화문은 항상 닫힌 상태를 유지하거나 화재로 인한 연기나 불꽃을 감지하여 자동으로 닫히는 구조일 것. 다만, 연기나 불꽃을 감지하여 자동으로 닫히는 구조로 할 수 없는 경우에는 온도를 감지하여 자동으로 닫히는 구조로 할 수 있다.

⑤ 제1항에도 불구하고 영 제48조제3항에 따라 숙박시설 중 생활숙박시설(양 옆에 거실이 있는 복도의 유효너비를 1.8미터 이상으로 하여 건축허가를 신청한 경우는 제외한다)을 업무시설 중 오피스텔로 용도를 변경하는 경우에는 오피스텔의 복도 중 양 옆에 거실이 있는 복도의 유효너비를 1.5미터 이상으로 할 수 있다. 〈신설 2025. 4. 24.〉

[본조신설 2005. 7. 22.]

복도의 유효너비 및 설치

1) 일반적인 복도의 유효너비

구분	양옆에 거실이 있는 복도	기타의 복도
유치원 · 초등학교 · 중학교 · 고등학교	2.4m 이상	1.8m 이상
공동주택 · 오피스텔	1.8m 이상	1.2m 이상
해당 층에서 해당용도로 쓰는 바닥면적의 합계가 200m² 이상인 경우	1.5m 이상 (의료시설의 복도는 1.8m 이상)	1.2m 이상

- 법 제19조에 따라 「공공주택 특별법 시행령」 제37조제1항제3호에 해당하는 건축물을 「주택법 시행령」 제4조의 준주택으로 용도변경하려는 경우로서 다음 각 호의 요건을 모두 갖춘 경우에는 용도변경한 건축물의 복도 중 양 옆에 거실이 있는 복도의 유효너비는 제1항에도 불구하고 1.5미터 이상으로 할 수 있음

① 용도변경의 목적이 해당 건축물을 「공공주택 특별법」 제43조제1항에 따라 공공매입임대주택으로 공급하려는 공공주택사업자에게 매도하려는 것일 것

② 둘 이상의 직통계단이 지상까지 직접 연결되어 있을 것

③ 건축물의 내부에서 계단실로 통하는 출입구의 유효너비가 0.9미터 이상일 것

④ 건축물의 내부에서 계단실로 통하는 출입구에는 방화문을 피난 방향으로 열리도록 설치할 것

⑤ 방화문은 항상 닫힌 상태를 유지하거나 화재로 인한 연기나 불꽃을 감지하여 자동으로 닫히는 구조일 것 (다만, 연기나 불꽃을 감지하여 자동으로 닫히는 구조로 할 수 없는 경우에는 온도를 감지하여 자동으로 닫히는 구조로 할 수 있음)

⑥ 제1항에도 불구하고 영 제48조제3항에 따라 숙박시설 중 생활숙박시설을 업무시설 중 오피스텔로 용도를 변경하는 경우- 오피스텔의 복도 중 양 옆에 거실이 있는 복도의 유효너비를 1.5미터 이상으로 할 수 있음

2) 문화집회시설 등의 복도 유효너비

다음의 용도에 해당하는 시설의 관람실 또는 집회실과 접하는 복도의 유효너비는 그 바닥면적에 따라 다음 표의 이상의 너비로 하여야 한다.

	용도 대분류	세부용도
1.	문화 및 집회시설 중	종교집회장, 공연장, 집회장, 관람장, 전시장
2.	노유자시설 중	아동관련시설, 노인복지시설, 생활권수련시설
3.	수련시설 중	생활권 수련시설
4.	위락시설 중	주점영업
5.	장례시설	

	해당 층에서 해당 용도로 쓰는 바닥면적의 합계	복도의 유효너비
1.	500m² 미만인 경우	1.5m 이상
2.	500m² 이상 1,000m² 미만	1.8m 이상
3.	1,000m² 이상인 경우	2.4m 이상

3) 공연장에 설치하는 복도

개별 관람실의 규모	내용
바닥면적 300m² 이상	공연장의 바깥쪽에는 그 양쪽 및 뒤쪽에 각각 복도를 설치할 것
바닥면적 300m² 미만	하나의 층에 개별 관람실을 2개소 이상 설치하는 경우에는 그 관람실의 바깥쪽의 앞쪽과 뒤쪽에 각각 복도를 설치할 것

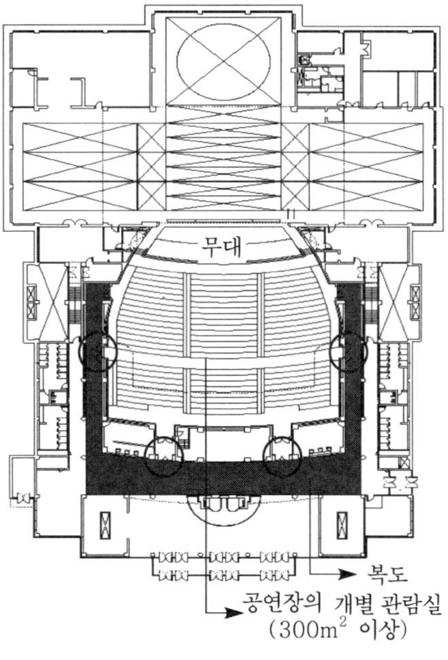

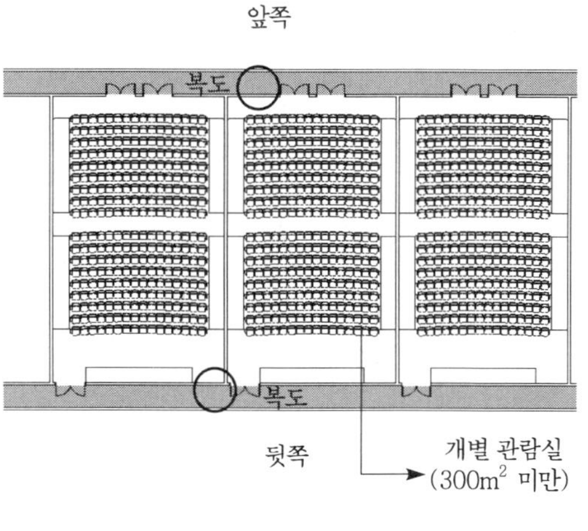

5-2-17 거실의 반자높이

시행령 **제50조(거실반자의 설치)** 법 제49조 제2항에 따라 공장, 창고시설, 위험물저장 및 처리시설, 동물 및 식물 관련 시설, 자원순환 관련 시설 또는 묘지 관련시설 외의 용도로 쓰는 건축물 거실의 반자(반자가 없는 경우에는 보 또는 바로 위층의 바닥판의 밑면, 그 밖에 이와 비슷한 것을 말한다)는 국토교통부령으로 정하는 기준에 적합하여야 한다.〈개정 2013.3.23., 2014.3.24.〉

피난·방화구조 **제16조(거실의 반자높이)** ① 영 제50조의 규정에 의하여 설치하는 거실의 반자(반자가 없는 경우에는 보 또는 바로 윗층의 바닥판의 밑면 기타 이와 유사한 것을 말한다. 이하같다)는 그 높이를 2.1미터 이상으로 하여야 한다.

② 문화 및 집회시설(전시장 및 동·식물원은 제외한다), 종교시설, 장례식장 또는 위락시설 중 유흥주점의 용도에 쓰이는 건축물의 관람실 또는 집회실로서 그 바닥면적이 200제곱미터 이상인 것의 반자의 높이는 제1항의 규정에 불구하고 4미터(노대의 아랫부분의 높이는 2.7미터)이상이어야 한다. 다만, 기계환기장치를 설치하는 경우에는 그러하지 아니하다. 〈개정 2010.4.7.〉

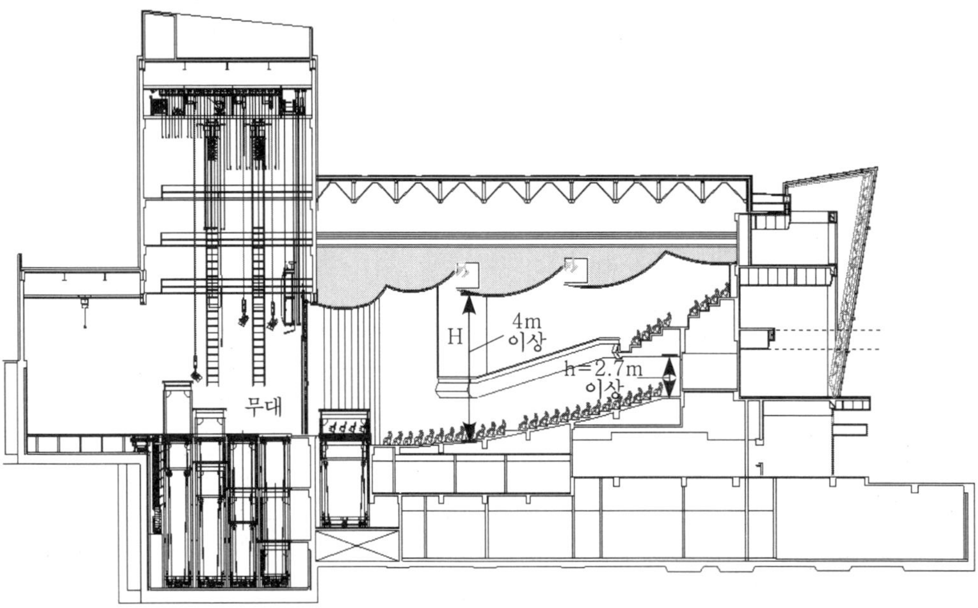

거실의 반자높이

거실의 반자높이는 다음 표의 값 이상으로 하여야 한다.
(단, 반자가 없는 경우에는 보 또는 바로 윗층의 바닥판의 밑면 또는 이와 비슷한 것의 높이로 한다.)

<table>
<tr><th colspan="4">거실의 종류</th><th>반자높이</th></tr>
<tr><td>1.</td><td colspan="3">모든 건축물
(공장, 창고시설, 위험물저장 및 처리시설, 동물 및 식물 관련 시설, 자원순환 관련 시설 또는 묘지 관련시설 제외)</td><td>2.1m 이상</td></tr>
<tr><td rowspan="4">2.</td><td rowspan="4">- 문화 및 집회시설(전시장 및 동 · 식물원 제외)
- 종교시설
- 장례식장
- 위락시설 중 유흥주점</td><td rowspan="2">관람실 또는 집회실로서 바닥면적</td><td>200m² 이상</td><td>4.0m 이상</td></tr>
<tr><td>200 m²미만</td><td>2.1m 이상</td></tr>
<tr><td colspan="2">기계 환기를 하는 경우</td><td>2.1m 이상</td></tr>
<tr><td colspan="2">노대의 아랫부분</td><td>2.7m 이상</td></tr>
</table>

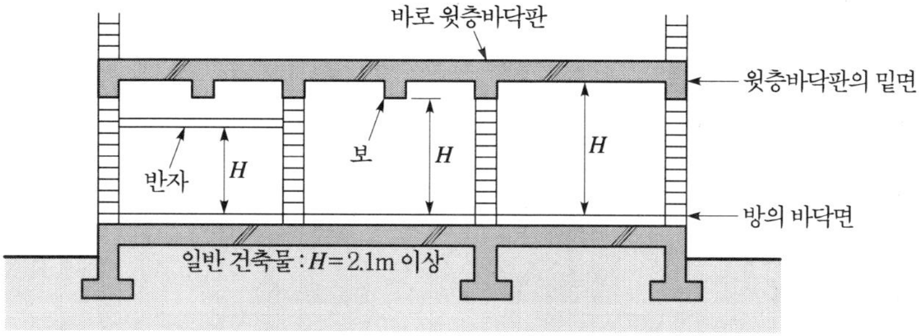

5-2-18 거실의 채광 및 환기

> 시행령 영 제51조(거실의 채광 등)
>
> ① 법 제49조제2항에 따라 단독주택 및 공동주택의 거실, 교육연구시설 중 학교의 교실, 의료시설의 병실 및 숙박시설의 객실에는 국토교통부령으로 정하는 기준에 따라 채광 및 환기를 위한 창문등이나 설비를 설치하여야 한다.〈개정 2013. 3. 23.〉

피난·방화구조 제17조(채광 및 환기를 위한 창문 등)

① 영 제51조에 따라 채광을 위하여 거실에 설치하는 창문 등의 면적은 그 거실의 바닥면적의 10분의 1 이상이어야 한다. 다만, 거실의 용도에 따라 별표 1의 3에 따라 조도 이상의 조명장치를 설치하는 경우에는 그러하지 아니하다.

② 영 제51조의 규정에 의하여 환기를 위하여 거실에 설치하는 창문 등의 면적은 그 거실의 바닥면적의 20분의 1 이상이어야 한다. 다만, 기계환기장치 및 중앙관리방식의 공기조화설비를 설치하는 경우에는 그러하지 아니하다.

③ 제1항 및 제2항의 규정을 적용함에 있어서 수시로 개방할 수 있는 미닫이로 구획된 2개의 거실은 이를 1개의 거실로 본다.

④ 영 제51조 제3항에서 "국토교통부령으로정하는 기준"이란 높이 1.2미터 이상의 난간이나 그 밖에 이와 유사한 추락방지를 위한 안전시설을 말한다.

거실의 채광 및 환기

1) 거실의 채광 기준 적용 대상

① 단독주택 및 공동주택의 거실

② 학교의 교실

③ 의료시설의 병실

④ 숙박시설의 객실

2) 거실의 채광 및 환기 기준

구분	창문들의 면적	비고
채광용	그 거실의 바닥면적의 1/10 이상	거실의 용도에 따라 별표1의 규정에 의한 조도 이상의 조명장치를 한 경우에는 예외
환기용	그 거실의 바닥면적의 1/20 이상	기계환기장치 및 중앙관리방식의 공기조화설비를 설치하는 경우에는 예외

※ 채광면적 산정개구부 중 창문틀을 제외한 실제 채광면적으로 산정

※ 환기면적 산정실제로 개방될 수 있는 개구부 면적으로 산정

※ 미닫이로 구획된 2개의 거실의 경우수시로 개방할 수 있는 2개의 거실은 1개의 거실로 보고, 채광 및 환기 규정 적용함

280

시행령 영 제51조(거실의 채광 등)

③ 법 제49조제2항에 따라 오피스텔에 거실 바닥으로부터 높이 1.2미터 이하 부분에 여닫을 수 있는 창문을 설치하는 경우에는 국토교통부령으로 정하는 기준에 따라 추락방지를 위한 안전시설을 설치하여야 한다.〈신설 2009. 7. 16., 2013. 3. 23.〉

④ 법 제49조제3항에 따라 건축물의 11층 이하의 층에는 소방관이 진입할 수 있는 창을 설치하고, 외부에서 주야간에 식별할 수 있는 표시를 해야 한다. 다만, 다음 각 호의 어느 하나에 해당하는 아파트는 제외한다.〈개정 2019. 10. 22.〉

1. 제46조제4항 및 제5항에 따라 대피공간 등을 설치한 아파트
2. 「주택건설기준 등에 관한 규정」 제15조제2항에 따라 비상용승강기를 설치한 아파트

[전문개정 2008. 10. 29.]

3) 오피스텔 창문과 추락 방지 안전시설의 설치

- 오피스텔에 거실 바닥으로부터 높이 1.2미터 이하 부분에 여닫을 수 있는 창문을 설치하는 경우에는 추락방지를 위한 안전시설을 설치해야 함

4) 건축물의 11층 이하의 층– 창의 설치와 주야간에 식별할 수 있는 표시

- 건축물의 11층 이하의 층에는 소방관이 진입할 수 있는 창을 설치하고, 외부에서 주야간에 식별할 수 있는 표시를 해야 함. 다만, 다음 각 호의 어느 하나에 해당하는 아파트는 제외
- 제46조제4항 및 제5항에 따라 대피공간 등을 설치한 아파트
- 「주택건설기준 등에 관한 규정」 제15조제2항에 따라 비상용승강기를 설치한 아파트

5-2-19 배연설비

시행령 영 제51조(거실의 채광 등)

② 법 제49조제2항에 따라 다음 각 호의 어느 하나에 해당하는 건축물의 거실(피난층의 거실은 제외한다)에는 배연설비를 해야 한다.〈개정 2015. 9. 22., 2017. 2. 3., 2019. 10. 22.〉

1. 6층 이상인 건축물로서 다음 각 목의 어느 하나에 해당하는 용도로 쓰는 건축물
   가. 제2종 근린생활시설 중 공연장, 종교집회장, 인터넷컴퓨터게임시설제공업소 및 다중생활시설(공연장, 종교집회장 및 인터넷컴퓨터게임시설제공업소는 해당 용도로 쓰는 바닥면적의 합계가 각각 300제곱미터 이상인 경우만 해당한다)
   나. 문화 및 집회시설
   다. 종교시설
   라. 판매시설
   마. 운수시설
   바. 의료시설(요양병원 및 정신병원은 제외한다)
   사. 교육연구시설 중 연구소
   아. 노유자시설 중 아동 관련 시설, 노인복지시설(노인요양시설은 제외한다)
   자. 수련시설 중 유스호스텔
   차. 운동시설
   카. 업무시설
   타. 숙박시설
   파. 위락시설
   하. 관광휴게시설
   거. 장례시설
2. 다음 각 목의 어느 하나에 해당하는 용도로 쓰는 건축물
   가. 의료시설 중 요양병원 및 정신병원
   나. 노유자시설 중 노인요양시설 · 장애인 거주시설 및 장애인 의료재활시설
   다. 제1종 근린생활시설 중 산후조리원

설비기준 제14조(배연설비)

① 영 제51조제2항에 따라 배연설비를 설치하여야 하는 건축물에는 다음 각 호의 기준에 적합하게 배연설비를 설치하여야 한다. 다만, 피난층인 경우에는 그러하지 아니하다. 〈개정 1996.2.9.,1999.5.11., 2002.8.31., 2009.12.31., 2010.11.5., 2017.12.4.〉

1. 영 제46조제1항에 따라 건축물이 방화구획으로 구획된 경우에는 그 구획마다 1개소 이상의 배연창을 설치하되, 배연창의 상변과 천장 또는 반자로부터 수직거리가 0.9미터 이내일 것. 다만, 반자높이가 바닥으로부터 3미터 이상인 경우에는 배연창의 하변이 바닥으로부터 2.1미터 이상의 위치에 놓이도록 설치하여야 한다.
2. 배연창의 유효면적은 별표 2의 산정기준에 의하여 산정된 면적이 1제곱미터 이상으로서 그 면적의 합계가 당해 건축물의 바닥면적(영 제46조제1항 또는 제3항의 규정에 의하여 방화구획이 설치된 경우에는 그 구획된 부분의 바닥면적을 말한다)의 100분의 1이상일 것. 이 경우 바닥면적의 산정에 있어서 거실바닥면적의 20분의 1 이상으로 환기창을 설치한 거실의 면적은 이에 산입하지 아니한다.
3. 배연구는 연기감지기 또는 열감지기에 의하여 자동으로 열 수 있는 구조로 하되, 손으로도 열고 닫을 수 있도록 할 것
4. 배연구는 예비전원에 의하여 열 수 있도록 할 것
5. 기계식 배연설비를 하는 경우에는 제1호 내지 제4호의 규정에 불구하고 소방관계법령의 규정에 적합하도록 할 것

1) 배연설비 대상

다음 각 호의 어느 하나에 해당하는 건축물의 거실(피난층의 거실은 제외한다)에는 배연설비를 해야 함

- 6층 이상인 건축물로서 다음 각 목의 어느 하나에 해당하는 용도로 쓰는 건축물

① 제2종 근린생활시설 중 공연장, 종교집회장, 인터넷컴퓨터게임시설제공업소 및 다중생활시설(공연장, 종교집회장 및 인터넷컴퓨터게임시설제공업소는 해당 용도로 쓰는 바닥면적의 합계가 각각 300제곱미터 이상인 경우만 해당)

② 문화 및 집회시설

③ 종교시설

④ 판매시설

⑤ 운수시설
⑥ 의료시설
⑦ 교육연구시설 중 연구소
⑧ 노유자시설 중 아동 관련 시설, 노인복지시설
⑨ 수련시설 중 유스호스텔
⑩ 운동시설
⑪ 업무시설
⑫ 숙박시설
⑬ 위락시설
⑭ 관광휴게시설
⑮ 장례시설

– 다음 각 목의 어느 하나에 해당하는 용도로 쓰는 건축물
① 의료시설 중 요양병원 및 정신병원
② 노유자시설 중 노인요양시설 · 장애인 거주시설 및 장애인 의료재활시설
③ 제1종 근린생활시설 중 산후조리원

5-2-20 거실 등의 방습

시행령 **제52조(거실 등의 방습)** 법 제49조 제2항에 따라 다음 각 호의 어느 하나에 해당하는 거실 · 욕실 또는 조리장의 바닥 부분에는 국토교통부령으로 정하는 기준에 따라 방습을 위한 조치를 하여야 한다.

1. 건축물의 최하층에 있는 거실(바닥이 목조인 경우만 해당한다)
2. 제1종 근린생활시설 중 목욕장의 욕실과 휴게음식점 및 제과점의 조리장
3. 제2종 근린생활시설 중 일반음식점, 휴게음식점 및 제과점의 조리장과 숙박시설의 욕실

피난·방화구조 **제18조(거실등의 방습)** ①영 제52조의 규정에 의하여 건축물의 최하층에 있는 거실바닥의 높이는 지표면으로부터 45센티미터 이상으로 하여야 한다. 다만, 지표면을 콘크리트바닥으로 설치하는 등 방습을 위한 조치를 하는 경우에는 그러하지 아니하다.

② 영 제52조에 따라 다음 각 호의 어느 하나에 해당하는 욕실 또는 조리장의 바닥과 그 바닥으로부터 높이 1미터까지의 안쪽벽의 마감은 이를 내수재료로 해야 한다. 〈개정 2010. 4. 7., 2021. 8. 27.〉

1. 제1종 근린생활시설중 목욕장의 욕실과 휴게음식점의 조리장
2. 제2종 근린생활시설중 일반음식점 및 휴게음식점의 조리장과 숙박시설의 욕실

방습 등의 조치 대상 건물 및 마감

방습 대상 건물			내용
1.	최하층 목조 바닥 건물		바닥높이를 지표면으로부터 45cm 이상으로 하여야 함
2.	제1종 근린생활시설 중	- 목욕장의 욕실 - 휴게음식점의 조리장	바닥과 그 바닥으로부터 높이 1미터까지의 안쪽벽의 마감은 이를 내수재료로 해야 함
3.	제2종 근린생활시설 중	- 일반음식점 조리장 - 휴게음식점 조리장 - 숙박시설의 욕실	

※ 목조바닥 도해

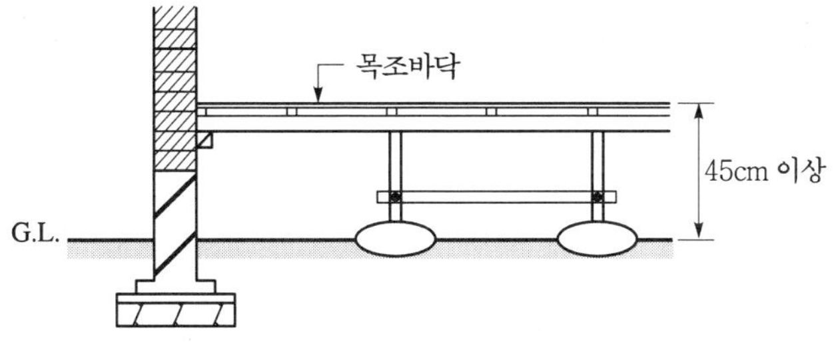

5-2-21 소음방지를 위한 경계벽 및 바닥 등의 설치

건축법 **제49조(건축물의 피난시설 및 용도제한 등)** ④ 대통령령으로 정하는 용도 및 규모의 건축물에 대하여 가구·세대 등 간 소음 방지를 위하여 국토교통부령으로 정하는 바에 따라 경계벽 및 바닥을 설치하여야 한다.〈신설 2014. 5. 28., 2019. 4. 23.〉

시행령 **제53조(경계벽 등의 설치)** ① 법 제49조제4항에 따라 다음 각 호의 어느 하나에 해당하는 건축물의 경계벽은 국토교통부령으로 정하는 기준에 따라 설치해야 한다. 〈개정 2010. 8. 17., 2013. 3. 23., 2014. 3. 24., 2014. 11. 28., 2015. 9. 22., 2019. 10. 22., 2020. 10. 8.〉

1. 단독주택 중 다가구주택의 각 가구 간 또는 공동주택(기숙사는 제외한다)의 각 세대 간 경계벽(제2조제14호 후단에 따라 거실 · 침실 등의 용도로 쓰지 아니하는 발코니 부분은 제외한다)
2. 공동주택 중 기숙사의 침실, 의료시설의 병실, 교육연구시설 중 학교의 교실 또는 숙박시설의 객실 간 경계벽
3. 제1종 근린생활시설 중 산후조리원의 다음 각 호의 어느 하나에 해당하는 경계벽
   가. 임산부실 간 경계벽
   나. 신생아실 간 경계벽
   다. 임산부실과 신생아실 간 경계벽
4. 제2종 근린생활시설 중 다중생활시설의 호실 간 경계벽
5. 노유자시설 중 「노인복지법」 제32조제1항제3호에 따른 노인복지주택(이하 "노인복지주택"이라 한다)의 각 세대 간 경계벽
6. 노유자시설 중 노인요양시설의 호실 간 경계벽

② 법 제49조제4항에 따라 다음 각 호의 어느 하나에 해당하는 건축물의 층간바닥(화장실의 바닥은 제외한다)은 국토교통부령으로 정하는 기준에 따라 설치해야 한다. 〈신설 2014. 11. 28., 2016. 8. 11., 2019. 10. 22.〉

1. 단독주택 중 다가구주택
2. 공동주택(「주택법」 제15조에 따른 주택건설사업계획승인 대상은 제외한다)
3. 업무시설 중 오피스텔
4. 제2종 근린생활시설 중 다중생활시설
5. 숙박시설 중 다중생활시설

[전문개정 2008. 10. 29.]

[제목개정 2014. 11. 28.]

피난·방화구조 **제19조(경계벽 등의 구조)** ①법 제49조제4항에 따라 건축물에 설치하는 경계벽은 내화구조로 하고, 지붕밑 또는 바로 위층의 바닥판까지 닿게 해야 한다. 〈개정 2014. 11. 28., 2019. 8. 6.〉

② 제1항에 따른 경계벽은 소리를 차단하는데 장애가 되는 부분이 없도록 다음 각 호의 어느 하나에 해당하는 구조로 하여야 한다. 다만, 다가구주택 및 공동주택의 세대간

의 경계벽인 경우에는 「주택건설기준 등에 관한 규정」 제14조에 따른다. 〈개정 2005. 7. 22., 2008. 3. 14., 2010. 4. 7., 2013. 3. 23., 2014. 11. 28.〉

1. 철근콘크리트조 · 철골철근콘크리트조로서 두께가 10센티미터이상인 것
2. 무근콘크리트조 또는 석조로서 두께가 10센티미터(시멘트모르타르 · 회반죽 또는 석고플라스터의 바름두께를 포함한다)이상인 것
3. 콘크리트블록조 또는 벽돌조로서 두께가 19센티미터 이상인 것
4. 제1호 내지 제3호의 것외에 국토교통부장관이 정하여 고시하는 기준에 따라 국토교통부장관이 지정하는 자 또는 한국건설기술연구원장이 실시하는 품질시험에서 그 성능이 확인된 것
5. 한국건설기술연구원장이 제27조제1항에 따라 정한 인정기준에 따라 인정하는 것

③ 법 제49조제4항에 따른 가구 · 세대 등 간 소음방지를 위한 바닥은 경량충격음(비교적 가볍고 딱딱한 충격에 의한 바닥충격음을 말한다)과 중량충격음(무겁고 부드러운 충격에 의한 바닥충격음을 말한다)을 차단할 수 있는 구조로 하여야 한다. 〈신설 2014. 11. 28., 2024. 8. 26.〉

④ 제3항에 따른 가구 · 세대 등 간 소음방지를 위한 바닥의 세부 기준은 국토교통부장관이 정하여 고시한다. 〈신설 2014. 11. 28.〉

[제목개정 2014. 11. 28.]

소음방지를 위한 경계벽 및 바닥의 설치

1) 경계벽

① 단독주택 중 다가구주택의 각 가구 간 또는 공동주택(기숙사 제외)의 각 세대 간 경계벽(거실 · 침실 등의 용도로 쓰지 아니하는 발코니 부분은 제외)

② 공동주택 중 기숙사의 침실, 의료시설의 병실, 교육연구시설 중 학교의 교실 또는 숙박시설의 객실 간 경계벽

③ 제1종 근린생활시설 중 산후조리원의 다음 각 호의 어느 하나에 해당하는 경계벽: 임산부실 간, 신생아실 간, 임산부실과 신생아실 간 경계벽

④ 제2종 근린생활시설 중 다중생활시설의 호실 간 경계벽

⑤ 노유자시설 중 노인복지주택의 각 세대 간 경계벽

⑥ 노유자시설 중 노인요양시설의 호실 간 경계벽

2) 층간 바닥(화장실 바닥 제외)

① 단독주택 중 다가구주택

② 공동주택(「주택법」 제16조에 따른 주택건설사업계획승인 대상은 제외한다)

③ 업무시설 중 오피스텔

④ 제2종 근린생활시설 중 다중생활시설

⑤ 숙박시설 중 다중생활시설

5-2-22 건축물에 설치하는 굴뚝

시행령 제54조(건축물에 설치하는 굴뚝)

건축물에 설치하는 굴뚝은 국토교통부령으로 정하는 기준에 따라 설치하여야 한다.

피난·방화구조 제20조(건축물에 설치하는 굴뚝)

영 제54조에 따라 건축물에 설치하는 굴뚝은 다음 각 호의 기준에 적합하여야 한다.

1. 굴뚝의 옥상 돌출부는 지붕면으로부터의 수직거리를 1미터 이상으로 할 것. 다만, 용마루 · 계단탑 · 옥탑 등이 있는 건축물에 있어서 굴뚝의 주위에 연기의 배출을 방해하는 장애물이 있는 경우에는 그 굴뚝의 상단을 용마루 · 계단 탑 · 옥탑 등보다 높게 하여야 한다.
2. 굴뚝의 상단으로부터 수평거리 1미터 이내에 다른 건축물이 있는 경우에는 그 건축물의 처마보다 1미터 이상 높게 할 것
3. 금속제 굴뚝으로서 건축물의 지붕 속 · 반자 위 및 가장 아랫바닥 밑에 있는 굴뚝의 부분은 금속외의 불연재료로 덮을 것
4. 금속제 굴뚝은 목재 기타 가연재료로부터 15cm 이상 떨어져서 설치할 것. 다만, 두께 10센티미터 이상인 금속외의 불연재료로 덮은 경우에는 그러하지 아니하다.

건축물에 설치하는 굴뚝의 구조

굴뚝의 종별	굴뚝의 부분	방화제한
일반굴뚝	굴뚝의 옥상부	지붕면으로부터의 수직거리를 1m 이상으로 할 것 다만, 굴뚝주위에 장애물에 있는 경우, 그 굴뚝보다 높게 할 것
	굴뚝 상단으로부터의 수평거리 1m 이내에 다른 건축물이 있는 경우	처마보다 1m 높게 할 것
금속제 또는 석면제 굴뚝	지붕 속, 반자 위 및 가장 아랫바닥 밑에 있는 부분	금속 외의 불연재료로 덮을 것
	목재 기타 가연재료로부터 15cm 이상 떨어져 설치할 것 다만, 두께 10cm 이상인 금속 외의 불연재료로 덮은 부분은 예외	

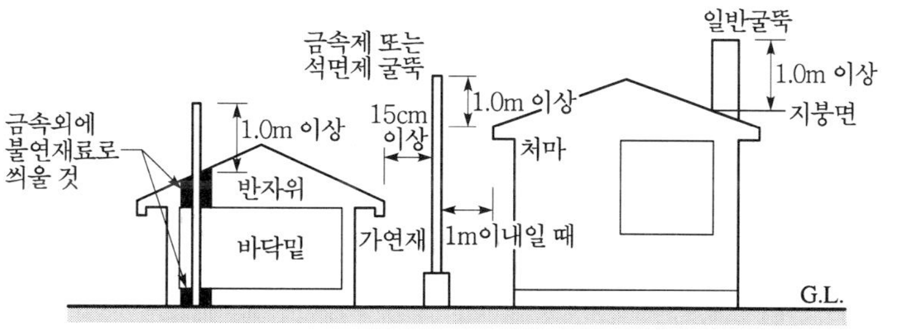

5-2-23 창문 등의 차면시설

> 시행령 **제55조(창문 등의 차면시설)** 인접 대지경계선으로부터 직선거리 2미터 이내에 이웃 주택의 내부가 보이는 창문 등을 설치하는 경우에는 차면시설(遮面施設)을 설치하여야 한다.

사생활 보호를 위한 차면시설

사생활보호를 위하여 인접대지 경계선으로부터 직선거리 2m 이내에 이웃주택이 보이는 창문 등을 설치하는 경우에는 차면시설을 설치하도록 함.

5-2-24 침수위험지구의 공공 건축물 침수 방지 및 방수

건축법 **제49조(건축물의 피난시설 및 용도제한 등)**

⑤ 「자연재해대책법」 제12조제1항에 따른 자연재해위험개선지구 중 침수위험지구에 국가 · 지방자치단체 또는 「공공기관의 운영에 관한 법률」 제4조제1항에 따른 공공기관이 건축하는 건축물은 침수 방지 및 방수를 위하여 다음 각 호의 기준에 따라야 한다. 〈신설 2015. 1. 6., 2019. 4. 23.〉

1. 건축물의 1층 전체를 필로티(건축물을 사용하기 위한 경비실, 계단실, 승강기실, 그 밖에 이와 비슷한 것을 포함한다) 구조로 할 것
2. 국토교통부령으로 정하는 침수 방지시설을 설치할 것

제49조의2(피난시설 등의 유지 · 관리에 대한 기술지원) 국가 또는 지방자치단체는 건축물의 소유자나 관리자에게 제49조제1항 및 제2항에 따른 피난시설 등의 설치, 개량 · 보수 등 유지 · 관리에 대한 기술지원을 할 수 있다.
[본조신설 2018. 8. 14.]

[참고] 「공공기관의 운영에 관한 법률」 제4조 제1항

제4조(공공기관) ① 기획재정부장관은 국가 · 지방자치단체가 아닌 법인 · 단체 또는 기관(이하 "기관"이라 한다)으로서 다음 각 호의 어느 하나에 해당하는 기관을 공공기관으로 지정할 수 있다. 〈개정 2008.2.29〉

1. 다른 법률에 따라 직접 설립되고 정부가 출연한 기관
2. 정부지원액(법령에 따라 직접 정부의 업무를 위탁받거나 독점적 사업권을 부여받은 기관의 경우에는 그 위탁업무나 독점적 사업으로 인한 수입액을 포함한다. 이하 같다)이 총수입액의 2분의 1을 초과하는 기관
3. 정부가 100분의 50 이상의 지분을 가지고 있거나 100분의 30 이상의 지분을 가지고 임원 임명권한 행사 등을 통하여 당해 기관의 정책 결정에 사실상 지배력을 확보하고 있는 기관
4. 정부와 제1호 내지 제3호의 어느 하나에 해당하는 기관이 합하여 100분의 50 이상의 지분을 가지고 있거나 100분의 30 이상의 지분을 가지고 임원 임명권한 행사 등을 통하여 당해 기관의 정책 결정에 사실상 지배력을 확보하고 있는 기관
5. 제1호 내지 제4호의 어느 하나에 해당하는 기관이 단독으로 또는 두개 이상의 기관이 합하여 100분의 50 이상의 지분을 가지고 있거나 100분의 30 이상의 지분을 가

지고 임원 임명권한 행사 등을 통하여 당해 기관의 정책 결정에 사실상 지배력을 확보하고 있는 기관

6. 제1호 내지 제4호의 어느 하나에 해당하는 기관이 설립하고, 정부 또는 설립 기관이 출연한 기관

5-3 건축물의 내화구조 및 방화벽

5-3-1 건축물의 내화구조

건축법 **제50조(건축물의 내화구조와 방화벽)** ① 문화 및 집회시설, 의료시설, 공동주택 등 대통령령으로 정하는 건축물은 국토교통부령으로 정하는 기준에 따라 주요구조부와 지붕을 내화(耐火)구조로 하여야 한다. 다만, 막구조 등 대통령령으로 정하는 구조는 주요구조부에만 내화구조로 할 수 있다.〈개정 2013. 3. 23., 2018. 8. 14.〉
[시행일 : 2020. 8. 15.] 제50조제1항

시행령 **제56조(건축물의 내화구조)** ① 법 제50조제1항 본문에 따라 다음 각 호의 어느 하나에 해당하는 건축물(제5호에 해당하는 건축물로서 2층 이하인 건축물은 지하층 부분만 해당한다)의 주요구조부와 지붕은 내화구조로 해야 한다. 다만, 연면적이 50제곱미터 이하인 단층의 부속건축물로서 외벽 및 처마 밑면을 방화구조로 한 것과 무대의 바닥은 그렇지 않다.〈개정 2009. 6. 30., 2010. 2. 18., 2010. 8. 17., 2013. 3. 23., 2014. 3. 24., 2017. 2. 3., 2019. 8. 6., 2019. 10. 22., 2021. 1. 5.〉

1. 제2종 근린생활시설 중 공연장 · 종교집회장(해당 용도로 쓰는 바닥면적의 합계가 각각 300제곱미터 이상인 경우만 해당한다), 문화 및 집회시설(전시장 및 동 · 식물원은 제외한다), 종교시설, 위락시설 중 주점영업 및 장례시설의 용도로 쓰는 건축물로서 관람실 또는 집회실의 바닥면적의 합계가 200제곱미터(옥외관람석의 경우에는 1천 제곱미터) 이상인 건축물
2. 문화 및 집회시설 중 전시장 또는 동 · 식물원, 판매시설, 운수시설, 교육연구시설에 설치하는 체육관 · 강당, 수련시설, 운동시설 중 체육관 · 운동장, 위락시설(주점영업의 용도로 쓰는 것은 제외한다), 창고시설, 위험물저장 및 처리시설, 자동차 관련 시설, 방송통신시설 중 방송국 · 전신전화국 · 촬영소, 묘지 관련 시설 중 화장시설 · 동물화장시설 또는 관광휴게시설의 용도로 쓰는 건축물로서 그 용도로 쓰는 바닥면적의 합계가 500제곱미터 이상인 건축물

3. 공장의 용도로 쓰는 건축물로서 그 용도로 쓰는 바닥면적의 합계가 2천 제곱미터 이상인 건축물. 다만, 화재의 위험이 적은 공장으로서 국토교통부령으로 정하는 공장은 제외한다.
4. 건축물의 2층이 단독주택 중 다중주택 및 다가구주택, 공동주택, 제1종 근린생활시설(의료의 용도로 쓰는 시설만 해당한다), 제2종 근린생활시설 중 다중생활시설, 의료시설, 노유자시설 중 아동 관련 시설 및 노인복지시설, 수련시설 중 유스호스텔, 업무시설 중 오피스텔, 숙박시설 또는 장례시설의 용도로 쓰는 건축물로서 그 용도로 쓰는 바닥면적의 합계가 400제곱미터 이상인 건축물
5. 3층 이상인 건축물 및 지하층이 있는 건축물. 다만, 단독주택(다중주택 및 다가구주택은 제외한다), 동물 및 식물 관련 시설, 발전시설(발전소의 부속용도로 쓰는 시설은 제외한다), 교도소 · 소년원 또는 묘지 관련 시설(화장시설 및 동물화장시설은 제외한다)의 용도로 쓰는 건축물과 철강 관련 업종의 공장 중 제어실로 사용하기 위하여 연면적 50제곱미터 이하로 증축하는 부분은 제외한다.

② 법 제50조제1항 단서에 따라 막구조의 건축물은 주요구조부에만 내화구조로 할 수 있다.〈개정 2019. 10. 22.〉

[전문개정 2008. 10. 29.]

피난·방화구조

제20조의2(내화구조의 적용이 제외되는 공장건축물) 영 제56조 제1항 제3호 단서에서 "국토교통부령으로 정하는 공장"이란 별표 2의 업종에 해당하는 공장으로서 주요구조부가 불연재료로 되어 있는 2층 이하의 공장을 말한다.

건축물의 내화구조 규정

다수의 사람이 동시에 이용하는 건축물이나 위험물을 다루는 건축물은 화재 등의 재난발생시 그 피해가 크므로 이를 예방하기 위하야 그 주요구조부를 내화구조로 하도록 규정한다.

1) 주요구조부와 지붕을 내화구조로 하여야 하는 건축물

<table>
<tr><th colspan="4">건축물의 용도</th><th>해당용도 바닥면적의 합계</th><th>비고</th></tr>
<tr><td>1.</td><td colspan="3">- 제2종 근린생활시설 중 공연장 · 종교집회장
(해당 용도로 바닥면적 합계가 각각 300m²이상인 경우)
- 문화 및 집회시설(전시장 및 동 · 식물원 제외)
- 종교시설 - 위락시설 중 주점 - 장례시설</td><td>관람실 또는 집회실의 바닥면적 : 200m² 이상</td><td>옥외 관람실의 경우에는 1,000m² 이상</td></tr>
<tr><td>2.</td><td colspan="3">- 문화 및 집회시설 중 전시장 및 동 · 식물원
- 판매시설 - 운수시설 - 수련시설
- 교육연구시설 중 체육관, 강당 - 위락시설(주점 제외)
- 운동시설 중 체육관 및 운동장 - 창고시설
- 위험물저장 및 처리시설 - 자동차 관련시설
- 자동차 관련시설 - 관광 휴게시설
- 방송통신시설 : 방송국, 전신전화국, 촬영소
- 묘지 관련 시설 : 화장시설, 동물화장시설</td><td>500m² 이상</td><td>-</td></tr>
<tr><td>3.</td><td colspan="3">공장</td><td>2,000m² 이상</td><td>화재의 위험이 적은 공장으로 국토교통부령이 정하는 공장은 제외</td></tr>
<tr><td rowspan="9">4.</td><td rowspan="9">건축물의 2층</td><td>단독주택 중</td><td>- 다중주택
- 다가구주택</td><td rowspan="9">400m² 이상</td><td rowspan="9">-</td></tr>
<tr><td colspan="2">공동주택</td></tr>
<tr><td>제1종 근린생활시설 중</td><td>의료의 용도</td></tr>
<tr><td>제2종 근린생활시설 중</td><td>고시원</td></tr>
<tr><td colspan="2">의료시설</td></tr>
<tr><td>노유자시설 중</td><td>- 아동관련시설
- 노인복지시설</td></tr>
<tr><td>수련시설 중
업무시설 중</td><td>- 유스호스텔
- 오피스텔</td></tr>
<tr><td colspan="2">숙박시설</td></tr>
<tr><td colspan="2">장례시설</td></tr>
<tr><td>5.</td><td colspan="3">- 3층 이상인 건축물
- 지하층이 있는 건축물</td><td>모든 건축물</td><td>• 제외되는 시설
- 단독주택(다중주택 및 다가구주택은 제외)
- 동물 및 식물 관련 시설
- 발전시설(발전소의 부속용도 제외)
- 교도소, 소년원
- 묘지 관련 시설(화장시설 및 동물화장시설 제외)
- 철강 관련 업종의 공장 중 제어실로 사용하기 위하여 연면적 50제곱미터 이하로 증축하는 부분</td></tr>
</table>

5-3-2 건축물의 방화벽

건축법 **제50조(건축물의 내화구조와 방화벽)** ② 대통령령으로 정하는 용도 및 규모의 건축물은 국토교통부령으로 정하는 기준에 따라 방화벽으로 구획하여야 한다.

시행령 **제57조(대규모 건축물의 방화벽 등)** ① 법 제50조 제2항에 따라 연면적 1천 제곱미터 이상인 건축물은 방화벽으로 구획하되, 각 구획된 바닥면적의 합계는 1천 제곱미터 미만이어야 한다. 다만, 주요구조부가 내화구조이거나 불연재료인 건축물과 제56조 제1항 제5호 단서에 따른 건축물 또는 내부설비의 구조상 방화벽으로 구획할 수 없는 창고시설의 경우에는 그러하지 아니하다.

② 제1항에 따른 방화벽의 구조에 관하여 필요한 사항은 국토교통부령으로 정한다.

피난·방화구조 **제21조(방화벽의 구조)** ① 영 제57조제2항에 따라 건축물에 설치하는 방화벽은 다음 각 호의 기준에 적합해야 한다.〈개정 2010. 4. 7., 2021. 3. 26.〉

1. 내화구조로서 홀로 설 수 있는 구조일 것
2. 방화벽의 양쪽 끝과 윗쪽 끝을 건축물의 외벽면 및 지붕면으로부터 0.5미터 이상 튀어 나오게 할 것
3. 방화벽에 설치하는 출입문의 너비 및 높이는 각각 2.5미터 이하로 하고, 해당 출입문에는 60+방화문 또는 60분방화문을 설치할 것

② 제14조제2항의 규정은 제1항의 규정에 의한 방화벽의 구조에 관하여 이를 준용한다.

제23조(방화지구안의 지붕·방화문 및 외벽등) ① 법 제51조제3항에 따라 방화지구 내 건축물의 지붕으로서 내화구조가 아닌 것은 불연재료로 하여야 한다.〈개정 2005. 7. 22., 2010. 12. 30., 2015. 7. 9.〉

② 법 제51조제3항에 따라 방화지구 내 건축물의 인접대지경계선에 접하는 외벽에 설치하는 창문등으로서 제22조제2항에 따른 연소할 우려가 있는 부분에는 다음 각 호의 방화설비를 설치해야 한다.〈개정 2005. 7. 22., 2010. 4. 7., 2010. 12. 30., 2021. 3. 26.〉

1. 60+방화문 또는 60분방화문
2. 소방법령이 정하는 기준에 적합하게 창문등에 설치하는 드렌처
3. 당해 창문등과 연소할 우려가 있는 다른 건축물의 부분을 차단하는 내화구조나 불연재료로 된 벽·담장 기타 이와 유사한 방화설비
4. 환기구멍에 설치하는 불연재료로 된 방화커버 또는 그물눈이 2밀리미터 이하인 금속망

대규모 건축물의 방화벽 설치 및 구조

대규모 건축물에 대하여 화재 시 피해를 최소화하기 위하여 일정 규모마다 방화구획을 설치한다.

1) 설치 대상

연면적 1,000m² 이상으로서 다음에 해당하지 아니하는 건축물

① 주요구조부가 내화구조이거나 불연재료인 건축물

② 단독주택(다중주택 및 다가구주택 제외), 동물 및 식물관련시설, 발전시설, 교도소 및 감화원 또는 묘지 관련시설(화장장 제외)

③ 내부설비의 구조상 방화벽으로 구획할 수 없는 창고시설

2) 구획단위

바닥면적의 합계가 1,000m² 미만 마다 방화벽으로 구획

3) 방화벽의 구조

① 내화구조로서 홀로 설 수 있는 구조일 것

② 방화벽의 양쪽 끝과 위쪽 끝을 건축물의 외벽면 및 지붕면으로부터 0.5m 이상 튀어나오게 할 것

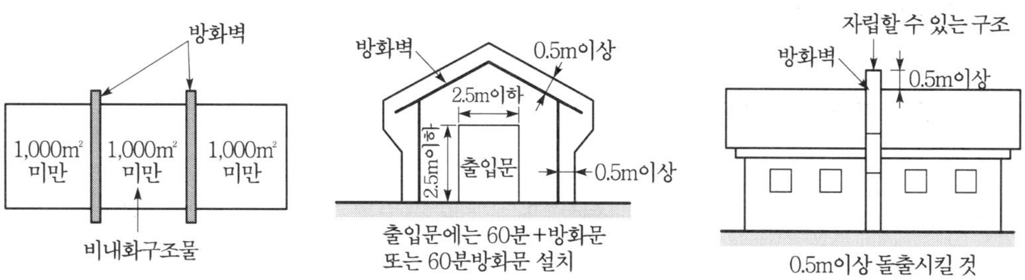

③ 방화벽에 설치하는 출입문의 너비 및 높이는 각각 2.5m 이하로 하고, 해당 출입문에는 60분+방화문 또는 60분방화문을 설치할 것

④ '피난 및 방화규칙' 의 '방화구획의 설치' 의 규정은 앞의 방화벽에 이를 준용한다.

5-3-3 대규모 목조건축물의 외벽 등

> 시행령 **제57조(대규모 건축물의 방화벽 등)** ③ 연면적 1천 제곱미터 이상인 목조 건축물의 구조는 국토교통부령으로 정하는 바에 따라 방화구조로 하거나 불연재료로 하여야 한다.

> 피난·방화구조 **제22조(대규모 목조건축물의 외벽 등)** ① 영 제57조 제3항의 규정에 의하여 연면적이 1천 제곱미터 이상인 목조의 건축물은 그 외벽 및 처마 밑의 연소할 우려가 있는 부분을 방화구조로 하되, 그 지붕은 불연재료로 하여야 한다.
>
> ② 제1항에서 "연소할 우려가 있는 부분"이라 함은 인접대지경계선 · 도로중심선 또는 동일한 대지 안에 있는 2동 이상의 건축물(연면적의 합계가 500제곱미터 이하인 건축물은 이를 하나의 건축물로 본다) 상호의 외벽간의 중심선으로부터 1층에 있어서는 3미터 이내, 2층 이상에 있어서는 5미터 이내의 거리에 있는 건축물의 각 부분을 말한다. 다만, 공원 · 광장 · 하천의 공지나 수면 또는 내화구조의 벽 기타 이와 유사한 것에 접하는 부분을 제외한다.

대규모 목조건축물의 방화 등의 규정

1) **대상** : 연면적 1,000m² 이상인 목조건축물

2) **규정** : 국토교통부령에 의하여 그 외벽 친 처마 밑의 연소할 우려가 있는 부분을 방화구조로 하되, 그 지붕은 불연재료로 하여야 한다.

3) **'연소할 우려가 있는 부분'**

'연소할 우려가 있는 부분' 이라 함은 말 그대로 목조 건물에 있어서 불에 타기 쉬운 부분을 지칭하는 것으로 각각의 기준선에서 특정 거리 내의 건축물 부분을 말한다. 이때 1층과 2층에서의 기준 거리가 다른 것은 불길이 치솟는 정도의 차이때문에 1층에 비해 2층의 기준 범위가 더 넓게 책정되었다. 자세한 기준선과 거리의 범위는 다음과 같다.

기준선	기준선에서의 범위
- 인접대지 경계선 - 도로 중심선 - 건축물 상호 외벽간의 중심선(동일 대지 안에 2동 이상의 건축물이 있는 경우, 단, 연면적 합계 500m² 이하인 건축물은 하나의 건축물로 봄)	- 1층 부분 : 3m 이내 - 2층 이상의 층 부분 : 5m 이내

** 제외되는 부분 : 공원, 광장, 하천의 공지나 수면 또는 내화구조의 벽 기타 이와 유사한 것에 접하는 부분*

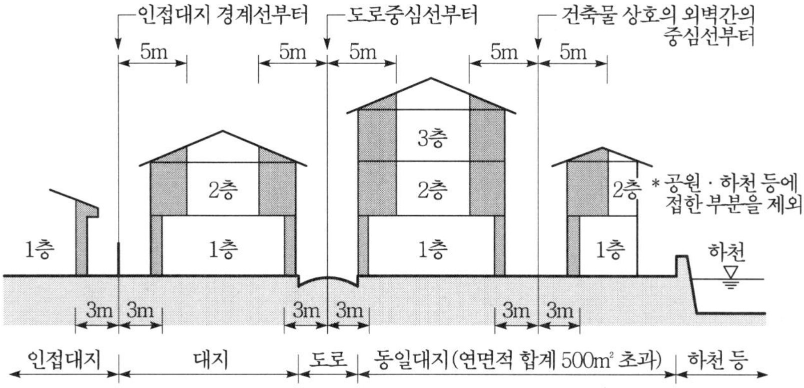

5-3-4 고층건축물의 피난 및 안전관리

건축법 **제50조의2(고층건축물의 피난 및 안전관리)** ① 고층건축물에는 대통령령으로 정하는 바에 따라 피난안전구역을 설치하거나 대피공간을 확보한 계단을 설치하여야 한다. 이 경우 피난안전구역의 설치 기준, 계단의 설치 기준과 구조 등에 관하여 필요한 사항은 국토교통부령으로 정한다.〈개정 2013. 3. 23.〉

② 고층건축물에 설치된 피난안전구역 · 피난시설 또는 대피공간에는 국토교통부령으로 정하는 바에 따라 화재 등의 경우에 피난 용도로 사용되는 것임을 표시하여야 한다.〈신설 2015. 1. 6.〉

③ 고층건축물의 화재예방 및 피해경감을 위하여 국토교통부령으로 정하는 바에 따라 제48조부터 제50조까지의 기준을 강화하여 적용할 수 있다.〈개정 2013. 3. 23., 2015. 1. 6., 2018. 4. 17.〉

[참고] 국토부령 참고 법령
제48조(구조내력력 등)
제48조의 2(건축물 내진등급의 설정)
제48조의 3(건축물의 내진능력 공개)
제48조의 4(부속구노물의설 치 및 관리)
제49조(건축물의 피난시설 및 용도제한 등)
제49조의 2(피난시설 등의 유지 관리에 대한 기술지원)
제50조(건축물의 내화구조와 방화벽)

5-4 방화지구 안의 건축물

건축법 **제51조(방화지구 안의 건축물)** ①「국토의 계획 및 이용에 관한 법률」 제37조제1항제3호에 따른 방화지구(이하 "방화지구"라 한다) 안에서는 건축물의 주요구조부와 지붕 · 외벽을 내화구조로 하여야 한다. 다만, 대통령령으로 정하는 경우에는 그러하지 아니하다.〈개정 2014. 1. 14., 2017. 4. 18., 2018. 8. 14.〉

② 방화지구 안의 공작물로서 간판, 광고탑, 그 밖에 대통령령으로 정하는 공작물 중 건축물의 지붕 위에 설치하는 공작물이나 높이 3미터 이상의 공작물은 주요부를 불연(不燃)재료로 하여야 한다.

③ 방화지구 안의 지붕 · 방화문 및 인접 대지 경계선에 접하는 외벽은 국토교통부령으로 정하는 구조 및 재료로 하여야 한다.〈개정 2013. 3. 23.〉

[시행일 : 2020. 8. 15.] 제51조제1항

시행령 **제58조(방화지구의 건축물)** 법 제51조 제1항에 따라 그 주요구조부 및 외벽을 내화구조로 하지 아니할 수 있는 건축물은 다음 각 호와 같다.

1. 연면적 30제곱미터 미만인 단층 부속건축물로서 외벽 및 처마면이 내화구조 또는 불연재료로 된 것
2. 도매시장의 용도로 쓰는 건축물로서 그 주요구조부가 불연재료로 된 것

피난·방화구조 **제23조(방화지구안의 지붕 · 방화문 및 외벽등)** ①법 제51조제3항에 따라 방화지구 내 건축물의 지붕으로서 내화구조가 아닌 것은 불연재료로 하여야 한다. 〈개정 2005. 7. 22., 2010. 12. 30., 2015. 7. 9.〉

② 법 제51조제3항에 따라 방화지구 내 건축물의 인접대지경계선에 접하는 외벽에 설치하는 창문등으로서 제22조제2항에 따른 연소할 우려가 있는 부분에는 다음 각 호의 방화설비를 설치해야 한다. 〈개정 2005. 7. 22., 2010. 4. 7., 2010. 12. 30., 2021. 3. 26., 2024. 11. 15.〉

1. 60분+ 방화문 또는 60분 방화문
2. 소방법령이 정하는 기준에 적합하게 창문등에 설치하는 드렌처
3. 당해 창문등과 연소할 우려가 있는 다른 건축물의 부분을 차단하는 내화구조나 불연재료로 된 벽 · 담장 기타 이와 유사한 방화설비
4. 환기구멍에 설치하는 불연재료로 된 방화커버 또는 그물눈이 2밀리미터 이하인 금속망

방화지구안의 건축물 기준

1) 방화지구

방화지구는 과밀한 도시에서 발생하는 화재로 인해 주변건축물로의 화재 확산 등을 방지하기 위해 건축물의 구조를 화재에 강한 내화구조로 하는 등 각종 방화설비를 하는 등 그 규제를 강화하는 지구이다.

2) 방화지구 안의 구조 및 설비

건축물 및 공작물	대상 부분		구조 및 설비
건축물	- 주요구조부 - 외벽		내화구조로 하여야 함
공작물	- 간판, 광고탑 - 지붕위에 설치하는 공작물 - 높이 3m 이상 공작물	주요부	불연재료로 하여야 함
건축물의 지붕	내화구조가 아닌 것		불연재료로 하여야 함
건축물 외벽에 설치하는 창문 등	연소할 우려가 있는 부분		- 60분+방화문 또는 60분방화문 - 검정에 합격한 드렌처 - 내화구조벽이나 불연재료로 된 벽, 담장 - 방화커버, 금속망

예외규정) 1. 연면적이 30m² 미만인 단층 부속 건축물로서 외벽 및 처마면이 내화구조 및 불연재료로 된 것
2. 도매시장용도의 건축물로서 그 주요구조부가 불연재료로 된 것

※ 드렌처(drencher) : 건축물의 지붕, 처마, 창 위 등에 개방된 살수(撒水) 노즐을 배치하고 이것을 배관에 의해서 수원(水原)에 연결한 것

5-5 건축물의 내부 마감재료

5-5-1 건축물의 마감재료

건축법 제52조(건축물의 마감재료 등) ① 대통령령으로 정하는 용도 및 규모의 건축물의 벽, 반자, 지붕(반자가 없는 경우에 한정한다) 등 내부의 마감재료[제52조의4제1항의 복합자재의 경우 심재(心材)를 포함한다]는 방화에 지장이 없는 재료로 하되, 「실내공기질 관리법」 제5조 및 제6조에 따른 실내공기질 유지기준 및 권고기준을 고려하고 관계 중앙행정기관의 장과 협의하여 국토교통부령으로 정하는 기준에 따른 것이어야 한다.〈개정 2009. 12. 29., 2013. 3. 23., 2015. 1. 6., 2015. 12. 22., 2021. 3. 16.〉

② 대통령령으로 정하는 건축물의 외벽에 사용하는 마감재료(두 가지 이상의 재료로 제작된 자재의 경우 각 재료를 포함한다)는 방화에 지장이 없는 재료로 하여야 한

다. 이 경우 마감재료의 기준은 국토교통부령으로 정한다.〈신설 2009. 12. 29., 2013. 3. 23., 2021. 3. 16.〉

③ 욕실, 화장실, 목욕장 등의 바닥 마감재료는 미끄럼을 방지할 수 있도록 국토교통부령으로 정하는 기준에 적합하여야 한다.〈신설 2013. 7. 16.〉

④ 대통령령으로 정하는 용도 및 규모에 해당하는 건축물 외벽에 설치되는 창호(窓戶)는 방화에 지장이 없도록 인접 대지와의 이격거리를 고려하여 방화성능 등이 국토교통부령으로 정하는 기준에 적합하여야 한다.〈신설 2020. 12. 22.〉

[제목개정 2009. 12. 29., 2020. 12. 22.]

시행령 **제61조(건축물의 마감재료 등)** ① 법 제52조제1항에서 "대통령령으로 정하는 용도 및 규모의 건축물"이란 다음 각 호의 어느 하나에 해당하는 건축물을 말한다. 다만, 다음 각 호(제8호는 제외한다)의 어느 하나에 해당하는 건축물의 주요구조부가 내화구조 또는 불연재료로 되어 있고 그 거실의 바닥면적(스프링클러나 그 밖에 이와 비슷한 자동식 소화설비를 설치한 바닥면적을 뺀 면적으로 한다. 이하 이 조에서 같다) 200제곱미터 이내마다 방화구획이 되어 있는 건축물은 제외한다. 〈개정 2009. 7. 16., 2010. 2. 18., 2010. 12. 13., 2013. 3. 23., 2014. 3. 24., 2014. 8. 27., 2014. 10. 14., 2015. 9. 22., 2017. 2. 3., 2019. 8. 6., 2020. 10. 8., 2021. 8. 10., 2024. 6. 18.〉

1. 단독주택 중 다중주택 · 다가구주택

1의2. 공동주택

1의3. 제1종 근린생활시설 중 의원, 치과의원, 한의원, 조산원

2. 제2종 근린생활시설 중 공연장 · 종교집회장 · 인터넷컴퓨터게임시설제공업소 · 학원 · 독서실 · 당구장 · 다중생활시설의 용도로 쓰는 건축물

3. 발전시설, 방송통신시설(방송국 · 촬영소의 용도로 쓰는 건축물로 한정한다)

4. 공장, 창고시설, 위험물 저장 및 처리 시설(자가난방과 자가발전 등의 용도로 쓰는 시설을 포함한다), 자동차 관련 시설의 용도로 쓰는 건축물

5. 5층 이상인 층 거실의 바닥면적의 합계가 500제곱미터 이상인 건축물

6. 문화 및 집회시설, 종교시설, 판매시설, 운수시설, 의료시설, 교육연구시설 중 학교 · 학원, 노유자시설, 수련시설, 업무시설 중 오피스텔, 숙박시설, 위락시설, 장례시설

7. 삭제 〈2021. 8. 10.〉

8. 「다중이용업소의 안전관리에 관한 특별법 시행령」 제2조에 따른 다중이용업의 용도로 쓰는 건축물

② 법 제52조제2항에서 "대통령령으로 정하는 건축물"이란 다음 각 호의 건축물을 말한다. 〈신설 2010. 12. 13., 2011. 12. 30., 2013. 3. 23., 2015. 9. 22., 2019. 8. 6., 2021. 8. 10.〉

1. 상업지역(근린상업지역은 제외한다)의 건축물로서 다음 각 목의 어느 하나에 해당하는 것
   가. 제1종 근린생활시설, 제2종 근린생활시설, 문화 및 집회시설, 종교시설, 판매시설, 운동시설 및 위락시설의 용도로 쓰는 건축물로서 그 용도로 쓰는 바닥면적의 합계가 2천제곱미터 이상인 건축물
   나. 공장(국토교통부령으로 정하는 화재 위험이 적은 공장은 제외한다)의 용도로 쓰는 건축물로부터 6미터 이내에 위치한 건축물
2. 의료시설, 교육연구시설, 노유자시설 및 수련시설의 용도로 쓰는 건축물
3. 3층 이상 또는 높이 9미터 이상인 건축물
4. 1층의 전부 또는 일부를 필로티 구조로 설치하여 주차장으로 쓰는 건축물
5. 제1항제4호에 해당하는 건축물

③ 법 제52조제4항에서 "대통령령으로 정하는 용도 및 규모에 해당하는 건축물"이란 제2항 각 호의 건축물을 말한다. 〈신설 2021. 5. 4.〉

[전문개정 2008. 10. 29.]

[제목개정 2021. 5. 4.]

피난·방화구조

제24조(건축물의 마감재료 등) ①법 제52조제1항에 따라 영 제61조제1항 각 호의 건축물에 대하여는 그 거실의 벽 및 반자의 실내에 접하는 부분(반자돌림대·창대 기타 이와 유사한 것을 제외한다. 이하 이 조에서 같다)의 마감재료(영 제61조제1항제4호에 해당하는 건축물의 경우에는 단열재를 포함한다)는 불연재료·준불연재료 또는 난연재료를 사용해야 한다. 다만, 다음 각 호에 해당하는 부분의 마감재료는 불연재료 또는 준불연재료를 사용해야 한다. 〈개정 2005. 7. 22., 2010. 4. 7., 2010. 12. 30., 2021. 9. 3.〉

1. 거실에서 지상으로 통하는 주된 복도·계단, 그 밖의 벽 및 반자의 실내에 접하는 부분
2. 강판과 심재(心材)로 이루어진 복합자재를 마감재료로 사용하는 부분

② 영 제61조제1항 각 호의 건축물 중 다음 각 호의 어느 하나에 해당하는 거실의 벽 및 반자의 실내에 접하는 부분의 마감은 제1항에도 불구하고 불연재료 또는 준불연재료로 하여야 한다. 〈개정 2003. 1. 6., 2005. 7. 22., 2006. 6. 29., 2010. 4. 7., 2010. 12. 30.〉

1. 영 제61조제1항 각 호에 따른 용도에 쓰이는 거실 등을 지하층 또는 지하의 공작물에 설치한 경우의 그 거실(출입문 및 문틀을 포함한다)
2. 영 제61조제1항제6호에 따른 용도에 쓰이는 건축물의 거실

③ 제1항 및 제2항에도 불구하고 영 제61조제1항제4호에 해당하는 건축물에서 단열재를 사용하는 경우로서 해당 건축물의 구조, 설계 또는 시공방법 등을 고려할 때 단열재로 불연재료·준불연재료 또는 난연재료를 사용하는 것이 곤란하여 법 제4조에 따른 건축위원회

(시 · 도 및 시 · 군 · 구에 두는 건축위원회를 말한다)의 심의를 거친 경우에는 단열재를 불연재료 · 준불연재료 또는 난연재료가 아닌 것으로 사용할 수 있다. 〈신설 2021. 9. 3.〉

④ 법 제52조제1항에서 "내부마감재료"란 건축물 내부의 천장 · 반자 · 벽(경계벽 포함) · 기둥 등에 부착되는 마감재료를 말한다. 다만, 「다중이용업소의 안전관리에 관한 특별법 시행령」 제3조에 따른 실내장식물을 제외한다. 〈신설 2003. 1. 6., 2005. 7. 22., 2010. 4. 7., 2010. 12. 30., 2014. 11. 28., 2021. 9. 3.〉

⑤ 영 제61조제1항제1호의2에 따른 공동주택에는 「다중이용시설 등의 실내공기질관리법」 제11조제1항 및 같은 법 시행규칙 제10조에 따라 환경부장관이 고시한 오염물질방출 건축자재를 사용해서는 안 된다. 〈신설 2006. 6. 29., 2010. 12. 30., 2021. 3. 26., 2021. 9. 3.〉

⑥ 영 제61조제2항제1호부터 제3호까지의 규정 및 제5호에 해당하는 건축물의 외벽에는 법 제52조제2항 후단에 따라 불연재료 또는 준불연재료를 마감재료(단열재, 도장 등 코팅재료 및 그 밖에 마감재료를 구성하는 모든 재료를 포함한다. 이하 이 조에서 같다)로 사용해야 한다. 다만, 국토교통부장관이 정하여 고시하는 화재 확산 방지구조 기준에 적합하게 마감재료를 설치하는 경우에는 난연재료(강판과 심재로 이루어진 복합자재가 아닌 것으로 한정한다)를 사용할 수 있다. 〈개정 2019. 8. 6., 2021. 9. 3., 2022. 2. 10.〉

1. 삭제 〈2022. 2. 10.〉
2. 삭제 〈2022. 2. 10.〉

⑦ 제6항에도 불구하고 영 제61조제2항제1호 · 제3호 및 제5호에 해당하는 건축물로서 5층 이하이면서 높이 22미터 미만인 건축물의 경우 난연재료(강판과 심재로 이루어진 복합자재가 아닌 것으로 한정한다)를 마감재료로 할 수 있다. 다만, 건축물의 외벽을 국토교통부장관이 정하여 고시하는 화재 확산 방지구조 기준에 적합하게 설치하는 경우에는 난연성능이 없는 재료(강판과 심재로 이루어진 복합자재가 아닌 것으로 한정한다)를 마감재료로 사용할 수 있다. 〈개정 2019. 8. 6., 2021. 9. 3., 2022. 2. 10.〉

⑧ 제6항 및 제7항에 따른 마감재료가 둘 이상의 재료로 제작된 것인 경우 해당 마감재료는 다음 각 호의 요건을 모두 갖춘 것이어야 한다. 〈신설 2022. 2. 10., 2023. 8. 31.〉

1. 마감재료를 구성하는 재료 전체를 하나로 보아 국토교통부장관이 정하여 고시하는 기준에 따라 실물모형시험(실제 시공될 건축물의 구조와 유사한 모형으로 시험하는 것을 말한다. 이하 같다)을 한 결과가 국토교통부장관이 정하여 고시하는 기준을 충족할 것
2. 마감재료를 구성하는 각각의 재료에 대하여 난연성능을 시험한 결과가 국토교통부장관이 정하여 고시하는 기준을 충족할 것. 다만, 제6조제1호에 따른 불연재료 사이에 다른 재료(두께가 5밀리미터 이하인 경우만 해당한다)를 부착하여 제작한 재료

의 경우에는 해당 재료 전체를 하나의 재료로 보고 난연성능을 시험할 수 있으며, 같은 호에 따른 불연재료에 0.1밀리미터 이하의 두께로 도장을 한 재료의 경우에는 불연재료의 성능기준을 충족한 것으로 보고 난연성능 시험을 생략할 수 있다.

⑨ 영 제14조제4항 각 호의 어느 하나에 해당하는 건축물 상호 간의 용도변경 중 영 별표 1 제3호다목(목욕장만 해당한다) · 라목, 같은 표 제4호가목 · 사목 · 카목 · 파목(골프연습장, 놀이형시설만 해당한다) · 더목 · 러목, 같은 표 제7호다목2) 및 같은 표 제16호가목 · 나목에 해당하는 용도로 변경하는 경우로서 스프링클러 또는 간이 스크링클러의 헤드가 창문등으로부터 60센티미터 이내에 설치되어 건축물 내부가 화재로부터 방호되는 경우에는 제6항부터 제8항까지의 규정을 적용하지 않을 수 있다. 〈신설 2021. 7. 5., 2021. 9. 3., 2022. 2. 10.〉

⑩ 영 제61조제2항제4호에 해당하는 건축물의 외벽[필로티 구조의 외기에 면하는 천장 및 벽체를 포함한다] 중 1층과 2층 부분에는 불연재료 또는 준불연재료를 마감재료로 해야 한다. 〈신설 2019. 8. 6., 2021. 7. 5., 2021. 9. 3., 2022. 2. 10.〉

⑪ 강판과 심재로 이루어진 복합자재를 마감재료로 사용하는 경우 해당 복합자재는 다음 각 호의 요건을 모두 갖춘 것이어야 한다. 〈신설 2022. 2. 10.〉

1. 강판과 심재 전체를 하나로 보아 국토교통부장관이 정하여 고시하는 기준에 따라 실물모형시험을 실시한 결과가 국토교통부장관이 정하여 고시하는 기준을 충족할 것
2. 강판: 다음 각 목의 구분에 따른 기준을 모두 충족할 것

가. 두께[도금 이후 도장(塗裝) 전 두께를 말한다]: 0.5밀리미터 이상

나. 앞면 도장 횟수: 2회 이상

다. 도금의 부착량: 도금의 종류에 따라 다음의 어느 하나에 해당할 것. 이 경우 도금의 종류는 한국산업표준에 따른다.

1) ~~용융~~ 아연 도금 강판: 180g/㎡ 이상

2) ~~용융~~ 아연 알루미늄 마그네슘 합금 도금 강판: 90g/㎡ 이상

3) ~~용융~~ 55% 알루미늄 아연 마그네슘 합금 도금 강판: 90g/㎡ 이상

4) ~~용융~~ 55% 알루미늄 아연 합금 도금 강판: 90g/㎡ 이상

5) 그 밖의 도금: 국토교통부장관이 정하여 고시하는 기준 이상

3. 심재: 강판을 제거한 심재가 다음 각 목의 어느 하나에 해당할 것

가. 한국산업표준에 따른 그라스울 보온판 또는 미네랄울 보온판으로서 국토교통부장관이 정하여 고시하는 기준에 적합한 것

나. 불연재료 또는 준불연재료인 것

⑫ 법 제52조제4항에 따라 영 제61조제2항 각 호에 해당하는 건축물의 인접대지경계선에 접하는 외벽에 설치하는 창호(窓戶)와 인접대지경계선 간의 거리가 1.5미터 이내인 경우 해당 창호는 방화유리창호[한국산업표준 KS F 2845(유리구획 부분의 내

화 시험방법)에 규정된 방법에 따라 창틀과 유리 등으로 구성된 유리구획을 시험한 결과 비차열 20분 이상의 성능이 있는 것으로 한정한다]로 설치해야 한다. 다만, 스프링클러 또는 간이 스프링클러의 헤드가 창호로부터 60센티미터 이내에 설치되어 건축물 내부가 화재로부터 방호되는 경우에는 방화유리창호로 설치하지 않을 수 있다. 〈신설 2021. 7. 5., 2021. 9. 3., 2022. 2. 10., 2024. 11. 15.〉

[제목개정 2021. 7. 5.]

방화에 지장이 없는 내부 마감재료에 대한 규정

- 적용부위: 건축물의 벽, 반자, 지붕(반자가 없는 경우에 한정)
- 제외 건축물: 주요구조부가 내화구조 또는 불연재료, 그 거실의 바닥면적(스프링클러, 자동식 소화설비를 설치한 바닥면적을 뺀 면적) 200제곱미터 이내마다 방화구획이 되어 있는 건축물

호	용도 또는 규모	적용대상		벽 및 반자의 실내에 접하는 부분	
				거실	복도, 계단, 통로
1	단독주택	다중주택	다가구주택	불연재료 준불연재료 난연재료	불연재료 준불연재료
1의2	공동주택	공동주택			
1의3	제1종 근린생활시설	의원	치과의원		
		한의원	조산원		
2	제2종 근린생활시설	공연장	종교집회장		
		인터넷컴퓨터게임시설제공업소			
		학원	독서실		
		당구장	다중생활시설		
3	발전시설	해당 용도			
	방송통신시설	방송국	촬영소		
4	공장	해당용도			
	창고시설	해당용도			
	위험물 저장 및 처리 시설	자가난방과 자가발전 등의 용도로 쓰는 시설을 포함			
	자동차 관련 시설	해당용도			
5	5층 이상인 층 거실	바닥면적의 합계가 500제곱미터 이상인 건축물			
6	해당 용도	문화 및 집회시설			
		종교시설	판매시설		
		운수시설	의료시설		
		학교	학원		
		노유자시설	수련시설		
		오피스텔	숙박시설		
		위락시설	장례시설		
7	삭제됨				
8	다중이용업	해당용도			

방화에 지장이 없는 재료로 외벽을 마감하여야 하는 건축물

<table>
<tr><th>호</th><th>용도와 규모</th><th>적용대상</th><th>외벽 마감재</th></tr>
<tr><td rowspan="7">1</td><td rowspan="6">상업지역(근린상업지역은 제외한다)의 건축물로서 바닥면적의 합계가 2천제곱미터 이상인 건축물</td><td>제1종 근린생활시설</td><td rowspan="17">불연재료 또는 준불연재료 (단열재는 난연재료 가능)</td></tr>
<tr><td>제2종 근린생활시설</td></tr>
<tr><td>문화 및 집회시설</td></tr>
<tr><td>종교시설</td></tr>
<tr><td>판매시설</td></tr>
<tr><td>운동시설 및 위락시설</td></tr>
<tr><td>상업지역(근린상업지역은 제외한다)의 건축물</td><td>공장용도로 쓰이는 건축물로 부터 6미터 이내에 위치한 건축물</td></tr>
<tr><td rowspan="4">2</td><td colspan="2">의료시설</td></tr>
<tr><td colspan="2">교육연구시설</td></tr>
<tr><td colspan="2">노유자시설</td></tr>
<tr><td colspan="2">수련시설</td></tr>
<tr><td>3</td><td colspan="2">3층 이상 또는 높이 9미터 이상인 건축물</td></tr>
<tr><td>4</td><td colspan="2">1층의 전부 또는 일부를 필로티 구조로 설치하여 주차장으로 쓰는 건축물</td></tr>
<tr><td rowspan="4">5</td><td rowspan="4">제1항제4호에 해당하는 건축물</td><td>공장</td></tr>
<tr><td>창고시설</td></tr>
<tr><td>위험물 저장 및 처리 시설 (자가난방과 자가 발전 등의 용도로 쓰는 시설 포함)</td></tr>
<tr><td>자동차 관련 시설</td></tr>
</table>

5-5-2 실내건축

건축법 **제52조의2(실내건축)** ① 대통령령으로 정하는 용도 및 규모에 해당하는 건축물의 실내건축은 방화에 지장이 없고 사용자의 안전에 문제가 없는 구조 및 재료로 시공하여야 한다.

② 실내건축의 구조 · 시공방법 등에 관한 기준은 국토교통부령으로 정한다.

③ 특별자치시장 · 특별자치도지사 또는 시장 · 군수 · 구청장은 제1항 및 제2항에 따라 실내건축이 적정하게 설치 및 시공되었는지를 검사하여야 한다. 이 경우 검사하는 대상 건축물과 주기(週期)는 건축조례로 정한다.

[본조신설 2014.5.28.]

시행령 **제61조의2(실내건축)** 법 제52조의2제1항에서 “대통령령으로 정하는 용도 및 규모에 해당하는 건축물”이란 다음 각 호의 어느 하나에 해당하는 건축물을 말한다.〈개정 2020. 4. 21.〉

1. 다중이용 건축물
2. 「건축물의 분양에 관한 법률」 제3조에 따른 건축물
3. 별표 1 제3호나목 및 같은 표 제4호아목에 따른 건축물(칸막이로 거실의 일부를 가로로 구획하거나 가로 및 세로로 구획하는 경우만 해당한다)

[본조신설 2014. 11. 28.]

시행규칙 **제26조의5(실내건축의 구조 · 시공방법 등의 기준)**

① 법 제52조의2제2항에 따른 실내건축의 구조 · 시공방법 등에 관한 기준은 다음 각 호의 구분에 따른 기준에 따른다.〈개정 2020. 10. 28.〉

1. 영 제61조의2제1호 및 제2호에 따른 건축물: 다음 각 목의 기준을 모두 충족할 것
   가. 실내에 설치하는 칸막이는 피난에 지장이 없고, 구조적으로 안전할 것
   나. 실내에 설치하는 벽, 천장, 바닥 및 반자틀(노출된 경우에 한정한다)은 방화에 지장이 없는 재료를 사용할 것
   다. 바닥 마감재료는 미끄럼을 방지할 수 있는 재료를 사용할 것
   라. 실내에 설치하는 난간, 창호 및 출입문은 방화에 지장이 없고, 구조적으로 안전할 것
   마. 실내에 설치하는 전기 · 가스 · 급수 · 배수 · 환기시설은 누수 · 누전 등 안전사고가 없는 재료를 사용하고, 구조적으로 안전할 것
   바. 실내의 돌출부 등에는 충돌, 끼임 등 안전사고를 방지할 수 있는 완충재료를 사용할 것
2. 영 제61조의2제3호에 따른 건축물: 다음 각 목의 기준을 모두 충족할 것
   가. 거실을 구획하는 칸막이는 주요구조부와 분리 · 해체 등이 쉬운 구조로 할 것
   나. 거실을 구획하는 칸막이는 피난에 지장이 없고, 구조적으로 안전할 것. 이 경우 「건축사법」에 따라 등록한 건축사 또는 「기술사법」에 따라 등록한 건축구조기술사의 구조안전에 관한 확인을 받아야 한다.
   다. 거실을 구획하는 칸막이의 마감재료는 방화에 지장이 없는 재료를 사용할 것
   라. 구획하는 부분에 추락, 누수, 누전, 끼임 등의 안전사고를 방지할 수 있는 안전조치를 할 것

② 제1항에 따른 실내건축의 구조 · 시공방법 등에 관한 세부 사항은 국토교통부장관이 정하여 고시한다.

[본조신설 2014. 11. 28.]

1) 실내건축을 방화에 지장이 없고 사용자의 안전에 문제가 없는 구조 및 재료로 시공하여야 하는 건축물

① 다중이용 건축물

② 「건축물의 분양에 관한 법률」제3조에 따른 건축물

③ 별표 1 제3호나목 및 같은 표 제4호아목에 따른 건축물(칸막이로 거실의 일부를 가로로 구획하거나 가로 및 세로로 구획하는 경우만 해당한다)

2) 실내건축의 구조 · 시공방법 등의 기준(영 제61조의2 제1호 및 제2호에 따른 건축물)

① 실내에 설치하는 칸막이는 피난에 지장이 없고, 구조적으로 안전할 것

② 실내에 설치하는 벽, 천장, 바닥 및 반자틀(노출된 경우)은 방화에 지장이 없는 재료를 사용할 것

③ 바닥 마감재료는 미끄럼을 방지할 수 있는 재료를 사용할 것

④ 실내에 설치하는 난간, 창호 및 출입문은 방화에 지장이 없고, 구조적으로 안전할 것

⑤ 실내에 설치하는 전기 · 가스 · 급수 · 배수 · 환기시설은 누수 · 누전 등 안전사고가 없는 재료를 사용하고 구조적으로 안전할 것

⑥ 실내의 돌출부 등에는 충돌, 끼임 등 안전사고를 방지할 수 있는 완충재료를 사용할 것

3) 실내건축의 구조 · 시공방법 등의 기준(영 제61조의2제3호에 따른 건축물)

① 거실을 구획하는 칸막이는 주요구조부와 분리 · 해체 등이 쉬운 구조로 할 것

② 거실을 구획하는 칸막이는 피난에 지장이 없고, 구조적으로 안전할 것. 이 경우 건축사 또는 건축구조기술사의 구조안전에 관한 확인을 받아야 함

③ 거실을 구획하는 칸막이의 마감재료는 방화에 지장이 없는 재료를 사용할 것

④ 구획하는 부분에 추락, 누수, 누전, 끼임 등의 안전사고를 방지할 수 있는 안전조치를 할 것

> [참고] 「건축물 분양에 관한 법률」 제3조
>
> **제3조(적용 범위)** ① 이 법은 「건축법」 제11조에 따른 건축허가를 받아 건축하여야 하는 다음 각 호의 어느 하나에 해당하는 건축물로서 같은 법 제22조에 따른 사용승인서의 교부(이하 "사용승인"이라 한다) 전에 분양하는 건축물에 대하여 적용한다.
>
> 1. 분양하는 부분의 바닥면적(「건축법」 제84조에 따른 바닥면적을 말한다)의 합계가 3천 제곱미터 이상인 건축물

2. 업무시설 등 대통령령으로 정하는 용도 및 규모의 건축물
② 제1항에도 불구하고 다음 각 호의 어느 하나에 해당하는 건축물에 대하여는 이 법을 적용하지 아니한다.〈개정 2012.6.1〉
1. 「주택법」에 따른 주택 및 복리시설
2. 「산업집적활성화 및 공장설립에 관한 법률」에 따른 지식산업센터
3. 「관광진흥법」에 따른 관광숙박시설
4. 「노인복지법」에 따른 노인복지시설
5. 「공공기관의 운영에 관한 법률」에 따른 공공기관이 매입하는 업무용 건축물
6. 「지방공기업법」에 따른 지방공기업이 매입하는 업무용 건축물
③ 제2조 제2호 단서 및 제2항에도 불구하고 제2조 제2호 단서에 따라 분양에 해당하지 아니하는 방법으로 매입한 건축물과 제2항 제5호 및 제6호에 해당하는 건축물의 전매 또는 전매 알선에 대하여는 제6조의3 제3항 및 제10조 제2항 제5호를 적용한다.〈신설 2012.6.1〉

5-5-3 건축자재의 품질관리와 품질인정

건축법 제52조의4(건축자재의 품질관리 등)
① 복합자재(불연재료인 양면 철판, 석재, 콘크리트 또는 이와 유사한 재료와 불연재료가 아닌 심재로 구성된 것을 말한다)를 포함한 제52조에 따른 마감재료, 방화문 등 대통령령으로 정하는 건축자재의 제조업자, 유통업자, 공사시공자 및 공사감리자는 국토교통부령으로 정하는 사항을 기재한 품질관리서(이하 "품질관리서"라 한다)를 대통령령으로 정하는 바에 따라 허가권자에게 제출하여야 한다.〈개정 2019. 4. 23., 2021. 3. 16.〉
② 제1항에 따른 건축자재의 제조업자, 유통업자는 「과학기술분야 정부출연연구기관 등의 설립 · 운영 및 육성에 관한 법률」에 따른 한국건설기술연구원 등 대통령령으로 정하는 시험기관에 건축자재의 성능시험을 의뢰하여야 한다.〈개정 2019. 4. 23.〉
③ 제2항에 따른 성능시험을 수행하는 시험기관의 장은 성능시험 결과 등 건축자재의 품질관리에 필요한 정보를 국토교통부령으로 정하는 바에 따라 기관 또는 단체에 제공하거나 공개하여야 한다.〈신설 2019. 4. 23.〉
④ 제3항에 따라 정보를 제공받은 기관 또는 단체는 해당 건축자재의 정보를 홈페이지 등에 게시하여 일반인이 알 수 있도록 하여야 한다.〈신설 2019. 4. 23.〉
⑤ 제1항에 따른 건축자재 중 국토교통부령으로 정하는 단열재는 국토교통부장관이 고시하는 기준에 따라 해당 건축자재에 대한 정보를 표면에 표시하여야 한다.〈신설

2019. 4. 23.〉

⑥ 복합자재에 대한 난연성분 분석시험, 난연성능기준, 시험수수료 등 필요한 사항은 국토교통부령으로 정한다.〈개정 2019. 4. 23.〉

[본조신설 2015. 1. 6.]

[제목개정 2019. 4. 23.]

[제52조의3에서 이동 〈2019. 4. 23.〉]

제52조의5(건축자재등의 품질인정)

① 방화문, 복합자재 등 대통령령으로 정하는 건축자재와 내화구조(이하 "건축자재등"이라 한다)는 방화성능, 품질관리 등 국토교통부령으로 정하는 기준에 따라 품질이 적합하다고 인정받아야 한다.

② 건축관계자등은 제1항에 따라 품질인정을 받은 건축자재등만 사용하고, 인정받은 내용대로 제조 · 유통 · 시공하여야 한다.

[본조신설 2020. 12. 22.]

제52조의6(건축자재등 품질인정기관의 지정 · 운영 등)

① 국토교통부장관은 건축 관련 업무를 수행하는 「공공기관의 운영에 관한 법률」 제4조에 따른 공공기관으로서 대통령령으로 정하는 기관을 품질인정 업무를 수행하는 기관(이하 "건축자재등 품질인정기관"이라 한다)으로 지정할 수 있다.

② 건축자재등 품질인정기관은 제52조의5제1항에 따른 건축자재등에 대한 품질인정 업무를 수행하며, 품질인정을 신청한 자에 대하여 국토교통부령으로 정하는 바에 따라 수수료를 받을 수 있다.

③ 건축자재등 품질인정기관은 제2항에 따라 품질이 적합하다고 인정받은 건축자재등(이하 "품질인정자재등"이라 한다)이 다음 각 호의 어느 하나에 해당하면 그 인정을 취소할 수 있다. 다만, 제1호에 해당하는 경우에는 그 인정을 취소하여야 한다.

1. 거짓이나 그 밖의 부정한 방법으로 인정받은 경우
2. 인정받은 내용과 다르게 제조 · 유통 · 시공하는 경우
3. 품질인정자재등이 국토교통부장관이 정하여 고시하는 품질관리기준에 적합하지 아니한 경우
4. 인정의 유효기간을 연장하기 위한 시험결과를 제출하지 아니한 경우

④ 건축자재등 품질인정기관은 제52조의5제2항에 따른 건축자재등의 품질 유지 · 관리 의무가 준수되고 있는지 확인하기 위하여 국토교통부령으로 정하는 바에 따라 제52조의4에 따른 건축자재 시험기관의 시험장소, 제조업자의 제조현장, 유통업자의 유통장소, 건축공사장 등을 점검하여야 한다.

⑤ 건축자재등 품질인정기관은 제4항에 따른 점검 결과 위법 사실을 발견한 경우 국토교통부장관에게 그 사실을 통보하여야 한다. 이 경우 국토교통부장관은 대통령령으로 정하는 바에 따라 공사 중단, 사용 중단 등의 조치를 하거나 관계 기관에 대하여 관계 법률에 따른 영업정지 등의 요청을 할 수 있다.

⑥ 건축자재등 품질인정기관은 건축자재등의 품질관리 상태 확인 등을 위하여 대통령령으로 정하는 바에 따라 제조업자, 유통업자, 건축관계자등에 대하여 건축자재등의 생산 및 판매실적, 시공현장별 시공실적 등의 자료를 요청할 수 있다.

⑦ 그 밖에 건축자재등 품질인정기관이 건축자재등의 품질인정을 운영하기 위한 인정절차, 품질관리 등 필요한 사항은 국토교통부장관이 정하여 고시한다.

[본조신설 2020. 12. 22.]

시행령 **제62조(건축자재의 품질관리 등)** ① 법 제52조의4제1항에서 "복합자재[불연재료인 양면 철판, 석재, 콘크리트 또는 이와 유사한 재료와 불연재료가 아닌 심재(心材)로 구성된 것을 말한다]를 포함한 제52조에 따른 마감재료, 방화문 등 대통령령으로 정하는 건축자재"란 다음 각 호의 어느 하나에 해당하는 것을 말한다. 〈개정 2019. 10. 22., 2020. 10. 8.〉

1. 법 제52조의4제1항에 따른 복합자재
2. 건축물의 외벽에 사용하는 마감재료로서 단열재
3. 제64조제1항제1호부터 제3호까지의 규정에 따른 방화문
4. 그 밖에 방화와 관련된 건축자재로서 국토교통부령으로 정하는 건축자재

② 법 제52조의4제1항에 따른 건축자재의 제조업자는 같은 항에 따른 품질관리서(이하 "품질관리서"라 한다)를 건축자재 유통업자에게 제출해야 하며, 건축자재 유통업자는 품질관리서와 건축자재의 일치 여부 등을 확인하여 품질관리서를 공사시공자에게 전달해야 한다. 〈신설 2019. 10. 22.〉

③ 제2항에 따라 품질관리서를 제출받은 공사시공자는 품질관리서와 건축자재의 일치 여부를 확인한 후 해당 건축물에서 사용된 건축자재 품질관리서 전체를 공사감리자에게 제출해야 한다. 〈개정 2019. 10. 22.〉

④ 공사감리자는 제3항에 따라 제출받은 품질관리서를 공사감리완료보고서에 첨부하여 법 제25조제6항에 따라 건축주에게 제출해야 하며, 건축주는 법 제22조에 따른 건축물의 사용승인을 신청할 때에 이를 허가권자에게 제출해야 한다. 〈개정 2019. 10. 22.〉

[본조신설 2015. 9. 22.]

[제목개정 2019. 10. 22.]

[제61조의4에서 이동 〈2019. 10. 22.〉]

제63조(건축자재 성능 시험기관) 법 제52조의4제2항에서 "「과학기술분야 정부출연연구기관 등의 설립 · 운영 및 육성에 관한 법률」에 따른 한국건설기술연구원 등 대통령령으로 정하는 시험기관"이란 다음 각 호의 기관을 말한다. 〈개정 2020. 1. 7., 2021. 8. 10., 2021. 9. 14.〉

1. 한국건설기술연구원
2. 「건설기술 진흥법」에 따른 건설엔지니어링사업자로서 건축 관련 품질시험의 수행능력이 국토교통부장관이 정하여 고시하는 기준에 해당하는 자
3. 「국가표준기본법」 제23조에 따라 인정받은 시험 · 검사기관

[본조신설 2019. 10. 22.]

제63조의2(품질인정 대상 건축자재 등) 법 제52조의5제1항에서 "방화문, 복합자재 등 대통령령으로 정하는 건축자재와 내화구조"란 다음 각 호의 건축자재와 내화구조(이하 제63조의4 및 제63조의5에서 "건축자재등"이라 한다)를 말한다.

1. 법 제52조의4제1항에 따른 복합자재 중 국토교통부령으로 정하는 강판과 심재로 이루어진 복합자재
2. 주요구조부가 내화구조 또는 불연재료로 된 건축물의 방화구획에 사용되는 다음 각 목의 건축자재와 내화구조
   가. 자동방화셔터
   나. 제62조제1항제4호에 따라 국토교통부령으로 정하는 건축자재 중 내화채움성능이 인정된 구조
3. 제64조제1항 각 호의 방화문
4. 그 밖에 건축물의 안전 · 화재예방 등을 위하여 품질인정이 필요한 건축자재와 내화구조로서 국토교통부령으로 정하는 건축자재와 내화구조

[본조신설 2021. 12. 21.]

[종전 제63조의2는 제63조의6으로 이동 〈2021. 12. 21.〉]

제63조의3(건축자재등 품질인정기관) 법 제52조의6제1항에서 "대통령령으로 정하는 기관"이란 한국건설기술연구원을 말한다.

[본조신설 2021. 12. 21.]

제63조의4(건축자재등 품질 유지 · 관리 의무 위반에 따른 조치) ① 국토교통부장관은 법 제52조의6제5항 전단에 따른 통보를 받은 경우 같은 항 후단에 따라 같은 조 제3항에 따른 품질인정자재등(이하 이 조 및 제63조의5에서 "품질인정자재등"이라 한다)의 제조업자, 유통업자 및 법 제25조의2제1항에 따른 건축관계자등(이하 이 조 및 제63조의5에서 "제조업자등"이라 한다)에게 위법 사실을 통보해야 하며, 제조업자등에게 다음

각 호의 구분에 따른 조치를 할 수 있다.

1. 법 제25조의2제1항에 따른 건축관계자등: 다음 각 목의 구분에 따른 조치
   가. 품질인정자재등을 사용하지 않거나 인정받은 내용대로 시공하지 않은 부분이 있는 경우: 시공부분의 시정, 해당 공정에 대한 공사 중단과 품질인정을 받지 않은 건축자재등의 사용 중단 명령
   나. 품질인정을 받지 않은 건축자재등이 공사현장에 반입되어 있거나 보관되어 있는 경우: 해당 건축자재등의 사용 중단 명령
2. 제조업자 및 유통업자: 관계 기관에 대한 관계 법률에 따른 영업정지 등의 요청

② 제1항에 따른 국토교통부장관의 조치에 관하여는 제61조의3제2항 및 제3항을 준용한다. 이 경우 "건축관계자 및 제조업자 · 유통업자"는 "제조업자등"으로, "국토교통부장관, 시 · 도지사 및 시장 · 군수 · 구청장"은 "국토교통부장관"으로 본다.

[본조신설 2021. 12. 21.]

제63조의5(제조업자등에 대한 자료요청) 법 제52조의6제1항 및 이 영 제63조의3에 따라 건축자재등 품질인정기관으로 지정된 한국건설기술연구원은 법 제52조의6제6항에 따라 제조업자등에게 다음 각 호의 자료를 요청할 수 있다.

1. 건축자재등 및 품질인정자재등의 생산 및 판매 실적
2. 시공현장별 건축자재등 및 품질인정자재등의 시공 실적
3. 품질관리서
4. 그 밖에 제조공정에 관한 기록 등 품질인정자재등에 대한 품질관리의 적정성을 확인할 수 있는 자료로서 국토교통부장관이 정하여 고시하는 자료

[본조신설 2021. 12. 21.]

피난 · 방화구조

제24조의3(건축자재 품질관리서) ① 영 제62조제1항제4호에서 "국토교통부령으로 정하는 건축자재"란 영 제46조 및 이 규칙 제14조에 따라 방화구획을 구성하는 내화구조, 자동방화셔터, 내화채움성능이 인정된 구조 및 방화댐퍼를 말한다. 〈개정 2021. 3. 26., 2021. 12. 23.〉

② 법 제52조의4제1항에서 "국토교통부령으로 정하는 사항을 기재한 품질관리서"란 다음 각 호의 구분에 따른 서식을 말한다. 이 경우 다음 각 호에서 정한 서류(해당 건축자재의 설치 · 시공 당시 유효한 서류로 한정한다)를 첨부한다. 〈개정 2021. 3. 26., 2021. 12. 23., 2022. 2. 10., 2024. 8. 26.〉

1. 영 제62조제1항제1호의 경우: 별지 제1호서식. 이 경우 다음 각 목의 서류를 첨부할 것.
   가. 난연성능이 표시된 복합자재(심재로 한정한다) 시험성적서[법 제52조의5제1항에 따라 품질인정을 받은 경우에는 법 제52조의6제7항에 따라 국토교통부

장관이 정하여 고시하는 품질인정서(이하 "품질인정서"라 한다)] 사본
나. 강판의 두께, 도금 종류 및 도금 부착량이 표시된 강판생산업체의 품질검사 증명서 사본
다. 실물모형시험 결과가 표시된 복합자재 시험성적서(법 제52조의5제1항에 따라 품질인정을 받은 경우에는 품질인정서) 사본
2. 영 제62조제1항제2호의 경우: 별지 제2호서식. 이 경우 다음 각 목의 서류를 첨부할 것
가. 난연성능이 표시된 단열재 시험성적서 사본. 이 경우 단열재가 둘 이상의 재료로 제작된 경우에는 각 재료별로 첨부해야 한다.
나. 실물모형시험 결과가 표시된 단열재 시험성적서(외벽의 마감재료가 둘 이상의 재료로 제작된 경우만 첨부한다) 사본
3. 영 제62조제1항제3호의 경우: 별지 제3호서식. 이 경우 연기, 불꽃 및 열을 차단할 수 있는 성능이 표시된 방화문 시험성적서(법 제52조의5제1항에 따라 품질인정을 받은 경우에는 품질인정서) 사본을 첨부할 것
3의2. 내화구조의 경우: 별지 제3호의2서식. 이 경우 내화성능 시간이 표시된 시험성적서(법 제52조의5제1항에 따라 품질인정을 받은 경우에는 품질인정서) 사본을 첨부할 것
4. 자동방화셔터의 경우: 별지 제4호서식. 이 경우 연기 및 불꽃을 차단할 수 있는 성능이 표시된 자동방화셔터 시험성적서(법 제52조의5제1항에 따라 품질인정을 받은 경우에는 품질인정서) 사본을 첨부할 것
5. 내화채움성능이 인정된 구조의 경우: 별지 제5호서식. 이 경우 연기, 불꽃 및 열을 차단할 수 있는 성능이 표시된 내화채움구조 시험성적서(법 제52조의5제1항에 따라 품질인정을 받은 경우에는 품질인정서) 사본을 첨부할 것
6. 방화댐퍼의 경우: 별지 제6호서식. 이 경우 「산업표준화법」에 따른 한국산업규격에서 정하는 방화댐퍼의 방연시험방법에 적합한 것을 증명하는 시험성적서 사본을 첨부할 것

③ 공사시공자는 법 제52조의4제1항에 따라 작성한 품질관리서의 내용과 같게 별지 제7호서식의 건축자재 품질관리서 대장을 작성하여 공사감리자에게 제출해야 한다.

④ 공사감리자는 제3항에 따라 제출받은 건축자재 품질관리서 대장의 내용과 영 제62조제3항에 따라 제출받은 품질관리서의 내용이 같은지를 확인하고 이를 영 제62조제4항에 따라 건축주에게 제출해야 한다.

⑤ 건축주는 제4항에 따라 제출받은 건축자재 품질관리서 대장을 영 제62조제4항에 따라 허가권자에게 제출해야 한다.

[전문개정 2019. 10. 24.]

5-6 지하층

건축법 **제53조(지하층)**

① 건축물에 설치하는 지하층의 구조 및 설비는 국토교통부령으로 정하는 기준에 맞게 하여야 한다. 〈개정 2013. 3. 23., 2023. 12. 26.〉

② 단독주택, 공동주택 등 대통령령으로 정하는 건축물의 지하층에는 거실을 설치할 수 없다. 다만, 다음 각 호의 사항을 고려하여 해당 지방자치단체의 조례로 정하는 경우에는 그러하지 아니하다. 〈신설 2023. 12. 26.〉

1. 침수위험 정도를 비롯한 지역적 특성
2. 피난 및 대피 가능성
3. 그 밖에 주거의 안전과 관련된 사항

시행령 **제63조의6(지하층에 거실 설치가 금지되는 건축물)**

법 제53조제2항 각 호 외의 부분 본문에서 "단독주택, 공동주택 등 대통령령으로 정하는 건축물"이란 다음 각 호의 어느 하나에 해당하는 건축물을 말한다. 다만, 지하층에 거실을 부속용도로 설치하는 건축물은 제외한다.

1. 단독주택
2. 공동주택

[본조신설 2024. 6. 18.]

[종전 제63조의6은 제63조의7로 이동 〈2024. 6. 18.〉]

피난·방화구조 **제25조(지하층의 구조)**

① 법 제53조에 따라 건축물에 설치하는 지하층의 구조 및 설비는 다음 각 호의 기준에 적합하여야 한다. 〈개정 2003. 1. 6., 2005. 7. 22., 2006. 6. 29., 2010. 4. 7., 2010. 12. 30., 2024. 8. 26.〉

1. 거실의 바닥면적이 50제곱미터 이상인 층에는 직통계단외에 피난층 또는 지상으로 통하는 비상탈출구 및 환기통을 설치할 것. 다만, 제8조제2항 각 호의 기준에 적합한 직통계단이 2개소 이상 설치되어 있는 경우에는 그러하지 아니하다.

1의2. 제2종근린생활시설 중 공연장·단란주점·당구장·노래연습장, 문화 및 집회시설중 예식장·공연장, 수련시설 중 생활권수련시설·자연권수련시설, 숙박시설중 여관·여인숙, 위락시설중 단란주점·유흥주점 또는 「다중이용업소의 안전관리에 관한 특별법 시행령」 제2조에 따른 다중이용업의 용도에 쓰이는 층으로서 그 층의 거실의 바닥면적의 합계가 50제곱미터 이상인 건축물에는 제8조제2항 각 호의 기준에 적합한 직통계단을 2개소 이상 설치할 것

2. 바닥면적이 1천제곱미터이상인 층에는 피난층 또는 지상으로 통하는 직통계단을 영 제46조의 규정에 의한 방화구획으로 구획되는 각 부분마다 1개소 이상 설치하되, 이를 피난계단 또는 특별피난계단의 구조로 할 것
3. 거실의 바닥면적의 합계가 1천제곱미터 이상인 층에는 환기설비를 설치할 것
4. 지하층의 바닥면적이 300제곱미터 이상인 층에는 식수공급을 위한 급수전을 1개소이상 설치할 것

② 제1항제1호에 따른 지하층의 비상탈출구는 다음 각호의 기준에 적합하여야 한다. 다만, 주택의 경우에는 그러하지 아니하다. 〈개정 2000. 6. 3., 2010. 4. 7.〉

1. 비상탈출구의 유효너비는 0.75미터 이상으로 하고, 유효높이는 1.5미터 이상으로 할 것
2. 비상탈출구의 문은 피난방향으로 열리도록 하고, 실내에서 항상 열 수 있는 구조로 하여야 하며, 내부 및 외부에는 비상탈출구의 표시를 할 것
3. 비상탈출구는 출입구로부터 3미터 이상 떨어진 곳에 설치할 것
4. 지하층의 바닥으로부터 비상탈출구의 아랫부분까지의 높이가 1.2미터 이상이 되는 경우에는 벽체에 발판의 너비가 20센티미터 이상인 사다리를 설치할 것
5. 비상탈출구는 피난층 또는 지상으로 통하는 복도나 직통계단에 직접 접하거나 통로 등으로 연결될 수 있도록 설치하여야 하며, 피난층 또는 지상으로 통하는 복도나 직통계단까지 이르는 피난통로의 유효너비는 0.75미터 이상으로 하고, 피난통로의 실내에 접하는 부분의 마감과 그 바탕은 불연재료로 할 것
6. 비상탈출구의 진입부분 및 피난통로에는 통행에 지장이 있는 물건을 방치하거나 시설물을 설치하지 아니할 것
7. 비상탈출구의 유도등과 피난통로의 비상조명등의 설치는 소방법령이 정하는 바에 의할 것

지하층의 구조 및 설비

지하층은 사람들이 이용함에 있어서 상대적으로 공간에 대한 인지가 어렵다. 이로 인해 재해 시 더 많은 피해의 우려가 있어 지하층에 대한 전반적 규정을 할 필요가 있다.

<table>
<tr><th colspan="4">바닥면적의 규모</th><th>설치기준</th></tr>
<tr><td>1.</td><td colspan="3">거실의 바닥면적 $50m^2$ 이상인 층</td><td>직통계단 외에 비상탈출구 및 환기통 설치
(직통계단이 2개소 이상 설치된 경우 제외)</td></tr>
<tr><td rowspan="5">2.</td><td>제2종 근린생활 시설 중</td><td>- 공연장
- 단란주점
- 당구장
- 노래연습장</td><td rowspan="5">그 거실 바닥면적 합계 $50m^2$ 이상인 건축물</td><td rowspan="5">직통계단 2개소 이상 설치</td></tr>
<tr><td>문화 및 집회시설 중</td><td>- 예식장
- 공연장</td></tr>
<tr><td>교육연구 및 복지시설 중</td><td>- 생활권수련시설
- 자연권수련시설</td></tr>
<tr><td>숙박시설 중</td><td>- 여관
- 여인숙</td></tr>
<tr><td>위락시설 중</td><td>- 단란주점
- 주점영업
- 다중이용업용도에쓰이는 층</td></tr>
<tr><td>3.</td><td colspan="3">바닥면적 $1,000m^2$ 이상인 층</td><td>피난계단 또는 특별피난계단 설치
(방화구획으로 구획하는 각 부분마다 피난계단 또는 특별피난계단 설치)</td></tr>
<tr><td>4.</td><td colspan="3">거실의 바닥면적의 합계가 $1,000m^2$ 이상인 층</td><td>환기설비 설치할 것</td></tr>
<tr><td>5.</td><td colspan="3">지하층의 바닥면적이 $300m^2$ 이상인 층</td><td>식수공급을 위한 급수전
1개소 이상 설치할 것</td></tr>
</table>

지하층에 거실 설치가 금지되는 건축물

- 단독주택, 공동주택 등 대통령령으로 정하는 건축물
- 예외 규정: 다만, 다음 각 호의 사항을 고려하여 해당 지방자치단체의 조례로 정하는 경우에는 그러하지 아니하다.
  1. 침수위험 정도를 비롯한 지역적 특성
  2. 피난 및 대피 가능성
  3. 그 밖에 주거의 안전과 관련된 사항

5-7 건축물의 범죄예방

건축법 **제53조의2(건축물의 범죄예방)**

① 국토교통부장관은 범죄를 예방하고 안전한 생활환경을 조성하기 위하여 건축물, 건축설비 및 대지에 관한 범죄예방 기준을 정하여 고시할 수 있다.

② 대통령령으로 정하는 건축물은 제1항의 범죄예방 기준에 따라 건축하여야 한다.

[본조신설 2014.5.28.]

시행령 **제63조의6(건축물의 범죄예방)**

법 제53조의2제2항에서 "대통령령으로 정하는 건축물"이란 다음 각 호의 어느 하나에 해당하는 건축물을 말한다. 〈개정 2018. 12. 31.〉

1. 다가구주택, 아파트, 연립주택 및 다세대주택
2. 제1종 근린생활시설 중 일용품을 판매하는 소매점
3. 제2종 근린생활시설 중 다중생활시설
4. 문화 및 집회시설(동 · 식물원은 제외한다)
5. 교육연구시설(연구소 및 도서관은 제외한다)
6. 노유자시설
7. 수련시설
8. 업무시설 중 오피스텔
9. 숙박시설 중 다중생활시설

[본조신설 2014. 11. 28.]

[제63조의6에서 이동 〈2024. 6. 18.〉]

5-8 방화문의 구조

시행령

제64조(방화문의 구분)

① 방화문은 다음 각 호와 같이 구분한다.

1. 60분+ 방화문: 연기 및 불꽃을 차단할 수 있는 시간이 60분 이상이고, 열을 차단할 수 있는 시간이 30분 이상인 방화문
2. 60분 방화문: 연기 및 불꽃을 차단할 수 있는 시간이 60분 이상인 방화문
3. 30분 방화문: 연기 및 불꽃을 차단할 수 있는 시간이 30분 이상 60분 미만인 방화문

② 제1항 각 호의 구분에 따른 방화문 인정 기준은 국토교통부령으로 정한다.

[전문개정 2020. 10. 8.]

피난·방화구조

제26조(방화문의 구조)

영 제64조제1항에 따른 방화문은 한국건설기술연구원장이 국토교통부장관이 정하여 고시하는 바에 따라 다음 각 호의 구분에 따른 기준에 적합하다고 인정한 것을 말한다.

1. 생산공장의 품질 관리 상태를 확인한 결과 국토교통부장관이 정하여 고시하는 기준에 적합할 것
2. 품질시험을 실시한 결과 영 제64조제1항 각 호의 기준에 따른 성능을 확보할 것

[전문개정 2021. 3. 26.]

출제빈도	■■■■
중요도	■■■■

주요내용

과거 본 장의 주요내용이던 지역지구의 지정 및 용도제한 등의 관련 규정이 포함되었으나, 현재 이 규정이 국토의 이용 및 계획에 관한 법률로 옮겨졌다. 비록 건축법에서는 없으나, 지역지구의 지정 등에 대한 내용은 건축을 다루는 모든 사람에게 매우 중요한 부분으로, 국토의 계획 및 이용에 관한 법률의 해당 부분을 함께 습득하는 것이 필요하다.

세부목차

참고용 건축법 목차

6 CHAPTER 제6장 용도지역 및 용도지구 안의 건축물

국토의 계획 및 이용에 관한 법률 참고자료

(1) 용도지역의 지정

국토교통부장관 또는 시 · 도지사는 국토의 계획 및 이용에 관한 법률의 규정에 의하여 각 호의 1의 용도지역의 지정 또는 변경을 도시 · 군 관리계획으로 결정한다.

용도지역의 지정			지 정 목 적
1.	도시지역	가. 주거지역	거주의 안녕과 건전한 생활환경의 보호를 위하여 필요한 지역
		나. 상업지역	상업 그 밖의 업무의 편익증진을 위하여 필요한 지역
		다. 공업지역	공업의 편익증진을 위하여 필요한 지역
		라. 녹지지역	자연환경 · 농지 및 산림의 보호, 보건위생, 보안과 도시의 무질서한 확산을 방지하기 위하여 녹지의 보전이 필요한 지역
2.	관리지역	가. 보전관리지역	자연환경보호, 산림보호, 수질오염방지, 녹지공간 확보 및 생태계 보전 등을 위하여 보전이 필요하나, 주변의 용도지역과의 관계 등을 고려할 때 자연환경보전지역으로 지정하여 관리하기가 곤란한 지역
		나. 생산관리지역	농업 · 임업 · 어업생산 등을 위하여 관리가 필요한, 주변의 용도지역과의 관계 등을 고려할 때 농림지역으로 지정하여 관리하기가 곤란한 지역
		다. 계획관리지역	도시지역으로의 편입이 예상되는 지역 또는 자연환경을 고려하여 제한적인 이용 · 개발을 하려는 지역으로서 계획적 · 체계적인 관리가 필요한 지역
3.	농림지역	–	–
4.	자연환경보전지역	–	–

(2) 용도지역의 세분

국토교통부장관 또는 시 · 도지사는 국토의 계획 및 이용에 관한 법률 제36조와 동시행령 제30조의 규정에 의하여 도시 · 군 관리계획결정으로 주거지역 · 상업지역 · 공업지역 및 녹지지역을 다음 각 호와 같이 세분하여 지정할 수 있다.

지역은 국토계획상 필요로 하는 전국적으로 통일된 최소한의 기본적인 생활권으로의 구분이며 다른 지역과 중복 지정할 수 없다. 주로 용도 규제가 주목적이나 부수적으로 형태 규제를 하는 경우도 있다.

용도지역	용도지역의 세분		지정목적
가. 주거지역	전용주거지역	제1종전용 주거지역	단독주택중심의 양호한 주거환경을 보호하기 위하여 필요한 지역
		제2종전용 주거지역	공동주택중심의 양호한 주거환경을 보호하기 위하여 필요한 지역
	일반주거지역	제1종일반 주거지역	저층주택을 중심으로 편리한 주거환경을 조성하기 위하여 필요한 지역
		제2종일반 주거지역	중층주택을 중심으로 편리한 주거환경을 조성하기 위하여 필요한 지역
		제3종일반 주거지역	중 · 고층주택을 중심으로 편리한 주거환경을 조성하기 위하여 필요한 지역
	준주거지역		주거기능을 위주로 이를 지원하는 일부 상업기능 및 업무기능을 보완하기 위하여 필요한 지역
나. 상업지역	중심상업지역		도심 · 부도심의 상업기능 및 업무기능의 확충을 위하여 필요한 지역
	일반상업지역		일반적인 상업기능 및 업무기능을 담당하게 하기 위하여 필요한 지역
	근린상업지역		근린지역에서의 일용품 및 서비스의 공급을 위하여 필요한 지역
	유통상업지역		도시내 및 지역간 유통기능의 증진을 위하여 필요한 지역
다. 공업지역	전용공업지역		주로 중화학공업 · 공해성공업 등을 수용하기 위하여 필요한 지역
	일반공업지역		주로 중화학공업 · 공해성공업 등을 수용하기 위하여 필요한 지역
	준공업지역		환경을 저해하지 아니하는 공업의 배치를 위하여 필요한 지역
라. 녹지지역	보전녹지지역		도시의 자연환경 · 경관 · 산림 및 녹지공간을 보전할 필요가 있는 지역
	생산녹지지역		주로 농업적 생산을 위하여 개발을 유보할 필요가 있는 지역
	자연녹지지역		도시의 녹지공간의 확보, 도시확산의 방지, 장래 도시용지의 공급 등을 위하여 보전할 필요가 있는 지역으로서 불가피한 경우에 한하여 제한적인 개발이 허용되는 지역

(3) 용도지구의 지정 및 세분

지구는 지역의 보완 역할을 하는 것으로 각 지방의 특성에 따라 부분적으로 지정되는 것이며, 지역과는 물론 타지구와의 중복 지정도 가능하다. 주로 용도 · 형태 · 환경 보존 또는 구조의 규제를 시 · 군 · 구의 조례로 정하게 된다.

이것은 지역의 건축 제한만으로는 복잡 다양한 건축 규제를 다할 수 없으므로 다시 지구로서 세분하여 지역에 따른 용도 제한 및 형태 제한 등을 보완하게 된다. 지구의 지정과 세분에 대하여 국토의 계획 및 이용에 관한 법률과 동시행령 내용을 정리하면 다음과 같다.

용도지구			지정목적
1.	경관지구	자연경관지구	산지 · 구릉지 등 자연경관을 보호하거나 유지하기 위하여 필요한 지구
		시가지경관지구	지역 내 주거지, 중심지 등 시가지의 경관을 보호 또는 유지하거나 형성하기 위하여 필요한 지구
		특화경관지구	지역 내 주요 수계의 수변 또는 문화적 보존가치가 큰 건축물 주변의 경관 등 특별한 경관을 보호 또는 유지하거나 형성하기 위하여 필요한 지구
2.	방재지구	시가지방재지구	건축물 · 인구가 밀집되어 있는 지역으로서 시설 개선 등을 통하여 재해 예방이 필요한 지구
		자연방재지구	토지의 이용도가 낮은 해안변, 하천변, 급경사지 주변 등의 지역으로서 건축 제한 등을 통하여 재해 예방이 필요한 지구
3	보호지구	역사문화환경 보호지구	문화재 · 전통사찰 등 역사 · 문화적으로 보존가치가 큰 시설 및 지역의 보호와 보존을 위하여 필요한 지구
		중요시설물 보호지구	중요시설물의 보호와 기능의 유지 및 증진 등을 위하여 필요한 지구
		생태계 보호지구	야생동식물서식처 등 생태적으로 보존가치가 큰 지역의 보호와 보존을 위하여 필요한 지구
4	취락지구	자연취락지구	녹지지역 · 관리지역 · 농림지역 또는 자연환경보전지역안의 취락을 정비하기 위하여 필요한 지구
		집단취락지구	개발제한구역안의 취락을 정비하기 위하여 필요한 지구
5	개발진흥 지구	주거개발진흥지구	주거기능을 중심으로 개발 · 정비할 필요가 있는 지구
		산업 · 유통개발 진흥지구	공업기능 및 유통 · 물류기능을 중심으로 개발 · 정비할 필요가 있는 지구
		관광 · 휴양개발 진흥지구	관광 · 휴양기능을 중심으로 개발 · 정비할 필요가 있는 지구
		복합개발진흥지구	주거기능, 공업기능, 유통 · 물류기능 및 관광 · 휴양기능중 2 이상의 기능을 중심으로 개발 · 정비할 필요가 있는 지구
		특정개발진흥지구	주거기능, 공업기능, 유통 · 물류기능 및 관광 · 휴양기능 외의 기능을 중심으로 특정한 목적을 위하여 개발 · 정비할 필요가 있는 지구

6-1 대지가 지역, 지구 또는 구역에 걸치는 경우의 조치

건축법 **제54조(건축물의 대지가 지역 · 지구 또는 구역에 걸치는 경우의 조치)** ① 대지가 이 법이나 다른 법률에 따른 지역 · 지구(녹지지역과 방화지구는 제외한다. 이하 이 조에서 같다) 또는 구역에 걸치는 경우에는 대통령령으로 정하는 바에 따라 그 건축물과 대지의 전부에 대하여 대지의 과반(過半)이 속하는 지역 · 지구 또는 구역 안의 건축물 및 대지 등에 관한 이 법의 규정을 적용한다. 〈개정 2014.1.14., 2017.4.18.〉

② 하나의 건축물이 방화지구와 그 밖의 구역에 걸치는 경우에는 그 전부에 대하여 방화지구 안의 건축물에 관한 이 법의 규정을 적용한다. 다만, 건축물의 방화지구에 속한 부분과 그 밖의 구역에 속한 부분의 경계가 방화벽으로 구획되는 경우 그 밖의 구역에 있는 부분에 대하여는 그러하지 아니하다.

③ 대지가 녹지지역과 그 밖의 지역 · 지구 또는 구역에 걸치는 경우에는 각 지역 · 지구 또는 구역 안의 건축물과 대지에 관한 이 법의 규정을 적용한다. 다만, 녹지지역 안의 건축물이 방화지구에 걸치는 경우에는 제2항에 따른다. 〈개정 2017.4.18.〉

④ 제1항에도 불구하고 해당 대지의 규모와 그 대지가 속한 용도지역 · 지구 또는 구역의 성격 등 그 대지에 관한 주변여건상 필요하다고 인정하여 해당 지방자치단체의 조례로 적용방법을 따로 정하는 경우에는 그에 따른다.

[시행일 : 2018.4.19.]

시행령 **제77조(건축물의 대지가 지역 · 지구 또는 구역에 걸치는 경우)** 법 제54조 제1항에 따라 대지가 지역 · 지구 또는 구역에 걸치는 경우 그 대지의 과반이 속하는 지역 · 지구 또는 구역의 건축물 및 대지 등에 관한 규정을 그 대지의 전부에 대하여 적용 받으려는 자는 해당 대지의 지역 · 지구 또는 구역별 면적과 적용 받으려는 지역 · 지구 또는 구역에 관한 사항을 허가권자에게 제출(전자문서에 의한 제출을 포함한다)하여야 한다.

대지가 지역, 지구 또는 구역에 걸치는 경우에서의 적용

1) 적용의 원칙

(1) 원칙 : 건축물 및 대지의 반 이상이 속하는 지역, 지구 또는 구역안의 건축물 및 대지 등에 관한 규정을 적용한다.

2) 하나의 건축물이 방화지구와 그 밖의 구역에 걸치는 경우

(1) 원칙 : 방화지구 안의 건축물에 관한 규정을 적용한다.

(2) 예외 : 건축물의 방화지구에 속한 부분과 그 밖의 구역에 속한 부분의 경계가 방화벽으로 구획되는 경우 그 밖의 구역이 있는 부분은 방화지구 규정을 적용하지 아니한다.

※ 방화지구와 그 밖의 구역에 걸치는 경우

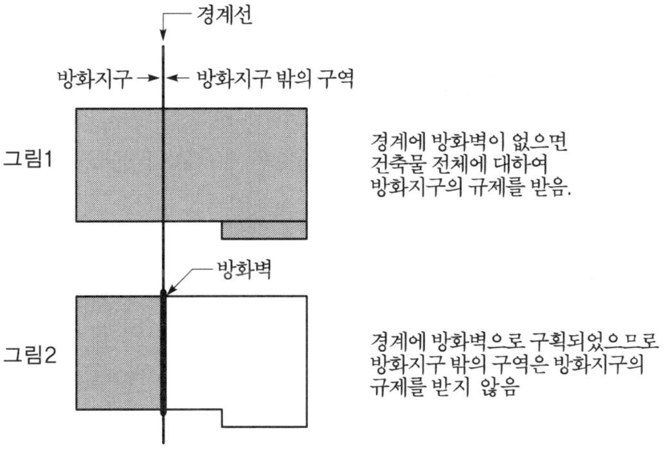

3) 대지가 녹지지역과 그 밖의 지역 지구 또는 구역에 걸치는 경우

(1) 원칙 : 대지의 반 이상 속하는지의 여부에 상관없이 각각의 지역 · 지구 또는 구역안의 건축물 및 대지에 관한 규정을 적용한다.

(2) 예외 : 녹지지역 안의 건축물이 방화지구에 걸치는 경우에는 앞의 2)에 의한다.

6-2 건축물의 건폐율

건축법 **제55조(건축물의 건폐율)** 대지면적에 대한 건축면적(대지에 건축물이 둘 이상 있는 경우에는 이들 건축면적의 합계로 한다)의 비율(이하 "건폐율"이라 한다)의 최대한도는 「국토의 계획 및 이용에 관한 법률」 제77조에 따른 건폐율의 기준에 따른다. 다만, 이 법에서 기준을 완화하거나 강화하여 적용하도록 규정한 경우에는 그에 따른다.

국토의 계획 및 이용에 관한 법률

법 제77조(용도지역의 건폐율) ① 제36조에 따라 지정된 용도지역에서 건폐율의 최대한도는 관할 구역의 면적과 인구 규모, 용도지역의 특성 등을 고려하여 다음 각 호의 범위에서 대통령령으로 정하는 기준에 따라 특별시·광역시·특별자치시·특별자치도·시 또는 군의 조례로 정한다. 〈개정 2011. 4.14., 2013.7.16.〉

1. 도시지역
   가. 주거지역 : 70퍼센트 이하 나. 상업지역 : 90퍼센트 이하
   다. 공업지역 : 70퍼센트 이하 라. 녹지지역 : 20퍼센트 이하
2. 관리지역
   가. 보전관리지역 : 20퍼센트 이하 나. 생산관리지역 : 20퍼센트 이하
   다. 계획관리지역 : 40퍼센트 이하.
   다만, 성장관리방안을 수립한 지역의 경우 해당 지방자치단체의 조례로 125퍼센트 이내에서 완화하여 적용할 수 있다.
3. 농림지역 : 20퍼센트 이하
4. 자연환경보전지역 : 20퍼센트 이하

② 제36조 제2항에 따라 세분된 용도지역에서의 건폐율에 관한 기준은 제1항 각 호의 범위에서 대통령령으로 따로 정한다.

국토의 계획 및 이용에 관한 법률 시행령

시행령 **제84조(용도지역안에서의 건폐율)** ①법 제77조제1항 및 제2항에 따른 건폐율은 다음 각 호의 범위에서 특별시、광역시、특별자치시、특별자치도、시 또는 군의 도시、군계획조례가 정하는 비율 이하로 한다. 〈개정 2012. 4. 10., 2019. 12. 31.〉

1. 제1종전용주거지역 : 50퍼센트 이하
2. 제2종전용주거지역 : 50퍼센트 이하
3. 제1종일반주거지역 : 60퍼센트 이하

4. 제2종일반주거지역 : 60퍼센트 이하
5. 제3종일반주거지역 : 50퍼센트 이하
6. 준주거지역 : 70퍼센트 이하
7. 중심상업지역 : 90퍼센트 이하
8. 일반상업지역 : 80퍼센트 이하
9. 근린상업지역 : 70퍼센트 이하
10. 유통상업지역 : 80퍼센트 이하
11. 전용공업지역 : 70퍼센트 이하
12. 일반공업지역 : 70퍼센트이하
13. 준공업지역 : 70퍼센트 이하
14. 보전녹지지역 : 20퍼센트 이하
15. 생산녹지지역 : 20퍼센트 이하
16. 자연녹지지역 : 20퍼센트 이하
17. 보전관리지역 : 20퍼센트 이하
18. 생산관리지역 : 20퍼센트 이하
19. 계획관리지역 : 40퍼센트 이하
20. 농림지역 : 20퍼센트 이하
21. 자연환경보전지역 : 20퍼센트 이하

② 제1항의 규정에 의하여 도시·군계획조례로 용도지역별 건폐율을 정함에 있어서 필요한 경우에는 당해 지방자치단체의 관할구역을 세분하여 건폐율을 달리 정할 수 있다. 〈개정 2012. 4. 10.〉

③ 법 제77조3항제2호에서 "대통령령으로 정하는 용도지역"이란 자연녹지지역을 말한다. 〈신설 2016. 2. 11.〉

④ 법 제77조제3항에 따라 다음 각 호의 지역에서의 건폐율은 각 호에서 정한 범위에서 특별시·광역시·특별자치시·특별자치도·시 또는 군의 도시·군계획조례로 정하는 비율 이하로 한다. 〈개정 2005. 9. 8., 2008. 9. 25., 2009. 8. 5., 2010. 10. 1., 2011. 3. 9., 2011. 11. 16., 2012. 4. 10., 2016. 2. 11., 2019. 12. 31., 2024. 5. 28.〉

1. 취락지구 : 60퍼센트 이하(집단취락지구에 대하여는 개발제한구역의지정및관리에관한특별조치법령이 정하는 바에 의한다)
2. 개발진흥지구: 다음 각 목에서 정하는 비율 이하
   가.도시지역 외의 지역에 지정된 경우: 40퍼센트. 다만, 계획관리지역에 제31조제2항제8호나목에 따른 산업·유통개발진흥지구가 지정된 경우에는 60퍼센트로 한다.

나. 자연녹지지역에 지정된 경우: 30퍼센트

3. 수산자원보호구역 : 40퍼센트 이하
4. 「자연공원법」에 따른 자연공원 : 60퍼센트 이하
5. 「산업입지 및 개발에 관한 법률」 제2조제8호라목에 따른 농공단지 : 70퍼센트 이하
6. 공업지역에 있는 「산업입지 및 개발에 관한 법률」 제2조제8호가목부터 다목까지의 규정에 따른 국가산업단지ㆍ일반산업단지ㆍ도시첨단산업단지 및 같은 조 제12호에 따른 준산업단지: 80퍼센트 이하

⑤ 특별시장ㆍ광역시장ㆍ특별자치시장ㆍ특별자치도지사ㆍ시장 또는 군수가 법 제77조제4항제1호에 따라 도시지역에서 토지이용의 과밀화를 방지하기 위하여 건폐율을 낮춰야 할 필요가 있다고 인정하여 당해 지방자치단체에 설치된 도시계획위원회의 심의를 거쳐 정한 구역안에서의 건축물의 경우에는 그 건폐율은 그 구역에 적용할 건폐율의 최대한도의 40퍼센트 이상의 범위에서 특별시ㆍ광역시ㆍ특별자치시ㆍ특별자치도ㆍ시 또는 군의 도시ㆍ군계획조례가 정하는 비율 이하로 한다. 〈개정 2012. 4. 10., 2016. 2. 11., 2019. 12. 31.〉

⑥ 법 제77조제4항제2호에 따라 다음 각 호의 어느 하나에 해당하는 건축물의 경우에는 제1항에도 불구하고 그 건폐율은 다음 각 호에서 정하는 비율을 초과할 수 없다. 〈개정 2008. 9. 25., 2009. 7. 7., 2011. 7. 1., 2012. 4. 10., 2014. 1. 14., 2014. 10. 15., 2015. 7. 6., 2016. 2. 11., 2016. 5. 17., 2019. 8. 6., 2019. 12. 31., 2020. 5. 26., 2021. 7. 6., 2024. 5. 7., 2024. 9. 10.〉

1. 준주거지역ㆍ일반상업지역ㆍ근린상업지역ㆍ전용공업지역ㆍ일반공업지역ㆍ준공업지역 중 방화지구의 건축물로서 주요 구조부와 외벽이 내화구조인 건축물 중 도시ㆍ군계획조례로 정하는 건축물: 80퍼센트 이상 90퍼센트 이하의 범위에서 특별시ㆍ광역시ㆍ특별자치시ㆍ특별자치도ㆍ시 또는 군의 도시ㆍ군계획조례로 정하는 비율

   가. 삭제 〈2014. 1. 14.〉

   나. 삭제 〈2014. 1. 14.〉
2. 녹지지역ㆍ관리지역ㆍ농림지역 및 자연환경보전지역의 건축물로서 법 제37조제4항 후단에 따른 방재지구의 재해저감대책에 부합하게 재해예방시설을 설치한 건축물: 제1항 각 호에 따른 해당 용도지역별 건폐율의 150퍼센트 이하의 범위에서 도시ㆍ군계획조례로 정하는 비율
3. 자연녹지지역의 창고시설 또는 연구소(자연녹지지역으로 지정될 당시 이미 준공

된 것으로서 기존 부지에서 증축하는 경우만 해당한다): 40퍼센트의 범위에서 최초 건축허가 시 그 건축물에 허용된 건폐율

4. 계획관리지역의 기존 공장·창고시설 또는 연구소(2003년 1월 1일 전에 준공되고 기존 부지에 증축하는 경우로서 해당 지방도시계획위원회의 심의를 거쳐 도로·상수도·하수도 등의 기반시설이 충분히 확보되었다고 인정되거나, 도시·군계획조례로 정하는 기반시설 확보 요건을 충족하는 경우만 해당한다): 50퍼센트의 범위에서 도시·군계획조례로 정하는 비율
5. 녹지지역·보전관리지역·생산관리지역·농림지역 또는 자연환경보전지역의 건축물로서 다음 각 목의 어느 하나에 해당하는 건축물: 30퍼센트의 범위에서 도시·군계획조례로 정하는 비율
   가. 「전통사찰의 보존 및 지원에 관한 법률」 제2조제1호에 따른 전통사찰
   나. 「문화유산의 보존 및 활용에 관한 법률」에 따른 지정문화유산, 「근현대문화유산의 보존 및 활용에 관한 법률」에 따른 국가등록문화유산 또는 「자연유산의 보존 및 활용에 관한 법률」에 따른 천연기념물등
   다. 「건축법 시행령」 제2조제16호에 따른 한옥
6. 종전의 「도시계획법」(2000년 1월 28일 법률 제6243호로 개정되기 전의 것을 말한다) 제2조제1항제10호에 따른 일단의 공업용지조성사업 구역(이 조 제4항제6호에 따른 산업단지 또는 준산업단지와 연접한 것에 한정한다) 내의 공장으로서 관할 특별시장·광역시장·특별자치시장·특별자치도지사·시장 또는 군수가 해당 지방도시계획위원회의 심의를 거쳐 기반시설의 설치 및 그에 필요한 용지의 확보가 충분하고 주변지역의 환경오염 우려가 없다고 인정하는 공장: 80퍼센트 이하의 범위에서 도시·군계획조례로 정하는 비율
7. 자연녹지지역의 학교(「초·중등교육법」 제2조에 따른 학교 및 「고등교육법」 제2조제1호부터 제5호까지의 규정에 따른 학교를 말한다)로서 다음 각 목의 요건을 모두 충족하는 학교: 30퍼센트의 범위에서 도시·군계획조례로 정하는 비율
   가. 기존 부지에서 증축하는 경우일 것
   나. 학교 설치 이후 개발행위 등으로 해당 학교의 기존 부지가 건축물, 그 밖의 시설로 둘러싸여 부지 확장을 통한 증축이 곤란한 경우로서 해당 도시계획위원회의 심의를 거쳐 기존 부지에서의 증축이 불가피하다고 인정될 것
   다. 「고등교육법」 제2조제1호부터 제5호까지의 규정에 따른 학교의 경우 「대학설립·운영 규정」 별표 2에 따른 교육기본시설, 지원시설 또는 연구시설의 증축일 것
8. 자연녹지지역의 주유소 또는 액화석유가스 충전소로서 다음 각 목의 요건을 모두 충족하는 건축물: 30퍼센트의 범위에서 도시·군계획조례로 정하는 비율

가. 2021년 7월 13일 전에 준공되었을 것

나. 다음의 요건을 모두 충족하는 「환경친화적 자동차의 개발 및 보급 촉진에 관한 법률」 제2조제9호에 따른 수소연료공급시설의 증축이 예정되어 있을 것

1) 기존 주유소 또는 액화석유가스 충전소의 부지에 증축할 것

2) 2024년 12월 31일 이전에 증축 허가를 신청할 것

⑦ 제1항에도 불구하고 법 제77조제4항제3호 및 제4호에 따라 보전관리지역ㆍ생산관리지역ㆍ농림지역 또는 자연환경보전지역에 「농지법」 제32조제1항에 따라 건축할 수 있는 건축물의 건폐율은 60퍼센트 이하의 범위에서 특별시ㆍ광역시ㆍ특별자치시ㆍ특별자치도ㆍ시 또는 군의 도시ㆍ군계획조례로 정하는 비율 이하로 한다. 〈개정 2005. 9. 8., 2009. 7. 7., 2011. 9. 16., 2012. 4. 10., 2016. 2. 11., 2019. 12. 31., 2023. 3. 21.〉

⑧ 제1항에도 불구하고 법 제77조제4항제3호에 따라 생산녹지지역 또는 자연녹지지역(자연녹지지역은 도시ㆍ군계획조례로 정하는 지역으로 한정한다. 이하 이 항에서 같다)에 건축할 수 있는 다음 각 호의 건축물의 경우에 그 건폐율은 해당 생산녹지지역 또는 자연녹지지역이 위치한 특별시ㆍ광역시ㆍ특별자치시ㆍ특별자치도ㆍ시 또는 군의 농어업 인구 현황, 농수산물 가공ㆍ처리시설의 수급실태 등을 종합적으로 고려하여 60퍼센트 이하(자연녹지지역의 경우에는 40퍼센트 이하)의 범위에서 해당 특별시ㆍ광역시ㆍ특별자치시ㆍ특별자치도ㆍ시 또는 군의 도시ㆍ군계획조례로 정하는 비율 이하로 한다. 〈신설 2011. 9. 16., 2012. 4. 10., 2015. 12. 15., 2016. 2. 11., 2019. 12. 31., 2024. 1. 26.〉

1. 「농지법」 제32조제1항제1호에 따른 농수산물의 가공ㆍ처리시설[해당 특별시ㆍ광역시ㆍ특별자치시ㆍ특별자치도ㆍ시ㆍ군 또는 해당 도시ㆍ군계획조례가 정하는 연접한 시ㆍ군ㆍ구(자치구를 말한다. 이하 같다)에서 생산된 농수산물의 가공ㆍ처리시설만 해당한다] 및 농수산업 관련 시험ㆍ연구시설

2. 「농지법 시행령」 제29조제5항제1호에 따른 농산물 건조ㆍ보관시설

3. 「농지법 시행령」 제29조제7항제2호에 따른 산지유통시설(해당 특별시ㆍ광역시ㆍ특별자치시ㆍ특별자치도ㆍ시ㆍ군 또는 해당 도시ㆍ군계획조례가 정하는 연접한 시ㆍ군ㆍ구에서 생산된 농산물을 위한 산지유통시설만 해당한다)

⑨ 제1항에도 불구하고 자연녹지지역에 설치되는 도시ㆍ군계획시설 중 유원지의 건폐율은 30퍼센트의 범위에서 도시ㆍ군계획조례로 정하는 비율 이하로 하며, 공원의 건폐율은 20퍼센트의 범위에서 도시ㆍ군계획조례로 정하는 비율 이하로 한다. 〈개정 2009. 7. 7., 2011. 9. 16., 2012. 4. 10., 2016. 2. 11., 2019. 12. 31.〉

건폐율의 한도

<table>
<tr><th colspan="2">용도지역</th><th>건폐율 한도</th><th colspan="2">용도지역 세분</th><th>건폐율 한도</th></tr>
<tr><td rowspan="17">도시지역</td><td rowspan="7">주거지역</td><td rowspan="7">70% 이하</td><td rowspan="2">전용주거지역</td><td>제 1종 전용주거지역</td><td>50% 이하</td></tr>
<tr><td>제 2종 전용주거지역</td><td>50% 이하</td></tr>
<tr><td rowspan="3">일반주거지역</td><td>제 1종 일반주거지역</td><td>60% 이하</td></tr>
<tr><td>제 2종 일반주거지역</td><td>60% 이하</td></tr>
<tr><td>제 3종 일반주거지역</td><td>50% 이하</td></tr>
<tr><td>준주거지역</td><td colspan="2">70% 이하</td></tr>
<tr style="display:none"></tr>
<tr><td rowspan="4">상업지역</td><td rowspan="4">90% 이하</td><td>중심상업지역</td><td colspan="2">90% 이하</td></tr>
<tr><td>일반상업지역</td><td colspan="2">80% 이하</td></tr>
<tr><td>근린상업지역</td><td colspan="2">70% 이하</td></tr>
<tr><td>유통상업지역</td><td colspan="2">80% 이하</td></tr>
<tr><td rowspan="3">공업지역</td><td rowspan="3">70% 이하</td><td>전용공업지역</td><td colspan="2">70% 이하</td></tr>
<tr><td>일반공업지역</td><td colspan="2">70% 이하</td></tr>
<tr><td>준공업지역</td><td colspan="2">70% 이하</td></tr>
<tr><td rowspan="3">녹지지역</td><td rowspan="3">20% 이하</td><td>보전녹지지역</td><td colspan="2">20% 이하</td></tr>
<tr><td>생산녹지지역</td><td colspan="2">20% 이하</td></tr>
<tr><td>자연녹지지역</td><td colspan="2">20% 이하</td></tr>
<tr><td rowspan="3">관리지역</td><td>보전관리지역</td><td colspan="4">20% 이하</td></tr>
<tr><td>생산관리지역</td><td colspan="4">20% 이하</td></tr>
<tr><td>계획관리지역</td><td colspan="4">40% 이하</td></tr>
<tr><td colspan="2">농림지역</td><td colspan="4">20% 이하</td></tr>
<tr><td colspan="2">자연환경보전지역</td><td colspan="4">20% 이하</td></tr>
</table>

6-3 건축물의 용적률

건축법 **제56조(건축물의 용적률)** 대지면적에 대한 연면적(대지에 건축물이 둘 이상 있는 경우에는 이들 연면적의 합계로 한다)의 비율(이하 "용적률"이라 한다)의 최대한도는 「국토의 계획 및 이용에 관한 법률」 제78조에 따른 용적률의 기준에 따른다. 다만, 이 법에서 기준을 완화하거나 강화하여 적용하도록 규정한 경우에는 그에 따른다.

국토의 계획 및 이용에 관한 법률

제78조(용도지역에서의 용적률)

① 제36조에 따라 지정된 용도지역에서 용적률의 최대한도는 관할 구역의 면적과 인구 규모, 용도지역의 특성 등을 고려하여 다음 각 호의 범위에서 대통령령으로 정하는 기준에 따라 특별시·광역시·특별자치시·특별자치도·시 또는 군의 조례로 정한다. 〈개정 2011. 4. 14., 2013. 7. 16., 2021. 1. 12.〉

1. 도시지역
   가. 주거지역: 500퍼센트 이하
   나. 상업지역: 1천500퍼센트 이하
   다. 공업지역: 400퍼센트 이하
   라. 녹지지역: 100퍼센트 이하
2. 관리지역
   가. 보전관리지역: 80퍼센트 이하
   나. 생산관리지역: 80퍼센트 이하
   다. 계획관리지역: 100퍼센트 이하
3. 농림지역: 80퍼센트 이하
4. 자연환경보전지역: 80퍼센트 이하

② 제36조제2항에 따라 세분된 용도지역에서의 용적률에 관한 기준은 제1항 각 호의 범위에서 대통령령으로 따로 정한다.

③ 제77조제3항제2호부터 제5호까지의 규정에 해당하는 지역에서의 용적률에 대한 기준은 제1항과 제2항에도 불구하고 200퍼센트 이하의 범위에서 대통령령으로 정하는 기준에 따라 특별시·광역시·특별자치시·특별자치도·시 또는 군의 조례로 따로 정한다. 〈개정 2011. 4. 14.〉

④ 건축물의 주위에 공원·광장·도로·하천 등의 공지가 있거나 이를 설치하는 경우에는 제1항에도 불구하고 대통령령으로 정하는 바에 따라 특별시·광역시·특별자

치시 · 특별자치도 · 시 또는 군의 조례로 용적률을 따로 정할 수 있다. 〈개정 2011. 4. 14.〉

⑤ 제1항과 제4항에도 불구하고 제36조에 따른 도시지역(녹지지역만 해당한다), 관리지역에서는 창고 등 대통령령으로 정하는 용도의 건축물 또는 시설물은 특별시 · 광역시 · 특별자치시 · 특별자치도 · 시 또는 군의 조례로 정하는 높이로 규모 등을 제한할 수 있다. 〈개정 2011. 4. 14.〉

⑥ 제1항에도 불구하고 건축물을 건축하려는 자가 그 대지의 일부에 「사회복지사업법」 제2조제4호에 따른 사회복지시설 중 대통령령으로 정하는 시설을 설치하여 국가 또는 지방자치단체에 기부채납하는 경우에는 특별시 · 광역시 · 특별자치시 · 특별자치도 · 시 또는 군의 조례로 해당 용도지역에 적용되는 용적률을 완화할 수 있다. 이 경우 용적률 완화의 허용범위, 기부채납의 기준 및 절차 등에 필요한 사항은 대통령령으로 정한다. 〈신설 2013. 12. 30.〉

⑦ 이 법 및 「건축법」 등 다른 법률에 따른 용적률의 완화에 관한 규정은 이 법 및 다른 법률에도 불구하고 다음 각 호의 구분에 따른 범위에서 중첩하여 적용할 수 있다. 다만, 용적률 완화 규정을 중첩 적용하여 완화되는 용적률이 제1항 및 제2항에 따라 대통령령으로 정하고 있는 해당 용도지역별 용적률 최대한도를 초과하는 경우에는 관할 시 · 도지사, 시장 · 군수 또는 구청장이 제30조제3항 단서 또는 같은 조 제7항에 따른 건축위원회와 도시계획위원회의 공동 심의를 거쳐 기반시설의 설치 및 그에 필요한 용지의 확보가 충분하다고 인정하는 경우에 한정한다. 〈신설 2021. 10. 8.〉

1. 지구단위계획구역: 제52조제3항에 따라 지구단위계획으로 정하는 범위
2. 지구단위계획구역 외의 지역: 제1항 및 제2항에 따라 대통령령으로 정하고 있는 해당 용도지역별 용적률 최대한도의 120퍼센트 이하

[전문개정 2009. 2. 6.]

국토의 계획 및 이용에 관한 법률 시행령

시행령 제85조(용도지역 안에서의 용적률)

① 법 제78조제1항 및 제2항에 따른 용적률은 다음 각 호의 범위에서 관할구역의 면적, 인구규모 및 용도지역의 특성 등을 고려하여 특별시ㆍ광역시ㆍ특별자치시ㆍ특별자치도ㆍ시 또는 군의 도시ㆍ군계획조례가 정하는 비율을 초과할 수 없다. 〈개정 2012. 4. 10., 2019. 8. 6., 2021. 1. 5.〉

1. 제1종전용주거지역 : 50퍼센트 이상 100퍼센트 이하
2. 제2종전용주거지역 : 50퍼센트 이상 150퍼센트 이하
3. 제1종일반주거지역 : 100퍼센트 이상 200퍼센트 이하
4. 제2종일반주거지역 : 100퍼센트 이상 250퍼센트 이하
5. 제3종일반주거지역 : 100퍼센트 이상 300퍼센트 이하
6. 준주거지역 : 200퍼센트 이상 500퍼센트 이하
7. 중심상업지역 : 200퍼센트 이상 1천500퍼센트 이하
8. 일반상업지역 : 200퍼센트 이상 1천300퍼센트 이하
9. 근린상업지역 : 200퍼센트 이상 900퍼센트 이하
10. 유통상업지역 : 200퍼센트 이상 1천100퍼센트 이하
11. 전용공업지역 : 150퍼센트 이상 300퍼센트 이하
12. 일반공업지역 : 150퍼센트 이상 350퍼센트 이하
13. 준공업지역 : 150퍼센트 이상 400퍼센트 이하
14. 보전녹지지역 : 50퍼센트 이상 80퍼센트 이하
15. 생산녹지지역 : 50퍼센트 이상 100퍼센트 이하
16. 자연녹지지역 : 50퍼센트 이상 100퍼센트 이하
17. 보전관리지역 : 50퍼센트 이상 80퍼센트 이하
18. 생산관리지역 : 50퍼센트 이상 80퍼센트 이하
19. 계획관리지역 : 50퍼센트 이상 100퍼센트 이하
20. 농림지역 : 50퍼센트 이상 80퍼센트 이하
21. 자연환경보전지역 : 50퍼센트 이상 80퍼센트 이하

② 제1항의 규정에 의하여 도시ㆍ군계획조례로 용도지역별 용적률을 정함에 있어서 필요한 경우에는 당해 지방자치단체의 관할구역을 세분하여 용적률을 달리 정할 수 있다. 〈개정 2012. 4. 10.〉

③ 제1항에도 불구하고 다음 각 호의 어느 하나에 해당하는 경우에는 해당 지역의 용적률을 다음 각 호의 구분에 따라 완화할 수 있다. 〈개정 2018. 7. 17., 2022. 1. 28.,

2023. 3. 21., 2024. 3. 19.〉
1. 제1항제1호부터 제6호까지의 지역에서 「공공주택 특별법 시행령」 제2조에 따른 공공임대주택 또는 임대의무기간이 8년 이상인 「민간임대주택에 관한 특별법」 제2조제1호에 따른 민간임대주택을 건설하는 경우: 제1항제1호부터 제6호까지에 따른 용도지역별 최대한도의 120퍼센트 이내의 범위에서 도시ㆍ군계획조례로 정하는 비율
2. 다음 각 목의 어느 하나에 해당하는 자가 「고등교육법」 제2조에 따른 학교의 학생이 이용하도록 해당 학교 부지 외에 「건축법 시행령」 별표 1 제2호라목에 따른 기숙사(이하 이 항에서 "기숙사"라 한다)를 건설하는 경우: 제1항 각 호에 따른 용도지역별 최대한도의 범위에서 도시ㆍ군계획조례로 정하는 비율
   가. 국가 또는 지방자치단체
   나. 「사립학교법」에 따른 학교법인
   다. 「한국사학진흥재단법」에 따른 한국사학진흥재단
   라. 「한국장학재단 설립 등에 관한 법률」에 따른 한국장학재단
   마. 가목부터 라목까지의 어느 하나에 해당하는 자가 단독 또는 공동으로 출자하여 설립한 법인
3. 「고등교육법」 제2조에 따른 학교의 학생이 이용하도록 해당 학교 부지에 기숙사를 건설하는 경우: 제1항 각 호에 따른 용도지역별 최대한도의 범위에서 도시ㆍ군계획조례로 정하는 비율
4. 「영유아보육법」 제14조제1항에 따른 사업주가 같은 법 제10조제4호의 직장어린이집을 설치하기 위하여 기존 건축물 외에 별도의 건축물을 건설하는 경우: 제1항 각 호에 따른 용도지역별 최대한도의 범위에서 도시ㆍ군계획조례로 정하는 비율
5. 제10항 각 호의 어느 하나에 해당하는 시설을 국가 또는 지방자치단체가 건설하는 경우: 제1항 각 호에 따른 용도지역별 최대한도의 범위에서 도시ㆍ군계획조례로 정하는 비율
6. 「건축법 시행령」 별표 1 제9호의 의료시설 부지에 「감염병의 예방 및 관리에 관한 법률」 제36조제3항 전단에 따른 감염병관리시설을 설치하는 경우로서 다음 각 목의 요건을 모두 갖춘 경우: 제1항 각 호에 따른 용도지역별 최대한도의 120퍼센트 이하의 범위에서 도시ㆍ군계획조례로 정하는 비율
   가. 질병관리청장이 효율적인 감염병 관리를 위하여 필요하다고 인정하는 시설(이하 "필요감염병관리시설"이라 한다)을 설치하는 경우일 것

나. 필요감염병관리시설 외 시설의 면적은 제1항에 따라 도시ㆍ군계획조례로 정하는 용적률에 해당하는 면적 이내일 것

④ 제3항의 규정은 제46조제9항 각 호의 어느 하나에 해당되는 경우에는 이를 적용하지 아니한다. 〈신설 2005. 9. 8.〉

⑤ 제1항에도 불구하고 법 제37조제4항 후단에 따른 방재지구의 재해저감대책에 부합하게 재해예방시설을 설치하는 건축물의 경우 제1항제1호부터 제13호까지의 용도지역에서는 해당 용적률의 140퍼센트 이하의 범위에서 도시ㆍ군계획조례로 정하는 비율로 할 수 있다. 〈신설 2014. 1. 14., 2023. 7. 18.〉

⑥ 법 제78조제3항의 규정에 의하여 다음 각 호의 지역 안에서의 용적률은 각 호에서 정한 범위 안에서 특별시ㆍ광역시ㆍ특별자치시ㆍ특별자치도ㆍ시 또는 군의 도시ㆍ군계획조례가 정하는 비율을 초과하여서는 아니된다. 〈개정 2005. 9. 8., 2005. 9. 30., 2005. 11. 11., 2010. 10. 1., 2011. 11. 16., 2012. 4. 10., 2014. 1. 14.〉

1. 도시지역외의 지역에 지정된 개발진흥지구 : 100퍼센트 이하
2. 수산자원보호구역 : 80퍼센트 이하
3. 「자연공원법」에 따른 자연공원: 100퍼센트 이하
4. 「산업입지 및 개발에 관한 법률」 제2조제8호라목에 따른 농공단지(도시지역외의 지역에 지정된 농공단지에 한한다) : 150퍼센트 이하

⑦ 법 제78조제4항의 규정에 의하여 준주거지역ㆍ중심상업지역ㆍ일반상업지역ㆍ근린상업지역ㆍ전용공업지역ㆍ일반공업지역 또는 준공업지역안의 건축물로서 다음 각 호의 1에 해당하는 건축물에 대한 용적률은 경관ㆍ교통ㆍ방화 및 위생상 지장이 없다고 인정되는 경우에는 제1항 각호의 규정에 의한 해당 용적률의 120퍼센트 이하의 범위안에서 특별시ㆍ광역시ㆍ특별자치시ㆍ특별자치도ㆍ시 또는 군의 도시ㆍ군계획조례가 정하는 비율로 할 수 있다. 〈개정 2005. 9. 8., 2012. 4. 10., 2014. 1. 14.〉

1. 공원ㆍ광장(교통광장을 제외한다. 이하 이 조에서 같다)ㆍ하천 그 밖에 건축이 금지된 공지에 접한 도로를 전면도로로 하는 대지안의 건축물이나 공원ㆍ광장ㆍ하천 그 밖에 건축이 금지된 공지에 20미터 이상 접한 대지안의 건축물
2. 너비 25미터 이상인 도로에 20미터 이상 접한 대지안의 건축면적이 1천제곱미터 이상인 건축물

⑧ 법 제78조제4항의 규정에 의하여 다음 각호의 지역ㆍ지구 또는 구역안에서 건축물을 건축하고자 하는 자가 그 대지의 일부를 공공시설부지로 제공하는 경우에는 당해 건축물에 대한 용적률은 제1항 각호의 규정에 의한 해당 용적률의 200퍼센트 이하의 범위안에서 대지면적의 제공비율에 따라 특별시ㆍ광역시ㆍ특별자치시ㆍ특별

자치도ㆍ시 또는 군의 도시ㆍ군계획조례가 정하는 비율로 할 수 있다. 〈개정 2003. 6. 30., 2005. 1. 15., 2005. 9. 8., 2012. 4. 10., 2014. 1. 14., 2018. 2. 9.〉

1. 상업지역
2. 삭제 〈2005. 1. 15.〉
3. 「도시 및 주거환경정비법」에 따른 재개발사업 및 재건축사업을 시행하기 위한 정비구역

⑨ 법 제78조제5항에서 "창고 등 대통령령으로 정하는 용도의 건축물 또는 시설물"이란 창고를 말한다. 〈신설 2006. 3. 23., 2014. 1. 14.〉

⑩ 법 제78조제6항 전단에서 "대통령령으로 정하는 시설"이란 다음 각 호의 시설을 말한다. 〈신설 2014. 6. 30.〉

1. 「영유아보육법」 제2조제3호에 따른 어린이집
2. 「노인복지법」 제36조제1항제1호에 따른 노인복지관
3. 그 밖에 특별시장ㆍ광역시장ㆍ특별자치시장ㆍ특별자치도지사ㆍ시장 또는 군수가 해당 지역의 사회복지시설 수요를 고려하여 도시ㆍ군계획조례로 정하는 사회복지시설

⑪ 제1항에도 불구하고 건축물을 건축하려는 자가 법 제78조제6항 전단에 따라 그 대지의 일부에 사회복지시설을 설치하여 기부하는 경우에는 기부하는 시설의 연면적의 2배 이하의 범위에서 도시ㆍ군계획조례로 정하는 바에 따라 추가 건축을 허용할 수 있다. 다만, 해당 용적률은 다음 각 호의 기준을 초과할 수 없다. 〈신설 2014. 6. 30.〉

1. 제1항에 따라 도시ㆍ군계획조례로 정하는 용적률의 120퍼센트
2. 제1항 각 호의 구분에 따른 용도지역별 용적률의 최대한도

⑫ 국가나 지방자치단체는 법 제78조제6항 전단에 따라 기부 받은 사회복지시설을 제10항 각 호에 따른 시설 외의 시설로 용도변경하거나 그 주요 용도에 해당하는 부분을 분양 또는 임대할 수 없으며, 해당 시설의 면적이나 규모를 확장하여 설치장소를 변경(지방자치단체에 기부한 경우에는 그 관할 구역 내에서의 설치장소 변경을 말한다)하는 경우를 제외하고는 국가나 지방자치단체 외의 자에게 그 시설의 소유권을 이전할 수 없다. 〈신설 2014. 6. 30.〉

[제목개정 2006. 3. 23.]

용적률의 한도

<table>
<thead>
<tr><th colspan="2">용도지역</th><th>용적률 한도</th><th colspan="2">용도지역 세분</th><th>용적률 한도</th></tr>
</thead>
<tbody>
<tr><td rowspan="16">도시지역</td><td rowspan="6">주거지역</td><td rowspan="6">500% 이하</td><td rowspan="2">전용주거지역</td><td>제 1종 전용주거지역</td><td>50% 이상~100% 이하</td></tr>
<tr><td>제 2종 전용주거지역</td><td>100% 이상~150% 이하</td></tr>
<tr><td rowspan="3">일반주거지역</td><td>제 1종 일반주거지역</td><td>100% 이상~200% 이하</td></tr>
<tr><td>제 2종 일반주거지역</td><td>150% 이상~250% 이하</td></tr>
<tr><td>제 3종 일반주거지역</td><td>200% 이상~300% 이하</td></tr>
<tr><td>준주거지역</td><td colspan="2">250% 이상~500% 이하</td></tr>
<tr><td rowspan="4">상업지역</td><td rowspan="4">1,500% 이하</td><td>중심상업지역</td><td colspan="2">400% 이상~1,500% 이하</td></tr>
<tr><td>일반상업지역</td><td colspan="2">300% 이상~1,300% 이하</td></tr>
<tr><td>근린상업지역</td><td colspan="2">200% 이상~900% 이하</td></tr>
<tr><td>유통상업지역</td><td colspan="2">200% 이상~1,100% 이하</td></tr>
<tr><td rowspan="3">공업지역</td><td rowspan="3">400% 이하</td><td>전용공업지역</td><td colspan="2">150% 이상~300% 이하</td></tr>
<tr><td>일반공업지역</td><td colspan="2">200% 이상~350% 이하</td></tr>
<tr><td>준공업지역</td><td colspan="2">200% 이상~400% 이하</td></tr>
<tr><td rowspan="3">녹지지역</td><td rowspan="3">100% 이하</td><td>보전녹지지역</td><td colspan="2">50% 이상~80% 이하</td></tr>
<tr><td>생산녹지지역</td><td colspan="2">50% 이상~100% 이하</td></tr>
<tr><td>자연녹지지역</td><td colspan="2">50% 이상~100% 이하</td></tr>
<tr><td rowspan="3">관리지역</td><td>보전관리지역</td><td colspan="4">50% 이상~80% 이하</td></tr>
<tr><td>생산관리지역</td><td colspan="4">50% 이상~80% 이하</td></tr>
<tr><td>계획관리지역</td><td colspan="4">50% 이상~100% 이하</td></tr>
<tr><td colspan="2">농림지역</td><td colspan="4">50% 이상~80% 이하</td></tr>
<tr><td colspan="2">자연환경보전지역</td><td colspan="4">50% 이상~80% 이하</td></tr>
</tbody>
</table>

6-4 대지의 분할 제한

건축법

제57조(대지의 분할 제한) ① 건축물이 있는 대지는 대통령령으로 정하는 범위에서 해당 지방자치단체의 조례로 정하는 면적에 못 미치게 분할할 수 없다.

② 건축물이 있는 대지는 제44조, 제55조, 제56조, 제58조, 제60조 및 제61조에 따른 기준에 못 미치게 분할할 수 없다.

③ 제1항과 제2항에도 불구하고 제77조의6에 따라 건축협정이 인가된 경우 그 건축협정의 대상이 되는 대지는 분할할 수 있다.〈신설 2014.1.14.〉

시행령

제80조(건축물이 있는 대지의 분할제한) 법 제57조 제1항에서 "대통령령으로 정하는 범위"란 다음 각 호의 어느 하나에 해당하는 규모 이상을 말한다.

1. 주거지역 : 60제곱미터
2. 상업지역 : 150제곱미터
3. 공업지역 : 150제곱미터
4. 녹지지역 : 200제곱미터
5. 제1호부터 제4호까지의 규정에 해당하지 아니하는 지역 : 60제곱미터

6-5 대지 안의 공지

건축법

제58조(대지 안의 공지) 건축물을 건축하는 경우에는 「국토의 계획 및 이용에 관한 법률」에 따른 용도지역 · 용도지구, 건축물의 용도 및 규모 등에 따라 건축선 및 인접 대지경계선으로부터 6미터 이내의 범위에서 대통령령으로 정하는 바에 따라 해당 지방자치단체의 조례로 정하는 거리 이상을 띄워야 한다.

시행령

제80조의2(대지 안의 공지) 법 제58조에 따라 건축선(법 제46조 제1항에 따른 건축선을 말한다. 이하 같다) 및 인접 대지경계선(대지와 대지 사이에 공원, 철도, 하천, 광장, 공공공지, 녹지, 그 밖에 건축이 허용되지 아니하는 공지가 있는 경우에는 그 반대편의 경계선을 말한다)으로부터 건축물의 각 부분까지 띄어야 하는 거리의 기준은 별표 2와 같다.〈개정 2014.10.14〉

대지안의 공지의 거리규정

건축물을 건축하거나 용도를 변경하는 경우 건축물의 용도 및 규모에 따라 건축선 및 인접 대지경계선(대지와 대지사이에 공원, 철도, 하천, 광장, 공공공지, 녹지, 건축이 허용되지 않은 공지가 있는 경우에는 그 반대편 경계선)으로부터 6m 이내의 범위 안에서 당해 지방자치단체의 조례로 정하는 거리 이상을 띄우도록 하였으며 띄어야 하는 거리는 별표 2와 같다.

〔별표 2〕〈개정 2016. 7. 19.〉

대지의 공지 기준(제80조의2 관련)

1. 건축선으로부터 건축물까지 띄어야 하는 거리

대상 건축물	건축조례에서 정하는 건축기준
가. 해당 용도로 쓰는 바닥면적의 합계가 500제곱미터 이상인 공장(전용공업지역, 일반공업지역 또는 「산업입지 및 개발에 관한 법률」에 따른 산업단지에 건축하는 공장은 제외한다)으로서 건축조례로 정하는 건축물	• 준공업지역 : 1.5미터 이상 6미터 이하 • 준공업지역 외의 지역 : 3미터 이상 6미터 이하
나. 해당 용도로 쓰는 바닥면적의 합계가 500제곱미터 이상인 창고(전용공업지역, 일반공업지역 또는 「산업입지 및 개발에 관한 법률」에 따른 산업단지에 건축하는 창고는 제외한다)로서 건축조례로 정하는 건축물	• 준공업지역 : 1.5미터 이상 6미터 이하 • 준공업지역 외의 지역 : 3미터 이상 6미터 이하
다. 해당 용도로 쓰는 바닥면적의 합계가 1,000제곱미터 이상인 판매시설, 숙박시설(일반숙박시설은 제외한다), 문화 및 집회시설(전시장 및 동·식물원은 제외한다) 및 종교시설	• 3미터 이상 6미터 이하
라. 다중이 이용하는 건축물로서 건축조례로 정하는 건축물	• 3미터 이상 6미터 이하
마. 공동주택	• 아파트 : 2미터 이상 6미터 이하 • 연립주택 : 2미터 이상 5미터 이하 • 다세대주택 : 1미터 이상 4미터 이하
바. 그 밖에 건축조례로 정하는 건축물	• 1미터 이상 6미터 이하(한옥의 경우에는 처마선 2미터 이하, 외벽선 1미터 이상 2미터 이하)

2. 인접 대지경계선으로부터 건축물까지 띄어야 하는 거리

대상 건축물	건축조례에서 정하는 건축기준
가. 전용주거지역에 건축하는 건축물(공동주택은 제외한다)	• 1미터 이상 6미터 이하(한옥의 경우에는 처마선 2미터 이하, 외벽선 1미터 이상 2미터 이하)
나. 해당 용도로 쓰는 바닥면적의 합계가 500제곱미터 이상인 공장(전용공업지역, 일반공업지역 또는 「산업입지 및 개발에 관한 법률」에 따른 산업단지에 건축하는 공장은 제외한다)으로서 건축조례로 정하는 건축물	• 준공업지역 : 1미터 이상 6미터 이하 • 준공업지역 외의 지역 : 1.5미터 이상 6미터 이하
다. 상업지역이 아닌 지역에 건축하는 건축물로서 해당 용도로 쓰는 바닥면적의 합계가 1,000제곱미터 이상인 판매시설, 숙박시설(일반숙박시설은 제외한다), 문화 및 집회시설(전시장 및 동·식물원은 제외한다) 및 종교시설	• 1.5미터 이상 6미터 이하
라. 다중이 이용하는 건축물(상업지역에 건축하는 건축물로서 스프링클러나 그 밖에 이와 비슷한 자동식 소화설비를 설치한 건축물은 제외한다)로서 건축조례로 정하는 건축물	• 1.5미터 이상 6미터 이하
마. 공동주택(상업지역에 건축하는 공동주택으로서 스프링클러나 그 밖에 이와 비슷한 자동식 소화설비를 설치한 공동주택은 제외한다)	• 아파트 : 2미터 이상 6미터 이하 • 연립주택 : 1.5미터 이상 5미터 이하 • 다세대주택 : 0.5미터 이상 4미터 이하
바. 그 밖에 건축조례로 정하는 건축물	• 0.5미터 이상 6미터 이하(한옥의 경우에는 처마선 2미터 이하, 외벽선 1미터 이상 2미터 이하)

비고

1) 제1호가목 및 제2호나목에 해당하는 건축물 중 법 제11조에 따른 허가를 받거나 법 제14조에 따른 신고를 하고 2009년 7월 1일부터 2015년 6월 30일까지 및 2016년 7월 1일부터 2019년 6월 30일까지 법 제21조에 따른 착공신고를 하는 건축물에 대해서는 건축조례로 정하는 건축기준을 2분의 1로 완화하여 적용한다.

2) 제1호에 해당하는 건축물(별표 1 제1호, 제2호 및 제17호부터 제19호까지의 건축물은 제외한다)이 너비가 20미터 이상인 도로를 포함하여 2개 이상의 도로에 접한 경우로서 너비가 20미터 이상인 도로(도로와 접한 공공공지 및 녹지를 포함한다)면에 접한 건축물에 대해서는 건축선으로부터 건축물까지 띄어야 하는 거리를 적용하지 않는다.

3) 제1호에 따른 건축물의 부속용도에 해당하는 건축물에 대해서는 주된 용도에 적용되는 대지의 공지 기준 범위에서 건축조례로 정하는 바에 따라 완화하여 적용할 수 있다. 다만, 최소 0.5미터 이상은 띄어야 한다.

6-6 맞벽건축과 연결복도

건축법 **제59조(맞벽건축과 연결복도)**

① 다음 각 호의 어느 하나에 해당하는 경우에는 제58조, 제61조 및 「민법」 제242조를 적용하지 아니 한다.

1. 대통령령으로 정하는 지역에서 도시미관 등을 위하여 둘 이상의 건축물 벽을 맞벽(대지경계선으로부터 50센티미터 이내인 경우를 말한다. 이하 같다)으로 하여 건축하는 경우
2. 대통령령으로 정하는 기준에 따라 인근 건축물과 이어지는 연결복도나 연결통로를 설치하는 경우

② 제1항 각 호에 따른 맞벽, 연결복도, 연결통로의 구조ㆍ크기 등에 관하여 필요한 사항은 대통령령으로 정한다.

시행령 **제81조(맞벽건축 및 연결복도)** ① 법 제59조제1항제1호에서 "대통령령으로 정하는 지역"이란 다음 각 호의 어느 하나에 해당하는 지역을 말한다. 〈개정 2008.10.29., 2012.12.12., 2014.10.14., 2015.9.22.〉

1. 상업지역(다중이용 건축물 및 공동주택은 스프링클러나 그 밖에 이와 비슷한 자동식 소화설비를 설치한 경우로 한정한다)
2. 주거지역(건축물 및 토지의 소유자 간 맞벽건축을 합의한 경우에 한정한다)
3. 허가권자가 도시미관 또는 한옥 보전ㆍ진흥을 위하여 건축조례로 정하는 구역
4. 건축협정구역

② 삭제 〈2006.5.8.〉

③ 법 제59조제1항제1호에 따른 맞벽은 다음 각 호의 기준에 적합하여야 한다. 〈개정 2008.10.29., 2014.10.14.〉

1. 주요구조부가 내화구조일 것
2. 마감재료가 불연재료일 것

④ 제1항에 따른 지역(건축협정구역은 제외한다)에서 맞벽건축을 할 때 맞벽 대상 건축물의 용도, 맞벽 건축물의 수 및 층수 등 맞벽에 필요한 사항은 건축조례로 정한다. 〈개정 2008.10.29., 2014.10.14.〉

⑤ 법 제59조제1항제2호에서 "대통령령으로 정하는 기준"이란 다음 각 호의 기준을 말한다. 〈개정 2008.10.29.〉

1. 주요구조부가 내화구조일 것
2. 마감재료가 불연재료일 것

3. 밀폐된 구조인 경우 벽면적의 10분의 1 이상에 해당하는 면적의 창문을 설치할 것. 다만, 지하층으로서 환기설비를 설치하는 경우에는 그러하지 아니하다.
4. 너비 및 높이가 각각 5미터 이하일 것. 다만, 허가권자가 건축물의 용도나 규모 등을 고려할 때 원활한 통행을 위하여 필요하다고 인정하면 지방건축위원회의 심의를 거쳐 그 기준을 완화하여 적용할 수 있다.
5. 건축물과 복도 또는 통로의 연결부분에 방화셔터 또는 방화문을 설치할 것
6. 연결복도가 설치된 대지 면적의 합계가 「국토의 계획 및 이용에 관한 법률 시행령」 제55조에 따른 개발행위의 최대 규모 이하일 것. 다만, 지구단위계획구역에서는 그러하지 아니하다.

⑥ 법 제59조제1항제2호에 따른 연결복도나 연결통로는 건축사 또는 건축구조기술사로부터 안전에 관한 확인을 받아야 한다. 〈개정 2008.10.29., 2009.7.16., 2016.5.17., 2016.7.19.〉

맞벽건축과 연결복도의 구조

1) 맞벽건축

① 도시미관 등을 위하여 상업지역, 주거지역 및 건축조례로 정하는 구역이나, 건축협정구역에서 이웃건축물의 건축주와 합의한 경우 맞벽건축 및 연결복도를 설치할 수 있도록 하고, 이 경우 건축법 제50조[대지안의 공지], 제53조[일조확보를 위한 높이 제한]규정과 민법 제242조[이웃대지경계로부터 50cm 띄어 건축하도록 한 규정]의 규정을 적용하지 않는다.

② 맞벽은 방화벽으로 축조하여야 한다.

③ 연결복도 또는 연결통로는 건축사 또는 건축구조기술사의 안전확인을 받아야 한다.

2) 연결복도 또는 연결통로의 구조

구분	내용
주요 구조부	내화구조일 것
마감재료	불연재료일 것
밀폐된 구조인 경우	벽면적의 1/10 이상 되는 창문을 설치할 것 다만, 지하층으로서 환기설비를 설치하는 경우에는 예외
너비와 높이	각각 5m 이하일 것
건축물과 복도 또는 통로의 연결부분	방화셔터 또는 방화문을 설치할 것
연결복도가 설치된 대지면적의 합계	개발행위의 최대규모 이하일 것(단, 지구단위계획구역 제외)

6-7 건축물의 높이 제한

건축법

제60조(건축물의 높이 제한) ① 허가권자는 가로구역[(街路區域): 도로로 둘러싸인 일단(一團)의 지역을 말한다. 이하 같다]을 단위로 하여 대통령령으로 정하는 기준과 절차에 따라 건축물의 높이를 지정·공고할 수 있다. 다만, 특별자치시장·특별자치도지사 또는 시장·군수·구청장은 가로구역의 높이를 완화하여 적용할 필요가 있다고 판단되는 대지에 대하여는 대통령령으로 정하는 바에 따라 건축위원회의 심의를 거쳐 높이를 완화하여 적용할 수 있다. 〈개정 2014. 1. 14.〉

② 특별시장이나 광역시장은 도시의 관리를 위하여 필요하면 제1항에 따른 가로구역별 건축물의 높이를 특별시나 광역시의 조례로 정할 수 있다. 〈개정 2014. 1. 14.〉

③ 삭제 〈2015. 5. 18.〉

④ 허가권자는 제1항 및 제2항에도 불구하고 일조(日照)·통풍 등 주변 환경 및 도시미관에 미치는 영향이 크지 않다고 인정하는 경우에는 건축위원회의 심의를 거쳐 이 법 및 다른 법률에 따른 가로구역의 높이 완화에 관한 규정을 중첩하여 적용할 수 있다. 〈신설 2022. 2. 3.〉

시행령

제82조(건축물의 높이 제한)

① 허가권자는 법 제60조 제1항에 따라 가로구역별로 건축물의 최고 높이를 지정·공고할 때에는 다음 각 호의 사항을 고려하여야 한다.〈개정 2012.4.10., 2014.10.14〉

1. 도시·군 관리계획 등의 토지이용계획
2. 해당 가로구역이 접하는 도로의 너비
3. 해당 가로구역의 상·하수도 등 간선시설의 수용능력
4. 도시미관 및 경관계획
5. 해당 도시의 장래 발전계획

② 허가권자는 제1항에 따라 가로구역별 건축물의 최고 높이를 지정하려면 지방건축위원회의 심의를 거쳐야 한다. 이 경우 주민의 의견청취 절차 등은 「토지이용규제 기본법」 제8조에 따른다.〈개정 2011.6.29., 2014.10.14〉

③ 허가권자는 같은 가로구역에서 건축물의 용도 및 형태에 따라 건축물의 높이를 다르게 정할 수 있다.

④ 법 제60조 제1항 단서에 따라 가로구역의 최고높이를 완화하여 적용하는 경우에 대한 구체적인 완화기준은 제1항 각 호의 사항을 고려하여 건축조례로 정한다.〈개정 2010.2.18, 2014.10.14〉

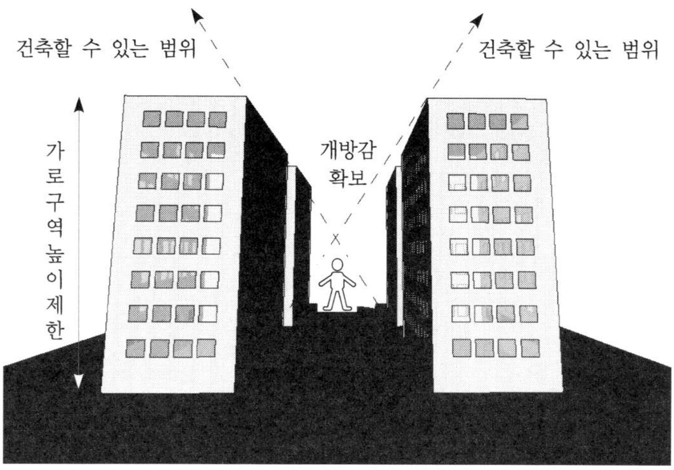

가로구역에 대한 건축물의 최고높이

1) **원칙** : 허가권자는 다음 1~5의 요건을 고려하여 가로구역 및 그 가로구역에 적용할 최고높이를 지정, 공고할 수 있다.
   ① 도시 · 군 관리계획 등의 토지이용계획
   ② 해당 가로구역이 접하는 도로의 너비
   ③ 해당 가로구역의 상 · 하수도 등 간선시설의 수용능력
   ④ 도시미관 및 경관계획
   ⑤ 해당 도시의 장래발전계획

2) **완화규정** : 특별자치시장 · 특별자치도지사 또는 시장, 군수, 구청장은 가로 구역의 최고높이를 완화 하여 적용할 필요가 있다고 판단되는 대지에 대해서는 건축위원회의 심의를 거쳐 최고높이를 완화하여 적용할 수 있다.

3) 특별시장이나 광역시장은 도시의 관리를 위하여 필요한 경우에는 가로구역별 건축물의 최고높이를 특별시 또는 광역시의 조례로 정할 수 있다.

4) 허가권자는 일조(日照) · 통풍 등 주변 환경 및 도시미관에 미치는 영향이 크지 않다고 인정하는 경우에는 건축위원회의 심의를 거쳐 이 법 및 다른 법률에 따른 가로구역의 높이 완화에 관한 규정을 중첩하여 적용할 수 있다.

6-8 일조 등의 확보를 위한 건축물의 높이 제한

건축법 **제61조(일조 등의 확보를 위한 건축물의 높이 제한)** ① 전용주거지역과 일반주거지역 안에서 건축하는 건축물의 높이는 일조 등의 확보를 위하여 정북방향(正北方向)의 인접 대지경계선으로부터의 거리에 따라 대통령령으로 정하는 높이 이하로 하여야 한다. 〈개정 2022. 2. 3.〉

② 다음 각 호의 어느 하나에 해당하는 공동주택(일반상업지역과 중심상업지역에 건축하는 것은 제외한다)은 채광(採光) 등의 확보를 위하여 대통령령으로 정하는 높이 이하로 하여야 한다. 〈개정 2013. 5. 10.〉

1. 인접 대지경계선 등의 방향으로 채광을 위한 창문 등을 두는 경우
2. 하나의 대지에 두 동(棟) 이상을 건축하는 경우

③ 다음 각 호의 어느 하나에 해당하면 제1항에도 불구하고 건축물의 높이를 정남(正南)방향의 인접 대지경계선으로부터의 거리에 따라 대통령령으로 정하는 높이 이하로 할 수 있다. 〈개정 2011. 5. 30., 2014. 1. 14., 2014. 6. 3., 2016. 1. 19., 2017. 2. 8.〉

1. 「택지개발촉진법」 제3조에 따른 택지개발지구인 경우
2. 「주택법」 제15조에 따른 대지조성사업지구인 경우
3. 「지역 개발 및 지원에 관한 법률」 제11조에 따른 지역개발사업구역인 경우
4. 「산업입지 및 개발에 관한 법률」 제6조, 제7조, 제7조의2 및 제8조에 따른 국가산업단지, 일반산업단지, 도시첨단산업단지 및 농공단지인 경우
5. 「도시개발법」 제2조제1항제1호에 따른 도시개발구역인 경우
6. 「도시 및 주거환경정비법」 제8조에 따른 정비구역인 경우
7. 정북방향으로 도로, 공원, 하천 등 건축이 금지된 공지에 접하는 대지인 경우
8. 정북방향으로 접하고 있는 대지의 소유자와 합의한 경우나 그 밖에 대통령령으로 정하는 경우

④ 2층 이하로서 높이가 8미터 이하인 건축물에는 해당 지방자치단체의 조례로 정하는 바에 따라 제1항부터 제3항까지의 규정을 적용하지 아니할 수 있다.

시행령 **제86조(일조 등의 확보를 위한 건축물의 높이 제한)** ① 전용주거지역이나 일반주거지역에서 건축물을 건축하는 경우에는 법 제61조제1항에 따라 건축물의 각 부분을 정북(正北) 방향으로의 인접 대지경계선으로부터 다음 각 호의 범위에서 건축조례로 정하는 거리 이상을 띄어 건축하여야 한다. 〈개정 2015. 7. 6., 2023. 9. 12.〉

1. 높이 10미터 이하인 부분: 인접 대지경계선으로부터 1.5미터 이상
2. 높이 10미터를 초과하는 부분: 인접 대지경계선으로부터 해당 건축물 각 부분 높이의 2분의 1 이상

② 다음 각 호의 어느 하나에 해당하는 경우에는 제1항을 적용하지 아니한다. 〈신설 2015. 7. 6., 2016. 5. 17., 2016. 7. 19., 2017. 12. 29.〉

1. 다음 각 목의 어느 하나에 해당하는 구역 안의 대지 상호간에 건축하는 건축물로서 해당 대지가 너비 20미터 이상의 도로(자동차·보행자·자전거 전용도로를 포함하며, 도로에 공공공지, 녹지, 광장, 그 밖에 건축미관에 지장이 없는 도시·군계획시설이 접한 경우 해당 시설을 포함한다)에 접한 경우
   가. 「국토의 계획 및 이용에 관한 법률」 제51조에 따른 지구단위계획구역, 같은 법 제37조제1항제1호에 따른 경관지구
   나. 「경관법」 제9조제1항제4호에 따른 중점경관관리구역
   다. 법 제77조의2제1항에 따른 특별가로구역
   라. 도시미관 향상을 위하여 허가권자가 지정·공고하는 구역
2. 건축협정구역 안에서 대지 상호간에 건축하는 건축물(법 제77조의4제1항에 따른 건축협정에 일정 거리 이상을 띄어 건축하는 내용이 포함된 경우만 해당한다)의 경우
3. 건축물의 정북 방향의 인접 대지가 전용주거지역이나 일반주거지역이 아닌 용도지역에 해당하는 경우

③ 법 제61조제2항에 따라 공동주택은 다음 각 호의 기준을 충족해야 한다. 다만, 채광을 위한 창문 등이 있는 벽면에서 직각 방향으로 인접 대지경계선까지의 수평거리가 1미터 이상으로서 건축조례로 정하는 거리 이상인 다세대주택은 제1호를 적용하지 않는다. 〈개정 2009. 7. 16., 2013. 5. 31., 2015. 7. 6., 2021. 11. 2., 2024. 6. 18.〉

1. 건축물(기숙사는 제외한다)의 각 부분의 높이는 그 부분으로부터 채광을 위한 창문 등이 있는 벽면에서 직각 방향으로 인접 대지경계선까지의 수평거리의 2배(근린상업지역 또는 준주거지역의 건축물은 4배) 이하로 할 것
2. 같은 대지에서 두 동(棟) 이상의 건축물이 서로 마주보고 있는 경우(한 동의 건축물 각 부분이 서로 마주보고 있는 경우를 포함한다)에 건축물 각 부분 사이의 거리는 다음 각 목의 거리 이상을 띄어 건축할 것. 다만, 그 대지의 모든 세대가 동지(冬至)를 기준으로 9시에서 15시 사이에 2시간 이상을 계속하여 일조(日照)를 확보할 수 있는 거리 이상으로 할 수 있다.

가. 채광을 위한 창문 등이 있는 벽면으로부터 직각방향으로 건축물 각 부분 높이의 0.5배(도시형 생활주택의 경우에는 0.25배) 이상의 범위에서 건축조례로 정하는 거리 이상

나. 가목에도 불구하고 서로 마주보는 건축물 중 높은 건축물(높은 건축물을 중심으로 마주보는 두 동의 축이 시계방향으로 정동에서 정서 방향인 경우만 해당한다)의 주된 개구부(거실과 주된 침실이 있는 부분의 개구부를 말한다)의 방향이 낮은 건축물을 향하는 경우에는 10미터 이상으로서 낮은 건축물 각 부분의 높이의 0.5배(도시형 생활주택의 경우에는 0.25배) 이상의 범위에서 건축조례로 정하는 거리 이상

다. 가목에도 불구하고 건축물과 부대시설 또는 복리시설이 서로 마주보고 있는 경우에는 부대시설 또는 복리시설 각 부분 높이의 1배 이상

라. 채광창(창넓이가 0.5제곱미터 이상인 창을 말한다)이 없는 벽면과 측벽이 마주보는 경우에는 8미터 이상

마. 측벽과 측벽이 마주보는 경우[마주보는 측벽 중 하나의 측벽에 채광을 위한 창문 등이 설치되어 있지 아니한 바닥면적 3제곱미터 이하의 발코니(출입을 위한 개구부를 포함한다)를 설치하는 경우를 포함한다]에는 4미터 이상

3. 주택단지에 두 동 이상의 건축물이 법 제2조제1항제11호에 따른 도로를 사이에 두고 서로 마주보고 있는 경우에는 제2호가목부터 다목까지의 규정을 적용하지 아니하되, 해당 도로의 중심선을 인접 대지경계선으로 보아 제1호를 적용한다.

④ 법 제61조제3항 각 호 외의 부분에서 “대통령령으로 정하는 높이”란 제1항에 따른 높이의 범위에서 특별자치시장 · 특별자치도지사 또는 시장 · 군수 · 구청장이 정하여 고시하는 높이를 말한다. 〈개정 2014. 10. 14., 2015. 7. 6.〉

⑤ 특별자치시장 · 특별자치도지사 또는 시장 · 군수 · 구청장은 제4항에 따라 건축물의 높이를 고시하려면 국토교통부령으로 정하는 바에 따라 미리 해당 지역주민의 의견을 들어야 한다. 다만, 법 제61조제3항제1호부터 제6호까지의 어느 하나에 해당하는 지역인 경우로서 건축위원회의 심의를 거친 경우에는 그러하지 아니하다. 〈개정 2013. 3. 23., 2014. 10. 14., 2015. 7. 6., 2016. 5. 17.〉

⑥ 제1항부터 제5항까지를 적용할 때 건축물을 건축하려는 대지와 다른 대지 사이에 다음 각 호의 시설 또는 부지가 있는 경우에는 그 반대편의 대지경계선(공동주택은 인접 대지경계선과 그 반대편 대지경계선의 중심선)을 인접 대지경계선으로 한다. 〈개정 2009. 7. 16., 2014. 11. 11., 2015. 7. 6., 2016. 5. 17., 2021. 11. 2.〉

1. 공원(「도시공원 및 녹지 등에 관한 법률」 제2조제3호에 따른 도시공원 중 지방건

축위원회의 심의를 거쳐 허가권자가 공원의 일조 등을 확보할 필요가 있다고 인정하는 공원은 제외한다), 도로, 철도, 하천, 광장, 공공공지, 녹지, 유수지, 자동차 전용도로, 유원지

2. 다음 각 목에 해당하는 대지(건축물이 없는 경우로 한정한다)

가. 너비(대지경계선에서 가장 가까운 거리를 말한다)가 2미터 이하인 대지

나. 면적이 제80조 각 호에 따른 분할제한 기준 이하인 대지

3. 제1호 및 제2호 외에 건축이 허용되지 아니하는 공지

⑦ 제1항부터 제5항까지의 규정을 적용할 때 건축물(공동주택으로 한정한다)을 건축하려는 하나의 대지 사이에 제6항 각 호의 시설 또는 부지가 있는 경우에는 지방건축위원회의 심의를 거쳐 제6항 각 호의 시설 또는 부지를 기준으로 마주하고 있는 해당 대지의 경계선의 중심선을 인접 대지경계선으로 할 수 있다. 〈신설 2018. 9. 4.〉

[전문개정 2008. 10. 29.]

시행규칙 **제36조(일조등의 확보를 위한 건축물의 높이제한)** 특별자치시장 · 특별자치도지사 또는 시장 · 군수 · 구청장은 영 제86조 제5항에 따라 건축물의 높이를 고시하기 위하여 주민의 의견을 듣고자 할 때는 그 내용을 30일간 주민에게 공람시켜야 한다.〈개정 2011.6.29., 2014.10.15., 2016.5.30.〉

일조 등의 확보를 위한 건축물의 높이 제한

1) 전용주거지역, 일반주거지역 안에서의 일조 등의 확보를 위한 높이 제한

- 원칙 : 전용주거지역과 일반주거지역 안에서 건축물(공동주택도 포함)을 건축하는 경우 건축물의 각 부분을 정북방향으로의 인접 대지경계선으로부터 다음 ①~②의 범위에서 건축조례가 정하는 거리 이상을 띄어 건축하여야 한다.

층수 및 높이		인접 대지경계선으로부터 띄어야 할 거리
①	높이 10m 이하인 부분	1.5m 이상
②	높이 10m를 초과하는 부분	인접 대지경계선으로부터 해당 건축물의 각 부분의 높이의 1/2 이상

2) 일조 등의 확보를 위한 높이 제한을 적용하지 않는 경우

① 다음 각 목의 어느 하나에 해당하는 구역 안의 대지 상호간에 건축하는 건축물로서 해당 대지가 너비 20미터 이상의 도로(자동차 · 보행자 · 자전거 전용도로, 도로에 공공공지, 녹지, 광장, 그 밖에 건축미관에 지장이 없는 도시 · 군계획시설이 접한 경우 포함)에 접한 경우

- 지구단위계획구역
- 경관지구
- 중점경관관리구역
- 특별가로구역
- 도시미관 향상을 위하여 허가권자가 지정 · 공고하는 구역

② 건축협정구역 안에서 대지 상호간에 건축하는 건축물(법 제77조의4제1항에 따른 건축협정에 일정 거리 이상을 띄어 건축하는 내용이 포함된 경우만 해당)

③ 건축물의 정북 방향의 인접 대지가 전용주거지역이나 일반주거지역이 아닌 용도 지역에 해당하는 경우

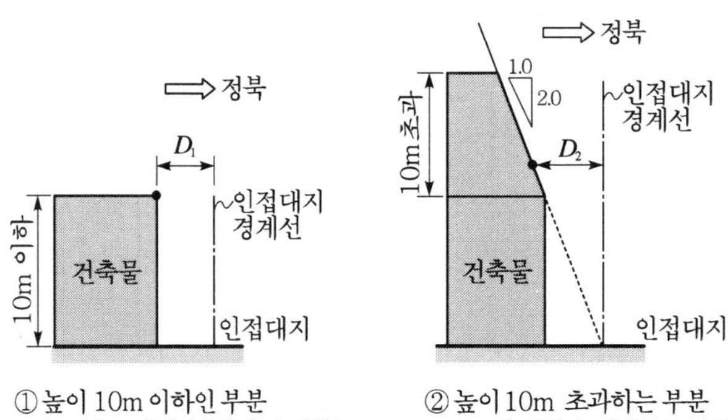

① 높이 10m 이하인 부분
D_1 : 1.5m 이상 (절대거리 제한)

② 높이 10m 초과하는 부분
D_2 : 각 부분 높이의 1/2 이상 (사선제한)

3) 공동주택의 일조 등의 확보를 위한 채광방향 높이 제한

• 원칙 : 공동주택(일반상업지역과 중심상업지역에 건축하는 것은 제외)의 경우 앞의 1) '전용주거지역, 일반주거지역 안에서의 일조 등의 확보를 위한 높이 제한' 의 정북방향 높이 제한규정에 적합하여야 할 뿐만 아니라 다음 (1)~(3)의 규정에도 적합하게 건축하여야 한다.

(1) 채광을 위한 창문 등이 향하는 방향의 채광방향 높이 제한

건축물(기숙사를 제외)의 각 부분의 높이는 그 부분으로부터 채광을 위한 창문 등이 있는 벽면에서 직각방향으로 인접대지경계선까지의 수평거리의 2배(근린상업지역 또는 준주거지역안의 건축물은 4배)이하로 할 것. 다만, 채광을 위한 창문등이 있는 벽면에서 직각방향으로 인접 대지경계선註)까지의 수평거리가 1m 이상으로서 건축조례가 정하는 거리 이상인 다세대 주택인 경우 앞의 본문의 규정을 적용하지 아니한다.

주) 공동주택의 경우 건축물을 건축하고자 하는 대지와 다른 대지 사이에 공원, 도로, 철도, 하천, 광장, 공공공지, 녹지, 유수지, 자동차 전용도로, 유원지 기타 건축이 허용되지 아니하는 공지가 있는 경우에는 인접 대지경계선과 그 반대편의 대지경계선과의 중심선을 인접 대지경계선으로 본다.

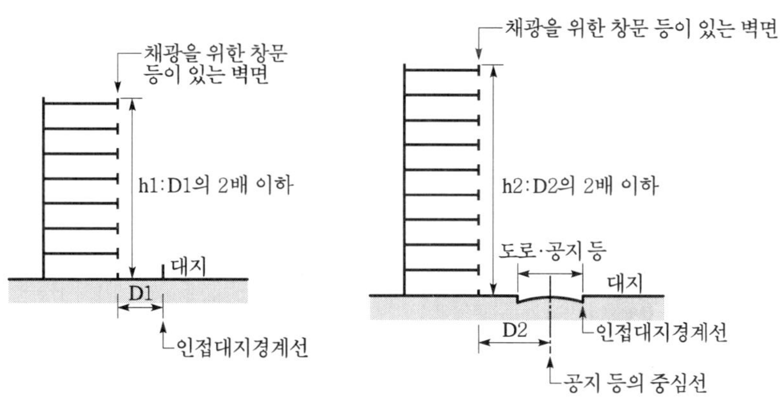

(2) 동간 떨어지는 거리

• 원칙 : 같은 대지에서 두 동 이상의 건축물이 서로 마주보고 있는 경우 한 동의 건축물의 각 부분이 서로 마주보고 있는 경우를 포함)의 건축물 각 부분사이의 거리는 다음 각 항목의 거리 이상을 띄어 건축하여야 한다.

구분	내용
가. 채광을 위한 창문 등이 있는 벽면으로부터 직각방향으로 건축물 각 부분의 높이의	0.5배(도시형 생활주택의 경우에는 0.25배) 이상의 범위에서 건축조례로 정하는 거리 이상
나. 가목에도 불구하고 서로 마주보는 건축물 중 높은 건축물(높은 건축물을 중심으로 마주보는 두 동의 축이 시계방향으로 정동에서 정서 방향인 경우만 해당한다)의 주된 개구부(거실과 주된 침실이 있는 부분의 개구부를 말한다)의 방향이 낮은 건축물을 향하는 경우	10미터 이상으로서 낮은 건축물 각 부분의 높이의 0.5배(도시형 생활주택의 경우에는 0.25배) 이상의 범위에서 건축조례로 정하는 거리 이상
다. (가) 항목에도 불구하고, 건축물과 부대시설 또는 복리시설이 서로 마주보고 있는 경우	부대시설 또는 복리시설 각 부분 높이의 1배 이상
라. 채광창(주1)이 없는 벽면과 측벽과 마주보는 경우	8m 이상
마. 측벽과 측벽이 마주보고 있는 경우(주2)	4m 이상

(주1) 창넓이 0.5㎡ 이상의 창을 말한다.

(주2) 마주보는 측벽 중 1개의 측벽에 한하여 채광을 위한 창문 등이 설치되어 있지 아니한 바닥면적 3㎡ 이하의 발코니를 설치하는 경우를 포함한다.

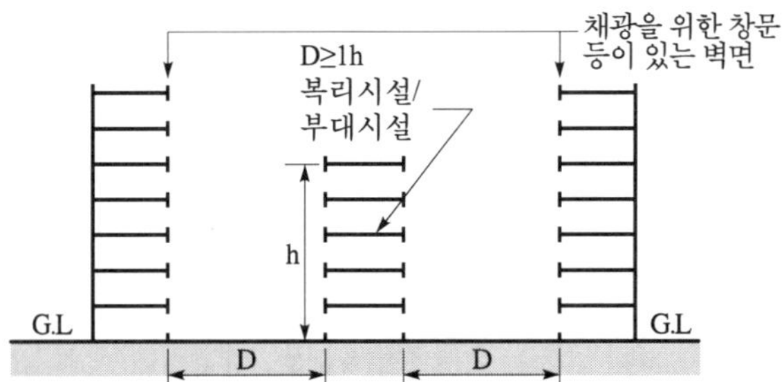

단면도

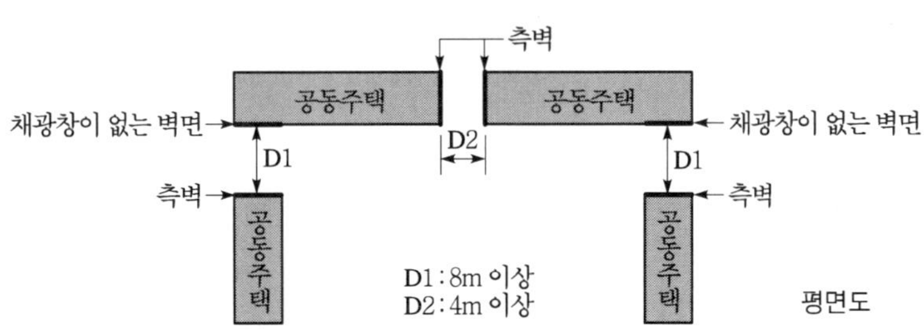

평면도

• 단서 : 앞의 원칙의 규정을 적용함에 있어 그 대지의 모든 세대가 동지(冬至)를 기준으로 9시에서 15시 사이에 2시간 이상을 계속하여 일조를 확보할 수 있는 거리 이상으로 할 수 있다.

(3) 주택단지에서 두 동 이상의 건축물이 도로를 사이에 두고 서로 마주보고 있는 경우 앞의 (2)의 '가 항목' 및 '나 항목' 의 규정을 적용하지 아니하되, 해당 도로의 중심선을 인접 대지경계선으로 보아 앞의 ①의 규정을 적용한다.

출제빈도 ■■■■
중요도 ■■■■

주요내용

승강설비, 열손실방지와 각종 설비 기준으로 구성되어 있고, 조문의 기본적 구성체계는 설비대상 건축물과 해당 설비의 설치 기술 기준 등 구체적 내용을 담고 있다.
실무에서는 승용승강기, 비상용 승강기 등의 기준은 반드시 확인하여야 할 중요한 부분이고, 에너지 절약계획서 제출 대상 등을 묻는 문제들이 많이 출제되고 있다.
구체적으로 기억해야할 숫자들이 많아 수험생들은 특히 유념해야 하는 부분이다.

세부목차

참고용 건축법 목차

CHAPTER 7

제7장 건축설비

7-1 건축설비기준 등

건축법 **제62조(건축설비기준 등)** 건축설비의 설치 및 구조에 관한 기준과 설계 및 공사감리에 관하여 필요한 사항은 대통령령으로 정한다.

시행규칙 **제87조(건축설비 설치의 원칙)** ① 건축설비는 건축물의 안전·방화, 위생, 에너지 및 정보통신의 합리적 이용에 지장이 없도록 설치하여야 하고, 배관피트 및 닥트의 단면적과 수선구의 크기를 해당 설비의 수선에 지장이 없도록 하는 등 설비의 유지·관리가 쉽게 설치하여야 한다.

② 건축물에 설치하는 급수·배수·냉방·난방·환기·피뢰 등 건축설비의 설치에 관한 기술적 기준은 국토교통부령으로 정하되, 에너지 이용 합리화와 관련한 건축설비의 기술적 기준에 관하여는 산업통상자원부장관과 협의하여 정한다.〈개정 2013.3.23.〉

③ 건축물에 설치하여야 하는 장애인 관련 시설 및 설비는 「장애인·노인·임산부 등의 편의증진보장에 관한 법률」 제14조에 따라 작성하여 보급하는 편의시설 상세표준도에 따른다.〈개정 2012.12.12.〉

④ 건축물에는 방송수신에 지장이 없도록 공동시청 안테나, 유선방송 수신시설, 위성방송 수신설비, 에프엠(FM)라디오방송 수신설비 또는 방송 공동수신설비를 설치할 수 있다. 다만, 다음 각 호의 건축물에는 방송 공동수신설비를 설치하여야 한다.〈개정 2009.7.16., 2012.12.12.〉

1. 공동주택
2. 바닥면적의 합계가 5천 제곱미터 이상으로서 업무시설이나 숙박시설의 용도로 쓰는 건축물

⑤ 제4항에 따른 방송 수신설비의 설치기준은 미래창조과학부장관이 정하여 고시하는 바에 따른다.〈신설 2009.7.16., 2013.3.23.〉

⑥ 연면적이 500제곱미터 이상인 건축물의 대지에는 국토교통부령으로 정하는 바에

따라 「전기사업법」 제2조 제2호에 따른 전기사업자가 전기를 배전(配電)하는 데 필요한 전기설비를 설치할 수 있는 공간을 확보하여야 한다.〈신설 2009.7.16., 2013.3.23.〉

⑦ 해풍이나 염분 등으로 인하여 건축물의 재료 및 기계설비 등에 조기 부식과 같은 피해 발생이 우려되는 지역에서는 해당 지방자치단체는 이를 방지하기 위하여 다음 각 호의 사항을 조례로 정할 수 있다.〈신설 2010.2.18.〉

1. 해풍이나 염분 등에 대한 내구성 설계기준
2. 해풍이나 염분 등에 대한 내구성 허용기준
3. 그 밖에 해풍이나 염분 등에 따른 피해를 막기 위하여 필요한 사항

⑧ 건축물에 설치하여야 하는 우편수취함은 「우편법」 제37조의2의 기준에 따른다.〈신설 2014.10.14.〉

7-1-1 공동주택 및 다중이용시설의 환기설비기준 등

설비기준 **제11조(공동주택 및 다중이용시설의 환기설비기준 등)** ①영 제87조제2항의 규정에 따라 신축 또는 리모델링하는 다음 각 호의 어느 하나에 해당하는 주택 또는 건축물(이하 "신축공동주택등"이라 한다)은 시간당 0.5회 이상의 환기가 이루어질 수 있도록 자연환기설비 또는 기계환기설비를 설치해야 한다.〈개정 2013. 9. 2., 2013. 12. 27., 2020. 4. 9.〉

1. 30세대 이상의 공동주택
2. 주택을 주택 외의 시설과 동일건축물로 건축하는 경우로서 주택이 30세대 이상인 건축물

② 신축공동주택등에 자연환기설비를 설치하는 경우에는 자연환기설비가 제1항에 따른 환기횟수를 충족하는지에 대하여 법 제4조에 따른 지방건축위원회의 심의를 받아야 한다. 다만, 신축공동주택등에 「산업표준화법」에 따른 한국산업표준(이하 "한국산업표준"이라 한다)의 자연환기설비 환기성능 시험방법(KSF 2921)에 따라 성능시험을 거친 자연환기설비를 별표 1의3에 따른 자연환기설비 설치 길이 이상으로 설치하는 경우는 제외한다.〈개정 2009. 12. 31., 2010. 11. 5., 2015. 7. 9.〉

③ 신축공동주택등에 자연환기설비 또는 기계환기설비를 설치하는 경우에는 별표 1의4 또는 별표 1의5의 기준에 적합하여야 한다.〈개정 2008. 7. 10., 2009. 12. 31.〉

④ 특별시장 · 광역시장 · 특별자치시장 · 특별자치도지사 또는 시장 · 군수 · 구청장(자치구의 구청장을 말하며, 이하 "허가권자"라 한다)은 30세대 미만인 공동주택과 주

택을 주택 외의 시설과 동일 건축물로 건축하는 경우로서 주택이 30세대 미만인 건축물 및 단독주택에 대해 시간당 0.5회 이상의 환기가 이루어질 수 있도록 자연환기설비 또는 기계환기설비의 설치를 권장할 수 있다.〈신설 2020. 4. 9.〉

⑤ 다중이용시설을 신축하는 경우에 기계환기설비를 설치해야 하는 다중이용시설 및 각 시설의 필요 환기량은 별표 1의6과 같으며, 설치해야 하는 기계환기설비의 구조 및 설치는 다음 각 호의 기준에 적합해야 한다.〈개정 2008. 7. 10., 2009. 12. 31., 2010. 11. 5., 2020. 4. 9.〉

1. 다중이용시설의 기계환기설비 용량기준은 시설이용 인원 당 환기량을 원칙으로 산정할 것
2. 기계환기설비는 다중이용시설로 공급되는 공기의 분포를 최대한 균등하게 하여 실내 기류의 편차가 최소화될 수 있도록 할 것
3. 공기공급체계 · 공기배출체계 또는 공기흡입구 · 배기구 등에 설치되는 송풍기는 외부의 기류로 인하여 송풍능력이 떨어지는 구조가 아닐 것
4. 바깥공기를 공급하는 공기공급체계 또는 바깥공기가 도입되는 공기흡입구는 다음 각 목의 요건을 모두 갖춘 공기여과기 또는 집진기(集塵機) 등을 갖출 것
   가. 입자형 · 가스형 오염물질을 제거 또는 여과하는 성능이 일정 수준 이상일 것
   나. 여과장치 등의 청소 및 교환 등 유지관리가 쉬운 구조일 것
   다. 공기여과기의 경우 한국산업표준(KS B 6141)에 따른 입자 포집률이 계수법으로 측정하여 60퍼센트 이상일 것
5. 공기배출체계 및 배기구는 배출되는 공기가 공기공급체계 및 공기흡입구로 직접 들어가지 아니하는 위치에 설치할 것
6. 기계환기설비를 구성하는 설비 · 기기 · 장치 및 제품 등의 효율과 성능 등을 판정하는데 있어 이 규칙에서 정하지 아니한 사항에 대하여는 해당항목에 대한 한국산업표준에 적합할 것

[본조신설 2006. 2. 13.]

7-1-2 개별난방설비

설비기준 **제13조(개별난방설비 등)** ①영 제87조제2항의 규정에 의하여 공동주택과 오피스텔의 난방설비를 개별난방방식으로 하는 경우에는 다음 각호의 기준에 적합하여야 한다.〈개정 1996. 2. 9., 1999. 5. 11., 2001. 1. 17., 2017. 12. 4.〉

1. 보일러는 거실외의 곳에 설치하되, 보일러를 설치하는 곳과 거실사이의 경계벽

은 출입구를 제외하고는 내화구조의 벽으로 구획할 것

2. 보일러실의 윗부분에는 그 면적이 0.5제곱미터 이상인 환기창을 설치하고, 보일러실의 윗부분과 아랫부분에는 각각 지름 10센티미터 이상의 공기흡입구 및 배기구를 항상 열려있는 상태로 바깥공기에 접하도록 설치할 것. 다만, 전기보일러의 경우에는 그러하지 아니하다.
3. 삭제 〈1999. 5. 11.〉
4. 보일러실과 거실사이의 출입구는 그 출입구가 닫힌 경우에는 보일러가스가 거실에 들어갈 수 없는 구조로 할 것
5. 기름보일러를 설치하는 경우에는 기름저장소를 보일러실외의 다른 곳에 설치할 것
6. 오피스텔의 경우에는 난방구획을 방화구획으로 구획할 것
7. 보일러의 연도는 내화구조로서 공동연도로 설치할 것

② 가스보일러에 의한 난방설비를 설치하고 가스를 중앙집중공급방식으로 공급하는 경우에는 제1항의 규정에 불구하고 가스관계법령이 정하는 기준에 의하되, 오피스텔의 경우에는 난방구획을 방화구획으로 구획해야 한다. 〈신설 1999. 5. 11., 2024. 8. 7.〉

③ 허가권자는 개별 보일러를 설치하는 건축물의 경우 소방청장이 정하여 고시하는 기준에 따라 일산화탄소 경보기를 설치하도록 권장할 수 있다. 〈신설 2020. 4. 9.〉

[제목개정 2020. 4. 9.]

1) 공동주택과 오피스텔의 난방설비를 개별난방 방식으로 할 경우

구분	설치내용
보일러의 위치	• 보일러실의 위치는 거실 이외의 곳에 설치 • 보일러실과 거실의 경계벽은 내화구조의 벽으로 구획(출입구 제외)
보일러실의 환기창	• 환기창 : 0.5㎡ 이상으로 하고 윗부분에 설치 • 환기구 : 상 · 하부분에 각각 지름 10cm 이상의 공기흡입구 및 배기구 설치 (항상 개방된 상태로 외기에 접하도록 설치) – 전기보일러의 경우 예외
보일러실의 출입구	보일러실과 거실사이의 출입구는 가스가 거실에 들어갈 수 없는 구조일 것 (출입구가 닫힌 경우)
기름보일러	기름저장소는 보일러실 외에 다른 곳에 설치할 것
보일러의 연도	보일러의 연도는 내화구조로서 공동연도로 설치할 것
오피스텔의 경우	난방구획을 방화구획으로 구획할 것

2) 가스보일러에 의한 난방설비를 설치하고 가스를 중앙집중공급방식으로 공급하는 경우
- 오피스텔의 경우에는 난방구획마다 내화구조로 구획해야 함

3) 개별 보일러를 설치하는 건축물의 경우
- 일산화탄소 경보기를 설치하도록 권장할 수 있음

7-1-3 배관설비

설비기준 제17조(배관설비)

① 건축물에 설치하는 급수·배수 등의 용도로 쓰는 배관설비의 설치 및 구조는 다음 각 호의 기준에 적합하여야 한다.

1. 배관설비를 콘크리트에 묻는 경우 부식의 우려가 있는 재료는 부식방지조치를 할 것
2. 건축물의 주요부분을 관통하여 배관하는 경우에는 건축물의 구조내력에 지장이 없도록 할 것
3. 승강기의 승강로 안에는 승강기의 운행에 필요한 배관설비외의 배관설비를 설치하지 아니할 것
4. 압력탱크 및 급탕설비에는 폭발 등의 위험을 막을 수 있는 시설을 설치할 것

② 제1항의 규정에 의한 배관설비로서 배수용으로 쓰이는 배관설비는 제1항 각 호의 기준 외에 다음 각 호의 기준에 적합하여야 한다.

1. 배출시키는 빗물 또는 오수의 양 및 수질에 따라 그에 적당한 용량 및 경사를 지게 하거나 그에 적합한 재질을 사용할 것
2. 배관설비에는 배수트랩·통기관을 설치하는 등 위생에 지장이 없도록 할 것
3. 배관설비의 오수에 접하는 부분은 내수재료를 사용할 것
4. 지하실등 공공하수도로 자연배수를 할 수 없는 곳에는 배수용량에 맞는 강제배수시설을 설치할 것
5. 우수관과 오수관은 분리하여 배관할 것
6. 콘크리트구조체에 배관을 매설하거나 배관이 콘크리트구조체를 관통할 경우에는 구조체에 덧관을 미리 매설하는 등 배관의 부식을 방지하고 그 수선 및 교체가 용이하도록 할 것

③ 삭제〈1996.2.9〉

7-1-4 물막이설비

설비기준 제17조의2(물막이설비)

① 다음 각 호의 어느 하나에 해당하는 지역에서 건축물을 건축하려는 자는 빗물 등의 유입으로 건축물이 침수되지 않도록 해당 건축물의 지하층 및 1층의 출입구(주차장의 출입구를 포함한다. 이하 이 조에서 같다)에 물막이판 등 해당 건축물의 침수를 방지할 수 있는 설비(이하 "물막이설비"라 한다)를 설치해야 한다. 다만, 해당 건축물의 지하층 및 1층의 출입구를 국토교통부장관이 정하여 고시하는 예상 침수 높이 이상으로 설치한 경우에는 물막이설비를 설치한 것으로 본다. 〈개정 2020. 4. 9., 2021. 8. 27., 2024. 3. 21.〉

1. 「국토의 계획 및 이용에 관한 법률」 제37조제1항제4호에 따른 방재지구
2. 「자연재해대책법 시행령」 제15조제2호마목에 따른 행정안전부장관이 고시하는 지역

② 제1항에 따라 설치되는 물막이설비는 다음 각 호의 기준에 적합해야 한다. 〈개정 2013. 3. 23., 2021. 8. 27.〉

1. 건축물의 이용 및 피난에 지장이 없는 구조일 것
2. 그 밖에 국토교통부장관이 정하여 고시하는 기준에 적합하게 설치할 것

[본조신설 2012. 4. 30.]

[제목개정 2021. 8. 27.]

7-1-5 먹는물용 배관설비의 설치 및 구조

설비기준 제18조(먹는물용 배관설비) 영 제87조제2항에 따라 건축물에 설치하는 먹는물용 배관설비의 설치 및 구조는 다음 각 호의 기준에 적합해야 한다. 〈개정 1996. 2. 9., 1999. 5. 11., 2002. 8. 31., 2006. 2. 13., 2009. 12. 31., 2021. 8. 27.〉

1. 제17조제1항 각호의 기준에 적합할 것
2. 먹는물용 배관설비는 다른 용도의 배관설비와 직접 연결하지 않을 것
3. 급수관 및 수도계량기는 얼어서 깨지지 아니하도록 별표 3의2의 규정에 의한 기준에 적합하게 설치할 것
4. 제3호에서 정한 기준외에 급수관 및 수도계량기가 얼어서 깨지지 아니하도록 하기 위하여 지역실정에 따라 당해 지방자치단체의 조례로 기준을 정한 경우에는 동기준에 적합하게 설치할 것
5. 급수 및 저수탱크는 「수도시설의 청소 및 위생관리 등에 관한 규칙」 별표 1의 규

정에 의한 저수조설치기준에 적합한 구조로 할 것

6. 먹는물의 급수관의 지름은 건축물의 용도 및 규모에 적정한 규격이상으로 할 것. 다만, 주거용 건축물은 해당 배관에 의하여 급수되는 가구수 또는 바닥면적의 합계에 따라 별표 3의 기준에 적합한 지름의 관으로 배관해야 한다.
7. 먹는물용 급수관은 「수도법 시행규칙」 제10조 및 별표 4에 따른 위생안전기준에 적합한 수도용 자재 및 제품을 사용할 것

[제목개정 2021. 8. 27.]

[별표 3]〈개정 1999.5.11〉

주거용 건축물 급수관의 지름(제18조 관련)

가구 또는 세대수	1	2·3	4·5	6~8	9~16	17 이상
급수관 지름의 최소기준(밀리미터)	15	20	25	32	40	50

비 고

1. 가구 또는 세대의 구분이 불분명한 건축물에 있어서는 주거에 쓰이는 바닥면적의 합계에 따라 다음과 같이 가구수를 산정한다.

가. 바닥면적 85제곱미터 이하 : 1가구

나. 바닥면적 85제곱미터 초과 150제곱미터 이하 : 3가구

다. 바닥면적 150제곱미터 초과 300제곱미터 이하 : 5가구

라. 바닥면적 300제곱미터 초과 500제곱미터 이하 : 16가구

마. 바닥면적 500제곱미터 초과 : 17가구

2. 가압설비 등을 설치하여 급수되는 각 가구에서의 압력이 1센티미터당 0.7킬로그램 이상인 경우에는 위 표의 기준을 적용하지 아니 할 수 있다.

7-1-6 피뢰설비

설비 기준

제20조(피뢰설비) 영 제87조제2항에 따라 낙뢰의 우려가 있는 건축물, 높이 20미터 이상의 건축물 또는 영 제118조제1항에 따른 공작물로서 높이 20미터 이상의 공작물(건축물에 영 제118조제1항에 따른 공작물을 설치하여 그 전체 높이가 20미터 이상인 것을 포함한다)에는 다음 각 호의 기준에 적합하게 피뢰설비를 설치해야 한다. 〈개정 2010. 11. 5., 2012. 4. 30., 2021. 8. 27.〉

1. 피뢰설비는 한국산업표준이 정하는 피뢰레벨 등급에 적합한 피뢰설비일 것. 다만, 위험물저장 및 처리시설에 설치하는 피뢰설비는 한국산업표준이 정하는 피뢰시스템레벨 Ⅱ 이상이어야 한다.
2. 돌침은 건축물의 맨 윗부분으로부터 25센티미터 이상 돌출시켜 설치하되, 「건축물의 구조기준 등에 관한 규칙」 제9조에 따른 설계하중에 견딜 수 있는 구조일 것
3. 피뢰설비의 재료는 최소 단면적이 피복이 없는 동선(銅線)을 기준으로 수뢰부, 인하도선 및 접지극은 50제곱밀리미터 이상이거나 이와 동등 이상의 성능을 갖출 것
4. 피뢰설비의 인하도선을 대신하여 철골조의 철골구조물과 철근콘크리트조의 철근구조체 등을 사용하는 경우에는 전기적 연속성이 보장될 것. 이 경우 전기적 연속성이 있다고 판단되기 위하여는 건축물 금속 구조체의 최상단부와 지표레벨 사이의 전기저항이 0.2옴 이하이어야 한다.
5. 측면 낙뢰를 방지하기 위하여 높이가 60미터를 초과하는 건축물 등에는 지면에서 건축물 높이의 5분의 4가 되는 지점부터 최상단부분까지의 측면에 수뢰부를 설치하여야 하며, 지표레벨에서 최상단부의 높이가 150미터를 초과하는 건축물은 120미터 지점부터 최상단부분까지의 측면에 수뢰부를 설치할 것. 다만, 건축물의 외벽이 금속부재(部材)로 마감되고, 금속부재 상호간에 제4호 후단에 적합한 전기적 연속성이 보장되며 피뢰시스템레벨 등급에 적합하게 설치하여 인하도선에 연결한 경우에는 측면 수뢰부가 설치된 것으로 본다.
6. 접지(接地)는 환경오염을 일으킬 수 있는 시공방법이나 화학 첨가물 등을 사용하지 아니할 것
7. 급수 · 급탕 · 난방 · 가스 등을 공급하기 위하여 건축물에 설치하는 금속배관 및 금속재 설비는 전위(電位)가 균등하게 이루어지도록 전기적으로 접속할 것
8. 전기설비의 접지계통과 건축물의 피뢰설비 및 통신설비 등의 접지극을 공용하는 통합접지공사를 하는 경우에는 낙뢰 등으로 인한 과전압으로부터 전기설비 등을

보호하기 위하여 한국산업표준에 적합한 서지보호장치[서지(surge: 전류 · 전압 등의 과도 파형을 말한다)로부터 각종 설비를 보호하기 위한 장치를 말한다]를 설치할 것

9. 그 밖에 피뢰설비와 관련된 사항은 한국산업표준에 적합하게 설치할 것

[전문개정 2006. 2. 13.]

피뢰설비의 설치

1) 피뢰설비 대상

- 낙뢰우려가 있는 건축물
- 높이 20m 이상인 건축물
- 높이 20m 이상인 공작물

2) 건축물 높이별 피뢰설비 설치 부분

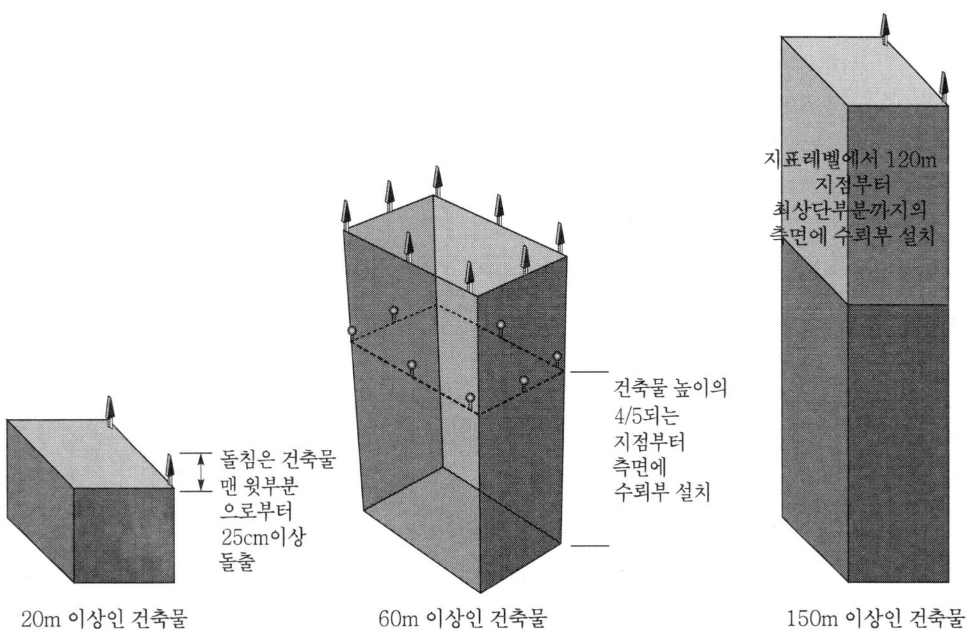

7-1-7 건축물의 냉방설비

설비기준 **제23조(건축물의 냉방설비 등)** ① 삭제〈1999.5.11.〉

② 제2조 제3호부터 제6호까지의 규정에 해당하는 건축물 중 산업통상자원부장관이 국토교통부장관과 협의하여 고시하는 건축물에 중앙집중냉방설비를 설치하는 경우에는 산업통상자원부장관이 국토교통부장관과 협의하여 정하는 바에 따라 축냉식 또는 가스를 이용한 중앙집중냉방방식으로 하여야 한다.〈개정 1996.2.9., 1999.5.11., 2002.8.31., 2008.3.14., 2012.4.30., 2013.3.23., 2013.9.2.〉

③ 상업지역 및 주거지역에서 건축물에 설치하는 냉방시설 및 환기시설의 배기구와 배기장치의 설치는 다음 각 호의 기준에 모두 적합하여야 한다.〈개정 2012.4.30., 2013.12.27.〉

1. 배기구는 도로면으로부터 2미터 이상의 높이에 설치할 것
2. 배기장치에서 나오는 열기가 인근 건축물의 거주자나 보행자에게 직접 닿지 아니하도록 할 것
3. 건축물의 외벽에 배기구 또는 배기장치를 설치할 때에는 외벽 또는 다음 각 목의 기준에 적합한 지지대 등 보호장치와 분리되지 아니하도록 견고하게 연결하여 배기구 또는 배기장치
   가 떨어지는 것을 방지할 수 있도록 할 것
   가. 배기구 또는 배기장치를 지탱할 수 있는 구조일 것
   나. 부식을 방지할 수 있는 자재를 사용하거나 도장(塗裝)할 것

7-2 온돌 및 난방설비 등의 시공

설비기준 **제12조(온돌의 설치기준)** ① 영 제87조 제2항에 따라 건축물에 온돌을 설치하는 경우에는 그 구조상 열에너지가 효율적으로 관리되고 화재의 위험을 방지하기 위하여 별표 1의7의 기준에 적합하여야 한다.〈개정 2015.7.9.〉

② 제1항에 따라 건축물에 온돌을 시공하는 자는 시공을 끝낸 후 별지 제2호 서식의 온돌 설치확인서를 공사감리자에게 제출하여야 한다. 다만, 제3조 제2항에 따른 건축설비설치확인서를 제출한 경우와 공사감리자가 직접 온돌의 설치를 확인한 경우에는 그러하지 아니하다.〈개정 2010.11.5., 2015.7.9.〉

[본조신설 2008.7.10.]

7-3 승강기

7-3-1 승용 승강기의 설치

건축법 **제64조(승강기)**

① 건축주는 6층 이상으로서 연면적이 2천 제곱미터 이상인 건축물(대통령령으로 정하는 건축물은 제외한다)을 건축하려면 승강기를 설치하여야 한다. 이 경우 승강기의 규모 및 구조는 국토교통부령으로 정한다.

시행령 **제89조(승용 승강기의 설치)** 법 제64조 제1항 전단에서 "대통령령으로 정하는 건축물"이란 층수가 6층인 건축물로서 각 층 거실의 바닥면적 300제곱미터 이내마다 1개소 이상의 직통계단을 설치한 건축물을 말한다.

설비기준

건축물의 설비기준 등에 관한 규칙

제5조(승용승강기의 설치기준) 「건축법」(이하 "법"이라 한다) 제64조제1항에 따라 건축물에 설치하는 승용승강기의 설치기준은 별표 1의2와 같다. 다만, 승용승강기가 설치되어 있는 건축물에 1개층을 증축하는 경우에는 승용승강기의 승강로를 연장하여 설치하지 아니할 수 있다. 〈개정 2001. 1. 17., 2006. 2. 13., 2008. 7. 10., 2015. 7. 9.〉
[전문개정 1999. 5. 11.]

제6조(승강기의 구조) 법 제64조에 따라 건축물에 설치하는 승강기·에스컬레이터 및 비상용승강기의 구조는 「승강기 안전관리법」이 정하는 바에 따른다. 〈개정 2006. 2. 13., 2008. 7. 10., 2010. 11. 5., 2024. 8. 7.〉
[전문개정 1996. 2. 9.]

〔별표 1의2〕 〈개정 2013.9.2.〉

승용승강기의 설치기준(제5조 관련)

건축물의 용도 \ 6층 이상의 거실 면적의 합계		3천 제곱미터 이하	3천 제곱미터 초과
1.	가. 문화 및 집회시설 (공연장 · 집회장 및 관람장만 해당한다) 나. 판매시설 다. 의료시설	2대	2대에 3천 제곱미터를 초과하는 2천 제곱미터 이내마다 1대를 더한 대수
2.	가. 문화 및 집회시설 (전시장 및 동 · 식물원만 해당한다) 나. 업무시설 다. 숙박시설 라. 위락시설	1대	1대에 3천 제곱미터를 초과하는 2천 제곱미터 이내마다 1대를 더한 대수
3.	가. 공동주택 나. 교육연구시설 다. 노유자시설 라. 그 밖의 시설	1대	1대에 3천 제곱미터를 초과하는 3천 제곱미터 이내마다 1대를 더한 대수

비고

1. 위 표에 따라 승강기의 대수를 계산할 때 8인승 이상 15인승 이하의 승강기는 1대의 승강기로 보고, 16인승 이상의 승강기는 2대의 승강기로 본다.

2. 건축물의 용도가 복합된 경우 승용승강기의 설치기준은 다음 각 목의 구분에 따른다.

가. 둘 이상의 건축물의 용도가 위 표에 따른 같은 호에 해당하는 경우 : 하나의 용도에 해당하는 건축물로 보아 6층 이상의 거실면적의 총합계를 기준으로 설치하여야 하는 승용승강기 대수를 산정한다.

나. 둘 이상의 건축물의 용도가 위 표에 따른 둘 이상의 호에 해당하는 경우 : 다음의 기준에 따라 산정한 승용승강기 대수 중 적은 대수

1) 각각의 건축물 용도에 따라 산정한 승용승강기 대수를 합산한 대수. 이 경우 둘 이상의 건축물의 용도가 같은 호에 해당하는 경우에는 가목에 따라 승용승강기 대수를 산정한다.

2) 각각의 건축물 용도별 6층 이상의 거실 면적을 모두 합산한 면적을 기준으로 각각의 건축물 용도별 승용승강기 설치기준 중 가장 강한 기준을 적용하여 산정한 대수

승용 승강기의 설치구분

1) 승용 승강기의 설치대상

원칙 : 층수가 6층 이상으로서 연면적이 2,000m² 이상인 건축물

예외 : 층수가 6층인 건축물로서 각층 거실 바닥면적 300m² 이내마다 1개소 이상의 직통계단을 설치한 경우는 제외

2) 승용 승강기의 설치기준

건축물의 용도	6층 이상의 거실바닥 면적의 합계 (Am^2)	
	3천m^2 이하	3천m^2 초과
문화 및 집회시설 (공연장 · 집회장 및 관람장에만 해당) 판매시설 의료시설	2대	2대+ $\frac{A-3,000m^2}{2,000m^2}$ 대
문화 및 집회시설 (전시장 및 동 · 식물원에 한한다) 업무시설 숙박시설 위락시설	1대	1대+ $\frac{A-3,000m^2}{2,000m^2}$ 대
공동주택 교육연구시설 노유자시설 그 밖의 시설	1대	1대+ $\frac{A-3,000m^2}{3,000m^2}$ 대

註 : 승강기 대수 1대 : 8인승 ~ 15인승, 2대 : 16인승 이상

3) 승용 승강기의 구조(설비규칙 제6조)

승강기 제조 및 관리에 관한 법률이 정하는 바에 따른다.

7-3-2 비상용 및 피난용승강기의 설치

건축법 제64조(승강기)

② 높이 31미터를 초과하는 건축물에는 대통령령으로 정하는 바에 따라 제1항에 따른 승강기뿐만 아니라 비상용승강기를 추가로 설치하여야 한다. 다만, 국토교통부령으로 정하는 건축물의 경우에는 그러하지 아니하다.

③ 고층건축물에는 제1항에 따라 건축물에 설치하는 승용승강기 중 1대 이상을 대통령령으로 정하는 바에 따라 피난용승강기로 설치하여야 한다.〈신설 2018.4.17.〉

시행령 제90조(비상용 승강기의 설치) ① 법 제64조제2항에 따라 높이 31미터를 넘는 건축물에는 다음 각 호의 기준에 따른 대수 이상의 비상용 승강기(비상용 승강기의 승강장 및 승강로를 포함한다. 이하 이 조에서 같다)를 설치하여야 한다. 다만, 법 제64조제1항에 따라 설치되는 승강기를 비상용 승강기의 구조로 하는 경우에는 그러하지 아니하다.

1. 높이 31미터를 넘는 각 층의 바닥면적 중 최대 바닥면적이 1천500제곱미터 이하인 건축물: 1대 이상
2. 높이 31미터를 넘는 각 층의 바닥면적 중 최대 바닥면적이 1천500제곱미터를 넘

는 건축물: 1대에 1천500제곱미터를 넘는 3천 제곱미터 이내마다 1대씩 더한 대수 이상

② 제1항에 따라 2대 이상의 비상용 승강기를 설치하는 경우에는 화재가 났을 때 소화에 지장이 없도록 일정한 간격을 두고 설치하여야 한다.

③ 건축물에 설치하는 비상용 승강기의 구조 등에 관하여 필요한 사항은 국토교통부령으로 정한다.

제91조(피난용승강기의 설치) 법 제64조제3항에 따른 피난용승강기(피난용승강기의 승강장 및 승강로를 포함한다. 이하 이 조에서 같다)는 다음 각 호의 기준에 맞게 설치하여야 한다.

1. 승강장의 바닥면적은 승강기 1대당 6제곱미터 이상으로 할 것
2. 각 층으로부터 피난층까지 이르는 승강로를 단일구조로 연결하여 설치할 것
3. 예비전원으로 작동하는 조명설비를 설치할 것
4. 승강장의 출입구 부근의 잘 보이는 곳에 해당 승강기가 피난용승강기임을 알리는 표지를 설치할 것
5. 그 밖에 화재예방 및 피해경감을 위하여 국토교통부령으로 정하는 구조 및 설비 등의 기준에 맞을 것

[본조신설 2018. 10. 16.]

설비기준 **제9조(비상용승강기를 설치하지 아니할 수 있는 건축물)** 법 제64조제2항 단서에서 "국토교통부령이 정하는 건축물"이라 함은 다음 각 호의 건축물을 말한다.〈개정 1996.2.9., 1999.5.11., 2006.5.12., 2008.3.14., 2008.7.10., 2013.3.23., 2017.12.4.〉

1. 높이 31미터를 넘는 각층을 거실외의 용도로 쓰는 건축물
2. 높이 31미터를 넘는 각층의 바닥면적의 합계가 500제곱미터 이하인 건축물
3. 높이 31미터를 넘는 층수가 4개층이하로서 당해 각층의 바닥면적의 합계 200제곱미터(벽 및 반자가 실내에 접하는 부분의 마감을 불연재료로 한 경우에는 500제곱미터)이내마다 방화구획(영 제46조제1항 본문에 따른 방화구획을 말한다. 이하 같다)으로 구획된 건축물

비상용 승강기의 설치 및 대상 제외 건축물

1) 비상용 승강기 설치대상

원칙 : 높이 31m를 넘는 건축물

예외 : 영 제90조의 규정에 의하여 설치되는 승용승강기를 비상용승강기의 구조로 하는 경우에는 그러하지 아니한다.

2) 설치대상에서 제외되는 건축물

높이 31m를 넘는 각 층 부분에 있어 다음 1) ~ 3)에 해당하는 경우에는 제외

1) 그 부분을 거실 외의 용도로 쓰는 건축물
2) 그 부분의 바닥면적의 합계가 500m² 이하인 건축물
3) 그 부분의 층수가 4개층 이하로서 당해 각 층의 바닥면적의 합계 200m²(불연내장인 경우 500m²) 이내마다 방화구획 한 건축물

3) 피난용승강기의 설치

고층건축물에는 승용승강기 중 1대 이상을 피난용승강기로 설치하여야 한다.

7-3-3 비상용 승강기의 승강장 및 승강로의 구조

시행령 **제90조(비상용 승강기의 설치)** ③ 건축물에 설치하는 비상용 승강기의 구조 등에 관하여 필요한 사항은 국토교통부령으로 정한다.

건축물의 설비기준 등에 관한 규칙

설비기준 **제10조(비상용승강기의 승강장 및 승강로의 구조)** 법 제64조제2항에 따른 비상용승강기의 승강장 및 승강로의 구조는 다음 각 호의 기준에 적합하여야 한다. 〈개정 1996. 2. 9., 1999. 5. 11., 2002. 8. 31., 2006. 2. 13., 2008. 7. 10., 2024. 8. 7.〉

1. 삭제 〈1996. 2. 9.〉
2. 비상용승강기 승강장의 구조
   가. 승강장의 창문ㆍ출입구 기타 개구부를 제외한 부분은 당해 건축물의 다른 부분과 내화구조의 바닥 및 벽으로 구획할 것. 다만, 공동주택의 경우에는 승강장과 특별피난계단(「건축물의 피난ㆍ방화구조 등의 기준에 관한 규칙」 제9조의 규정에 의한 특별피난계단을 말한다. 이하 같다)의 부속실과의 겸용부분을 특별피난계단의 계단실과 별도로 구획하는 때에는 승강장을 특별피난계단의 부속실과 겸용할 수 있다.
   나. 승강장은 각층의 내부와 연결될 수 있도록 하되, 그 출입구(승강로의 출입구를 제외한다)에는 60분+ 방화문 또는 60분 방화문을 설치할 것. 다만, 피난층에는 60분+ 방화문 또는 60분 방화문을 설치하지 않을 수 있다.

다. 노대 또는 외부를 향하여 열 수 있는 창문이나 제14조제2항의 규정에 의한 배연설비를 설치할 것
라. 벽 및 반자가 실내에 접하는 부분의 마감재료(마감을 위한 바탕을 포함한다)는 불연재료로 할 것
마. 채광이 되는 창문이 있거나 예비전원에 의한 조명설비를 할 것
바. 승강장의 바닥면적은 비상용승강기 1대에 대하여 6제곱미터 이상으로 할 것. 다만, 옥외에 승강장을 설치하는 경우에는 그러하지 아니하다.
사. 피난층이 있는 승강장의 출입구(승강장이 없는 경우에는 승강로의 출입구)로부터 도로 또는 공지(공원·광장 기타 이와 유사한 것으로서 피난 및 소화를 위한 당해 대지에의 출입에 지장이 없는 것을 말한다)에 이르는 거리가 30미터 이하일 것
아. 승강장 출입구 부근의 잘 보이는 곳에 당해 승강기가 비상용승강기임을 알 수 있는 표지를 할 것

3. 비상용승강기의 승강로의 구조
가. 승강로는 당해 건축물의 다른 부분과 내화구조로 구획할 것
나. 각층으로부터 피난층까지 이르는 승강로를 단일구조로 연결하여 설치할 것

[제목개정 1996. 2. 9.]

설비기준 **제14조(배연설비)** ② 특별피난계단 및 영 제90조 제3항의 규정에 의한 비상용승강기의 승강장에 설치하는 배연설비의 구조는 다음 각 호의 기준에 적합하여야 한다.〈개정 1996.2.9., 1999.5.11.〉

1. 배연구 및 배연풍도는 불연재료로 하고, 화재가 발생한 경우 원활하게 배연시킬 수 있는 규모로서 외기 또는 평상시에 사용하지 아니하는 굴뚝에 연결할 것
2. 배연구에 설치하는 수동개방장치 또는 자동개방장치(열감지기 또는 연기감지기에 의한 것을 말한다)는 손으로도 열고 닫을 수 있도록 할 것
3. 배연구는 평상시에는 닫힌 상태를 유지하고, 연 경우에는 배연에 의한 기류로 인하여 닫히지 아니하도록 할 것
4. 배연구가 외기에 접하지 아니하는 경우에는 배연기를 설치할 것
5. 배연기는 배연구의 열림에 따라 자동적으로 작동하고, 충분한 공기배출 또는 가압능력이 있을 것
6. 배연기에는 예비전원을 설치할 것
7. 공기유입방식을 급기가압방식 또는 급·배기방식으로 하는 경우에는 제1호 내지 제6호의 규정에 불구하고 소방관계법령의 규정에 적합하게 할 것

비상용 승강기의 구조

1) 비상용 승강기의 구조

승강기 제조 및 관리에 관한 법률이 정하는 기준에 적합하여야 한다.

2) 승강장의 구조

	내용	조치
1.	승강장과 다른 부분과의 구획	승강장은 건축물의 다른 부분과 내화구조의 바닥 및 벽으로 구획할 것 (창문 등 기타 개구부 제외) *단서('99.5.11 신설) 공동주택의 경우 승강장과 특별피난계단의 부속실과의 겸용부분을 특별피난계단의 계단실과 별도로 구획하는 때에는 승강장을 특별피난계단의 부속실과 겸용할 수 있다.
2.	각 층 내부와의 연결부	승강장은 각 층의 내부와 연결될 수 있도록 하되, 그 출입구에는 60분+ 방화문 또는 60분 방화문을 설치할 것. 다만, 피난층에는 60분+ 방화문 또는 60분 방화문을 설치하지 아니할 수 있다.
3.	배연설비	노대 또는 외부를 향하여 열 수 있는 창이나 배연설비를 설치할 것
4.	실내 마감재료	벽 및 반자가 실내에 접하는 부분의 실내 마감재료는 불연재료로 할 것
5.	조명설비	채광창이 있거나 예비전원에 의한 조명설비를 할 것
6.	승강장의 바닥 면적	승강장의 바닥면적은 비상용 승강기 1대에 대하여 6m² 이상으로 할 것.(다만, 옥외에 승강장을 설치하는 경우에는 제외)
7.	승강장의 출입구로부터의 거리	피난층이 있는 승강장으로부터 도로 또는 공지에 이르는 거리가 30m 이하일 것
8.	비상용 승강기의 표지설치	승강장 출입구 부근이 잘 보이는 곳에 비상용 승강기임을 알 수 있는 표지 설치

3) 승강로의 구조

① 당해 건축물의 다른 부분과 내화구조로 구획하여야 한다.

② 각 층으로부터 피난층까지 이르는 승강로를 단일구조로서 연결하여 설치하여야 한다.

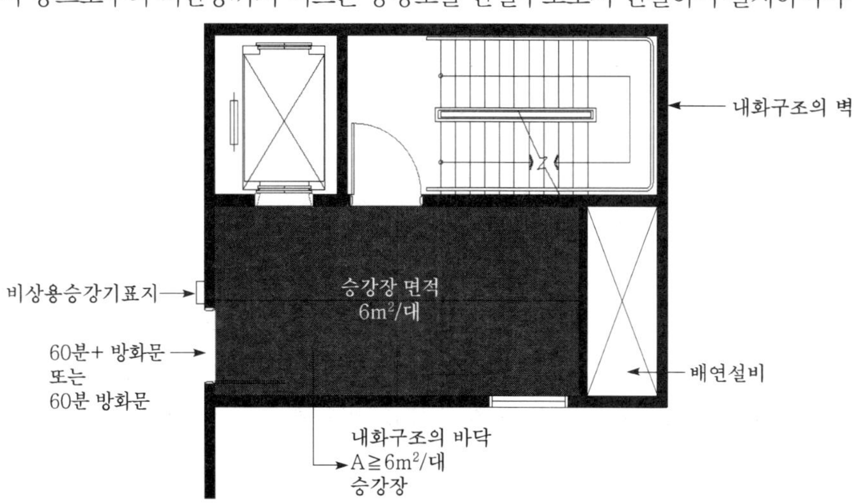

4) 특별피난계단, 비상용 승강기의 승강장에 설치하는 배연설비 구조

구분	내용
배연구, 배연풍도	배연구 및 배연풍도는 불연재료로 하고 화재가 발생한 경우 원활하게 배연시킬 수 있는 규모로서 외기 또는 평상시에 사용하지 아니하는 굴뚝에 연결한 것
배연구의 개방장치	수동 및 자동개방장치(열감지기 또는 연기감지기에 의한 것)는 손으로도 개폐가능하게 할 것
배연구의 개폐상태	평상시 닫힌 상태를 유지하고, 연 경우 배연에 의한 기류로 인하여 닫히지 않도록 할 것
배연기의 설치 (배연구와 외기에 접하지 아니하는 경우)	배연구의 열림에 따라 자동적으로 작동하고, 충분한 공기배출 또는 가압능력이 있을 것. 배연기에는 예비전원을 설치할 것

• 공기유압방식을 급기가압방식 또는 급, 배기 방식으로 하는 경우 앞의 규정에 불구하고 소방 관계법령의 규정에 적합하게 할 것

7-4 지능형 건축물의 인증

건축법 **제65조의2(지능형건축물의 인증)** ① 국토교통부장관은 지능형건축물[Intelligent Building]의 건축을 활성화하기 위하여 지능형건축물 인증제도를 실시한다.〈개정 2013.3.23.〉

② 국토교통부장관은 제1항에 따른 지능형건축물의 인증을 위하여 인증기관을 지정할 수 있다.〈개정 2013.3.23.〉

③ 지능형건축물의 인증을 받으려는 자는 제2항에 따른 인증기관에 인증을 신청하여야 한다.

④ 국토교통부장관은 건축물을 구성하는 설비 및 각종 기술을 최적으로 통합하여 건축물의 생산성과 설비 운영의 효율성을 극대화할 수 있도록 다음 각 호의 사항을 포함하여 지능형건축물 인증기준을 고시한다.〈개정 2013.3.23.〉

1. 인증기준 및 절차
2. 인증표시 홍보기준
3. 유효기간
4. 수수료
5. 인증 등급 및 심사기준 등

⑤ 제2항과 제3항에 따른 인증기관의 지정 기준, 지정 절차 및 인증 신청 절차 등에 필요한 사항은 국토교통부령으로 정한다.〈개정 2013.3.23.〉

⑥ 허가권자는 지능형건축물로 인증을 받은 건축물에 대하여 제42조에 따른 조경설치면적을 100분의 85까지 완화하여 적용할 수 있으며, 제56조 및 제60조에 따른 용적률 및 건축물의 높이를 100분의 115의 범위에서 완화하여 적용할 수 있다.

7-5 관계전문기술자

건축법 **제67조(관계전문기술자)** ① 설계자와 공사감리자는 제40조, 제41조, 제48조부터 제50조까지, 제50조의2, 제51조, 제52조, 제62조 및 제64조와 「녹색건축물 조성 지원법」 제15조에 따른 대지의 안전, 건축물의 구조상 안전, 부속구조물 및 건축설비의 설치 등을 위한 설계 및 공사감리를 할 때 대통령령으로 정하는 바에 따라 다음 각 호의 어느 하나의 자격을 갖춘 관계전문기술자(「기술사법」 제21조제2호에 따라 벌칙을 받은 후 대통령령으로 정하는 기간이 지나지 아니한 자는 제외한다)의 협력을 받아야 한다.〈개정 2016. 2. 3., 2020. 6. 9., 2021. 3. 16.〉

1. 「기술사법」 제6조에 따라 기술사사무소를 개설등록한 자
2. 「건설기술 진흥법」 제26조에 따라 건설엔지니어링사업자로 등록한 자
3. 「엔지니어링산업 진흥법」 제21조에 따라 엔지니어링사업자의 신고를 한 자
4. 「전력기술관리법」 제14조에 따라 설계업 및 감리업으로 등록한 자

② 관계전문기술자는 건축물이 이 법 및 이 법에 따른 명령이나 처분, 그 밖의 관계 법령에 맞고 안전 · 기능 및 미관에 지장이 없도록 업무를 수행하여야 한다.

시행령 **제91조의3(관계전문기술자와의 협력)** ① 다음 각 호의 어느 하나에 해당하는 건축물의 설계자는 제32조제1항에 따라 해당 건축물에 대한 구조의 안전을 확인하는 경우에는 건축구조기술사의 협력을 받아야 한다.〈개정 2009. 7. 16., 2013. 3. 23., 2013. 5. 31., 2014. 11. 28., 2015. 9. 22., 2018. 12. 4.〉

1. 6층 이상인 건축물
2. 특수구조 건축물
3. 다중이용 건축물
4. 준다중이용 건축물
5. 3층 이상의 필로티형식 건축물
6. 제32조제2항제6호에 해당하는 건축물 중 국토교통부령으로 정하는 건축물

② 연면적 1만제곱미터 이상인 건축물(창고시설은 제외한다) 또는 에너지를 대량으로 소비하는 건축물로서 국토교통부령으로 정하는 건축물에 건축설비를 설치하는 경우에는 국토교통부령으로 정하는 바에 따라 다음 각 호의 구분에 따른 관계전문기술자의 협력을 받아야 한다.

1. 전기, 승강기(전기 분야만 해당한다) 및 피뢰침: 「기술사법」에 따라 등록한 건축전기설비기술사 또는 발송배전기술사

2. 급수 · 배수(配水) · 배수(排水) · 환기 · 난방 · 소화 · 배연 · 오물처리 설비 및 승강기(기계 분야만 해당한다): 「기술사법」에 따라 등록한 건축기계설비기술사 또는 공조냉동기계기술사
3. 가스설비: 「기술사법」에 따라 등록한 건축기계설비기술사, 공조냉동기계기술사 또는 가스기술사

③ 깊이 10미터 이상의 토지 굴착공사 또는 높이 5미터 이상의 옹벽 등의 공사를 수반하는 건축물의 설계자 및 공사감리자는 토지 굴착 등에 관하여 국토교통부령으로 정하는 바에 따라 「기술사법」에 따라 등록한 토목 분야 기술사 또는 국토개발 분야의 지질 및 기반 기술사의 협력을 받아야 한다.

④ 설계자 및 공사감리자는 안전상 필요하다고 인정하는 경우, 관계 법령에서 정하는 경우 및 설계계약 또는 감리계약에 따라 건축주가 요청하는 경우에는 관계전문기술자의 협력을 받아야 한다.

⑤ 특수구조 건축물 및 고층건축물의 공사감리자는 제19조제3항제1호 각 목 및 제2호 각 목에 해당하는 공정에 다다를 때 건축구조기술사의 협력을 받아야 한다.

⑥ 3층 이상인 필로티형식 건축물의 공사감리자는 법 제48조에 따른 건축물의 구조상 안전을 위한 공사감리를 할 때 공사가 제18조의2제2항제3호나목에 따른 단계에 다다른 경우마다 법 제67조제1항제1호부터 제3호까지의 규정에 따른 관계전문기술자의 협력을 받아야 한다. 이 경우 관계전문기술자는 「건설기술 진흥법 시행령」 별표 1 제3호라목1)에 따른 건축구조 분야의 특급 또는 고급기술자의 자격요건을 갖춘 소속 기술자로 하여금 업무를 수행하게 할 수 있다.〈신설 2018. 12. 4.〉

⑦ 제1항부터 제6항까지의 규정에 따라 설계자 또는 공사감리자에게 협력한 관계전문기술자는 공사 현장을 확인하고, 그가 작성한 설계도서 또는 감리중간보고서 및 감리완료보고서에 설계자 또는 공사감리자와 함께 서명날인하여야 한다.〈개정 2009. 7. 16., 2013. 5. 31., 2014. 11. 28., 2018. 12. 4.〉

⑧ 제32조제1항에 따른 구조 안전의 확인에 관하여 설계자에게 협력한 건축구조기술사는 구조의 안전을 확인한 건축물의 구조도 등 구조 관련 서류에 설계자와 함께 서명날인하여야 한다.〈신설 2009. 7. 16., 2013. 5. 31., 2014. 11. 28., 2018. 12. 4.〉

⑨ 법 제67조제1항 각 호 외의 부분에서 "대통령령으로 정하는 기간"이란 2년을 말한다.〈신설 2016. 7. 19., 2018. 12. 4.〉

설비기준 **제2조(관계전문기술자의 협력을 받아야 하는 건축물)** 「건축법 시행령」(이하 "영"이라 한다) 제91조의3제2항 각 호 외의 부분에서 "국토교통부령으로 정하는 건축물"이란 다음 각 호의 건축물을 말한다.〈개정 1999. 5. 11., 2006. 2. 13., 2008. 3. 14., 2013. 3. 23., 2013. 9. 2., 2020. 4. 9.〉

1. 냉동냉장시설 · 항온항습시설(온도와 습도를 일정하게 유지시키는 특수설비가 설치되어 있는 시설을 말한다) 또는 특수청정시설(세균 또는 먼지등을 제거하는 특수설비가 설치되어 있는 시설을 말한다)로서 당해 용도에 사용되는 바닥면적의 합계가 5백제곱미터 이상인 건축물
2. 영 별표 1 제2호가목 및 나목에 따른 아파트 및 연립주택
3. 다음 각 목의 어느 하나에 해당하는 건축물로서 해당 용도에 사용되는 바닥면적의 합계가 5백제곱미터 이상인 건축물
   가. 영 별표 1 제3호다목에 따른 목욕장
   나. 영 별표 1 제13호가목에 따른 물놀이형 시설(실내에 설치된 경우로 한정한다) 및 같은 호 다목에 따른 수영장(실내에 설치된 경우로 한정한다)
4. 다음 각 목의 어느 하나에 해당하는 건축물로서 해당 용도에 사용되는 바닥면적의 합계가 2천제곱미터 이상인 건축물
   가. 영 별표 1 제2호라목에 따른 기숙사
   나. 영 별표 1 제9호에 따른 의료시설
   다. 영 별표 1 제12호다목에 따른 유스호스텔
   라. 영 별표 1 제15호에 따른 숙박시설
5. 다음 각 목의 어느 하나에 해당하는 건축물로서 해당 용도에 사용되는 바닥면적의 합계가 3천제곱미터 이상인 건축물
   가. 영 별표 1 제7호에 따른 판매시설
   나. 영 별표 1 제10호마목에 따른 연구소
   다. 영 별표 1 제14호에 따른 업무시설
6. 다음 각 목의 어느 하나에 해당하는 건축물로서 해당 용도에 사용되는 바닥면적의 합계가 1만제곱미터 이상인 건축물
   가. 영 별표 1 제5호가목부터 라목까지에 해당하는 문화 및 집회시설
   나. 영 별표 1 제6호에 따른 종교시설
   다. 영 별표 1 제10호에 따른 교육연구시설(연구소는 제외한다)
   라. 영 별표 1 제28호에 따른 장례식장

[전문개정 1996. 2. 9.]

건축기계설비 또는 공조냉동기계 관계기술자의 협력을 받아야 하는 대상 건축물

	용도	면적기준(해당 용도에 사용되는 바닥면적의 합계가 아래 기준이상인 건축물)	비고
0	연면적 1만 제곱미터 이상인 건축물(창고시설은 제외)		건축법 시행령 91조3의 제2항
1	냉동냉장시설 · 항온항습시설 특수청정시설	500m²	
2	아파트 및 연립주택	–	
3	목욕장 물놀이형 시설 수영장	500m²	실내에 설치된 경우
4	기숙사 의료시설 유스호스텔 숙박시설	2,000m²	
5	판매시설 연구소 업무시설	3,000m²	
6	문화 및 집회시설 종교시설 교육연구시설(연구소 제외) 장례식장	10,000m²	

7-6 기술적 기준

건축법 **제68조(기술적 기준)** ① 제40조, 제41조, 제48조부터 제50조까지, 제50조의2, 제51조, 제52조, 제52조의2, 제62조 및 제64조에 따른 대지의 안전, 건축물의 구조상의 안전, 건축설비 등에 관한 기술적 기준은 이 법에서 특별히 규정한 경우 외에는 국토교통부령으로 정하되, 이에 따른 세부기준이 필요하면 국토교통부장관이 세부기준을 정하거나 국토교통부장관이 지정하는 연구기관(시험기관 · 검사기관을 포함한다), 학술단체, 그 밖의 관련 전문기관 또는 단체가 국토교통부장관의 승인을 받아 정할 수 있다. 〈개정 2013. 3. 23., 2014. 1. 14., 2014. 5. 28.〉

② 국토교통부장관은 제1항에 따라 세부기준을 정하거나 승인을 하려면 미리 건축위원회의 심의를 거쳐야 한다. 〈개정 2013. 3. 23.〉

③ 국토교통부장관은 제1항에 따라 세부기준을 정하거나 승인을 한 경우 이를 고시하여야 한다. 〈개정 2013. 3. 23.〉

④ 국토교통부장관은 제1항에 따른 기술적 기준 및 세부기준을 적용하기 어려운 건축설비에 관한 기술 · 제품이 개발된 경우, 개발한 자의 신청을 받아 그 기술 · 제품을 평가하여 신규성 · 진보성 및 현장 적용성이 있다고 판단하는 경우에는 대통령령으로 정하는 바에 따라 설치 등을 위한 기준을 건축위원회의 심의를 거쳐 인정할 수 있다. 〈신설 2020. 4. 7.〉

시행령 **제91조의4(신기술 · 신제품인 건축설비의 기술적 기준)** ① 법 제68조제4항에 따라 기술적 기준을 인정받으려는 자는 국토교통부령으로 정하는 서류를 국토교통부장관에게 제출해야 한다.

② 국토교통부장관은 제1항에 따른 서류를 제출받으면 한국건설기술연구원에 그 기술 · 제품이 신규성 · 진보성 및 현장 적용성이 있는지 여부에 대해 검토를 요청할 수 있다. 〈개정 2021. 8. 10.〉

③ 국토교통부장관은 제1항에 따라 기술적 기준의 인정 요청을 받은 기술 · 제품이 신규성 · 진보성 및 현장 적용성이 있다고 판단되면 그 기술적 기준을 중앙건축위원회의 심의를 거쳐 인정할 수 있다.

④ 국토교통부장관은 제3항에 따라 기술적 기준을 인정할 때 5년의 범위에서 유효기간을 정할 수 있다. 이 경우 유효기간은 국토교통부령으로 정하는 바에 따라 연장할 수 있다.

⑤ 국토교통부장관은 제3항 및 제4항에 따라 기술적 기준을 인정하면 그 기준과 유효

기간을 관보에 고시하고, 인터넷 홈페이지에 게재해야 한다.
⑥ 제1항부터 제5항까지에서 정한 사항 외에 법 제68조제4항에 따른 건축설비 기술·제품의 평가 및 그 기술적 기준 인정에 관하여 필요한 세부 사항은 국토교통부장관이 정하여 고시할 수 있다.
[본조신설 2021. 1. 8.]

구조기준 제3조(적용범위 등)
① 이 규칙은 「건축법」(이하 "법"이라 한다) 제48조에 따라 건축물이 안전한 구조를 갖기 위한 최소기준으로 법 제23조부터 제25조까지 및 제35조에 따른 건축물의 설계, 시공, 공사감리 및 유지ㆍ관리에 적용하여야 한다.
② 규칙에 규정된 사항 외의 세부적인 기준은 법 제68조 및 이 규칙의 위임에 의하여 국토교통부장관이 고시하는 다음 각 호의 구분에 따른 기준에 따른다. 〈개정 2013. 3. 23., 2017. 2. 3., 2018. 6. 1., 2024. 12. 17.〉
1. [2층 이하이면서 연면적 500제곱미터 미만인 건축물로서 「건축법 시행령」(이하 "영"이라 한다) 제32조제2항제3호부터 제8호까지의 어느 하나에도 해당하지 아니하는 건축물을 말한다. 이하 같다] 외 건축물의 경우: 건축구조기준(특수목적 건축기준을 포함한다. 이하 같다)
2. 소규모건축물의 경우: 건축구조기준 또는 소규모건축구조기준
③ 21조부터 제55조까지의 규정에 따른 구조안전에 관한 기준은 소규모건축물에 대하여만 적용된다. 〈개정 2014. 11. 28., 2017. 2. 3.〉
④ 연구기관ㆍ학술단체 또는 전문용역기관의 구조계산 또는 시험에 의하여 설계되고 「건축법」 제4조의 규정에 의한 건축위원회 또는 「건설기술 진흥법」 제5조에 따른 건설기술심의위원회의 심의를 거쳐 이 규칙에 의한 기술적 기준과 동등 이상의 안전성이 있다고 확인된 것으로서 특별시장ㆍ광역시장 또는 시장ㆍ군수ㆍ구청장(자치구의 구청장을 말한다. 이하 같다)이 인정하는 경우에는 그에 의할 수 있다. 〈개정 2014. 5. 22.〉
[전문개정 2009. 12. 31.]

적용대상 및 기준

1) 적용대상

대지의 안전, 건축물의 구조상안전, 건축설비 등에 관한 내용에 대한 기술적 기준을 대상으로 한다.

2) 세부기준

① 세부기준이 필요한 경우에는 국토교통부장관이 이를 정하거나 국토교통부장관이 지정하는 연구기관(시험기관, 검사기관을 포함), 학술단체, 관련전문기관 또는 단체가 국토교통부장관의 승인을 얻어 정할 수 있다.

② 국토교통부장관은 세부기준을 정하거나 승인하고자 할 때 미리 건축위원회의 심의를 거쳐야 한다.

③ 세부기준을 정하거나 승인한 경우에는 이를 고시하여야 한다.

④ 국토교통부장관은 제1항에 따른 기술적 기준 및 세부기준을 적용하기 어려운 건축설비에 관한 기술 · 제품이 개발된 경우, 개발한 자의 신청을 받아 그 기술 · 제품을 평가하여 신규성 · 진보성 및 현장 적용성이 있다고 판단하는 경우에는 대통령령으로 정하는 바에 따라 설치 등을 위한 기준을 건축위원회의 심의를 거쳐 인정할 수 있다.

7-7 건축물의 구조 및 재료 등에 관한 기준의 관리

건축법 **제68조의3(건축물의 구조 및 재료 등에 관한 기준의 관리)** ① 국토교통부장관은 기후 변화나 건축기술의 변화 등에 따라 제48조, 제48조의2, 제49조, 제50조, 제50조의2, 제51조, 제52조, 제52조의2, 제52조의4, 제53조의 건축물의 구조 및 재료 등에 관한 기준이 적정한지를 검토하는 모니터링(이하 이 조에서 "건축모니터링"이라 한다)을 대통령령으로 정하는 기간마다 실시하여야 한다. 〈개정 2019. 4. 23.〉

② 국토교통부장관은 대통령령으로 정하는 전문기관을 지정하여 건축모니터링을 하게 할 수 있다.

출제빈도	■■
중요도	■■■

주요내용

승강설비, 열손실방지와 각종 설비 기준으로 구성되어 있고, 조문의 기본적 구성체계는 설비대상 건축물과 해당 설비의 설치 기술 기준 등 구체적 내용을 담고 있다.

실무에서는 승용승강기, 비상용 승강기 등의 기준은 반드시 확인하여야 할 중요한 부분이고, 에너지 절약계획서 제출 대상 등을 묻는 문제들이 많이 출제되고 있다.

구체적으로 기억해야할 숫자들이 많아 수험생들은 특히 유념해야 하는 부분이다.

세부목차

참고용 건축법 목차

CHAPTER 8

제8장 특별건축구역

8-1 특별건축구역의 지정

건축법 **제69조(특별건축구역의 지정)** ① 국토교통부장관 또는 시 · 도지사는 다음 각 호의 구분에 따라 도시나 지역의 일부가 특별건축구역으로 특례 적용이 필요하다고 인정하는 경우에는 특별건축구역을 지정할 수 있다.〈개정 2013.3.23., 2014.1.14.〉

1. 국토교통부장관이 지정하는 경우

 가. 국가가 국제행사 등을 개최하는 도시 또는 지역의 사업구역

 나. 관계법령에 따른 국가정책사업으로서 대통령령으로 정하는 사업구역

2. 시 · 도지사가 지정하는 경우

 가. 지방자치단체가 국제행사 등을 개최하는 도시 또는 지역의 사업구역

 나. 관계법령에 따른 도시개발 · 도시재정비 및 건축문화 진흥사업으로서 건축물 또는 공간환경을 조성하기 위하여 대통령령으로 정하는 사업구역

 다. 그 밖에 대통령령으로 정하는 도시 또는 지역의 사업구역

② 다음 각 호의 어느 하나에 해당하는 지역 · 구역 등에 대하여는 제1항에도 불구하고 특별건축구역으로 지정할 수 없다.

1. 「개발제한구역의 지정 및 관리에 관한 특별조치법」에 따른 개발제한구역
2. 「자연공원법」에 따른 자연공원
3. 「도로법」에 따른 접도구역
4. 「산지관리법」에 따른 보전산지
5. 삭제〈2016.2.3.〉

③ 국토교통부장관 또는 시 · 도지사는 특별건축구역으로 지정하고자 하는 지역이 「군사기지 및 군사시설 보호법」에 따른 군사기지 및 군사시설 보호구역에 해당하는 경우에는 국방부장관과 사전에 협의하여야 한다.〈신설 2016.2.3.〉

시행령 **제105조(특별건축구역의 지정)** ① 법 제69조제1항제1호나목에서 "대통령령으로 정하는 사업구역"이란 다음 각 호의 어느 하나에 해당하는 구역을 말한다. 〈개정 2009.4.21., 2009.7.30., 2012.12.12., 2014.4.29., 2014.7.28., 2014.10.14., 2015.12.28.〉

1. 「신행정수도 후속대책을 위한 연기 · 공주지역 행정중심복합도시 건설을 위한 특별법」에 따른 행정중심복합도시의 사업구역
2. 「공공기관 지방이전에 따른 혁신도시 건설 및 지원에 관한 특별법」에 따른 혁신도시의 사업구역
3. 「경제자유구역의 지정 및 운영에 관한 특별법」 제4조에 따라 지정된 경제자유구역
4. 「택지개발촉진법」에 따른 택지개발사업구역
5. 「공공주택 특별법」 제2조제2호에 따른 공공주택지구
6. 삭제
7. 「도시개발법」에 따른 도시개발구역
8. 삭제
9. 삭제
10. 「아시아문화중심도시 조성에 관한 특별법」에 따른 국립아시아문화전당 건설사업구역
11. 「국토의 계획 및 이용에 관한 법률」 제51조에 따른 지구단위계획구역 중 현상설계(懸賞設計) 등에 따른 창의적 개발을 위한 특별계획구역
12. 삭제
13. 삭제

② 법 제69조제1항제2호나목에서 "대통령령으로 정하는 사업구역"이란 다음 각 호의 어느 하나에 해당하는 구역을 말한다.

1. 「경제자유구역의 지정 및 운영에 관한 특별법」 제4조에 따라 지정된 경제자유구역
2. 「택지개발촉진법」에 따른 택지개발사업구역
3. 「도시 및 주거환경정비법」에 따른 정비구역
4. 「도시개발법」에 따른 도시개발구역
5. 「도시재정비 촉진을 위한 특별법」에 따른 재정비촉진구역
6. 「제주특별자치도 설치 및 국제자유도시 조성을 위한 특별법」에 따른 국제자유도시의 사업구역
7. 「국토의 계획 및 이용에 관한 법률」 제51조에 따른 지구단위계획구역 중 현상설계(懸賞設計) 등에 따른 창의적 개발을 위한 특별계획구역
8. 「관광진흥법」 제52조 및 제70조에 따른 관광지, 관광단지 또는 관광특구
9. 「지역문화진흥법」 제18조에 따른 문화지구

③ 법 제69조제1항제2호다목에서 "대통령령으로 정하는 도시 또는 지역"이란 다음 각

호의 어느 하나에 해당하는 도시 또는 지역을 말한다.
1. 삭제
2. 건축문화 진흥을 위하여 국토교통부령으로 정하는 건축물 또는 공간환경을 조성하는 지역
2의2. 주거, 상업, 업무 등 다양한 기능을 결합하는 복합적인 토지 이용을 증진시킬 필요가 있는 지역으로서 다음 각 목의 요건을 모두 갖춘 지역
가. 도시지역일 것
나. 「국토의 계획 및 이용에 관한 법률 시행령」 제71조에 따른 용도지역 안에서의 건축제한 적용을 배제할 필요가 있을 것
3. 그 밖에 도시경관의 창출, 건설기술 수준향상 및 건축 관련 제도개선을 도모하기 위하여 특별건축구역으로 지정할 필요가 있다고 시·도지사가 인정하는 도시 또는 지역

시행규칙 **제38조의2(특별건축구역의 지정)** 영 제105조제3항제2호에서 "국토교통부령으로 정하는 건축물 또는 공간환경"이란 도시·군계획 또는 건축 관련 박물관, 박람회장, 문화예술회관, 그 밖에 이와 비슷한 문화예술공간을 말한다.〈개정 2012. 4. 13., 2013. 3. 23., 2020. 10. 28.〉
[본조신설 2008. 12. 11.]

특별건축구역의 정의
"특별건축구역"이란 조화롭고 창의적인 건축물의 건축을 통하여 도시경관의 창출, 건설기술 수준향상 및 건축 관련 제도개선을 도모하기 위하여 이 법 또는 관계 법령에 따라 일부 규정을 적용하지 아니하거나 완화 또는 통합하여 적용할 수 있도록 특별히 지정하는 구역을 말함(건축법 제2조1항18호)

8-2 특별건축구역의 건축물

건축법 **제70조(특별건축구역의 건축물)** 특별건축구역에서 제73조에 따라 건축기준 등의 특례사항을 적용하여 건축할 수 있는 건축물은 다음 각 호의 어느 하나에 해당되어야 한다.
1. 국가 또는 지방자치단체가 건축하는 건축물
2. 「공공기관의 운영에 관한 법률」 제4조에 따른 공공기관 중 대통령령으로 정하는 공공기관이 건축하는 건축물
3. 그 밖에 대통령령으로 정하는 용도·규모의 건축물로서 도시경관의 창출, 건설기술 수준향상 및 건축 관련 제도개선을 위하여 특례 적용이 필요하다고 허가권자가 인정하는 건축물

시행령 **제106조(특별건축구역의 건축물)** ① 법 제70조제2호에서 "대통령령으로 정하는 공공기관"이란 다음 각 호의 공공기관을 말한다.〈개정 2009. 6. 26., 2009. 9. 21., 2020. 9. 10.〉

1. 「한국토지주택공사법」에 따른 한국토지주택공사
2. 「한국수자원공사법」에 따른 한국수자원공사
3. 「한국도로공사법」에 따른 한국도로공사
4. 삭제 〈2009. 9. 21.〉
5. 「한국철도공사법」에 따른 한국철도공사
6. 「국가철도공단법」에 따른 국가철도공단
7. 「한국관광공사법」에 따른 한국관광공사
8. 「한국농어촌공사 및 농지관리기금법」에 따른 한국농어촌공사

② 법 제70조제3호에서 "대통령령으로 정하는 용도 · 규모의 건축물"이란 별표 3과 같다.

[전문개정 2008. 10. 29.]

〔**별표 3**〕〈개정 2010.12.13〉

특별건축구역의 특례사항 적용 대상 건축물(제106조 제2항 관련)

용도	규모(연면적, 세대 또는 동)
문화 및 집회시설, 판매시설, 운수시설, 의료시설, 교육연구시설, 수련시설	2천 제곱미터 이상
운동시설, 업무시설, 숙박시설, 관광휴게시설, 방송통신시설	3천 제곱미터 이상
종교시설	–
노유자시설	5백 제곱미터 이상
공동주택(아파트 및 연립주택만 해당한다)	300세대 이상(주거용 외의 용도와 복합된 경우에는 200세대 이상)
단독주택(한옥이 밀집되어 있는 지역의 건축물로 한정하며, 단독주택 외의 용도로 쓰이는 건축물을 포함할 수 있다)	50동 이상
그 밖의 용도	1천 제곱미터 이상

비고

1. 위의 용도에 해당하는 건축물은 허가권자가 인정하는 비슷한 용도의 건축물을 포함한다.

2. 위의 용도가 복합된 건축물의 경우에는 해당 용도의 연면적 합계가 기준 연면적을 합한 값 이상이어야 한다. 다만, 공동주택과 주거용 외의 용도가 복합된 경우에는 각각 해당 용도의 연면적 또는 세대 기준에 적합하여야 한다.

8-3 특별건축구역의 지정절차 등

건축법 **제71조(특별건축구역의 지정절차 등)** ① 중앙행정기관의 장, 제69조제1항 각 호의 사업구역을 관할하는 시 · 도지사 또는 시장 · 군수 · 구청장(이하 이 장에서 "지정신청기관"이라 한다)은 특별건축구역의 지정이 필요한 경우에는 다음 각 호의 자료를 갖추어 중앙행정기관의 장 또는 시 · 도지사는 국토교통부장관에게, 시장 · 군수 · 구청장은 특별시장 · 광역시장 · 도지사에게 각각 특별건축구역의 지정을 신청할 수 있다.〈개정 2011. 4. 14., 2013. 3. 23., 2014. 1. 14.〉

1. 특별건축구역의 위치 · 범위 및 면적 등에 관한 사항
2. 특별건축구역의 지정 목적 및 필요성
3. 특별건축구역 내 건축물의 규모 및 용도 등에 관한 사항
4. 특별건축구역의 도시 · 군관리계획에 관한 사항. 이 경우 도시 · 군관리계획의 세부 내용은 대통령령으로 정한다.
5. 건축물의 설계, 공사감리 및 건축시공 등의 발주방법 등에 관한 사항
6. 제74조에 따라 특별건축구역 전부 또는 일부를 대상으로 통합하여 적용하는 미술작품, 부설주차장, 공원 등의 시설에 대한 운영관리 계획서. 이 경우 운영관리 계획서의 작성방법, 서식, 내용 등에 관한 사항은 국토교통부령으로 정한다.
7. 그 밖에 특별건축구역의 지정에 필요한 대통령령으로 정하는 사항

② 제1항에 따른 지정신청기관 외의 자는 제1항 각 호의 자료를 갖추어 제69조제1항제2호의 사업구역을 관할하는 시 · 도지사에게 특별건축구역의 지정을 제안할 수 있다.〈신설 2020. 4. 7.〉

③ 제2항에 따른 특별건축구역 지정 제안의 방법 및 절차 등에 관하여 필요한 사항은 대통령령으로 정한다.〈신설 2020. 4. 7.〉

④ 국토교통부장관 또는 특별시장 · 광역시장 · 도지사는 제1항에 따라 지정신청이 접수된 경우에는 특별건축구역 지정의 필요성, 타당성 및 공공성 등과 피난 · 방재 등의 사항을 검토하고, 지정 여부를 결정하기 위하여 지정신청을 받은 날부터 30일 이내에 국토교통부장관이 지정신청을 받은 경우에는 국토교통부장관이 두는 건축위원회(이하 "중앙건축위원회"라 한다), 특별시장 · 광역시장 · 도지사가 지정신청을 받은 경우에는 각각 특별시장 · 광역시장 · 도지사가 두는 건축위원회의 심의를 거쳐야 한다.〈개정 2009. 4. 1., 2013. 3. 23., 2014. 1. 14., 2020. 4. 7.〉

⑤ 국토교통부장관 또는 특별시장 · 광역시장 · 도지사는 각각 중앙건축위원회 또는 특별시장 · 광역시장 · 도지사가 두는 건축위원회의 심의 결과를 고려하여 필요한 경

우 특별건축구역의 범위, 도시 · 군관리계획 등에 관한 사항을 조정할 수 있다.〈개정 2011. 4. 14., 2013. 3. 23., 2014. 1. 14., 2020. 4. 7.〉

⑥ 국토교통부장관 또는 시 · 도지사는 필요한 경우 직권으로 특별건축구역을 지정할 수 있다. 이 경우 제1항 각 호의 자료에 따라 특별건축구역 지정의 필요성, 타당성 및 공공성 등과 피난 · 방재 등의 사항을 검토하고 각각 중앙건축위원회 또는 시 · 도지사가 두는 건축위원회의 심의를 거쳐야 한다.
〈개정 2014. 1. 14., 2020. 4. 7.〉

⑦ 국토교통부장관 또는 시 · 도지사는 특별건축구역을 지정하거나 변경 · 해제하는 경우에는 대통령령으로 정하는 바에 따라 주요 내용을 관보(시 · 도지사는 공보)에 고시하고, 국토교통부장관 또는 특별시장 · 광역시장 · 도지사는 지정신청기관에 관계 서류의 사본을 송부하여야 한다.
〈개정 2013. 3. 23., 2014. 1. 14., 2020. 4. 7.〉

⑧ 제7항에 따라 관계 서류의 사본을 받은 지정신청기관은 관계 서류에 도시 · 군관리계획의 결정사항이 포함되어 있는 경우에는 「국토의 계획 및 이용에 관한 법률」 제32조에 따라 지형도면의 승인신청 등 필요한 조치를 취하여야 한다.〈개정 2011. 4. 14., 2020. 4. 7.〉

⑨ 지정신청기관은 특별건축구역 지정 이후 변경이 있는 경우 변경지정을 받아야 한다. 이 경우 변경지정을 받아야 하는 변경의 범위, 변경지정의 절차 등 필요한 사항은 대통령령으로 정한다.〈개정 2020. 4. 7.〉

⑩ 국토교통부장관 또는 시 · 도지사는 다음 각 호의 어느 하나에 해당하는 경우에는 특별건축구역의 전부 또는 일부에 대하여 지정을 해제할 수 있다. 이 경우 국토교통부장관 또는 특별시장 · 광역시장 · 도지사는 지정신청기관의 의견을 청취하여야 한다.〈개정 2013. 3. 23., 2014. 1. 14., 2020. 4. 7.〉

1. 지정신청기관의 요청이 있는 경우
2. 거짓이나 그 밖의 부정한 방법으로 지정을 받은 경우
3. 특별건축구역 지정일부터 5년 이내에 특별건축구역 지정목적에 부합하는 건축물의 착공이 이루어지지 아니하는 경우
4. 특별건축구역 지정요건 등을 위반하였으나 시정이 불가능한 경우

⑪ 특별건축구역을 지정하거나 변경한 경우에는 「국토의 계획 및 이용에 관한 법률」 제30조에 따른 도시 · 군관리계획의 결정(용도지역 · 지구 · 구역의 지정 및 변경은 제외한다)이 있는 것으로 본다.〈개정 2011. 4. 14., 2020. 4. 7., 2020. 6. 9.〉

시행령 **제107조(특별건축구역의 지정 절차 등)** ① 법 제71조제1항제4호에 따른 도시ㆍ군관리계획의 세부 내용은 다음 각 호와 같다.〈개정 2012. 4. 10.〉

1. 「국토의 계획 및 이용에 관한 법률」 제36조부터 제38조까지, 제38조의2, 제39조, 제40조 및 같은 법 시행령 제30조부터 제32조까지의 규정에 따른 용도지역, 용도지구 및 용도구역에 관한 사항
2. 「국토의 계획 및 이용에 관한 법률」 제43조에 따라 도시ㆍ군관리계획으로 결정되었거나 설치된 도시ㆍ군계획시설의 현황 및 도시ㆍ군계획시설의 신설ㆍ변경 등에 관한 사항
3. 「국토의 계획 및 이용에 관한 법률」 제50조부터 제52조까지 및 같은 법 시행령 제43조부터 제47조까지의 규정에 따른 지구단위계획구역의 지정, 지구단위계획의 내용 및 지구단위계획의 수립ㆍ변경 등에 관한 사항

② 법 제71조제1항제7호에서 "대통령령으로 정하는 사항"이란 다음 각 호의 사항을 말한다.〈개정 2010. 12. 13., 2012. 4. 10., 2014. 10. 14.〉

1. 특별건축구역의 주변지역에 「국토의 계획 및 이용에 관한 법률」 제43조에 따라 도시ㆍ군관리계획으로 결정되었거나 설치된 도시ㆍ군계획시설에 관한 사항
2. 특별건축구역의 주변지역에 대한 지구단위계획구역의 지정 및 지구단위계획의 내용 등에 관한 사항

2의2. 「건축기본법」 제21조에 따른 건축디자인 기준의 반영에 관한 사항

3. 「건축기본법」 제23조에 따라 민간전문가를 위촉한 경우 그에 관한 사항
4. 제105조제3항제2호의2에 따른 복합적인 토지 이용에 관한 사항(제105조제3항제2호의2에 해당하는 지역을 지정하기 위한 신청의 경우로 한정한다)

③ 국토교통부장관 또는 시ㆍ도지사는 법 제71조제7항에 따라 특별건축구역을 지정하거나 변경ㆍ해제하는 경우에는 다음 각 호의 사항을 즉시 관보(시ㆍ도지사의 경우에는 공보)에 고시해야 한다.〈개정 2012. 4. 10., 2013. 3. 23., 2014. 10. 14., 2021. 1. 8.〉

1. 지정ㆍ변경 또는 해제의 목적
2. 특별건축구역의 위치, 범위 및 면적
3. 특별건축구역 내 건축물의 규모 및 용도 등에 관한 주요 사항
4. 건축물의 설계, 공사감리 및 건축시공 등 발주방법에 관한 사항
5. 도시ㆍ군계획시설의 신설ㆍ변경 및 지구단위계획의 수립ㆍ변경 등에 관한 사항
6. 그 밖에 국토교통부장관 또는 시ㆍ도지사가 필요하다고 인정하는 사항

④ 특별건축구역의 지정신청기관이 다음 각 호의 어느 하나에 해당하여 법 제71조제9

항에 따라 특별건축구역의 변경지정을 받으려는 경우에는 국토교통부령으로 정하는 자료를 갖추어 국토교통부장관 또는 특별시장 · 광역시장 · 도지사에게 변경지정 신청을 해야 한다. 이 경우 특별건축구역의 변경지정에 관하여는 법 제71조제4항 및 제5항을 준용한다.〈개정 2012. 4. 10., 2013. 3. 23., 2014. 10. 14., 2021. 1. 8.〉

1. 특별건축구역의 범위가 10분의 1(특별건축구역의 면적이 10만 제곱미터 미만인 경우에는 20분의 1) 이상 증가하거나 감소하는 경우
2. 특별건축구역의 도시 · 군관리계획에 관한 사항이 변경되는 경우
3. 건축물의 설계, 공사감리 및 건축시공 등 발주방법이 변경되는 경우
4. 그 밖에 특별건축구역의 지정 목적이 변경되는 등 국토교통부령으로 정하는 경우

⑤ 제1항부터 제4항까지에서 규정한 사항 외에 특별건축구역의 지정에 필요한 세부 사항은 국토교통부장관이 정하여 고시한다.〈개정 2013. 3. 23.〉

제107조의2(특별건축구역의 지정 제안 절차 등) ① 법 제71조제2항에 따라 특별건축구역 지정을 제안하려는 자는 같은 조 제1항의 자료를 갖추어 시장 · 군수 · 구청장에게 의견을 요청할 수 있다.

② 시장 · 군수 · 구청장은 제1항에 따라 의견 요청을 받으면 특별건축구역 지정의 필요성, 타당성, 공공성 등과 피난 · 방재 등의 사항을 검토하여 의견을 통보해야 한다. 이 경우 「건축기본법」 제23조에 따라 시장 · 군수 · 구청장이 위촉한 민간전문가의 자문을 받을 수 있다.

③ 법 제71조제2항에 따라 특별건축구역 지정을 제안하려는 자는 시 · 도지사에게 제안하기 전에 다음 각 호에 해당하는 자의 서면 동의를 받아야 한다. 이 경우 토지소유자의 서면 동의 방법은 국토교통부령으로 정한다.

1. 대상 토지 면적(국유지 · 공유지의 면적은 제외한다)의 3분의 2 이상에 해당하는 토지소유자
2. 국유지 또는 공유지의 재산관리청(국유지 또는 공유지가 포함되어 있는 경우로 한정한다)

④ 법 제71조제2항에 따라 특별건축구역 지정을 제안하려는 자는 다음 각 호의 서류를 시 · 도지사에게 제출해야 한다.

1. 법 제71조제1항 각 호의 자료
2. 제2항에 따른 시장 · 군수 · 구청장의 의견(의견을 요청한 경우로 한정한다)
3. 제3항에 따른 토지소유자 및 재산관리청의 서면 동의서

⑤ 시 · 도지사는 제4항에 따른 서류를 받은 날부터 45일 이내에 특별건축구역 지정의 필요성, 타당성, 공공성 등과 피난 · 방재 등의 사항을 검토하여 특별건축구역 지정 여부를 결정해야 한다. 이 경우 관할 시장 · 군수 · 구청장의 의견을 청취(제4항제2호의 의견서를 제출받은 경우는 제외한다)한 후 시 · 도지사가 두는 건축위원회의 심의를 거쳐야 한다.

⑥ 시 · 도지사는 제5항에 따라 지정여부를 결정한 날부터 14일 이내에 특별건축구역 지정을 제안한 자에게 그 결과를 통보해야 한다.

⑦ 제5항에 따라 지정된 특별건축구역에 대한 변경지정의 제안에 관하여는 제1항부터 제6항까지의 규정을 준용한다.

⑧ 제1항부터 제7항까지에서 규정한 사항 외에 특별건축구역의 지정에 필요한 세부 사항은 국토교통부장관이 정하여 고시한다.

[본조신설 2021. 1. 8.]

시행규칙 **제38조의4(특별건축구역의 지정 제안 동의 방법 등)** ① 영 제107조의2제3항 각 호 외의 부분 후단에 따른 토지소유자의 동의 방법은 별지 제27호의4서식의 특별건축구역 지정 제안 동의서에 자필로 서명하는 방법으로 한다. 이 경우 토지소유자는 별지 제27호의4서식의 특별건축구역 지정 제안 동의서에 주민등록증 · 여권 등 신원을 확인할 수 있는 신분증명서의 사본을 첨부해야 한다. 〈개정 2021. 12. 31., 2023. 6. 9.〉

② 제1항에도 불구하고 토지소유자가 해외에 장기체류하거나 법인인 경우 등 불가피한 사유가 있다고 시 · 도지사가 인정하는 경우에는 토지소유자의 인감도장을 날인하는 방법으로 한다. 이 경우 토지소유자는 별지 제27호의4서식의 특별건축구역 지정 제안 동의서에 해당 인감증명서를 첨부해야 한다. 〈개정 2021. 12. 31.〉

③ 시 · 도지사는 영 제107조의2제4항에 따라 토지소유자의 특별건축구역 지정 제안 동의서를 받으면 행정정보의 공동이용을 통해 토지등기사항증명서를 확인해야 한다. 다만, 토지소유자가 확인에 동의하지 않는 경우에는 토지등기사항증명서를 첨부하도록 해야 한다.

[본조신설 2021. 1. 8.]

[종전 제38조의4는 제38조의5로 이동 〈2021. 1. 8.〉]

8-4 특별건축구역 내 건축물의 심의 등

건축법 **제72조(특별건축구역 내 건축물의 심의 등)** ① 특별건축구역에서 제73조에 따라 건축기준 등의 특례사항을 적용하여 건축허가를 신청하고자 하는 자(이하 이 조에서 "허가신청자"라 한다)는 다음 각 호의 사항이 포함된 특례적용계획서를 첨부하여 제11조에 따라 해당 허가권자에게 건축허가를 신청하여야 한다. 이 경우 특례적용계획서의 작성방법 및 제출서류 등은 국토교통부령으로 정한다.〈개정 2013.3.23.〉

1. 제5조에 따라 기준을 완화하여 적용할 것을 요청하는 사항
2. 제71조에 따른 특별건축구역의 지정요건에 관한 사항
3. 제73조 제1항의 적용배제 특례를 적용한 사유 및 예상효과 등
4. 제73조 제2항의 완화적용 특례의 동등 이상의 성능에 대한 증빙내용
5. 건축물의 공사 및 유지 · 관리 등에 관한 계획

② 제1항에 따른 건축허가는 해당 건축물이 특별건축구역의 지정 목적에 적합한지의 여부와 특례적용계획서 등 해당 사항에 대하여 제4조 제1항에 따라 시 · 도지사 및 시장 · 군수 · 구청장이 설치하는 건축위원회(이하 "지방건축위원회"라 한다)의 심의를 거쳐야 한다.

③ 허가신청자는 제1항에 따른 건축허가 시 「도시교통정비 촉진법」 제16조에 따른 교통영향평가서의 검토를 동시에 진행하고자 하는 경우에는 같은 법 제16조에 따른 교통영향평가서에 관한 서류를 첨부하여 허가권자에게 심의를 신청할 수 있다.〈개정 2008.3.28., 2015.7.24.〉

④ 제3항에 따라 교통영향평가서에 대하여 지방건축위원회에서 통합심의한 경우에는 「도시교통정비 촉진법」 제17조에 따른 교통영향평가서의 심의를 한 것으로 본다.〈개정 2008.3.28., 2015.7.24.〉

⑤ 제1항 및 제2항에 따라 심의된 내용에 대하여 대통령령으로 정하는 변경사항이 발생한 경우에는 지방건축위원회의 변경심의를 받아야 한다. 이 경우 변경심의는 제1항에서 제3항까지의 규정을 준용한다.

⑥ 국토교통부장관 또는 특별시장 · 광역시장 · 도지사는 건축제도의 개선 및 건설기술의 향상을 위하여 허가권자의 의견을 들어 특별건축구역 내에서 제1항 및 제2항에 따라 건축허가를 받은 건축물에 대하여 모니터링(특례를 적용한 건축물에 대하여 해당 건축물의 건축시공, 공사감리, 유지 · 관리 등의 과정을 검토하고 실제로 건축물에 구현된 기능 · 미관 · 환경 등을 분석하여 평가하는 것을 말한다. 이하 이 장에서 같다)을 실시할 수 있다.〈개정 2016.2.3.〉

⑦ 허가권자는 제1항 및 제2항에 따라 건축허가를 받은 건축물의 특례적용계획서를 심의하는 데에 필요한 국토교통부령으로 정하는 자료를 특별시장 · 광역시장 · 특별자치시장 · 도지사 · 특별자치도지사는 국토교통부장관에게, 시장 · 군수 · 구청장은 특별시장 · 광역시장 · 도지사에게 각각 제출하여야 한다.〈개정 2013.3.23., 2014.1.14., 2016.2.3.〉

⑧ 제1항 및 제2항에 따라 건축허가를 받은 「건설기술 진흥법」 제2조 제6호에 따른 발주청은 설계의도의 구현, 건축시공 및 공사감리의 모니터링, 그 밖에 발주청이 위탁하는 업무의 수행 등을 위하여 필요한 경우 설계자를 건축허가 이후에도 해당 건축물의 건축에 참여하게 할 수 있다. 이 경우 설계자의 업무내용 및 보수 등에 관하여는 대통령령으로 정한다.〈개정 2013.5.22.〉

시행령 제108조(특별건축구역 내 건축물의 심의 등)

① 법 제72조 제5항에 따라 지방건축위원회의 변경심의를 받아야 하는 경우는 다음 각 호와 같다.

1. 법 제16조에 따라 변경허가를 받아야 하는 경우
2. 법 제19조 제2항에 따라 변경허가를 받거나 변경신고를 하여야 하는 경우
3. 건축물 외부의 디자인, 형태 또는 색채를 변경하는 경우
4. 그 밖에 법 제72조 제1항 각 호의 사항 중 국토교통부령으로 정하는 사항을 변경하는 경우

② 법 제72조 제8항 전단에 따라 설계자가 해당 건축물의 건축에 참여하는 경우 공사시공자 및 공사감리자는 특별한 사유가 있는 경우를 제외하고는 설계자의 자문 의견을 반영하도록 하여야 한다.

③ 법 제72조 제8항 후단에 따른 설계자의 업무내용은 다음 각 호와 같다.

1. 법 제72조 제6항에 따른 모니터링
2. 설계변경에 대한 자문
3. 건축디자인 및 도시경관 등에 관한 설계의도의 구현을 위한 자문
4. 그 밖에 발주청이 위탁하는 업무

④ 제3항에 따른 설계자의 업무내용에 대한 보수는 「엔지니어링기술 진흥법」 제10조에 따른 엔지니어링사업대가의 기준의 범위에서 국토교통부장관이 정하여 고시한다.

⑤ 제1항부터 제4항까지에서 규정한 사항 외에 특별건축구역 내 건축물의 심의 및 건축허가 이후 해당 건축물의 건축에 대한 설계자의 참여에 관한 세부 사항은 국토교통부장관이 정하여 고시한다.

시행규칙 제38조의5(특별건축구역 내 건축물의 심의 등) ① 법 제72조제1항 전단에 따른 특례적용계획서는 별지 제27호의4서식과 같다.〈개정 2021. 1. 8.〉

② 제1항에 따른 특례적용계획서에는 다음 각 호의 서류를 첨부하여야 한다.

1. 특례적용 대상건축물의 개략설계도서
2. 특례적용 대상건축물의 배치도
3. 특례적용 대상건축물의 내화 · 방화 · 피난 또는 건축설비도
4. 특례적용 신기술의 세부 설명자료

③ 영 제108조제1항제4호에서 "법 제72조제1항 각 호의 사항 중 국토교통부령으로 정하는 사항을 변경하는 경우"란 법 제73조제1항의 적용배제 특례사항 또는 같은 조 제2항의 완화적용 특례사항을 변경하는 경우를 말한다.〈개정 2013. 3. 23.〉

④ 법 제72조제7항에서 "국토교통부령으로 정하는 자료"란 제2항 각 호의 서류를 말한다.〈개정 2013. 3. 23.〉

[본조신설 2008. 12. 11.]

[제38조의4에서 이동 〈2021. 1. 8.〉]

8-5 관계 법령의 적용 특례

건축법 제73조(관계 법령의 적용 특례) ① 특별건축구역에 건축하는 건축물에 대하여는 다음 각 호를 적용하지 아니할 수 있다.〈개정 2016.1.19., 2016.2.3.〉

1. 제42조, 제55조, 제56조, 제58조, 제60조 및 제61조
2. 「주택법」 제35조 중 대통령령으로 정하는 규정

② 특별건축구역에 건축하는 건축물이 제49조, 제50조, 제50조의2, 제51조부터 제53조까지, 제62조 및 제64조와 「녹색건축물 조성 지원법」 제15조에 해당할 때에는 해당 규정에서 요구하는 기준 또는 성능 등을 다른 방법으로 대신할 수 있는 것으로 지방건축위원회가 인정하는 경우에만 해당 규정의 전부 또는 일부를 완화하여 적용할 수 있다.〈개정 2014.1.14.〉

③ 「소방시설 설치 · 유지 및 안전관리에 관한 법률」 제9조와 제11조에서 요구하는 기준 또는 성능 등을 대통령령으로 정하는 절차 · 심의방법 등에 따라 다른 방법으로 대신할 수 있는 경우 전부 또는 일부를 완화하여 적용할 수 있다.〈개정 2011.8.4.〉

[시행일 : 2016.8.12.] 제73조

시행령 **제109조(관계 법령의 적용 특례)** ① 법 제73조제1항제2호에서 "대통령령으로 정하는 규정"이란 「주택건설기준 등에 관한 규정」 제10조, 제13조, 제29조, 제35조, 제37조, 제50조 및 제52조를 말한다. 〈개정 2013. 6. 17.〉

② 허가권자가 법 제73조제3항에 따라 「소방시설 설치 및 관리에 관한 법률」 제12조 및 제13조에 따른 기준 또는 성능 등을 완화하여 적용하려면 「소방시설공사업법」 제30조제2항에 따른 지방소방기술심의위원회의 심의를 거치거나 소방본부장 또는 소방서장과 협의를 하여야 한다. 〈개정 2017. 1. 26., 2022. 11. 29.〉

[전문개정 2008. 10. 29.]

8-6 통합적용계획의 수립 및 시행

건축법 **제74조(통합적용계획의 수립 및 시행)** ① 특별건축구역에서는 다음 각 호의 관계 법령의 규정에 대하여는 개별 건축물마다 적용하지 아니하고 특별건축구역 전부 또는 일부를 대상으로 통합하여 적용할 수 있다.〈개정 2014. 1. 14.〉

1. 「문화예술진흥법」 제9조에 따른 건축물에 대한 미술작품의 설치
2. 「주차장법」 제19조에 따른 부설주차장의 설치
3. 「도시공원 및 녹지 등에 관한 법률」에 따른 공원의 설치

② 지정신청기관은 제1항에 따라 관계 법령의 규정을 통합하여 적용하려는 경우에는 특별건축구역 전부 또는 일부에 대하여 미술작품, 부설주차장, 공원 등에 대한 수요를 개별법으로 정한 기준 이상으로 산정하여 파악하고 이용자의 편의성, 쾌적성 및 안전 등을 고려한 통합적용계획을 수립하여야 한다.〈개정 2014. 1. 14.〉

③ 지정신청기관이 제2항에 따라 통합적용계획을 수립하는 때에는 해당 구역을 관할하는 허가권자와 협의하여야 하며, 협의요청을 받은 허가권자는 요청받은 날부터 20일 이내에 지정신청기관에게 의견을 제출하여야 한다.

④ 지정신청기관은 도시·군관리계획의 변경을 수반하는 통합적용계획이 수립된 때에는 관련 서류를 「국토의 계획 및 이용에 관한 법률」 제30조에 따른 도시·군관리계획 결정권자에게 송부하여야 하며, 이 경우 해당 도시·군관리계획 결정권자는 특별한 사유가 없으면 도시·군관리계획의 변경에 필요한 조치를 취하여야 한다.〈개정 2011. 4. 14., 2020. 6. 9.〉

8-7 건축주 등의 의무

건축법 **제75조(건축주 등의 의무)** ① 특별건축구역에서 제73조에 따라 건축기준 등의 적용 특례사항을 적용하여 건축허가를 받은 건축물의 공사감리자, 시공자, 건축주, 소유자 및 관리자는 시공 중이거나 건축물의 사용승인 이후에도 당초 허가를 받은 건축물의 형태, 재료, 색채 등이 원형을 유지하도록 필요한 조치를 하여야 한다.〈개정 2012.1.17.〉

② 삭제〈2016.2.3.〉

시행규칙 **제38조의5(특례적용 대상 건축물의 모니터링)**

① 법 제75조 제2항 전단에 따른 모니터링보고서는 별지 제27호의4 서식 및 별지 제27호의5 서식과 같다.

② 영 제110조에서 "국토교통부령으로 정하는 기간"은 다음 각 호와 같다.

1. 법 제73조 제1항 각 호를 적용하지 아니하는 건축물 : 2년
2. 법 제73조 제2항에 따라 적용을 완화하는 건축물 : 2년
3. 그 밖의 건축물 : 4년

[본조신설 2008.12.11]

8-8 허가권자 등의 의무

건축법 **제76조(허가권자 등의 의무)** ① 허가권자는 특별건축구역의 건축물에 대하여 설계자의 창의성 · 심미성 등의 발휘와 제도개선 · 기술발전 등이 유도될 수 있도록 노력하여야 한다.

② 허가권자는 제77조 제2항에 따른 모니터링 결과를 국토교통부장관 또는 특별시장 · 광역시장 · 도지사에게 제출하여야 하며, 국토교통부장관 또는 특별시장 · 광역시장 · 도지사는 제77조에 따른 검사 및 모니터링 결과 등을 분석하여 필요한 경우 이 법 또는 관계 법령의 제도개선을 위하여 노력하여야 한다.〈개정 2013.3.23., 2014.1.14., 2016.2.3.〉

8-9 특별건축구역 건축물의 검사 등

건축법 **제77조(특별건축구역 건축물의 검사 등)** ① 국토교통부장관 및 허가권자는 특별건축구역의 건축물에 대하여 제87조에 따라 검사를 할 수 있으며, 필요한 경우 제79조에 따라 시정명령 등 필요한 조치를 할 수 있다.〈개정 2013.3.23., 2014.1.14.〉

② 국토교통부장관 및 허가권자는 제72조 제6항에 따라 모니터링을 실시하는 건축물에 대하여 직접 모니터링을 하거나 분야별 전문가 또는 전문기관에 용역을 의뢰할 수 있다. 이 경우 해당 건축물의 건축주, 소유자 또는 관리자는 특별한 사유가 없으면 모니터링에 필요한 사항에 대하여 협조하여야 한다.〈개정 2013.3.23., 2014.1.14., 2016.2.3.〉

8-10 특별가로구역의 지정

건축법 **제77조의2(특별가로구역의 지정)** ① 국토교통부장관 및 허가권자는 도로에 인접한 건축물의 건축을 통한 조화로운 도시경관의 창출을 위하여 이 법 및 관계 법령에 따라 일부 규정을 적용하지 아니하거나 완화하여 적용할 수 있도록 다음 각 호의 어느 하나에 해당하는 지구 또는 구역에서 대통령령으로 정하는 도로에 접한 대지의 일정 구역을 특별가로구역으로 지정할 수 있다. 〈개정 2017.1.17.〉

1. 삭제 〈2017.4.18.〉
2. 경관지구
3. 지구단위계획구역 중 미관유지를 위하여 필요하다고 인정하는 구역

② 국토교통부장관 및 허가권자는 제1항에 따라 특별가로구역을 지정하려는 경우에는 다음 각 호의 자료를 갖추어 국토교통부장관 또는 허가권자가 두는 건축위원회의 심의를 거쳐야 한다.

1. 특별가로구역의 위치 · 범위 및 면적 등에 관한 사항
2. 특별가로구역의 지정 목적 및 필요성
3. 특별가로구역 내 건축물의 규모 및 용도 등에 관한 사항
4. 그 밖에 특별가로구역의 지정에 필요한 사항으로서 대통령령으로 정하는 사항

③ 국토교통부장관 및 허가권자는 특별가로구역을 지정하거나 변경 · 해제하는 경우에는 국토교통부령으로 정하는 바에 따라 이를 지역 주민에게 알려야 한다.

[본조신설 2014.1.14.]

[시행일 : 2018.4.19.] 제77조의2

시행령 **제110조의2(특별가로구역의 지정)** ① 법 제77조의2 제1항에서 “대통령령으로 정하는 도로”란 다음 각 호의 어느 하나에 해당하는 도로를 말한다.

1. 건축선을 후퇴한 대지에 접한 도로로서 허가권자(허가권자가 구청장인 경우에는 특별시장이나 광역시장을 말한다. 이하 이 조에서 같다)가 건축조례로 정하는 도로
2. 허가권자가 리모델링 활성화가 필요하다고 인정하여 지정 · 공고한 지역 안의 도로
3. 보행자전용도로로서 도시미관 개선을 위하여 허가권자가 건축조례로 정하는 도로
4. 「지역문화진흥법」 제18조에 따른 문화지구 안의 도로
5. 그 밖에 조화로운 도시경관 창출을 위하여 필요하다고 인정하여 국토교통부장관이 고시하거나 허가권자가 건축조례로 정하는 도로

② 법 제77조의2 제2항 제4호에서 “대통령령으로 정하는 사항”이란 다음 각 호의 사항을 말한다.

1. 특별가로구역에서 이 법 또는 관계 법령의 규정을 적용하지 아니하거나 완화하여 적용하는 경우에 해당 규정과 완화 등의 범위에 관한 사항
2. 건축물의 지붕 및 외벽의 형태나 색채 등에 관한 사항
3. 건축물의 배치, 대지의 출입구 및 조경의 위치에 관한 사항
4. 건축선 후퇴 공간 및 공개공지 등의 관리에 관한 사항
5. 그 밖에 특별가로구역의 지정에 필요하다고 인정하여 국토교통부장관이 고시하거나 허가권자가 건축조례로 정하는 사항

[본조신설 2014.10.14.]

8-11 특별가로구역의 관리 및 건축물의 건축기준 적용 특례 등

건축법 제77조의3(특별가로구역의 관리 및 건축물의 건축기준 적용 특례 등) ① 국토교통부장관 및 허가권자는 특별가로구역을 효율적으로 관리하기 위하여 국토교통부령으로 정하는 바에 따라 제77조의2제2항 각 호의 지정 내용을 작성하여 관리하여야 한다.

② 특별가로구역의 변경절차 및 해제, 특별가로구역 내 건축물에 관한 건축기준의 적용 등에 관하여는 제71조제9항 · 제10항(각 호 외의 부분 후단은 제외한다), 제72조제1항부터 제5항까지, 제73조제1항(제77조의2제1항제3호에 해당하는 경우에는 제55조 및 제56조는 제외한다) · 제2항, 제75조제1항 및 제77조제1항을 준용한다. 이 경우 "특별건축구역"은 각각 "특별가로구역"으로, "지정신청기관", "국토교통부장관 또는 시 · 도지사" 및 "국토교통부장관, 시 · 도지사 및 허가권자"는 각각 "국토교통부장관 및 허가권자"로 본다. 〈개정 2017. 1. 17., 2020. 4. 7.〉

③ 특별가로구역 안의 건축물에 대하여 국토교통부장관 또는 허가권자가 배치기준을 따로 정하는 경우에는 제46조 및 「민법」 제242조를 적용하지 아니한다. 〈신설 2016. 1. 19.〉

[본조신설 2014. 1. 14.]

■ 제8장의2 건축협정

8-12 건축협정의 체결

건축법 제77조의4(건축협정의 체결) ① 토지 또는 건축물의 소유자, 지상권자 등 대통령령으로 정하는 자(이하 "소유자등"이라 한다)는 전원의 합의로 다음 각 호의 어느 하나에 해당하는 지역 또는 구역에서 건축물의 건축 · 대수선 또는 리모델링에 관한 협정(이하 "건축협정"이라 한다)을 체결할 수 있다. 〈개정 2016.2.3., 2017.2.8., 2017.4.18.〉

1. 「국토의 계획 및 이용에 관한 법률」 제51조에 따라 지정된 지구단위계획구역
2. 「도시 및 주거환경정비법」 제2조제2호가목에 따른 주거환경개선사업을 시행하기 위하여 같은 법 제8조에 따라 지정 · 고시된 정비구역
3. 「도시재정비 촉진을 위한 특별법」 제2조제6호에 따른 존치지역
4. 「도시재생 활성화 및 지원에 관한 특별법」 제2조제1항제5호에 따른 도시재생활성화지역
5. 그 밖에 시 · 도지사 및 시장 · 군수 · 구청장(이하 "건축협정인가권자"라 한다)이 도시

및 주거환경개선이 필요하다고 인정하여 해당 지방자치단체의 조례로 정하는 구역

② 제1항 각 호의 지역 또는 구역에서 둘 이상의 토지를 소유한 자가 1인인 경우에도 그 토지 소유자는 해당 토지의 구역을 건축협정 대상 지역으로 하는 건축협정을 정할 수 있다. 이 경우 그 토지 소유자 1인을 건축협정 체결자로 본다.

③ 소유자등은 제1항에 따라 건축협정을 체결(제2항에 따라 토지 소유자 1인이 건축협정을 정하는 경우를 포함한다. 이하 같다)하는 경우에는 다음 각 호의 사항을 준수하여야 한다.

1. 이 법 및 관계 법령을 위반하지 아니할 것
2. 「국토의 계획 및 이용에 관한 법률」 제30조에 따른 도시·군관리계획 및 이 법 제77조의11제1항에 따른 건축물의 건축·대수선 또는 리모델링에 관한 계획을 위반하지 아니할 것

④ 건축협정은 다음 각 호의 사항을 포함하여야 한다.

1. 건축물의 건축·대수선 또는 리모델링에 관한 사항
2. 건축물의 위치·용도·형태 및 부대시설에 관하여 대통령령으로 정하는 사항

⑤ 소유자등이 건축협정을 체결하는 경우에는 건축협정서를 작성하여야 하며, 건축협정서에는 다음 각 호의 사항이 명시되어야 한다.

1. 건축협정의 명칭
2. 건축협정 대상 지역의 위치 및 범위
3. 건축협정의 목적
4. 건축협정의 내용
5. 제1항 및 제2항에 따라 건축협정을 체결하는 자(이하 "협정체결자"라 한다)의 성명, 주소 및 생년월일(법인, 법인 아닌 사단이나 재단 및 외국인의 경우에는 「부동산등기법」 제49조에 따라 부여된 등록번호를 말한다. 이하 제6호에서 같다)
6. 제77조의5제1항에 따른 건축협정운영회가 구성되어 있는 경우에는 그 명칭, 대표자 성명, 주소 및 생년월일
7. 건축협정의 유효기간
8. 건축협정 위반 시 제재에 관한 사항
9. 그 밖에 건축협정에 필요한 사항으로서 해당 지방자치단체의 조례로 정하는 사항

⑥ 제1항제4호에 따라 시·도지사가 필요하다고 인정하여 조례로 구역을 정하려는 때에는 해당 시장·군수·구청장의 의견을 들어야 한다. 〈신설 2016.2.3.〉

[본조신설 2014.1.14.]

[시행일 : 2018.2.9.] 제77조의4

시행령 **제110조의3(건축협정의 체결)** ① 법 제77조의4 제1항 각 호 외의 부분에서 "토지 또는 건축물의 소유자, 지상권자 등 대통령령으로 정하는 자"란 다음 각 호의 자를 말한다.

1. 토지 또는 건축물의 소유자(공유자를 포함한다. 이하 이 항에서 같다)
2. 토지 또는 건축물의 지상권자
3. 그 밖에 해당 토지 또는 건축물에 이해관계가 있는 자로서 건축조례로 정하는 자 중 그 토지 또는 건축물 소유자의 동의를 받은 자

② 법 제77조의4 제4항 제2호에서 "대통령령으로 정하는 사항"이란 다음 각 호의 사항을 말한다.

1. 건축선
2. 건축물 및 건축설비의 위치
3. 건축물의 용도, 높이 및 층수
4. 건축물의 지붕 및 외벽의 형태
5. 건폐율 및 용적률
6. 담장, 대문, 조경, 주차장 등 부대시설의 위치 및 형태
7. 차양시설, 차면시설 등 건축물에 부착하는 시설물의 형태
8. 법 제59조 제1항 제1호에 따른 맞벽건축의 구조 및 형태
9. 그 밖에 건축물의 위치, 용도, 형태 또는 부대시설에 관하여 건축조례로 정하는 사항

[본조신설 2014.10.14.]

시행령 **제110조의6(건축협정에 관한 지원)** 법 제77조의4 제1항 제4호에 따른 건축협정인가권자가 법 제77조의11 제2항에 따라 건축협정구역 안의 주거환경개선을 위한 사업비용을 지원하려는 경우에는 법 제77조의4 제1항 및 제2항에 따라 건축협정을 체결한 자(이하 "협정체결자"라 한다) 또는 법 제77조의5 제1항에 따른 건축협정운영회(이하 "건축협정운영회"라 한다)의 대표자에게 다음 각 호의 사항이 포함된 사업계획서를 요구할 수 있다.

1. 주거환경개선사업의 목표
2. 협정체결자 또는 건축협정운영회 대표자의 성명
3. 주거환경개선사업의 내용 및 추진방법
4. 주거환경개선사업의 비용
5. 그 밖에 건축조례로 정하는 사항

[본조신설 2014.10.14.]
[제110조의5에서 이동〈2016.5.17.〉].

건축협정의 체결

1) 토지 또는 건축물의 소유자, 지상권자 등 대통령령으로 정하는 자(이하“소유자등”이라 한다)는 전원의 합의로 다음 지역 또는 구역에서 건축물의 건축 · 대수선 또는 리모델링에 관한 협정(이하“건축협정”이라 한다)을 체결할 수 있다.
   ① 지구단위계획구역
   ② 주거환경개선사업을 시행하기 위하여 지정 · 고시된 정비구역
   ③ 「도시재정비 촉진을 위한 특별법」제2조제6호에 따른 존치지역
   ④ 도시재생활성화지역
   ⑤ 도시 및 주거환경개선이 필요하다고 인정하여 해당 지방자치단체의 조례로 정하는 구역
2) 제1항 각 호의 지역 또는 구역에서 둘 이상의 토지를 소유한 자가 1인인 경우에도 그 토지 소유자는 해당 토지의 구역을 건축협정 대상 지역으로 하는 건축협정을 정할 수 있다. 이 경우 그 토지 소유자 1인을 건축협정 체결자로 본다.

8-13 건축협정운영회의 설립

건축법 **제77조의5(건축협정운영회의 설립)**

① 협정체결자는 건축협정서 작성 및 건축협정 관리 등을 위하여 필요한 경우 협정체결자 간의 자율적 기구로서 운영회(이하 “건축협정운영회”라 한다)를 설립할 수 있다.

② 제1항에 따라 건축협정운영회를 설립하려면 협정체결자 과반수의 동의를 받아 건축협정운영회의 대표자를 선임하고, 국토교통부령으로 정하는 바에 따라 건축협정인가권자에게 신고하여야 한다. 다만, 제77조의6에 따른 건축협정 인가 신청 시 건축협정운영회에 관한 사항을 포함한 경우에는 그러하지 아니하다.

[본조신설 2014.1.14.]

시행규칙 **제38조의8(건축협정운영회의 설립 신고)** 법 제77조의5제1항에 따른 건축협정운영회(이하 “건축협정운영회”라 한다)의 대표자는 같은 조 제2항에 따라 건축협정운영회를 설립한 날부터 15일 이내에 법 제77조의4제1항제5호에 따른 건축협정인가권자(이하 “건축협정인가권자”라 한다)에게 별지 제27호의7서식에 따라 신고해야 한다. 〈개정 2021. 6. 25.〉

[본조신설 2014. 10. 15.]

8-14 건축협정의 인가

건축법 **제77조의6(건축협정의 인가)**

① 협정체결자 또는 건축협정운영회의 대표자는 건축협정서를 작성하여 국토교통부령으로 정하는 바에 따라 해당 건축협정인가권자의 인가를 받아야 한다. 이 경우 인가 신청을 받은 건축협정인가권자는 인가를 하기 전에 건축협정인가권자가 두는 건축위원회의 심의를 거쳐야 한다.

② 제1항에 따른 건축협정 체결 대상 토지가 둘 이상의 특별자치시 또는 시 · 군 · 구에 걸치는 경우 건축협정 체결 대상 토지면적의 과반(過半)이 속하는 건축협정인가권자에게 인가를 신청할 수 있다. 이 경우 인가 신청을 받은 건축협정인가권자는 건축협정을 인가하기 전에 다른 특별자치시장 또는 시장 · 군수 · 구청장과 협의하여야 한다.

③ 건축협정인가권자는 제1항에 따라 건축협정을 인가하였을 때에는 국토교통부령으로 정하는 바에 따라 그 내용을 공고하여야 한다.

[본조신설 2014.1.14.]

8-15 건축협정의 변경

건축법 **제77조의7(건축협정의 변경)**

① 협정체결자 또는 건축협정운영회의 대표자는 제77조의6 제1항에 따라 인가받은 사항을 변경하려면 국토교통부령으로 정하는 바에 따라 변경인가를 받아야 한다. 다만, 대통령령으로 정하는 경미한 사항을 변경하는 경우에는 그러하지 아니하다.

② 제1항에 따른 변경인가에 관하여는 제77조의6을 준용한다.

[본조신설 2014.1.14.]

8-16 건축협정의 관리

건축법 **제77조의8(건축협정의 관리)** 건축협정인가권자는 제77조의6 및 제77조의7에 따라 건축협정을 인가하거나 변경인가하였을 때에는 국토교통부령으로 정하는 바에 따라 건축협정 관리대장을 작성하여 관리하여야 한다.

[본조신설 2014.1.14.]

8-17 건축협정의 폐지

건축법 **제77조의9(건축협정의 폐지)** ① 협정체결자 또는 건축협정운영회의 대표자는 건축협정을 폐지하려는 경우에는 협정체결자 과반수의 동의를 받아 국토교통부령으로 정하는 바에 따라 건축협정인가권자의 인가를 받아야 한다. 다만, 제77조의13에 따른 특례를 적용하여 제21조에 따른 착공신고를 한 경우에는 대통령령으로 정하는 기간이 지난 후에 건축협정의 폐지 인가를 신청할 수 있다.〈개정 2015. 5. 18., 2020. 6. 9.〉

② 제1항에 따른 건축협정의 폐지에 관하여는 제77조의6제3항을 준용한다.

[본조신설 2014. 1. 14.]

8-18 건축협정의 효력 및 승계

건축법 **제77조의10(건축협정의 효력 및 승계)** ① 건축협정이 체결된 지역 또는 구역(이하 "건축협정구역"이라 한다)에서 건축물의 건축·대수선 또는 리모델링을 하거나 그 밖에 대통령령으로 정하는 행위를 하려는 소유자등은 제77조의6 및 제77조의7에 따라 인가·변경인가된 건축협정에 따라야 한다.

② 제77조의6 제3항에 따라 건축협정이 공고된 후 건축협정구역에 있는 토지나 건축물 등에 관한 권리를 협정체결자인 소유자등으로부터 이전받거나 설정받은 자는 협정체결자로서의 지위를 승계한다. 다만, 건축협정에서 달리 정한 경우에는 그에 따른다.

[본조신설 2014.1.14.]

시행령 **제110조의4(건축협정의 폐지 제한 기간)** ① 법 제77조의9 제1항 단서에서 "대통령령으로 정하는 기간"이란 착공신고를 한 날부터 20년을 말한다.

② 제1항에도 불구하고 다음 각 호의 요건을 모두 갖춘 경우에는 제1항에 따른 기간이 지난 것으로 본다.

1. 법 제57조 제3항에 따라 분할된 대지를 같은 조 제1항 및 제2항의 기준에 적합하게 할 것
2. 법 제77조의13에 따른 특례를 적용받지 아니하는 내용으로 건축협정 변경인가를 받고 그에 따라 건축허가를 받을 것. 다만, 법 제77조의13에 따른 특례적용을 받은 내용대로 사용승인을 받은 경우에는 특례를 적용받지 아니하는 내용으로 건축협정 변경인가를 받고 그에 따라 건축허가를 받은 후 해당 건축물의 사용승인을 받아야 한다.

3. 법 제77조의11 제2항에 따라 지원받은 사업비용을 반환할 것
[본조신설 2016.5.17.]
[종전 제110조의4는 제110조의5로 이동 〈2016.5.17.〉]

시행령 **제110조의5(건축협정에 따라야 하는 행위)** 법 제77조의10 제1항에서 "대통령령으로 정하는 행위"란 제110조의3 제2항 각 호의 사항에 관한 행위를 말한다.
[본조신설 2014.10.14.]
[제110조의4에서 이동, 종전 제110조의5는 제110조의6으로 이동〈2016.5.17.〉]

8-19 건축협정에 관한 계획 수립 및 지원

건축법 **제77조의11(건축협정에 관한 계획 수립 및 지원)**

① 건축협정인가권자는 소유자등이 건축협정을 효율적으로 체결할 수 있도록 건축협정구역에서 건축물의 건축·대수선 또는 리모델링에 관한 계획을 수립할 수 있다.

② 건축협정인가권자는 대통령령으로 정하는 바에 따라 도로 개설 및 정비 등 건축협정구역 안의 주거환경개선을 위한 사업비용의 일부를 지원할 수 있다.

[본조신설 2014.1.14.]

시행령 **제110조의6(건축협정에 관한 지원)**

법 제77조의4제1항제4호에 따른 건축협정인가권자가 법 제77조의11제2항에 따라 건축협정구역 안의 주거환경개선을 위한 사업비용을 지원하려는 경우에는 법 제77조의4 제1항 및 제2항에 따라 건축협정을 체결한 자(이하 "협정체결자"라 한다) 또는 법 제77조의5제1항에 따른 건축협정운영회(이하 "건축협정운영회"라 한다)의 대표자에게 다음 각 호의 사항이 포함된 사업계획서를 요구할 수 있다.

1. 주거환경개선사업의 목표
2. 협정체결자 또는 건축협정운영회 대표자의 성명
3. 주거환경개선사업의 내용 및 추진방법
4. 주거환경개선사업의 비용
5. 그 밖에 건축조례로 정하는 사항

[본조신설 2014. 10. 14.]
[제110조의5에서 이동 〈2016. 5. 17.〉]

8-20 경관협정과의 관계

건축법 **제77조의12(경관협정과의 관계)**

① 소유자등은 제77조의4에 따라 건축협정을 체결할 때 「경관법」 제19조에 따른 경관협정을 함께 체결하려는 경우에는 「경관법」 제19조 제3항 · 제4항 및 제20조에 관한 사항을 반영하여 건축협정인가권자에게 인가를 신청할 수 있다.

② 제1항에 따른 인가 신청을 받은 건축협정인가권자는 건축협정에 대한 인가를 하기 전에 건축위원회의 심의를 하는 때에 「경관법」 제29조 제3항에 따라 경관위원회와 공동으로 하는 심의를 거쳐야 한다.

③ 제2항에 따른 절차를 거쳐 건축협정을 인가받은 경우에는 「경관법」 제21조에 따른 경관협정의 인가를 받은 것으로 본다.

[본조신설 2014.1.14.]

8-21 건축협정에 따른 특례

건축법 **제77조의13(건축협정에 따른 특례)** ① 제77조의4 제1항에 따라 건축협정을 체결하여 제59조 제1항 제1호에 따라 둘 이상의 건축물 벽을 맞벽으로 하여 건축하려는 경우 맞벽으로 건축하려는 자는 공동으로 제11조에 따른 건축허가를 신청할 수 있다.

② 제1항의 경우에 제17조, 제21조, 제22조 및 제25조에 관하여는 개별 건축물마다 적용하지 아니하고 허가를 신청한 건축물 전부 또는 일부를 대상으로 통합하여 적용할 수 있다.

③ 건축협정의 인가를 받은 건축협정구역에서 연접한 대지에 대하여는 다음 각 호의 관계 법령의 규정을 개별 건축물마다 적용하지 아니하고 건축협정구역의 전부 또는 일부를 대상으로 통합하여 적용할 수 있다. 〈개정 2015.5.18., 2016.1.19.〉

1. 제42조에 따른 대지의 조경
2. 제44조에 따른 대지와 도로와의 관계
3. 삭제〈2016.1.19.〉
4. 제53조에 따른 지하층의 설치
5. 제55조에 따른 건폐율
6. 「주차장법」 제19조에 따른 부설주차장의 설치
7. 삭제〈2016.1.19.〉

8. 「하수도법」 제34조에 따른 개인하수처리시설의 설치

④ 제3항에 따라 관계 법령의 규정을 적용하려는 경우에는 건축협정구역 전부 또는 일부에 대하여 조경 및 부설주차장에 대한 기준을 이 법 및 「주차장법」에서 정한 기준 이상으로 산정하여 적용하여야 한다.

⑤ 건축협정을 체결하여 둘 이상 건축물의 경계벽을 전체 또는 일부를 공유하여 건축하는 경우에는 제1항부터 제4항까지의 특례를 적용하며, 해당 대지를 하나의 대지로 보아 이 법의 기준을 개별 건축물마다 적용하지 아니하고 허가를 신청한 건축물의 전부 또는 일부를 대상으로 통합하여 적용할 수 있다.〈신설 2016.1.19.〉

⑥ 건축협정구역에 건축하는 건축물에 대하여는 제42조, 제55조, 제56조, 제58조, 제60조 및 제61조와 「주택법」 제35조를 대통령령으로 정하는 바에 따라 완화하여 적용할 수 있다. 다만, 제56조를 완화하여 적용하는 경우에는 제4조에 따른 건축위원회의 심의와 「국토의 계획 및 이용에 관한 법률」 제113조에 따른 지방도시계획위원회의 심의를 통합하여 거쳐야 한다.〈신설 2016.2.3.〉

⑦ 제6항 단서에 따라 통합 심의를 하는 경우 통합 심의의 방법 및 절차 등에 관한 구체적인 사항은 대통령령으로 정한다.〈신설 2016.2.3.〉

⑧ 제6항 본문에 따른 건축협정구역 내의 건축물에 대한 건축기준의 적용에 관하여는 제72조 제1항(제2호 및 제4호는 제외한다)부터 제5항까지를 준용한다. 이 경우 "특별건축구역"은 "건축협정구역"으로 본다.〈신설 2016.2.3.〉

[본조신설 2014.1.14.]

시행령 **제110조의7(건축협정에 따른 특례)** ① 건축협정구역에서 건축하는 건축물에 대해서는 법 제77조의13제6항에 따라 법 제42조, 제55조, 제56조, 제60조 및 제61조를 다음 각 호의 구분에 따라 완화하여 적용할 수 있다. 〈개정 2024. 6. 18.〉

1. 법 제42조에 따른 대지의 조경 면적: 대지의 조경을 도로에 면하여 통합적으로 조성하는 건축협정구역에 한정하여 해당 지역에 적용하는 조경 면적기준의 100분의 20의 범위에서 완화
2. 법 제55조에 따른 건폐율: 해당 지역에 적용하는 건폐율의 100분의 20의 범위에서 완화. 이 경우 「국토의 계획 및 이용에 관한 법률 시행령」 제84조에 따른 건폐율의 최대한도를 초과할 수 없다.
3. 법 제56조에 따른 용적률: 해당 지역에 적용하는 용적률의 100분의 20의 범위에서 완화. 이 경우 「국토의 계획 및 이용에 관한 법률 시행령」 제85조에 따른 용적률의 최대한도를 초과할 수 없다.

4. 법 제60조에 따른 높이 제한: 너비 6미터 이상의 도로에 접한 건축협정구역에 한정하여 해당 건축물에 적용하는 높이 기준의 100분의 20의 범위에서 완화
5. 법 제61조에 따른 일조 등의 확보를 위한 건축물의 높이 제한: 건축협정구역 안에서 대지 상호간에 건축하는 공동주택에 한정하여 제86조제3항제1호에 따른 기준의 100분의 20의 범위에서 완화

② 허가권자는 법 제77조의13제6항 단서에 따라 법 제4조에 따른 건축위원회의 심의와 「국토의 계획 및 이용에 관한 법률」 제113조에 따른 지방도시계획위원회의 심의를 통합하여 하려는 경우에는 다음 각 호의 기준에 따라 통합심의위원회(이하 "통합심의위원회"라 한다)를 구성하여야 한다.

1. 통합심의위원회 위원은 법 제4조에 따른 건축위원회 및 「국토의 계획 및 이용에 관한 법률」 제113조에 따른 지방도시계획위원회의 위원 중에서 시ㆍ도지사 또는 시장ㆍ군수ㆍ구청장이 임명 또는 위촉할 것
2. 통합심의위원회의 위원 수는 15명 이내로 할 것
3. 통합심의위원회의 위원 중 법 제4조에 따른 건축위원회의 위원이 2분의 1 이상이 되도록 할 것
4. 통합심의위원회의 위원장은 위원 중에서 시ㆍ도지사 또는 시장ㆍ군수ㆍ구청장이 임명 또는 위촉할 것

③ 제2항에 따른 통합심의위원회는 다음 각 호의 사항을 검토한다.

1. 해당 대지의 토지이용 현황 및 용적률 완화 범위의 적정성
2. 건축협정으로 완화되는 용적률이 주변 경관 및 환경에 미치는 영향

[본조신설 2016. 7. 19.]

■ 제8장의3 결합건축〈신설 2016.7.19.〉

8-22 결합건축의 대상지

건축법 **제77조의15(결합건축 대상지)** ① 다음 각 호의 어느 하나에 해당하는 지역에서 대지간의 최단거리가 100미터 이내의 범위에서 대통령령으로 정하는 범위에 있는 2개의 대지의 건축주가 서로 합의한 경우 2개의 대지를 대상으로 결합건축을 할 수 있다.〈개정 2017. 2. 8., 2017. 4. 18., 2020. 4. 7.〉

1. 「국토의 계획 및 이용에 관한 법률」 제36조에 따라 지정된 상업지역
2. 「역세권의 개발 및 이용에 관한 법률」 제4조에 따라 지정된 역세권개발구역
3. 「도시 및 주거환경정비법」 제2조에 따른 정비구역 중 주거환경개선사업의 시행을 위한 구역
4. 그 밖에 도시 및 주거환경 개선과 효율적인 토지이용이 필요하다고 대통령령으로 정하는 지역

② 다음 각 호의 어느 하나에 해당하는 경우에는 제1항 각 호의 어느 하나에 해당하는 지역에서 대통령령으로 정하는 범위에 있는 3개 이상 대지의 건축주 등이 서로 합의한 경우 3개 이상의 대지를 대상으로 결합건축을 할 수 있다.〈신설 2020. 4. 7.〉

1. 국가 · 지방자치단체 또는 「공공기관의 운영에 관한 법률」 제4조제1항에 따른 공공기관이 소유 또는 관리하는 건축물과 결합건축하는 경우
2. 「빈집 및 소규모주택 정비에 관한 특례법」 제2조제1항제1호에 따른 빈집 또는 「건축물관리법」 제42조에 따른 빈 건축물을 철거하여 그 대지에 공원, 광장 등 대통령령으로 정하는 시설을 설치하는 경우
3. 그 밖에 대통령령으로 정하는 건축물과 결합건축하는 경우

③ 제1항 및 제2항에도 불구하고 도시경관의 형성, 기반시설 부족 등의 사유로 해당 지방자치단체의 조례로 정하는 지역 안에서는 결합건축을 할 수 없다.〈신설 2020. 4. 7.〉

④ 제1항 또는 제2항에 따라 결합건축을 하려는 2개 이상의 대지를 소유한 자가 1명인 경우는 제77조의4제2항을 준용한다.〈개정 2020. 4. 7.〉

[본조신설 2016. 1. 19.]

[제77조의14에서 이동, 종전 제77조의15는 제77조의16으로 이동 〈2017. 4. 18.〉]

시행령 **제111조(결합건축 대상지)** ① 법 제77조의15제1항 각 호 외의 부분에서 "대통령령으로 정하는 범위에 있는 2개의 대지"란 다음 각 호의 요건을 모두 충족하는 2개의 대지를 말한다.〈개정 2019. 10. 22., 2021. 1. 8.〉

1. 2개의 대지 모두가 법 제77조의15제1항 각 호의 지역 중 동일한 지역에 속할 것
2. 2개의 대지 모두가 너비 12미터 이상인 도로로 둘러싸인 하나의 구역 안에 있을 것. 이 경우 그 구역 안에 너비 12미터 이상인 도로로 둘러싸인 더 작은 구역이 있어서는 아니 된다.

② 법 제77조의15제1항제4호에서 "대통령령으로 정하는 지역"이란 다음 각 호의 지역을 말한다.〈개정 2019. 10. 22.〉

1. 건축협정구역
2. 특별건축구역
3. 리모델링 활성화 구역
4. 「도시재생 활성화 및 지원에 관한 특별법」 제2조제1항제5호에 따른 도시재생활성화지역
5. 「한옥 등 건축자산의 진흥에 관한 법률」 제17조제1항에 따른 건축자산 진흥구역

③ 법 제77조의15제2항 각 호 외의 부분 본문에서 "대통령령으로 정하는 범위에 있는 3개 이상의 대지"란 다음 각 호의 요건을 모두 충족하는 3개 이상의 대지를 말한다.〈신설 2021. 1. 8.〉

1. 대지 모두가 법 제77조의15제1항 각 호의 지역 중 같은 지역에 속할 것
2. 모든 대지 간 최단거리가 500미터 이내일 것

④ 법 제77조의15제2항제2호에서 "공원, 광장 등 대통령령으로 정하는 시설"이란 다음 각 호의 어느 하나에 해당하는 시설을 말한다.〈신설 2021. 1. 8.〉

1. 공원, 녹지, 광장, 정원, 공지, 주차장, 놀이터 등 공동이용시설
2. 그 밖에 제1호의 시설과 비슷한 것으로서 건축조례로 정하는 시설

⑤ 법 제77조의15제2항제3호에서 "대통령령으로 정하는 건축물"이란 다음 각 호의 건축물을 말한다.〈신설 2021. 1. 8.〉

1. 마을회관, 마을공동작업소, 마을도서관, 어린이집 등 공동이용건축물
2. 공동주택 중 「민간임대주택에 관한 특별법」 제2조제1호의 민간임대주택
3. 그 밖에 제1호 및 제2호의 건축물과 비슷한 것으로서 건축조례로 정하는 건축물

[본조신설 2016. 7. 19.]

결합건축의 대상지

1) 대지간의 최단거리가 100미터 이내의 범위에서 대통령령으로 정하는 범위에 있는 2개의 대지의 건축주가 서로 합의한 경우 2개의 대지를 대상으로 결합건축을 할 수 있는 지역
   - 2개의 대지 모두가 다음 지역 중 동일한 지역에 속할 것
   - 2개의 대지 모두가 너비 12미터 이상인 도로로 둘러싸인 하나의 구역 안에 있을 것(이 경우 그 구역 안에 너비 12미터 이상인 도로로 둘러싸인 더 작은 구역이 있으면 안됨)
   ① 상업지역
   ② 역세권개발구역
   ③ 주거환경개선사업의 시행을 위한 구역
   ④ 건축협정구역
   ⑤ 특별건축구역
   ⑥ 리모델링 활성화 구역
   ⑦ 도시재생활성화지역
   ⑧ 건축자산 진흥구역
2) 3개 이상 대지의 건축주 등이 서로 합의한 경우 3개 이상의 대지를 대상으로 결합건축을 할 수 있는 지역 및 건축물
   - 대지 모두가 다음 지역 중 같은 지역에 속할 것
   - 모든 대지 간 최단거리가 500미터 이내일 것
   ① 공공기관이 소유 또는 관리하는 건축물과 결합건축하는 경우
   ② 빈집 또는 빈 건축물을 철거하여 그 대지에 공원, 광장 등 대통령령으로 정하는 시설을 설치하는 경우
   - 공원, 녹지, 광장, 정원, 공지, 주차장, 놀이터 등 공동이용시설
   ③ 마을회관, 마을공동작업소, 마을도서관, 어린이집 등 공동이용건축물
   ④ 공동주택 중 민간임대주택
3) 그러나 도시경관의 형성, 기반시설 부족 등의 사유로 해당 지방자치단체의 조례로 정하는 지역 안에서는 결합건축을 할 수 없다.
4) 결합건축을 하려는 2개 이상의 대지를 소유한 자가 1명인 경우에도 그 토지 소유자는 해당 토지의 구역을 건축협정 대상 지역으로 하는 건축협정을 정할 수 있다. 이 경우 그 토지 소유자 1인을 건축협정 체결자로 본다.

8-23 결합건축의 절차

건축법 **제77조의16(결합건축의 절차)** ① 결합건축을 하고자 하는 건축주는 제11조에 따라 건축허가를 신청하는 때에는 다음 각 호의 사항을 명시한 결합건축협정서를 첨부하여야 하며 국토교통부령으로 정하는 도서를 제출하여야 한다.

1. 결합건축 대상 대지의 위치 및 용도지역
2. 결합건축협정서를 체결하는 자(이하 "결합건축협정체결자"라 한다)의 성명, 주소 및 생년월일(법인, 법인 아닌 사단이나 재단 및 외국인의 경우에는 「부동산등기법」 제49조에 따라 부여된 등록번호를 말한다)
3. 「국토의 계획 및 이용에 관한 법률」 제78조에 따라 조례로 정한 용적률과 결합건축으로 조정되어 적용되는 대지별 용적률
4. 결합건축 대상 대지별 건축계획서

② 허가권자는 「국토의 계획 및 이용에 관한 법률」 제2조제11호에 따른 도시 · 군계획사업에 편입된 대지가 있는 경우에는 결합건축을 포함한 건축허가를 아니할 수 있다.

③ 허가권자는 제1항에 따른 건축허가를 하기 전에 건축위원회의 심의를 거쳐야 한다. 다만, 결합건축으로 조정되어 적용되는 대지별 용적률이 「국토의 계획 및 이용에 관한 법률」 제78조에 따라 해당 대지에 적용되는 도시계획조례의 용적률의 100분의 20을 초과하는 경우에는 대통령령으로 정하는 바에 따라 건축위원회 심의와 도시계획위원회 심의를 공동으로 하여 거쳐야 한다.

④ 제1항에 따른 결합건축 대상 대지가 둘 이상의 특별자치시, 특별자치도 및 시 · 군 · 구에 걸치는 경우 제77조의6제2항을 준용한다.

[본조신설 2016.1.19.]

[제77조의15에서 이동, 종전 제77조의16은 제77조의17로 이동 〈2017.4.18.〉]

시행규칙 **제38조의12(결합건축협정서)** 법 제77조의16제1항에 따른 결합건축협정서는 별지 제27호의11서식에 따른다.〈개정 2019. 11. 18.〉

8-24 결합건축의 관리

건축법 **제77조의17(결합건축의 관리)** ① 허가권자는 결합건축을 포함하여 건축허가를 한 경우 국토교통부령으로 정하는 바에 따라 그 내용을 공고하고, 결합건축 관리대장을 작성하여 관리하여야 한다.

② 허가권자는 제77조의15제1항에 따른 결합건축과 관련된 건축물의 사용승인 신청이 있는 경우 해당 결합건축협정서상의 다른 대지에서 착공신고 또는 대통령령으로 정하는 조치가 이행되었는지를 확인한 후 사용승인을 하여야 한다.〈개정 2020. 4. 7.〉

③ 허가권자는 결합건축을 허용한 경우 건축물대장에 국토교통부령으로 정하는 바에 따라 결합건축에 관한 내용을 명시하여야 한다.

④ 결합건축협정서에 따른 협정체결 유지기간은 최소 30년으로 한다. 다만, 결합건축협정서의 용적률 기준을 종전대로 환원하여 신축 · 개축 · 재축하는 경우에는 그러하지 아니한다.

⑤ 결합건축협정서를 폐지하려는 경우에는 결합건축협정체결자 전원이 동의하여 허가권자에게 신고하여야 하며, 허가권자는 용적률을 이전받은 건축물이 멸실된 것을 확인한 후 결합건축의 폐지를 수리하여야 한다. 이 경우 결합건축 폐지에 관하여는 제1항 및 제3항을 준용한다.

⑥ 결합건축협정의 준수 여부, 효력 및 승계에 대하여는 제77조의4제3항 및 제77조의10을 준용한다. 이 경우 "건축협정"은 각각 "결합건축협정"으로 본다.

[본조신설 2016. 1. 19.]

[제77조의16에서 이동 〈2017. 4. 18.〉]

시행규칙 **제38조의13(결합건축의 관리)** ① 허가권자는 결합건축을 포함하여 건축허가를 한 경우에는 법 제77조의17제1항에 따라 그 내용을 30일 이내에 해당 지방자치단체의 공보에 공고하고, 별지 제27호의12서식의 결합건축 관리대장을 작성하여 관리해야 한다.〈개정 2018. 11. 29., 2021. 1. 8.〉

② 제1항에 따른 결합건축 관리대장은 전자적 처리가 불가능한 특별한 사유가 없으면 전자적 처리가 가능한 방법으로 작성하여 관리하여야 한다.

[본조신설 2016. 7. 20.]

출제빈도	■■
중요도	■■

주요내용

보칙은 위반 건축물과 기존 건축물에 대한 행정처분 절차상의 차이점을 구분하며 분쟁조정위원회, 권한의 위임규정, 공작물에 적용되는 관련규정 등의 학습에 유의하여야 한다.

세부목차

참고용 건축법 목차

CHAPTER 9

제9장 보칙

9-1 감독

건축법 78조(감독) ① 국토교통부장관은 시 · 도지사 또는 시장 · 군수 · 구청장이 한 명령이나 처분이 이 법이나 이 법에 따른 명령이나 처분 또는 조례에 위반되거나 부당하다고 인정하면 그 명령 또는 처분의 취소 · 변경, 그 밖에 필요한 조치를 명할 수 있다.〈개정 2013.3.23.〉

② 특별시장 · 광역시장 · 도지사는 시장 · 군수 · 구청장이 한 명령이나 처분이 이 법 또는 이 법에 따른 명령이나 처분 또는 조례에 위반되거나 부당하다고 인정하면 그 명령이나 처분의 취소 · 변경, 그 밖에 필요한 조치를 명할 수 있다.〈개정 2014.1.14.〉

③ 시 · 도지사 또는 시장 · 군수 · 구청장이 제1항에 따라 필요한 조치명령을 받으면 그 시정 결과를 국토교통부장관에게 지체 없이 보고하여야 하며, 시장 · 군수 · 구청장이 제2항에 따라 필요한 조치명령을 받으면 그 시정 결과를 특별시장 · 광역시장 · 도지사에게 지체 없이 보고하여야 한다.〈개정 2013.3.23., 2014.1.14.〉

④ 국토교통부장관 및 시 · 도지사는 건축허가의 적법한 운영, 위법 건축물의 관리 실태 등 건축행정의 건실한 운영을 지도 · 점검하기 위하여 국토교통부령으로 정하는 바에 따라 매년 지도 · 점검 계획을 수립 · 시행하여야 한다.〈개정 2013.3.23.〉

⑤ 국토교통부장관 및 시 · 도지사는 제4조의2에 따른 건축위원회의 심의 방법 또는 결과가 이 법 또는 이 법에 따른 명령이나 처분 또는 조례에 위반되거나 부당하다고 인정하면 그 심의 방법 또는 결과의 취소 · 변경, 그 밖에 필요한 조치를 할 수 있다. 이 경우 심의에 관한 조사 · 시정명령 및 변경절차 등에 관하여는 대통령령으로 정한다.〈신설 2016.1.19.〉

시행규칙 제39조(건축행정의 지도 · 감독) 법 제78조 제4항에 따라 국토교통부장관 또는 시 · 도지사는 연 1회 이상 건축행정의 건실한 운영을 지도 · 감독하기 위하여 다음 각 호의 내용이 포함된 지도 · 점검계획을 수립하여야 한다.

1. 건축허가 등 건축 민원 처리실태
2. 건축통계의 작성에 관한 사항
3. 건축부조리 근절대책
4. 위반건축물의 정비계획 및 실적
5. 기타 건축행정과 관련하여 필요한 사항

9-2 위반 건축물 등에 대한 조치 등

건축법 **제79조(위반 건축물 등에 대한 조치 등)** ① 허가권자는 이 법 또는 이 법에 따른 명령이나 처분에 위반되는 대지나 건축물에 대하여 이 법에 따른 허가 또는 승인을 취소하거나 그 건축물의 건축주·공사시공자·현장관리인·소유자·관리자 또는 점유자(이하 "건축주등"이라 한다)에게 공사의 중지를 명하거나 상당한 기간을 정하여 그 건축물의 철거·개축·증축·수선·용도변경·사용금지·사용제한, 그 밖에 필요한 조치를 명할 수 있다.〈개정 2019. 4. 23.〉

② 허가권자는 제1항에 따라 허가나 승인이 취소된 건축물 또는 제1항에 따른 시정명령을 받고 이행하지 아니한 건축물에 대하여는 다른 법령에 따른 영업이나 그 밖의 행위를 허가·면허·인가·등록·지정 등을 하지 아니하도록 요청할 수 있다. 다만, 허가권자가 기간을 정하여 그 사용 또는 영업, 그 밖의 행위를 허용한 주택과 대통령령으로 정하는 경우에는 그러하지 아니하다.〈개정 2014. 5. 28.〉

③ 제2항에 따른 요청을 받은 자는 특별한 이유가 없으면 요청에 따라야 한다.

④ 허가권자는 제1항에 따른 시정명령을 하는 경우 국토교통부령으로 정하는 바에 따라 건축물대장에 위반내용을 적어야 한다.〈개정 2013. 3. 23., 2016. 1. 19.〉

⑤ 허가권자는 이 법 또는 이 법에 따른 명령이나 처분에 위반되는 대지나 건축물에 대한 실태를 파악하기 위하여 조사를 할 수 있다.〈신설 2019. 4. 23.〉

⑥ 제5항에 따른 실태조사의 방법 및 절차에 관한 사항은 대통령령으로 정한다.〈신설 2019. 4. 23.〉

[시행일 : 2020. 4. 24.] 제79조제1항, 제79조제5항, 제79조제6항

시행령 **제114조(위반 건축물에 대한 사용 및 영업행위의 허용 등)** 법 제79조제2항 단서에서 "대통령령으로 정하는 경우"란 바닥면적의 합계가 400제곱미터 미만인 축사와 바닥면적의 합계가 400제곱미터 미만인 농업용·임업용·축산업용 및 수산업용 창고를 말한다. 〈개정 2016. 1. 19.〉

[전문개정 2008. 10. 29.]

제115조(위반 건축물 등에 대한 실태조사 및 정비) ① 허가권자는 법 제79조제5항에 따른 실태조사를 매년 정기적으로 하며, 위반행위의 예방 또는 확인을 위하여 수시로 실태조사를 할 수 있다.

② 허가권자는 제1항에 따른 조사를 하려는 경우에는 조사 목적·기간·대상 및 방법 등이 포함된 실태조사 계획을 수립해야 한다.

③ 제1항에 따른 조사는 서면 또는 현장조사의 방법으로 실시할 수 있다.

④ 허가권자는 제1항에 따른 조사를 한 경우 법 제79조에 따른 시정조치를 하기 위하여 정비계획을 수립 · 시행해야 하며, 그 결과를 시 · 도지사(특별자치시장 및 특별자치도지사는 제외한다)에게 보고해야 한다.

⑤ 허가권자는 위반 건축물의 체계적인 사후 관리와 정비를 위하여 국토교통부령으로 정하는 바에 따라 위반 건축물 관리대장을 작성 · 관리해야 한다. 이 경우 전자적 처리가 불가능한 특별한 사유가 없으면 법 제32조제1항에 따른 전자정보처리 시스템을 이용하여 작성 · 관리해야 한다. 〈개정 2021. 11. 2.〉

⑥ 제1항부터 제4항까지에서 규정한 사항 외에 실태조사의 방법 · 절차에 필요한 세부적인 사항은 건축조례로 정할 수 있다.

[전문개정 2020. 4. 21.]

시행규칙 **제40조(위반 건축물에 대한 실태조사)**

① 허가권자는 영 제115조제1항에 따른 실태조사 결과를 기록 · 관리해야 한다.

② 영 제115조제5항 전단에 따른 위반 건축물 관리대장은 별지 제29호서식에 따른다.

[전문개정 2020. 10. 28.]

9-3 이행강제금

건축법 **제80조(이행강제금)** ① 허가권자는 제79조제1항에 따라 시정명령을 받은 후 시정기간 내에 시정명령을 이행하지 아니한 건축주등에 대하여는 그 시정명령의 이행에 필요한 상당한 이행기한을 정하여 그 기한까지 시정명령을 이행하지 아니하면 다음 각 호의 이행강제금을 부과한다. 다만, 연면적(공동주택의 경우에는 세대 면적을 기준으로 한다)이 60제곱미터 이하인 주거용 건축물과 제2호 중 주거용 건축물로서 대통령령으로 정하는 경우에는 다음 각 호의 어느 하나에 해당하는 금액의 2분의 1의 범위에서 해당 지방자치단체의 조례로 정하는 금액을 부과한다.〈개정 2011. 5. 30., 2015. 8. 11., 2019. 4. 23.〉

1. 건축물이 제55조와 제56조에 따른 건폐율이나 용적률을 초과하여 건축된 경우 또는 허가를 받지 아니하거나 신고를 하지 아니하고 건축된 경우에는 「지방세법」에 따라 해당 건축물에 적용되는 1제곱미터의 시가표준액의 100분의 50에 해당하는 금액에 위반면적을 곱한 금액 이하의 범위에서 위반 내용에 따라 대통령령

으로 정하는 비율을 곱한 금액

2. 건축물이 제1호 외의 위반 건축물에 해당하는 경우에는 「지방세법」에 따라 그 건축물에 적용되는 시가표준액에 해당하는 금액의 100분의 10의 범위에서 위반내용에 따라 대통령령으로 정하는 금액

② 허가권자는 영리목적을 위한 위반이나 상습적 위반 등 대통령령으로 정하는 경우에 제1항에 따른 금액을 100분의 100의 범위에서 해당 지방자치단체의 조례로 정하는 바에 따라 가중하여야 한다.〈신설 2015. 8. 11., 2019. 4. 23., 2020. 12. 8.〉

③ 허가권자는 제1항 및 제2항에 따른 이행강제금을 부과하기 전에 제1항 및 제2항에 따른 이행강제금을 부과 · 징수한다는 뜻을 미리 문서로써 계고(戒告)하여야 한다.〈개정 2015. 8. 11.〉

④ 허가권자는 제1항 및 제2항에 따른 이행강제금을 부과하는 경우 금액, 부과 사유, 납부기한, 수납기관, 이의제기 방법 및 이의제기 기관 등을 구체적으로 밝힌 문서로 하여야 한다.〈개정 2015. 8. 11.〉

⑤ 허가권자는 최초의 시정명령이 있었던 날을 기준으로 하여 1년에 2회 이내의 범위에서 해당 지방자치단체의 조례로 정하는 횟수만큼 그 시정명령이 이행될 때까지 반복하여 제1항 및 제2항에 따른 이행강제금을 부과 · 징수할 수 있다.〈개정 2014. 5. 28., 2015. 8. 11., 2019. 4. 23.〉

⑥ 허가권자는 제79조제1항에 따라 시정명령을 받은 자가 이를 이행하면 새로운 이행강제금의 부과를 즉시 중지하되, 이미 부과된 이행강제금은 징수하여야 한다.〈개정 2015. 8. 11.〉

⑦ 허가권자는 제4항에 따라 이행강제금 부과처분을 받은 자가 이행강제금을 납부기한까지 내지 아니하면 「지방행정제재 · 부과금의 징수 등에 관한 법률」에 따라 징수한다.〈개정 2013. 8. 6., 2015. 8. 11., 2020. 3. 24.〉

시행령 **제115조의2(이행강제금의 부과 및 징수)** ① 법 제80조제1항 각 호 외의 부분 단서에서 "대통령령으로 정하는 경우"란 다음 각 호의 경우를 말한다.〈개정 2011. 12. 30., 2020. 10. 8.〉

1. 법 제22조에 따른 사용승인을 받지 아니하고 건축물을 사용한 경우
2. 법 제42조에 따른 대지의 조경에 관한 사항을 위반한 경우
3. 법 제60조에 따른 건축물의 높이 제한을 위반한 경우
4. 법 제61조에 따른 일조 등의 확보를 위한 건축물의 높이 제한을 위반한 경우
5. 그 밖에 법 또는 법에 따른 명령이나 처분을 위반한 경우(별표 15 위반 건축물란의 제1호의2, 제4호부터 제9호까지의 규정에 해당하는 경우는 제외한다)로서 건

축조례로 정하는 경우

② 법 제80조제1항제2호에 따른 이행강제금의 산정기준은 별표 15와 같다.

③ 이행강제금의 부과 및 징수 절차는 국토교통부령으로 정한다.〈개정 2013. 3. 23.〉

[전문개정 2008. 10. 29.]

제115조의3(이행강제금의 탄력적 운영) ① 법 제80조제1항제1호에서 "대통령령으로 정하는 비율"이란 다음 각 호의 구분에 따른 비율을 말한다. 다만, 건축조례로 다음 각 호의 비율을 낮추어 정할 수 있되, 낮추는 경우에도 그 비율은 100분의 60 이상이어야 한다.

1. 건폐율을 초과하여 건축한 경우: 100분의 80
2. 용적률을 초과하여 건축한 경우: 100분의 90
3. 허가를 받지 아니하고 건축한 경우: 100분의 100
4. 신고를 하지 아니하고 건축한 경우: 100분의 70

② 법 제80조제2항에서 "영리목적을 위한 위반이나 상습적 위반 등 대통령령으로 정하는 경우"란 다음 각 호의 어느 하나에 해당하는 경우를 말한다. 다만, 위반행위 후 소유권이 변경된 경우는 제외한다.

1. 임대 등 영리를 목적으로 법 제19조를 위반하여 용도변경을 한 경우(위반면적이 50제곱미터를 초과하는 경우로 한정한다)
2. 임대 등 영리를 목적으로 허가나 신고 없이 신축 또는 증축한 경우(위반면적이 50제곱미터를 초과하는 경우로 한정한다)
3. 임대 등 영리를 목적으로 허가나 신고 없이 다세대주택의 세대수 또는 다가구주택의 가구수를 증가시킨 경우(5세대 또는 5가구 이상 증가시킨 경우로 한정한다)
4. 동일인이 최근 3년 내에 2회 이상 법 또는 법에 따른 명령이나 처분을 위반한 경우
5. 제1호부터 제4호까지의 규정과 비슷한 경우로서 건축조례로 정하는 경우

[본조신설 2016. 2. 11.]

[종전 제115조의3은 제115조의5로 이동 〈2016. 2. 11.〉]

제115조의4(이행강제금의 감경) ① 법 제80조의2제1항제2호에서 "대통령령으로 정하는 경우"란 다음 각 호의 어느 하나에 해당하는 경우를 말한다. 〈개정 2018. 9. 4., 2024. 6. 18.〉

1. 위반행위 후 소유권이 변경된 경우
2. 임차인이 있어 현실적으로 임대기간 중에 위반내용을 시정하기 어려운 경우(법 제79조제1항에 따른 최초의 시정명령 전에 이미 임대차계약을 체결한 경우로서 해당 계약이 종료되거나 갱신되는 경우는 제외한다) 등 상황의 특수성이 인정되는 경우
3. 위반면적이 30제곱미터 이하인 경우(별표 1 제1호부터 제4호까지의 규정에 따른

건축물로 한정하며, 「집합건물의 소유 및 관리에 관한 법률」의 적용을 받는 집합건축물은 제외한다)

4. 「집합건물의 소유 및 관리에 관한 법률」의 적용을 받는 집합건축물의 구분소유자가 위반한 면적이 5제곱미터 이하인 경우(별표 1 제2호부터 제4호까지의 규정에 따른 건축물로 한정한다)
5. 법 제22조에 따른 사용승인 당시 존재하던 위반사항으로서 사용승인 이후 확인된 경우
6. 법률 제12516호 가축분뇨의 관리 및 이용에 관한 법률 일부개정법률 부칙 제9조에 따라 같은 조 제1항 각 호에 따른 기간(같은 조 제3항에 따른 환경부령으로 정하는 규모 미만의 시설의 경우 같은 항에 따른 환경부령으로 정하는 기한을 말한다) 내에 「가축분뇨의 관리 및 이용에 관한 법률」 제11조에 따른 허가 또는 변경허가를 받거나 신고 또는 변경신고를 하려는 배출시설(처리시설을 포함한다)의 경우

   6의2. 법률 제12516호 가축분뇨의 관리 및 이용에 관한 법률 일부개정법률 부칙 제10조의2에 따라 같은 조 제1항에 따른 기한까지 환경부장관이 정하는 바에 따라 허가신청을 하였거나 신고한 배출시설(개 사육시설은 제외하되, 처리시설은 포함한다)의 경우
7. 그 밖에 위반행위의 정도와 위반 동기 및 공중에 미치는 영향 등을 고려하여 감경이 필요한 경우로서 건축조례로 정하는 경우

② 법 제80조의2제1항제2호에서 "대통령령으로 정하는 비율"이란 다음 각 호의 구분에 따른 비율을 말한다. 다만, 법 제80조제1항 각 호 외의 부분 단서에 해당하는 경우에는 같은 항 각 호 외의 부분 단서에 따른 금액의 100분의 50을 말한다. 〈개정 2018. 9. 4., 2024. 6. 18.〉

1. 제1항제1호부터 제6호까지 및 제6호의2의 경우: 100분의 75
2. 제1항제7호의 경우: 건축조례로 정하는 비율

③ 법 제80조의2제2항에 따른 이행강제금의 감경 비율은 다음 각 호와 같다.

1. 연면적 85제곱미터 이하 주거용 건축물의 경우: 100분의 80
2. 연면적 85제곱미터 초과 주거용 건축물의 경우: 100분의 60

[본조신설 2016. 2. 11.]

시행규칙 **제40조의2(이행강제금의 부과 및 징수절차)** 영 제115조의2 제3항에 따른 이행강제금의 부과 및 징수절차는 「국고금관리법 시행규칙」을 준용한다. 이 경우 납입고지서에는 이의신청방법 및 이의 신청기간을 함께 기재하여야 한다.

9-4 기존의 건축물에 대한 안전점검 및 시정명령 등

건축법 제81조 삭제 〈2019. 4. 30.〉
[시행일 : 2020. 5. 1.] 제81조

제81조의2 삭제 〈2019. 4. 30.〉
[시행일 : 2020. 5. 1.] 제81조의2

시행령 제115조의5 삭제 〈2020. 4. 28.〉
제116조 삭제 〈2020. 4. 28.〉

9-5 권한의 위임과 위탁

건축법 **제82조(권한의 위임과 위탁)** ① 국토교통부장관은 이 법에 따른 권한의 일부를 대통령령으로 정하는 바에 따라 시 · 도지사에게 위임할 수 있다.

② 시 · 도지사는 이 법에 따른 권한의 일부를 대통령령으로 정하는 바에 따라 시장(행정시의 시장을 포함하며, 이하 이 조에서 같다) · 군수 · 구청장에게 위임할 수 있다.

③ 시장 · 군수 · 구청장은 이 법에 따른 권한의 일부를 대통령령으로 정하는 바에 따라 구청장(자치구가 아닌 구의 구청장을 말한다) · 동장 · 읍장 또는 면장에게 위임할 수 있다.

④ 국토교통부장관은 제31조 제1항과 제32조 제1항에 따라 건축허가 업무 등을 효율적으로 처리하기 위하여 구축하는 전자정보처리 시스템의 운영을 대통령령으로 정하는 기관 또는 단체에 위탁할 수 있다.

시행령 **제117조(권한의 위임 · 위탁)** ① 국토교통부장관은 법 제82조제1항에 따라 법 제69조 및 제71조(제6항은 제외한다)에 따른 특별건축구역의 지정, 변경 및 해제에 관한 권한을 시、도지사에게 위임한다. 〈신설 2010. 12. 30., 2013. 3. 23., 2021. 1. 8.〉

② 삭제 〈1999. 4. 30.〉

③ 법 제82조제3항에 따라 구청장(자치구가 아닌 구의 구청장을 말한다) 또는 동장、읍장、면장(「지방자치단체의 행정기구와 정원기준 등에 관한 규정」 별표 3 비고 제2호에 따라 행정안전부장관이 시장、군수、구청장과 협의하여 정하는 동장、읍장、면장으로 한정한다)에게 위임할 수 있는 권한은 다음 각 호와 같다. 〈개정 2009.

7. 16., 2016. 2. 11., 2017. 7. 26., 2024. 3. 29.〉
1. 6층 이하로서 연면적 2천제곱미터 이하인 건축물의 건축ㆍ대수선 및 용도변경에 관한 권한
2. 기존 건축물 연면적의 10분의 3 미만의 범위에서 하는 증축에 관한 권한

④ 법 제82조제3항에 따라 동장ㆍ읍장 또는 면장에게 위임할 수 있는 권한은 다음 각 호와 같다. 〈신설 2009. 7. 16., 2014. 10. 14., 2018. 9. 4.〉
1. 법 제14조에 따른 건축물의 건축 및 대수선에 관한 권한
2. 법 제20조제3항에 따른 가설건축물의 축조 및 이 영 제15조의2에 따른 가설건축물의 존치기간 연장에 관한 권한
3. 삭제 〈2018. 9. 4.〉
4. 법 제83조에 따른 옹벽 등의 공작물 축조에 관한 권한

⑤ 법 제82조제4항에서 "대통령령으로 정하는 기관 또는 단체"란 다음 각 호의 기관 또는 단체 중 국토교통부장관이 정하여 고시하는 기관 또는 단체를 말한다. 〈개정 2008. 10. 29., 2009. 7. 16., 2013. 11. 20.〉
1. 「공공기관의 운영에 관한 법률」 제5조에 따른 공기업
2. 「정부출연연구기관 등의 설립ㆍ운영 및 육성에 관한 법률」 및 「과학기술분야 정부출연연구기관 등의 설립ㆍ운영 및 육성에 관한 법률」에 따른 연구기관

[제목개정 2006. 5. 8.]

9-6 옹벽 등의 공작물에의 준용

건축법 **제83조(옹벽 등의 공작물에의 준용)** ① 대지를 조성하기 위한 옹벽, 굴뚝, 광고탑, 고가수조(高架水槽), 지하 대피호, 그 밖에 이와 유사한 것으로서 대통령령으로 정하는 공작물을 축조하려는 자는 대통령령으로 정하는 바에 따라 특별자치시장 · 특별자치도지사 또는 시장 · 군수 · 구청장에게 신고하여야 한다.

② 삭제 〈2019. 4. 30.〉

③ 제14조, 제21조제5항, 제29조, 제40조제4항, 제41조, 제47조, 제48조, 제55조, 제58조, 제60조, 제61조, 제79조, 제84조, 제85조, 제87조와 「국토의 계획 및 이용에 관한 법률」 제76조는 대통령령으로 정하는 바에 따라 제1항의 경우에 준용한다.〈개정 2014. 5. 28., 2017. 4. 18., 2019. 4. 30.〉

[시행일 : 2020. 5. 1.] 제83조

시행령 **제118조(옹벽 등의 공작물에의 준용)** ① 법 제83조제1항에 따라 공작물을 축조(건축물과 분리하여 축조하는 것을 말한다. 이하 이 조에서 같다)할 때 특별자치시장·특별자치도지사 또는 시장·군수·구청장에게 신고를 해야 하는 공작물은 다음 각 호와 같다.〈개정 2014. 10. 14., 2016. 1. 19., 2020. 12. 15.〉

1. 높이 6미터를 넘는 굴뚝
2. 삭제 〈2020. 12. 15.〉
3. 높이 4미터를 넘는 장식탑, 기념탑, 첨탑, 광고탑, 광고판, 그 밖에 이와 비슷한 것
4. 높이 8미터를 넘는 고가수조나 그 밖에 이와 비슷한 것
5. 높이 2미터를 넘는 옹벽 또는 담장
6. 바닥면적 30제곱미터를 넘는 지하대피호
7. 높이 6미터를 넘는 골프연습장 등의 운동시설을 위한 철탑, 주거지역·상업지역에 설치하는 통신용 철탑, 그 밖에 이와 비슷한 것
8. 높이 8미터(위험을 방지하기 위한 난간의 높이는 제외한다) 이하의 기계식 주차장 및 철골 조립식 주차장(바닥면이 조립식이 아닌 것을 포함한다)으로서 외벽이 없는 것
9. 건축조례로 정하는 제조시설, 저장시설(시멘트사일로를 포함한다), 유희시설, 그 밖에 이와 비슷한 것
10. 건축물의 구조에 심대한 영향을 줄 수 있는 중량물로서 건축조례로 정하는 것
11. 높이 5미터를 넘는 「신에너지 및 재생에너지 개발·이용·보급 촉진법」 제2조제2호가목에 따른 태양에너지를 이용하는 발전설비와 그 밖에 이와 비슷한 것

② 제1항 각 호의 어느 하나에 해당하는 공작물을 축조하려는 자는 공작물 축조신고서와 국토교통부령으로 정하는 설계도서를 특별자치시장·특별자치도지사 또는 시장·군수·구청장에게 제출(전자문서에 의한 제출을 포함한다)하여야 한다.〈개정 2013. 3. 23., 2014. 10. 14.〉

③ 제1항 각 호의 공작물에 관하여는 법 제83조제3항에 따라 법 제14조, 제21조제5항, 제29조, 제40조제4항, 제41조, 제47조, 제48조, 제55조, 제58조, 제60조, 제61조, 제79조, 제84조, 제85조, 제87조 및 「국토의 계획 및 이용에 관한 법률」 제76조를 준용한다. 다만, 제1항제3호의 공작물로서 「옥외광고물 등의 관리와 옥외광고산업 진흥에 관한 법률」에 따라 허가를 받거나 신고를 한 공작물에 관하여는 법 제14조를 준용하지 않고, 제1항제5호의 공작물에 관하여는 법 제58조를 준용하지 않으며, 제1항제8호의 공작물에 관하여는 법 제55조를 준용하지 않고, 제1항제3호·제8호의 공작물에 대해서만 법 제61조를 준용한다.〈개정 2011. 6. 29., 2014. 11. 28., 2016.

7. 6., 2020. 4. 28., 2021. 5. 4.〉

④ 제3항 본문에 따라 법 제48조를 준용하는 경우 해당 공작물에 대한 구조 안전 확인의 내용 및 방법 등은 국토교통부령으로 정한다.〈신설 2013. 11. 20.〉

⑤ 특별자치시장 · 특별자치도지사 또는 시장 · 군수 · 구청장은 제1항에 따라 공작물 축조신고를 받았으면 국토교통부령으로 정하는 바에 따라 공작물 관리대장에 그 내용을 작성하고 관리하여야 한다.〈개정 2013. 3. 23., 2013. 11. 20., 2014. 10. 14.〉

⑥ 제5항에 따른 공작물 관리대장은 전자적 처리가 불가능한 특별한 사유가 없으면 전자적 처리가 가능한 방법으로 작성하고 관리하여야 한다.〈개정 2013. 11. 20.〉

[전문개정 2008. 10. 29.]

시행규칙 **제41조(공작물축조신고)** ①법 제83조 및 영 제118조에 따라 옹벽 등 공작물의 축조신고를 하려는 자는 별지 제30호서식의 공작물축조신고서에 다음 각 호의 서류 및 도서를 첨부하여 특별자치시장 · 특별자치도지사 또는 시장 · 군수 · 구청장에게 제출(전자문서로 제출하는 것을 포함한다)해야 한다. 다만, 제6조제1항에 따라 건축허가를 신청할 때 건축물의 건축에 관한 사항과 함께 공작물의 축조신고에 관한 사항을 제출한 경우에는 공작물축조신고서의 제출을 생략한다.〈개정 2007. 12. 13., 2008. 12. 11., 2011. 6. 29., 2014. 10. 15., 2014. 11. 28., 2020. 10. 28.〉

1. 공작물의 배치도
2. 공작물의 구조도
3. 「건축물의 구조기준 등에 관한 규칙」 별지 제2호서식의 구조안전 및 내진설계 확인서(높이가 8미터 이상인 경우만 해당한다)

② 특별자치시장 · 특별자치도지사 또는 시장 · 군수 · 구청장은 제1항에 따른 공작물축조신고서를 받은 때에는 영 제118조제4항에 따라 별지 제30호의2서식의 공작물의 구조 안전 점검표를 작성 · 검토한 후 별지 제31호서식의 공작물축조신고필증을 신고인에게 발급하여야 한다.〈개정 2011. 6. 29., 2012. 12. 12., 2014. 10. 15., 2014. 11. 28.〉

③ 삭제 〈2020. 5. 1.〉

④ 영 제118조제5항의 규정에 의한 공작물관리대장은 별지 제32호서식에 의한다.〈개정 2014. 11. 28.〉

[전문개정 1999. 5. 11.]

축조 신고가 필요한 공작물

1) 높이 2미터를 넘는 옹벽 또는 담장
2) 높이 4미터를 넘는 장식탑, 기념탑, 첨탑, 광고탑, 광고판
3) 높이 5미터를 넘는 태양에너지를 이용하는 발전설비
4) 높이 6미터를 넘는 굴뚝
5) 높이 6미터를 넘는 골프연습장 등의 운동시설을 위한 철탑, 주거지역 · 상업지역에 설치하는 통신용 철탑
6) 높이 8미터를 넘는 고가수조나 그 밖에 이와 비슷한 것
7) 높이 8미터(위험을 방지하기 위한 난간의 높이 제외) 이하의 기계식 주차장 및 철골 조립식 주차장(바닥면이 조립식이 아닌 것 포함)으로서 외벽이 없는 것
8) 바닥면적 30제곱미터를 넘는 지하대피호
9) 건축조례로 정하는 제조시설, 저장시설(시멘트사일로 포함), 유희시설
10) 건축물의 구조에 심대한 영향을 줄 수 있는 중량물

공작물 축조신고서에 첨부할 서류와 도서

1) 공작물의 배치도
2) 공작물의 구조도
3) 「건축물의 구조기준 등에 관한 규칙」 별지 제2호서식의 구조안전 및 내진설계 확인서(높이가 8미터 이상인 경우)

9-7 「행정대집행법」적용의 특례

건축법 **제85조(「행정대집행법」 적용의 특례)** ① 허가권자는 제11조, 제14조, 제41조와 제79조제1항에 따라 필요한 조치를 할 때 다음 각 호의 어느 하나에 해당하는 경우로서 「행정대집행법」 제3조제1항과 제2항에 따른 절차에 의하면 그 목적을 달성하기 곤란한 때에는 해당 절차를 거치지 아니하고 대집행할 수 있다.〈개정 2020. 6. 9.〉

1. 재해가 발생할 위험이 절박한 경우
2. 건축물의 구조 안전상 심각한 문제가 있어 붕괴 등 손괴의 위험이 예상되는 경우
3. 허가권자의 공사중지명령을 받고도 따르지 아니하고 공사를 강행하는 경우
4. 도로통행에 현저하게 지장을 주는 불법건축물인 경우
5. 그 밖에 공공의 안전 및 공익에 매우 저해되어 신속하게 실시할 필요가 있다고 인정되는 경우로서 대통령령으로 정하는 경우

② 제1항에 따른 대집행은 건축물의 관리를 위하여 필요한 최소한도에 그쳐야 한다.
[전문개정 2009. 4. 1.]

9-8 청 문

건축법 **제86조(청문)** 허가권자는 제79조에 따라 허가나 승인을 취소하려면 청문을 실시하여야 한다.

9-9 보고와 검사 등

건축법 **제87조(보고와 검사 등)** ① 국토교통부장관, 시 · 도지사, 시장 · 군수 · 구청장, 그 소속 공무원, 제27조에 따른 업무대행자 또는 제37조에 따른 건축지도원은 건축물의 건축주등, 공사감리자, 공사시공자 또는 관계전문기술자에게 필요한 자료의 제출이나 보고를 요구할 수 있으며, 건축물 · 대지 또는 건축공사장에 출입하여 그 건축물, 건축설비, 그 밖에 건축공사에 관련되는 물건을 검사하거나 필요한 시험을 할 수 있다.〈개정 2013.3.23., 2016.2.3.〉

② 제1항에 따라 검사나 시험을 하는 자는 그 권한을 표시하는 증표를 지니고 이를 관계인에게 내보여야 한다.

③ 허가권자는 건축관계자등과의 계약 내용을 검토할 수 있으며, 검토결과 불공정 또는 불합리한 사항이 있어 부실설계 · 시공 · 감리가 될 우려가 있는 경우에는 해당 건축주에게 그 사실을 통보하고 해당 건축물의 건축공사 현장을 특별히 지도 · 감독하여야 한다.〈신설 2016.2.3.〉

9-10 건축분쟁조정

9-10-1 건축분쟁전문위원회

건축법 **제88조(건축분쟁전문위원회)** ① 건축등과 관련된 다음 각 호의 분쟁(「건설산업기본법」 제69조에 따른 조정의 대상이 되는 분쟁은 제외한다. 이하 같다)의 조정(調停) 및 재정(裁定)을 하기 위하여 국토교통부에 건축분쟁전문위원회(이하 "분쟁위원회"라 한다)를 둔다. 〈개정 2009.4.1., 2014.5.28.〉

1. 건축관계자와 해당 건축물의 건축등으로 피해를 입은 인근주민(이하 "인근주민"이라 한다)간의 분쟁
2. 관계전문기술자와 인근주민 간의 분쟁
3. 건축관계자와 관계전문기술자 간의 분쟁
4. 건축관계자 간의 분쟁
5. 인근주민 간의 분쟁
6. 관계전문기술자 간의 분쟁
7. 그 밖에 대통령령으로 정하는 사항

② 삭제〈2014.5.28.〉

③ 삭제〈2014.5.28.〉

[제목개정 2009.4.1.]

시행령 **제119조의3(분쟁조정)** ① 법 제88조에 따라 분쟁의 조정 또는 재정(이하 "조정 등"이라 한다)을 받으려는 자는 국토교통부령으로 정하는 바에 따라 신청 취지와 신청사건의 내용을 분명하게 밝힌 조정 등의 신청서를 국토교통부에 설치된 건축분쟁전문위원회(이하 "분쟁위원회"라 한다)에 제출(전자문서에 의한 제출을 포함한다)하여야 한다. 〈개정 2009.8.5., 2013.3.23., 2014.11.28.〉

② 조정위원회는 법 제95조 제2항에 따라 당사자나 참고인을 조정위원회에 출석하게 하여 의견을 들으려면 회의 개최 5일 전에 서면(당사자 또는 참고인이 원하는 경우에는 전자문서를 포함한다)으로 출석을 요청하여야 하며, 출석을 요청받은 당사자 또는 참고인은 조정위원회의 회의에 출석할 수 없는 부득이한 사유가 있는 경우에는 미리 서면 또는 전자문서로 의견을 제출할 수 있다.

③ 법 제88조, 제89조 및 제91조부터 제104조까지의 규정에 따른 분쟁의 조정 등을 할 때 서류의 송달에 관하여는 「민사소송법」 제174조부터 제197조까지를 준용한다. 〈개정 2014.11.28.〉

④ 조정위원회 또는 재정위원회는 법 제102조 제1항에 따라 당사자가 분쟁의 조정 등을 위한 감정 · 진단 · 시험 등에 드는 비용을 내지 아니한 경우에는 그 분쟁에 대한 조정 등을 보류할 수 있다.〈개정 2009.8.5.〉

⑤ 삭제〈2014.11.28.〉

시행규칙

제43조의3(분쟁조정의 신청) ①영 제119조의4제1항에 따라 분쟁의 조정 또는 재정(이하 "조정등"이라 한다)을 받으려는 자는 다음 각 호의 사항을 기재하고 서명 · 날인한 분쟁조정등신청서에 참고자료 또는 서류를 첨부해 국토교통부에 설치된 건축분쟁전문위원회(이하 "분쟁위원회"라 한다)에 제출(전자문서로 제출하는 것을 포함한다)해야 한다. 〈개정 2006. 5. 12., 2007. 12. 13., 2010. 8. 5., 2014. 11. 28., 2021. 6. 25.〉

1. 신청인의 성명(법인의 경우에는 명칭) 및 주소
2. 당사자의 성명(법인의 경우에는 명칭) 및 주소
3. 대리인을 선임한 경우에는 대리인의 성명 및 주소
4. 분쟁의 조정등을 받고자 하는 사항
5. 분쟁이 발생하게 된 사유와 당사자간의 교섭경과
6. 신청연월일

② 제1항의 경우에 증거자료 또는 서류가 있는 경우에는 그 원본 또는 사본을 분쟁조정등신청서에 첨부하여 제출할 수 있다. 〈개정 2006. 5. 12.〉

[본조신설 1996. 1. 18.]

[제43조의2에서 이동, 종전 제43조의3은 제43조의4로 이동 〈2018. 6. 15.〉]

제43조의4(분쟁위원회의 회의 · 운영 등) ①법 제88조에 따른 분쟁위원회의 위원장은 분쟁위원회를 대표하고 분쟁위원회의 업무를 총괄한다. 〈개정 2008. 12. 11., 2010. 8. 5., 2014. 11. 28., 2021. 8. 27.〉

② 분쟁위원회의 위원장은 분쟁위원회의 회의를 소집하고 그 의장이 된다. 〈개정 2010. 8. 5., 2014. 11. 28.〉

③ 분쟁위원회의 위원장이 부득이한 사유로 직무를 수행할 수 없는 때에는 부위원장이 그 직무를 대행한다. 〈개정 2010. 8. 5., 2014. 11. 28.〉

④ 분쟁위원회의 사무를 처리하기 위하여 간사를 두되, 간사는 국토교통부 소속 공무원 중에서 분쟁위원회의 위원장이 지정한 자가 된다. 〈개정 2008. 3. 14., 2010. 8. 5., 2013. 3. 23., 2014. 11. 28.〉

⑤ 분쟁위원회의 회의에 출석한 위원 및 관계전문가에 대하여는 예산의 범위 안에서 수당을 지급할 수 있다. 다만, 공무원인 위원이 그 소관 업무와 직접적으로 관련되

어 출석하는 경우에는 그러하지 아니 하다. 〈개정 2010. 8. 5., 2014. 11. 28.〉
[본조신설 2006. 5. 12.]
[제목개정 2014. 11. 28.]
[제43조의3에서 이동, 종전 제43조의4는 제43조의5로 이동 〈2018. 6. 15.〉]

9-10-2 건축분쟁전문위원회의 구성

건축법 **제89조(분쟁위원회의 구성)** ① 분쟁위원회는 위원장과 부위원장 각 1명을 포함한 15명 이내의 위원으로 구성한다.〈개정 2009.4.1., 2014.5.28.〉

② 분쟁위원회의 위원은 건축이나 법률에 관한 학식과 경험이 풍부한 자로서 다음 각 호의 어느 하나에 해당하는 자 중에서 국토교통부장관이 임명하거나 위촉한다. 이 경우 제4호에 해당하는 자가 2명 이상 포함되어야 한다.〈개정 2009.4.1., 2013.3.23., 2014.1.14., 2014.5.28.〉

1. 3급 상당 이상의 공무원으로 1년 이상 재직한 자
2. 삭제〈2014.5.28.〉
3. 「고등교육법」에 따른 대학에서 건축공학이나 법률학을 가르치는 조교수 이상의 직(職)에 3년 이상 재직한 자
4. 판사, 검사 또는 변호사의 직에 6년 이상 재직한 자
5. 「국가기술자격법」에 따른 건축분야 기술사 또는 「건축사법」 제23조에 따라 건축사사무소개설신고를 하고 건축사로 6년 이상 종사한 자
6. 건설공사나 건설업에 대한 학식과 경험이 풍부한 자로서 그 분야에 15년 이상 종사한 자

③ 삭제〈2014.5.28.〉

④ 분쟁위원회의 위원장과 부위원장은 위원 중에서 국토교통부장관이 위촉한다.〈개정 2009.4.1., 2014.5.28.〉

⑤ 공무원이 아닌 위원의 임기는 3년으로 하되, 연임할 수 있으며, 보궐위원의 임기는 전임자의 남은 임기로 한다.

⑥ 분쟁위원회의 회의는 재적위원 과반수의 출석으로 열고 출석위원 과반수의 찬성으로 의결한다.〈개정 2009.4.1., 2014.5.28.〉

⑦ 다음 각 호의 어느 하나에 해당하는 자는 분쟁위원회의 위원이 될 수 없다.〈개정 2009.4.1., 2014.5.28.〉

1. 피성년후견인, 피한정후견인 또는 파산선고를 받고 복권되지 아니한 자

2. 금고 이상의 실형을 선고받고 그 집행이 끝나거나(집행이 끝난 것으로 보는 경우를 포함한다)되거나 집행이 면제된 날부터 2년이 지나지 아니한 자
3. 법원의 판결이나 법률에 따라 자격이 정지된 자

⑧ 위원의 제척 · 기피 · 회피 및 위원회의 운영, 조정 등의 거부와 중지 등 그 밖에 필요한 사항은 대통령령으로 정한다.〈신설 2014.5.28.〉

[제목개정 2014.5.28.]

시행규칙 **제43조의3(분쟁위원회의 회의 · 운영 등)** ① 법 제88조에 따른 분쟁위원회의 위원장은 분쟁위원회를 대표하고 분쟁위원회의 업무를 통할한다.〈개정 2008.12.11., 2010.8.5., 2014.11.28.〉

② 분쟁위원회의 위원장은 분쟁위원회의 회의를 소집하고 그 의장이 된다.〈개정 2010.8.5., 2014. 11.28.〉

③ 분쟁위원회의 위원장이 부득이한 사유로 직무를 수행할 수 없는 때에는 부위원장이 그 직무를 대행한다.〈개정 2010.8.5., 2014.11.28.〉

④ 분쟁위원회의 사무를 처리하기 위하여 간사를 두되, 간사는 국토교통부 소속 공무원 중에서 분쟁위원회의 위원장이 지정한 자가 된다.〈개정 2008.3.14., 2010.8.5., 2013.3.23., 2014.11.28.〉

⑤ 분쟁위원회의 회의에 출석한 위원 및 관계전문가에 대하여는 예산의 범위 안에서 수당을 지급할 수 있다. 다만, 공무원인 위원이 그 소관 업무와 직접적으로 관련되어 출석하는 경우에는 그러하지 아니 하다.〈개정 2010.8.5., 2014.11.28.〉

[본조신설 2006.5.12.]

[제목개정 2014.11.28.]

9-10-3 대리인

건축법 제91조(대리인)

① 당사자는 다음 각 호에 해당하는 자를 대리인으로 선임할 수 있다.

1. 당사자의 배우자, 직계존 · 비속 또는 형제자매
2. 당사자인 법인의 임직원
3. 변호사

② 삭제〈2014.5.28.〉

③ 대리인의 권한은 서면으로 소명하여야 한다.

④ 대리인은 다음 각 호의 행위를 하기 위하여는 당사자의 위임을 받아야 한다.

1. 신청의 철회
2. 조정안의 수락
3. 복대리인의 선임

9-10-4 조정 등의 신청

건축법 제92조(조정등의 신청)

① 건축물의 건축등과 관련된 분쟁의 조정 또는 재정(이하 "조정등"이라 한다)을 신청하려는 자는 분쟁위원회에 조정등의 신청서를 제출하여야 한다.〈개정 2009.4.1., 2014.5.28.〉

② 제1항에 따른 조정신청은 해당 사건의 당사자 중 1명 이상이 하며, 재정신청은 해당 사건 당사자 간의 합의로 한다. 다만, 분쟁위원회는 조정신청을 받으면 해당 사건의 모든 당사자에게 조정신청이 접수된 사실을 알려야 한다.〈개정 2009.4.1., 2014.5.28.〉

③ 분쟁위원회는 당사자의 조정신청을 받으면 60일 이내에, 재정신청을 받으면 120일 이내에 절차를 마쳐야 한다. 다만, 부득이한 사정이 있으면 분쟁위원회의 의결로 기간을 연장할 수 있다.

〈개정 2009.4.1., 2014.5.28.〉

9-10-5 조정 등의 거부와 중지

건축법 제93조(조정등의 신청에 따른 공사중지)

① 삭제〈2014.5.28.〉

② 삭제〈2014.5.28.〉

③ 시 · 도지사 또는 시장 · 군수 · 구청장은 위해 방지를 위하여 긴급한 상황이거나 그 밖에 특별한 사유가 없으면 조정등의 신청이 있다는 이유만으로 해당 공사를 중지하게 하여서는 아니 된다.

[제목개정 2014.5.28.]

9-10-6 조정위원회와 재정위원회

건축법 제94조(조정위원회와 재정위원회)

① 조정은 3명의 위원으로 구성되는 조정위원회에서 하고, 재정은 5명의 위원으로 구성되는 재정위원회에서 한다.

② 조정위원회의 위원(이하 "조정위원"이라 한다)과 재정위원회의 위원(이하 "재정위원"이라 한다)은 사건마다 건축분쟁전문위원회의 위원 중에서 위원장이 지명한다. 이 경우 재정위원회에는 제89조 제2항 제4호에 해당하는 위원이 1명 이상 포함되어야 한다.〈개정 2009.4.1., 2014.5. 28.〉

③ 조정위원회와 재정위원회의 회의는 구성원 전원의 출석으로 열고 과반수의 찬성으로 의결한다.

9-10-7 조정을 위한 조사 및 의견 청취

건축법 제95조(조정을 위한 조사 및 의견 청취)

① 조정위원회는 조정에 필요하다고 인정하면 조정위원 또는 사무국의 소속 직원에게 관계 서류를 열람하게 하거나 관계 사업장에 출입하여 조사하게 할 수 있다.〈개정 2014.5.28.〉

② 조정위원회는 필요하다고 인정하면 당사자나 참고인을 조정위원회에 출석하게 하여 의견을 들을 수 있다.

③ 분쟁의 조정신청을 받은 조정위원회는 조정기간 내에 심사하여 조정안을 작성하여야 한다.

〈개정 2014.5.28.〉

9-10-8 조정의 효력

건축법 제96조(조정의 효력)

① 조정위원회는 제95조제3항에 따라 조정안을 작성하면 지체 없이 각 당사자에게 조정안을 제시하여야 한다.

② 제1항에 따라 조정안을 제시받은 당사자는 제시를 받은 날부터 15일 이내에 수락 여부를 조정위원회에 알려야 한다.

③ 조정위원회는 당사자가 조정안을 수락하면 즉시 조정서를 작성하여야 하며, 조정위원과 각 당사자는 이에 기명날인하여야 한다.

④ 당사자가 제3항에 따라 조정안을 수락하고 조정서에 기명날인하면 조정서의 내용은 재판상 화해와 동일한 효력을 갖는다. 다만, 당사자가 임의로 처분할 수 없는 사항에 관한 것은 그러하지 아니하다.

〈개정 2020. 12. 22.〉

9-10-9 분쟁의 재정

건축법 제97조(분쟁의 재정)

① 재정은 문서로써 하여야 하며, 재정 문서에는 다음 각 호의 사항을 적고 재정위원이 이에 기명날인하여야 한다.

1. 사건번호와 사건명
2. 당사자, 선정대표자, 대표당사자 및 대리인의 주소 · 성명
3. 주문(主文)
4. 신청 취지
5. 이유
6. 재정 날짜

② 제1항 제5호에 따른 이유를 적을 때에는 주문의 내용이 정당하다는 것을 인정할 수 있는 한도에서 당사자의 주장 등을 표시하여야 한다.

③ 재정위원회는 재정을 하면 지체 없이 재정 문서의 정본(正本)을 당사자나 대리인에게 송달하여야 한다.

9-10-10 재정을 위한 조사권 등

건축법 **제98조(재정을 위한 조사권 등)**

① 재정위원회는 분쟁의 재정을 위하여 필요하다고 인정하면 당사자의 신청이나 직권으로 재정위원 또는 소속 공무원에게 다음 각 호의 행위를 하게 할 수 있다.

1. 당사자나 참고인에 대한 출석 요구, 자문 및 진술 청취
2. 감정인의 출석 및 감정 요구
3. 사건과 관계있는 문서나 물건의 열람 · 복사 · 제출 요구 및 유치
4. 사건과 관계있는 장소의 출입 · 조사

② 당사자는 제1항에 따른 조사 등에 참여할 수 있다.

③ 재정위원회가 직권으로 제1항에 따른 조사 등을 한 경우에는 그 결과에 대하여 당사자의 의견을 들어야 한다.

④ 재정위원회는 제1항에 따라 당사자나 참고인에게 진술하게 하거나 감정인에게 감정하게 할 때에는 당사자나 참고인 또는 감정인에게 선서를 하도록 하여야 한다.

⑤ 제1항 제4호의 경우에 재정위원 또는 소속 공무원은 그 권한을 나타내는 증표를 지니고 이를 관계인에게 내보여야 한다.

9-10-11 재정의 효력 등

건축법 **제99조(재정의 효력 등)** 재정위원회가 재정을 한 경우 재정 문서의 정본이 당사자에게 송달된 날부터 60일 이내에 당사자 양쪽이나 어느 한쪽으로부터 그 재정의 대상인 건축물의 건축등의 분쟁을 원인으로 하는 소송이 제기되지 아니하거나 그 소송이 철회되면 그 재정 내용은 재판상 화해와 동일한 효력을 갖는다. 다만, 당사자가 임의로 처분할 수 없는 사항에 관한 것은 그러하지 아니하다.〈개정 2020. 12. 22.〉

제100조(시효의 중단) 당사자가 재정에 불복하여 소송을 제기한 경우 시효의 중단과 제소기간을 산정할 때에는 재정신청을 재판상의 청구로 본다.〈개정 2020. 6. 9.〉

제101조(조정 회부) 분쟁위원회는 재정신청이 된 사건을 조정에 회부하는 것이 적합하다고 인정하면 직권으로 직접 조정할 수 있다.〈개정 2009. 4. 1., 2014. 5. 28.〉

9-10-12 비용부담

건축법 **제102조(비용부담)**

① 분쟁의 조정등을 위한 감정 · 진단 · 시험 등에 드는 비용은 당사자 간의 합의로 정하는 비율에 따라 당사자가 부담하여야 한다. 다만, 당사자 간에 비용부담에 대하여 합의가 되지 아니하면 조정위원회나 재정위원회에서 부담비율을 정한다.

② 조정위원회나 재정위원회는 필요하다고 인정하면 대통령령으로 정하는 바에 따라 당사자에게 제1항에 따른 비용을 예치하게 할 수 있다.

③ 제1항에 따른 비용의 범위에 관하여는 국토교통부령으로 정한다.〈개정 2009.4.1., 2013.3.23., 2014.5.28.〉

9-10-13 분쟁위원회의 운영 및 사무처리 위탁

건축법 **제103조(분쟁위원회의 운영 및 사무처리 위탁)**

① 국토교통부장관은 분쟁위원회의 운영 및 사무처리를 「국토안전관리원법」에 따른 국토안전관리원(이하 "국토안전관리원"이라 한다)에 위탁할 수 있다.〈개정 2014. 5. 28., 2017. 1. 17., 2020. 6. 9.〉

② 분쟁위원회의 운영 및 사무처리를 위한 조직 및 인력 등은 대통령령으로 정한다.〈개정 2014. 5. 28.〉

③ 국토교통부장관은 예산의 범위에서 분쟁위원회의 운영 및 사무처리에 필요한 경비를 국토안전관리원에 출연 또는 보조할 수 있다.〈개정 2014. 5. 28., 2020. 6. 9.〉

[제목개정 2014. 5. 28.]

9-10-14 조정 등의 절차

건축법 **제104조(조정 등의 절차)** 제88조부터 제103조까지의 규정에서 정한 것 외에 분쟁의 조정등의 방법 · 절차 등에 관하여 필요한 사항은 대통령령으로 정한다.

제104조의2(건축위원회의 사무의 정보보호) 건축위원회 또는 관계 행정기관 등은 제4조의5의 민원 심의 및 제92조의 분쟁조정 신청과 관련된 정보의 유출로 인하여 신청인과 이해관계인의 이익이 침해되지 아니하도록 노력하여야 한다.

[본조신설 2014.5.28.]

9-11 지역건축안전센터 설립

건축법 제87조의2(지역건축안전센터 설립) ① 지방자치단체의 장은 다음 각 호의 업무를 수행하기 위하여 관할 구역에 지역건축안전센터를 설치할 수 있다. 〈개정 2019. 4. 30., 2020. 4. 7., 2020. 12. 22., 2022. 6. 10.〉

1. 제21조, 제22조, 제27조 및 제87조에 따른 기술적인 사항에 대한 보고 · 확인 · 검토 · 심사 및 점검

1의2. 제11조, 제14조 및 제16조에 따른 허가 또는 신고에 관한 업무

2. 제25조에 따른 공사감리에 대한 관리 · 감독

3. 삭제 〈2019. 4. 30.〉

4. 그 밖에 대통령령으로 정하는 사항

② 제1항에도 불구하고 다음 각 호의 어느 하나에 해당하는 지방자치단체의 장은 관할 구역에 지역건축안전센터를 설치하여야 한다. 〈신설 2022. 6. 10.〉

1. 시 · 도
2. 인구 50만명 이상 시 · 군 · 구
3. 국토교통부령으로 정하는 바에 따라 산정한 건축허가 면적(직전 5년 동안의 연평균 건축허가 면적을 말한다) 또는 노후건축물 비율이 전국 지방자치단체 중 상위 30퍼센트 이내에 해당하는 인구 50만명 미만 시 · 군 · 구

③ 체계적이고 전문적인 업무 수행을 위하여 지역건축안전센터에 「건축사법」 제23조제1항에 따라 신고한 건축사 또는 「기술사법」 제6조제1항에 따라 등록한 기술사 등 전문인력을 배치하여야 한다. 〈개정 2022. 6. 10.〉

④ 제1항부터 제3항까지의 규정에 따른 지역건축안전센터의 설치 · 운영 및 전문인력의 자격과 배치기준 등에 필요한 사항은 국토교통부령으로 정한다. 〈개정 2022. 6. 10.〉

[본조신설 2017. 4. 18.]

시행규칙 43조의2(지역건축안전센터의 설치 및 운영 등) ① 시、도지사 및 시장、군수、구청장이 법 제87조의2에 따라 설치하는 지역건축안전센터(이하 "지역건축안전센터"라 한다)에는 센터장 1명과 법 제87조의2제1항 각 호의 업무를 수행하는 데 필요한 전문인력을 둔다.

② 시、도지사 및 시장、군수、구청장은 해당 지방자치단체 소속 공무원 중에서 건축행정에 관한 학식과 경험이 풍부한 사람이 제1항에 따른 센터장(이하 "센터장"이라 한다)을 겸임하게 할 수 있다.

③ 센터장은 지역건축안전센터의 사무를 총괄하고, 소속 직원을 지휘、감독한다.

④ 제1항에 따른 전문인력(이하 "전문인력"이라 한다)은 다음 각 호의 어느 하나에 해

당하는 자격을 갖춘 사람으로서 건축행정에 관한 학식과 경험이 풍부한 사람으로 한다. 〈개정 2019. 2. 25., 2021. 6. 25.〉

1. 「건축사법」 제2조제1호에 따른 건축사
2. 다음 각 목의 어느 하나에 해당하는 사람
   가. 「국가기술자격법」에 따른 건축구조기술사
   나. 「건설기술 진흥법 시행령」 별표 1에 따른 건설기술인 중 건축구조 분야 고급기술인 이상의 자격기준을 갖춘 사람
3. 「국가기술자격법」에 따른 건축시공기술사
4. 다음 각 목의 어느 하나에 해당하는 사람
   가. 「국가기술자격법」에 따른 건축기계설비기술사
   나. 「건설기술 진흥법 시행령」 별표 1에 따른 건설기술인 중 건축기계설비 분야 고급기술인 이상의 자격기준을 갖춘 사람
5. 다음 각 목의 어느 하나에 해당하는 사람
   가. 「국가기술자격법」에 따른 지질 및 지반기술사 또는 토질 및 기초기술사
   나. 「건설기술 진흥법 시행령」 별표 1에 따른 건설기술인 중 토질·지질 분야 고급기술인 이상의 자격기준을 갖춘 사람

⑤ 시·도지사 및 시장·군수·구청장은 별표 8에 따른 산정기준에 따라 지역건축안전센터의 전문인력을 확보하기 위하여 노력하여야 한다. 다만, 다음 각 호에 해당하는 전문인력은 각각 1명 이상 두어야 한다. 〈개정 2023. 6. 9., 2025. 6. 2.〉

1. 제4항제1호에 따른 전문인력
2. 제4항제2호 또는 제3호에 따른 전문인력

⑥ 시장·군수·구청장이 지역의 규모·예산·인력 및 건축허가 등의 신청 건수를 고려하여 단독으로 지역건축안전센터를 설치·운영하는 것이 곤란하다고 판단하는 경우에는 둘 이상의 시·군·구가 공동으로 하나의 지역건축안전센터를 설치·운영할 수 있다. 이 경우 공동으로 지역건축안전센터를 설치·운영하려는 시장·군수·구청장은 지역건축안전센터의 공동 설치 및 운영에 관한 협약을 체결하여야 한다.

⑦ 인구 50만명 미만 시·군·구에 설치하는 지역건축안전센터에 지역 여건상 제5항 각 호의 전문인력을 확보하기 곤란한 경우에는 같은 항 각 호 외의 부분 단서에도 불구하고 같은 항 각 호의 전문인력 중 1명만 둘 수 있다. 〈신설 2025. 6. 2.〉

⑧ 국토교통부장관은 법 제87조의2제2항에 따라 지역건축안전센터를 설치해야 하는 지방자치단체를 5년마다 고시해야 한다. 〈신설 2023. 6. 9., 2025. 6. 2.〉

⑨ 법 제87조의2제2항제3호에 따라 건축허가 면적 또는 노후건축물 비율은 다음 각 호의 구분에 따라 산정한다. 〈신설 2023. 6. 9., 2025. 6. 2.〉

1. 건축허가 면적: 제7항에 따라 국토교통부장관이 고시하는 해의 직전연도부터 과거 5년 동안 법 제11조에 따라 건축허가(신축만 해당한다)를 받은 건축물의 연면적 합계를 5로 나눈 면적
2. 노후건축물 비율: 제7항에 따라 국토교통부장관이 고시하는 해의 직전연도의 전체 건축물 중 법 제22조에 따라 최초로 사용승인을 받은 후 30년 이상이 지난 건축물이 차지하는 비율

⑩ 제1항부터 제8항까지에서 규정한 사항 외에 지역건축안전센터의 조직 및 운영 등에 필요한 사항은 해당 지방자치단체의 조례로 정한다. 〈개정 2023. 6. 9., 2025. 6. 2.〉

[본조신설 2018. 6. 15.]

[종전 제43조의2는 제43조의3으로 이동 〈2018. 6. 15.〉]

9-12 벌칙 적용 시 공무원 의제

건축법 **제105조(벌칙 적용 시 공무원 의제)** 다음 각 호의 어느 하나에 해당하는 사람은 공무원이 아니더라도 「형법」 제129조부터 제132조까지의 규정과 「특정범죄가중처벌 등에 관한 법률」 제2조와 제3조에 따른 벌칙을 적용할 때에는 공무원으로 본다. 〈개정 2009. 4. 1., 2014. 1. 14., 2014. 5. 28., 2016. 2. 3., 2017. 4. 18., 2019. 4. 23., 2022. 6. 10.〉

1. 제4조에 따른 건축위원회의 위원
   1의2. 제13조의2제2항에 따라 안전영향평가를 하는 자
   1의3. 제52조의3제4항에 따라 건축자재를 점검하는 자
2. 제27조에 따라 현장조사 · 검사 및 확인업무를 대행하는 사람
3. 제37조에 따른 건축지도원
4. 제82조제4항에 따른 기관 및 단체의 임직원
5. 제87조의2제3항에 따라 지역건축안전센터에 배치된 전문인력

출제빈도	■■
중요도	■■■

주요내용

벌칙의 규정은 과태료와 이행강제금의 법률적 성격의 규명이 필요하며, 이에 유의하여 학습하여야 한다.

세부목차

참고용 건축법 목차

CHAPTER 10

제10장 벌칙

10-1 벌칙(다중이용건축물의 기초와 주요구조부에 중대한 손괴를 일으킨 경우)

건축법 **제106조(벌칙)** ① 제23조, 제24조제1항, 제25조제3항, 제52조의3제1항 및 제52조의5제2항을 위반하여 설계 · 시공 · 공사감리 및 유지 · 관리와 건축자재의 제조 및 유통을 함으로써 건축물이 부실하게 되어 착공 후 「건설산업기본법」 제28조에 따른 하자담보책임 기간에 건축물의 기초와 주요구조부에 중대한 손괴를 일으켜 일반인을 위험에 처하게 한 설계자 · 감리자 · 시공자 · 제조업자 · 유통업자 · 관계전문기술자 및 건축주는 10년 이하의 징역에 처한다.〈개정 2015. 1. 6., 2016. 2. 3., 2019. 4. 23., 2020. 12. 22.〉

② 제1항의 죄를 범하여 사람을 죽거나 다치게 한 자는 무기징역이나 3년 이상의 징역에 처한다.

10-2 벌칙(3년 이하의 징역이나 5억원 이하의 벌금)

건축법 **제108조(벌칙)** ① 다음 각 호의 어느 하나에 해당하는 자는 3년 이하의 징역이나 5억원 이하의 벌금에 처한다.〈개정 2019. 4. 23., 2020. 12. 22.〉

1. 도시지역에서 제11조제1항, 제19조제1항 및 제2항, 제47조, 제55조, 제56조, 제58조, 제60조, 제61조 또는 제77조의10을 위반하여 건축물을 건축하거나 대수선 또는 용도변경을 한 건축주 및 공사시공자
2. 제52조제1항 및 제2항에 따른 방화에 지장이 없는 재료를 사용하지 아니한 공사시공자 또는 그 재료 사용에 책임이 있는 설계자나 공사감리자
3. 제52조의3제1항을 위반한 건축자재의 제조업자 및 유통업자
4. 제52조의4제1항을 위반하여 품질관리서를 제출하지 아니하거나 거짓으로 제출한 제조업자, 유통업자, 공사시공자 및 공사감리자
5. 제52조의5제1항을 위반하여 품질인정기준에 적합하지 아니함에도 품질인정을 한 자

② 제1항의 경우 징역과 벌금은 병과(倂科)할 수 있다.

10-3 벌칙(2년 이하의 징역이나 2억원 이하의 벌금)

건축법 **제109조(벌칙)** 다음 각 호의 어느 하나에 해당하는 자는 2년 이하의 징역이나 2억원 이하의 벌금에 처한다.

1. 제27조제2항에 따른 보고를 거짓으로 한 자
2. 제87조의2제1항제1호에 따른 보고·확인·검토·심사 및 점검을 거짓으로 한 자

10-4 벌칙(2년 이하의 징역 또는 1억원 이하의 벌금)

건축법 **제110조(벌칙)** 다음 각 호의 어느 하나에 해당하는 자는 2년 이하의 징역 또는 1억원 이하의 벌금에 처한다.〈개정 2008. 3. 28., 2008. 6. 5., 2011. 9. 16., 2014. 5. 28., 2015. 1. 6., 2016. 1. 19., 2016. 2. 3., 2017. 4. 18.〉

1. 도시지역 밖에서 제11조제1항, 제19조제1항 및 제2항, 제47조, 제55조, 제56조, 제58조, 제60조, 제61조, 제77조의10을 위반하여 건축물을 건축하거나 대수선 또는 용도변경을 한 건축주 및 공사시공자

1의2. 제13조제5항을 위반한 건축주 및 공사시공자

2. 제16조(변경허가 사항만 해당한다), 제21조제5항, 제22조제3항 또는 제25조제7항을 위반한 건축주 및 공사시공자
3. 제20조제1항에 따른 허가를 받지 아니하거나 제83조에 따른 신고를 하지 아니하고 가설건축물을 건축하거나 공작물을 축조한 건축주 및 공사시공자
4. 다음 각 목의 어느 하나에 해당하는 자
   가. 제25조제1항을 위반하여 공사감리자를 지정하지 아니하고 공사를 하게 한 자
   나. 제25조제1항을 위반하여 공사시공자 본인 및 계열회사를 공사감리자로 지정한 자
5. 제25조제3항을 위반하여 공사감리자로부터 시정 요청이나 재시공 요청을 받고 이에 따르지 아니하거나 공사 중지의 요청을 받고도 공사를 계속한 공사시공자
6. 제25조제6항을 위반하여 정당한 사유 없이 감리중간보고서나 감리완료보고서를 제출하지 아니하거나 거짓으로 작성하여 제출한 자

6의2. 제27조제2항을 위반하여 현장조사·검사 및 확인 대행 업무를 한 자

7. 삭제 〈2019. 4. 30.〉
8. 제40조제4항을 위반한 건축주 및 공사시공자

8의2. 제43조제1항, 제49조, 제50조, 제51조, 제53조, 제58조, 제61조제1항 · 제2항 또는 제64조를 위반한 건축주, 설계자, 공사시공자 또는 공사감리자
9. 제48조를 위반한 설계자, 공사감리자, 공사시공자 및 제67조에 따른 관계전문기술자
9의2. 제50조의2제1항을 위반한 설계자, 공사감리자 및 공사시공자
9의3. 제48조의4를 위반한 건축주, 설계자, 공사감리자, 공사시공자 및 제67조에 따른 관계전문기술자
10. 삭제 〈2019. 4. 23.〉
11. 삭제 〈2019. 4. 23.〉
12. 제62조를 위반한 설계자, 공사감리자, 공사시공자 및 제67조에 따른 관계전문기술자

[시행일 : 2020. 5. 1.] 제110조

10-5 벌칙(5천만원 이하의 벌금)

건축법 **제111조(벌칙)** 다음 각 호의 어느 하나에 해당하는 자는 5천만원 이하의 벌금에 처한다.〈개정 2009. 2. 6., 2014. 1. 14., 2014. 5. 28., 2016. 2. 3., 2019. 4. 23.〉

1. 제14조, 제16조(변경신고 사항만 해당한다), 제20조제3항, 제21조제1항, 제22조제1항 또는 제83조제1항에 따른 신고 또는 신청을 하지 아니하거나 거짓으로 신고하거나 신청한 자
2. 제24조제3항을 위반하여 설계 변경을 요청받고도 정당한 사유 없이 따르지 아니한 설계자
3. 제24조제4항을 위반하여 공사감리자로부터 상세시공도면을 작성하도록 요청받고도 이를 작성하지 아니하거나 시공도면에 따라 공사하지 아니한 자

3의2. 제24조제6항을 위반하여 현장관리인을 지정하지 아니하거나 착공신고서에 이를 거짓으로 기재한 자
3의3. 삭제 〈2019. 4. 23.〉

4. 제28조제1항을 위반한 공사시공자
5. 제41조나 제42조를 위반한 건축주 및 공사시공자

5의2. 제43조제4항을 위반하여 공개공지등의 활용을 저해하는 행위를 한 자

6. 제52조의2를 위반하여 실내건축을 한 건축주 및 공사시공자

6의2. 제52조의4제5항을 위반하여 건축자재에 대한 정보를 표시하지 아니하거나 거짓으로 표시한 자
7. 삭제 〈2019. 4. 30.〉
8. 삭제 〈2009. 2. 6.〉
[시행일 : 2020. 5. 1.] 제111조

10-6 양벌규정

건축법 **제112조(양벌규정)** ① 법인의 대표자, 대리인, 사용인, 그 밖의 종업원이 그 법인의 업무에 관하여 제106조의 위반행위를 하면 행위자를 벌할 뿐만 아니라 그 법인에도 10억 원 이하의 벌금에 처한다. 다만, 법인이 그 위반행위를 방지하기 위하여 해당 업무에 관하여 상당한 주의와 감독을 게을리하지 아니한 때에는 그러하지 아니하다.
② 개인의 대리인, 사용인, 그 밖의 종업원이 그 개인의 업무에 관하여 제106조의 위반행위를 하면 행위자를 벌할 뿐만 아니라 그 개인에게도 10억 원 이하의 벌금에 처한다. 다만, 개인이 그 위반행위를 방지하기 위하여 해당 업무에 관하여 상당한 주의와 감독을 게을리 하지 아니한 때에는 그러하지 아니하다.
③ 법인의 대표자, 대리인, 사용인, 그 밖의 종업원이 그 법인의 업무에 관하여 제107조부터 제111조까지의 규정에 따른 위반행위를 하면 행위자를 벌할 뿐만 아니라 그 법인에도 해당 조문의 벌금형을 과(科)한다. 다만, 법인이 그 위반행위를 방지하기 위하여 해당 업무에 관하여 상당한 주의와 감독을 게을리 하지 아니한 때에는 그러하지 아니하다.
④ 개인의 대리인, 사용인, 그 밖의 종업원이 그 개인의 업무에 관하여 제107조부터 제111조까지의 규정에 따른 위반행위를 하면 행위자를 벌할 뿐만 아니라 그 개인에게도 해당 조문의 벌금형을 과한다. 다만, 개인이 그 위반행위를 방지하기 위하여 해당 업무에 관하여 상당한 주의와 감독을 게을리 하지 아니한 때에는 그러하지 아니하다.

10-7 과태료

건축법 **제113조(과태료)** ① 다음 각 호의 어느 하나에 해당하는 자에게는 200만원 이하의 과태료를 부과한다.〈개정 2009. 2. 6., 2014. 5. 28., 2016. 1. 19., 2016. 2. 3., 2017. 12. 26., 2019. 4. 23., 2020. 12. 22.〉

1. 제19조제3항에 따른 건축물대장 기재내용의 변경을 신청하지 아니한 자
2. 제24조제2항을 위반하여 공사현장에 설계도서를 갖추어 두지 아니한 자
3. 제24조제5항을 위반하여 건축허가 표지판을 설치하지 아니한 자
4. 제52조의3제2항 및 제52조의6제4항에 따른 점검을 거부·방해 또는 기피한 자
5. 제48조의3제1항 본문에 따른 공개를 하지 아니한 자

② 다음 각 호의 어느 하나에 해당하는 자에게는 100만원 이하의 과태료를 부과한다.〈신설 2009. 2. 6., 2012. 1. 17., 2014. 5. 28., 2016. 2. 3.〉

1. 제25조제4항을 위반하여 보고를 하지 아니한 공사감리자
2. 제27조제2항에 따른 보고를 하지 아니한 자
3. 삭제 〈2019. 4. 30.〉
4. 삭제 〈2019. 4. 30.〉
5. 삭제 〈2016. 2. 3.〉
6. 제77조제2항을 위반하여 모니터링에 필요한 사항에 협조하지 아니한 건축주, 소유자 또는 관리자
7. 삭제 〈2016. 1. 19.〉
8. 제83조제2항에 따른 보고를 하지 아니한 자
9. 제87조제1항에 따른 자료의 제출 또는 보고를 하지 아니하거나 거짓 자료를 제출하거나 거짓 보고를 한 자

③ 제24조제6항을 위반하여 공정 및 안전 관리 업무를 수행하지 아니하거나 공사 현장을 이탈한 현장관리인에게는 50만원 이하의 과태료를 부과한다.〈신설 2016. 2. 3., 2018. 8. 14.〉

④ 제1항부터 제3항까지에 따른 과태료는 대통령령으로 정하는 바에 따라 국토교통부장관, 시·도지사 또는 시장·군수·구청장이 부과·징수한다.〈개정 2009. 2. 6., 2013. 3. 23., 2016. 2. 3.〉

⑤ 삭제 〈2009. 2. 6.〉

주차장법 법령체계도

상하위법

- 법률 주차장법
  - 시행령 주차장법 시행령
    - 시행규칙 주차장법 시행규칙
      - 행정규칙
      - 자치법규
    - 자치법규
  - 행정규칙
  - 자치법규

관계법령 및 유사법령

- 법률 건축법
- 법률 도로교통법

출처 : 국가법령정보센터 http://www.law.go.kr/

02

2025 건축법규 강의

제2편 주차장법

주요내용

주차장법에서 사용되는 기본 용어에 대한 정의가 매우 중요하다.
노외 · 노상 · 부설주차장의 종류별 정의, 주차 전용 건축물의 용도 및 그에 따른 주차장 사용비율들이 자주 출제된다.
주차형식에 따른 주차구획의 너비와 길이를 묻는 문제에 대비하여 정확한 치수를 알아야 한다.

세부목차

참고용 법조문 목차

CHAPTER 1

제1장 총칙

용어의 정의

(1) 주차장

종 류	설치 장소	비 고
노상주차장	도로의 노면 또는 교통광장(교차점 광장에 한함)의 일정한 구역에 설치된 주차장	일반의 이용에 제공
노외주차장	도로의 노면 또는 교통광장(교차점 광장에 한함) 외의 장소에 설치된 주차장	
부설주차장	건축물, 골프연습장 기타 주차수요를 유발하는 시설에 부대하여 설치된 주차장	당해건축물 · 시설의 이용자 또는 일반의 이용에 제공

(2) 주차전용 건축물(건축물의 연면적 중 일정비율 이상이 주차장으로 사용되는 건축물)

용 도	주차장 사용비율	비 고
원 칙	95% 이상	시장(특별시, 광역시 포함)은 조례에 의하여 주차장 외의 용도로 설치할 수 있는 시설의 종류를 당해 지역 안의 구역별로 제한할 수 있다.
제1종 및 제2종 근린생활시설 문화 및 집회시설, 판매 및 영업시설 운동시설, 업무시설, 자동차관련시설	70% 이상	

(3) 주차장 설비기준 등

1) 주차장

용 도	주차장 사용비율	비 고
자주식 주차장	운전자가 직접 운전하여 주차장으로 들어가는 형식	지하식, 지평식, 건축물식(공작물식포함)
기계식 주차장	기계식 주차장치를 설치한 노외주차장 및 부설주차장	지하식, 건축물식(공작물식 포함)

2) 주차장의 주차구획

① 평행주차형식의 경우

구 분	너 비	길 이
경 형	1.7미터 이상	4.5미터 이상
일반형	2.0미터 이상	6.0미터 이상
보도와 차도의 구분이 없는 주거지역의 도로	2.0미터 이상	5.0미터 이상

② 평행주차형식 이외의 경우

구 분	너 비	길 이
경 형	2.0미터 이상	3.6미터 이상
일반형	2.5미터 이상	5미터 이상
확장형	2.6미터 이상	5.2미터 이상
장애인 전용	3.3미터 이상	5.0미터 이상

1-1 주차장법의 목적

주차장법 **제1조(목적)** 이 법은 주차장의 설치·정비 및 관리에 필요한 사항을 규정함으로써 자동차교통을 원활하게 하여 공중(公衆)의 편의와 안전을 도모함을 목적으로 한다.〈개정 2019. 12. 24.〉

[전문개정 2010. 3. 22.]

[시행일 : 2020. 6. 25.] 제1조

1-2 용어의 정의

주차장법 **제2조(정의)** 이 법에서 사용하는 용어의 뜻은 다음과 같다.〈개정 2011.6.8., 2012.1.17., 2016.1.19.〉

1. "주차장"이란 자동차의 주차를 위한 시설로서 다음 각 목의 어느 하나에 해당하는 종류의 것을 말한다.
   가. 노상주차장(路上駐車場): 도로의 노면 또는 교통광장(교차점광장만 해당한다. 이하 같다)의 일정한 구역에 설치된 주차장으로서 일반(一般)의 이용에 제공되는 것
   나. 노외주차장(路外駐車場): 도로의 노면 및 교통광장 외의 장소에 설치된 주차장으로서 일반의 이용에 제공되는 것
   다. 부설주차장: 제19조에 따라 건축물, 골프연습장, 그 밖에 주차수요를 유발하는 시설에 부대(附帶)하여 설치된 주차장으로서 해당 건축물·시설의 이용자 또는 일반의 이용에 제공되는 것
2. "기계식주차장치"란 노외주차장 및 부설주차장에 설치하는 주차설비로서 기계장치에 의하여 자동차를 주차할 장소로 이동시키는 설비를 말한다.
3. "기계식주차장"이란 기계식주차장치를 설치한 노외주차장 및 부설주차장을 말한다.
4. "도로"란 「건축법」 제2조 제1항 제11호에 따른 도로로서 자동차가 통행할 수 있는 도로를 말한다.
5. "자동차"란 「도로교통법」 제2조 제18호에 따른 자동차 및 같은 법 제2조 제19호에 따른 원동기장치자전거를 말한다.
6. "주차"란 「도로교통법」 제2조 제24호에 따른 주차를 말한다.
7. "주차단위구획"이란 자동차 1대를 주차할 수 있는 구획을 말한다.

8. "주차구획"이란 하나 이상의 주차단위구획으로 이루어진 구획 전체를 말한다.
9. "전용주차구획"이란 제6조 제1항에 따른 경형자동차(輕型自動車) 등 일정한 자동차에 한정하여 주차가 허용되는 주차구획을 말한다.
10. "건축물"이란 「건축법」 제2조 제1항 제2호에 따른 건축물을 말한다.
11. "주차전용건축물"이란 건축물의 연면적 중 대통령령으로 정하는 비율 이상이 주차장으로 사용되는 건축물을 말한다.
12. "건축"이란 「건축법」 제2조 제1항 제8호 및 제9호에 따른 건축 및 대수선(같은 법 제19조에 따른 용도변경을 포함한다)을 말한다.
13. "기계식주차장치 보수업"이란 기계식주차장치의 고장을 수리하거나 고장을 예방하기 위하여 정비를 하는 사업을 말한다.

[전문개정 2010.3.22.]

시행령 **제1조의2(주차전용건축물의 주차면적비율)** ① 「주차장법」(이하 "법"이라 한다) 제2조제11호에서 "대통령령으로 정하는 비율 이상이 주차장으로 사용되는 건축물"이란 건축물의 연면적 중 주차장으로 사용되는 부분의 비율이 95퍼센트 이상인 것을 말한다. 다만, 주차장 외의 용도로 사용되는 부분이 「건축법 시행령」 별표 1에 따른 단독주택(같은 표 제1호에 따른 단독주택을 말한다. 이하 "단독주택"이라 한다), 공동주택, 제1종 근린생활시설, 제2종 근린생활시설, 문화 및 집회시설, 종교시설, 판매시설, 운수시설, 운동시설, 업무시설, 창고시설 또는 자동차 관련 시설인 경우에는 주차장으로 사용되는 부분의 비율이 70퍼센트(법 제4조제1항에 따른 주차환경개선지구 내에 위치한 건축물의 경우에는 60퍼센트) 이상인 것을 말한다. 〈개정 2014. 12. 30., 2016. 1. 19., 2018. 2. 20., 2024. 8. 16.〉

1. 삭제 〈1996. 6. 4.〉
2. 삭제 〈1996. 6. 4.〉

② 제1항에 따른 건축물의 연면적의 산정방법은 「건축법」에 따른다. 다만, 기계식주차장의 연면적은 기계식주차장치에 의하여 자동차를 주차할 수 있는 면적과 기계실, 관리사무소 등의 면적을 합하여 계산한다.

③ 특별시장ㆍ광역시장ㆍ특별자치도지사 또는 시장은 법 제12조제6항 또는 제19조제10항에 따라 노외주차장 또는 부설주차장의 설치를 제한하는 지역의 주차전용건축물의 경우에는 제1항 단서에도 불구하고 해당 지방자치단체의 조례로 정하는 바에 따라 주차장 외의 용도로 사용되는 부분에 설치할 수 있는 시설의 종류를 해당 지역의 구역별로 제한할 수 있다.

[전문개정 2010. 10. 21.]

1-3 주차장 수급 및 안전관리 실태조사

주차장법 **제3조(주차장 수급 및 안전관리 실태조사)** ① 특별자치시장 · 특별자치도지사 · 시장 · 군수 또는 구청장(구청장은 자치구의 구청장을 말한다. 이하 "시장 · 군수 또는 구청장"이라 한다)은 주차장의 설치 및 관리를 위한 기초자료로 활용하기 위하여 행정구역 · 용도지역 · 용도지구 등을 종합적으로 고려한 조사구역(이하 "조사구역"이라 한다)을 정하여 정기적으로 조사구역별 주차장 수급(需給) 실태를 조사(이하 "수급실태조사"라 한다)하여야 한다.〈개정 2018. 12. 18., 2019. 12. 24.〉

② 시장 · 군수 또는 구청장은 주차장의 안전사고 예방을 위하여 정기적으로 조사구역 내 설치된 주차장의 경사도 등 이용자의 안전에 위해가 되는 요소를 점검하고 그에 따른 안전 관리 실태를 조사(이하 "안전관리실태조사"라 한다)하여야 한다.〈신설 2019. 12. 24.〉

③ 수급실태조사와 안전관리실태조사의 방법 · 주기 및 조사구역 설정방법 등에 관하여 필요한 사항은 국토교통부령으로 정한다.〈개정 2013. 3. 23., 2019. 12. 24.〉

[전문개정 2010. 3. 22.]

[제목개정 2019. 12. 24.]

[시행일 : 2020. 6. 25.] 제3조

시행규칙 **제1조의2(실태조사 방법 및 주기 등)** ① 「주차장법」(이하 "법"이라 한다) 제3조제1항 및 제2항에 따른 조사구역 설정방법은 다음 각 호와 같다.

1. 법 제3조제1항에 따른 수급실태조사(이하 "수급실태조사"라 한다)
   가. 사각형 또는 삼각형 형태로 조사구역을 설정하되 조사구역 바깥 경계선의 최대거리가 300미터를 넘지 않도록 할 것
   나. 각 조사구역은 「건축법」 제2조제1항제11호에 따른 도로를 경계로 구분할 것
   다. 아파트단지와 단독주택단지가 섞여 있는 지역 또는 주거기능과 상업 · 업무기능이 섞여 있는 지역의 경우에는 주차시설 수급의 적정성, 지역적 특성 등을 고려하여 같은 특성을 가진 지역별로 조사구역을 설정할 것
2. 법 제3조제2항에 따른 안전관리실태조사(이하 "안전관리실태조사"라 한다): 출입도로를 포함하여 주차장 전체를 조사구역으로 할 것

② 수급실태조사 및 안전관리실태조사의 주기는 3년으로 한다. 다만, 법 제6조제3항 및 이 규칙 제6조제11호 및 제15호의 준수사항은 매년 한번 이상 점검하고 조사해야 한다.

③ 수급실태조사 및 안전관리실태조사의 방법은 다음 각 호와 같다. 〈개정 2024. 9. 20.〉

1. 수급실태조사: 특별자치시 · 특별자치도 · 시 · 군 또는 자치구(이하 "시 · 군 또는 구"라 한다)의 조례에서 정하는 바에 따라 제1항제1호 각 목의 기준에 따라 설정된 조사구역별로 주차수요조사와 주차시설 현황조사로 구분하여 실태조사를 실시할 것
2. 안전관리실태조사: 조사대상에 다음 각 목의 사항을 포함할 것

가. 법 제6조제1항 · 제19조 및 제19조의5에 따른 설치기준의 준수 여부

나. 법 제6조제3항에 따른 시설의 설치 여부

다. 법 제19조의9제2항제1호, 제2호 및 제19조의23에 따른 사용검사, 정기검사 및 정밀안전검사 이행 여부

라. 법 제19조의20에 따른 기계식주차장치 관리인의 배치 여부

마. 법 제19조의22제10항에 따른 권고의 이행 여부

바. 그 밖에 주차장의 안전관리를 위하여 특별자치시장 · 특별자치도지사 · 시장 · 군수 또는 구청장(구청장은 자치구의 구청장을 말하며, 이하 "시장 · 군수 또는 구청장"이라 한다)이 필요하다고 인정하는 사항

④ 시장 · 군수 · 구청장은 수급실태조사를 하였을 때에는 각 조사구역별로 주차수요와 주차시설 현황을 대조 · 확인할 수 있도록 별지 제1호서식의 주차실태 조사결과 입력대장에 기록(전산프로그램을 제작하여 입력하는 경우를 포함한다)하여 관리한다.

[전문개정 2020. 6. 25.]

1-4 주차환경개선지구의 지정

주차장법 **제4조(주차환경개선지구의 지정)** ① 시장 · 군수 또는 구청장은 다음 각 호의 지역에 있는 조사구역으로서 실태조사 결과 주차장 확보율(주차단위구획의 수를 자동차의 등록대수로 나눈 비율을 말한다. 이 경우 다른 법령에서 일정한 자동차에 대하여 따로 차고를 확보하도록 하고 있는 경우 그 자동차의 등록대수 및 차고의 수는 비율을 계산할 때 제외한다)이 해당 지방자치단체의 조례로 정하는 비율 이하인 조사구역은 주차난 완화와 교통의 원활한 소통을 위하여 주차환경개선지구로 지정할 수 있다.〈개정 2020. 6. 9.〉

1. 「국토의 계획 및 이용에 관한 법률」 제36조제1항제1호가목에 따른 주거지역
2. 제1호에 따른 주거지역과 인접한 지역으로서 해당 지방자치단체의 조례로 정하

는 지역

② 제1항에 따라 주차환경개선지구를 지정할 때에는 시장 · 군수 또는 구청장이 주차환경개선지구 지정 · 관리계획을 수립하여 결정한다.

③ 시장 · 군수 또는 구청장은 제2항에 따라 주차환경개선지구를 지정하였을 때에는 그 관리에 관한 연차별 목표를 정하고, 매년 주차장 수급 실태의 개선 효과를 분석하여야 한다.

[전문개정 2010. 3. 22.]

1-5 주차환경개선지구 지정 · 관리계획

주차장법 **제4조의2(주차환경개선지구 지정 · 관리계획)** ① 제4조 제2항에 따른 주차환경개선지구 지정 · 관리계획에는 다음 각 호의 사항이 포함되어야 한다.

1. 주차환경개선지구의 지정구역 및 지정의 필요성
2. 주차환경개선지구의 관리 목표 및 방법
3. 주차장의 수급 실태 및 이용 특성
4. 장기 · 단기 주차수요에 대한 예측
5. 연차별 주차장 확충 및 재원 조달계획
6. 노외주차장 우선 공급 등 주차환경개선지구의 지정 목적을 달성하기 위하여 필요한 조치

② 시장 · 군수 또는 구청장은 제4조 제2항에 따른 주차환경개선지구 지정 · 관리계획을 수립할 때에는 미리 공청회를 열어 지역 주민, 관계 전문가 등의 의견을 들어야 한다. 대통령령으로 정하는 중요한 사항을 변경하려는 경우에도 또한 같다.

③ 시장 · 군수 또는 구청장은 제2항에 따라 주차환경개선지구 지정 · 관리계획을 수립하거나 변경한 때에는 그 사실을 고시하여야 한다.

[전문개정 2010.3.22]

시행령 **제2조(중요사항의 변경)** 법 제4조의2 제2항 후단에서 "대통령령으로 정하는 중요한 사항을 변경하려는 경우"란 다음 각 호의 어느 하나에 해당하는 경우를 말한다.

1. 주차환경개선지구의 지정구역의 10퍼센트 이상을 변경하는 경우
2. 예측된 주차수요를 30퍼센트 이상 변경하는 경우

[전문개정 2010.10.21]

1-6 주차환경개선지구 지정의 해제

주차장법 **제4조의3(주차환경개선지구 지정의 해제)** 시장 · 군수 또는 구청장은 제4조 제1항에 따른 주차환경개선지구의 지정 목적을 달성하였다고 인정하는 경우에는 그 지정을 해제하고, 그 사실을 고시하여야 한다.
[전문개정 2010.3.22]

1-7 권한의 위임

주차장법 **제5조(권한의 위임)** 이 법에 따른 국토교통부장관의 권한은 그 일부를 대통령령으로 정하는 바에 따라 특별시장 · 광역시장 · 특별자치시장 · 도지사 또는 특별자치도지사에게 위임할 수 있다.〈개정 2013. 3. 23., 2018. 12. 18.〉

1-8 주차장설비기준 등

주차장법 **제6조(주차장설비기준 등)** ① 주차장의 구조 · 설비 및 안전기준 등에 관하여 필요한 사항은 국토교통부령으로 정한다. 이 경우 다음 각 호의 자동차에 대하여는 전용주차구획(제2호에 따른 자동차의 경우에는 충전시설을 포함한다)을 일정 비율 이상 정할 수 있다. 〈개정 2024. 1. 9., 2025. 1. 31.〉

1. 「자동차관리법」에 따른 배기량 1천시시 미만의 자동차(이하 "경형자동차"라 한다)
2. 「환경친화적 자동차의 개발 및 보급 촉진에 관한 법률」 제2조제2호에 따른 환경친화적 자동차(이하 "환경친화적 자동차"라 한다)
3. 「여객자동차 운수사업법」 제31조제1항에 따른 자동차대여사업자가 제공하는 자동차로서 승용차공동이용 서비스를 이용하는 회원이 자동차가 필요할 때 시간단위로 예약하여 이용할 수 있는 자동차(이하 "승용차공동이용 자동차"라 한다)
4. 「영유아보육법」 제2조제1호에 따른 영유아와 동반하여 탑승하거나 「모자보건법」 제2조제1호에 따른 임산부가 탑승한 자동차(이하 "영유아동반 자동차등"이라 한다)

② 특별시 · 광역시 · 특별자치시 · 특별자치도 · 시 · 군 또는 자치구는 해당 지역의 주차장 실태 등을 고려하여 필요하다고 인정하는 경우에는 제1항 전단에도 불구하고

주차장의 구조 · 설비 및 안전기준 등에 관하여 필요한 사항을 해당 지방자치단체의 조례로 달리 정할 수 있다. 〈개정 2018. 12. 18., 2019. 12. 24.〉

③ 국토교통부령으로 정하는 경사진 곳에 주차장을 설치하려는 자는 국토교통부령으로 정하는 바에 따라 고임목 등 주차된 차량이 미끄러지는 것을 방지하는 시설과 미끄럼 주의 안내표지를 갖추어야 한다. 〈신설 2019. 12. 24.〉

④ 특별시장 · 광역시장, 시장 · 군수 또는 구청장은 노상주차장 또는 노외주차장을 설치하는 경우에는 도시 · 군관리계획과 「도시교통정비 촉진법」에 따른 도시교통정비 기본계획에 따라야 하며, 노상주차장을 설치하는 경우에는 미리 관할 경찰서장과 소방서장의 의견을 들어야 한다. 〈개정 2011. 4. 14., 2017. 10. 24., 2019. 12. 24.〉

[전문개정 2010. 3. 22.]

주차장법 **제6조의2(이륜자동차 주차관리대상구역 지정 등)** ① 특별시장 · 광역시장 · 시장 · 군수 또는 구청장은 이륜자동차(「도로교통법」 제2조 제18호 가목에 따른 이륜자동차 및 같은 법 제2조 제19호에 따른 원동기장치자전거를 말한다. 이하 이 조에서 같다)의 주차관리가 필요한 지역을 이륜자동차 주차관리대상구역으로 지정할 수 있다.

② 특별시장 · 광역시장 · 시장 · 군수 또는 구청장은 제1항에 따라 이륜차 주차관리대상구역을 지정할 때 해당 지역 주차장의 이륜자동차 전용주차구획을 일정 비율 이상 정하여야 한다.

③ 특별시장 · 광역시장 · 시장 · 군수 또는 구청장은 제1항에 따라 주차관리대상구역을 지정한 때에는 그 사실을 고시하여야 한다.

[본조시설 2012.1.17]

시행규칙 **제2조(주차장의 형태)**

법 제6조 제1항에 따른 주차장의 형태는 운전자가 자동차를 직접 운전하여 주차장으로 들어가는 주차장(이하 "자주식주차장"이라 한다)과 법 제2조 제3호에 따른 기계식주차장(이하 "기계식주차장"이라 한다)으로 구분하되, 이를 다시 다음과 같이 세분한다.

1. 자주식주차장 : 지하식 · 지평식(地平式) 또는 건축물식(공작물식을 포함한다. 이하 같다)
2. 기계식주차장 : 지하식 · 건축물식

[전문개정 2010.10.29]

시행규칙 **제3조(주차장의 주차구획)**

① 법 제6조 제1항에 따른 주차장의 주차단위구획은 다음 각 호와 같다. 〈개정 2012.7.2〉

1. 평행주차형식의 경우

구 분	너 비	길 이
경 형	1.7미터 이상	4.5미터 이상
일반형	2.0미터 이상	6.0미터 이상
보도와 차도의 구분이 없는 주거지역의 도로	2.0미터 이상	5.0미터 이상
이륜자동차전용	1.0미터 이상	2.3미터 이상

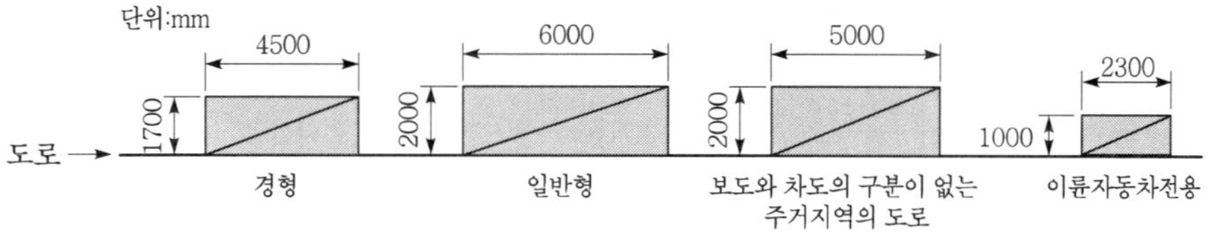

2. 평행주차형식 외의 경우

구 분	너 비	길 이
경 형	2.0미터 이상	3.6미터 이상
일반형	2.5미터 이상	5미터 이상
확장형	2.6미터 이상	5.2미터 이상
장애인전용	3.3미터 이상	5.0미터 이상
이륜자동차전용	1.0미터 이상	2.3미터 이상

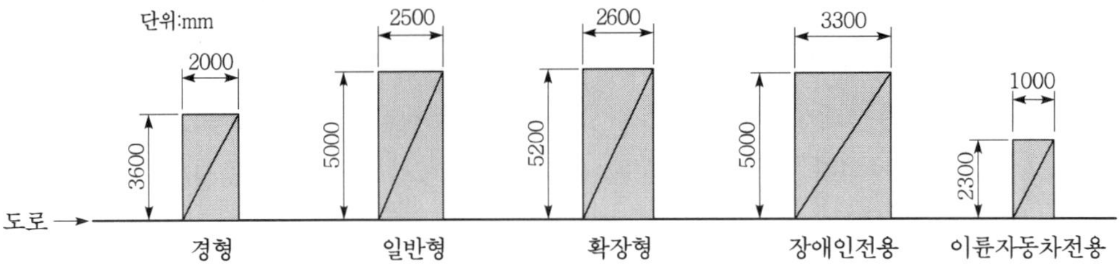

② 제1항에 따른 주차단위구획은 흰색 실선(경형자동차 전용주차구획의 주차단위구획은 파란색 실선)으로 표시하여야 한다.

③ 둘 이상의 연속된 주차단위구획의 총 너비 또는 총 길이는 제1항에 따른 주차단위구획의 너비 또는 길이에 주차단위구획의 개수를 곱한 것 이상이 되어야 한다.〈신설 2015.3.23.〉

[전문개정 2010.10.29]

1-9 노상주차장의 구조 및 설비기준

시행규칙 **제4조(노상주차장의 구조 · 설비기준)** ① 법 제6조제1항에 따른 노상주차장의 구조 · 설비기준은 다음 각 호와 같다. 〈개정 2014. 2. 6., 2021. 8. 27.〉

1. 노상주차장을 설치하려는 지역에서의 주차수요와 노외주차장 또는 그 밖에 자동차의 주차에 사용되는 시설 또는 장소와의 연관성을 고려하여 유기적으로 대응할 수 있도록 적정하게 분포되어야 한다.
2. 주간선도로에 설치하여서는 아니 된다. 다만, 분리대나 그 밖에 도로의 부분으로서 도로교통에 크게 지장을 주지 아니하는 부분에 대해서는 그러하지 아니하다.
3. 너비 6미터 미만의 도로에 설치해서는 안 된다. 다만, 보행자의 통행이나 연도(沿道: 옆길)의 이용에 지장이 없는 경우로서 해당 지방자치단체의 조례로 따로 정하는 경우에는 그렇지 않다.
4. 종단경사도(자동차 진행방향의 기울기를 말한다. 이하 같다)가 4퍼센트를 초과하는 도로에 설치하여서는 아니 된다. 다만, 다음 각 목의 경우에는 그러하지 아니하다.
   가. 종단경사도가 6퍼센트 이하인 도로로서 보도와 차도가 구별되어 있고, 그 차도의 너비가 13미터 이상인 도로에 설치하는 경우

나. 종단경사도가 6퍼센트 이하인 도로로서 해당 시장 · 군수 또는 구청장이 안전에 지장이 없다고 인정하는 도로에 제6조의2제1항제1호에 해당하는 노상주차장을 설치하는 경우

5. 고속도로, 자동차전용도로 또는 고가도로에 설치하여서는 아니 된다.
6. 「도로교통법」 제32조 각 호의 어느 하나에 해당하는 도로의 부분 및 같은 법 제33조 각 호의 어느 하나에 해당하는 도로의 부분에 설치하여서는 아니 된다.
7. 도로의 너비 또는 교통 상황 등을 고려하여 그 도로를 이용하는 자동차의 통행에 지장이 없도록 설치하여야 한다.
8. 노상주차장에는 다음 각 목의 구분에 따라 장애인 전용주차구획을 설치하여야 한다.

가. 주차대수 규모가 20대 이상 50대 미만인 경우: 한 면 이상

나. 주차대수 규모가 50대 이상인 경우: 주차대수의 2퍼센트부터 4퍼센트까지의 범위에서 장애인의 주차수요를 고려하여 해당 지방자치단체의 조례로 정하는 비율 이상

② 노상주차장의 주차구획 설치에 필요한 사항은 해당 지방자치단체의 조례로 정할 수 있다.

[전문개정 2010. 10. 29.]

1-10 노외주차장의 구조 및 설비기준

시행규칙

제6조(노외주차장의 구조 · 설비기준) ① 법 제6조제1항에 따른 노외주차장의 구조 · 설비기준은 다음 각 호와 같다. 〈개정 2010. 10. 29., 2012. 7. 2., 2013. 1. 25., 2013. 3. 23., 2014. 7. 15., 2018. 3. 21., 2018. 10. 25., 2020. 6. 25., 2021. 4. 16., 2021. 8. 27., 2023. 12. 1., 2024. 2. 16., 2024. 9. 20.〉

1. 노외주차장의 출구와 입구에서 자동차의 회전을 쉽게 하기 위하여 필요한 경우에는 차로와 도로가 접하는 부분을 곡선형으로 하여야 한다.
2. 노외주차장의 출구 부근의 구조는 해당 출구로부터 2미터(이륜자동차전용 출구의 경우에는 1.3미터)를 후퇴한 노외주차장의 차로의 중심선상 1.4미터의 높이에서 도로의 중심선에 직각으로 향한 왼쪽 · 오른쪽 각각 60도의 범위에서 해당 도로를 통행하는 자를 확인할 수 있도록 하여야 한다.
3. 노외주차장에는 자동차의 안전하고 원활한 통행을 확보하기 위하여 다음 각 목에서 정하는 바에 따라 차로를 설치하여야 한다.

가. 주차구획선의 긴 변과 짧은 변 중 한 변 이상이 차로에 접하여야 한다.

나. 차로의 너비는 주차형식 및 출입구(지하식 또는 건축물식 주차장의 출입구를 포함한다. 제4호에서 또한 같다)의 개수에 따라 다음 구분에 따른 기준 이상으로 하여야 한다.

1) 이륜자동차전용 노외주차장

주 차 형 식	차로의 너비	
	출입구가 2개 이상인 경우	출입구가 1개인 경우
평행주차	2.25미터	3.5미터
직각주차	4.0미터	4.0미터
45도 대향(對向)주차	2.3미터	3.5미터

2) 1) 외의 노외주차장

주 차 형 식	차로의 너비	
	출입구가 2개 이상인 경우	출입구가 1개인 경우
평행주차	3.3미터	5.0미터
직각주차	6.0미터	6.0미터
60도 대향(對向)주차	4.5미터	5.5미터
45도 대향(對向)주차	3.5미터	5.0미터
교차주차	3.5미터	5.0미터

4. 노외주차장의 출입구 너비는 3.5미터 이상으로 하여야 하며, 주차대수 규모가 50대 이상인 경우에는 출구와 입구를 분리하거나 너비 5.5미터 이상의 출입구를 설치하여 소통이 원활하도록 하여야 한다.

5. 지하식 또는 건축물식 노외주차장의 차로는 제3호의 기준에 따르는 외에 다음 각 목에서 정하는 바에 따른다.

가. 높이는 주차바닥면으로부터 2.3미터 이상으로 하여야 한다.

나. 경사로의 곡선 부분은 자동차가 6미터(같은 경사로를 이용하는 주차장의 총 주차대수가 50대 이하인 경우에는 5미터, 이륜자동차전용 노외주차장의 경우에는 3미터) 이상의 내변반경으로 회전할 수 있도록 하여야 한다.

다. 경사로의 차로 너비는 직선형인 경우에는 3.3미터 이상(2차로의 경우에는 6미터 이상)으로 하고, 곡선형인 경우에는 3.6미터 이상(2차로의 경우에는 6.5미터 이상)으로 하며, 경사로의 양쪽 벽면으로부터 30센티미터 이상의 지점에 높이 10센티미터 이상 15센티미터 미만의 연석(경계석)을 설치해야 한다. 이 경우 연석 부분은 차로의 너비에 포함되는 것으로 본다.

라. 경사로의 종단경사도는 직선 부분에서는 17퍼센트를 초과하여서는 아니 되며, 곡선 부분에서는 14퍼센트를 초과하여서는 아니 된다.

마. 경사로의 노면은 거친 면으로 하여야 한다.

바. 오르막 경사로로서 도로와 접하는 부분으로부터 3미터 이내인 경사로의 종단경사도는 직선 부분에서는 8.5퍼센트를, 곡선 부분에서는 7퍼센트를 초과하여서는 안 된다.

사. 주차대수 규모가 50대 이상인 경우의 경사로는 다음 기준에 따라 설치해야 한다.

1) 너비 6미터 이상인 2차로를 확보하거나 진입차로와 진출차로를 분리할 것

2) 별표 1에서 정하는 바에 따라 완화구간(경사로를 지나는 자동차가 지면에 접촉하지 않도록 종단경사도가 경사로 최대 종단경사도의 2분의 1 이하로 설계된 구간을 말한다)을 설치할 것

6. 자동차용 승강기로 운반된 자동차가 주차구획까지 자주식으로 들어가는 노외주차장의 경우에는 주차대수 30대마다 1대의 자동차용 승강기를 설치해야 한다. 이 경우 제16조의2제1항제1호 및 제3호를 준용하되, 자동차용 승강기의 출구와 입구가 따로 설치되어 있거나 주차장의 내부에서 자동차가 방향전환을 할 수 있을 때에는 같은 항 제3호에 따른 진입로를 설치하고 같은 항 제1호에 따른 전면공지 또는 방향전환장치를 설치하지 않을 수 있다.

7. 노외주차장에서 주차에 사용되는 부분의 높이는 주차바닥면으로부터 2.1미터 이상으로 하여야 한다.

8. 노외주차장 내부 공간의 일산화탄소 농도는 주차장을 이용하는 차량이 가장 빈번한 시각의 앞뒤 8시간의 평균치가 50피피엠 이하(「실내공기질 관리법」 제3조제1항제19호에 따른 실내주차장은 25피피엠 이하)로 유지되어야 한다.

9. 자주식주차장으로서 지하식 또는 건축물식 노외주차장에는 벽면에서부터 50센티미터 이내를 제외한 바닥면의 최소 조도(照度)와 최대 조도를 다음 각 목과 같이 한다.

가. 주차구획 및 차로: 최소 조도는 10럭스 이상, 최대 조도는 최소 조도의 10배 이내

나. 주차장 출구 및 입구: 최소 조도는 300럭스 이상, 최대 조도는 없음

다. 사람이 출입하는 통로: 최소 조도는 50럭스 이상, 최대 조도는 없음

10. 노외주차장에는 다음 각 목에서 정하는 바에 따라 경보장치를 설치해야 한다.

가. 주차장의 출입구로부터 3미터 이내의 장소로서 보행자가 경보장치의 작동을 식별할 수 있는 곳에 위치해야 한다.

나. 경보장치는 자동차의 출입 시 경광(警光)과 50데시벨 이상의 경보음이 발생

하도록 해야 한다.

11. 주차대수 30대를 초과하는 규모의 자주식주차장으로서 지하식 또는 건축물식 노외주차장에는 관리사무소에서 주차장 내부 전체를 볼 수 있는 폐쇄회로 텔레비전(녹화장치를 포함한다) 또는 네트워크 카메라를 포함하는 방범설비를 설치 · 관리하여야 하되, 다음 각 목의 사항을 준수하여야 한다.
    가. 방범설비는 주차장의 바닥면으로부터 170센티미터의 높이에 있는 사물을 알아볼 수 있도록 설치하여야 한다.
    나. 폐쇄회로 텔레비전 또는 네트워크 카메라와 녹화장치의 화면 수가 같아야 한다.
    다. 선명한 화질이 유지될 수 있도록 관리하여야 한다.
    라. 촬영된 자료는 컴퓨터보안시스템을 설치하여 1개월 이상 보관하여야 한다.
12. 2층 이상의 건축물식 주차장 및 특별시장 · 광역시장 · 특별자치도지사 · 시장 · 군수가 정하여 고시하는 주차장에는 다음 각 목의 어느 하나에 해당하는 추락방지 안전시설을 설치하여야 한다.
    가. 2톤 차량이 시속 20킬로미터의 주행속도로 정면충돌하는 경우에 견딜 수 있는 강도의 구조물로서 구조계산에 의하여 안전하다고 확인된 구조물
    나. 「도로법 시행령」 제3조제4호에 따른 방호(防護) 울타리
    다. 2톤 차량이 시속 20킬로미터의 주행속도로 정면충돌하는 경우에 견딜 수 있는 강도의 구조물로서 「한국도로공사법」에 따라 설립된 한국도로공사, 「한국교통안전공단법」에 따라 설립된 한국교통안전공단(이하 "한국교통안전공단"이라 한다), 그 밖에 국토교통부장관이 정하여 고시하는 전문연구기관에서 인정하는 제품
    라. 그 밖에 국토교통부장관이 정하여 고시하는 추락방지 안전시설
13. 노외주차장의 주차단위구획은 평평한 장소에 설치하여야 한다. 다만, 경사도가 7퍼센트 이하인 경우로서 시장 · 군수 또는 구청장이 안전에 지장이 없다고 인정하는 경우에는 그러하지 아니하다.
14. 노외주차장에는 제3조제1항제2호에 따른 확장형 주차단위구획을 주차단위구획 총수(평행주차형식의 주차단위구획 수는 제외한다)의 30퍼센트 이상 설치해야 하며, 환경친화적 자동차의 전용주차구획을 총주차대수의 100분의 5 이상 설치해야 한다. 다만, 시장 · 군수 또는 구청장이 지역별 주차환경을 고려하여 필요하다고 인정하는 경우에는 시 · 군 또는 구의 조례로 환경친화적 자동차의 전용주차구획의 의무 설치 비율을 100분의 5보다 상향하여 정할 수 있다.
15. 주차대수 400대를 초과하는 규모의 노외주차장의 경우에는 주차장 내에서 안전한 보행을 위하여 과속방지턱, 차량의 일시정지선 등 보행안전을 확보하기 위

한 시설을 설치해야 한다.

16. 제5조제3호가목에 따른 지역에 설치되는 주차장에는 홍수 등으로 인한 자동차 침수를 방지하기 위하여 다음 각 목의 시설을 모두 설치해야 한다.
    가. 차량 출입을 통제하기 위한 주차 차단기
    나. 주차장 전체를 볼 수 있는 폐쇄회로 텔레비전 또는 네트워크 카메라
    다. 차량 침수가 발생할 우려가 있는 경우에 차량 대피를 안내할 수 있는 방송설비 또는 전광판

② 삭제 〈2020. 6. 25.〉

③ 삭제 〈1996. 6. 29.〉

④ 노외주차장에 설치할 수 있는 부대시설은 다음 각 호와 같다. 다만, 전기자동차충전시설을 제외한 부대시설의 총면적은 주차장 총시설면적(주차장으로 사용되는 면적과 주차장 외의 용도로 사용되는 면적을 합한 면적을 말한다. 이하 같다)의 20퍼센트를 초과해서는 안 된다. 〈개정 2010. 10. 29., 2012. 7. 2., 2016. 12. 30., 2021. 4. 16., 2024. 9. 20.〉

1. 관리사무소, 휴게소 및 공중화장실
2. 간이매점, 자동차 장식품 판매점 및 전기자동차 충전시설, 태양광발전시설, 집배송시설

2의2. 「석유 및 석유대체연료 사업법 시행령」 제2조제3호에 따른 주유소(특별시장·광역시장, 시장·군수 또는 구청장이 설치한 노외주차장만 해당한다)

3. 노외주차장의 관리·운영상 필요한 편의시설
4. 시·군 또는 구의 조례로 정하는 이용자 편의시설

⑤ 법 제20조제2항 또는 제3항에 따른 노외주차장에 설치할 수 있는 부대시설의 종류 및 주차장 총시설면적 중 부대시설이 차지하는 비율에 대해서는 제4항에도 불구하고 특별시·광역시, 시·군 또는 구의 조례로 정할 수 있다. 이 경우 부대시설이 차지하는 면적의 비율은 주차장 총시설면적의 40퍼센트를 초과할 수 없다. 〈개정 2010. 10. 29.〉

⑥ 시장·군수 또는 구청장이 노외주차장 안에 「국토의 계획 및 이용에 관한 법률」 제2조제7호의 도시·군계획시설을 부대시설로서 중복하여 설치하려는 경우에는 노외주차장 외의 용도로 사용하려는 도시·군계획시설이 차지하는 면적의 비율은 부대시설을 포함하여 주차장 총시설면적의 40퍼센트를 초과할 수 없다. 〈개정 2010. 10. 29., 2012. 4. 13.〉

⑦ 제1항제12호에 따른 추락방지 안전시설의 설계 및 설치 등에 관한 세부적인 사항은 국토교통부장관이 정하여 고시한다. 〈개정 2010. 10. 29., 2013. 3. 23.〉

[제목개정 2010. 10. 29.]

1-11 부설주차장의 구조 및 설비기준

시행규칙 **제11조(부설주차장의 구조 · 설비기준)** ① 법 제6조제1항에 따른 부설주차장의 구조 · 설비기준에 대해서는 제5조제6호 및 제7호와 제6조제1항제1호부터 제8호까지 · 제10호 · 제12호 · 제13호 · 제15호 및 같은 조 제7항을 준용한다. 다만, 단독주택 및 다세대주택으로서 해당 부설주차장을 이용하는 차량의 소통에 지장을 주지 아니한다고 시장 · 군수 또는 구청장이 인정하는 주택의 부설주차장의 경우에는 그러하지 아니하다.〈개정 2020. 6. 25.〉

② 다음 각 호의 부설주차장에 대해서는 제6조제1항제9호 및 제11호를 준용한다.

1. 주차대수 30대를 초과하는 지하식 또는 건축물식 형태의 자주식주차장으로서 판매시설, 숙박시설, 운동시설, 위락시설, 문화 및 집회시설, 종교시설 또는 업무시설(이하 이 항에서 "판매시설등"이라 한다)의 용도로 이용되는 건축물의 부설주차장
2. 제1호에 따른 규모의 주차장을 설치한 판매시설등과 다른 용도의 시설이 복합적으로 설치된 건축물의 부설주차장으로서 각각의 시설에 대한 부설주차장을 구분하여 사용 · 관리하는 것이 곤란한 건축물의 부설주차장

③ 제2항에 따른 건축물 외의 건축물(단독주택 및 다세대주택은 제외한다)의 부설주차장으로서 지하식 또는 건축물식 형태의 자주식주차장에는 벽면에서부터 50센티미터 이내를 제외한 바닥면의 최소 조도와 최대 조도를 제6조제1항제9호 각 목과 같이 하여야 한다.〈개정 2013. 1. 25.〉

④ 주차대수 50대 이상의 부설주차장에 설치되는 확장형 주차단위구역에 관하여는 제6조제1항제14호를 준용한다.〈신설 2012. 7. 2.〉

⑤ 부설주차장의 총주차대수 규모가 8대 이하인 자주식주차장의 구조 및 설비기준은 제1항 본문에도 불구하고 다음 각 호에 따른다.〈개정 2012. 7. 2., 2013. 1. 25., 2016. 4. 12.〉

1. 차로의 너비는 2.5미터 이상으로 한다. 다만, 주차단위구획과 접하여 있는 차로의 너비는 주차형식에 따라 다음 표에 따른 기준 이상으로 하여야 한다.

주차 형식	차로의 너비	주차 형식	차로의 너비
평행주차	3.0미터	직각주차	6.0미터
60도 대향(對向) 주차	4.0미터	45도 대향(對向) 주차	3.5미터
교차주차	3.5미터		

2. 보도와 차도의 구분이 없는 너비 12미터 미만의 도로에 접하여 있는 부설주차장

은 그 도로를 차로로 하여 주차단위구획을 배치할 수 있다. 이 경우 차로의 너비는 도로를 포함하여 6미터 이상(평행주차형식인 경우에는 도로를 포함하여 4미터 이상)으로 하며, 도로의 포함 범위는 중앙선까지로 하되, 중앙선이 없는 경우에는 도로 반대쪽 경계선까지로 한다.

3. 보도와 차도의 구분이 있는 12미터 이상의 도로에 접하여 있고 주차대수가 5대 이하인 부설주차장은 그 주차장의 이용에 지장이 없는 경우만 그 도로를 차로로 하여 직각주차형식으로 주차단위구획을 배치할 수 있다.
4. 주차대수 5대 이하의 주차단위구획은 차로를 기준으로 하여 세로로 2대까지 접하여 배치할 수 있다.
5. 출입구의 너비는 3미터 이상으로 한다. 다만, 막다른 도로에 접하여 있는 부설주차장으로서 시장·군수 또는 구청장이 차량의 소통에 지장이 없다고 인정하는 경우에는 2.5미터 이상으로 할 수 있다.
6. 보행인의 통행로가 필요한 경우에는 시설물과 주차단위구획 사이에 0.5미터 이상의 거리를 두어야 한다.

⑥ 제1항 및 제5항에 따라 도로를 차로로 하여 설치한 부설주차장의 경우 도로와 주차구획선 사이에는 담장 등 주차장의 이용을 곤란하게 하는 장애물을 설치할 수 없다.〈개정 2012. 7. 2.〉

[전문개정 2010. 10. 29.]

주요내용

현행 법의 형식에 맞게 구성하기 위하여, 2장의 삭제된 본문은 제외하였으나, 목차 상의 자리는 그냥 남겨두고 구성하였습니다.

CHAPTER 2

제2장 삭제됨

2-1 삭제됨

주요내용

노상주차장의 설치 및 폐지, 관리에 대한 내용과 노상주차장의 사용제한 등의 내용으로 구성된다.
실제 각종 시험에서 출제되는 내용은 노상주차장의 설비기준 등에 대한 내용이다. 이 부분은 노외주차장에 대한 내용을 준용하므로, '노외주차장의 구조 및 설비기준'과 함께 알아보도록 한다.

세부목차

참고용 법조문 목차

CHAPTER 3

제3장 노상주차장

노상주차장의 설비기준

(1) 노상주차장의 설치금지 장소

설치금지 장소	예 외
주간선도로	분리대, 기타 도로의 부분으로서 도로교통에 지장을 초래하지 않는 부분
너비 6m 미만의 도로	보행자의 통행이나 연도의 이용에 지장이 없는 경우로서 당해 지방자치단체의 조례로 따로 정하는 경우
종단구배 4%를 초과하는 도로	종단구배가 6% 이하로서 보도와 차도의 구별이 되어 있고, 차도의 너비가 13m 이상인 경우
고속도로 · 자동차전용도로 · 고가도로	주 · 정차 금지구역에 해당하는 도로의 부분(도로교통법)

(2) 장애인 전용주차구획

- 주차대수 규모가 20대 이상 50대 미만인 경우: 한 면 이상
- 주차대수 규모가 50대 이상인 경우: 주차대수의 2%부터 4%까지의 범위에서 해당 지방자치단체의 조례로 정하는 비율 이상

3-1 노상주차장의 설치 및 폐지

주차장법 **제7조(노상주차장의 설치 및 폐지)** ① 노상주차장은 특별시장 · 광역시장, 시장 · 군수 또는 구청장이 설치한다. 이 경우 「국토의 계획 및 이용에 관한 법률」 제43조제1항은 적용하지 아니한다.〈개정 2010. 3. 22.〉

② 삭제 〈1995. 12. 29.〉

③ 특별시장 · 광역시장, 시장 · 군수 또는 구청장은 다음 각 호의 어느 하나에 해당하는 경우에는 지체 없이 해당 노상주차장을 폐지하여야 한다.〈개정 2010. 3. 22., 2021. 1. 12.〉

1. 노상주차장에의 주차로 인하여 대중교통수단의 운행이나 그 밖의 교통소통에 장애를 주는 경우
2. 노상주차장을 대신하는 노외주차장의 설치 등으로 인하여 노상주차장이 필요 없게 된 경우
3. 「도로교통법」 제12조에 따라 어린이 보호구역으로 지정된 경우

④ 특별시장 · 광역시장, 시장 · 군수 또는 구청장은 노상주차장 중 해당 지역의 교통 여건을 고려하여 화물의 하역(荷役)을 위한 주차구획(이하 "하역주차구획"이라 한다)을 지정할 수 있다. 이 경우 특별시장 · 광역시장, 시장 · 군수 또는 구청장은 해당 지방자치단체의 조례로 정하는 바에 따라 하역주차구획에 화물자동차 외의 자동차(「도로교통법」 제2조제22호에 따른 긴급자동차는 제외한다)의 주차를 금지할 수 있다.〈개정 2010. 3. 22., 2011. 6. 8.〉

[전문개정 1990. 4. 7.]

[제목개정 2010. 3. 22.]

3-2 노상주차장의 관리

주차장법 **제8조(노상주차장의 관리)** ① 노상주차장은 제7조 제1항에 따라 해당 주차장을 설치한 특별시장 · 광역시장, 시장 · 군수 또는 구청장이 관리하거나 특별시장 · 광역시장, 시장 · 군수 또는 구청장으로부터 그 관리를 위탁받은 자(이하 "노상주차장관리 수탁자"라 한다)가 관리한다.

② 노상주차장관리 수탁자의 자격과 그 밖에 노상주차장의 관리에 관하여 필요한 사항은 해당 지방자치단체의 조례로 정한다.

③ 노상주차장관리 수탁자와 그 관리를 직접 담당하는 사람은 「형법」 제129조부터 제132조까지의 규정을 적용할 때에는 공무원으로 본다.

[전문개정 2010.3.22]

3-3 노상주차장에서의 주차행위 제한 등

주차장법 **제8조의2(노상주차장에서의 주차행위 제한 등)** ① 특별시장ㆍ광역시장, 시장ㆍ군수 또는 구청장은 다음 각 호의 어느 하나에 해당하는 경우에는 해당 자동차의 운전자 또는 관리책임이 있는 자에게 주차방법을 변경하거나 자동차를 그 곳으로부터 다른 장소로 이동시킬 것을 명할 수 있다. 다만, 「도로교통법」 제2조제22호에 따른 긴급자동차의 경우에는 그러하지 아니하다. 〈개정 2011. 6. 8., 2024. 1. 9.〉

1. 제7조제4항에 따른 하역주차구획에 화물자동차가 아닌 자동차를 주차하는 경우
2. 정당한 사유 없이 제9조제1항에 따른 주차요금을 내지 아니하고 주차하는 경우
3. 제10조제1항 각 호의 제한조치를 위반하여 주차하는 경우
4. 주차장의 지정된 주차구획 외의 곳에 주차하는 경우
5. 주차장을 주차장 외의 목적으로 이용하는 경우
6. 주차요금이 징수되지 아니하는 노상주차장에 정당한 사유 없이 대통령령으로 정하는 기간 이상 계속하여 고정적으로 주차하는 경우

② 특별시장ㆍ광역시장, 시장ㆍ군수 또는 구청장은 제1항 각 호의 어느 하나에 해당하는 경우 해당 자동차의 운전자 또는 관리책임이 있는 자가 현장에 없을 때에는 주차장의 효율적인 이용 및 주차장 이용자의 안전과 도로의 원활한 소통을 위하여 필요한 범위에서 스스로 그 자동차의 주차방법을 변경하거나 변경에 필요한 조치를 할 수 있으며, 부득이한 경우에는 미리 지정한 다른 장소로 그 자동차를 이동시키거나 그 자동차에 이동을 제한하는 장치를 설치할 수 있다. 〈개정 2019. 12. 24.〉

③ 제2항에 따라 자동차를 이동시키는 경우에는 「도로교통법」 제35조제3항부터 제7항까지 및 제36조를 준용한다.

[전문개정 2010. 3. 22.]

3-4 노상주차장의 주차요금 징수 등

주차장법 제9조(노상주차장의 주차요금 징수 등)

① 제8조 제1항에 따라 노상주차장을 관리하는 특별시장 · 광역시장, 시장 · 군수 또는 구청장이나 노상주차장관리 수탁자(이하 이들을 합하여 "노상주차장관리자"라 한다)는 주차장에 자동차를 주차하는 사람으로부터 주차요금을 받을 수 있다. 다만, 「도로교통법」 제2조 제22호에 따른 긴급자동차에 대하여는 주차요금을 받지 아니하고, 경형자동차 및 환경친화적 자동차에 대하여는 주차요금의 100분의 50 이상을 감면한다.〈개정 2011.6.8., 2016.1.19.〉

② 제1항에 따른 주차요금의 요율 및 징수방법 등은 해당 지방자치단체의 조례로 정한다. 이 경우 노상주차장의 효율적인 이용을 위하여 필요한 경우에는 주차요금을 그 이용시간 등에 따라 달리 정할 수 있다.

③ 노상주차장관리자는 제8조의 2 제1항 각 호의 어느 하나에 해당하는 경우 해당 자동차의 운전자 또는 관리책임이 있는 자로부터 제1항에 따른 주차요금 외에 해당 지방자치단체의 조례로 정하는 바에 따라 그 주차요금의 4배 이내의 금액에 해당하는 가산금을 받을 수 있다.

④ 특별시장 · 광역시장, 시장 · 군수 또는 구청장인 노상주차장관리자는 제1항에 따른 주차요금이나 제3항에 따른 가산금(이하 "주차요금 등"이라 한다)을 내지 아니한 자에 대하여는 지방세 체납처분의 예에 따라 그 주차요금 등을 징수할 수 있다.

⑤ 노상주차장관리 수탁자인 노상주차장관리자는 주차요금 등을 내지 아니한 자에 대한 주차요금등의 징수를 특별시장 · 광역시장, 시장 · 군수 또는 구청장에게 위탁할 수 있으며, 특별시장 · 광역시장, 시장 · 군수 또는 구청장은 그 징수를 위탁받은 경우에는 제4항에 준하여 그 주차요금 등을 징수할 수 있다.

[전문개정 2010.3.22]

3-5 노상주차장의 사용 제한 등

주차장법 **제10조(노상주차장의 사용 제한 등)** ① 특별시장ㆍ광역시장, 시장ㆍ군수 또는 구청장은 교통의 원활한 소통과 노상주차장의 효율적인 이용을 위하여 필요한 경우에는 다음 각 호의 제한조치를 할 수 있다. 다만, 「도로교통법」 제2조제22호에 따른 긴급자동차는 제한조치와 관계없이 주차할 수 있다. 〈개정 2011. 6. 8., 2013. 3. 23., 2016. 1. 19., 2020. 6. 9., 2024. 1. 9., 2025. 1. 31.〉

1. 노상주차장의 전부나 일부에 대한 일시적인 사용 제한
2. 자동차별 주차시간의 제한
3. 노상주차장의 일부에 대하여 국토교통부령으로 정하는 자동차와 경형자동차, 환경친화적 자동차, 승용차공동이용 자동차 및 영유아동반 자동차등을 위한 전용주차구획의 지정

② 제1항에 따른 제한조치를 하려는 경우에는 그 내용을 미리 공고하거나 게시하여야 한다.

③ 특별시장ㆍ광역시장, 시장ㆍ군수 또는 구청장이 지역별 주차환경 등을 고려하여 제1항제3호에 따라 전용주차구획을 지정하는 경우 그 지정구역의 규모, 지정의 방법 및 절차 등은 해당 지방자치단체의 조례로 정한다. 〈신설 2024. 1. 9.〉

[전문개정 2010. 3. 22.]

시행규칙 **제6조의2(노상주차장의 전용주차구획 설치)** ① 법 제10조제1항제3호에 따라 노상주차장의 일부에 대하여 전용주차구획을 설치할 수 있는 경우는 다음 각 호와 같다. 〈개정 2016. 7. 27.〉

1. 주거지역에 설치된 노상주차장으로서 인근 주민의 자동차를 위한 경우
2. 법 제7조제4항에 따른 하역주차구획으로서 인근 이용자의 화물자동차를 위한 경우
3. 대한민국에 주재하는 외교공관 및 외교관의 자동차를 위한 경우
4. 「도시교통정비 촉진법」 제33조제1항제4호에 따른 승용차공동이용 지원을 위하여 사용되는 자동차를 위한 경우
5. 그 밖에 해당 지방자치단체의 조례로 정하는 자동차를 위한 경우

② 시장ㆍ군수 또는 구청장은 제1항제1호 및 제5호에 해당하는 전용주차구획의 효율적인 이용을 위해 필요하다고 인정하는 경우에는 해당 전용주차구획에 주차가 허용되는 자동차(이하 이 항에서 "전용주차자동차"라 한다)가 주차되지 않는 시간대에 전용주차자동차 외의 자동차의 주차를 허용할 수 있다. 〈신설 2021. 4. 16.〉

③ 제1항 및 제2항에 따른 전용주차구획의 설치 · 운영에 필요한 사항은 해당 지방자치단체의 조례로 정한다. 〈개정 2021. 4. 16.〉
[전문개정 2010. 10. 29.]

3-6 노상주차장관리자의 책임

주차장법 **제10조의2(노상주차장관리자의 책임)** ① 노상주차장관리자는 해당 지방자치단체의 조례로 정하는 바에 따라 주차장을 성실히 관리 · 운영하여야 하며, 주차장 이용자의 안전과 시설의 적정한 유지관리를 위하여 노력하여야 한다. 〈개정 2019. 12. 24.〉
② 노상주차장관리자는 해당 주차장에 주차하는 자동차에 대하여 선량한 관리자의 주의의무를 게을리하지 아니하였음을 증명한 경우를 제외하고는 그 자동차의 멸실 또는 훼손으로 인한 손해배상의 책임을 면하지 못한다. 다만, 노상주차장관리자가 상주(常駐)하지 아니하는 노상주차장의 경우는 그러하지 아니하다.
[전문개정 2010. 3. 22.]
[시행일 : 2020. 6. 25.] 제10조의2

3-7 노상주차장의 표지

주차장법 **제11조(노상주차장의 표지)** ① 노상주차장관리자는 노상주차장에 주차장 표지(전용주차구획의 표지를 포함한다)와 구획선을 설치하여야 한다.
② 노상주차장관리자는 제1항에 따른 표지 외에 해당 지방자치단체의 조례로 정하는 바에 따라 주차요금과 그 밖에 노상주차장의 이용에 관한 표지를 설치하여야 한다.
[전문개정 2010.3.22]

주요내용

'노외주차장의 구조 및 설비기준'에 대한 문제가 많이 출제된다.
출입구 구조, 노외주차장 내 차로설치기준 등에 대해 정확히 숙지하도록 한다.
노외주차장인 주차전용 건축물의 규제기준과 노외주차장의 설치에 대한 계획기준 등도 알아두도록 한다.

세부목차

참고용 법조문 목차

CHAPTER 4

제4장 노외주차장

주차전용 건축물의 특례(노외주차장인 주차전용건축물)

<table>
<tr><th>제한규정</th><th colspan="2">규제기준</th></tr>
<tr><td>건폐율</td><td colspan="2">90/100 이하</td></tr>
<tr><td>용적률</td><td colspan="2">1,500% 이하</td></tr>
<tr><td>대지면적의 최소한도</td><td colspan="2">45m² 이상</td></tr>
<tr><td rowspan="2">전면도로에 의한 높이 제한(대지가 2 이상의 도로에 접한 경우에는 가장 넓은 도로를 기준으로 적용한다)</td><td>대지너비가 12m 미만의 도로에 접한 경우</td><td>그 부분으로부터 대지에 접한 도로의 반대쪽 경계선까지의 수평거리의 3배</td></tr>
<tr><td>대지너비가 12m 이상의 도로에 접한 경우</td><td>그 부분으로부터 대지에 접한 도로의 반대쪽 경계선까지의 수평거리의 $\frac{36}{\text{도로의 폭}}$배 배율이 1.8배 미만인 경우 1.8배로 한다.</td></tr>
</table>

노외주차장의 구조 및 설비기준

(1) 출입구 구조

1) 노외주차장의 출구와 입구에 있어서 자동차의 회전을 용이하게 하기 위하여 필요한 경우에는 차로와 도로가 접하는 부분의 각지를 전제
2) 출구로부터 2m를 후퇴한 노외주차장의 차로의 중심선상 1.4m의 높이에서 도로의 중심선에 직각으로 향한 좌·우측 각 60°의 범위 안에서 당해 도로를 통행하는지를 확인
3) 3.5m 이상으로 하여야 한다.
4) 주차대수 규모가 50대 이상인 경우에는 출구와 입구를 분리하거나 너비 5.5m 이상의 출입구를 설치할 것
5) 주차대수 400대를 초과하는 규모의 노외주차장의 경우에는 노외주차장의 출구와 입구는 각각 설치. 다만, 출입구 너비의 합이 5.5m 이상으로서 출구와 입구가 차선 등으로 분리되는 경우에는 함께 설치가능

(2) 노외주차장 내 차로설치기준

주차형식	차로의 폭	
	출입구가 2개 이상인 경우	출입구가 1개인 경우
평행주차	3.3m	5.0m
직각주차	6.0m	6.0m
60° 대향주차	4.5m	5.5m
45° 대향주차	3.5m	5.0m
교차주차	3.5m	5.0m

(3) 자주식 주차장의 차로기준

1) 높이는 주차바닥면으로부터 2.3m 이상
2) 굴곡부는 자동차가 5m 이상의 내변반경으로 회전이 가능하도록 할 것
3) 경사로의 차로너비 및 종단경사도

형 식	형 식		종단구배
직선형	1차선 : 3.3m 이상	2차선 : 6.0m 이상	17% 이하
곡선형	1차선 : 3.6m 이상	2차선 : 6.5m 이상	14% 이하

4) 경사로의 차로에 연석 설치 : 경사로의 양측 벽면으로부터 30cm의 거리에 높이 10~15cm의 연석을 설치

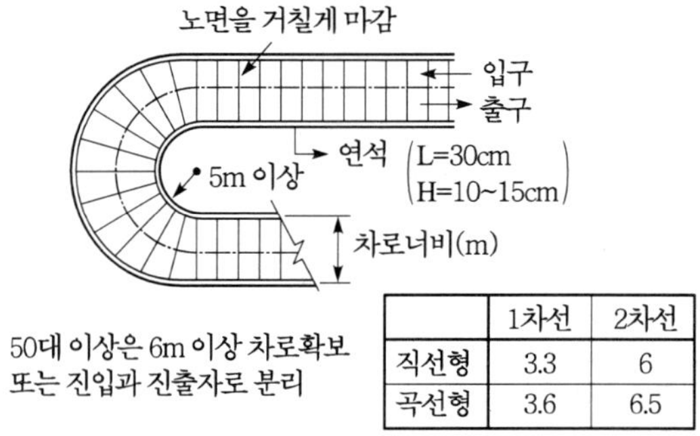

5) 경사로의 노면은 거친면으로 할 것
6) 오르막 경사로로서 도로와 접하는 부분으로부터 3미터 이내인 경사로의 종단경사도는 직선 부분에서는 8.5퍼센트를, 곡선 부분에서는 7퍼센트를 초과하여서는 안 됨
7) 주차대수 규모가 50대 이상인 경우의 경사로는 다음 기준에 따라 설치
- 너비 6미터 이상인 2차로를 확보하거나 진입차로와 진출차로를 분리할 것
- 별표 1에서 정하는 바에 따라 완화구간(경사로를 지나는 자동차가 지면에 접촉하지 않도록 종단경사도가 경사로 최대 종단경사도의 2분의 1 이하로 설계된 구간을 말한다)을 설치할 것

(4) 노외주차장 내 주차부분의 높이

바닥면으로부터 2.1m 이상

(5) 자동차용 승강기 설치

자동차용 승강기로 운반된 자동차가 주차구획까지 자주식으로 들어가는 노외주차장의 경우에는 주차대수 30대마다 1대의 자동차용 승강기를 설치

(6) 일산화탄소의 농도

실내 일산화탄소(CO) 농도는 차량 이용이 빈번한 전후 8시간의 평균치가 50ppm 이하

(7) 조명장치

자주식주차장으로서 지하식 또는 건축물식 노외주차장에는 벽면에서부터 50센티미터 이내를 제외한 바닥면의 최소 조도(照度)와 최대 조도를 다음 각 목과 같음

- 주차구획 및 차로: 최소 조도는 10럭스 이상, 최대 조도는 최소 조도의 10배 이내
- 주차장 출구 및 입구: 최소 조도는 300럭스 이상, 최대 조도는 없음
- 사람이 출입하는 통로: 최소 조도는 50럭스 이상, 최대 조도는 없음

(8) 경보장치

- 주차장의 출입구로부터 3미터 이내의 장소로서 보행자가 경보장치의 작동을 식별할 수 있는 곳에 위치
- 자동차의 출입 시 경광(警光)과 50데시벨 이상의 경보음

4-1 노외주차장의 설치 등

주차장법 **제12조(노외주차장의 설치 등)**

① 노외주차장을 설치 또는 폐지한 자는 국토교통부령으로 정하는 바에 따라 시장ㆍ군수 또는 구청장에게 통보하여야 한다. 설치 통보한 사항이 변경된 경우에도 또한 같다. 〈개정 2010. 3. 22., 2013. 3. 23.〉

② 특별시장ㆍ광역시장, 시장ㆍ군수 또는 구청장은 노외주차장에 화물자동차, 승용차공동이용 자동차 또는 영유아동반 자동차등의 주차공간이 필요하다고 인정하면 지방자치단체의 조례로 정하는 바에 따라 화물자동차, 승용차공동이용 자동차 또는 영유아동반 자동차등의 주차를 위한 구역을 지정하거나 지정하도록 할 수 있다. 이 경우 그 지정구역의 규모, 지정의 방법 및 절차 등은 해당 지방자치단체의 조례로 정한다. 〈개정 2010. 3. 22., 2024. 1. 9., 2025. 1. 31.〉

③ 삭제 〈1999. 2. 8.〉

④ 삭제 〈1999. 2. 8.〉

⑤ 삭제 〈1999. 2. 8.〉

⑥ 특별시장ㆍ광역시장ㆍ특별자치시장ㆍ특별자치도지사 또는 시장은 노외주차장을 설치하면 교통 혼잡이 가중될 우려가 있는 지역에 대하여는 노외주차장의 설치를 제한할 수 있다. 이 경우 제한지역의 지정 및 설치 제한의 기준은 국토교통부령으로 정하는 바에 따라 해당 지방자치단체의 조례로 정한다. 〈개정 2010. 3. 22., 2013. 3. 23., 2018. 12. 18.〉

[전문개정 1990. 4. 7.]

[제목개정 2010. 3. 22.]

시행규칙 **제7조(노외주차장의 설치 통보)**

① 법 제12조 제1항에 따라 노외주차장을 설치하거나 폐지한 자는 별지 제1호의2 서식의 노외주차장 설치(폐지) 통보서에 주차시설 배치도를 첨부(설치 통보의 경우만 해당한다)하여 노외주차장을 설치하거나 폐지한 날부터 30일 이내에 주차장 소재지를 관할하는 시장ㆍ군수 또는 구청장에게 통보하여야 한다.

② 노외주차장을 설치한 자(노외주차장을 양수하거나 임차한 자 등을 포함한다)는 법 제12조 제1항 후단에 따라 설치 통보한 사항이 변경된 경우에는 변경된 날부터 30일 이내에 별지 제1호의3 서식의 노외주차장 변경통보서에 주차시설 배치도를 첨부하여 주차장 소재지를 관할하는 시장ㆍ군수 또는 구청장에게 통보하여야 한다.

[전문개정 2010.10.29.]

시행규칙 **제7조의2(노외주차장 또는 부설주차장의 설치 제한)**

① 법 제12조 제6항 또는 법 제19조 제10항에 따라 노외주차장 또는 부설주차장(주택 및 오피스텔의 부설주차장은 제외한다)의 설치를 제한할 수 있는 지역은 다음 각 호의 어느 하나에 해당하는 지역으로서 국토교통부장관이 정하여 고시하는 기준에 해당하는 지역으로 한다. 〈개정 2014.2.6.〉

1. 자동차교통이 혼잡한 상업지역 또는 준주거지역
2. 「도시교통정비 촉진법」 제42조에 따른 교통혼잡 특별관리구역으로서 도시철도 등 대중교통수단의 이용이 편리한 지역

② 법 제12조 제6항에 따른 노외주차장 설치 제한의 기준은 그 지역의 자동차교통 여건을 고려하여 정한다.

③ 법 제19조 제10항에 따라 해당 지방자치단체의 조례로 정하는 부설주차장 설치 제한의 기준은 최고한도로 정하되, 그 최고한도는 「주차장법 시행령」(이하 "영"이라 한다) 별표 1의 설치기준(조례로 설치기준을 정한 경우에는 조례에서 정한 설치기준을 말한다. 이하 이 항에서 "설치기준"이라 한다) 이내로 하여야 한다. 다만, 제1항 제2호에 해당하는 지역의 경우에는 설치기준의 2분의 1 이내로 하여야 한다.

④ 제3항에 따른 부설주차장 설치 제한의 기준은 시설물의 종류별 · 규모별 또는 해당 지역의 구역별로 각각 다르게 정할 수 있다.

⑤ 제3항 및 제4항에 따라 조례로 부설주차장 설치 제한의 기준을 정할 때에는 화물의 하역(荷役)을 위한 주차 또는 장애인 등 교통약자나 긴급자동차 등의 주차를 위한 최소한의 주차구획을 확보하도록 하여야 한다.

[전문개정 2010.10.29.]

4-2 노외주차장의 설치에 대한 계획기준

시행규칙 **제5조(노외주차장의 설치에 대한 계획기준)** 법 제12조제1항 및 법 제12조의3제1항에 따른 노외주차장 설치에 대한 계획기준은 다음 각 호와 같다. 〈개정 2014.2.6., 2016.4.12.〉

1. 노외주차장의 유치권은 노외주차장을 설치하려는 지역에서의 토지이용 현황, 노외주차장 이용자의 보행거리 및 보행자를 위한 도로 상황 등을 고려하여 이용자의 편의를 도모할 수 있도록 정하여야 한다.
2. 노외주차장의 규모는 유치권 안에서의 전반적인 주차수요와 이미 설치되었거나 장래에 설치할 계획인 자동차 주차에 사용하는 시설 또는 장소와의 연관성을 고려하여 적정한 규모로 하여야 한다.

3. 노외주차장을 설치하는 지역은 녹지지역이 아닌 지역이어야 한다. 다만, 자연녹지지역으로서 다음 각 목의 어느 하나에 해당하는 지역의 경우에는 그러하지 아니하다.
   가. 하천구역 및 공유수면으로서 주차장이 설치되어도 해당 하천 및 공유수면의 관리에 지장을 주지 아니하는 지역
   나. 토지의 형질변경 없이 주차장 설치가 가능한 지역
   다. 주차장 설치를 목적으로 토지의 형질변경 허가를 받은 지역
   라. 특별시장 · 광역시장, 시장 · 군수 또는 구청장이 특히 주차장의 설치가 필요하다고 인정하는 지역
4. 단지조성사업 등에 따른 노외주차장은 주차수요가 많은 곳에 설치하여야 하며 될 수 있으면 공원 · 광장 · 큰길가 · 도시철도역 및 상가인접지역 등에 접하여 배치하여야 한다.
5. 노외주차장의 출구 및 입구(노외주차장의 차로의 노면이 도로의 노면에 접하는 부분을 말한다. 이하 같다)는 다음 각 목의 어느 하나에 해당하는 장소에 설치하여서는 아니 된다.
   가. 「도로교통법」 제32조제1호부터 제4호까지, 제5호(건널목의 가장자리만 해당한다) 및 같은 법 제33조제1호부터 제3호까지의 규정에 해당하는 도로의 부분
   나. 횡단보도(육교 및 지하횡단보도를 포함한다)로부터 5미터 이내에 있는 도로의 부분
   다. 너비 4미터 미만의 도로(주차대수 200대 이상인 경우에는 너비 6미터 미만의 도로)와 종단 기울기가 10퍼센트를 초과하는 도로
   라. 유아원, 유치원, 초등학교, 특수학교, 노인복지시설, 장애인복지시설 및 아동전용시설 등의 출입구로부터 20미터 이내에 있는 도로의 부분
6. 노외주차장과 연결되는 도로가 둘 이상인 경우에는 자동차교통에 미치는 지장이 적은 도로에 노외주차장의 출구와 입구를 설치하여야 한다. 다만, 보행자의 교통에 지장을 가져올 우려가 있거나 그 밖의 특별한 이유가 있는 경우에는 그러하지 아니하다.
7. 주차대수 400대를 초과하는 규모의 노외주차장의 경우에는 노외주차장의 출구와 입구를 각각 따로 설치하여야 한다. 다만, 출입구의 너비의 합이 5.5미터 이상으로서 출구와 입구가 차선 등으로 분리되는 경우에는 함께 설치할 수 있다.
8. 특별시장 · 광역시장, 시장 · 군수 또는 구청장이 설치하는 노외주차장의 주차대수 규모가 50대 이상인 경우에는 주차대수의 2퍼센트부터 4퍼센트까지의 범위에서 장애인의 주차수요를 고려하여 지방자치단체의 조례로 정하는 비율 이상의 장애인 전용주차구획을 설치하여야 한다.

4-3 노외주차장의 설치통보 등

시행규칙 **제7조(노외주차장의 설치 통보 등)** ① 법 제12조 제1항에 따라 노외주차장을 설치하거나 폐지한 자는 별지 제1호의2 서식의 노외주차장 설치(폐지) 통보서에 주차시설 배치도를 첨부(설치 통보의 경우만 해당한다)하여 노외주차장을 설치하거나 폐지한 날부터 30일 이내에 주차장 소재지를 관할하는 시장 · 군수 또는 구청장에게 통보하여야 한다.

② 노외주차장을 설치한 자(노외주차장을 양수하거나 임차한 자 등을 포함한다)는 법 제12조 제1항 후단에 따라 설치 통보한 사항이 변경된 경우에는 변경된 날부터 30일 이내에 별지 제1호의3 서식의 노외주차장 변경통보서에 주차시설 배치도를 첨부하여 주차장 소재지를 관할하는 시장 · 군수 또는 구청장에게 통보하여야 한다.

[전문개정 2010.10.29]

4-4 노외주차장 또는 부설주차장의 설치제한

시행규칙 **제7조의2(노외주차장 또는 부설주차장의 설치제한)** ① 법 제12조제6항 또는 법 제19조제10항에 따라 노외주차장 또는 부설주차장(주택 및 오피스텔의 부설주차장은 제외한다)의 설치를 제한할 수 있는 지역은 다음 각 호의 어느 하나에 해당하는 지역으로서 지방자치단체의 조례로 정한다. 〈개정 2014. 2. 6., 2022. 11. 1.〉

1. 자동차교통이 혼잡한 상업지역 또는 준주거지역
2. 「도시교통정비 촉진법」 제42조에 따른 교통혼잡 특별관리구역으로서 도시철도 등 대중교통수단의 이용이 편리한 지역

② 법 제12조제6항에 따른 노외주차장 설치 제한의 기준은 그 지역의 자동차교통 여건을 고려하여 정한다.

③ 법 제19조제10항에 따라 해당 지방자치단체의 조례로 정하는 부설주차장 설치 제한의 기준은 최고한도로 정하되, 그 최고한도는 「주차장법 시행령」(이하 "영"이라 한다) 별표 1의 설치기준(조례로 설치기준을 정한 경우에는 조례에서 정한 설치기준을 말한다. 이하 이 항에서 "설치기준"이라 한다) 이내로 하여야 한다. 다만, 제1항제2호에 해당하는 지역의 경우에는 설치기준의 2분의 1 이내로 하여야 한다.

④ 제3항에 따른 부설주차장 설치 제한의 기준은 시설물의 종류별 · 규모별 또는 해당 지역의 구역별로 각각 다르게 정할 수 있다.

⑤ 제3항 및 제4항에 따라 조례로 부설주차장 설치 제한의 기준을 정할 때에는 화물의 하역(荷役)을 위한 주차 또는 장애인 등 교통약자나 긴급자동차 등의 주차를 위한

최소한의 주차구획을 확보하도록 하여야 한다.
[전문개정 2010. 10. 29.]

4-5 다른 법률과의 관계

주차장법 **제12조의2(다른 법률과의 관계)** 노외주차장인 주차전용건축물의 건폐율, 용적률, 대지면적의 최소한도 및 높이 제한 등 건축 제한에 대하여는 「국토의 계획 및 이용에 관한 법률」 제76조부터 제78조까지, 「건축법」 제57조 및 제60조에도 불구하고 다음 각 호의 기준에 따른다.

1. 건폐율 : 100분의 90 이하
2. 용적률 : 1천500퍼센트 이하
3. 대지면적의 최소한도 : 45제곱미터 이상
4. 높이 제한 : 다음 각 목의 배율 이하

가. 대지가 너비 12미터 미만의 도로에 접하는 경우 : 건축물의 각 부분의 높이는 그 부분으로부터 대지에 접한 도로(대지가 둘 이상의 도로에 접하는 경우에는 가장 넓은 도로를 말한다. 이하 이 호에서 같다)의 반대쪽 경계선까지의 수평거리의 3배

나. 대지가 너비 12미터 이상의 도로에 접하는 경우 : 건축물의 각 부분의 높이는 그 부분으로부터 대지에 접한 도로의 반대쪽 경계선까지의 수평거리의 36/도로의 너비(미터를 단위로 한다)배. 다만, 배율이 1.8배 미만인 경우에는 1.8배로 한다.

[전문개정 2010.3.22]

4-6 단지조성사업 등에 따른 노외주차장

주차장법 **제12조의3(단지조성사업등에 따른 노외주차장)** ① 택지개발사업, 산업단지개발사업, 항만배후단지개발사업, 도시재개발사업, 도시철도건설사업, 그 밖에 단지 조성 등을 목적으로 하는 사업(이하 "단지조성사업등"이라 한다)을 시행할 때에는 일정 규모 이상의 노외주차장을 설치하여야 한다. 〈개정 2021. 12. 7.〉

② 단지조성사업등의 종류와 규모, 노외주차장의 규모와 관리방법은 해당 지방자치단체의 조례로 정한다.

③ 제1항에 따라 단지조성사업등으로 설치되는 노외주차장에는 경형자동차 및 환경친화적 자동차를 위한 전용주차구획을 대통령령으로 정하는 비율 이상 설치하여야 한다. 〈개정 2016. 1. 19.〉

[전문개정 2010. 3. 22.]

시행령 **제4조(경형자동차 및 환경친화적 자동차 전용주차구획의 설치비율)** 법 제12조의3제1항에 따른 단지조성사업등(이하 "단지조성사업등"이라 한다)으로 설치되는 노외주차장에는 같은 조 제3항에 따라 경형자동차 및 환경친화적 자동차를 위한 전용주차구획을 다음 각 호의 비율이 모두 충족되도록 설치해야 한다.

1. 경형자동차를 위한 전용주차구획과 환경친화적 자동차를 위한 전용주차구획을 합한 주차구획: 총주차대수의 100분의 10 이상
2. 환경친화적 자동차를 위한 전용주차구획: 총주차대수의 100분의 5 이상

[전문개정 2021. 3. 30.]

4-7 노외주차장의 관리

주차장법 **제13조(노외주차장의 관리)** ① 노외주차장은 그 노외주차장을 설치한 자가 관리한다.

② 특별시장 · 광역시장, 시장 · 군수 또는 구청장은 노외주차장을 설치한 경우 그 관리를 특별시장 · 광역시장, 시장 · 군수 또는 구청장 외의 자에게 위탁할 수 있다.

③ 제2항에 따라 특별시장 · 광역시장, 시장 · 군수 또는 구청장의 위탁을 받아 노외주차장을 관리할 수 있는 자의 자격은 해당 지방자치단체의 조례로 정한다.

④ 제2항에 따라 노외주차장관리를 위탁받은 자에 대하여는 제8조 제3항을 준용한다. 이 경우 "노상주차장관리 수탁자"는 "노외주차장관리를 위탁받은 자"로 본다.

[전문개정 2010.3.22]

주차장법 **제14조(노외주차장의 주차요금 징수 등)** ① 제13조에 따라 노외주차장을 관리하는 자(이하 "노외주차장관리자"라 한다)는 주차장에 자동차를 주차하는 사람으로부터 주차요금을 받을 수 있다.

② 특별시장 · 광역시장, 시장 · 군수 또는 구청장이 설치한 노외주차장의 주차요금의 요율과 징수방법에 관하여 필요한 사항은 해당 지방자치단체의 조례로 정한다. 다만, 경형자동차 및 환경친화적 자동차에 대하여는 주차요금의 100분의 50 이상을 감면한다.〈개정 2016.1.19.〉

③ 특별시장 · 광역시장, 시장 · 군수 또는 구청장인 노외주차장관리자는 제15조 제2항 각 호의 경우에 주차요금등을 강제징수할 수 있다. 이 경우 제9조 제3항 및 제4항을 준용한다.〈신설 2016.1.19.〉

[전문개정 2010.3.22.]

주차장법 **제15조(관리방법)** ① 특별시장ㆍ광역시장, 시장ㆍ군수 또는 구청장이 설치한 노외주차장의 관리ㆍ운영에 필요한 사항은 해당 지방자치단체의 조례로 정한다.

② 다음 각 호의 경우에는 제8조의2제2항 및 제3항을 준용한다. 〈개정 2016. 1. 19., 2024. 1. 9.〉

1. 정당한 사유 없이 제14조제1항에 따른 주차요금을 내지 아니하고 주차하는 경우
2. 노외주차장을 주차장 외의 목적으로 이용하는 경우
3. 노외주차장의 지정된 주차구획 외의 곳에 주차하는 경우
4. 주차요금이 징수되지 아니하는 노외주차장에 정당한 사유 없이 대통령령으로 정하는 기간 이상 계속하여 고정적으로 주차하는 경우

[전문개정 2010. 3. 22.]

4-8 노외주차장관리자의 책임 등

주차장법 **제17조(노외주차장관리자의 책임 등)**

① 노외주차장관리자는 조례로 정하는 바에 따라 주차장을 성실히 관리ㆍ운영하여야 하며, 시설의 적정한 유지관리에 노력하여야 한다.

② 노외주차장관리자는 주차장의 공용기간(供用期間)에 정당한 사유 없이 그 이용을 거절할 수 없다.

③ 노외주차장관리자는 주차장에 주차하는 자동차의 보관에 관하여 선량한 관리자의 주의의무를 게을리 하지 아니하였음을 증명한 경우를 제외하고는 그 자동차의 멸실 또는 훼손으로 인한 손해배상의 책임을 면하지 못한다.

[전문개정 2010.3.22]

4-9 노외주차장의 표지

주차장법 제18조(노외주차장의 표지)

① 노외주차장관리자는 주차장 이용자의 편의를 도모하기 위하여 필요한 표지(전용주차구획의 표지를 포함한다)를 설치하여야 한다. 〈개정 2016.12.2.〉

② 제1항에 따른 표지의 종류 · 서식과 그 밖에 표지의 설치에 필요한 사항은 해당 지방자치단체의 조례로 정한다.

주요내용

'부설주차장의 구조 및 설비기준'에 따라 시설물 용도별 설치기준을 숙지하도록 한다. 또한 부설주차장의 인근설치가 가능한 경우와 그 예외규정에 대해서도 알아둘 필요가 있다.

세부목차

참고용 법조문 목차

CHAPTER 5 제5장 부설주차장

자주식 부설주차장의 별도기준

(1) 대상

총주차 대수 규모가 8대 이하인 지평식 · 자주식 주차장

(2) 차로의 너비

기본 2.5m 이상

	주차형식	차로의 너비
주차단위 구역과 접하여 있는 차로의 너비는	평행주차	3.0미터 이상
	직각주차	6.0미터 이상
	60° 대향주차	4.0미터 이상
	45° 대향주차	3.5미터 이상
	교차주차	

(3) 보도와 차로의 구분이 없는 너비 12m 미만인 도로에 접한 부설주차장 그 도로를 차로로 하여 주차단위구획 배치가능

단, 1) 차로의 너비(도로를 포함) : 6m 이상(평행주차인 경우 4m 이상)2) 도로의 범위 : 중앙선까지(중앙선이 없는 경우 반대측 경계선까지)

(4) 보도와 차로의 구분이 있는 너비 12m 이상 도로에 접하여 있고 주차대수가 5대 이하인 부설주차장

그 도로를 차로로 하여 직각 주차형식으로 주차단위구획을 배치 가능. 단, 당해 주차장의 이용에 지장이 없는 경우에 한함

(5) 기타 기준

1) 5대 이하의 주차단위구획은 차로를 기준으로 하여 세로로 2대까지 접하여 배치 가능

2) 출입구의 너비는 3m 이상을 함

예외; 막다른 도로에 접한 경우로서 시장 · 군수 · 구청장이 차량소통에 지장이 없다고 인정하는 경우에는 2.5m 이상으로 할 수 있음

3) 경사로의 종단구배는 직선, 곡선 모두 17%를 초과하지 말 것
4) 보행인의 통로가 필요한 경우에는 시설물과 주차구획 사이에 0.5m 이상의 거리를 두어야 함

■ 주차장법 시행령 [별표 1] 〈개정 2019. 3. 12.〉

부설주차장의 설치대상 시설물 종류 및 설치기준 (제6조제1항 관련)

시설물	설치기준
1. 위락시설	• 시설면적 100m²당 1대(시설면적/100m²)
2. 문화 및 집회시설(관람장은 제외한다), 종교시설, 판매시설, 운수시설, 의료시설(정신병원·요양병원 및 격리병원은 제외한다), 운동시설(골프장·골프연습장 및 옥외수영장은 제외한다), 업무시설(외국공관 및 오피스텔은 제외한다), 방송통신시설 중 방송국, 장례식장	• 시설면적 150m²당 1대(시설면적/150m²)
3. 제1종 근린생활시설[「건축법 시행령」 별표 1 제3호바목 및 사목(공중화장실, 대피소, 지역아동센터는 제외한다)은 제외한다], 제2종 근린생활시설, 숙박시설	• 시설면적 200m²당 1대(시설면적/200m²)
4. 단독주택(다가구주택은 제외한다)	• 시설면적 50m² 초과 150m² 이하 : 1대 • 시설면적 150m² 초과 : 1대에 150m²를 초과하는 100m²당 1대를 더한 대수[1+{(시설면적−150m²)/100m²}]
5. 다가구주택, 공동주택(기숙사는 제외한다), 업무시설 중 오피스텔	• 「주택건설기준 등에 관한 규정」 제27조제1항에 따라 산정된 주차대수. 이 경우 다가구주택 및 오피스텔의 전용면적은 공동주택의 전용면적 산정방법을 따른다.
6. 골프장, 골프연습장, 옥외수영장, 관람장	• 골프장 : 1홀당 10대(홀의 수×10) • 골프연습장 : 1타석당 1대(타석의 수×1) • 옥외수영장 : 정원 15명당 1대(정원/15명) • 관람장 : 정원 100명당 1대(정원/100명)
7. 수련시설, 공장(아파트형은 제외한다), 발전시설	• 시설면적 350m²당 1대(시설면적/350m²)
8. 창고시설	• 시설면적 400m²당 1대(시설면적/400m²)
9. 학생용 기숙사	• 시설면적 400m²당 1대(시설면적/400m²)
10. 그 밖의 건축물	• 시설면적 300m²당 1대(시설면적/300m²)

5-1 부설주차장의 설치

주차장법 **제19조(부설주차장의 설치 · 지정)** ① 「국토의 계획 및 이용에 관한 법률」에 따른 도시지역, 같은 법 제51조 제3항에 따른 지구단위계획구역 및 지방자치단체의 조례로 정하는 관리지역에서 건축물, 골프연습장, 그 밖에 주차수요를 유발하는 시설(이하 "시설물"이라 한다)을 건축하거나 설치하려는 자는 그 시설물의 내부 또는 그 부지에 부설주차장(화물의 하역과 그 밖의 사업 수행을 위한 주차장을 포함한다. 이하 같다)을 설치하여야 한다.〈개정 2011.4.14〉

② 부설주차장은 해당 시설물의 이용자 또는 일반의 이용에 제공할 수 있다.

③ 제1항에 따른 시설물의 종류와 부설주차장의 설치기준은 대통령령으로 정한다.

시행령 **제6조(부설주차장의 설치기준)** ① 법 제19조제3항에 따라 부설주차장을 설치하여야 할 시설물의 종류와 부설주차장의 설치기준은 별표 1과 같다. 다만, 다음 각 호의 경우에는 특별시 · 광역시 · 특별자치도 · 시 또는 군(광역시의 군은 제외한다. 이하 이 조에서 같다)의 조례로 시설물의 종류를 세분하거나 부설주차장의 설치기준을 따로 정할 수 있다.〈개정 2016.7.19.〉

1. 오지 · 벽지 · 섬 지역, 도심지의 간선도로변이나 그 밖에 해당 지역의 특수성으로 인하여 별표 1의 기준을 적용하는 것이 현저히 부적합한 경우
2. 「국토의 계획 및 이용에 관한 법률」 제6조제2호에 따른 관리지역으로서 주차난이 발생할 우려가 없는 경우
3. 단독주택 · 공동주택의 부설주차장 설치기준을 세대별로 정하거나 숙박시설 또는 업무시설 중 오피스텔의 부설주차장 설치기준을 호실별로 정하려는 경우
4. 기계식주차장을 설치하는 경우로서 해당 지역의 주차장 확보율, 주차장 이용 실태, 교통 여건 등을 고려하여 별표 1의 부설주차장 설치기준과 다르게 정하려는 경우
5. 대한민국 주재 외국공관 안의 외교관 또는 그 가족이 거주하는 구역 등 일반인의 출입이 통제되는 구역에 주택 등의 시설물을 건축하는 경우
6. 시설면적이 1만제곱미터 이상인 공장을 건축하는 경우
7. 판매시설, 문화 및 집회시설 등 「자동차관리법」 제3조제1항제2호에 따른 승합자동차(중형 또는 대형 승합자동차만 해당한다)의 출입이 빈번하게 발생하는 시설물을 건축하는 경우

② 특별시 · 광역시 · 특별자치도 · 시 또는 군은 주차수요의 특성 또는 증감에 효율적으로 대처하기 위하여 필요하다고 인정하는 경우에는 별표 1의 부설주차장 설치기

준의 2분의 1의 범위에서 그 설치기준을 해당 지방자치단체의 조례로 강화하거나 완화할 수 있다. 이 경우 별표 1의 시설물의 종류 · 규모를 세분하여 각 시설물의 종류 · 규모별로 강화 또는 완화의 정도를 다르게 정할 수 있다.

③ 제1항 단서 및 제2항에 따라 부설주차장의 설치기준을 조례로 정하는 경우 해당 지방자치단체는 해당 지역의 구역별로 부설주차장 설치기준을 각각 다르게 정할 수 있다.

④ 건축물의 용도를 변경하는 경우에는 용도변경 시점의 주차장 설치기준에 따라 변경 후 용도의 주차대수와 변경 전 용도의 주차대수를 산정하여 그 차이에 해당하는 부설주차장을 추가로 확보하여야 한다. 다만, 다음 각 호의 어느 하나에 해당하는 경우에는 부설주차장을 추가로 확보하지 아니하고 건축물의 용도를 변경할 수 있다.

1. 사용승인 후 5년이 지난 연면적 1천제곱미터 미만의 건축물의 용도를 변경하는 경우. 다만, 문화 및 집회시설 중 공연장 · 집회장 · 관람장, 위락시설 및 주택 중 다세대주택 · 다가구주택의 용도로 변경하는 경우는 제외한다.
2. 해당 건축물 안에서 용도 상호간의 변경을 하는 경우. 다만, 부설주차장 설치기준이 높은 용도의 면적이 증가하는 경우는 제외한다.

시행규칙 **제11조(부설주차장의 구조 · 설비기준)**

① 법 제6조 제1항에 따른 부설주차장의 구조 · 설비기준에 대해서는 제5조 제6호 및 제7호와 제6조 제1항 제1호부터 제8호까지 · 제10호 · 제12호 · 제13호 및 같은 조 제7항을 준용한다. 다만, 단독주택 및 다세대주택으로서 해당 부설주차장을 이용하는 차량의 소통에 지장을 주지 아니한다고 시장 · 군수 또는 구청장이 인정하는 주택의 부설주차장의 경우에는 그러하지 아니하다.

② 다음 각 호의 부설주차장에 대해서는 제6조 제1항 제9호 및 제11호를 준용한다.

1. 주차대수 30대를 초과하는 지하식 또는 건축물식 형태의 자주식주차장으로서 판매시설, 숙박시설, 운동시설, 위락시설, 문화 및 집회시설, 종교시설 또는 업무시설(이하 이 항에서 "판매시설등"이라 한다)의 용도로 이용되는 건축물의 부설주차장
2. 제1호에 따른 규모의 주차장을 설치한 판매시설등과 다른 용도의 시설이 복합적으로 설치된 건축물의 부설주차장으로서 각각의 시설에 대한 부설주차장을 구분하여 사용 · 관리하는 것이 곤란한 건축물의 부설주차장

③ 제2항에 따른 건축물 외의 건축물(단독주택 및 다세대주택은 제외한다)의 부설주차장으로서 지하식 또는 건축물식 형태의 자주식주차장에는 벽면에서부터 50센티미터 이내를 제외한 바닥면의 최소 조도와 최대 조도를 제6조 제1항 제9호 각 목과 같이 하여야 한다. 〈개정 2013.1.25.〉

④ 주차대수 50대 이상의 부설주차장에 설치되는 확장형 주차단위구역에 관하여는 제6조 제1항 제14호를 준용한다.〈신설 2012.7.2.〉

⑤ 부설주차장의 총주차대수 규모가 8대 이하인 자주식주차장의 구조 및 설비기준은 제1항 본문에도 불구하고 다음 각 호에 따른다.〈개정 2012.7.2., 2013.1.25., 2016.4.12.〉

1. 차로의 너비는 2.5미터 이상으로 한다. 다만, 주차단위구획과 접하여 있는 차로의 너비는 주차형식에 따라 다음 표에 따른 기준 이상으로 하여야 한다.

주차형식	차로의 너비
평행주차	3.0미터
직각주차	6.0미터
60도 대향주차	4.0미터
45도 대향주차	3.5미터
교차주차	3.5미터

2. 보도와 차도의 구분이 없는 너비 12미터 미만의 도로에 접하여 있는 부설주차장은 그 도로를 차로로 하여 주차단위구획을 배치할 수 있다. 이 경우 차로의 너비는 도로를 포함하여 6미터 이상(평행주차형식인 경우에는 도로를 포함하여 4미터 이상)으로 하며, 도로의 포함 범위는 중앙선까지로 하되, 중앙선이 없는 경우에는 도로 반대쪽 경계선까지로 한다.
3. 보도와 차도의 구분이 있는 12미터 이상의 도로에 접하여 있고 주차대수가 5대 이하인 부설주차장은 그 주차장의 이용에 지장이 없는 경우만 그 도로를 차로로 하여 직각주차형식으로 주차단위구획을 배치할 수 있다.
4. 주차대수 5대 이하의 주차단위구획은 차로를 기준으로 하여 세로로 2대까지 접하여 배치할 수 있다.
5. 출입구의 너비는 3미터 이상으로 한다. 다만, 막다른 도로에 접하여 있는 부설주차장으로서 시장·군수 또는 구청장이 차량의 소통에 지장이 없다고 인정하는 경우에는 2.5미터 이상으로 할 수 있다.
6. 보행인의 통행로가 필요한 경우에는 시설물과 주차단위구획 사이에 0.5미터 이상의 거리를 두어야 한다.

⑥ 제1항 및 제5항에 따라 도로를 차로로 하여 설치한 부설주차장의 경우 도로와 주차구획선 사이에는 담장 등 주차장의 이용을 곤란하게 하는 장애물을 설치할 수 없다.〈개정 2012.7.2.〉

[전문개정 2010.10.29.]

5-2 부설주차장의 인근 설치

주차장법 **제19조(부설주차장의 설치 · 지정)**

④ 제1항의 경우에 부설주차장이 대통령령으로 정하는 규모 이하이면 같은 항에도 불구하고 시설물의 부지 인근에 단독 또는 공동으로 부설주차장을 설치할 수 있다. 이 경우 시설물의 부지 인근의 범위는 대통령령으로 정하는 범위에서 지방자치단체의 조례로 정한다.

시행령 **제7조(부설주차장의 인근 설치)**

① 법 제19조 제4항 전단에서 "대통령령으로 정하는 규모"란 주차대수 300대의 규모를 말한다. 다만, 다음 각 호의 어느 하나에 해당하는 경우에는 별표 1의 부설주차장 설치기준에 따라 산정한 주차대수에 상당하는 규모를 말한다.〈개정 2016.1.19.〉

1. 「도로교통법」 제6조에 따라 차량통행이 금지된 장소의 시설물인 경우
2. 시설물의 부지에 접한 대지나 시설물의 부지와 통로로 연결된 대지에 부설주차장을 설치하는 경우
3. 시설물의 부지가 너비 12미터 이하인 도로에 접해 있는 경우 도로의 맞은편 토지(시설물의 부지에 접한 도로의 건너편에 있는 시설물 정면의 필지와 그 좌우에 위치한 필지를 말한다)에 부설주차장을 그 도로에 접하도록 설치하는 경우
4. 「산업입지 및 개발에 관한 법률」 제2조 제8호에 따른 산업단지 안에 있는 공장인 경우

② 법 제19조 제4항 후단에 따른 시설물의 부지 인근의 범위는 다음 각 호의 어느 하나의 범위에서 특별자치도 · 시 · 군 또는 자치구(이하 "시 · 군 또는 구"라 한다)의 조례로 정한다.

1. 해당 부지의 경계선으로부터 부설주차장의 경계선까지의 직선거리 300미터 이내 또는 도보거리 600미터 이내
2. 해당 시설물이 있는 동 · 리(행정동 · 리를 말한다. 이하 이 호에서 같다) 및 그 시설물과의 통행 여건이 편리하다고 인정되는 인접 동 · 리

[전문개정 2010.10.21.]

시행규칙 **제16조의19(부설주차장 인근설치확인서)** ① 시설물의 소유자는 법 제19조의22제1항에 따른 부기등기를 위하여 필요한 경우에는 시장 · 군수 또는 구청장에게 해당 부설주차장이 시설물의 부지 인근에 설치되어 있음을 확인하여 줄 것을 요청할 수 있다.〈개정 2016.7.27.〉

② 제1항에 따른 요청을 받은 시장 · 군수 또는 구청장은 별지 제15호의2서식에 따른 부설주차장 인근 설치 확인서를 발급하여야 한다.

[본조신설 2015.3.23.]

[제16조의15에서 이동 〈2016.7.27.〉]

5-3 부설주차장 설치의무 면제 등

주차장법 **제19조(부설주차장의 설치 · 지정)**

⑤ 제1항의 경우에 시설물의 위치 · 용도 · 규모 및 부설주차장의 규모 등이 대통령령으로 정하는 기준에 해당할 때에는 해당 주차장의 설치에 드는 비용을 시장 · 군수 또는 구청장에게 납부하는 것으로 부설주차장의 설치를 갈음할 수 있다. 이 경우 부설주차장의 설치를 갈음하여 납부된 비용은 노외주차장의 설치 외의 목적으로 사용할 수 없다.

시행령 **제8조(부설주차장 설치의무 면제 등)**

① 법 제19조 제5항에 따라 부설주차장의 설치의무가 면제되는 시설물의 위치 · 용도 · 규모 및 부설주차장의 규모는 다음 각 호와 같다.

1. 시설물의 위치

가. 「도로교통법」 제6조에 따른 차량통행의 금지 또는 주변의 토지이용 상황으로 인하여 제6조 및 제7조에 따른 부설주차장의 설치가 곤란하다고 특별자치시장 · 특별자치도지사 · 시장 · 군수 또는 자치구의 구청장(이하 "시장 · 군수 또는 구청장"이라 한다)이 인정하는 장소

나. 부설주차장의 출입구가 도심지 등의 간선도로변에 위치하게 되어 자동차교통의 혼잡을 가중시킬 우려가 있다고 시장 · 군수 또는 구청장이 인정하는 장소

2. 시설물의 용도 및 규모 : 연면적 1만 제곱미터 이상의 판매시설 및 운수시설에 해당하지 아니하거나 연면적 1만 5천 제곱미터 이상의 문화 및 집회시설(공연장 · 집회장 및 관람장만을 말한다), 위락시설, 숙박시설 또는 업무시설에 해당하지 아니하는 시설물(「도로교통법」 제6조에 따라 차량통행이 금지된 장소의 시설물인 경우에는 「건축법」에서 정하는 용도별 건축 허용 연면적의 범위에서 설치하는 시설물을 말한다)

3. 부설주차장의 규모 : 주차대수 300대 이하의 규모(「도로교통법」 제6조에 따라 차량통행이 금지된 장소의 경우에는 별표 1의 부설주차장 설치기준에 따라 산정한 주차대수에 상당하는 규모를 말한다)

② 법 제19조 제5항에 따라 부설주차장의 설치의무를 면제받으려는 자는 다음 각 호의 사항을 적은 주차장 설치의무 면제신청서를 시장 · 군수 또는 구청장에게 제출하여야 한다.

1. 시설물의 위치 · 용도 및 규모
2. 설치하여야 할 부설주차장의 규모
3. 부설주차장의 설치에 필요한 비용 및 주차장 설치의무가 면제되는 경우의 해당 비용의 납부에 관한 사항
4. 신청인의 성명(법인인 경우에는 명칭 및 대표자의 성명) 및 주소

③ 제1항 제1호 나목의 장소에 있는 시설물의 경우에는 화물의 하역과 그 밖에 해당 시설물의 기능 유지에 필요한 부설주차장은 설치하고 이를 제외한 규모의 부설주차장에 대해서만 설치의무면제 신청을 할 수 있다. 이 경우 시설물의 기능 유지에 필요한 부설주차장의 규모는 시 · 군 또는 구의 조례로 정한다.

[전문개정 2010.10.21]

시행규칙 **제13조(부설주차장 설치의무 면제신청서 등)** ① 영 제8조 제2항에 따른 부설주차장 설치의무 면제신청서는 별지 제4호 서식에 따른다.

② 시장 · 군수 또는 구청장은 법 제19조 제5항 전단에 따라 부설주차장 설치의무를 면제하려는 경우에는 제1항에 따른 신청서를 받은 후 지체 없이 주차장 설치비용과 그 납부장소 및 납부기한을 정하여 신청인에게 주차장 설치비용을 납부할 것을 통지하여야 한다.

③ 시장 · 군수 또는 구청장은 부설주차장 설치의무 면제신청인이 주차장 설치비용을 납부한 경우에는 부설주차장이 설치되어야 할 시설물에 관한 설치허가 등을 할 때에 별지 제4호 서식의 부설주차장 설치의무 면제서를 신청인에게 발급하여야 한다.

[전문개정 2010.10.29.]

시행령 **제9조(주차장 설치비용의 납부 등)** 법 제19조 제5항에 따라 부설주차장의 설치의무를 면제받으려는 자는 해당 지방자치단체의 조례로 정하는 바에 따라 부설주차장의 설치에 필요한 비용을 다음 각 호의 구분에 따라 시장 · 군수 또는 구청장에게 내야 한다.

1. 해당 시설물의 건축 또는 설치에 대한 허가 · 인가 등을 받기 전까지 : 그 설치에 필요한 비용의 50퍼센트
2. 해당 시설물의 준공검사(건축물인 경우에는 「건축법」 제22조에 따른 사용승인 또는 임시사용승인을 말한다) 신청 전까지 : 그 설치에 필요한 비용의 50퍼센트

[전문개정 2012.10.29.]

5-4 주차장 설치비용 납부자의 주차장 무상사용 등

주차장법 **제19조(부설주차장의 설치 · 지정)** ⑥ 시장 · 군수 또는 구청장은 제5항에 따라 주차장의 설치비용을 납부한 자에게 대통령령으로 정하는 바에 따라 납부한 설치비용에 상응하는 범위에서 노외주차장(특별시장 · 광역시장, 시장 · 군수 또는 구청장이 설치한 노외주차장만 해당한다)을 무상으로 사용할 수 있는 권리(이하 이 조에서 "노외주차장 무상사용권"이라 한다)를 주어야 한다. 다만, 시설물의 부지로부터 제4항 후단에 따른 범위에 노외주차장 무상사용권을 줄 수 있는 노외주차장이 없는 경우에는 그러하지 아니하다.

⑦ 시장 · 군수 또는 구청장은 제6항 단서에 따라 노외주차장 무상사용권을 줄 수 없는 경우에는 제5항에 따른 주차장 설치비용을 줄여 줄 수 있다.

⑧ 시설물의 소유자가 변경되는 경우에는 노외주차장 무상사용권은 새로운 소유자가 승계한다.

⑨ 제5항과 제7항에 따른 설치비용의 산정기준 및 감액기준 등에 관하여 필요한 사항은 해당 지방자치단체의 조례로 정한다.

시행령 **제10조(주차장설치비용 납부자의 주차장무상사용 등)** ① 시장 · 군수 또는 구청장은 제9조에 따라 시설물의 소유자로부터 부설주차장의 설치에 필요한 비용을 받은 경우에는 시설물 준공검사확인증(건축물인 경우에는 「건축법」 제22조에 따른 사용승인서 또는 임시사용승인서를 말한다. 이하 같다)을 발급할 때에 특별시장 · 광역시장, 시장 · 군수 또는 구청장이 설치한 노외주차장 중 해당 시설물의 소유자가 무상으로 사용할 수 있는 주차장을 지정하여야 한다. 다만, 제7조 제2항에 따른 범위에 해당하는 시설물의 부지 인근에 사용할 수 있는 노외주차장이 없는 경우에는 그러하지 아니하다.

② 제1항 본문에 따라 주차장을 무상으로 사용할 수 있는 기간은 납부된 주차장 설치비용을 해당 지방자치단체의 조례로 정하는 방법에 따라 시설물 준공검사확인증을 발급할 때의 해당 주차장의 주차요금 징수기준에 따른 징수요금으로 나누어 산정한다.

③ 시장 · 군수 또는 구청장은 제1항 본문에 따라 시설물의 소유자가 무상으로 사용할 수 있는 노외주차장을 지정할 때에는 해당 시설물로부터 가장 가까운 거리에 있는 주차장을 지정하여야 한다. 다만, 그 주차장의 주차난이 심하거나 그 밖에 그 주차장을 이용하게 하기 곤란한 사정이 있는 경우에는 시설물 소유자의 동의를 받아 그 주차장 외의 다른 주차장을 지정할 수 있다.

④ 구청장은 제1항 본문에 따라 무상사용 주차장으로 지정하려는 노외주차장이 특별시장 또는 광역시장이 설치한 노외주차장인 경우에는 미리 해당 특별시장 또는 광역시장과 협의하여야 한다.

[전문개정 2010.10.21]

5-5 부설주차장의 설치제한

주차장법 제19조(부설주차장의 설치 · 지정) ⑩ 특별시장 · 광역시장 · 특별자치시장 · 특별자치도지사 또는 시장은 부설주차장을 설치하면 교통 혼잡이 가중될 우려가 있는 지역에 대하여는 제1항 및 제3항에도 불구하고 부설주차장의 설치를 제한할 수 있다. 이 경우 제한지역의 지정 및 설치 제한의 기준은 국토교통부령으로 정하는 바에 따라 해당 지방자치단체의 조례로 정한다.〈개정 2013. 3. 23., 2018. 12. 18.〉

5-6 부설주차장의 설치 · 지정

주차장법 제19조(부설주차장의 설치 · 지정)

⑪ 시장 · 군수 또는 구청장은 설치기준에 적합한 부설주차장이 제3항에 따른 부설주차장 설치기준의 개정으로 인하여 설치기준에 미달하게 된 기존 시설물 중 대통령령으로 정하는 시설물에 대하여는 그 소유자에게 개정된 설치기준에 맞게 부설주차장을 설치하도록 권고할 수 있다.

⑫ 시장 · 군수 또는 구청장은 제11항에 따라 부설주차장의 설치권고를 받은 자가 부설주차장을 설치하려는 경우 제21조의2제6항에 따라 부설주차장의 설치비용을 우선적으로 보조할 수 있다.

⑬ 시장 · 군수 또는 구청장은 주차난을 해소하기 위하여 필요한 경우 공공기관, 그 밖에 대통령령으로 정하는 시설물의 부설주차장을 일반이 이용할 수 있는 개방주차장(이하 "개방주차장"이라 한다)으로 지정할 수 있다. 〈신설 2020. 2. 4.〉

⑭ 시장 · 군수 또는 구청장은 개방주차장을 지정하기 위하여 그 시설물을 관리하는 자에게 협조를 요청할 수 있다. 이 경우 요청을 받은 자는 특별한 사정이 없으면 이에 따라야 한다. 〈신설 2020. 2. 4.〉

⑮ 시장 · 군수 또는 구청장은 제13항에 따라 지정된 개방주차장의 위치, 개방시간 및 주차요금 등 국토교통부령으로 정하는 사항을 인터넷 홈페이지에 게재하는 등의 방법으로 홍보하여야 한다. 〈신설 2023. 8. 16.〉

⑯ 개방주차장의 지정에 필요한 절차, 개방시간, 보조금의 지원, 시설물 관리 및 운영에 대한 손해배상책임 등에 관하여 필요한 사항은 해당 지방자치단체의 조례로 정한다. 〈신설 2020. 2. 4., 2023. 8. 16.〉

⑯ 특별시장 · 광역시장, 시장 · 군수 또는 구청장은 부설주차장에 영유아동반 자동차 등을 위한 주차공간이 필요하다고 인정하면 지방자치단체의 조례로 정하는 바에

따라 영유아동반 자동차등의 주차를 위한 구역을 지정하거나 지정하도록 할 수 있다. 이 경우 그 지정구역의 규모, 지정의 방법 및 절차 등은 해당 지방자치단체의 조례로 정한다. 〈신설 2025. 1. 31.〉

[전문개정 2010. 3. 22.]

[제목개정 2020. 2. 4.]

시행령 **제11조(기존 시설물)**

① 법 제19조 제11항에서 "대통령령으로 정하는 시설물"이란 단독주택, 공동주택 또는 오피스텔로서 해당 시설물의 내부 또는 그 부지 안에 부설주차장을 추가로 설치할 수 있는 면적이 10제곱미터 이상인 시설물을 말한다.

② 제1항에 따른 시설물에 추가로 설치되는 부설주차장의 설치방법 등에 관하여 필요한 세부적인 사항은 지방자치단체의 조례로 정할 수 있다.

[전문개정 2010.10.21]

5-7 부설주차장의 설치계획서

주차장법 **제19조의2(부설주차장 설치계획서)**

부설주차장을 설치하는 자는 시설물의 건축 또는 설치에 관한 허가를 신청하거나 신고를 할 때에는 국토교통부령으로 정하는 바에 따라 부설주차장 설치계획서를 제출하여야 한다. 다만, 시설물의 용도변경으로 인하여 부설주차장을 설치하여야 하는 경우에는 용도변경을 신고하는 때(용도변경 신고의 대상이 아닌 경우에는 그 용도변경을 하기 전을 말한다)에 부설주차장 설치계획서를 제출하여야 한다.〈개정 2103.2.23.〉

[전문개정 2010.3.22]

시행규칙 **제12조(부설주차장 설치계획서의 제출)**

① 법 제19조의2에 따라 부설주차장 설치계획서를 제출하는 경우에는 별지 제2호서식의 부설주차장 설치계획서(부설주차장 인근설치계획서)에 다음 각 호의 서류(전자문서를 포함한다) 및 도면을 첨부하여야 한다. 다만, 제2호부터 제4호까지의 서류는 법 제19조제4항에 따라 시설물의 부지 인근에 부설주차장을 설치하는 경우만 첨부한다.〈개정 2020. 6. 25.〉

1. 부설주차장의 배치도
2. 공사설계도서(공사가 필요한 경우만 해당한다)

3. 시설물의 부지와 주차장의 설치 부지를 포함한 지역의 토지이용 상황을 판단할 수 있는 축척 1천200분의 1 이상의 지형도
4. 토지의 지번 · 지목 및 면적이 적힌 토지조서(건축물식 주차장인 경우에는 건축면적 · 건축연면적 · 층수 및 높이와 주차형식이 적힌 건물조서를 포함한다)
5. 경사진 주차장을 건설하는 경우 미끄럼 방지시설 및 미끄럼 주의 안내표지 설치계획

② 제1항에 따른 부설주차장 설치계획서를 제출받은 시장 · 군수 또는 구청장은 법 제19조제4항에 따라 시설물의 부지 인근에 부설주차장을 설치하는 경우만 「전자정부법」 제36조제1항에 따른 행정정보의 공동이용을 통하여 토지등기부 등본(건축물식 주차장인 경우에는 건물등기부 등본을 포함한다)을 확인하여야 한다.

[전문개정 2010. 10. 29.]

5-8 부설주차장의 관리방법 등

주차장법 제19조의3(부설주차장의 관리방법 등)

① 부설주차장을 관리하는 자는 주차장에 자동차를 주차하는 사람으로부터 주차요금을 받을 수 있다.

② 제1항에 따른 부설주차장의 관리자에 대하여는 제17조를 준용한다.

③ 시장 · 군수 또는 구청장은 다음 각 호의 어느 하나에 해당하는 경우에는 제8조의2 제2항에 따른 조치를 취할 수 있다. 〈신설 2020. 2. 4., 2024. 1. 9.〉

1. 개방주차장의 지정된 주차구획 외의 곳에 주차하는 경우
2. 개방주차장의 지정된 개방시간을 위반하여 주차하는 경우
3. 국가기관의 장 또는 지방자치단체의 장이 설치한 부설주차장 중 개방주차장이 아닌 주차장에 정당한 사유 없이 대통령령으로 정하는 기간 이상 계속하여 고정적으로 주차하는 경우

④ 제3항에 따라 자동차를 이동시키는 경우에는 「도로교통법」 제35조제3항부터 제7항까지 및 제36조를 준용한다. 〈신설 2020. 2. 4.〉

[전문개정 2010. 3. 22.]

[제목개정 2020. 2. 4.]

5-9 부설주차장의 용도변경 금지 등

주차장법 **제19조의4(부설주차장의 용도변경 금지 등)**

① 부설주차장은 주차장 외의 용도로 사용할 수 없다. 다만, 다음 각 호의 어느 하나에 해당하는 경우에는 그러하지 아니하다.〈개정 2014.3.18.〉

1. 시설물의 내부 또는 그 부지(제19조 제4항에 따라 해당 시설물의 부지 인근에 부설주차장을 설치하는 경우에는 그 인근 부지를 말한다) 안에서 주차장의 위치를 변경하는 경우로서 시장·군수 또는 구청장이 주차장의 이용에 지장이 없다고 인정하는 경우
2. 시설물의 내부에 설치된 주차장을 추후 확보된 인근 부지로 위치를 변경하는 경우로서 시장·군수 또는 구청장이 주차장의 이용에 지장이 없다고 인정하는 경우
3. 그 밖에 대통령령으로 정하는 기준에 해당하는 경우

② 시설물의 소유자 또는 부설주차장의 관리책임이 있는 자는 해당 시설물의 이용자가 부설주차장을 이용하는 데에 지장이 없도록 부설주차장 본래의 기능을 유지하여야 한다. 다만, 대통령령으로 정하는 기준에 해당하는 경우에는 그러하지 아니하다.

③ 시장·군수 또는 구청장은 제1항 또는 제2항을 위반하여 부설주차장을 다른 용도로 사용하거나 부설주차장 본래의 기능을 유지하지 아니하는 경우에는 해당 시설물의 소유자 또는 부설주차장의 관리책임이 있는 자에게 지체 없이 원상회복을 명하여야 한다. 이 경우 시설물의 소유자 또는 부설주차장의 관리책임이 있는 자가 그 명령에 따르지 아니할 때에는 「행정대집행법」에 따라 원상회복을 대집행(代執行)할 수 있다.

④ 제1항 및 제2항을 위반하여 부설주차장을 다른 용도로 사용하거나 부설주차장 본래의 기능을 유지하지 아니하는 경우에는 해당 시설물을 「건축법」 제79조 제1항에 따른 위반 건축물로 보아 같은 조 제2항 본문을 적용한다.

[전문개정 2010.3.22.]

시행령 제12조(부설주차장의 용도변경 등)

① 법 제19조의4제1항제3호에서 "대통령령으로 정하는 기준에 해당하는 경우"란 다음 각 호의 어느 하나에 해당하는 경우를 말한다.〈개정 2012.4.10., 2012.10.29., 2014.9.11., 2016.7.19.〉

1. 「도로교통법」 제6조에 따른 차량통행의 금지 또는 주변의 토지이용 상황 등으로 인하여 시장 · 군수 또는 구청장이 해당 주차장의 이용이 사실상 불가능하다고 인정한 경우. 이 경우 변경 후의 용도는 주차장으로 이용할 수 없는 사유가 소멸되었을 때에 즉시 주차장으로 환원하는 데에 지장이 없는 경우로 한정하고, 변경된 용도로의 사용기간은 주차장으로 이용이 불가능한 기간으로 한정한다.
2. 직거래 장터 개설 등 지역경제 활성화를 위하여 시장 · 군수 또는 구청장이 정하여 고시하는 바에 따라 주차장을 일시적으로 이용하려는 경우로서 시장 · 군수 또는 구청장이 해당 주차장의 이용에 지장이 없다고 인정하는 경우
3. 제6조 또는 법 제19조제10항에 따른 해당 시설물의 부설주차장의 설치기준 또는 설치제한기준(시설물을 설치한 후 법령 · 조례의 개정 등으로 설치기준 또는 설치제한기준이 변경된 경우에는 그 변경된 설치기준 또는 설치제한기준을 말한다)을 초과하는 주차장으로서 그 초과 부분에 대하여 시장 · 군수 또는 구청장의 확인을 받은 경우
4. 「국토의 계획 및 이용에 관한 법률」 제2조제10호에 따른 도시 · 군계획시설사업으로 인하여 그 전부 또는 일부를 사용할 수 없게 된 주차장으로서 시장 · 군수 또는 구청장의 확인을 받은 경우
5. 법 제19조제4항에 따라 시설물의 부지 인근에 설치한 부설주차장 또는 법 제19조의4제1항제2호 및 이 항 제6호에 따라 시설물 내부 또는 그 부지에서 인근 부지로 위치 변경된 부설주차장을 그 부지 인근의 범위에서 위치 변경하여 설치하는 경우
6. 「산업입지 및 개발에 관한 법률」 제2조제8호에 따른 산업단지 안에 있는 공장의 부설주차장을 법 제19조제4항 후단에 따른 시설물 부지 인근의 범위에서 위치 변경하여 설치하는 경우
7. 「도시교통정비 촉진법 시행령」 제13조의2제1항 각 호에 따른 건축물(「주택건설기준 등에 관한 규정」이 적용되는 공동주택은 제외한다)의 주차장이 「도시교통정비 촉진법」 제33조제1항제4호에 따른 승용차공동이용 지원(승용차공동이용을 위한 전용주차구획을 설치하고 공동이용을 위한 승용자동차를 상시 배치하는 것을 말한다. 이하 같다)을 위하여 사용되는 경우로서 다음 각 목의 모든

요건을 충족하는지 여부에 대하여 시장ㆍ군수 또는 구청장의 확인을 받은 경우

가. 주차장 외의 용도로 사용하는 주차장의 면적이 승용차공동이용 지원을 위하여 설치한 전용주차구획 면적의 2배를 초과하지 아니할 것

나. 주차장 외의 용도로 사용하는 주차장의 면적이 해당 주차장의 전체 주차구획 면적의 100분의 10을 초과하지 아니할 것

다. 해당 주차장이 승용차공동이용 지원에 사용되지 아니하는 경우에는 주차장 외의 용도로 사용하는 부분을 즉시 주차장으로 환원하는 데에 지장이 없을 것

② 법 제19조의4제1항제1호ㆍ제2호 및 이 조 제1항제5호ㆍ제6호의 경우에 종전의 부설주차장은 새로운 부설주차장의 사용이 시작된 후에 용도변경하여야 한다. 다만, 기존 주차장 부지에 증축되는 건축물 안에 주차장을 설치하는 경우에는 그러하지 아니하다.

③ 법 제19조의4제2항 단서에 따라 부설주차장 본래의 기능을 유지하지 아니하여도 되는 경우는 제1항제1호ㆍ제3호 또는 제4호에 해당하는 경우와 기존 주차장을 보수 또는 증축하는 경우(보수 또는 증축하는 기간으로 한정한다)로 한다.

시행규칙 제15조(부설주차장 인근설치 관리대장)

① 시장ㆍ군수 또는 구청장은 법 제19조의4 제3항에 따른 업무를 수행하기 위하여 필요한 경우에는 별지 제5호서식의 부설주차장 인근설치 관리대장을 작성하여 관리하여야 한다.

② 제1항의 부설주차장 인근설치 관리대장은 전자적 처리가 불가능한 특별한 사유가 없으면 전자적 처리가 가능한 방법으로 작성ㆍ관리하여야 한다.

[전문개정 2010.10.29.]

주요내용

현행 주차장법의 구성에서는 '5장의 2 기계식 주차장으로 구성되어 있으나, 본 서에서는 이를 간략하게 제 5.2장 기계식 주차장으로 표기하도록 한다.
기계식 주차장의 설치기준에 따른 출입구의 전면공지의 크기와 방향전환장치의 크기 등에 내용을 숙지하여야 한다. 또한 기계실 주차장의 정류장 확보 및 정류장 규모에 대해서도 알아두자.

세부목차

참고용 법조문 목차

제5.2장 기계식주차장

기계식 주차장의 설치기준

(1) 설치기준

제한규정	규제기준
노외주차장의 구조 및 설비기준 준용	• 주차형식에 따른 차로의 너비 • 내부공간의 일산화탄소 농도기준 • 주차부분의 높이

(2) 출입구의 전면공지 및 방향전환장치

주차장 종류	전면공지(너비×길이)	방향전환장치
중형기계식 주차장	8.1m×9.5m 이상	직경 4m 이상 및 이에 접한 너비 1m 이상의 여유공지
대형기계식 주차장	10m×11m 이상	직경 4.5m 이상 및 이에 접한 너비 1m 이상의 여유공지

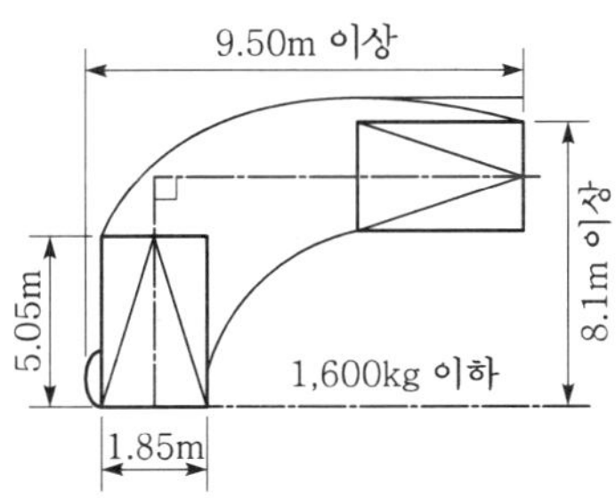

[중형자동차 주차장]

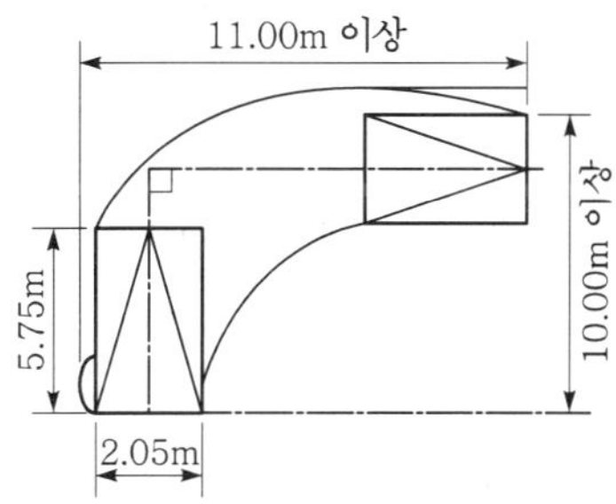

[대형자동차 주차장]

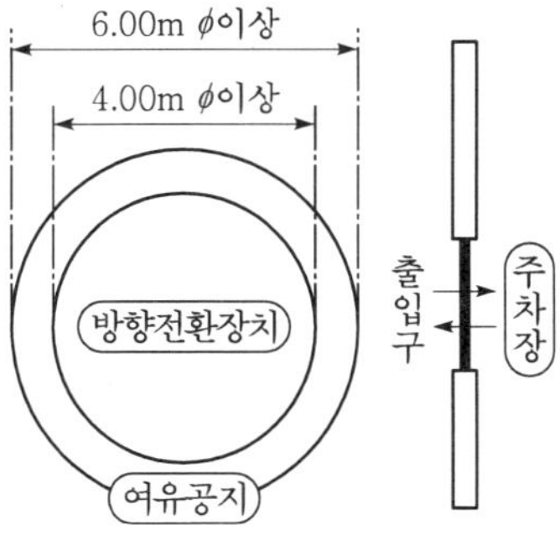

[중형자동차 주차장]

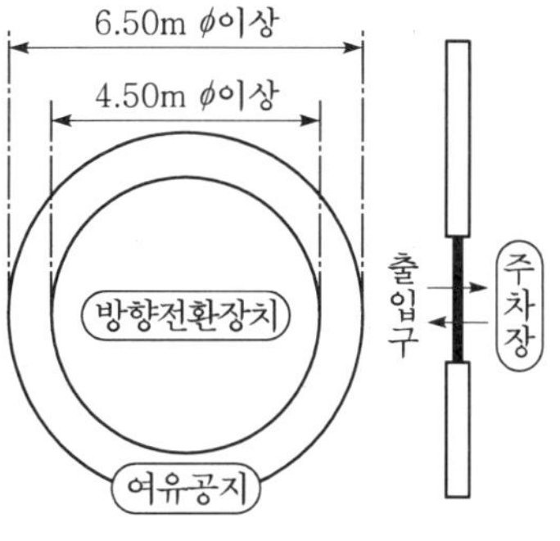

[대형자동차 주차장]

5.2-1 기계식주차장의 설치기준

주차장법 **제19조의5(기계식주차장의 설치기준 등)** ① 기계식주차장의 설치기준은 국토교통부령으로 정한다.〈개정 2013. 3. 23., 2018. 8. 14.〉

② 특별시 · 광역시 · 특별자치도 · 시 · 군 또는 자치구는 지역실정이 고려된 구역을 정하여 다음 각 호의 사항을 지방자치단체의 조례로 정할 수 있다.〈신설 2018. 8. 14.〉

1. 기계식주차장치의 설치대수
2. 기계식주차장치의 종류
3. 부설주차장의 주차대수 중 기계식주차장치의 비율

[전문개정 2010. 3. 22.]

[제목개정 2018. 8. 14.]

시행규칙 **제16조의2(기계식주차장의 설치기준)** ① 법 제19조의5에 따른 기계식주차장의 설치기준은 다음 각 호와 같다.〈개정 2012.7.2., 2016.4.12.〉

1. 기계식주차장치 출입구의 앞면에는 다음 각 목에 따라 자동차의 회전을 위한 공지(空地)(이하 "전면공지"라 한다) 또는 자동차의 방향을 전환하기 위한 기계장치(이하 "방향전환장치"라 한다)를 설치하여야 한다.
   가. 중형 기계식주차장(길이 5.05미터 이하, 너비 1.9미터 이하, 높이 1.55미터 이하, 무게 1,850킬로그램 이하인 자동차를 주차할 수 있는 기계식주차장을 말한다. 이하 같다): 너비 8.1미터 이상, 길이 9.5미터 이상의 전면공지 또는 지름 4미터 이상의 방향전환장치와 그 방향전환장치에 접한 너비 1미터 이상의 여유 공지
   나. 대형 기계식주차장(길이 5.75미터 이하, 너비 2.15미터 이하, 높이 1.85미터 이하, 무게 2,200킬로그램 이하인 자동차를 주차할 수 있는 기계식주차장을 말한다. 이하 같다): 너비 10미터 이상, 길이 11미터 이상의 전면공지 또는 지름 4.5미터 이상의 방향전환장치와 그 방향전환장치에 접한 너비 1미터 이상의 여유 공지
2. 기계식주차장치의 내부에 방향전환장치를 설치한 경우와 2층 이상으로 주차구획이 배치되어 있고 출입구가 있는 층의 모든 주차구획을 기계식주차장치 출입구로 사용할 수 있는 기계식주차장의 경우에는 제1호에도 불구하고 제6조 제1항 제3호 또는 제11조 제5항 제2호를 준용한다.
3. 기계식주차장에는 도로에서 기계식주차장치 출입구까지의 차로(이하 "진입로"

라 한다) 또는 전면공지와 접하는 장소에 자동차가 대기할 수 있는 장소(이하 "정류장"이라 한다)를 설치하여야 한다. 이 경우 주차대수 20대를 초과하는 20대마다 한 대분의 정류장을 확보하여야 하며, 정류장의 규모는 다음 각 목과 같다. 다만, 주차장의 출구와 입구가 따로 설치되어 있거나 진입로의 너비가 6미터 이상인 경우에는 종단경사도가 6퍼센트 이하인 진입로의 길이 6미터마다 한 대분의 정류장을 확보한 것으로 본다.

가. 중형 기계식주차장: 길이 5.05미터 이상, 너비 1.9미터 이상

나. 대형 기계식주차장: 길이 5.3미터 이상, 너비 2.15미터 이상

4. 기계식주차장치에는 벽면으로부터 50센티미터 이내를 제외한 바닥면의 최소 조도를 다음 각 목과 같이 한다.

가. 주차구획: 최소 조도는 50럭스 이상

나. 출입구: 최소 조도는 150럭스 이상

② 시장 · 군수 · 구청장은 조례로 정하는 바에 따라 부설주차장에 설치할 수 있는 기계식주차장치의 최소규모를 정할 수 있다.〈신설 2016.4.12.〉

③ 제1항 및 제2항에서 규정한 사항 외에 기계식주차장의 설치기준에 대해서는 제6조(같은 조 제1항 제3호 · 제7호 및 제8호는 제외한다)에 따른다. 제11조 제1항에서 이를 준용하는 경우에도 또한 같다.〈신설 2016.4.12.〉

[전문개정 2010.10.29.]

5.2-2 기계식주차장치의 안전도인증

주차장법 **제19조의6(기계식주차장치의 안전도인증)** ① 기계식주차장치를 제작 · 조립 또는 수입하여 양도 · 대여 또는 설치하려는 자(이하 "제작자등"이라 한다)는 대통령령으로 정하는 바에 따라 그 기계식주차장치의 안전도(安全度)에 관하여 국토교통부장관의 인증(이하 "안전도인증"이라 한다)을 받아야 한다. 이를 변경하려는 경우(대통령령으로 정하는 경미한 사항을 변경하는 경우는 제외한다)에도 또한 같다. 〈개정 2023. 8. 16.〉

② 제1항에 따라 안전도인증을 받으려는 자는 미리 해당 기계식주차장치의 조립도(組立圖), 안전장치의 도면(圖面), 그 밖에 국토교통부령으로 정하는 서류를 국토교통부장관이 지정하는 검사기관에 제출하여 안전도에 대한 심사를 받아야 한다. 〈개정 2013. 3. 23.〉

[전문개정 2010. 3. 22.]

시행령 **제12조의2(기계식주차장치의 안전도인증 신청 등)** ① 법 제19조의6제1항에 따라 기계식주차장치의 안전도에 관한 인증(이하 "안전도인증"이라 한다)을 받거나 안전도인증을 받은 내용의 변경에 관한 인증을 받으려는 제작자등(기계식주차장치를 제작·조립 또는 수입하여 양도·대여 또는 설치하려는 자를 말한다. 이하 같다)은 국토교통부령으로 정하는 바에 따라 법 제19조의6제2항에 따른 검사기관이 발행한 안전도 심사결과를 첨부하여 국토교통부장관(법 제19조의12제1항에 따라 같은 항에 따른 지정인증기관에 안전도인증업무를 대행하게 한 경우에는 지정인증기관을 말한다)에게 안전도인증 또는 그 변경인증을 신청하여야 한다. 〈개정 2013. 3. 23., 2024. 8. 16.〉

② 법 제19조의6제1항 후단에서 "대통령령으로 정하는 경미한 사항을 변경하는 경우"란 다음 각 호의 경우를 말한다.

1. 기계식주차장치가 수용할 수 있는 자동차대수를 안전도인증을 받은 대수 미만으로 변경하는 경우
2. 기계식주차장치의 출입구, 통로, 주차구획의 크기 및 안전장치를 법 제19조의7에 따른 안전기준의 범위에서 변경하는 경우

시행규칙 **제16조의3(기계식주차장치의 안전도인증 신청 등)** 영 제12조의2제1항에 따라 기계식주차장치의 안전도인증(이하 "안전도인증"이라 한다) 또는 변경인증을 신청하려는 자는 별지 제8호의2서식의 기계식주차장치 안전도(변경)인증 신청서에 다음 각 호의 서류를 첨부하여 국토교통부장관[법 제19조의12제1항에 따라 법 제19조의6 및 제19조의7에 따른 기계식주차장치의 안전도인증 및 안전도인증서의 발급업무를 법 제19조의12제1항에 따른 지정인증기관(이하 "지정인증기관"이라 한다)에 대행하게 한 경우에는 지정인증기관을 말한다. 이하 제16조의6제1항부터 제3항까지에서 같다]에게 신청하여야 한다. 〈개정 2024. 9. 20.〉

1. 기계식주차장치 사양서
2. 법 제19조의6제2항에 따른 검사기관의 안전도심사서(변경인증의 경우에는 변경된 사항에 대한 안전도심사서를 말한다)
3. 기계식주차장치 안전도인증서(변경인증의 경우만 해당한다)

[전문개정 2010. 10. 29.]

제16조의4(기계식주차장치의 안전도심사) ① 법 제19조의6제2항에 따라 기계식주차장치의 안전도심사를 받으려는 자는 별지 제8호의3서식의 기계식주차장치 안전도심사 신청서에 다음 각 호의 서류를 첨부하여 국토교통부장관이 지정·고시하는 검사기관에 신청하여야 한다. 〈개정 2013. 3. 23.〉

1. 기계식주차장치의 전체 조립도(축척 100분의 1 이상인 것만 해당한다)

2. 안전장치의 도면 및 설명서(변경신청의 경우에는 변경된 사항만 해당한다)
3. 기계식주차장치 사양서
4. 주요 구조부의 강도계산서 및 도면(변경신청의 경우에는 변경된 사항만 해당한다)
5. 기계식주차장치 출입구의 도면 및 설명서(변경신청의 경우에는 변경된 사항만 해당한다)

② 제1항에 따라 안전도심사 신청을 받은 검사기관은 그 기계식주차장치의 안전도를 심사하여 별지 제8호의4서식의 기계식주차장치 안전도심사서를 발급하여야 한다.

[전문개정 2010. 10. 29.]

5.2-3 안전도인증서의 발급

주차장법 **제19조의7(안전도인증서의 발급)** 국토교통부장관은 기계식주차장치가 국토교통부령으로 정하는 안전기준에 적합하다고 인정되는 경우에는 제작자등에게 국토교통부령으로 정하는 바에 따라 기계식주차장치의 안전도인증서를 발급하여야 한다. 〈개정 2013. 3. 23., 2023. 8. 16.〉

[전문개정 2010. 3. 22.]

시행규칙 **제16조의5(기계식주차장치의 안전기준)** ① 법 제19조의7에 따른 기계식주차장치의 안전기준은 다음 각 호와 같다.〈개정 2013.1.25., 2013.3.23., 2016.4.12.〉

1. 기계식주차장치에 사용하는 재료는 「산업표준화법」 제12조에 따른 한국산업표준 또는 그 이상으로 하여야 한다.
2. 기계식주차장치 출입구의 크기는 중형 기계식주차장의 경우에는 너비 2.3미터 이상, 높이 1.6미터 이상으로 하여야 하고, 대형 기계식주차장의 경우에는 너비 2.4미터 이상, 높이 1.9미터 이상으로 하여야 한다. 다만, 사람이 통행하는 기계식주차장치 출입구의 높이는 1.8미터 이상으로 한다.
3. 주차구획의 크기는 중형 기계식주차장의 경우에는 너비 2.2미터 이상, 높이 1.6미터 이상, 길이 5.15미터 이상으로 하여야 하고, 대형 기계식주차장의 경우에는 너비 2.3미터 이상, 높이 1.9미터 이상, 길이 5.3미터 이상으로 하여야 한다. 다만, 차량의 길이가 5.1미터 이상인 경우에는 주차구획의 길이는 차량의 길이보다 최소 0.2미터 이상을 확보하여야 한다.
4. 운반기의 크기는 자동차가 들어가는 바닥의 너비를 중형 기계식주차장의 경우에는 1.9미터 이상, 대형 기계식주차장의 경우에는 1.95미터 이상으로 하여야 한다.

5. 기계식주차장치 안에서 자동차를 입출고하는 사람이 출입하는 통로의 크기는 너비 50센티미터 이상, 높이 1.8미터 이상으로 하여야 한다.
6. 기계식주차장치 출입구에는 출입문을 설치하거나 기계식주차장치가 작동하고 있을 때 기계식주차장치 출입구로 사람 또는 자동차가 접근할 경우 즉시 그 작동을 멈추게 할 수 있는 장치를 설치하여야 한다.
7. 자동차가 주차구획 또는 운반기 안에서 제자리에 위치하지 아니한 경우에는 기계식주차장치의 작동을 불가능하게 하는 장치를 설치하여야 한다.

7의2. 기계식주차장치에는 자동차의 높이가 주차구획의 높이를 초과하는 경우 작동하지 아니하게 하는 장치를 설치하여야 한다. 다만, 다음 각 목의 어느 하나에 해당하는 기계식주차장치는 제외한다.

가. 2단식 주차장치: 주차구획이 2층으로 배치되어 있고 출입구가 있는 층의 모든 주차구획을 주차장치 출입구로 사용할 수 있는 구조로서 그 주차구획을 아래ㆍ위 또는 수평으로 이동하여 자동차를 주차하는 주차장치

나. 다단식 주차장치: 주차구획이 3층 이상으로 배치되어 있고 출입구가 있는 층의 모든 주차구획을 주차장치 출입구로 사용할 수 있는 구조로서 그 주차구획을 아래ㆍ위 또는 수평으로 이동하여 자동차를 주차하는 주차장치

다. 수직순환식 주차장치: 주차구획에 자동차가 들어가도록 한 후 그 주차구획을 수직으로 순환이동하여 자동차를 주차하는 주차장치

8. 기계식주차장치의 작동 중 위험한 상황이 발생하는 경우 즉시 그 작동을 멈추게 할 수 있는 안전장치를 설치하여야 한다.
9. 승강기식 주차장치(운반기에 의하여 자동차를 자동으로 운반하여 주차하는 주차장치를 말한다)에는 운반기 안에 사람이 있는 경우 이를 감지하여 작동하지 아니하게 하는 장치를 설치하여야 한다.
10. 기계식주차장치의 안전기준에 관하여 이 규칙에 규정된 사항 외의 사항은 국토교통부장관이 정하여 고시한다.

② 법 제19조의6 제1항에 따라 안전도인증을 받아야 하는 자는 누구든지 국토교통부장관에게 제1항에 따른 안전기준의 개정을 신청할 수 있다.〈개정 2013.3.23.〉

③ 제2항에 따라 안전기준의 개정신청을 받은 국토교통부장관은 신청일부터 30일 이내에 이를 검토하여 안전기준의 개정 여부를 신청인에게 통보하여야 한다.〈개정 2013.3.23.〉

[전문개정 2010.10.29.]

제16조의6(안전도인증서의 발급) ① 제16조의3에 따라 기계식주차장치의 안전도인증 신청 또는 변경인증 신청을 받은 국토교통부장관은 그 기계식주차장치가 제16조의5에 따른 안전기준에 적합할 때에는 별지 제8호의5서식의 기계식주차장치 안전도인증서(영문서식을 포함한다)를 발급하여야 한다. 〈개정 2016. 4. 12., 2024. 9. 20.〉

② 제1항에 따라 발급받은 기계식주차장치 안전도인증서의 기재내용 중 주소, 법인의 명칭 및 대표자가 변경되었을 때에는 국토교통부장관에게 신청하여 변경사항을 고쳐 적은 인증서를 받아야 한다. 〈개정 2024. 9. 20.〉

③ 제1항 및 제2항에 따라 발급받은 기계식주차장치 안전도인증서를 못 쓰게 되거나 잃어버린 경우에는 별지 제8호의6서식의 기계식주차장치 안전도인증서 재발급신청서에 다음 각 호의 서류를 첨부하여 국토교통부장관에게 신청하여 재발급을 받을 수 있다. 〈개정 2024. 9. 20.〉

1. 못 쓰게 된 경우에는 해당 기계식주차장치 안전도인증서
2. 잃어버린 경우에는 그 사유서

④ 지정인증기관은 제1항에 따라 기계식주차장치 안전도인증서를 발급한 경우 그 사실을 국토교통부장관에게 통보해야 한다. 〈개정 2024. 9. 20.〉

⑤ 국토교통부장관은 제1항에 따라 기계식주차장치 안전도인증서를 발급하거나(지정인증기관이 기계식주차장치 안전도인증서를 발급한 경우를 포함한다) 법 제19조의8제1항에 따라 안전도인증을 취소한 경우에는 그 사실을 고시해야 한다. 〈신설 2024. 9. 20.〉

[전문개정 2010. 10. 29.]

5.2-4 안전도인증의 취소

주차장법 **19조의8(안전도인증의 취소)** ① 국토교통부장관은 제작자등이 다음 각 호의 어느 하나에 해당하는 경우에는 안전도인증을 취소할 수 있다. 〈개정 2023. 8. 16.〉

1. 거짓이나 그 밖의 부정한 방법으로 안전도인증을 받은 경우
2. 안전도인증을 받은 내용과 다른 기계식주차장치를 제작·조립 또는 수입하여 양도·대여 또는 설치한 경우
3. 제19조의7에 따른 안전기준에 적합하지 아니하게 된 경우

② 제작자등은 안전도인증이 취소된 경우에는 제19조의7에 따른 안전도인증서를 반납하여야 한다.

[전문개정 2010. 3. 22.]

5.2-5 기계식주차장의 사용검사 등

주차장법 **제19조의9(기계식주차장의 사용검사 등)** ① 기계식주차장을 설치하려는 경우에는 안전도인증을 받은 기계식주차장치를 사용하여야 한다.

② 제1항에 따라 기계식주차장을 설치한 자 또는 해당 기계식주차장의 관리자(이하 "기계식주차장관리자등"이라 한다)는 그 기계식주차장에 대하여 국토교통부령으로 정하는 바에 따라 시장·군수 또는 구청장이 실시하는 다음 각 호의 검사를 받아야 한다. 다만, 시장·군수 또는 구청장은 대통령령으로 정하는 부득이한 사유가 있을 때에는 검사를 연기할 수 있다. 〈개정 2013. 3. 23., 2023. 8. 16.〉

1. 사용검사: 기계식주차장의 설치를 마치고 이를 사용하기 전에 실시하는 검사
2. 정기검사: 사용검사의 유효기간이 지난 후 계속하여 사용하려는 경우에 주기적으로 실시하는 검사
3. 수시검사: 다음 각 목의 어느 하나에 해당하는 경우에 실시하는 검사
   가. 기계식주차장치의 주요구동부의 부품변경, 운반기 및 철골을 변경한 경우
   나. 시장·군수 또는 구청장이 해당 기계식주차장치의 오작동 등에 따른 안전상의 문제가 있어 점검이 필요하다고 판단하는 경우
   다. 기계식주차장관리자등이 요청하는 경우

③ 사용검사, 정기검사, 수시검사(이하 "안전검사"라 한다)의 유효기간, 연기 절차, 검사시기 등 검사에 필요한 사항은 대통령령으로 정한다. 〈개정 2023. 8. 16.〉

[전문개정 2010. 3. 22.]

시행령 **제12조의3(기계식주차장의 사용검사 등)**

① 법 제19조의9제2항에 따른 사용검사의 유효기간은 3년으로 하고, 정기검사의 유효기간은 2년으로 한다. 〈개정 2016. 1. 19.〉

② 제1항에도 불구하고 사용검사 또는 정기검사의 유효기간 만료 전에 법 제19조의23제1항 각 호에 따라 정밀안전검사를 받은 경우 정밀안전검사를 받은 날부터 다음 정기검사의 유효기간을 기산한다. 〈신설 2018. 2. 20., 2018. 10. 23.〉

③ 제1항에 따른 정기검사의 검사기간은 사용검사 또는 정기검사의 유효기간 만료일 전후 각각 31일 이내로 한다. 이 경우 해당 검사기간 이내에 적합판정을 받은 경우에는 사용검사 또는 정기검사의 유효기간 만료일에 정기검사를 받은 것으로 본다. 〈신설 2016. 1. 19., 2018. 2. 20.〉

④ 법 제19조의9제1항에 따라 기계식주차장을 설치한 자 또는 해당 기계식주차장의 관리자(이하 "기계식주차장관리자등"이라 한다)는 기계식주차장치의 주요구동부의

부품, 운반기 및 철골을 변경한 경우에는 해당 주차장을 사용하기 전에 같은 조 제2항제3호가목에 따른 수시검사를 요청해야 한다. 〈신설 2024. 8. 16.〉

⑤ 법 제19조의9제2항 각 호 외의 부분 단서에서 "대통령령으로 정하는 부득이한 사유"란 다음 각 호의 경우를 말한다. 〈개정 2016. 1. 19., 2018. 2. 20., 2024. 8. 16.〉

1. 기계식주차장이 설치된 건축물의 흠으로 인하여 그 건축물과 기계식주차장의 사용이 불가능하게 된 경우
2. 기계식주차장(법 제19조에 따라 설치가 의무화된 부설주차장의 경우는 제외한다)의 사용을 중지한 경우
3. 천재지변이나 그 밖에 정기검사 또는 수시검사를 받지 못할 부득이한 사유가 발생한 경우

⑥ 제5항 각 호에 따른 사유로 정기검사 또는 법 제19조의9제2항제3호나목에 따른 수시검사를 연기하려는 자는 국토교통부령으로 정하는 바에 따라 다음 각 호에 따른 기한 전에 연기신청을 해야 한다. 〈개정 2024. 8. 16.〉

1. 정기검사의 경우: 사용검사 또는 정기검사의 유효기간 만료일
2. 법 제19조의9제2항제3호나목에 따른 수시검사의 경우: 시장ㆍ군수 또는 구청장이 통보한 수시검사 실시 예정일

⑦ 제6항에 따라 정기검사를 연기한 자는 해당 사유가 없어졌을 때에는 그때부터 2개월 이내에 정기검사를 받아야 한다. 이 경우 정기검사가 끝날 때까지 사용검사 또는 정기검사의 유효기간이 연장된 것으로 본다. 〈개정 2016. 1. 19., 2018. 2. 20., 2024. 8. 16.〉

⑧ 제6항에 따라 법 제19조의9제2항제3호나목에 따른 수시검사를 연기한 자는 해당 사유가 없어졌을 때에는 지체 없이 수시검사를 받아야 한다. 〈신설 2024. 8. 16.〉

[전문개정 2010. 10. 21.]

시행규칙 **제16조의8(기계식주차장의 사용검사 등)**

① 법 제19조의9제2항 각 호에 따른 검사를 받으려는 자는 별지 제8호의8서식의 기계식주차장 검사 신청서에 다음 각 호의 구분에 따른 서류를 첨부하여 해당 기계식주차장의 소재지를 관할하는 시장ㆍ군수 또는 구청장[법 제19조의12제2항에 따라 법 제19조의9 및 제19조의10에 따른 기계식주차장의 검사에 관한 업무를 법 제19조의12제2항에 따른 전문검사기관(이하 "전문검사기관"이라 한다)에 대행하게 한 경우에는 전문검사기관을 말한다. 이하 제2항부터 제4항까지, 제5항 전단 및 제7항에서

갈다]에게 신청해야 한다. 〈개정 2024. 9. 20.〉

1. 사용검사의 경우: 다음 각 목의 서류. 다만, 가목부터 마목까지의 서류는 제16조의4제1항에 따른 기계식주차장치의 안전도심사 신청 당시 제출한 같은 항 제4호의 주요 구조부의 강도계산서에 포함되어 있는 경우에는 첨부하지 않을 수 있다.
   가. 와이어로프ㆍ체인 시험성적서
   나. 전동기 시험성적서
   다. 감속기 시험성적서
   라. 제동기 시험성적서
   마. 운반기 계량증명서
   바. 설치장소 약도
2. 정기검사의 경우: 설치장소 약도
3. 수시검사의 경우: 다음 각 목의 서류. 다만, 가목 및 나목의 서류는 법 제19조의9제2항제3호가목에 따른 수시검사를 신청하는 경우에만 첨부한다.
   가. 주요구동부의 부품변경, 운반기 및 철골의 변경을 확인할 수 있는 서류
   나. 변경된 부분의 강도계산서
   다. 설치장소 약도

② 제1항에 따라 검사신청을 받은 시장ㆍ군수 또는 구청장은 검사신청을 받은 날부터 다음 각 호의 구분에 따른 기간 이내에 제8항에 따른 검사기준에 따라 검사를 마치고 항목별 검사결과를 법 제19조의9제2항 각 호 외의 부분 본문에 따른 기계식주차장관리자등(이하 "기계식주차장관리자등"이라 한다)에게 통보하여야 한다. 〈개정 2024. 9. 20.〉

1. 사용검사 및 정기검사: 20일
2. 수시검사: 30일

③ 제2항에 따른 검사결과를 통보받은 기계식주차장관리자등은 부적합판정을 받은 검사항목에 대해서는 그 통보를 받은 날부터 3개월 이내에 해당 항목을 보완한 후 재검사를 신청하여야 한다. 이 경우 시장ㆍ군수 또는 구청장은 검사신청을 받은 날부터 10일 이내에 검사를 마치고 그 결과를 기계식주차장관리자등에게 통보하여야 한다. 〈개정 2012. 7. 2., 2024. 9. 20.〉

④ 시장ㆍ군수 또는 구청장은 제3항에 따른 보완항목에 대한 검사를 할 때 사진, 시험성적서, 그 밖의 증명서류 등으로 보완된 사실을 확인할 수 있는 경우에는 사진 등의 확인으로 검사를 할 수 있다. 이 경우 시장ㆍ군수 또는 구청장은 제3항에 따른 검사신청을 받은 날부터 5일 이내에 그 결과를 기계식주차장관리자등에게 통보하여야 한다. 〈개정 2024. 9. 20.〉

⑤ 시장·군수 또는 구청장은 제2항부터 제4항까지의 규정에 따라 검사결과를 기계식주차장관리자등에게 통보할 때에는 법 제19조의10에 따라 별지 제8호의9서식의 검사확인증 또는 별지 제8호의10서식의 사용금지 표지를 함께 발급해야 한다. 이 경우 전문검사기관이 검사확인증 또는 사용금지 표지를 발급한 경우에는 해당 기계식주차장의 소재지를 관할하는 시장·군수 또는 구청장에게 그 사실을 통보해야 한다. 〈개정 2024. 9. 20.〉

⑥ 제5항에 따라 검사확인증 또는 사용금지 표지를 발급받은 기계식주차장관리자등은 해당 기계식주차장의 보기 쉬운 곳에 이를 부착하여야 한다.

⑦ 법 제19조의9제2항 각 호 외의 부분 단서 및 영 제12조의3제6항에 따라 법 제19조의9제2항제2호에 따른 정기검사 또는 같은 항 제3호나목에 따른 수시검사의 연기신청을 하려는 자는 별지 제8호의11서식의 기계식주차장 검사 연기신청서에 그 연기 사유를 확인할 수 있는 서류를 첨부하여 해당 기계식주차장의 소재지를 관할하는 시장·군수 또는 구청장에게 제출해야 한다. 〈개정 2024. 9. 20.〉

⑧ 국토교통부장관은 법 제19조의9제2항 각 호에 따른 검사의 기준을 제16조의2에 따른 기계식주차장의 설치기준과 제16조의5에 따른 기계식주차장치의 안전기준에 따라 측정오차와 기계장치의 마모율 등을 고려하여 검사항목별로 정하여 고시한다. 〈개정 2013. 3. 23., 2024. 9. 20.〉

[전문개정 2010. 10. 29.]

5.2-6 검사확인증의 발급 등

주차장법 **제19조의10(검사확인증의 발급 등)** ① 시장·군수 또는 구청장은 제19조의9제2항에 따른 검사에 합격한 자에게는 검사확인증을 발급하고, 불합격한 자에게는 사용을 금지하는 표지를 내주어야 한다.

② 기계식주차장관리자등은 제1항에 따라 받은 검사확인증이나 기계식주차장의 사용을 금지하는 표지를 국토교통부령으로 정하는 바에 따라 기계식주차장에 붙여야 한다.〈개정 2013. 3. 23., 2020. 6. 9.〉

③ 제19조의9제2항에 따른 검사에 불합격한 기계식주차장은 사용할 수 없다.

[전문개정 2010. 3. 22.]

5.2-7 검사비용 등의 납부

주차장법 **제19조의11(검사비용 등의 납부)** 제19조의6에 따른 안전도인증 또는 제19조의9 제2항 각 호에 따른 검사를 받으려는 자는 국토교통부령으로 정하는 바에 따라 안전도인증 또는 검사에 드는 비용을 내야 한다.〈개정 2013.3.23.〉
[전문개정 2010.3.22].

시행령 **제11조(기존 시설물)**
① 법 제19조 제11항에서 "대통령령으로 정하는 시설물"이란 단독주택, 공동주택 또는 오피스텔로서 해당 시설물의 내부 또는 그 부지 안에 부설주차장을 추가로 설치할 수 있는 면적이 10제곱미터 이상인 시설물을 말한다.
② 제1항에 따른 시설물에 추가로 설치되는 부설주차장의 설치방법 등에 관하여 필요한 세부적인 사항은 지방자치단체의 조례로 정할 수 있다.
[전문개정 2010.10.21]

시행규칙 **제16조의9(검사비용 등)** 법 제19조의6제2항에 따른 검사기관, 전문검사기관 및 법 제19조의23제4항에 따라 정밀안전검사를 대행하는 한국교통안전공단은 법 제19조의11(법 제19조의23제5항에 따라 준용되는 경우를 포함한다)에 따른 검사비용을 정하려면 「엔지니어링산업 진흥법」 제31조에 따른 엔지니어링사업 대가의 범위에서 국토교통부장관의 승인을 받아야 한다. 〈개정 2024. 9. 20.〉
[전문개정 2018. 3. 21.]

5.2-8 안전도인증 및 검사업무의 대행

주차장법 제19조의12(안전도인증 및 검사업무의 대행)

① 국토교통부장관은 제19조의6 및 제19조의7에 따른 기계식주차장치의 안전도인증 및 안전도인증서의 발급업무를 대통령령으로 정하는 바에 따라 국토교통부장관이 지정하는 전문기관(이하 "지정인증기관"이라 한다)으로 하여금 대행하게 할 수 있다.

② 시장ㆍ군수 또는 구청장은 제19조의9 및 제19조의10에 따른 기계식주차장의 검사에 관한 업무를 대통령령으로 정하는 바에 따라 국토교통부장관이 지정하는 전문검사기관(이하 "전문검사기관"이라 한다)으로 하여금 대행하게 할 수 있다.

③ 국토교통부장관 또는 시장ㆍ군수ㆍ구청장은 제1항, 제2항 및 제19조의23제4항에 따라 기계식주차장치 안전도인증 및 기계식주차장의 검사업무를 대행하는 자에 대하여 기계식주차장의 안전성을 확보하기 위하여 필요한 범위에서 지도ㆍ감독 및 지원을 할 수 있다.

④ 국토교통부장관은 제1항 또는 제2항에 따른 지정인증기관 및 전문검사기관이 다음 각 호의 어느 하나에 해당하는 경우에는 지정을 취소하거나 1년 이내의 기간을 정하여 업무정지를 명할 수 있다. 다만, 제1호 또는 제2호의 어느 하나에 해당하는 경우에는 지정을 취소하여야 한다.

1. 거짓이나 그 밖의 부정한 방법으로 지정인증기관 또는 전문검사기관으로 지정을 받은 경우
2. 업무정지명령을 받은 후 그 업무정지기간에 기계식주차장치 안전도인증 또는 기계식주차장 안전검사를 한 경우
3. 정당한 사유 없이 기계식주차장치 안전도인증 또는 기계식주차장 안전검사를 거부하거나 실시하지 아니한 경우
4. 제1항 또는 제2항에 따른 지정기준에 맞지 아니하게 된 경우
5. 기계식주차장치 안전도인증업무 및 기계식주차장 안전검사업무를 게을리한 경우

[전문개정 2023. 8. 16.]

시행령 **제12조의4(지정인증기관 등의 지정)**

① 법 제19조의12제1항에 따른 지정인증기관 또는 같은 조 제2항에 따른 전문검사기관으로 지정받으려는 자는 국토교통부령으로 정하는 바에 따라 국토교통부장관에게 지정을 신청해야 한다.

② 법 제19조의12제1항에 따라 지정인증기관으로 지정받으려는 자가 갖추어야 할 지정요건은 별표 1의2와 같다.

③ 법 제19조의12제2항에 따라 전문검사기관으로 지정받으려는 자가 갖추어야 할 지정요건은 별표 2와 같다.

[전문개정 2024. 8. 16.]

시행규칙 **제16조의10(지정인증기관 등의 지정신청)** 지정인증기관 또는 전문검사기관으로 지정받으려는 자는 법 제19조의12제1항·제2항 및 영 제12조의4제1항에 따라 다음 각 호의 구분에 따른 서류를 갖추어 국토교통부장관에게 신청해야 한다.

1. 지정인증기관: 영 제12조의4제2항의 지정요건을 갖추었음을 증명하는 서류
2. 전문검사기관: 다음 각 목의 서류
   가. 영 제12조의4제3항의 지정요건을 갖추었음을 증명하는 서류
   나. 대행하려는 검사의 종류 및 검사업무를 대행하려는 시·군 또는 구를 적은 서류

[전문개정 2024. 9. 20.]

5.2-9 기계식주차장치의 철거(제19조의13(기계식주차장치의 철거))

주차장법 **제19조의13(기계식주차장치의 철거)**

① 기계식주차장관리자등은 부설주차장에 설치된 기계식주차장치가 다음 각 호의 어느 하나에 해당하면 철거할 수 있다.

1. 기계식주차장치가 노후(老朽)·고장 등의 이유로 작동이 불가능한 경우(기계식주차장치를 설치한 날부터 5년 이상으로서 대통령령으로 정하는 기간이 지난 경우로 한정한다)
2. 시설물의 구조상 또는 안전상 철거가 불가피한 경우

② 부설주차장을 설치하여야 할 시설물의 소유자는 제1항에 따라 기계식주차장치를 철거함으로써 제19조제3항에 따른 부설주차장의 설치기준에 미달하게 되는 경우에는

같은 조 제4항에 따라 시설물의 부지 인근에 부설주차장을 설치하거나, 같은 조 제5항에 따라 주차장의 설치에 드는 비용을 내야 한다. 이 경우 기계식주차장치가 설치되었던 바닥면적에 해당하는 주차장을 해당 시설물 또는 그 부지에 확보하여야 한다.

③ 제1항에 따라 기계식주차장치를 철거하려는 자는 국토교통부령으로 정하는 바에 따라 시장 · 군수 또는 구청장에게 신고하여야 한다.

④ 시장 · 군수 또는 구청장은 제3항에 따른 신고를 받은 날부터 7일 이내에 신고수리 여부를 신고인에게 통지하여야 한다.〈신설 2018. 12. 18.〉

⑤ 시장 · 군수 또는 구청장이 제4항에서 정한 기간 내에 신고수리 여부 또는 민원 처리 관련 법령에 따른 처리기간의 연장을 신고인에게 통지하지 아니하면 그 기간(민원 처리 관련 법령에 따라 처리기간이 연장 또는 재연장된 경우에는 해당 처리기간을 말한다)이 끝난 날의 다음 날에 신고를 수리한 것으로 본다.〈신설 2018. 12. 18.〉

⑥ 특별시 · 광역시 · 특별자치시 · 특별자치도 · 시 · 군 또는 자치구는 기계식주차장치의 철거를 위하여 필요한 경우 제19조제3항에 따른 부설주차장 설치기준을 2분의 1의 범위에서 대통령령으로 정하는 바에 따라 해당 지방자치단체의 조례로 완화할 수 있다.〈신설 2016. 1. 19., 2018. 12. 18.〉

시행령 **제12조의5(기계식주차장치의 철거)** ①법 제19조의13제1항제1호에서 "대통령령으로 정하는 기간"이란 5년을 말한다.〈개정 2016.7.19.〉

② 특별시장 · 광역시장 · 특별자치도지사 · 시장 · 군수 또는 구청장은 법 제19조의13 제4항에 따라 기계식주차장의 수급 실태 및 이용 특성 등을 고려하여 기계식주차장치의 철거가 필요하다고 인정하는 경우에는 해당 지방자치단체의 조례로 정하는 바에 따라 별표 1에 따른 부설주차장 설치기준을 철거되는 기계식주차장치의 종류별로 2분의 1의 범위에서 완화할 수 있다.〈신설 2016.7.19.〉

③ 제2항에 따라 완화된 부설주차장 설치기준에 따라 설치한 주차장의 경우 해당 시설물이 증축되거나 부설주차장 설치기준이 강화되는 용도로 변경될 때에는 그 증축 또는 용도변경하는 부분에 대해서는 제2항에도 불구하고 별표 1에 따른 부설주차장 설치기준을 적용한다.〈신설 2016.7.19.〉

[전문개정 2010.10.21.]

시행규칙 **제16조의11(기계식주차장치의 철거)** ① 법 제19조의13 제3항에 따라 기계식주차장치를 철거하려는 자는 별지 제8호의12 서식의 기계식주차장치 철거신고서에 다음 각 호의 서류 및 도면을 첨부하여 시장 · 군수 또는 구청장에게 신고하여야 한다.〈개정 2016.4.12.〉

1. 별지 제8호의9 서식의 기계식주차장 검사확인증 또는 별지 제8호의10 서식의 기계식주차장 사용금지 표지
2. 기계식주차장치가 설치되었던 바닥면적에 해당하는 주차장의 배치계획도
3. 별지 제2호 서식의 부설주차장 설치계획서(부설주차장 인근설치계획서) 또는 별지 제4호 서식의 부설주차장 설치의무 면제신청서. 다만, 영 제6조 제1항의 설치기준에 따라 부설주차장을 설치하는 경우에는 첨부하지 아니한다.

② 제1항에 따라 기계식주차장치의 철거신고를 받은 시장 · 군수 또는 구청장은 그 신고내용이 법 제19조의13 제1항과 같은 조 제2항에 적합할 때에는 지체 없이 별지 제8호의12 서식의 기계식주차장치 철거신고확인증을 발급하여야 한다.

[전문개정 2010.10.29.]

5.2-10 기계식주차장치 보수업의 등록 등

주차장법 **제19조의14(기계식주차장치 보수업의 등록)** ① 기계식주차장치 보수업(이하 "보수업"이라 한다)을 하려는 자는 국토교통부령으로 정하는 바에 따라 시장 · 군수 또는 구청장에게 등록하여야 한다. 〈개정 2013. 3. 23.〉

② 제1항에 따라 보수업의 등록을 하려는 자는 대통령령으로 정하는 기술인력과 설비를 갖추어야 한다.

③ 제1항에 따라 보수업의 등록을 한 자(이하 "보수업자"라 한다)는 기계식주차장치를 보수하는 보수원의 사고를 예방하기 위하여 소속 보수원으로 하여금 국토교통부장관이 정하는 기계식주차장치 안전관리에 관한 교육(이하 "보수원 안전교육"이라 한다)을 받도록 하여야 한다. 〈신설 2023. 8. 16.〉

④ 보수업자는 고용하고 있는 보수원이 보수원 안전교육을 받는 데 필요한 경비를 부담하며, 이를 이유로 해당 보수원에게 불리한 처분을 하여서는 아니 된다. 〈신설 2023. 8. 16.〉

⑤ 제3항 및 제4항에 따른 보수원 안전교육의 시간 · 내용 · 방법 및 주기 등에 필요한 사항은 국토교통부령으로 정한다. 〈신설 2023. 8. 16.〉

[전문개정 2010. 3. 22.]

[제목개정 2023. 8. 16.]

시행령 **제12조의6(보수업의 등록기준 등)** ① 법 제19조의14 제1항에 따라 기계식주차장치 보수업(이하 "보수업"이라 한다)을 등록하려는 자가 갖추어야 할 기술인력 및 설비는 별표 3과 같다.〈개정 2011.12.28.〉

② 시장 · 군수 또는 구청장은 법 제19조의14 제1항에 따른 등록 신청이 다음 각 호의 어느 하나에 해당하는 경우를 제외하고는 등록을 해주어야 한다.〈신설 2011.12.28.〉

1. 등록을 신청한 자가 법 제19조의15 각 호의 어느 하나에 해당하는 경우
2. 별표 3에 따른 보수업의 등록기준을 갖추지 못한 경우
3. 그 밖에 법 또는 다른 법령에 따른 제한에 위반되는 경우

[전문개정 2010.10.21.] [제목개정 2011.12.28.]

시행규칙 **제16조의12(보수업의 등록신청 등)**

① 법 제19조의14 제1항에 따라 기계식주차장치보수업(이하 "보수업"이라 한다)의 등록을 하려는 자는 별지 제10호 서식의 기계식주차장치 보수업 등록신청서에 다음 각 호의 서류를 첨부하여 시장 · 군수 또는 구청장에게 제출하여야 한다. 이 경우 신청서를 받은 시장 · 군수 또는 구청장은 「전자정부법」 제36조 제1항에 따른 행정정보의 공동이용을 통하여 법인 등기사항증명서(신청인이 법인인 경우만 해당한다)를 확인하여야 한다.

1. 자격증 사본
2. 경력증명서
3. 보수설비 현황

② 시장 · 군수 또는 구청장은 제1항에 따라 보수업을 등록한 자에게 별지 제11호 서식의 기계식주차장치 보수업 등록증(이하 "등록증"이라 한다)을 발급하여야 한다.

③ 제2항에 따라 발급받은 등록증을 못 쓰게 되거나 잃어버린 때에는 별지 제12호 서식의 기계식주차장치 보수업 등록증 재발급신청서에 등록증을 첨부(못 쓰게 된 경우만 해당한다)하여 시장 · 군수 또는 구청장에게 제출하여야 한다.

④ 법 제19조의17에 따라 등록사항을 변경신고하려는 보수업자는 별지 제13호 서식의 기계식주차장치 보수업 변경신고서에 변경사항(업체명, 대표자, 소재지)을 증명할 수 있는 서류를 첨부하여 그 변경이 발생한 날부터 20일 이내에 시장 · 군수 또는 구청장에게 제출하여야 한다.〈개정 2012.7.2〉

[전문개정 2010.10.29]

5.2-11 결격사유

주차장법 **제19조의15(결격사유)** 다음 각 호의 어느 하나에 해당하는 자는 보수업의 등록을 할 수 없다.〈개정 2014.3.18., 2016.1.19.〉

1. 피성년후견인
2. 파산선고를 받고 복권되지 아니한 자
3. 이 법을 위반하여 징역 이상의 실형을 선고받고 그 집행이 끝나거나(집행이 끝난 것으로 보는 경우를 포함한다) 집행이 면제된 날부터 2년이 지나지 아니한 사람
4. 이 법을 위반하여 징역 이상의 형의 집행유예를 선고받고 그 유예기간이 지나지 아니한 사람
5. 제19조의19에 따라 등록이 취소된 후 2년이 지나지 아니한 자(제19조의15 제1호 및 제2호에 해당하여 등록이 취소된 경우는 제외한다)
6. 임원 중에 제1호부터 제5호까지의 어느 하나에 해당하는 사람이 있는 법인

[전문개정 2010.3.22.]

5.2-12 보험 가입

주차장법 **제19조의16(보험 가입)**

① 제19조의14제1항에 따라 보수업의 등록을 한 자(이하 "보수업자"라 한다)는 그 업무를 수행하면서 고의 또는 과실로 타인에게 손해를 입힐 경우 그 손해에 대한 배상을 보장하기 위하여 보험에 가입하여야 한다.

② 대통령령으로 정하는 일정 규모 이상의 기계식주차장치를 운영하는 기계식주차장 관리자등은 기계식주차장의 사고로 이용자 등 다른 사람의 생명·신체 또는 재산상의 손해를 발생하게 하는 경우 그 손해에 대한 배상을 보장하기 위하여 보험에 가입하여야 한다. 〈신설 2023. 8. 16.〉

③ 제1항 및 제2항에 따른 보험의 종류, 가입 절차, 그 밖에 필요한 사항은 대통령령으로 정한다. 〈개정 2023. 8. 16.〉

④ 보험회사는 보수업자 또는 기계식주차장관리자등이 제1항 및 제2항에 따른 보험에 가입하려는 때에는 대통령령으로 정하는 사유가 있는 경우 외에는 계약의 체결을 거부할 수 없다. 〈신설 2023. 8. 16.〉

⑤ 이 법에 따른 보험금을 받을 권리는 압류할 수 없다. 〈신설 2023. 8. 16.〉

[전문개정 2010. 3. 22.]

시행령 **제12조의7(기계식주차장의 사고 등에 대한 배상보험)** ① 법 제19조의14제1항에 따라 보수업의 등록을 한 자(이하 "보수업자"라 한다) 및 법 제19조의16제2항에 따른 기계식주차장관리자등이 법 제19조의16제1항 및 제2항에 따라 가입해야 하는 보험은 다음 각 호의 기준을 모두 충족하는 것이어야 한다.

1. 보험의 종류는 기계식주차장 사고배상책임보험 또는 이와 같은 내용이 포함된 보험일 것
2. 보험금액은 다음 각 목의 구분에 따른 기준을 모두 충족할 것

가. 물적 손해의 경우: 사고당 배상한도액이 1억원 이상일 것

나. 인적 손해의 경우: 피해자 1명당 다음 구분에 따른 금액 이상일 것

1) 사망한 경우: 1억5천만원. 다만, 실제 손해액이 2천만원 미만인 경우에는 2천만원으로 한다.

2) 부상당한 경우: 3천만원

3) 부상에 대한 치료를 마친 후 더 이상의 치료효과를 기대할 수 없고 그 증상이 고정된 상태에서 그 부상으로 인해 신체의 장애(이하 이 조에서 "후유장애"라 한다)가 생긴 경우: 1억5천만원

4) 하나의 사건으로 1)부터 3)까지의 손해 중 둘 이상에 해당하게 된 경우: 다음 구분에 따른 계산식에 따라 계산한 금액

가) 부상자가 치료 중 그 부상으로 인해 사망한 경우: 1)의 금액 + 2)의 금액

나) 부상자에게 그 부상으로 인해 후유장애가 생긴 경우: 2)의 금액 + 3)의 금액

다) 후유장애가 생긴 후 후유장애를 유발한 부상으로 인해 사망한 경우: 1)의 금액 + 3)의 금액 − 3)의 금액 중 사망한 날 이후에 해당하는 손해액

3. 보험은 보수업 또는 기계식주차장치를 운영하는 기간 동안 유지될 것

② 법 제19조의16제2항에서 "대통령령으로 정하는 일정 규모 이상의 기계식주차장치"란 수용할 수 있는 자동차대수가 20대 이상(하나의 주차장에 2개 이상의 기계식주차장치가 설치되어 있는 경우에는 각 기계식주차장치가 수용할 수 있는 자동차대수의 총합이 20대 이상)인 기계식주차장치를 말한다.

③ 보수업자 및 법 제19조의16제2항에 따른 기계식주차장관리자등(이하 이 조에서 "보수업자등"이라 한다)은 다음 각 호의 구분에 따른 기한 전에 제1항에 따른 보험에 가입해야 한다.

1. 보수업자: 보수업을 시작하여 최초로 보수계약을 체결하는 날
2. 법 제19조의16제2항에 따른 기계식주차장관리자등: 법 제19조의9제2항제1호에 따른 사용검사를 받은 날 또는 기계식주차장을 양수하여 운영을 시작하는 날

④ 보수업자등은 보험계약을 체결 또는 변경하였을 때에는 보험계약 체결 또는 변경일

부터 14일 이내에 보험계약의 체결을 증명하는 서류를 관할 시장ㆍ군수 또는 구청장에게 제출해야 한다. 이 경우 법 제19조의21제1항에 따른 기계식주차장 정보망에 보험계약의 체결을 증명하는 정보를 입력하는 것으로 그 제출을 갈음할 수 있다.

⑤ 법 제19조의16제4항에서 "대통령령으로 정하는 사유"란 다음 각 호의 사유를 말한다.

1. 보수업자가 법 제19조의19제1항에 따른 영업정지 또는 천재지변 등의 사유로 보수업을 운영할 수 없게 된 경우
2. 법 제19조의16제2항에 따른 기계식주차장관리자등이 법 제19조의24제1항에 따른 운행중지명령 또는 천재지변 등의 사유로 기계식주차장을 운영할 수 없게 된 경우
3. 보험회사가 해당 배상보험을 판매하고 있지 않은 경우
4. 「상법」 제650조제1항ㆍ제2항, 제651조, 제652조제1항 또는 제654조에 따른 계약 해지의 사유가 발생한 경우

[전문개정 2024. 8. 16.]

5.2-13 등록사항의 변경 등의 신고

주차장법 **제19조의17(등록사항의 변경 등의 신고)** 보수업자는 다음 각 호의 어느 하나에 해당하는 경우에는 국토교통부령으로 정하는 바에 따라 시장ㆍ군수 또는 구청장에게 신고하여야 한다. 〈개정 2013. 3. 23., 2015. 8. 11., 2023. 8. 16.〉

1. 제19조의14제1항에 따라 등록한 사항 중 상호명, 주소, 보수원 등 기술인력, 사업자등록번호 등 중요 사항을 변경한 경우
2. 그 영업을 휴업ㆍ폐업 또는 재개업(再開業)한 경우
3. 그 밖에 국토교통부령으로 정하는 경우

[전문개정 2010. 3. 22.]

5.2-14 시정명령

주차장법 **제19조의18(시정명령)** 시장ㆍ군수 또는 구청장은 보수업자가 다음 각 호의 어느 하나에 해당하는 경우에는 기간을 정하여 그 시정을 명할 수 있다.

1. 제19조의14 제2항에 따른 보수업의 등록기준에 미달하게 된 경우
2. 제19조의16에 따른 보험에 가입하지 아니한 경우

[전문개정 2010.3.22]

5.2-15 등록의 취소 등

주차장법 **제19조의19(등록의 취소 등)** ① 시장·군수 또는 구청장은 보수업자가 다음 각 호의 어느 하나에 해당하는 경우에는 보수업의 등록을 취소하거나 6개월 이내의 기간을 정하여 그 영업의 정지를 명할 수 있다. 다만, 제1호·제2호·제4호 및 제6호에 해당하는 경우에는 그 등록을 취소하여야 한다.

1. 거짓이나 그 밖의 부정한 방법으로 보수업의 등록을 한 경우
2. 제19조의15 각 호의 어느 하나에 해당하는 경우(같은 조 제6호에 해당하는 법인이 그에 해당하게 된 날부터 3개월 이내에 해당 임원을 바꾸어 임명한 경우는 제외한다)
3. 제19조의17에 따른 신고를 하지 아니한 경우
4. 제19조의18에 따른 시정명령을 이행하지 아니한 경우
5. 보수의 흠으로 인하여 기계식주차장치의 이용자를 사망하게 하거나 다치게 한 경우 또는 자동차를 파손시킨 경우
6. 영업정지명령을 위반하여 그 영업정지기간에 영업을 한 경우

② 제1항에 따른 등록취소 및 영업정지의 기준은 대통령령으로 정한다.

[전문개정 2010.3.22]

시행령 **제12조의9(등록취소 등의 기준)**

① 법 제19조의19제2항에 따른 등록취소 및 영업정지의 기준은 별표 4와 같다.

② 시장ㆍ군수 또는 구청장은 제1항에 따라 등록취소 및 영업정지 처분을 할 때 위반행위의 정도 및 횟수 등을 고려하여 그 처분을 가중하거나 감경할 수 있다. 이 경우 등록취소의 경우에는 영업정지 6개월로 감경할 수 있고, 영업정지의 경우에는 해당 영업정지기간의 2분의 1의 범위에서 가중하거나 감경할 수 있다.

③ 시장ㆍ군수 또는 구청장은 고의 또는 중과실이 없는 위반행위자가 「소상공인기본법」 제2조에 따른 소상공인에 해당하고, 별표 4에 따른 처분이 영업정지인 경우에는 다음 각 호의 사항을 고려하여 그 처분기준의 100분의 70 범위에서 감경할 수 있다. 다만, 제2항에 따른 감경과 중복하여 적용하지 않는다. 〈신설 2023. 4. 25.〉

1. 해당 행정처분으로 위반행위자가 더 이상 영업을 영위하기 어렵다고 객관적으로 인정되는지 여부
2. 경제위기 등으로 위반행위자가 속한 시장ㆍ산업 여건이 현저하게 변동되거나 지속적으로 악화된 상태인지 여부

[전문개정 2010. 10. 21.]

세부목차

참고용 법조문 목차

CHAPTER 6

제6장 보칙

6-1 국유재산 · 공유재산의 처분 제한

주차장법 제19조의25(부기등기)

① 제19조제4항에 따라 시설물 부지 인근에 설치된 부설주차장 및 제19조의4제1항에 따라 위치 변경된 부설주차장은 「부동산등기법」에 따라 시설물과 그에 부대하여 설치된 부설주차장 관계임을 표시하는 내용을 각각 부기등기하여야 한다.

② 제19조제4항에 따라 시설물 부지 인근에 설치된 부설주차장은 제19조의4제1항에 따라 용도변경이 인정되어 부설주차장으로서 의무가 면제되지 아니한 경우에는 부기등기를 말소할 수 없다.

③ 제1항에 따른 부기등기의 내용 및 말소에 관한 사항은 대통령령으로 정한다.

[본조신설 2014. 3. 18.]

[제19조의24에서 이동 〈2023. 8. 16.〉]

시행령 제12조의18(부기등기의 절차 등)

① 법 제19조제4항에 따라 시설물의 부지 인근에 부설주차장을 설치한 경우와 법 제19조의4제1항제2호 및 이 영 제12조제1항제6호에 따라 시설물의 내부 또는 그 부지에 설치된 주차장을 인근 부지로 위치를 변경한 경우에 시설물의 소유자는 법 제19조의25제1항에 따라 다음 각 호의 부기등기를 동시에 하여야 한다. 〈개정 2016. 2. 11., 2016. 7. 19., 2018. 2. 20., 2018. 10. 23., 2024. 8. 16.〉

1. 부설주차장이 시설물의 부지 인근에 설치되었음을 시설물의 소유권등기에 부기등기(이하 "시설물의 부기등기"라 한다)
2. 부설주차장의 용도변경이 금지됨을 부설주차장의 소유권등기에 부기등기(이하 "부설주차장의 부기등기"라 한다)

② 제12조제1항제5호에 따라 부설주차장을 그 부지 인근의 범위에서 위치 변경하여 설치한 경우에 시설물의 소유자는 다음 각 호의 등기를 동시에 하여야 한다.

1. 시설물의 부기등기에 명시된 부설주차장 소재지의 변경등기

2. 새로 이전된 부설주차장의 부기등기

③ 제1항 및 제2항에도 불구하고 시설물의 소유권보존등기를 할 수 없는 시설물인 경우에는 부설주차장의 부기등기만을 하여야 한다.

[본조신설 2014. 9. 11.]

[제12조의17에서 이동, 종전 제12조의18은 제12조의19로 이동 <2024. 8. 16.>]

제12조의19(부기등기의 내용)

① 시설물의 부기등기에는 "「주차장법」에 따른 부설주차장이 시설물의 부지 인근에 별도로 설치되어 있음"이라는 내용과 그 부설주차장의 소재지를 명시하여야 한다.

② 부설주차장의 부기등기에는 "이 토지(또는 건물)는 「주차장법」에 따라 시설물의 부지 인근에 설치된 부설주차장으로서 같은 법 시행령 제12조제1항 각 호의 어느 하나에 해당하여 용도변경이 인정되기 전에는 주차장 외의 용도로 사용할 수 없음"이라는 내용과 그 시설물의 소재지를 명시하여야 한다.

[본조신설 2014. 9. 11.]

[제12조의18에서 이동, 종전 제12조의19는 제12조의20으로 이동 <2024. 8. 16.>]

제12조의20(부기등기의 말소 신청)

① 법 제19조의25제1항에 따라 부기등기한 부설주차장으로서 제12조제1항 각 호의 어느 하나에 해당하여 용도변경이 인정된 경우에 시설물의 소유자는 다음 각 호의 구분에 따라 부기등기의 말소를 신청하여야 한다. <개정 2016. 2. 11., 2016. 7. 19., 2018. 2. 20., 2018. 10. 23., 2024. 8. 16.>

1. 제12조제1항제1호ㆍ제3호 또는 제4호 중 어느 하나에 해당하여 해당 부설주차장 전부에 대한 용도변경이 인정된 경우: 시설물의 부기등기 및 부설주차장의 부기등기의 말소 동시 신청
2. 제12조제1항제5호에 해당하여 용도변경이 인정된 경우: 종전 부설주차장의 부기등기의 말소 신청

② 제1항에도 불구하고 다음 각 호의 어느 하나에 해당하는 경우에는 해당 구분에 따라 시설물의 부기등기 또는 부설주차장의 부기등기의 말소를 신청하여야 한다.

1. 시설물의 부기등기가 되어 있지 아니한 경우: 부설주차장의 부기등기만을 말소 신청
2. 시설물의 소유자와 부설주차장이 설치된 토지ㆍ건물의 소유자가 다른 경우: 해당 소유자가 시설물의 부기등기 및 부설주차장의 부기등기의 말소를 각자 신청

[본조신설 2014. 9. 11.]
[제12조의19에서 이동 〈2024. 8. 16.〉]

주차장법 제20조(국유재산 · 공유재산의 처분 제한)

① 국가 또는 지방자치단체 소유의 토지로서 노외주차장 설치계획에 따라 노외주차장을 설치하는 데에 필요한 토지는 다른 목적으로 매각(賣却)하거나 양도할 수 없으며, 관계 행정청은 노외주차장의 설치에 적극 협조하여야 한다.

② 도로, 광장, 공원, 그 밖에 대통령령으로 정하는 학교 등 공공시설의 지하에 노외주차장을 설치하기 위하여 「국토의 계획 및 이용에 관한 법률」 제88조에 따른 도시·군 계획시설사업의 실시 계획인가를 받은 경우에는 「도로법」, 「도시공원 및 녹지 등에 관한 법률」, 「학교시설사업 촉진법」, 그 밖에 대통령령으로 정하는 관계 법령에 따른 점용허가를 받거나 토지형질변경에 대한 협의 등을 한 것으로 보며, 노외주차장으로 사용되는 토지 및 시설물에 대하여는 대통령령으로 정하는 바에 따라 그 점용료 및 사용료를 감면할 수 있다.〈개정 2011.4.14〉

③ 대통령령으로 정하는 공공시설의 지상에 노외주차장을 설치하는 경우에도 제2항을 준용한다.

[전문개정 2010.3.22]

시행령 제13조(점용료 및 사용료의 감면)

① 법 제20조 제2항에서 "대통령령으로 정하는 학교 등 공공시설"이란 초등학교·중학교·고등학교·공용의 청사·주차장 및 운동장을 말한다.

② 법 제20조 제2항에 따라 노외주차장을 도로·광장·공원 및 제1항의 공공시설의 지하에 설치하는 경우에는 노외주차장의 최초 사용기간 동안 그 부지에 대한 점용료와 그 시설물에 대한 사용료를 면제한다.

③ 법 제20조 제3항에서 "대통령령으로 정하는 공공시설"이란 공용의 청사·하천·유수지(遊水池)·주차장 및 운동장을 말한다.

[전문개정 2010.10.21]

6-2 보조 또는 융자

주차장법 **제21조(보조 또는 융자)**

① 국가 또는 지방자치단체는 노외주차장의 설치를 촉진하기 위하여 특히 필요하다고 인정하는 경우에는 대통령령으로 정하는 바에 따라 노외주차장의 설치에 관한 비용의 전부 또는 일부를 보조할 수 있다.

② 국가 또는 지방자치단체는 노외주차장 또는 부설주차장의 설치를 위하여 필요한 경우에는 노외주차장 또는 부설주차장의 설치에 필요한 자금의 융자를 알선할 수 있다.

③ 국가 또는 지방자치단체는 도시환경의 개선 등을 위하여 필요한 경우에는 대통령령 또는 해당 지방자치단체의 조례로 정하는 바에 따라 주차장 환경개선사업의 추진에 필요한 비용의 일부를 보조할 수 있다.〈신설 2020. 10. 20.〉

[전문개정 2010. 3. 22.]

시행령 **제14조(보조)**

① 국가나 지방자치단체는 법 제21조제1항에 따라 노외주차장을 설치하는 자에 대하여 다음 각 호의 구분에 따른 범위에서 그 설치비용을 보조할 수 있다.〈개정 2021. 4. 20.〉

1. 특별시장 · 광역시장, 시장 · 군수 또는 구청장이 설치하는 노외주차장의 경우: 설치비용의 전부 또는 일부
2. 특별시장 · 광역시장, 시장 · 군수 또는 구청장이 아닌 자가 설치하는 노외주차장으로서 주차 용도에 제공하는 면적이 2천제곱미터 이상인 노외주차장의 경우: 설치비용(토지매입비는 제외한다. 이하 같다)의 2분의 1. 다만, 국유지 · 공유지의 점용허가를 받아 설치하는 경우에는 설치비용의 3분의 1을 보조할 수 있다.
3. 특별시장 · 광역시장, 시장 · 군수 또는 구청장이 아닌 자가 설치하는 노외주차장으로서 주차 용도에 제공하는 면적이 1천제곱미터 이상 2천제곱미터 미만인 노외주차장의 경우: 설치비용의 3분의 1. 다만, 국유지 · 공유지의 점용허가를 받아 설치하는 경우에는 설치비용의 5분의 1을 보조할 수 있다.

② 국가는 법 제21조제3항에 따라 주차장 환경개선사업을 하는 자에 대하여 다음 각 호의 구분에 따른 범위에서 해당 사업의 추진에 필요한 비용을 보조할 수 있다.〈신설 2021. 4. 20.〉

1. 특별시장 · 광역시장, 시장 · 군수 또는 구청장이 추진하는 주차장 환경개선사업의 경우: 사업비용의 일부
2. 제1호 외의 자가 추진하는 주차장 환경개선사업의 경우: 다음 각 목의 구분에 따른 비용
   가. 주차 용도에 제공하는 면적이 2천제곱미터 이상인 경우: 사업비용의 2분의 1
   나. 주차 용도에 제공하는 면적이 1천제곱미터 이상 2천제곱미터 미만인 경우: 사업비용의 3분의 1

[전문개정 2010. 10. 21.]

6-3 주차장특별회계의 설치 등

주차장법 제21조의2(주차장특별회계의 설치 등)

① 특별시장 · 광역시장, 시장 · 군수 또는 구청장은 주차장을 효율적으로 설치 및 관리 · 운영하기 위하여 주차장특별회계를 설치할 수 있다.

② 제1항에 따라 특별시장 · 광역시장 · 특별자치시장 · 특별자치도지사 · 시장 또는 군수가 설치하는 주차장특별회계는 다음 각 호의 재원(財源)으로 조성한다. 〈개정 2010. 3. 31., 2012. 1. 17., 2018. 12. 18., 2020. 6. 9., 2021. 1. 12.〉

1. 제9조제1항 및 제3항, 제14조제1항에 따른 주차요금 등의 수입금과 제19조제5항에 따른 노외주차장 설치를 위한 비용의 납부금
2. 제24조의2에 따른 과징금의 징수금
3. 해당 지방자치단체의 일반회계로부터의 전입금
4. 정부의 보조금
5. 「지방세법」 제112조(같은 조 제1항제1호는 제외한다)에 따른 재산세 징수액 중 대통령령으로 정하는 일정 비율에 해당하는 금액
6. 「도로교통법」 제161조제1항제2호 및 제3호에 따라 제주특별자치도지사 또는 시장등이 부과 · 징수한 과태료
7. 제32조에 따른 이행강제금의 징수금
8. 「지방세기본법」 제8조제1항제1호에 따른 보통세 징수액의 100분의 1의 범위에서 광역시의 조례로 정하는 비율에 해당하는 금액(광역시에 한정한다)
9. 광역시의 보조금

③ 제1항에 따라 구청장이 설치하는 주차장특별회계는 다음 각 호의 재원으로 조성한다.

1. 제2항제1호의 수입금 및 납부금 중 해당 구청장이 설치 · 관리하는 노상주차장 및 노외주차장의 주차요금과 대통령령으로 정하는 납부금
2. 제24조의2에 따른 과징금의 징수금
3. 해당 지방자치단체의 일반회계로부터의 전입금
4. 특별시 또는 광역시의 보조금
5. 「도로교통법」 제161조제1항제3호에 따라 시장등이 부과 · 징수한 과태료
6. 제32조에 따른 이행강제금의 징수금

④ 제1항에 따른 주차장특별회계는 다음 각 호의 용도로 사용한다. 〈신설 2021. 1. 12.〉

1. 주차환경개선사업: 주차장조성 및 유지관리, 주차장 수급실태조사 및 주차환경

개선지구 지정 · 관리, 주차장 정보구축, 주차공유 지원사업 등 주차환경개선을 위한 사업

2. 주차질서유지사업: 주차질서 홍보 및 교육, 주차단속활동 및 단속장비구입, 단속시스템 구축 등 주차이용 활성화를 위한 사업
3. 주차장특별회계의 조성 · 운용 및 관리를 위하여 필요한 경비

⑤ 제1항에 따른 주차장특별회계의 설치 및 운용 · 관리에 필요한 사항은 해당 지방자치단체의 조례로 정한다.〈개정 2021. 1. 12.〉

⑥ 특별시장 · 광역시장, 시장 · 군수 또는 구청장은 노상주차장 또는 노외주차장의 관리를 위탁한 경우 그 위탁을 받은 자에게 위탁수수료 외에 노상주차장 또는 노외주차장의 관리 · 운영비용의 일부를 보조할 수 있다. 다만, 주차장특별회계가 설치된 경우에는 그 회계로부터 보조할 수 있다.〈개정 2021. 1. 12.〉

⑦ 특별시장 · 광역시장, 시장 · 군수 또는 구청장은 노외주차장 또는 부설주차장의 설치자에게 주차장특별회계로부터 노외주차장 또는 부설주차장의 설치비용의 일부를 보조하거나 융자할 수 있다. 이 경우 보조 또는 융자의 대상 · 방법 및 융자금의 상환 등에 관하여 필요한 사항은 해당 지방자치단체의 조례로 정한다.〈개정 2021. 1. 12.〉

⑧ 특별시장 · 광역시장 · 특별자치시장 · 특별자치도지사 또는 시장은 해당 지방자치단체에 「도시교통정비 촉진법」에 따른 지방도시교통사업특별회계가 설치되어 있는 경우에는 그 회계에 이 법에 따른 주차장특별회계를 통합하여 운용할 수 있다. 이 경우 계정(計定)은 분리하여야 한다.〈개정 2018. 12. 18., 2021. 1. 12.〉

[전문개정 2010. 3. 22.]

시행령 **제15조(주차장특별회계의 재원)**

① 법 제21조의2 제2항 제5호에서 "대통령령으로 정하는 일정 비율"이란 「지방세법」 제112조(같은 조 제1항 제1호는 제외한다)에 따른 재산세 징수액의 10퍼센트를 말한다.

② 법 제21조의2 제3항 제1호에서 "대통령령으로 정하는 납부금"이란 법 제19조 제5항에 따른 노외주차장 설치를 위한 비용의 납부금 중 구청장이 설치한 노외주차장을 무상으로 사용하게 하는 경우의 납부금을 말한다.

[전문개정 2010.10.21]

6-4 주차관리 전담기구의 설치 및 정보망 구축 · 운영

주차장법

제21조의3(주차관리 전담기구의 설치) 특별시장 · 광역시장, 시장 · 군수 또는 구청장은 주차장의 설치 및 효율적인 관리 · 운영을 위하여 필요한 경우에는 「지방공기업법」에 따른 지방공기업을 설치 · 경영할 수 있다.
[전문개정 2010.3.22]

제21조의4(주차장 정보망 구축 · 운영) ① 국토교통부장관은 주차장과 관련된 다음 각 호의 업무를 효율적으로 관리하기 위하여 주차장 정보망을 구축 · 운영할 수 있다.

1. 다음 각 목에 따른 노상주차장에 관한 사항
   가. 제7조에 따른 노상주차장의 설치 및 폐지에 관한 사항
   나. 제8조에 따른 노상주차장의 관리에 관한 사항
   다. 제9조 및 제10조에 따른 노상주차장의 주차요금 징수 및 사용 제한에 관한 사항
2. 다음 각 목에 따른 노외주차장에 관한 사항
   가. 제12조, 제12조의2 및 제12조의3에 따른 노외주차장의 설치에 관한 사항
   나. 제13조 및 제14조에 따른 노외주차장의 관리 및 주차요금 징수에 관한 사항
3. 다음 각 목에 따른 부설주차장에 관한 사항
   가. 제19조에 따른 부설주차장의 설치에 관한 사항
   나. 제19조의3 및 제19조의4에 따른 부설주차장의 주차요금 징수 및 용도변경에 관한 사항
4. 그 밖에 주차장과 관련되는 사항으로서 국토교통부령으로 정하는 정보

② 국토교통부장관은 제1항에 따른 주차장 정보망에 필요한 정보를 수집하기 위하여 다음 각 호의 자에게 주차장 운영과 관련된 정보를 요청할 수 있으며, 정보제공을 요청 받은 자는 특별한 사정이 없으면 이에 따라야 한다.

1. 제7조에 따른 특별시장 · 광역시장, 시장 · 군수 또는 구청장
2. 제12조에 따른 노외주차장을 설치한 자
3. 제19조에 따른 시설물을 건축하거나 설치하려는 자

③ 특별시장 · 광역시장, 시장 · 군수 또는 구청장은 제1항에 따른 주차장 정보망을 공동으로 이용할 수 있다.

④ 국토교통부장관은 제1항에 따른 주차장 정보망의 구축 · 운영 및 제2항에 따른 정보의 수집에 관한 업무를 「한국교통안전공단법」에 따른 한국교통안전공단에 위탁할

수 있다. 이 경우 그에 필요한 경비의 전부 또는 일부를 지원할 수 있다.
⑤ 제1항 및 제4항에 따른 주차장 정보망의 구축 · 운영에 필요한 사항은 국토교통부령으로 정한다.
[본조신설 2019. 11. 26.]

6-5 주차요금 등의 사용 제한

주차장법 **제22조(주차요금 등의 사용 제한)** 특별시장 · 광역시장, 시장 · 군수 또는 구청장이 제9조 제1항 및 제3항과 제14조 제1항에 따라 받는 주차요금 등은 주차장의 설치 · 관리 및 운영 외의 용도에 사용할 수 없다.
[전문개정 2010.3.22]

6-6 자료의 요청

주차장법 **제22조의2(자료의 요청)**
① 국토교통부장관은 주차장의 구조 · 설치기준 등의 제정, 기계식주차장의 안전기준의 제정, 그 밖에 주차장의 설치 · 정비 및 관리에 관한 정책의 수립을 위하여 필요한 경우에는 노상주차장관리자 · 노외주차장관리자 · 기계식주차장관리자 등에게 노상주차장 · 노외주차장 · 부설주차장의 설치 현황 및 운영 실태 등에 관한 자료를 요청할 수 있다.〈개정 2013.3.23.〉
② 제1항에 따른 자료 요청을 받은 자는 특별한 사유가 없으면 이에 따라야 한다.
[전문개정 2010.3.22]

6-7 감독

주차장법

제23조(감독)

① 삭제

② 특별시장·광역시장 또는 도지사는 주차장이 공익상 현저히 유해하거나 자동차교통에 현저한 지장을 준다고 인정할 때에는 시장·군수 또는 구청장(특별자치시장 및 특별자치도지사는 제외한다. 이하 이 항에서 같다)에게 해당 주차장에 대한 시설의 개선, 공용의 제한 등 필요한 조치를 할 것을 명할 수 있으며, 그 명령을 받은 시장·군수 또는 구청장은 필요한 조치를 하여야 한다.〈개정 2010. 3. 22., 2018. 12. 18.〉

③ 시장·군수 또는 구청장은 노외주차장이 공익상 현저히 유해하거나 자동차교통에 현저한 지장을 준다고 인정할 때에는 해당 노외주차장관리자에게 대통령령으로 정하는 바에 따라 시설의 개선, 공용의 제한 등 필요한 조치를 할 것을 명할 수 있다.

시행령

제16조(감독) 법 제23조 제3항에 따라 시장·군수 또는 구청장이 노외주차장관리자에게 감독상 필요한 명령을 할 때에는 다음 각 호의 사항을 적은 서면으로 하여야 한다.

1. 노외주차장의 위치 및 명칭
2. 노외주차장관리자의 성명(법인인 경우에는 법인의 명칭 및 대표자의 성명) 및 주소
3. 명령을 내리는 이유
4. 조치가 필요한 사항의 내용
5. 조치기간
6. 명령 불이행에 대한 조치 내용

[전문개정 2010.10.21]

6-8 영업정지 등

주차장법

제24조(영업정지 등) 시장·군수 또는 구청장은 노외주차장관리자 또는 제19조의3에 따른 부설주차장의 관리자가 다음 각 호의 어느 하나에 해당하는 경우에는 6개월 이내의 기간을 정하여 해당 주차장을 일반의 이용에 제공하는 것을 금지하거나 1천만원 이하의 과징금을 부과할 수 있다.〈개정 2012. 1. 17., 2019. 12. 24., 2021. 1. 12.〉

1. 제6조제1항·제2항 또는 제6조의2제2항에 따른 주차장의 구조·설비 및 안전기준 등을 위반한 경우

2. 제6조제3항에 따른 미끄럼 방지시설과 미끄럼 주의 안내표지를 갖추지 않은 경우
3. 제17조제2항(제19조의3에서 준용되는 경우를 포함한다)을 위반하여 주차장에 대한 일반의 이용을 거절한 경우
4. 제23조제3항에 따른 시장 · 군수 또는 구청장의 명령에 따르지 아니한 경우(노외주차장관리자만 해당한다)
5. 제25조제1항에 따른 검사를 거부 · 기피 또는 방해한 경우(노외주차장관리자만 해당한다)

[전문개정 2010. 3. 22.]

6-9 과징금처분

주차장법 **제24조의2(과징금처분)**

① 제24조에 따른 과징금을 부과하는 위반행위의 종류 및 위반 정도에 따른 과징금의 금액과 그 밖에 필요한 사항은 대통령령으로 정한다.

② 제24조에 따른 과징금은 시장 · 군수 또는 구청장이 조례로 정하는 바에 따라 지방세 징수의 예에 따라 징수한다.

[전문개정 2010.3.22]

시행령 **제17조(과징금을 부과할 위반행위와 과징금의 금액 등)** 법 제24조의2제1항에 따라 과징금을 부과하는 위반행위의 종류와 과징금의 금액은 별표 5와 같다.

6-10 청문

주차장법 **제24조의3(청문)** 시장 · 군수 또는 구청장은 다음 각 호의 어느 하나에 해당하는 처분을 하려면 청문을 하여야 한다.

1. 제19조의8 제1항에 따른 안전도인증의 취소
2. 제19조의19에 따른 보수업 등록의 취소

[전문개정 2010.3.22]

6-11 보고 및 검사

주차장법 **제25조(보고 및 검사)**

① 특별시장 · 광역시장, 시장 · 군수 또는 구청장은 필요하다고 인정하는 경우에는 노외주차장관리자 또는 제19조의12에 따른 전문검사기관에 대하여 감독상 필요한 보고를 하게 하거나 자료의 제출을 명할 수 있으며, 소속 공무원으로 하여금 주차장 · 검사장 또는 그 업무와 관계있는 장소에서 주차시설 · 검사시설 또는 그 업무에 관하여 검사를 하게 할 수 있다.

② 제1항에 따라 검사를 하는 공무원은 그 권한을 표시하는 증표를 지니고 이를 관계인에게 보여주어야 한다.

③ 제2항에 따른 증표에 관하여 필요한 사항은 국토교통부령으로 정한다. 〈개정 2013.3.23.〉

[전문개정 2010.3.22]

6-12 수수료

주차장법 **제26조(수수료)** 제19조의14 제1항에 따른 등록신청을 하는 자는 국토교통부령으로 정하는 바에 따라 수수료를 관할 시장 · 군수 또는 구청장에게 내야 한다.

[전문개정 2010.3.22]

6-13 벌칙 적용에서 공무원 의제

주차장법 **제27조(벌칙 적용에서 공무원 의제)** 다음 각 호의 어느 하나에 해당하는 사람은 「형법」 제129조부터 제132조까지의 규정을 적용할 때에는 공무원으로 본다.

1. 제19조의12제1항에 따른 지정인증기관의 임직원
2. 제19조의12제2항에 따른 전문검사기관의 임직원
3. 제19조의23제4항에 따른 정밀안전검사 대행기관의 임직원

[본조신설 2023. 8. 16.]

세부목차

참고용 법조문 목차

CHAPTER 7 제7장 벌칙

7-1 벌 칙

주차장법 **제29조(벌칙)** ① 다음 각 호의 어느 하나에 해당하는 자는 3년 이하의 징역 또는 5천만원 이하의 벌금에 처한다. 〈개정 2017. 3. 21., 2017. 10. 24., 2023. 8. 16.〉

1. 제19조제1항 및 제3항을 위반하여 부설주차장을 설치하지 아니하고 시설물을 건축하거나 설치한 자
2. 제19조의4제1항을 위반하여 부설주차장을 주차장 외의 용도로 사용한 자
3. 제19조의23제2항을 위반하여 정밀안전검사에 불합격한 기계식주차장을 사용에 제공한 자
4. 제19조의24제1항에 따른 운행중지명령을 위반한 자

② 다음 각 호의 어느 하나에 해당하는 자는 1년 이하의 징역 또는 1천만원 이하의 벌금에 처한다. 〈개정 2015. 8. 11., 2017. 3. 21., 2017. 10. 24.〉

1. 노외주차장인 주차전용건축물을 제2조제11호에 따른 주차장 사용 비율을 위반하여 사용한 자
2. 제19조의4제2항을 위반하여 정당한 사유 없이 부설주차장 본래의 기능을 유지하지 아니한 자
3. 거짓이나 그 밖의 부정한 방법으로 제19조의6제1항에 따른 안전도인증을 받은 자
4. 제19조의6제1항에 따른 안전도인증을 받지 아니하고 기계식주차장치를 제작·조립 또는 수입하여 양도·대여 또는 설치한 자
5. 제19조의6제2항에 따라 기계식주차장치의 안전도에 대한 심사를 하는 자로서 부정한 심사를 한 자
6. 거짓이나 그 밖의 부정한 방법으로 제19조의9제2항 각 호 또는 제19조의23제1항의 검사를 받은 자
7. 제19조의9제2항 각 호에 따른 검사를 받지 아니하고 기계식주차장을 사용에 제공한 자
8. 제19조의10제3항을 위반하여 검사에 불합격한 기계식주차장을 사용에 제공한 자

9. 제19조의12 또는 제19조의23제4항에 따라 기계식주차장의 검사대행을 지정받은 자 또는 그 종사원으로서 부정한 검사를 한 자
10. 제19조의14제1항을 위반하여 등록을 하지 아니하고 보수업을 한 자
11. 거짓이나 그 밖의 부정한 방법으로 제19조의14제1항에 따른 보수업의 등록을 한 자
   11의2. 제19조의20제1항을 위반하여 기계식주차장치 관리인을 두지 아니한 자
   11의3. 제19조의23제1항에 따른 정밀안전검사를 받지 아니하고 기계식주차장을 사용에 제공한 자
12. 제24조에 따른 금지기간에 주차장을 일반의 이용에 제공한 자

[전문개정 2010. 3. 22.]

7-2 과태료

주차장법 **제30조(과태료)** ① 다음 각 호의 어느 하나에 해당하는 자에게는 500만원 이하의 과태료를 부과한다. 〈신설 2017. 10. 24., 2023. 8. 16.〉

1. 제19조의16제1항 또는 제2항을 위반하여 배상보험에 가입하지 아니한 자
2. 제19조의22제1항을 위반하여 통보를 하지 아니하거나 거짓으로 통보한 자
3. 제19조의22제2항을 위반하여 중대한 사고의 현장 또는 중대한 사고와 관련되는 물건을 이동시키거나 변경 또는 훼손한 자

② 다음 각 호의 어느 하나에 해당하는 자에게는 100만원 이하의 과태료를 부과한다. 〈개정 2010. 3. 22., 2015. 8. 11., 2016. 1. 19., 2017. 3. 21., 2017. 10. 24., 2020. 6. 9., 2021. 1. 12., 2023. 8. 16.〉

1. 제17조제2항(제19조의3에서 준용되는 경우를 포함한다)을 위반하여 주차장에 대한 일반의 이용을 거절한 자
2. 제19조의9제3항에 따른 사용검사 또는 정기검사의 유효기간이 지난 후 검사를 받지 아니한 자(제29조제2항제7호에 따라 벌칙을 부과받은 경우는 제외한다)
   2의2. 제19조의14제3항을 위반하여 보수원 안전교육을 받도록 하지 아니한 보수업자
3. 제19조의17을 위반하여 신고를 하지 아니한 자
4. 제19조의20제2항을 위반하여 기계식주차장치 관리인 교육을 받지 아니한 사람을 기계식주차장치 관리인으로 선임 또는 변경하거나 보수교육을 받게 하지 아니한 자

4의2. 제19조의20제4항을 위반하여 기계식주차장치 안전관리교육 또는 보수교육을 받지 아니한 자

4의3. 제19조의20제7항을 위반하여 기계식주차장의 설치 기준에 맞지 아니하는 자동차를 주차시킨 기계식주차장관리자등

4의4. 제19조의20제8항을 위반하여 자체점검을 하지 아니한 자

4의5. 제19조의20제8항을 위반하여 자체점검 결과를 기계식주차장 정보망에 입력하지 아니하거나 거짓으로 입력한 자

4의6. 제19조의20제9항을 위반하여 기계식주차장 운행을 중지하지 아니한 자 또는 운행의 중지를 방해한 자

5. 제19조의23제1항 후단에 따른 정기적 정밀안전검사를 받지 아니한 자(제29조제2항제11호의3에 따라 벌칙을 부과받은 경우는 제외한다)

5의2. 제19조의24제3항을 위반하여 운행중지 표지를 붙이지 아니하거나 잘 볼 수 없는 곳에 붙이거나 훼손되게 관리한 자

6. 제25조제1항에 따른 검사를 거부、기피 또는 방해한 자

③ 다음 각 호의 어느 하나에 해당하는 자에게는 50만원 이하의 과태료를 부과한다. 〈신설 2021. 1. 12., 2023. 8. 16., 2024. 3. 19.〉

1. 제6조의3을 위반하여 주차장에서 야영행위, 취사행위 또는 불을 피우는 행위를 한 자
2. 제19조의10제2항(제19조의23제5항에서 준용되는 경우를 포함한다)을 위반하여 검사확인증이나 기계식주차장의 사용을 금지하는 표지를 부착하지 아니한 자
3. 제19조의20제3항을 위반하여 기계식주차장치 관리인의 선임 또는 변경 통보를 하지 아니한 자
4. 제19조의20제5항을 위반하여 안내문을 부착하지 아니한 자

④ 제1항부터 제3항까지에 따른 과태료는 대통령령으로 정하는 바에 따라 시장、군수 또는 구청장이 부과、징수한다. 〈개정 2010. 3. 22., 2017. 10. 24., 2021. 1. 12.〉

[전문개정 1983. 12. 31.]

[제목개정 2010. 3. 22.]

[시행일: 2025. 8. 17.] 제30조제2항제4호의3

시행령

제18조(과태료의 부과기준) 법 제30조제2항에 따른 과태료의 부과기준은 별표 6과 같다.

[전문개정 2016.7.19.]

7-3 양벌규정

주차장법 **제31조(양벌규정)** 법인의 대표자나 법인 또는 개인의 대리인, 사용인, 그 밖의 종업원이 그 법인 또는 개인의 업무에 관하여 제29조의 위반행위를 하면 그 행위자를 벌하는 외에 그 법인 또는 개인에게도 해당 조문의 벌금형을 과(科)한다. 다만, 법인 또는 개인이 그 위반행위를 방지하기 위하여 해당 업무에 관하여 상당한 주의와 감독을 게을리 하지 아니한 경우에는 그러하지 아니하다.

[전문개정 2009.1.7]

7-4 이행강제금

주차장법 **제32조(이행강제금)** ① 시장 · 군수 또는 구청장은 제19조의4제3항 전단에 따른 원상회복명령을 받은 후 그 시정기간 이내에 그 원상회복명령을 이행하지 아니한 시설물의 소유자 또는 부설주차장의 관리책임이 있는 자에게 다음 각 호의 한도에서 이행강제금을 부과할 수 있다.

1. 제19조의4제1항을 위반하여 부설주차장을 주차장 외의 용도로 사용하는 경우: 제19조제9항에 따라 산정된 위반 주차구획의 설치비용의 20퍼센트
2. 제19조의4제2항을 위반하여 부설주차장 본래의 기능을 유지하지 아니하는 경우: 제19조제9항에 따라 산정된 위반 주차구획의 설치비용의 10퍼센트

② 시장 · 군수 또는 구청장은 제1항에 따른 이행강제금을 부과하기 전에 상당한 이행기간을 정하여 해당 명령이 그 기한까지 이행되지 아니한 경우에는 이행강제금을 부과 · 징수한다는 뜻을 미리 문서로 계고(戒告)하여야 한다.

③ 시장 · 군수 또는 구청장은 제1항에 따른 이행강제금을 부과할 때에는 이행강제금의 금액, 부과 사유, 납부기한, 수납기관, 이의제기방법 및 이의제기기관 등을 명확하게 적은 문서로 하여야 한다.

④ 시장 · 군수 또는 구청장은 최초의 원상회복명령이 있었던 날을 기준으로 하여 1년에 2회 이내의 범위에서 원상회복명령이 이행될 때까지 반복하여 제1항에 따른 이행강제금을 부과 · 징수할 수 있다. 다만, 이행강제금의 총 부과 횟수는 해당 시설물의 소유자 또는 부설주차장의 관리책임이 있는 자의 변경 여부와 관계없이 5회를 초과할 수 없다.

⑤ 시장 · 군수 또는 구청장은 제19조의4제3항 전단에 따른 원상회복명령을 받은 자가 그 명령을 이행하는 경우에는 새로운 이행강제금의 부과를 중지하되, 이미 부과된

이행강제금은 징수하여야 한다.

⑥ 시장 · 군수 또는 구청장은 제3항에 따라 이행강제금 부과처분을 받은 자가 이행강제금을 기한까지 내지 아니하면 「지방행정제재 · 부과금의 징수 등에 관한 법률」에 따라 징수한다.〈개정 2013. 8. 6., 2020. 3. 24.〉

⑦ 이행강제금의 징수금은 주차장의 설치 · 관리 및 운영 외의 용도에 사용할 수 없다.

[전문개정 2010. 3. 22.]

찾아보기

– ㅌ –

– ㅍ –

– ㅎ –

저자 소개

김찬주	현재 대림대학교 건축과 교수, 건축사 연세대학교 건축공학과 공학박사 연세대학교 건축공학과 졸업
정낙현	현재 국립안동대학교 융합콘텐츠학과 교수, 건축사 단국대학교 건축공학과 공학박사 단국대학교 건축공학과 졸업
이진경	현재 가톨릭관동대학교 건축학과 겸임교수 ㈜이앤문건축사사무소 연세대학교 건축공학과 건축학박사 건국대학교 건축공학과 졸업

건축법규강의 **정가 29,000원**

저　자 : 김찬주 · 정낙현 · 이진경

발행인 : 임해진
발행처 : 도서출판 구미서관

발행 : 2014년 9월 11일
2015년 9월 7일
2016년 8월 24일
2017년 8월 21일
2018년 8월 27일
2019년 8월 20일
2020년 8월 22일
2021년 7월 27일
2022년 7월 27일
2023년 8월 11일
2024년 7월 30일
2025년 7월 31일

등록 : 1979년 6월 29일 No. 9-6호

주소 : 서울시 마포구 신촌로 2길 5-15 구미빌딩
전화 : 02-333-1101
팩스 : 02-335-2201
http://www.goomibook.com

ISBN 979-11-6257-317-4(93540)